Das neue Bild der Stadt

Erdkundliches Wissen

Schriftenreihe
für Forschung und Praxis

Begründet von
Emil Meynen

Herausgegeben
von Martin Coy,
Anton Escher
und Thomas Krings

Band 142

Hellmut Fröhlich

Das neue Bild der Stadt

Filmische Stadtbilder und alltägliche
Raumvorstellungen im Dialog

 Franz Steiner Verlag Stuttgart 2007

Umschlagabbildung: Ikonenhafte Stadtansichten aus New York und Berlin: Der Schauplatz von Smoke/Straßenszene in Brooklyn Heights/Der „neue" Potsdamer Platz. Eigene Aufnahmen, April 2005 (New York) und Juni 2006 (Berlin).

Bibliografische Information der Deutschen Nationalbibliothek
Die Deutsche Nationalbibliothek verzeichnet diese Publikation in der Deutschen Nationalbibliografie; detaillierte bibliografische Daten sind im Internet über <http://dnb.d-nb.de> abrufbar.

ISBN 978-3-515-09036-0

ISO 9706

Jede Verwertung des Werkes außerhalb der Grenzen des Urheberrechtsgesetzes ist unzulässig und strafbar. Dies gilt insbesondere für Übersetzung, Nachdruck, Mikroverfilmung oder vergleichbare Verfahren sowie für die Speicherung in Datenverarbeitungsanlagen.
© 2007 Franz Steiner Verlag, Stuttgart.
Gedruckt auf säurefreiem, alterungsbeständigem Papier.
Druck: Printservice Decker & Bokor, München
Printed in Germany

INHALTSVERZEICHNIS

Inhaltsverzeichnis 5

Vorwort 9

1. Prolog: „Cities as Representations as Cities…"? 11

2. Fragen und Wege zu Antworten 17
   2.1. Fragestellungen der Untersuchung 17
   2.2. Ausgangsthesen der Untersuchung 21
   2.3. Übersicht über den Aufbau der Arbeit 23

3. Bild der Welt 1: Geographie und Wahrnehmung 26
   3.1. Das traditionelle Wahrnehmungskonzept in Stadtforschung
        und Geographie 27
        3.1.1. Lynchs Image of the City 28
        3.1.2. Weitere Elemente traditioneller Wahrnehmungskonzepte 36
        3.1.3. Kritiken einer traditionellen Wahrnehmungsgeographie 39
   3.2. Ansätze aktueller Konzeptionen von Wahrnehmung 41
        3.2.1. Das Konzept der kognitiven Psychologie nach Neisser 41
        3.2.2. Zum Stand der Wahrnehmungsgeographie 45
        3.2.3. Überblick und Erläuterungen zur begrifflichen Vielfalt 46

4. Bild der Welt 2: Konstruktionen des Raumes 51
   4.1. Raumkonzepte in der Geographie 52
   4.2. Alltag und Medien in ausgewählten Raumtheorien 55
        4.2.1. Wahrnehmung und Medien in alltäglichen
               Regionalisierungen 56
               4.2.1.1. Werlens Projekt: Eine neue Humangeographie 57
               4.2.1.2. Alltägliche Regionalisierung und Wahrnehmung 62
               4.2.1.3. Zur Rolle der Medien in Werlens Konzeption 64
        4.2.2. Räume zwischen den Welten 68
               4.2.2.1. Weichharts Grundprogramm: Humanökologie
                       und Transaktionismus 68
               4.2.2.2. Geographische Raumkonzepte und ihre Kritik 72
               4.2.2.3. Transaktionistische Räume: „Locale" und
                       „Action Settings" 80
   4.3. Zwischenbilanz zu Wahrnehmung und Raum 88

5. Bild der Welt 3: Medien und Geographie 90
   5.1. Zum Medienbegriff 91
   5.2. Exkurs: Geographie als visuelle Praktik 94
   5.3. Allgemeine Medienforschung in der Geographie 95

		5.3.1.	Geographie der Medienproduktion 96

- 5.3.1. Geographie der Medienproduktion 96
- 5.3.2. Geographie medialer Weltkonstruktionen 98
- 5.3.3. Geographie des Medienkonsums 107
- 5.4. Bestandsaufnahme zur geographischen Filmforschung 110
  - 5.4.1. Etablierung von „Film" als Thema der Geographie 110
  - 5.4.2. Theoretische Grundperspektive auf Film und (Stadt-)Raum 112
  - 5.4.3. Schwerpunkte bisheriger Arbeiten 118

6. Synthese: „Realität" und „Medien" in der Raumvorstellung 125

7. Film und (Stadt-)Leben – Impulse außerhalb der Geographie 128
   7.1. Cinematic Cities als Modethema 128
   7.2. Die Wirkungen von Filmen 131
      7.2.1. Soziale Implikationen des Films aus Sicht der Medientheorie 133
      7.2.2. Aneignung von Medieninhalten als integrative Rekonstruktion 139

8. Filmstädte I: Filminterpretation als Stadtforschung 149
   8.1. Grundzüge der Filmanalyse 149
   8.2. Was ist „geographische" Filminterpretation? 155
   8.3. Zur Auswahl der Beispielstädte und Beispielfilme 159
   8.4. Berlin in ausgewählten Filmen 166
      8.4.1. Filme aus DEFA-Produktion 166
         8.4.1.1. Interpretation von Die Legende von Paul und Paula 169
         8.4.1.2. Interpretation von Solo Sunny 174
      8.4.2. Trennungen und Zwischenräume in Himmel über Berlin ... 179
      8.4.3. Berliner Nach-Wende-Filme 186
         8.4.3.1. Heimatverlust in den Landschaften des Umbruchs 190
         8.4.3.2. Leben und Stadt als Baustellen 193
         8.4.3.3. Irrwege, Konfrontationen und Ruhe-Räume in Nachtgestalten 196
         8.4.3.4. Ein Leben in parallelen Welten 201
   8.5. New York in ausgewählten Filmen 205
      8.5.1. New York in den 1970er Jahren 205
      8.5.2. Die späten 1980er Jahre 216
         8.5.2.1. Räume der Geldgier und des amerikanischen Arbeiter-Mythos 219
         8.5.2.2. This is our home! – Alltag und Raumaneignung in Bed-Stuy 224

- 8.5.3. Metropole und Neighborhood – New-York-Filme der 1990er Jahre 230
  - 8.5.3.1. A Hymn to the Great People's Republic of Brooklyn 232
  - 8.5.3.2. Kleinstadt und „global village" treffen aufeinander 239
- 8.6. Vergleichendes Fazit 243

9. Filmstädte II: Leben in Filmstädten 247
  - 9.1. Theoretische Grundlagen der Erhebungen 249
  - 9.2. Methodik der qualitativen Erhebungen 251
    - 9.2.1. Ablauf der Interviews 253
    - 9.2.2. Auswertung der Interviews 255
  - 9.3. Die unterschiedlichen Reality Checks 258
    - 9.3.1. Reality Check I: Das Filmbild im Vergleich zum Community Profile 258
      - 9.3.1.1. Bedford-Stuyvesant – Do the Right Thing 261
      - 9.3.1.2. Park Slope – Smoke 264
      - 9.3.1.3. Upper West Side – E-Mail für Dich 268
      - 9.3.1.4. Ausgewählte Statistiken im Vergleich 270
      - 9.3.1.5. Zum Aussagewert des Reality Check I 275
    - 9.3.2. Reality Check II: Das Filmbild von Berlin im Vergleich zur Lebenswelt 277
      - 9.3.2.1. Lebensweltliche Raumvorstellung 277
      - 9.3.2.2. Einflüsse von Medien 283
      - 9.3.2.3. Reaktionen und Reflexionsimpulse zu den Filmausschnitten 286
    - 9.3.3. Reality Check III: Berlin aus deutscher Besuchsperspektive 289
      - 9.3.3.1. Abweichende Raumvorstellung aus Besuchersicht 290
      - 9.3.3.2. Mediale Einflüsse auf das externe Berlinbild 293
      - 9.3.3.3. Muster der Filmaneignung 297
    - 9.3.4. Reality Check IV: New York aus deutscher Besuchs- und Außenperspektive 301
      - 9.3.4.1. Die Gemeinsamkeiten von Besuchs- und Außerperspektive 301
      - 9.3.4.2. Unterschiede, die das „echte" Erleben ausmacht ... 306
      - 9.3.4.3. Erinnerungen an das mediale New York 309
      - 9.3.4.4. Film-Mythos und das „echte Erleben" 313
    - 9.3.5. Reality Check V: New York aus Delaware-Perspektive 322

9.4. Alltägliche Medienaneignung und Raumvorstellung –
eine sekundäre Typisierung 327
    9.4.1. Typ 1: Das Wesen der Großstadt im Spiegel des
Mediums Film 327
    9.4.2. Typ 2: Stadt im Spiegel der privaten und filmischen
Erinnerung 329
    9.4.3. Typ 3: Film- und Stadtexperte mit intensiver Ortskenntnis .. 331
    9.4.4. Typ 4: Film- und Stadtexperte ohne eigene
Erfahrungen vor Ort 333
    9.4.5. Typ 5: Medien definieren unbewusst die städtische
Raumvorstellung 334
    9.4.6. Typ 6: Medien und Stadtleben aus US-amerikanischer
Perspektive 336

10. Fazit: Vom „Hyperspace" zu „mediated spaces" 339

11. Anhang 346
  11.1. Zusammenfassung 346
  11.2. Summary 348
  11.3. Verzeichnisse 350
    11.3.1. Abbildungsverzeichnis 350
    11.3.2. Tabellenverzeichnis 351
    11.3.3. Register der Filmtitel 352
    11.3.4. Literaturverzeichnis 354
  11.4. Materialien 378
    11.4.1. Beispiel eines Sequenzprotokolls 378
    11.4.2. Auszug aus einem transkribierten Rezipienteninterview 381
    11.4.3. Kategorien zur Verdichtung des Interviewmaterials 385
    11.4.4. Beispiel zu Paraphrase und Generalisierung 386

VORWORT

Die vorliegende Arbeit hat ihren Ursprung im Herbst 2002, als die Auseinandersetzung mit einem Schaubild des US-Geographen Michael Dear zur Formulierung der grundlegenden Fragestellung „Wie hängen Filme und städtisches Leben zusammen?" führte. Ausgehend von dieser Frage entwickelt die Untersuchung ein theoretisches Fundament für die Annäherung an filmische Inszenierungen von Städten und an den Einfluss von Filmbildern auf alltägliche Raumvorstellungen. Anhand von Interpretationen ausgewählter Filmbeispiele zu Berlin und New York und mittels qualitativer Interviews wird die Stellung von Filmen als elementaren Bausteinen des kognitiven, emotionalen und handlungsleitenden räumlichen Bezuges zu Städten deutlich.

Seit den Anfängen der Untersuchung im Jahr 2003 haben viele Personen erheblich zur Ausgestaltung des Forschungsvorhabens beigetragen. Meinem Doktorvater Prof. Dr. Herbert Popp danke ich herzlich für die fortwährende kritisch-konstruktive Begleitung der Arbeit und für die Aufnahme am Lehrstuhl für Stadtgeographie und Geographie des ländlichen Raumes der Universität Bayreuth im Rahmen des zugrunde liegenden DFG-Projektes. Herrn Prof. Dr.-Ing. Lüder Bach danke ich für seine langjährige Bereitschaft zu kritischen Diskussionen, die mich in zahllosen Variationen des Grundthemas „Stadt" über den Großteil meiner Studien- und Promotionszeit begleitet haben und die in ausführlichen Stellungnahmen zu konzeptionellen Entwürfen dieser Arbeit sowie in der Erstellung des Zweitgutachtens mündeten. In ähnlicher Weise hat Prof. Robert Warren von der School of Urban Affairs and Public Policy der University of Delaware maßgeblichen Einfluss auf die langfristige Entwicklung meines Interesses am Forschungsgegenstand „Film und Stadt" genommen.

Vielen Dank auch an meinen Kolleginnen und Kollegen am Lehrstuhl für Stadtgeographie für anregende Diskussionen fachlicher und sonstiger Natur. Insbesondere Frau PD Dr. Carmella Pfaffenbach hat das Projekt seit den Anfängen maßgeblich begleitet, ebenso wie Herr Dr. Angelus Bernreuther. In besonderer Weise zum Gelingen des Forschungsprojektes hat zudem Herr Florian Bitter beigetragen, der als studentische Hilfskraft mit vielfältigen Aufgaben betraut war und die Auswertungen der qualitativen Interviews erheblich vorangebracht hat. Außerdem danke ich Frau Brigitte Schmidt für die Anfertigung der Interviewtranskripte und Herrn Jürgen Bregel für die Erstellung des Kartenmaterials.

Mein oberster Dank gebührt denjenigen, die mir als Interviewpartner Einblicke in ihr „Bild der Welt" gewährt haben; die vorliegende Untersuchung basiert nicht zuletzt auf der Offenheit und Bereitschaft der Gesprächspartner, sich auf ein Interview über „Film und Stadt" einzulassen. In der Organisation der empirischen Untersuchungen waren insbesondere Frau Dr. Katharina Fleischmann an der FU Berlin, Herr Frank Bolks von der Brüdergemeine Berlin-Neukölln und Herr Martin Wollaston an der University of Delaware behilflich. Die Aufenthalte in New York wurden zudem auch durch die Gespräche mit lokalen Experten zu einem Erfolg; hier bin ich insbesondere Herrn Prof. Mitchell Moss (New York University) und Herrn Prof. Robert Beauregard (New School University) für ihre Gesprächsbereitschaft und die Einblicke in „ihr" New York zu Dank verpflichtet.

Ich danke den Herausgebern des „Erdkundlichen Wissens" für die Aufnahme in die Reihe und dem Verlag F. Steiner für die gute Zusammenarbeit in der Vorbereitung der Drucklegung. Die Veröffentlichung in dieser Form wurde durch die finanzielle Unterstützung seitens des Lehrstuhls für Stadtgeographie der Universität Bayreuth, seitens des Lehr- und Forschungsgebietes Kulturgeographie der RWTH Aachen und durch eine Zuwendung des Universitätsvereins Bayreuth e.V. ermöglicht.

Für die Bereitschaft, in verschiedenen Manuskriptversionen den orthographischen Fehlgriffen nachzuspüren, danke ich meinem Vater Harald Fröhlich; für ihre Unterstützung im Laufe der letzten Jahre danke ich allen, die mich in Kollegen-, Freundes- und Familienkreisen ein Stück meines Weges begleitet haben.

Bayreuth, im Frühjahr 2007　　　　　　　　　　　　　　　　　　　HF

1. PROLOG: „CITIES AS REPRESENTATIONS AS CITIES…"?

Die vorliegende Arbeit beschäftigt sich mit dem Wechselspiel zwischen den Darstellungen von Städten in Spielfilmen und dem alltäglichen Denken und Reden über Städte, dem lebensweltlichen Bezug von Subjekten zu städtischen Räumen und dem alltäglichen Handeln in Städten. Ihren Ausgangspunkt hat die Auseinandersetzung mit dieser Thematik in einem Schaubild von DEAR (Abbildung 1), das im Zusammenhang mit Diskussionen über Los Angeles als paradigmatischer Stadt der Postmoderne steht und in dem zwei verschiedene Verknüpfungen von „Film" und „städtischer Realität" angedeutet werden. Die erste, relative eng gefasste Verknüpfung zwischen Film und Stadtraum lässt sich direkt aus der in Abbildung 1 dargestellten „*Theory of Filmspace*" ableiten und besteht in den linear konzipierten Beziehungen zwischen Produktions- und Konsumtionsorten. Eine zweite Beziehungsebene deutet DEAR mit dem Doppelpfeil am unteren Rand der Darstellung an – ihre breiter aufgefasste Verknüpfung zwischen Film-Sehen und Stadtleben stellt einen wesentlichen Ausgangspunkt für die vorliegende Untersuchung dar.

Abb. 1: A Theory of Filmspace

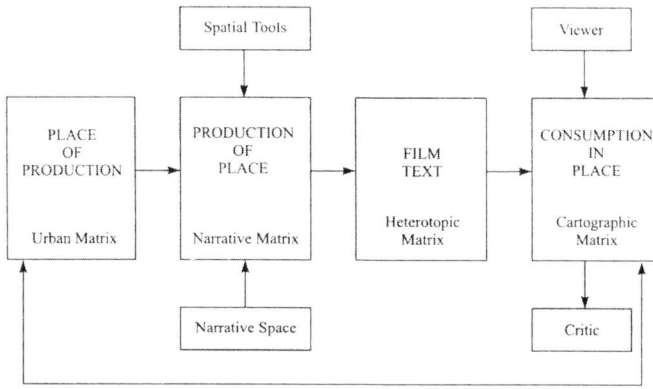

Quelle: DEAR 2000a, S. 190

Die „Theorie des Filmraumes" spielt für DEAR (2000a, S. 166) eine zentrale Rolle in der Bearbeitung der Frage „[…] how does one read the city in an age when the urban grows increasingly to resemble televisual and cinematic fantasy?" Der Autor geht also von der Hypothese aus, dass der postmoderne Zustand der Städte seinen Ausdruck in einer Annäherung von Realität und medialer Präsentation findet, wenngleich er diese These eher als anerkanntes postmodernes Axiom verwendet statt im Sinn einer zu überprüfenden Annahme. In der Diskussion der Annäherung von städtischen Strukturen an filmische Vorlagen diskutiert DEAR zum einen die Stadtregionen Tijuana und Las Vegas als postmoderne Agglomerationen in einem frühen Entwicklungsstadium, für das ein zunehmendes Verschmelzen von „urban reality" und „urban fantasy" kennzeichnend sei, genauer gesagt sogar ein Angleichen von Realitäten an vorangestellte Phantasie/Fantasy. Zum anderen beschreibt der Autor in einem Kapitel über „Film, Architecture and Filmspace" die traditionsreichen Verbindungslinien von Film und Architektur sowie jüngere Überlegungen in der anglophonen Geographie und verschiedenen Nachbardisziplinen zur Darstellung von Städten in Filmen (DEAR 2000a, S. 178ff). Im Folgenden steht DEARS *Theory of Filmspace* und die darauf basierende Frage nach dem Zusammenspiel von Film und Realität im Mittelpunkt.

Die „Theorie des Filmraumes" stellt die verräumlichte und auf das Medium Film spezifizierte Variante eines Grundmodells von Kommunikation dar, das auf SHANNON/WEAVERS Schema der technischen Informationsübermittlung zurückgeht (Abbildung 2, vgl. SHANNON/WEAVER 1949, S. 33ff, KRALLMANN/ZIEMANN 2001, S. 21ff). An die Stelle eines Kommunikationssystems, in dem ausgehend von einer Informationsquelle eine Nachricht über einen technischen Übertragungsweg als störungsanfälliges Signal zu einem Empfänger übermittelt und dort wieder zu einer Nachricht dekodiert bzw. rekonstruiert wird, setzt DEAR einen Ablauf der Orte der Filmproduktion, des Films und seiner „räumlichen" Inhalte an sich, sowie der Orte des Filmkonsums.

Abb. 2: Schematische Darstellung eines Kommunikationssystems

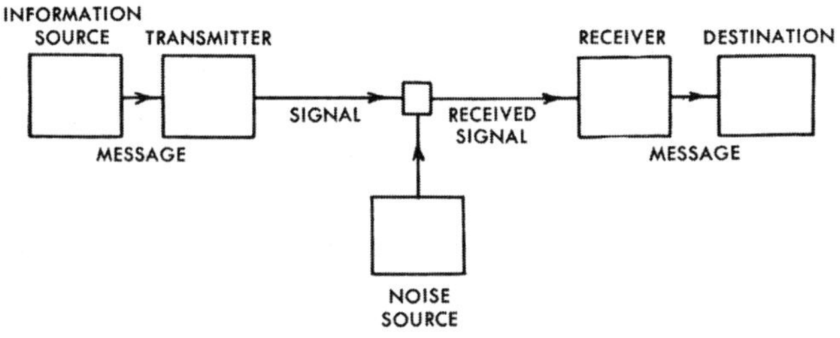

Quelle: SHANNON/WEAVER 1949, S. 34

Dabei widmet DEAR in seinen Erläuterungen dem Produktionsort (*place of production*) als Ausgangspunkt die geringste Aufmerksamkeit. Es wird dennoch deutlich, dass hiermit nur am Rande die physischen Stadträume gemeint sind, in denen Filmproduktion stattfindet und deren räumliche Organisation aus der Perspektive einer strukturorientierten Wirtschafts- bzw. Stadtgeographie von Interesse sein können. Vielmehr versteht DEAR (2000a, S. 189ff) hierunter die in einem weiteren Sinne räumlichen Rahmenbedingungen der Filmproduktion, die zum einen in der Form regionalspezifischer Standards der Filmherstellung den Produktionsvorgang an sich betreffen können, die zum anderen aber insbesondere in mittelbar relevanten „raumspezifischen" Gegebenheiten des Kulturbetriebes und der Filmindustrie liegen können. Die Bedeutungen des Produktionsortes reichen also von unterschiedlichen Publikumserwartungen über die Logiken der Filmfinanzierung, des Marketings und der Distribution in der Filmbranche bis zu den kulturellen „conventions, panoramas, and observers" einer Stadt zu einem bestimmten Zeitraum. Zudem funktionieren viele dieser Aspekte auf unterschiedlichen Maßstabsebenen, die vom kleinräumigen Maßstab eines spezifischen Produktionsortes – z.B. in der Erörterung des kulturellen Umfeldes der Filmproduktion in Hollywood – über Elemente der regionalen Ebene bis zu nationalstaatlichen Aspekten wie den gesetzlichen Grundlagen der Filmförderung und globalen Fragen wie des Verhältnisses zwischen dem Kino der „ersten" und der „dritten" Welt reichen.

Von den relativ unspezifischen „räumlichen" Rahmenbedingungen beeinflusst findet in einem zweiten Schritt des Schaubildes die Produktion eines filmischen Raums (*Production of Place*) statt, der von zwei wesentlichen Einflussgrößen geprägt wird. Dies ist einmal das Arsenal an cineastischen Werkzeugen zur Darstellung von Raum (*spatial tools*), d.h. die durch die Möglichkeiten der digitalen Filmbearbeitung mittlerweile erheblich erweiterten technisch-künstlerischen Aspekte der Raumdarstellung (Kulissenbau, Drehortwahl, Kameraposition, -bewegung und -einstellung, Beleuchtung etc.). Mittels dieses filmischen Handwerkszeuges wird zum anderen der für die Geographie bedeutsame „*narrative space*" inszeniert, worunter der durch den Film konstruierte „erzählte Raum" zu verstehen ist. Die in einem Film fixierten Raumbedeutungen werden im letzten Element der *Theory of Filmspace* dem professionellen wie „normalen" Zuschauer als Bedeutungsangebot präsentiert, wobei DEAR dem Vorgang der Filmwahrnehmung eine zentrale Rolle zuspricht. Das „verortete Filmsehen" (*consumption in place*) ist hierbei einerseits im Hinblick auf den geographischen Ort des Sehens bezogen (*screening site*, d.h. im Kino, vor dem Fernseher etc.), der die theoretisch wie empirisch mit Abstand am einfachsten zu erfassende Variable der *Theory of Filmspace* bildet. Die große Bedeutung der Filmwahrnehmung für die Konstruktion eines filmischen Raumes besteht vielmehr in einer zweiten Bedeutung von *consumption in place*, die auf die subjektive „Position" des Zuschauers und damit die individuellen Voraussetzungen für das Sehen eines Films bezogen wird. Die Tatsache, dass die Bedeutung eines Films und damit auch der filmisch dargestellten Räume von der Ausgangsposition des Betrachters abhängig ist und dass die Rezeption eines Films nicht als passives Ausgesetztsein, sondern als aktive Aneignung aufzufassen ist, stellt eines der dominanten Themen der zeitgenössischen Film- und Medienforschung dar und wird in Abschnitt 7.2.2 näher diskutiert. Im Kontext des Film-Sehens spricht DEAR (2000a, S. 190f) von einer „complex, internalized cartography of presuppositions and prejudices" eines Betrachters, deren Konsequenz eine „multitude of different ways of seeing" sei. Da also die zumindest graduellen Unterschiede zwischen den Ausgangspositionen der Betrachter zu unterschiedlichen Interpretationen eines Films führen, kommt dem Vorgang der aktiven Auseinandersetzung und individuellen Aneignung von filmischen Inhalten eine zentrale Bedeutung für die Untersuchung der Wirkungen von Filmen zu.

Als analytische Gliederung des Ablaufes der Produktion und Rezeption von filmischen Raumdarstellungen ist die *Theory of Filmspace* soweit in sich schlüssig und stellt ein hilfreiches Schema im Umgang mit den verschiedenen Gattungen von „Filmräumen" dar. Problematisch stellt sich dagegen die zweite Bedeutungsebene des Zusammenspiels von Film und städtischer Realität dar, die durch den am unteren Rand von Abbildung 1 verlaufenden Rückkopplungspfeil zwischen Produktionsort und verortetem Filmsehen angedeutet wird. In besonderem Maße ist hierfür der Widerspruch zwischen der Anordnung in Abbildung 1 und der textlichen Erläuterung des Schaubildes durch DEAR verantwortlich.

Innerhalb des Schaubildes stellt der Pfeil eine Wechselwirkung zwischen dem verorteten Filmsehen – also dem Ort des Sehens bzw. der subjektiv „verorteten" Interpretation – und dem erdräumlichen Produktionsort sowie den „verorteten" Rahmenbedingungen der Filmproduktion dar. Anhand eines kurzen Gedankenspiels lässt sich die Problematik dieser Verknüpfung aufzeigen: Der Film *The Matrix* von Andy und Larry WACHOWSKI (1999) wurde als globaler „Blockbuster" den Rahmenbedingungen des Hollywood-Kinos folgend produziert und vertrieben, jedoch zum Großteil in Sydney gedreht. Die räumlichen Gestaltungsmittel des Films sind weitgehend dem anerkannten Repertoire des Science-Fiction-Genres entnommen, in einzelnen Aspekten jedoch haben die WACHOWSKIS die Standards der räumlichen Inszenierung maßgeblich erweitert, insbesondere durch die Ästhetik ihrer Zweikampfszenen. Der „erzählte Raum" des Films ist zum einen eine post-apokalyptische unterirdische Realwelt, zum anderen der simulierte großstädtische Raum, der durch das interaktive Simulationsprogramm der Matrix erzeugt wird. Dieser in Sydney gedrehte Stadtraum ist im Skript noch als Chicago bezeichnet, der Heimatstadt der WACHOWSKI-Brüder, während im Film alle Hinweise auf eine spezifische Stadt eliminiert und Telefonbücher oder U-Bahnen mit dem Logo „City of" versehen sind. Auf den Doppelpfeil in Abbildung 1 zurückkommend lässt sich nun fragen, welcher Art die Rückkopplung zwischen einer subjektiven Interpretation oder dem Ort des Sehens des Films *The Matrix* auf den im Film überhaupt nicht erkennbaren Produktionsort Sydney oder auf die Industriestandards für Hollywood-Blockbuster sein könnten.

Ähnliche Unschlüssigkeiten in DEARS „Theorie des Filmraumes" lassen sich für die Darstellung historischer Handlungen in Filmen feststellen, wie die Gegenüberstellung in Abbildung 3 verdeutlicht. Hier lassen sich die Verbindungen kritisch hinterfragen, die sich zwischen dem heutigen Anblick der Williamsburg Bridge in Brooklyn (South 6th Street & Berry Street) und dem Filmbild derselben Szenerie im Jahr 1923 ergeben, das der Italiener Sergio LEONE in seinem Gangsterepos *Es war einmal in Amerika* (1984) entwirft. Dass das Wissen um LEONES Geschichte von Freundschaft, Verrat und Tod über die jüdischen Straßenjungen und späteren Gangster Noodles und Max das Erleben der heutigen Szenerie mit Assoziationen und Erinnerungen an die filmische Erzählung durchsetzen und damit das Wahrnehmen, Erleben und Handeln im heutigen New York beeinflussen kann, ist relativ leicht nachvollziehbar. Weniger eindeutige Auswirkungen lassen sich dagegen vermutlich davon ableiten, ob der *place of production* der filmischen Inszenierung tatsächlich das Stadtviertel Williamsburg war, oder – mittels filmtechnisch leicht realisierbarer Projektion eines Hintergrundes in einem Studio – die Cinecittà-Studios bei Rom, in denen *Es war einmal in Amerika* hauptsächlich entstanden ist.

Abb. 3: Verwirrungen einer „Theorie des Filmraumes"

Quelle: eigene Aufnahme, April 2005 / *Es war einmal in Amerika* (LEONE 1984)

Ähnlich ungeklärt bleibt die Grundfrage nach der genauen Art der Wechselbeziehung, die durch den Doppelpfeil in Abbildung 1 angedeutet wird, wenn man der Erläuterung von DEAR folgend die Ebene des Schaubildes verlässt und die fragliche Rückkopplung in einem erheblich erweiterten Verständnis betrachtet. In dieser weit gefassten Perspektive hat der Doppelpfeil folgende Bedeutung (DEAR 2000a, S. 193): „the hatched lines [gemeint: der Doppelpfeil, HF] returning from the film to the broader context of urban life underscores [sic] the dialogical relationship between seeing and living." Der Doppelpfeil verbindet demnach „Film" und „Leben in Städten" in einer Wechselbeziehung aus Sehen und Leben und verweist auf die Möglichkeit, dass ein Film nicht unmittelbar nach dem Sehen vergessen wird, sondern vielmehr einen bleibenden Einfluss darauf haben kann, wie ein Zuschauer die „Welt außerhalb der Filme" wahrnimmt, einordnet und in ihr handelt. Unter Hinweis auf die Konzepte des *„chronotopes"* des russischen Literaturtheoretikers BAKHTIN und der *„spectatorial topoanalysis"* der italo-amerikanischen Kulturwissenschaftlerin BRUNO (1993) formuliert DEAR (2000a, S. 193) die Wechselwirkung zwischen Film und Realität wie folgt:

> It recalls the Bakhtinian "chronotope," i.e. that which oscillates between (literary) representation and the space-time of everyday life. It exactly invokes Bruno's *spectatorial topoanalysis*, referring to the change in viewers' engagement with the city and streets of Naples as a consequence of movie-going. In this way, the film fantasy contextualizes the subsequent experience of reality. Needless to say, most movies are instantly forgotten. But whether their makers intend them this way or not, certain movies lodge in our conscious and subconscious, later to frame the way we perceive, think, and act. In other words, our desires and actions become conditioned by the movies and similar forms of entertainment. We may even go on to imagine and create a life, a city, that mimics the movies...

Mit diesem Zitat enden in *The Postmodern Urban Condition* DEARS Darstellungen zur theoretischen Verknüpfung von Film und Stadt, ohne dass der Autor näher darauf eingeht, wie das Wechselspiel zwischen filmischen und städtischen Welten ablaufen und einer wissenschaftlichen Annäherung zugänglich sein könnte. Er macht jedoch in aller Klarheit deutlich, dass es sich bei dem Wechselspiel von filmischen Stadtdarstellungen und dem Leben in Städten nicht nur um einen individuellen psychischen Prozess handelt, bei dem die Vorstellungen des Einzelnen über eine bestimmte Stadt oder Städte im Allgemeinen von Filmbildern beeinflusst werden, sondern dass Filminszenierungen von Städten auf gesellschaftlicher Ebene ein derart relevanter Faktor für den Umgang mit Städten sind, dass sie Auswirkungen auf die alltägliche Gestaltung von physisch-materiellen Stadträumen haben. Es sei ein neuartiges Kennzeichen postmoderner Verstädterung, „that televisual and cinematic representations of the urban increasingly define the physical form of the city. As cities become representations, so do representations become cities: cities as representations as cities…" (DEAR 2000a, S. 167).

Es lässt sich aufgrund von DEARS Formulierungen somit die Frage stellen, in welcher Form filmische Stadtbilder das alltägliche Leben in Städten beeinflussen und wie die Wechselwirkung zwischen Film und Stadt aus Sicht der Geographie theoretisch erfasst und empirisch nachvollzogen werden kann. Diese Fragestellung wird in einer eingeschränkten Form als Ausgangspunkt der vorliegenden Untersuchung in Kapitel 2 aufgegriffen; die aus ihr abgeleiteten theoretischen und empirischen Teilfragen geben zudem die Gliederung der weiteren Gedankenführung vor, die in Abschnitt 2.3 vorgestellt wird.

2. FRAGEN UND WEGE ZU ANTWORTEN

Im Folgenden wird die Grundfrage der Untersuchung in differenzierter Form erläutert, wobei erste begriffliche Klärungen notwendig erscheinen, um zu einer präzisen Formulierung der Fragestellungen zu gelangen. Außerdem werden Grundthesen zu den Wechselwirkungen von Film und Stadt entwickelt, die im weiteren Verlauf der Untersuchung zur Disposition stehen.

2.1. FRAGESTELLUNGEN DER UNTERSUCHUNG

In der Diskussion von DEARS *Theory of Filmspace* ist die Grundfrage der vorliegenden Arbeit bereits angesprochen worden, indem auf die von ihm zwar postulierte, aber unzureichend erläuterte Wechselbeziehung zwischen Filmen und dem städtischen Leben hingewiesen wird. Dabei wurde bislang die von DEAR verwendete Formulierung übernommen und als Gegenpart des Film-Sehens das komplexe Konstrukt des „städtischen Lebens" verwendet. Im Folgenden wird dagegen der erheblich engere Begriff „Raumvorstellung" angewandt, mit dem die Gesamtheit der Bedeutungen umfasst wird, die ein Individuum einem bestimmten Erdraumausschnitt zuweist. Die nähere Bestimmung dieses Terminus wird im Kontext der Begriffe der geographischen Wahrnehmungsforschung (Kapitel 3) sowie in den Ausführungen zu gegenwärtigen geographischen Raumtheorien (Abschnitt 4.2.2) erfolgen. Unter Verwendung dieses auch in den empirischen Teilen der vorliegenden Untersuchung verwendeten Begriffes lautet die zentrale Fragestellung der vorliegenden Arbeit wie folgt:

– Grundfrage der Untersuchung:
  Welchen Einfluss haben Filme, hierbei insbesondere filmische Darstellungen von Stadträumen, auf alltägliche Raumvorstellungen?

Mit dem Begriff der Raumvorstellung werden alle Teilbereiche des Raumbezuges des Menschen angesprochen, die bereits von TZSCHASCHEL (1986) als Gegenstände einer „Geographie der Mikroebene" konstatiert wurden. Es handelt sich bei Raumvorstellung also um die Summe an Wissen, emotionalen Bindungen und Bewertungen sowie daraus gebildeten handlungsleitenden Vorstellungen, die ein Mensch aus unterschiedlichen persönlich-biographischen, sozialen und kulturellen Quellen über einen bestimmten Ausschnitt der Welt besitzt. Trotz der prinzipiell vorhandenen Möglichkeit zur analytischen Trennung zwischen wissenszentrierten, emotionalen und handlungsorientierten Aspekten von Raumvorstellung soll dieser Ausdruck als Sammelbegriff für die unterschiedlichen Teilaspekte verwendet werden, da sowohl im alltäglichen Umgang eines Zuschauers mit dem Medium Film als auch im alltäglichen Leben und in der Reflexion über Medien und alltägliche Raumvorstellungen in einer Interviewsituation eine derart enge Verbindung der verschiedenen Ebenen von Raumvorstellungen zu erwarten ist, dass eine analytische Trennung und die Verwendung differenzierter Begriffe nicht angemessen erscheint. Die Abgrenzung des Begriffes Raumvorstellung von anderen in der Wahrnehmungsgeographie geläufigen Termini wie „Image", „Raumwahrnehmung", „mental map" oder „kognitive Karte" wird in Abschnitt 3.2.3 detaillierter vorgenommen.

In die Überlegungen zur Ausbildung von Raumvorstellungen und zu dem medialen Einfluss auf diesen Vorgang fließen drei theoretische Diskussionsstränge ein, die wesentliche Beiträge zur Beantwortung der Frage nach einem „Bild der Welt" geleistet haben. Zum Ersten steht dabei diejenige Denktradition zur Diskussion, die von LYNCHS Untersuchung zum Stadtbild (*The Image of the City*, 1960) wesentlich mit beeinflusst worden ist, von der sich der Titel der vorliegenden Arbeit *„Das neue Bild der Stadt"* ableitet. LYNCHS Untersuchung stellt einen zentralen Anknüpfungspunkt für die in der Geographie und Stadtforschung der 1960er und 1970er Jahre geleisteten Untersuchungen zur Raumwahrnehmung dar. Hierin ist das Bild der Welt tatsächlich ein Abbild einer objektiv vorgegebenen materiellen Realität, das, wenngleich nicht rein visuell, am ehesten mit einer bildlichen oder kartographischen Metapher zu fassen ist. Die erste theoretische Teilfrage hierzu lautet:

– Bild der Welt 1:
  Wie lässt sich das Bild der Welt charakterisieren, das in Arbeiten aus Geographie und Stadtforschung zur Raumwahrnehmung entwickelt wurde?

In diesem Bereich, der aufgrund der weitgehend abgeschlossenen Diskussion relativ knapp gehalten werden kann, steht neben den Grundzügen und zentralen Kritikpunkten der wahrnehmungs- oder verhaltensorientierten Geographie die Frage im Zentrum, ob es trotz des historischen Charakters dieser Auseinandersetzungen Elemente der Wahrnehmungsgeographie gibt, die als Ansatzpunkte für eine Verbindung mit neueren Theorieansätzen dienen können. In Abschnitt 3.2 wird mit der kognitiven Psychologie von NEISSER (1976) ein derartiger Anknüpfungspunkt skizziert, der inhaltlich die Prozesse der Wahrnehmung in die zentralen theoretischen Grundlagen einer handlungszentrierten Humangeographie einbettet und damit die geographische Auseinandersetzung mit räumlicher Wahrnehmung auch innerhalb dieses zentralen Diskussionsstrangs der gegenwärtigen deutschen Geographie verankert.

Zwei ausgewählte Ansätze der handlungsorientierten Humangeographie stellen den zweiten Themenkomplex dar, dessen spezifisches „Bild der Welt" näher betrachtet wird. In Abgrenzung zu einem von behavioristischen Grundvorstellungen geprägten Bild der Welt der traditionellen verhaltensorientierten Wahrnehmungsgeographie kommt hier ein „Bild der Welt" zum Tragen, das auf einer fundamentalen Bedeutungsverschiebung zwischen Mensch und natürlicher Umwelt beruht:

Nicht mehr das kausal abgeleitete und verzerrte subjektive Abbild der materiellen Welt wird betrachtet, sondern die komplexen Prozesse, in denen der Mensch als handelnder Akteur den Dingen seiner materiellen Umwelt Bedeutungen zuschreibt und durch sein „alltägliches Geographie-Machen" auf sich bezieht. Das Bild der Welt ist in dieser Vorstellung damit primär vom menschlichen Handeln abhängig und gleicht eher einem Bauplan für die individuelle und soziale Konstruktion räumlich-sozialer Wirklichkeit als einem Abbild einer externen Realität. Zwei ausgewählte Ansätze einer subjektzentrierten handlungstheoretischen Humangeographie – die handlungstheoretische Grundlagenarbeiten von WERLEN und WEICHHARTS teils darauf aufbauende Analyse räumlicher Kategorien inklusive eines raumtheoretischen Partialmodells – werden in Kapitel 4 dargestellt und ihre Konzeptionen von „Raum" daraufhin überprüft, wie die Prozesse der Raumwahrnehmung und die Einflüsse medialer Raumbilder in ihre Gedankengerüste integriert sind oder integriert werden können. Die Teilfrage für den zweiten theoretischen Zugang lautet:

– Bild der Welt 2:
  Welche Grundelemente sind in den ausgewählten Theorieansätzen für die Konstruktionen des alltäglichen Raumes bedeutend und wie sind die Prozesse der lebensweltlichen bzw. medial vermittelten Raumwahrnehmung hierin integriert?

Ein dritter Zugang zu einem „Bild der Welt" wird in Kapitel 5 mit einem selektiven Überblick über bislang in der Geographie vorgelegte Arbeiten zur Darstellung von Räumen in modernen Medien skizziert. Dieses Themenfeld stellt spätestens seit den 1990er Jahren und dem Aufkommen einer „neuen" Kulturgeographie eines der „boomenden" Themen der Humangeographie dar, in dem mediale Diskurse als wesentliche Einflussgrößen auf die Ausbildung von Raumbildern oder *„geographical imaginations"* (GREGORY 1994) thematisiert werden. Allerdings bewegen sich viele der Arbeiten bislang im Bereich der Dekonstruktion medialer Inhalte, um nicht zuletzt auch die Macht dieser Bedeutungskonstruktionen aus der Perspektive einer kritischen Wissenschaft aufzudecken. Wenngleich jedoch derartige Dekonstruktionen immer mit der Vorstellung verbunden sind, dass die medialen Darstellungen ihre „Wirkmächtigkeit" in ihrem Einfluss auf alltägliche Raumvorstellungen entfalten, liegen bislang kaum Arbeiten vor, die in umfassender Weise einen empirischen Zugang zur Rezeption von Medieninhalten und zu ihrem Einfluss auf individuelle Raumvorstellungen verwirklichen. Für Darstellungen der bisherigen Auseinandersetzungen der Geographie mit dem Themenfeld „Medien" liegt daher folgende Teilfrage zugrunde:

– Bild der Welt 3:
  Wie wird das Verhältnis zwischen medial vermittelten und direkt erlebten Raumbildern in der vorliegenden geographischen Medienforschung erfasst?

Die drei in Kapitel 6 zusammengefassten Diskussionsstränge bilden die Grundlage für die empirischen Teile der vorliegenden Untersuchung. Es werden zwei unterschiedliche empirische Vorgehensweisen gewählt, um die Hypothese vom Wirken filmischer Stadtbilder auf alltägliche Raumvorstellungen und damit auf den für die menschliche Existenz grundlegenden Vorgang der Wirklichkeitskonstitution nachzuvollziehen. Zum einen wird dabei auf der Ebene ausgewählter Filme angesetzt und folgende Forschungsfrage bearbeitet:

- Empirische Teilfrage 1:
  Wie lassen sich mittels einer geographischen Filminterpretation die Wirkungsweisen von städtischen Filmbildern nachvollziehen?

Wie aus den Darstellungen zur bisherigen Film- bzw. Mediengeographie deutlich wird (vgl. Kapitel 5), stellt diese empirische Teilfrage auf den ersten Blick eine mittlerweile nahezu zum Standardrepertoire der Kulturgeographie gehörende Fragestellung dar. Wenngleich in der vorliegenden Untersuchung eine in ihrer Form neuartige Perspektive auf die ausgewählten Beispielstädte und ihre filmische Darstellung entwickelt wird, erscheint es doch als eine viel versprechende Erweiterung, den filminterpretativen Ansatz um eine rezeptionsorientierte Herangehensweise zu ergänzen. Die zweite empirische Teilfrage lässt sich wie folgt formulieren:

- Empirische Teilfrage 2:
  Wie werden Filmbilder von Städten in die alltäglichen Raumvorstellungen (der Interviewpartner) integriert?[1]

Dieser zweite empirische Teil konzentriert sich auf den Prozess der aktiven Aneignung von Medieninhalten durch das Publikum und auf die Arten, in denen medial vermittelte Eindrücke in die alltägliche Raumvorstellung eines Stadtraumes integriert werden. Den Feststellungen von DEAR sowie den konzeptionellen und methodischen Vorarbeiten aus dem Forschungsfeld der *cultural studies* folgend, wird mit dem Vorgang der Rezeption von Medieninhalten der zentrale Mechanismus in den Mittelpunkt der Untersuchung gerückt, durch den Medien im alltäglichen Leben wirksam werden und sich filmische Darstellungen von Städten zu angeeigneten Elementen einer komplexen und aus unterschiedlichen Quellen gespeisten Raumvorstellung wandeln. In den qualitativen Interviews, die die Grundlage für die Ausführungen in diesem Abschnitt bilden, steht genau die Wechselwirkung zwischen filmischer Präsentation einer Stadt und der alltäglichen Raumvorstellung, zwischen Film und den kognitiven, emotionalen und handlungsleitenden Bezügen zu Stadträumen zur Diskussion, auf die der Rückkopplungspfeil in DEARS *Theory of Filmspace* hinweist.

---

1 Hier und im gesamten Verlauf der Arbeit sind mit der Lesbarkeit halber vereinfachten Formulierungen wie „Interviewpartner" oder „Gesprächspartner" Personen beider Geschlechter angesprochen.

2.2. AUSGANGSTHESEN DER UNTERSUCHUNG

In Ergänzung zu den soeben dargelegten Fragestellungen wird im folgenden Abschnitt eine Reihe von Thesen formuliert, die sowohl als Ausgangspunkte für die theoretischen Überlegungen als auch als Grundlage für die eigenen empirischen Erhebungen herangezogen werden. Sie fungieren als gedankliche Leitlinien für die weitere Argumentation und ausdrücklich nicht als Hypothesen, die im weiteren Verlauf operationalisiert und einer strikten Überprüfung unterzogen würden.

These 1: Filme sind integraler Bestandteil des Themenfeldes der Geographie

Die Beschäftigung mit Filmen und anderen Medien stellt in der Geographie bislang ein Spezialthema dar, das erst im Verlauf der letzten Jahre zunehmend in der Mainstream-Geographie angekommen ist. In vielen methodologischen Aspekten sowie hinsichtlich der Entwicklungslinien des Forschungsgegenstandes ist die Geographie bei dieser Thematik naturgemäß auf einen Wissensimport aus medienwissenschaftlichen Disziplinen wie der Filmforschung, den *cultural studies* oder den Kommunikationswissenschaften angewiesen. Wenn Filme hier dennoch als ein integraler Bestandteil des Spektrums geographischer Untersuchungsgegenstände postuliert werden, dann geschieht dies im Sinn der in Abschnitt 4.2.1 geführten Diskussion über die Bedeutung von Massenmedien für die Wirklichkeitskonstitution des Subjektes: Die modernen Massenmedien, insbesondere die Telekommunikation, das Fernsehen, Filme und das Internet stellen mit ihren großen gesellschaftlichen Auswirkungen ein zentrales Charakteristikum post- oder spätmoderner Gesellschaften dar und bilden eine wesentliche Grundlage für die Raumbezüge bzw. Raumvorstellungen von Individuen. Eine Geographie, die sich als zeitgemäße Sozialwissenschaft nicht über die Primärkategorie „Raum", sondern in ihrer Auseinandersetzung mit den räumlichen Bedingungen menschlicher Existenz definiert, sollte sich daher einer Auseinandersetzung mit medialen Einflüssen auf die Konstitution individueller Raumvorstellungen und sozialer Gegebenheiten nicht verweigern.

These 2: Die Trennung von Realität und Medien ist hinfällig

In vielen Teilbereichen der Geographie ist noch eine begriffliche und inhaltliche Trennung zwischen „Realwelt" und „Medienbild" zu finden, die die qualitativen Unterschiede zwischen diesen beiden Kategorien betont und einer strikten Trennung zwischen „Echtem" und „Abbild" Ausdruck verleiht. Eine derartige Trennung von Realität und Medien ist hinfällig, da sie auf einer übermäßig simplifizierten Konzeption der Wechselwirkungen zwischen Medien und Lebenswelt basiert. Es wird in der vorliegenden Arbeit demgegenüber keineswegs eine Position vertreten, die die Wahrnehmung medialer Inhalte und das direkte Erleben gleichsetzt – es sind selbstverständlich zwei vollkommen unterschiedliche Vorgänge, ob man auf der Filmleinwand eines Kinos die Skyline von Manhattan präsentiert bekommt, oder ob man selbst „vor Ort" in New York diesen Anblick aufnimmt. Es ist jedoch davon auszugehen, dass zwischen den medialen Eindrücken und dem Erleben „vor Ort" intensive Wechselbeziehungen bestehen, die für medial intensiv inszenierte Stadträume wie Manhattan in besonders deutlicher Ausprägung vorliegen. So dürfte in vielen Fällen der Anblick der Skyline von Manhattan „vor Ort" mit medialen Inhalten verknüpft werden – seien es Bilder des 11. September 2001 oder populäre fiktionale Inszenierungen wie im Vorspann der in USA wie Deutschland beim Publikum beliebten TV-Serie *Sex and the City*. In umgekehrter Beziehung ist ebenfalls zu Erwarten, dass Erinnerungen an eigene Aufenthalte in New York die Wahrnehmung von medialen Inhalten wesentlich beeinflussen, gerade wenn es sich um ein Medium handelt, das als herausragende Erzählung über eine Stadt wie New York rezipiert wird. Die Trennung von Realität und Medien ist insofern hinfällig, als direkt Erlebtes und medial Wahrgenommenes gleichberechtigt in die Konstitution einer Raumvorstellung einfließen und im alltäglichen Leben nicht nach ihren unterschiedlichen Herkünften getrennt wahrgenommen werden. Diese These wird im Kontext der qualitativen Rezipienteninterviews noch ausführlich zur Sprache kommen und korrespondiert direkt mit der folgenden These 3.

These 3: "Art is more powerful than reality"

Die für die dritte These verwendete Aussage aus einem Rezipienteninterview „Art is more powerful than reality" soll nicht entgegen der soeben postulierten Auflösung der Trennung zwischen Realität und Medien eine strikte Gegenüberstellung dieser Kategorien auf anderer Ebene implizieren. Vielmehr geht es darum, die auf den ersten Blick einleuchtende qualitative Differenzierung von lebensweltlicher Wahrnehmung als „echt" und medialen Darstellungen als „verändert" und damit weniger echt zu hinterfragen und die Abfolge und Wertung der beiden Elemente umzukehren. Insbesondere aus der Konzeption des Wahrnehmungszyklus von NEISSER (vgl. Abschnitt 3.2) ergibt sich ein Beleg dafür, dass die biographisch-individuellen und die sozial vermittelten Ausgangsbedingungen für die „Wahrnehmung" der Welt von entscheidender Bedeutung dafür sind, welche Informationen aus der Umwelt von einem Individuum aufgenommen werden. Nicht eine vorgegebene Realität determiniert, welche Bezüge zu ihr von einem Menschen realisiert werden, sondern die Bezüge eines Individuums werden durch ein Wechselspiel zwischen externer Realität und den antizipatorischen Schemata gebildet, mit denen ein Subjekt der Welt begegnet. Da in die Schemata neben neurologisch bedingten Elementen auch verschiedenste Facetten von „Vorwissen" einfließen, die lebensweltlich Erlebtes sowie mediale und künstlerische Ausdrucksformen umfassen, beeinflussen Filme und andere Kunstformen in nicht unerheblichem Maße die alltägliche Wahrnehmung von realen und medialen Räumen. Für das eingangs von DEAR übernommene Zusammenspielen von Stadt-Leben und Stadt-im-Film-Sehen kann damit ein Kräfteverhältnis unterstellt werden, das dem medialen Konstrukt und Kunstwerk Film Gleichwertigkeit bis hin zu einem Primat den städtischen Realitäten gegenüber zuspricht.

These 4: Wir leben in Film-Städten

Wenn, wie in These 2 formuliert, in Belangen der alltäglichen Lebenswelt nicht annähernd stringent „reale" von „medialen" Bedeutungsfacetten der Raumvorstellung getrennt werden können, und wenn, wie in These 3 dargelegt, künstlerische und mediale Inhalte neben ihrer direkten Einbettung in die Raumvorstellung auch in ein das weitere Wahrnehmen und Interpretieren von Städten beeinflussende Schema Eingang finden, dann folgt daraus auf das Medium bzw. die Kunstform des Films bezogen, dass zumindest die Angehörigen westlicher Industriegesellschaften des frühen 21. Jahrhunderts in einer Welt leben, die sie wenigstens teilweise aus Filmen kennen. Aus Filmen stammende Bedeutungsfacetten sind untrennbar in die aus unterschiedlichsten Quellen gespeisten Raumvorstellungen des Menschen eingebettet und sprechen aufgrund ihrer besonderen Charakteristika auf eine sehr direkte und kognitiv wie emotional sehr effektive Art und Weise den Menschen an. Filme regen zur Reflexion über Räume an, sie generieren Raumbedeutungen, und obwohl die medial vermittelten Teile von Raumvorstellungen in der analytisch-reflexiven Situation eines Interviews als von andersartig gewonnenen Raumvorstellungen unterschiedlich erkannt werden, spielen derartige Trennlinien im Regelfall der alltäglichen Raumvorstellung vermutlich keine Rolle.

2.3. ÜBERSICHT ÜBER DEN AUFBAU DER ARBEIT

Der weitere Verlauf der Überlegungen kann anhand von Abbildung 4 verdeutlicht werden. Die Diskussion der theoretischen Grundlagen der Untersuchung erfolgt in den Kapiteln 3 bis 5, in denen jeweils ein Zugang zu einem „Bild der Welt" erörtert wird. Zunächst werden die konzeptionellen Grundlagen der Wahrnehmungsgeographie der 1960er und 1970er Jahre diskutiert (Abschnitt 3.1) und mit neueren wahrnehmungstheoretischen Ansätzen gegenübergestellt (Abschnitt 3.2). Als zweites Element der theoretischen Ausführungen werden zwei ausgewählte raumkonzeptionelle Gedankenstränge diskutiert, anhand derer die theoretische Einbettung von Wahrnehmung und Medien in das Konzept einer handlungstheoretischen Geographie kritisch reflektiert werden kann (Abschnitt 4.2). Ein dritter Zugang zu einem „Bild der Welt" lässt sich mit den in der Geographie zunehmend prominenten Überlegungen zur Rolle der Medien festmachen. Dabei wird zum einen der Stand der allgemeinen Medienforschung in der Geographie skizziert, deren Schwerpunkt Arbeiten zum medialen Einfluss auf die diskursive Produktion von sozialer Realität bilden (Abschnitt 5.3). Besonderes Augenmerk liegt auf den vorliegenden Untersuchungen zum Einzelmedium Film, die in ihren theoretischen Grundannahmen und Arbeitsschwerpunkten in Abschnitt 5.4 näher dargestellt werden.

Abb. 4: Ablaufdiagramm der Untersuchung

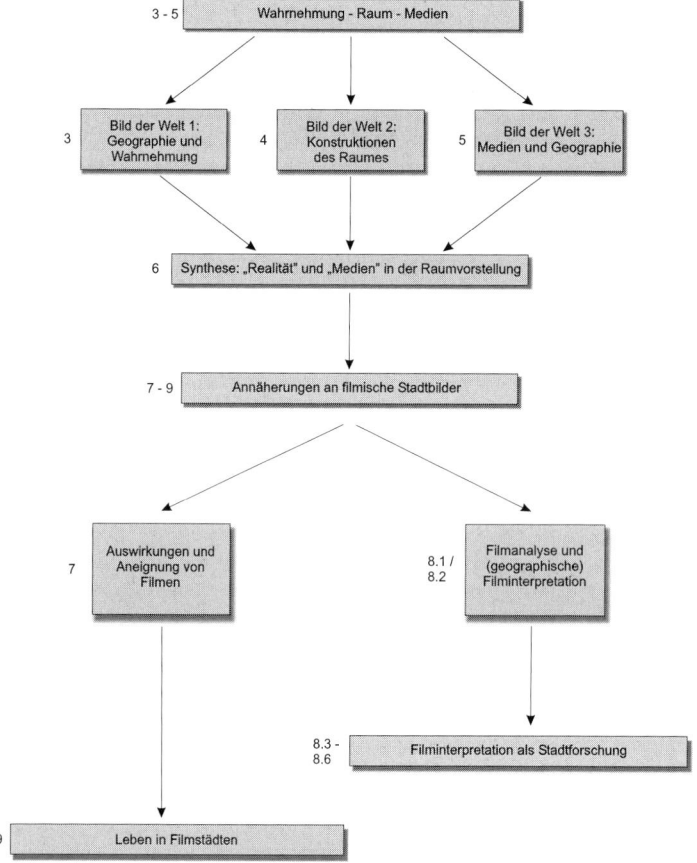

Quelle: Eigene Darstellung, Bayreuth 2005

Auf der Basis einer Synthese über die Zusammenhänge zwischen „Realität" und „Medien" in der Entstehung alltäglicher Raumvorstellungen werden die zwei empirischen Untersuchungsteile inhaltlich und methodologisch eingeleitet und die Ergebnisse der Filminterpretationen und Rezipienteninterviews diskutiert. Dabei ist angesichts der relativ geringen Bedeutung von rezeptionsorientierten Forschungsansätzen in der Geographie die Diskussion von disziplinfremden Impulsen von besonderer Bedeutung. Mit medienkritischen Überlegungen zu den gesellschaftlichen Auswirkungen von Massenmedien und den Ansätzen der britischen *cultural studies* über Medienaneignung als aktiven Vorgang lassen sich zwei weitgehend gegensätzliche Positionen festhalten (Abschnitt 7.2). Letztere dient als inhaltliche und methodische Anregung für die Rezipienteninterviews, in denen die Wechselwirkungen zwischen filmischen Stadtinszenierungen und alltäglichen Raumvorstellungen nachgezeichnet werden, womit eine Teilantwort auf die grundlegende Fragestellung entwickelt wird, wie „Leben in Filmstädten" theoretisch und empirisch fassbar ist (Kapitel 9). Zuvor wird mit der Interpretation von ausgewählten Beispielfilmen zu Berlin und New York bereits die Vielzahl an räumlichen Bedeutungsfacetten aufgezeigt, die Filme als Bestandteil ihres Narratives entwickeln und damit zu einem relevanten Untersuchungsgegenstand für die geographische Auseinandersetzung mit Städten werden (Kapitel 8).

3. BILD DER WELT 1: GEOGRAPHIE UND WAHRNEHMUNG

> Wirklich, gibt es nicht gewisse Sekten heiliger Männer im Osten, die überzeugt sind, dass außerhalb ihres Geistes *nichts* existiert, bis auf die Austernbar in der Grand Central Station?
> ALLEN 2003, S. 87

> A word should be added about the newly popular phrase 'the social construction of space'. Space is not really constructed: it lays out there in the real world, and lay out there before we social beings entered the world. Therefore, in the context of geography, 'the construction of space' should be just another way of saying: the acquisition of spatial (macro-environmental) concepts through learning and thought.
> BLAUT 1999, S. 513

Die von DEAR (2000a, S. 166) formulierte Ausgangsfrage für seine Ausführungen zum Filmraum lautet: „[…] how does one read the city in an age when the urban grows increasingly to resemble televisual and cinematic fantasy?" Mit der Analogie des Stadt-Lesens ist eine direkte Verbindung zu einem zentralen Gedanken gegeben, der die Geographie insbesondere seit den 1960er Jahren beschäftigt hat: Einer individuellen Lesart oder Interpretation eines Textes entsprechend leistet jedes Individuum eine subjektive Interpretation seiner räumlichen Umwelt und verfügt als Resultat über eine spezifische Vorstellung von der räumlichen Umwelt, die die zentrale Grundlage für die räumliche Konstitution des Individuums darstellt.

Als Grundlage dafür, die Einflüsse von Spielfilmen auf die räumliche Vorstellung von Individuen nachvollziehen zu können, wird in diesem Abschnitt die Auseinandersetzung der Geographie mit dem Phänomen der Wahrnehmung in zwei Bereiche untergliedert dargestellt, die zum einen der Wirkungsgeschichte von Wahrnehmung in der Geographie und Stadtforschung, zum anderen jüngeren, in der Geographie überraschenderweise weitgehend vernachlässigten Konzeptionen von Wahrnehmung gewidmet sind. Angesichts der Tatsache, dass die hier skizzierten Überlegungen bereits relativ lange zurückliegen und in vielfältiger und ausführlicher Weise der wissenschaftlichen Kritik zugeführt wurden, beschränken sich die Darstellungen auf grundlegende Aspekte.

3.1. DAS TRADITIONELLE WAHRNEHMUNGSKONZEPT IN STADTFORSCHUNG UND GEOGRAPHIE

Die Auseinandersetzung mit dem Phänomen der Wahrnehmung hat sich in der Geographie im interdisziplinären Kontext vielfältiger Forschungstraditionen entwickelt. Wesentliche Impulse auf die geographische Frage nach dem „Bild der Welt" wurden durch die Psychologie und Umweltpsychologie gegeben, und auch im Bereich der Architektur, des Städtebaus und in vielfältigen Teilbereichen der Geographie waren Arbeiten vorhanden, auf denen die retrospektiv als „Wahrnehmungsgeographie" zu bezeichnende Strömung der Geographie der 1970er Jahre aufbauen konnte. TZSCHASCHEL (1986, S. 12f) zeigt in ihrer Übersicht über wichtige Traditionslinien der „Mikrogeographie" in weit zurückreichender und vielfältiger Form auf, welche Konzepte und Denkrichtungen zum Problem der individuellen Raumwahrnehmung – bzw. TZSCHASCHELS Verständnis von Mikrogeographie entsprechend zur Frage des Raumbezuges eines Individuums – vorhanden waren und welche Themenfelder sie für die mikrogeographische Forschung als relevant erachtet (vgl. Tabelle 1). Dieser bei DARWINS Tierökologie und Ethnologie des Jahres 1868 beginnende und mit den sozialgeographischen Verhaltensgruppen der sog. Münchner Schule der Sozialgeographie endende Überblick demonstriert anschaulich die weit zurückreichenden historischen Entwicklungslinien und die disziplinäre wie inhaltliche Vielfalt des vorliegenden Forschungsfeldes, auf die TZSCHASCHEL (1986, S. 11) bereits zu Beginn ihrer Arbeit hinweist, um die notwendigerweise hohe Selektivität ihrer Untersuchung zu begründen.

Tab. 1: Übersicht über „Traditionen mikrogeographischer Konzepte"

FACHDISZIPLIN	BIS 1950	1950 - 1960	1960 - 1970	1970 - 1980	FORSCHUNGSFELDER DER MIKROGEOGRAPHIE
SOZIOLOGIE	Tierökologie, Ethologie - DARWIN 1868; Großstadtsoziologie OSWALD, SIMMEL, WEBER; Social Ecology, Urbanism - L. WIRTH; Human Ecology - PARK, BURGESS, McKENZIE	Milieu-Studien - WHITE, WARNER + LUNT, LYNDT; Social Area Analysis SHEVKY + BELL; Segregation DUNCAN + DUNCAN	Stadtsoziologie - BAHRDT, HERLYN, KORTE, BERNDT, LENZ-ROMEIß, JACOBS; Empirische Stadtsoziologie SCHWONKE ZAPF, PFEIL MITSCHERLICH	Faktorialökologie TIMMS, REES; Stadtanalyse - FRIEDRICHS, SAS; Umwelttaxonomie, Soziotope - BARGEL; Symbolische Ortsbezogenheit TREINEN	Sozialraum; räumliches Verhalten; Ortsbezug; Territorialität
UMWELT-PSYCHOLOGIE	Behaviorismus WATSON 1912; Kognitive Dissonanz FESTINGER 1947	Neo-Behaviorismus, Verstärkungstheorie SKINNER, HULL; Cognitive Maps TOLMAN	Proxemics HALL; Räumliche Umwelt, gelebter Raum BOLLNOW, KRUSE; Lerntheorie PIAGET	Environmentalism LEE, ESSER, ALTMAN, SOMMER; Sozialisationsstudien RESTLE, GRÜNEISL; Environmental Psych. ITTELSON, KAMINSKI, PROSHANSKY, CRAIK	Topophilia, Raumerleben; Sozialisationsraum
PSYCHOLOGISCHE ÖKOLOGIE	Psychologie der Umwelt, Geopsyche HELLPACH 1902; Tektopsychologie, Lebensraumkonzept UEXKÜLL 1909	Feldforschung LEWIN; Behavior Settings BARKER + WRIGHT; Bezugsgruppentheorie HYMAN, MERTON	psychologischer Naturalismus GUTMAN; Sozialpsychologie GRAUMANN	Psych. Ökologie WILLIAMS + RAUSCH; Soziale Wahrn. IRLE; Freiraumforschung NOHL	Verhaltensräume; Aktionsräume und Zeitbudget
ARCHITEKTUR	Gestaltpsychologie KOFFKA 1935	Informationsästhetik; Das Image BOULDING (Ökon.)	Gebaute Umwelt APPLEYARD; "The Image of the City" LYNCH	Urban Design; Architectural Design CANTER	Mikroraum; Erlebnisraum
KULTUR-ÖKOLOGIE	"Land and Life" SAUER; "genres de vie": VIDAL DE LA BLACHE 1899	Cultural Ecology STEWARD; Lebensformgruppen	kulturvergleich ECKENSBERGER; Kulturräume WIEGELMANN	kulturgeographische Kräftelehre E. WIRTH	Regionalismus; Raumwahrnehmung
GEOGRAPHIE	"Imagenary Maps" TROWBRIDGE 1913; "Geography as Human Ecology" BARROWS 1923; TVA - National Flood Control 1933; Geosophy - WRIGHT 1947; Wirtschaftsgeist - RÜHL 1927	Behavioral Environment - KIRK; Sozialgeographie BARTKE, BOBEK; Natural Hazard Forschung WHITE	"Mental Maps" GOULD + WHITE; Hazard-Forschung BURTON, KATES; Normative Entscheidungsmodelle WOLPERT, HÄGERSTRAND	Umweltwahrnehmung; Man Made Hazards GEIPEL; Sozialgeog. Verhaltensgruppen RUPPERT, MAIER, SCHAFFER	Distanzwahrnehmung; Imageforschung; Hazardforschung; Entscheidungsverhalten

Quelle: TZSCHASCHEL 1986, S. 12f

TZSCHASCHEL (1986, S. 10) folgt mit dem Begriff „Mikrogeographie" einer von KLINGBEIL (1979, S. 51) entwickelten Terminologie, die sich aus dem Fokus auf die räumlichen Handlungen einzelner Akteure ableitet und die sie in einem sehr weiten Sinn „für das gesamte Forschungsfeld verwendet [...], das sich mit dem Bezug zwischen Individuum und Raum beschäftigt." Der Bezug zwischen Individuum und Raum lässt sich nach TZSCHASCHEL wiederum in die Teilbereich des kognitiven, des affektiven und des verhaltensorientierten Bezuges des Menschen zum Raum untergliedern, was mit einer entsprechenden Einteilung der geographischen Aufarbeitung dieser Phänomene korreliert: Während die Bereiche des kognitiven und affektiven Raumbezuges das Betätigungsfeld einer Wahrnehmungs-Geographie im eigentlichen Sinne darstellen, ist der Verhaltensbezug zwischen Individuum und Raum der Gegenstand geographischer Verhaltensforschung, des *„behavioral approach"* im engeren Sinn (TZSCHASCHEL 1986, SCHEINER 2000, S. 38). Dass diese Unterscheidung allerdings nur analytischen Zwecken dienen kann und in der Praxis der lebensweltlichen Raumerfahrung ebenso wie in der Mehrzahl der Forschungsarbeiten nur theoretisch wiederzufinden ist, bestätigt sich im weiteren Verlauf der disziplinhistorischen Entwicklung innerhalb der Geographie, indem wahrnehmungs- und verhaltensorientierte Forschungsansätze einen sowohl terminologisch als auch inhaltlich schwer gegeneinander abgrenzbaren Entwicklungsstrang darstellen.

3.1.1. Lynchs Image of the City

Als einer der zentralen Ausgangspunkte für die Auseinandersetzung mit Wahrnehmung in den Raumwissenschaften kann die Untersuchung von LYNCH (1960) zum *Image of the City* gelten. Aufgrund der zeitlichen Einordnung und weil sich anhand seiner Überlegungen bereits eine Vielzahl grundlegender Aspekte einer wahrnehmungs- und verhaltensorientierten Raumwissenschaft aufzeigen lassen, bildet die Untersuchung von LYNCH den ersten Aspekt eines kurzen Überblicks über die grundlegenden Konzepte der wahrnehmungs- und verhaltensorientierten Ansätze der Geographie, der mit einem zusammenfassenden Rückblick auf die Kritikpunkte endet, die in der Folge zu einem wesentlichen Abschwung dieser Forschungsrichtung in der Geographie geführt haben.

LYNCH geht in seiner Untersuchung von einer primär anwendungsorientierten Fragestellung aus, indem er die visuelle Gestaltung der materiellen städtischen Landschaft als eine zentrale Aufgabe für Architektur und Städtebau bezeichnet. Dies beruht für LYNCH (1960, S. v) auf der Tatsache, dass die raumgestaltenden Disziplinen der Architektur und des Städtebaus mit dem Entwurf der gebauten städtischen Landschaft auch den Rahmen dafür vorgeben, wie die Bewohner einer Stadt in ihrem Lebensumfeld leben und welche Bindung an ihre räumliche Umgebung sie entwickeln bzw. sogar durch die Gestaltung des Raumes zu entwickeln in die Lage versetzt werden. LYNCH (1960, S. v) formuliert diesen Zusammenhang in seiner Einleitung wie folgt: „The urban landscape, among its many roles, is also something to be seen, to be remembered, and to delight in. Giving visual form to the city is a special kind of design problem, and a rather new one at that."

3.1. Traditionelles Wahrnehmungskonzept in Stadtforschung und Geographie 29

Die wesentliche Eigenschaft einer städtischen Raumeinheit, auf die Lynch mit seiner Analyse abzielt und von deren konsequenterer Beachtung er sich ein verbessertes Herangehen von Architektur und Stadtplanung an die Herausforderungen des zum damaligen Zeitpunkt anstehenden Stadtumbaus US-amerikanischer Städte erhofft (1960, S. 3), ist ihr Potential, von einem Betrachter in Form eines prägnanten Vorstellungsbildes interpretiert bzw. gelesen zu werden. Hierfür verwendet Lynch (1960, S. 2f) zum einen den Begriff der „*legibility*", also „Lesbarkeit" einer Raumeinheit, die einen Betrachter in die Lage versetzt, die einzelnen Elemente einer Raumeinheit klar zu erkennen und zu einem eindeutigen und kohärenten Muster zu strukturieren. Zum weiteren finden bei Lynch (1960, S. 9f) in synonymer Weise die Begriffe der „*imageability*" und der „*visibility* in a heightened sense" Verwendung, die Lynch als diejenigen Qualitäten eines Objektes bzw. eines Raumes ansieht, die mit hoher Wahrscheinlichkeit und in klarer Form Eingang in das Vorstellungsbild von einem Raum finden.

Die Ergebnisse von Lynchs Studie finden in der geographischen Literatur im Wesentlichen in einer auf die Kartenskizzen und die von Lynch festgestellten fünf Grundbausteine des Raumimages reduzierten Form Eingang. Dabei kann am Beispiel der in Abbildung 5 zusammengestellten Darstellungen mit dem in ihnen verdeutlichten Verhältnis von scheinbar objektiv vorgegebener physisch-materieller Welt und ihrer vereinfachten oder verfälschten Wahrnehmung durch das Individuum ein Grundzug der traditionellen Wahrnehmungsgeographie illustriert werden, der analog auch für die Überlegungen zum Verhältnis von Medien und Alltagswelt wesentlich wird. Die oberste Kartenskizze wird von Lynch als *Outline Map* bezeichnet und zeigt die Boston Peninsula östlich der Massachusetts Avenue als straßenbasierte Grundkarte, in der zudem die Küstenlinie sowie zentrale Freiflächen (Boston Common, Public Garden) dargestellt werden. Eine derartige Gestaltung von Stadtplänen ist im Entwicklungsverlauf von Kartographie und Geographie derart zu einem nahezu natürlich anmutenden Standard geworden, dass diese Karte – abgesehen von den kartographischen Grundprinzipien der Generalisierung und Maßstabsverschiebung – relativ unhinterfragt als wahrheitsgetreue Repräsentation einer vorgegebenen materiellen Stadtrealität, nämlich der erdräumlichen Position von Küstenlinien, Straßen und öffentlichen Plätzen, akzeptiert wird. Zwischen den physischen Realraum und seine individuell verzerrten Wahrnehmungen durch seine Interviewpartner, die in aggregierter Form die Grundlage für die dritte Skizze darstellten, stellt Lynch (1960, S. 19) eine bedeutungsvolle weitere Kartenskizze, die als „visual form of Boston as seen in the field" tituliert wird. Bei diesem zweiten „echten" Bild von Boston handelt es sich um das Ergebnis von Begehungen durch trainierte Beobachter, die zuvor mit dem theoretischen Konzept der *imageability* vertraut gemacht wurden, und die dann eine Kartierung der Grundelemente des *environmental image* im Hinblick auf ihre Verteilung und Signifikanz sowie auf die Ausprägung ihrer wechselseitigen Beziehungen durchführten (Lynch 1960, S. 143).

Abb. 5: Zweimal das „echte" Boston – einmal das allgemein präsente Abbild

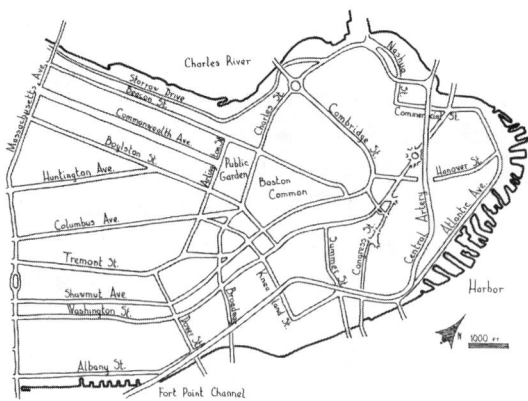

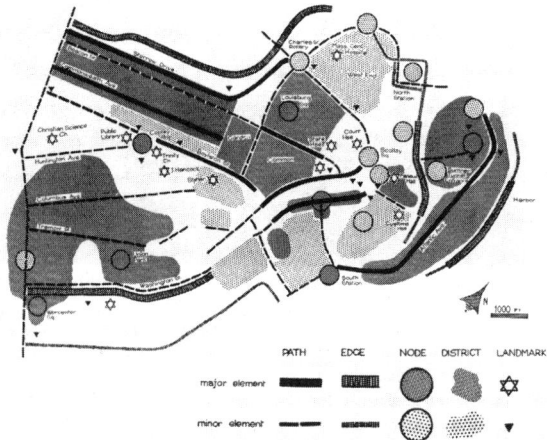

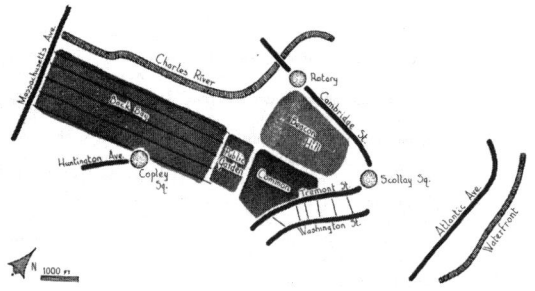

Quellen: LYNCH (1960, S. 18, 19, 21)

3.1. Traditionelles Wahrnehmungskonzept in Stadtforschung und Geographie

In der von geübten Beobachtern erarbeiteten Übersicht sind die fünf Elemente des *environmental image* in großer Zahl und in ausdifferenzierter Form dargestellt. So sind *paths* (Pfade), *edges* (Begrenzungen), *nodes* (Knotenpunkte), *districts* (Gebiete) und *landmarks* (Wahrzeichen) in jedem Teil des Untersuchungsgebietes vorhanden, und nicht zuletzt aufgrund des Detailreichtums der Darstellung – etwa bei der Vielzahl kartierter *landmarks* oder im Festhalten der eigentümlichen Form des *districts* im Südwesten des Gebietes – lässt sich der von LYNCH (1960, S. 143) angegebene Arbeitsaufwand für die Erstellung dieser Kartierung von drei bis vier Mann-Tagen nachvollziehen. Bei dem zweiten „echten" Abbild von Boston handelt es sich somit um eine Raumkategorie, die man als „objektiven" Wahrnehmungsraum bezeichnen könnte, und dem die Annahme zugrunde liegt, hier sei das abgebildet, was durch die „korrekte" Beobachtung einer vorgegebenen physisch-materiellen Stadtrealität durch einen geschulten Beobachter wahrzunehmen sei. Die Vorstellung von einer „richtigen" Wahrnehmung wird verstärkt durch den Kontrast mit der dritten Kartenskizze „*The Boston that everyone knows*". In dieser als gemeinsamer Nenner der Interviews zu verstehenden Skizze sind die fünf Grundelemente des *environmental image* in stark ausgedünnter Form vertreten, wobei große Areale des Untersuchungsgebietes vollkommen verschwinden, so z.B. der Südwesten und der Bereich zwischen Scollay Square und der Küstenlinie im Hafenbereich. Im Vergleich mit der vorangestellten Experten-Wahrnehmung kommt man nicht umhin, das allgemeine Vorstellungsbild aufgrund seiner Partialität und Inkonsistenzen zumindest als stark verzerrtes, inadäquates Bild von der Bostoner Realität zu bezeichnen – es liegt sogar die Versuchung nahe, bestimmte Elemente dieser Wahrnehmung sowohl im Vergleich zur objektiven Realität des materiellen Stadtraumes als auch im Kontrast zur „besseren" Wahrnehmung der geschulten Beobachter als „falsch" zu disqualifizieren.

Die Relevanz eines derartigen Verhältnisses von objektivem Real- und Wahrnehmungsraum zu dem verzerrten alltäglichen Wahrnehmungsraum der Einwohner liegt in der aufschlussreichen Analogie, die zwischen LYNCHS Konzeption und einem lange Zeit in den Sozialwissenschaften gebräuchlichen Verständnis der Massenmedien gegeben ist. Wie in Kapitel 5 für bestimmte Teile der geographischen Auseinandersetzung mit Medien und insbesondere in Abschnitt 7.2 im Hinblick auf die theoretischen Überlegungen zu den gesellschaftlichen Auswirkungen von Medien diskutiert wird, lässt sich in beiden Bereichen das Fortdauern einer Vorstellung des Medien-Realität-Verhältnisses festhalten, die den Medien die Rolle eines intentional verfälschenden Abbildes einer vorgegebenen, objektiven Wirklichkeit zuspricht.

Das dargestellte grundlegende Verhältnis von Realität und Wahrnehmung in LYNCHS Untersuchung stellt eine Konstante in den meisten Arbeiten der klassischen Wahrnehmungsgeographie dar, was im Folgenden u.a. anhand des häufig verwendeten Wahrnehmungsschemas von DOWNS (vgl. Abbildung 6) diskutiert wird. Auch wenn das darin enthaltene, aus der Sicht einer moderneren Konzeption von Wahrnehmung (vgl. Abschnitt 3.2) nicht haltbare Primat des physisch-materiellen Raumes einen wesentlichen Kritikpunkt an LYNCH darstellt, darf dieser Umstand nicht darüber hinweg täuschen, dass in den theoretischen Grundelementen von *Image of the City* nicht nur eine wesentliche Basis für die weitere Entwicklung der geographischen Wahrnehmungs- und Verhaltensforschung gelegt wurde, sondern dass hierin auch in wesentlichen Punkten Übereinstimmungen und Anknüpfungspunkte zwischen LYNCHS Arbeit und den neueren Ansätzen zur Wahrnehmung und Raumkonstitution gegeben sind. Es können folgende vier Grundpositionen bei LYNCH festgehalten werden:

1. **Wahrnehmung als dialektischer Prozess**
Für LYNCH stellt die Wahrnehmung der Umwelt einen dialektischen und in einen weiteren Erfahrungskontext des Menschen eingebetteten Prozess dar, bei dem die Erfahrungen und Erinnerungen des Individuums ebenso wie die räumlichen Kontexte – und dabei insbesondere das Eingebettetsein des Individuums in diese Räumlichkeit – eine zentrale Rolle für das Wahrnehmen und für das Bewerten des Wahrgenommenen spielen (vgl. LYNCH 1960, S. 6). Mit dem dialektischen Charakter der Wahrnehmung, in die Eigenschaften des Wahrnehmenden *und* Eigenschaften des Wahrzunehmenden einfließen, ist ein grundlegender Aspekt der Wahrnehmungstheorie eingeführt, dessen Bewertung die weiteren geographischen Diskussionen um Wahrnehmung wesentlich geprägt hat: Die Kritik an der zu passiven Konzeption des Wahrnehmenden in Relation zu den sensorischen Umweltreizen wird entscheidend für die Ablehnung der behavioristisch orientierten Wahrnehmungsgeographie; die dem entgegenstehende Betonung der zentralen und aktiven Position des Wahrnehmenden bildet dagegen die Grundlage für die Verknüpfung von wahrnehmungs- und handlungsorientierten Strängen der Geographie (vgl. Abschnitt 4.2). Hierbei ist darauf hinzuweisen, dass LYNCHS (1960, S. 6, Hervorhebungen HF) Formulierungen auf eine gewichtige Rolle des Wahrnehmenden im Verhältnis zu einem untergeordneten Einfluss der externen Sinneseindrücke hinweisen: „The environment *suggests* distinctions and relations, and the observer – with great adaptability and in the light of his own purposes – *selects, organizes, and endows with meaning what he sees.*"

Ein zweiter grundlegender Aspekt – der mit dem dialektischen Wahrnehmungsprozess und mit LYNCHS Konzeption eines *environmental image* verbunden ist – ist die Rolle von Prozessen der nicht-visuellen Raumvermittlung als Bestandteil der Ausbildung räumlicher Vorstellungsbilder. Wenngleich LYNCH (1960, S. 3) anmerkt, dass Orientierung im Raum ein Vorgang ist, bei dem alle mobilen Lebewesen auf eine Vielzahl sensorischer Informationen neben der visuellen Raumvermittlung zurückgreifen – „many kinds of cues are used: the visual sensations of color, shape, motion, or polarization of light, as well as other senses such as smell, sound, touch, kinestesia, sense of gravity, and perhaps of electric or magnetic fields" – so sind seine theoretischen Grundlagen und seine empirischen Untersuchungen doch stark auf die Aufnahme und Verarbeitung visueller Information fokussiert (vgl. die Kritik von DOWNS/STEA 1973b, S. 79ff). Hierin liegt ein wesentlicher Kritikpunkt an LYNCHS Konzeption von Wahrnehmung, der dazu beigetragen hat, dass der von ihm verwendete Terminus *environmental image* in der späteren Wahrnehmungsgeographie als zu bildlich-visuell kritisch hinterfragt und durch den Begriff der „*cognitive map*" ersetzt wurde.

2. **Das *environmental image***

Als *environmental image* bezeichnet LYNCH jenes generalisierte mentale Abbild der physischen Umgebung eines Menschen, das eine vermittelnde Schlüsselposition zwischen dem Individuum und seiner Umwelt einnimmt und die Grundlage für alle räumlichen Handlungen und Verhaltensweisen darstellt. Von LYNCH als Ergebnis eines Zusammenspiels von direkter Wahrnehmung („*immediate sensation*") und den Erfahrungen eines Menschen konzipiert, stellt das *environmental image* einen frühen konzeptionellen Entwurf des später als „*cognitive map*" oder auf Deutsch „kognitive Karte" bezeichneten Konstruktes dar, dem zentrale Bedeutung in der geographischen Auseinandersetzung mit Wahrnehmung und räumlichem Verhalten bzw. Handeln zukommt (vgl. DOWNS/STEA 1973a, 1973b, S. 79ff, 1977, 1982). So behandelt ein Großteil der Arbeiten der Wahrnehmungsgeographie Fragen der Entstehung und Entwicklung kognitiver Karten bei verschiedenen Personengruppen, etwa in Abhängigkeit von Alter, Ausbildung, Mobilität etc. der Untersuchungsgruppen, sowie die Auswirkungen unterschiedlicher kognitiver Karten auf das alltäglich realisierte räumliche Verhalten und seine planerische Steuerung.

Auf genau diesen anwendungsorientierten Aspekt legt LYNCH besonderes Augenmerk, indem er die Fragestellung verfolgt, welche Rolle Stadtplanung und Architektur als externe Akteure im fortdauernden Prozess der Ausbildung der kollektiven Images der Stadtbewohner spielen können, um zu einer verbesserten Lesbarkeit eines Stadtraumes beizutragen. Für eine derartige Stärkung des *environmental image* mit den Mitteln von Architektur und Städtebau ist von Bedeutung, dass laut LYNCH (1960, S. 11ff) neben technischen oder symbolischen Orientierungshilfen wie Karten, Diagrammen oder (Weg-) Beschreibungen auf der einen und der Möglichkeit des „Trainings" der Stadtbewohner auf der anderen Seite mit den neuen technischen Möglichkeiten des 20. Jahrhunderts ein dritter Weg für die Verbesserung des *environmental image* besteht – der einer umfassenden Neugestaltung städtischer gebauter Strukturen, um eine höhere *imageability* der betreffenden Stadtteile zu erreichen.

3. ***Mental maps* und *sketch maps* als graphisches und methodisches Werkzeug**

In LYNCHS Untersuchung sind zwei kartographische Techniken zum Einsatz gekommen, die im Rahmen der weiteren wahrnehmungsgeographischen Arbeiten häufig verwendet werden. Allerdings besteht eine gewisse Verwechslungsgefahr zwischen der Anfertigung von Kartenskizzen (*sketch maps*) als Erhebungsmethode einerseits, und der Illustration einer individuellen oder kollektiven Vorstellung von Räumen in Form einer häufig als „*mental map*" bezeichneten Kartenskizze, wie etwa die unterste Darstellung in Abbildung 5 (vgl. TZSCHASCHEL 1986, S. 40). Die unterschiedlichen graphischen Verfahren zur Erhebung von räumlichen Vorstellungen, über deren Methoden z.B. TZSCHASCHEL

(1986), MAY (1992) und KITCHIN (1996) einen Überblick ermöglichen, werden zum einen ähnlich wie bei LYNCH für Teile des alltäglichen Lebensraumes angewandt (vgl. GOULD/WHITE ²1986, S. 14ff, NEBE et al. 1998, SCHEINER 2000), zum anderen auch für die Überprüfung geographischer Kenntnisse auf globaler Ebene eingesetzt (z.B. SAARINEN 1973). Dem generellen Kritikpunkt an solchen Verfahren, sie würden zumindest teilweise auf den zeichnerischen Fähigkeiten der Auskunftspersonen und nicht auf den eigentlich im Zentrum des Interesses stehenden Raumvorstellungen beruhen, wird teils mit der Entwicklung technologie-unterstützter Mapping-Verfahren begegnet. Dennoch weist TZSCHASCHEL (1986, S. 40) darauf hin, dass kartographische Erhebungsmethoden anders als die Verwendung von Kartenskizzen zur Ergebnisillustration relativ selten angewendet werden.

Dem steht die überwiegende Mehrzahl von Untersuchungen gegenüber, die in unterschiedlicher Weise von *mental maps* als Darstellungsform individueller oder kollektiver Raumwahrnehmung Gebrauch machten. Neben LYNCHS Untersuchung sind die Arbeiten von GOULD und WHITE (GOULD/WHITE 1968, 1974, GOULD 1973) zentrale Beispiele für die Anwendung von *mental maps*, v.a. für die Darstellung von räumlichen Präferenzen der Wohnstandortwahl mittels Isolinienkarten oder anderer Methoden der thematischen Kartographie, durch die die kartographische Darstellung von subjektiven Raumbewertungen oder Wahrnehmungen auf der Basis einer „neutralen" Grundkarte vorgenommen wird und nicht in der Form, dass die subjektiven Abweichungen vom „neutralen" Realraum auf der Ebene der Grundkarte direkt in das Kartenbild übertragen werden.

4. Erkennen versus Bedeutungszuschreibung

Ein im Zusammenhang mit der Zusammenführung von wahrnehmungs- und handlungstheoretischen Überlegungen zentraler Ansatzpunkt in LYNCHS Arbeit ist die konzeptionelle Unterscheidung der einzelnen Komponenten des *environmental image*. Mit seiner Unterteilung in „*identity*", „*structure*" und „*meaning*" verweist LYNCH (1960, S. 8f) auf die konzeptionell notwendige, wenngleich empirisch nur unzulänglich nachvollziehbare Aufgliederung des *environmental image* in die Komponenten des Erkennens und der Bedeutungszuschreibung. „Erkennen" bezieht sich dabei auf die Identifizierung eines Objektes als eigenständiger Entität in Unterscheidung von anderen Objekten (*identity*) sowie auf das Erkennen bzw. Konstituieren eines räumlichen oder strukturellen Beziehungsgefüges („*spatial or pattern relation*") zwischen dem erkannten Objekt und seiner Umgebung, in die auch der Betrachter eingebettet ist (*structure*). Diesen beiden Komponenten stellt LYNCH die Bedeutungszuschreibung durch den Betrachter (*meaning*) gegenüber, die, wie spätere Ansätze der Wahrnehmungstheorie betonen, eine zentrale Stellung in der Raumwahrnehmung einnimmt. Besonders im Rahmen des Wahrnehmungskonzeptes von NEISSER wird deutlich, dass subjektive Bedeutungen als Teil der sog. antizipativen Schemata zu Faktoren eines Rückkopplungsprozesses werden, in dem vorliegende Zuschreibungen den weiteren Wahrnehmungsprozess beeinflussen (vgl. Abschnitt 3.2).

Angesichts der Komplexität und problematischen empirischen Überprüfbarkeit einer kollektiven Bedeutungszuschreibung durch eine heterogene Gruppe, wie die Bewohner einer Stadt bzw. eine Stichprobe hieraus, klammert LYNCH (1960, S. 8f) trotz der von ihm eingeräumten zentralen Bedeutung für seine angewandte Fragestellung diese Komponente des *environmental image* aus seiner Untersuchung aus und verweist außerdem darauf, dass die Beeinflussung von kollektiven Bedeutungen der am schwersten von den Praktikern aus Stadtplanung und Architektur zu leistende Verbesserungsansatz für das *environmental image* einer Stadt sei. Er räumt die Möglichkeit ein, dass Stadtgestalter besser beraten sein könnten, sich auf die Entwicklung der physischen Gestalt der städtischen Umwelt zu konzentrieren und der Entwicklung von Bedeutungszuschreibungen ohne direkte Vorgaben freien Lauf zu gewähren.

Aus der Sicht der vorliegenden Untersuchung können angesichts der Grundzüge von LYNCHS Arbeit vor allem drei kritische Fragen gestellt werden. Erstens beschränkt sich LYNCH vor dem Hintergrund seiner planungsorientierten Fragestellung auf das *environmental image*, das die Bewohner – und damit eine der wichtigsten Zielgruppen der Planung – von einer Stadt haben. Dem steht die Frage gegenüber, wie Raumvorstellungen aus der Außensicht eines nicht direkt erlebten Raumes gebildet werden. Dies ist zum einen der „Normalfall" für einen Großteil der Erdraum-Ausschnitte, für die Individuen eine Raumvorstellung ausbilden, auch ohne direkte lebensweltliche Erfahrungen dort gemacht zu haben. Zum anderen ist genau dieser Vorgang der Ausprägung von aus der Distanz entwickelten, „medial" vermittelten Raumvorstellungen für die Frage nach dem Einfluss von Filmen als Massenmedium und Kunstform auf die alltägliche Raumvorstellung von zentraler Bedeutung.

Als weiterer und bereits ansatzweise thematisierter Kritikpunkt an LYNCHS Konzeption ist die Überbetonung des Visuellen und der materiellen Stadtgestalt für das *environmental image* zu nennen, der von LYNCH zwar theoretisch entgegengesteuert wird, die jedoch die empirische Durchführung und die Präsentation seiner Ergebnisse prägt. So ersetzen DOWNS/STEA (1973b, S. 79f) den Begriff des *environmental image* durch den weiter gefassten Begriff „*cognitive map*", um so darauf hinzuweisen, dass nicht nur die Prozesse der visuellen Raumwahrnehmung, sondern auch eine Vielzahl sensorischer Inputs zum Entstehen des subjektiven Abbildes der Wirklichkeit beitragen. Neben der visuellen Dominanz erscheint auch das Verhältnis unterschiedlicher Arten von individuellen Raumbezügen unzureichend erfasst. Durch den Fokus auf das physisch-materielle Stadtgefüge und die „Kapitulation" vor der Image-Komponente der individuellen wie kollektiven Bedeutungszuschreibungen kommen in LYNCHS Untersuchung die emotionalen Bedeutungen des Stadtraumes und die affektive Geschichte, die die Einwohner mit ihrer Stadt verbinden, nicht explizit zum Tragen. Insbesondere im Kontext der Auseinandersetzung mit filmischen Stadtinszenierungen, die nicht zuletzt aufgrund der Möglichkeiten von Filmen zur intensiven emotionalen Ansprache des Betrachters einen maßgeblichen Faktor für die Ausbildung von Raumvorstellungen darstellen, ist eine differenziertere Auseinandersetzung mit den Wechselbeziehungen zwischen kognitiven, emotionalen und handlungsorientierten Elementen der Raumvorstellung notwendig.

Damit ist ein dritter Kritikpunkt an LYNCHS Vorstellung von einem *environmental image* angeführt, die auf die Bedeutung sozial vermittelten Wissens und insbesondere auf die Einflüsse, die durch die Mediennutzung des Menschen auf die räumlichen Vorstellungen gegeben sind, nicht näher eingeht. Auch wenn LYNCH dem Einfluss des Wahrnehmenden – und damit auch seiner medialen, sozialen und kulturellen Vorprägung – eine erhebliche Bedeutung zuspricht und explizit auf die Verwendung von „Medien" wie Karten, Wegskizzen oder Beschilderungen zur Verbesserung der *legibility* einer Stadteinheit hinweist, fehlen doch jegliche Überlegungen zum Einfluss von audiovisuellen Medien wie Film oder Fernsehen auf das *environmental image*. Dieses Manko – erweitert noch um neue elektronische Medien – bildet auch einen der zentralen Ausgangspunkte für den hauptsächlich von ehemaligen Kollegen von LYNCH zusammengetragenen Band *Imaging the City – Continuing Struggles and New Directions* (vgl. WARNER/VALE 2001, S. XVIff), wobei insbesondere der Beitrag von JENKINS zur Übertragung von LYNCHS Vorstellungen auf filmische Inszenierungen von Manhattan von Interesse für die vorliegende Untersuchung ist (JENKINS 2001).

3.1.2. Weitere Elemente traditioneller Wahrnehmungskonzepte

Neben den vier anhand der Untersuchung von LYNCH festgehaltenen Grundkonzepten sind noch eine Reihe weiterer Elemente für das „Bild der Welt" der Wahrnehmungsgeographie relevant. Zwei dieser Aspekte, die Selektivität des Wahrnehmungsprozesses aufgrund der Rolle des Menschen als Filter sowie die behavioristische Koppelung von Wahrnehmung, Image und Verhalten, lassen sich an einem häufig zitierten Schaubild von DOWNS (vgl. Abbildung 6) demonstrieren. Als Ausgangspunkt der Betrachtung will DOWNS (1970, S. 84) explizit die als Informationsquelle interpretierte „*real world*" verstanden wissen, deren Informationsgehalt durch die menschlichen Sinne aufgenommen wird und auf der Grundlage des individuellen Wertesystems eine spezifische Bedeutung zugewiesen bekommt. Auf der Grundlage der in das Image des Individuums integrierten Information kann dann eine Entscheidung darüber getroffen werden, ob in einer Rückkopplung zur „Realwelt" weitere Informationen gesucht werden sollen, oder ob eine ausreichende Grundlage für ein bestimmtes (räumliches) Verhalten gegeben ist, welches wiederum Auswirkungen auf die „Realwelt" haben kann.

3.1. Traditionelles Wahrnehmungskonzept in Stadtforschung und Geographie

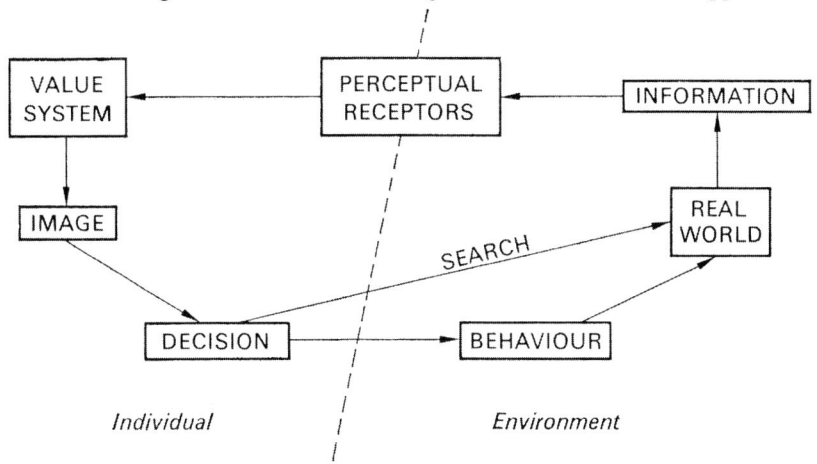

Abb. 6: Paradigmatisches Wahrnehmungsschema des behavioral approach

Quelle: DOWNS 1970, S. 85

An zwei Stellen des Schaubildes kann die Rolle des Individuums als limitierender Faktor seiner Wahrnehmungen verortet werden, die für DOWNS zur „fehlerhaften" Abbildung der objektiv vorgegebenen *real world* im subjektiven Image führen. Zum einen kommt hier eine Vorstellung zum Tragen, die Mechanismen der menschlichen Sinneswahrnehmung seien aufgrund einer limitierten Wahrnehmungskapazität nicht in der Lage, alle potentiell erfassbaren Reize aufzunehmen und dem Gehirn zur Interpretation zur Verfügung zu stellen (vgl. TZSCHASCHEL 1986, S. 24, STEGMANN 1997, S. 10f). Zum anderen fungiert in DOWNS' Schema das individuelle Wertsystem als eine intervenierende Variable, durch die „neutrale" Information zu Teilen eines spezifischen Images werden. In seiner Erläuterung macht DOWNS (1970, S. 88f) deutlich, dass hierunter u.a. kulturelle und soziale Gegebenheiten, persönliche Werte und sprachliche Differenzierungen zu sehen sind, also ein breites Feld an Einflussfaktoren, die en passant und in unstrukturierter Form, zudem explizit als künftiges Forschungsfeld, angeführt werden. Ein ähnlich weites Spektrum an Variablen führt STEGMANN (1997, S. 10f) als Wahrnehmungsfilter an: Neben der physiologischen Wahrnehmungskapazität nennt der Autor die von emotionaler Verfasstheit, Stimmung, persönlichem Charakter und Motivation abhängige Wahrnehmungsbereitschaft, die inneren wie äußeren Wahrnehmungsbedingungen und die Wahrnehmungsorganisation im Sinne der kognitionspsychologischen Verknüpfungen von gegenwärtiger Wahrnehmung und Erinnerung. Von besonderem Interesse ist jedoch, dass STEGMANN (1997, S. 11) unter dem letzten Aspekt der „Wahrnehmungs-‚Fremd'beeinflussung" auch mediale Quellen als Einflussfaktoren auf Wahrnehmungsprozesse anführt: „Neben den primär selbst erlebten Raumerfahrungen bestimmen zunehmend mehr sekundär vermittelte Vorstellungsbilder über Erfahrungsaustausch mit anderen Personen oder über Medien das Wissen über Räume."

Neben seiner Vorstellung von einem durch den Menschen bedingten Set von Wahrnehmungsfiltern ist das Downs-Schema auch exemplarisch für die behavioristische Grundkonzeption des Zusammenhangs von Wahrnehmung, Image und Verhalten. Wenn Downs (1970, S. 86, Hervorhebung im Original) feststellt „[a] second feature of the schema is the explicit inclusion of the idea that *behavior is some function of the image of the real world*", dann wird hieraus eine mechanistische Vorstellung von menschlichem Verhalten gemäß einem Reiz-Reaktions-Schema deutlich. Interessanterweise ist „Verhalten" in Abbildung 6, obwohl Downs es als Ausdruck einer aktiven Entscheidung des Menschen interpretiert wissen will, außerhalb des Individuums auf der Ebene der Umwelt angesiedelt, so dass es als Teil der objektiv vorgegebenen, dem Individuum externen *real world* erscheint. Das Konzept des „Verhaltens" und die auf diesem Schlüsselbegriff aufbauende „verhaltensorientierte Geographie" (Wiessner 1978) ist von verschiedenen Seiten kritisch hinterfragt und durch andere Grundkonzepte abgelöst worden. Die kritischen Einschätzungen beziehen sich zum einen auf die ursprüngliche Konzeption von Verhalten, die auf Watsons behavioristische Psychologie (1912, vgl. Watson 1968, S. 38f) zurückgeht. Hier wird Verhalten als sinnlich wahrnehmbare Tätigkeit des Menschen und „alles, was das Lebewesen tut", als beobachtbare Reaktion auf einen beobachtbaren Reiz aufgefasst und damit der psychologischen Erforschung zugänglich gemacht. Zum anderen sind Verhaltenskonzepte auch in ihrer um die kognitiven Verarbeitungsprozesse des Individuums erweiterten Form (vgl. in Abbildung 6: Rezeptoren, Wertesystem, Image) zum Gegenstand intensiver Kritik geworden, die maßgeblich zur Ablösung durch handlungsorientierte Modelle beigetragen hat.

Die erste Hälfte der 1980er Jahre kann mit der Veröffentlichung von Standardwerken zur „*behavioral geography*" wie Golds *Introduction to Behavioural Geography* (1980), Golledge/Stimsons Lehrbuch zur analytischen Verhaltensgeographie (1987) oder durch Übertragungen und Anwendungsbeispiele wie der Konzeption verhaltensorientierter Stadtgeographie durch King/Golledge (1978) und der Schilderung der Anwendungsmöglichkeiten von Verhaltensmodellen in Geographie und Planung (Golledge/Timmermans 1988) als die Hochphase dieser Forschungsrichtung angesehen werden. Zeitgleich jedoch sind in der deutschsprachigen Geographie durch die aus handlungsorientierter Perspektive formulierten Kritiken von Wirth (1981) und Werlen (1986, S. 68ff, ³1997, S. 36f, S. 43ff) sowie im anglo-amerikanischen Bereich durch Einwände aus der humanistischen und marxistischen Geographie (vgl. die Zusammenfassung durch Tzschaschel 1986, S. 140ff, S. 145ff) zentrale Grundannahmen der Wahrnehmungsgeographie in Frage gestellt worden. Insbesondere die Schlüsselkategorie des individuellen Verhaltens wird dabei als wenig geeignet für die geographische Auseinandersetzung mit den menschlichen Aktivitäten im Raum abgelehnt.

3.1.3. Kritiken einer traditionellen Wahrnehmungsgeographie

Ohne auf alle kritischen Anmerkungen im Detail eingehen zu können, werden im Folgenden die zentralen Kritikpunkte an dem „Bild der Welt" der Wahrnehmungs- und Verhaltensgeographie zusammengefasst. Dieses „Weltbild" lässt sich als Wechselspiel von objektiver Realität und menschlicher Reaktion kennzeichnen, bei dem einer dominanten physischen Welt der Mensch als limitierender Faktor der Wahrnehmung und als tendenziell mechanistischer Re-Akteur gegenübersteht.

- Der subjektiv wahrgenommene Raum wird als kausal abhängig von der primär physisch verstandenen Realwelt gesehen, wodurch dem Wahrnehmenden die Rolle eines abhängigen Gliedes einer Kausalkette zukommt (WERLEN 1986, S. 68, vgl. SCHEINER 2000, S. 61). Im Extremfall werden sogar Rückkopplungen vom Individuum zu seiner Umwelt konzeptionell vernachlässigt, wodurch eine rein passive Rolle des Wahrnehmenden entsteht (so etwa bei GOLLEDGE/STIMSON (1987, S. 37) in ihrer Abbildung „Formation of Images").
- Die menschliche Wahrnehmung wird primär als limitierender und verzerrender Faktor, nicht jedoch in ihrer Funktion als ermöglichende Interaktion zwischen Mensch und Umwelt verstanden. Gemäß der von WIRTH (1981, S. 172) kritisierten positivistischen Grundhaltung der Wahrnehmungsgeographie wäre eine „optimale" Wahrnehmung diejenige, die nicht nur die vorgegebenen physisch-räumlichen Strukturen vollständig und exakt aufnimmt (zur Unmöglichkeit der Gleichheit von Realität und Abbild vgl. TZSCHASCHEL 1986, S. 27; 33), sondern die insbesondere auch die nach positivistischer Auffassung mögliche fehlerfreie und damit wissenschaftlich präzise Aufnahme von sozialen und geistig-seelischen Sachverhalten leistet. Im folgenden Abschnitt wird dieser Vorstellung von Wahrnehmung als limitierendem Faktor der Mensch-Umwelt-Beziehung NEISSERS Auffassung einer aktiven Informationssuche gegenübergestellt, die wiederum eine Einbettung in handlungstheoretische Konzeptionen ermöglicht (vgl. Abschnitt 4.2.1).
- Der behavioristische Verhaltensbegriff ist in seiner intellektualistischen Vorstellung einer Steuerung menschlichen Agierens durch Entscheidungen, die wiederum auf den vorgeschalteten Prozessen der Wahrnehmung und Bewertung räumlicher Sachverhalte beruhen, unhaltbar; vielmehr ist „der Mensch im Grunde genommen ein handelndes Wesen", Handeln ist eine primäre Charakteristik menschlicher Existenz (WIRTH 1981, S. 169, vgl. WEICHHART 1990b, S. 90f).

Die Inkompatibilität von Handlung als reflexiv-intentional gesteuertem Agieren und Verhalten als „bewußt Informationen interpretierendes Reagieren" (WERLEN [3]1997, S. 43) ist auch in WERLENS Projekt einer handlungstheoretischen Fundierung der Humangeographie ein zentraler Ausgangspunkt. Da diese Konzeption im folgenden Abschnitt 4.2.1 näher auf ihre Bezüge zu Wahrnehmung und Medien

besprochen wird, werden WERLENS wesentliche Kritikpunkte am verhaltensorientierten Ansatz der Geographie kurz skizziert (vgl. WERLEN 1986, S. 68ff, ³1997, S. 36ff, S. 43f):
- Nur über die intentionale Struktur des Handlungskonzepts und die Analyse des räumlich-gesellschaftlichen Handlungskontextes ist ein Übergang von einer reaktiven Psycho-Geographie des Individuums zu einer Sozialgeographie der Konstitution sozialer Wirklichkeit möglich. Die Perzeptionsgeographie dagegen bleibt „häufig bei der Feststellung der subjektiven Wahrnehmung erdräumlicher Ausdehnungen oder Anordnungsmuster – als Abweichung von den ‚objektiven' Gegebenheiten – stehen. Weder die Gründe für die differenzierten subjektiven Wahrnehmungen noch deren Folgen für die verschiedenen Verhaltensweisen werden genauer untersucht bzw. miteinander in Beziehung gesetzt" (WERLEN ³1997, S. 38).
- Durch die Intentionalität von Handlungen ist eine Bezugnahme auf andere Gesellschaftsglieder und damit die Bildung von sozialen Handlungen, Beziehungen und Institutionen analytisch erfassbar.
- Das verhaltensorientierte Schema beinhaltet die Entscheidungen eines Akteurs, ohne die zugrunde liegenden Intentionen adäquat darstellen zu können: „[...] jede Entscheidung kann immer nur im Hinblick auf ein bestimmtes Ziel getroffen und somit allein im Rahmen handlungstheoretischer Kategorien widerspruchslos dargestellt werden" (WERLEN 1986, S. 71).

Ein abschließender Kritikpunkt ist die bereits in der Diskussion des Ansatzes von LYNCH angesprochene Vernachlässigung medialer Einflussgrößen auf das Vorstellungsbild, die durch das konzeptionelle wie empirische Primat des physischen Raumes in den Arbeiten der Wahrnehmungsgeographie bedingt ist. In ihrer Gegenüberstellung von „direct and vicarious sources of information" nennen DOWNS/STEA (1973a, S. 23f) als indirekte Quellen räumlicher Vorstellungen u.a. Straßenkarten, Fernsehfilme, mündliche oder schriftliche Beschreibungen (eines Raumes), Photographien und Gemälde. Den „mit den Augen eines Anderen" gewonnen Informationen wird trotz ihrer im Vergleich zu dem direkten Erleben grundlegend anderen Natur eine ähnliche Funktion eingeräumt, indem sie zur Ausbildung kognitiver Karten von räumlichen Umgebungen beitragen. Allerdings stellen die Auswahl und die auf ein bestimmtes kommunikatives Interesse gerichtete Präsentation „räumlicher" Informationen in indirekten Quellen für DOWNS/STEA eine Verzerrung dar, die zu einer unvollständigen mentalen Repräsentation eines Raumes führt. Dies geschieht unabhängig davon, dass derartige Abweichungen für das Individuum, das die aufbereiteten Informationen empfängt, oftmals hilfreich für den Wahrnehmungsprozess sein können.

Die Übertragung eines wahrnehmungsgeographischen Konzeptes auf die „Wahrnehmung" von Filmen ist in den grundlegenden Werken der behavioristischen Geographie nicht vorgesehen. Dies wird auch in der Darstellung der theoretischen Grundlagen geographischer Arbeiten zu Medienfragen deutlich (vgl. Kapitel 5), die in der Regel aus anderen geographischen Blickrichtungen entwickelt werden. Dennoch ist erstaunlich, wie wenig Filme und andere Medien im Kontext wahrnehmungsorientierter Arbeiten in der Geographie selbst 20 Jahre nach DOWNS/ STEAS Klassifikation direkter und indirekter Informationsquellen beachtet werden. Beispielsweise führen MEDYCKYI-SCOTT/BLADES (1992, S. 217) in ihrer Arbeit über die Implikationen, die sich aus den Wirkungsmechanismen menschlicher Raumkognition für die Gestaltung von geographischen Informationssystemen ergeben, neben der „Hauptquelle" der direkten Erfahrung auch mediale Quellen wie Karten, Bücher, Zeitungen und persönliche Gespräche auf – nicht jedoch, was angesichts der Thematik ihres Aufsatzes überrascht, die elektronischen Medien (Computer, Internet) oder audiovisuelle Medien wie Filme und Fernsehen.

3.2. ANSÄTZE AKTUELLER KONZEPTIONEN VON WAHRNEHMUNG

> Die Erinnerung tappt durch unsere Vergangenheit wie ein Betrunkener mit Taschenlampe durch einen stockfinsteren Stollen. Der Lichtstrahl trifft mal diese, mal jene Wandpartie. Aus diesen Eindrücken, gewonnen, wie gesagt, im Rausch, formt man dann das eigene Weltbild. Die meisten finden auf dieser Stollenfahrt nur, was sie gesucht haben.
> GLOTZ 2005, S. 32

Ein wesentlicher Ansatzpunkt für die Verbindung von wahrnehmungs- und handlungstheoretischen Ansätzen wird im Folgenden mit der Konzeption der Kognitiven Psychologie von NEISSER diskutiert. Deren höchstens partielle Rezeption in der Geographie wird aus der Übersicht zum aktuellen Stand der wahrnehmungsorientierten Geographie deutlich. Als Abschluss der Überlegungen zur wahrnehmungstheoretischen Fundierung wird ein Überblick über die geläufigen Termini gegeben, aus deren kritischer Reflexion die Verwendung des Begriffes „Raumvorstellung" im weiteren Verlauf der Untersuchung begründet wird.

3.2.1. Das Konzept der kognitiven Psychologie nach Neisser

In Abgrenzung von behavioristischen Vorstellungen zur Raumwahrnehmung stehen diejenigen Modelle der Wahrnehmung, die sich seit NEISSERS kognitiver Psychologie (1976, deutsch 1979) entwickelt haben und die viele Gemeinsamkeiten mit der handlungsorientierten Geographie und damit ein großes Anknüpfungspotential zu deren Überlegungen aufweisen. Dies wird insbesondere in der Auseinandersetzung mit NEISSERS Konzepten durch GIDDENS (1984) und in der impliziten Übernahme dieser Auffassung in WERLENS Konzept handlungsorientierter Humangeographie deutlich (vgl. Abschnitt 4.2.1). Die mögliche Anknüpfung beruht auf einem Wechsel im Verständnis des Wahrnehmungsprozesses, der je nach Interpretation entweder als paradigmatische Veränderung oder als bloße Akzentverschiebung innerhalb eines stabil gebliebenen theoretischen Grundkonzeptes erscheint. Anhand des in Abbildung 6 wiedergegebenen Wahrnehmungsschemas von DOWNS lässt sich diese Verschiebung verdeutlichen: Für DOWNS war der Ausgangspunkt des Prozesses der Wahrnehmung eindeutig im Element „Realität" gegeben, während der Einfluss des wahrnehmenden Menschen auf einen durch Kapazitätsgrenzen der Informationsaufnahme und –verarbeitung beruhenden, die Wahrnehmung der objektiv vorgegebenen Realität verfälschenden Effekt reduziert war. Dem rein reaktiv angelegten Schema, in dem die Rückkopplung von einem Individuum zur „Realität" die Form einer passiven Reaktion auf die wahrgenommenen Umweltreize aufweist, stellt NEISSERS kognitive Psychologie eine Vorstellung von Wahrnehmung als sinnhaft gesteuerter Aktivität eines Beobachters gegenüber.

NEISSER legt seine Konzeption der Wahrnehmung als Mittelweg zwischen einer psychologischen Perspektive, die den Menschen und nicht die Umwelt als ausschlaggebenden Faktor der Wahrnehmung ansieht, und der als Reaktion hierauf entwickelten ökologischen Wahrnehmungstheorie von GIBSON (1966, 1979) an. Die erstgenannte Position kritisiert NEISSER (1976, S. 9) als „Glorifizierung des Wahrnehmenden" bzw. seiner Fähigkeit, das scheinbar sinnlose Chaos der externen Umwelt durch Prozesse der Informationsverarbeitung zu ordnen. Dagegen versteht er Wahrnehmung als Prozess der Erfahrung und Anpassung an die externe Umwelt: „perception, like evolution, is surely a matter of discovering what the environment is really like and adapting to it." Die Grundposition einer Wahrnehmung als Aufnahme von Umweltreizen und nicht als Konstruktionsleistung des Wahrnehmenden hat NEISSERS Konzeption mit der von GIBSON entwickelten ökologischen Wahrnehmungstheorie gemeinsam. Mit dem Begriff der *„affordance"* bezeichnet GIBSON dabei den verhaltenssteuernden Charakter der physischen Umwelt; er basiert darauf, dass die räumliche Anordnung von materiellen Objekten bestimmte Nutzungs- und Verhaltensweisen nahe legt bzw. erschwert oder verhindert. Von GIBSONS Konzeption grenzt sich NEISSER mit dem Hinweis darauf ab, dass Umweltreize in ihrer Bewertung durch einen Wahrnehmenden relevant werden und somit die Vorstellung einer verhaltenssteuernden *affordance* der externen Umwelt einer Nichtbeachtung der Rolle des Wahrnehmenden gleichkommt. Indem er die Nachteile beider genannter Extrempositionen überwindet, gelangt NEISSER (1976, S. 9) zu einer Konzeption von Wahrnehmung als zyklische, aktive Anwendung antizipativer Schemata:

> [T]he Gibsonian view of perception also seems inadequate, if only because it says so little about the perceiver's contribution to the perceptual act. There must be definite kinds of structure in every perceiving organism to enable it to notice certain aspects of the environment rather than others, or indeed to notice anything at all. [...] this paradox [...] can be resolved by treating perception as an activity that takes place over time – time during which the anticipatory schemata of the perceiver can come to terms with the information offered by his environment.

NEISSER (1976, S. 54) definiert die antizipativen Schemata als diejenigen Elemente des Wahrnehmungszyklus, die innerhalb des Beobachters ablaufen, von individuellen Komponenten abhängen und in Wechselwirkung mit der Umwelt deren Wahrnehmung steuern und von den aktiv selektierten Informationen überformt werden. Als Komplexe innerhalb des neuronalen Systems des Menschen sind Schemata

„some active array of physiological structures and processes: not a center in the brain, but an entire system that includes receptors and afferents and feed-forward units and efferents."[2]

Den Begriff der Wahrnehmung verwendet NEISSER für den gesamten zyklischen Prozess, dessen Ablaufschema in Abbildung 7 dargestellt ist. Ähnlich wie im Wahrnehmungsmodell von DOWNS (vgl. Abbildung 6) ist die materielle Umwelt des Individuums („*object*"), deren sensorische Information („*available information*") in einem Suchprozess selektiv aufgenommen wird („*exploration*" bzw. „*samples*"), als objektiv vorgegebene Kategorie in den Wahrnehmungszyklus eingebunden und stellt somit kein Konstrukt dar, dessen Entstehung vom wahrnehmenden Individuum abhängig ist. Auch die Ausbildung eines mentalen Abbildes der Realität stellt für NEISSER (1976, S. 20) nicht die wesentliche Konstruktionsleistung des Wahrnehmenden dar, sondern die Bildung und Anpassung der wahrnehmungslenkenden Schemata. Dementsprechend ist keine fixierte kognitive Karte oder ein mentales Image in NEISSERS Darstellung enthalten, sondern ein iterativer, in räumlichen wie zeitlichen Kontinua ablaufender Wahrnehmungsprozess.

Die Schemata haben die Funktion, den Prozess der Wahrnehmung zu lenken und das Individuum auf die Aufnahme von Information aus der Umwelt vorzubereiten. Nicht zuletzt in Form der Steuerung und Koordination des Blickes ist die Lenkung von Wahrnehmung als bewusste Handlung des Menschen zu interpretieren (vgl. NEISSER 1976, S. 20). Schemata werden fortdauernd mit der aufgenommenen Information abgeglichen – die verfügbare Information „modifiziert" die Schemata – und sind dafür verantwortlich, dass ein Individuum in jeder gegebenen Situation die jeweils erforderlichen visuellen Informationen aus der physischen Umwelt aufnehmen kann. Die zentrale Funktion der Schemata formuliert NEISSER (1976, S. 20) wie folgt:

> Because we can see only what we know how to look for, it is these schemata (together with the information actually available) that determine what will be perceived. Perception is indeed a constructive process, but what is constructed is not a mental image appearing in consciousness where it is admired by an inner man. At each moment the perceiver is constructing anticipations of certain kinds of information, that enable him to accept it as it becomes available.

---

2 Afferenz (afferents) bezeichnet die neuronalen Verbindungen von Sinnesrezeptoren zum zentralen Nervensystem, Efferenz (efferents) die Nervenverbindungen, die Aktionspotentiale vom Zentralsystem zur Peripherie – insbesondere zu den Effektoren wie dem Muskelsystem – leiten (PSCHYREMBEL [258]1998, S. 25, S. 395).

Abb. 7: Der Wahrnehmungszyklus von Neisser

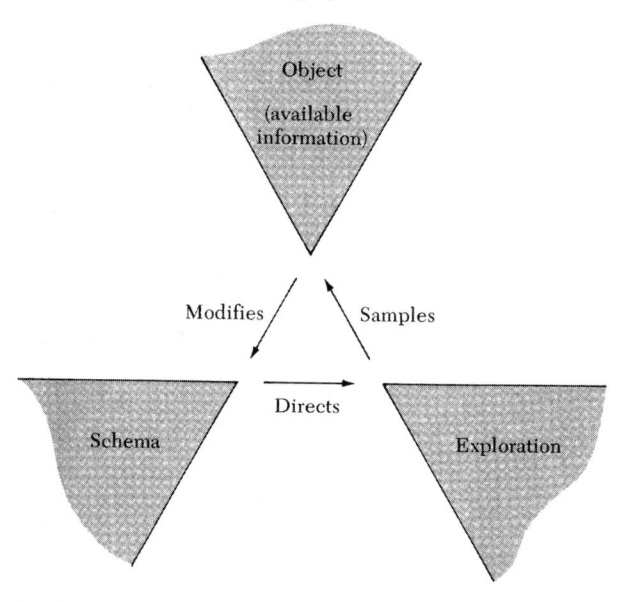

```
           Object
         (available
        information)

   Modifies    Samples

      Directs
Schema          Exploration
```

Quelle: NEISSER (1976, S. 21)

Aus Wahrnehmung als passiver Aufnahme von Umweltinformation, deren „Ergebnis" eine Speicherung von räumlichen Informationen in einer kognitiven Karte ist, wird in NEISSERS Konzept ein Prozess der aktiven Aneignung von räumlichen Informationen in Abhängigkeit von den individuellen Informationsbedürfnissen. Die Selektivität von Wahrnehmung liegt folglich nicht in Kapazitätsengpässen des Menschen, sondern vielmehr in der unterschiedlichen Relevanz begründet, die einzelnen Elementen der potentiell verfügbaren Informationen aufgrund des antizipativen Schemas zugewiesen wird. Auch funktioniert Erinnerung dementsprechend nicht als Abrufen einer gespeicherten mentalen Karte, sondern als aktive und situative Rekonstruktion der sprachlich kodierten Wahrnehmungen. Insgesamt ergibt sich mit NEISSERS Konzept eine Perspektive auf Wahrnehmung, die große strukturelle Ähnlichkeit mit dem Handlungsbegriff aufweist. Wahrnehmen und Handeln stellen aktiv gesteuerte Vorgänge dar, in denen ein Individuum auf der Grundlage von Antizipationen mit seiner Umwelt interagiert. Diese Vorstellung überträgt NEISSER (1976, S. 108ff) in seiner Diskussion der zeitgenössischen Arbeiten zu kognitiven Karten explizit auf die Raumwahrnehmung. Für ihn treten räumliche Orientierungsschemata als Leitfäden der aktiven Suche nach räumlicher Information an die Stelle einer kognitiven Karte; an die Stelle des Schemas im Zyklusmodell aus Abbildung 7 setzt NEISSER (1976, S. 112) eine Kombination aus dem räumlichen Schema der gegenwärtigen Umwelt eines Menschen und dem kognitiven Schema der gesamten Welt.

3.2.2. Zum Stand der Wahrnehmungsgeographie

Die Aufmerksamkeit der Geographie für die Prozesse der Raumwahrnehmung ist seit der Hochphase der Wahrnehmungsgeographie in den späten 1960er und 1970er Jahren zurückgegangen und findet gegenwärtig im Kontext gewandelter Forschungsparadigmen statt. Die inhaltlichen Kritikpunkte am Grundkonzept der Wahrnehmungsgeographie (s.o.), die insbesondere aus konkurrierenden Paradigmen wie der humanistischen, der marxistischen und der handlungsorientierten Geographie heraus entwickelt wurden (vgl. TZSCHASCHEL 1986, S. 119ff, GOLD 1992, S. 242, WERLEN ³1997, S. 35ff), haben die behavioristisch-kognitive Forschungsperspektive in der Geographie ins Abseits geraten lassen. Die jüngeren Ansätze zu diesem Forschungsfeld – über das z.B. GOLLEDGE/STIMSON (1997) oder der Sammelband von KITCHIN/FREUNDSCHUH (2000) einen Überblick geben – lassen sich in drei unterschiedliche Gruppen kategorisieren. Zum einen stellen Beiträge wie KITCHINS Vergleich und Weiterentwicklung verschiedener Konzepte des kognitiven Kartierens (1996) oder die von GOLLEDGE/STIMSON (1997) erstellte Übersicht über die Themenfelder der verhaltensortierten Geographie und ihrer möglichen Verwendungen in Bereichen wie der Stadt-, Standort- und Verkehrsplanung Versuche dar, die wahrnehmungsgeographischen Grundkonzepte innerhalb des bestehenden theoretischen Rahmens weiterzuentwickeln. Zum anderen wurden weiterhin eine Reihe von Spezialthemen der Wahrnehmungsgeographie bearbeitet, so etwa zu Fragen der räumlichen Orientierung (GOLLEDGE 1992, 1999, WALLER et al. 2002), zu geschlechtsabhängigen Unterschieden von räumlichen Kognitionen (MONTELLO et al. 1999) oder zur Ausbildung einer räumlichen Vorstellung bei Blinden (KENNEDY et al. 1992, SPENCER et al. 1992, KITCHIN et al. 1997).

Einen weiteren Schwerpunkt, der insbesondere von Forschern um den Geographen BLAUT behandelt wurde, stellen Untersuchungen zu den Lernprozessen räumlicher Kognition und den Fähigkeiten von Kindern zur räumlichen Orientierung und zum Arbeiten mit Karten dar. Dieses bereits in den 1970er Jahren behandelte Thema (vgl. BLAUT/STEA 1971, STEA/BLAUT 1973) wurde in den letzten Jahren intensiv fortentwickelt (BLAUT 1991, 1997a, 1997b, BLAUT et al. 2003, STEA 2005) und kommt zu dem Schluss, dass frühkindliche Fähigkeiten im Umgang mit Luftbildern, Karten oder kartenähnlichen Modellen eine in nahezu allen Kulturen anzutreffende Form des repräsentationalen Umgangs mit der räumlichen Umgebung darstellen (BLAUT et al. 2003, S. 181, vgl. STEA 2005, S. 991f).

Die dritte Hauptform der wahrnehmungsgeographischen Weiterentwicklungen stellen Arbeiten aus den 1990er Jahren dar, die verstärkt eine Annäherung an das interdisziplinäre Forschungsfeld der Kognitionswissenschaft (*„cognitive science"*) suchen. Diese Forschungsperspektive hat ihren zentralen Ausgangspunkt in der Analogie zwischen Computer und menschlichem Gehirn (vgl. MÜNCH 1992) und bringt in der Erforschung des menschlichen Denkens psychologische, anthropologische, semiotische, mathematisch-physikalische sowie mit künstlicher Intelligenz befasste Ansätze zusammen (vgl. einführend z.B. GARDNER 1985, deutsch 1989, JOHNSON-LAIRD 1989, LUGER 1994, LEPORE/PYLYSHYN 1999). Die auf die Auflösung der „*black box*" des denkenden Menschen abzielende Denkweise zwischen Computer- und Humanwissenschaften behandelt die verschiedensten Fragestellungen zu den Prozessen der Verarbeitung (z.B. der sprachlichen Kodierung), Speicherung und Nutzung von Informationen in künstlichen und natürlichen intelligenten Systemen. Die historische Entwicklung der *cognitive science* verläuft parallel mit den Fortschritten der Computertechnologie seit den 1960er Jahren, was auf ihre Schlüsselmethode der computerbasierten Simulation des menschlichen Gehirns zurückzuführen ist (vgl. BARA 1995, S. 33, S. 81ff).

Aus der Sicht der Geographie stellt PORTUGALI (1992, S. 107) in der Einleitung eines Themenheftes von *Geoforum* fest, dass innerhalb der vielfältigen Ansätze der Kognitionswissenschaft die Beschäftigung mit räumlicher Kognition (noch) relativ schwach ausgeprägt ist. Diese Feststellung ist im Verlauf der 1990er Jahre etwas zu relativieren, wenngleich viele der Arbeiten zur räumlichen Kognition, die innerhalb der *cognitive science* entwickelt werden, eher computerwissenschaftlichen oder psychologischen Perspektiven entstammen (vgl. FREKSA et al. 1998, 2000, FREKSA 2002, 2003, Ó NUALLÁIN 2000). Geographische Arbeiten zu kognitionswissenschaftlichen Thematiken, so etwa das von PORTUGALI/HAKEN (1992) vorgelegte synergetische Modell des kognitiven Kartierens oder die von LLOYD (1997) dargestellten Themenbereiche einer kognitionswissenschaftlichen Geographie, unterstreichen in ihrer starken Orientierung an naturwissenschaftlichen Methoden und Weltbildern das von SCHEINER (2000, S. 55) gezogene Fazit, dass mit kognitionsorientierten und gesellschafts- oder handlungsorientierten Ansätzen in der Geographie „zwei schwer versöhnliche Denkweisen gegenüberstehen."

3.2.3. Überblick und Erläuterungen zur begrifflichen Vielfalt

Zum Abschluss der Diskussion bisheriger geographischer und angrenzender Konzeptionen der Raumwahrnehmung wird die verwirrende Vielfalt an wissenschaftlichen wie umgangssprachlichen Begriffen zur Thematik skizziert, wobei das in der vorliegenden Arbeit angewandte Verständnis der jeweiligen Begriffe dargelegt und eine Definition des Begriffes „Raumvorstellung" entwickelt wird.

- Wahrnehmung
 Der Begriff „Wahrnehmung" stellt einen Schlüsselbegriff der bisherigen Diskussion dar. Problematisch erscheint der Begriff zum einen, wenn er im wissenschaftlichen Umgang dem allgemeinen Sprachgebrauch entsprechend als vom Vorgang der Bedeutungszuschreibung getrennte Einheit konzipiert wird. Zum anderen erfolgt seine Verwendung zu verengt oder einseitig, wenn Wahrnehmung, wie in der Diskussion des englischen „Image"-Begriffs bei LYNCH angesprochen, auf visuelle Sachverhalte beschränkt bleibt oder einseitig als passive Aufnahme von vorgegebenen Informationen aufgefasst wird. Der entsprechende englische Begriff der *„perception"* verschleiert zudem die Divergenz zwischen der wissenschaftlich fixierten Bedeutung als Wahrnehmung und der in umgangssprachlicher Formulierung anklingenden erweiterten Bedeutung als „Vorstellung" oder „Dafür-

halten" (vgl. GOLLEDGE/STIMSON 1997, S. 189, siehe auch die Diskussion durch DOWNS/STEA 1973a, S. 13ff). Wenn in der vorliegenden Arbeit der Begriff „Wahrnehmung" verwendet wird, dann geschieht das in Anlehnung an NEISSERS Position im Sinn einer aktiven, schemageleiteten Aneignung von Umweltinformationen, die in sprachlich kodierter Form verarbeitet und gespeichert werden können, mittels des gesamten sensorischen Apparates des Menschen.

- Kognition
  Den Vorgang der Kodierung, Speicherung und Organisation von aufgenommener Information im Wechselspiel mit dem bestehenden Wissen und dem Wertesystem einer Person bezeichnen GOLLEDGE/STIMSON (1997, S. 190) als Kognition. Im Zuge der auf die Analogie zwischen Computer und dem menschlichen Gehirn begründeten interdisziplinären Kognitionsforschung ist dieser Begriff zur Schlüsselkategorie der wissenschaftlichen Auseinandersetzung mit dem menschlichen Zugang zu seiner Umwelt geworden. Für die vorliegende Untersuchung stehen nicht die Prozesse der Kognition an sich im Mittelpunkt, sondern die durch kognitive Prozesse gebildete, gespeicherte und im Gespräch wieder in Erinnerung gerufene Raumvorstellung von Individuen.

- Image / Bild
  In der kritischen Diskussion von LYNCHS Ansätzen wurde bereits auf die mit dem Image-Begriff einhergehende unbefriedigende Verengung auf visuelle „Bilder" hingewiesen, die zur Ablösung dieses Begriffes durch den wesentlich breiteren Terminus „kognitive Karte" beitrug. Dennoch hält sich der Image-Begriff auch in der deutschsprachigen Diskussion (vgl. z.B. STEGMANN 1997, BÖDEKER 2003), wobei divergierende und teils weit gefasste begriffliche Bestimmungen verwendet werden. STEGMANN (1997, S. 16) bezeichnet „Image" zu Recht als einen „Omnibusbegriff", für den er zunächst eine psychologische und eine prestigeorientierte Bedeutungsrichtung feststellt.
  Neben die in wahrnehmungsgeographischen Kontexten relevanten Auffassungen von einem „innengerichteten" Image als mentalem Abbild, Wissen, Schema oder Wahrnehmung tritt eine v.a. aus dem Marketing bekannte „außengerichtete" Verwendung als positive bzw. negative Einstellung von Verbrauchern gegenüber einem Angebot. Weitgehend synonym mit dem Ansehen, Status oder der Bekanntheit einer Marke ist Image in der Definition des Marketing eine entscheidende Variablen für den Markterfolg von Unternehmen (vgl. HOWARD 1998). Diese Bedeutungsvariante ist auch zentraler Bestandteil der Diskussionen in der angewandten Geographie um die Rolle von „Image" als Instrument und von Imageverbesserung als Teil-

ziel des städtischen oder regionalen Marketings.³ In der jüngeren geographischen Verwendung des Image-Begriffs lässt sich feststellen, dass zumeist eine holistische Konzeption im Sinne eines psychischen Gesamtkomplexes vorliegt. Dies geschieht z.B. im Rückgriff auf eine Definition von KLEINING (1959), der Image als „Gesamtheit aller Wahrnehmungen, Vorstellungen, Ideen und Bewertungen, die ein Subjekt von einem Gegenstand besitzt" auffasst. In Anlehnung hieran können räumliche Images z.B. wie von MONHEIM (1972, S. 26) als „Gesamtheit aller Attribute, die einem Ort zugeschrieben werden" definiert werden.

Für seine Untersuchung zum Kölner Image in Printmedien verwendet STEGMANN (1997, S. 18) ebenfalls eine sehr weit gefasste Arbeitsdefinition von Image als Gesamtheit aller Aussagen eines Textes zur Charakterisierung eines Raumes, die in sozialräumliche, funktionsräumliche und physiognomische Aussagen untergliedert werden. In einer ähnlichen Breite angelegt ist die deutsche Übertragung von Image als „Bild", mit denen POPP (1994a, 1994b, vgl. Beiträge in POPP 1994d, 1994e) v.a. das Marokkobild in deutschsprachigen und AGREITER (2003) das Bild von Deutschland in ausländischen Reiseführern analysieren. Im Kontext der vorliegenden Untersuchung wird der Image/Bild-Begriff nicht angewandt und stattdessen der Terminus „Raumvorstellung" vorgezogen. Dieser wird zwar in einer ähnlich weiten Definition verstanden (s.u.) und kann mit dem wissenschaftlich exakt bestimmbaren Image-Begriff, der bei MONHEIM, STEGMANN oder POPP anzufinden ist, gleichgesetzt werden. Es ist jedoch davon auszugehen, dass eine ohne wertende Komponenten verstandene Image-Abgrenzung als Gesamtheit von zugeschriebenen Attributen sowohl im wissenschaftlichen Gebrauch als auch insbesondere im alltagsweltlichen Sprachverständnis, das für die qualitativen Interviews zur Filmrezeption und Raumvorstellung von zentraler Bedeutung ist, häufig von mindestens zwei einschränkenden Bedeutungsebenen überlagert wird. Dies ist zum einen die im Zusammenhang mit LYNCHS Image-Verwendung bereits diskutierte Verkürzung, die mit dem „Bild"-Begriff in den Bereich visueller Inhalte verweist und den Einschluss nicht-visueller Vorstellungen und Wertungen erschwert. Zum anderen würde mit der Verwendung des „Image"-Begriffs insbesondere im Rahmen qualitativer Interviews vermutlich in vielen Fällen eine positive oder negative Wertung durch die Gesprächspartner angestoßen. Die Frage nach dem „Image" von New York oder Berlin impliziert für viele Interviewte die Aufforderung, eine zwischen den Polen „positives Image" und „negatives Image" befindliche Wertung über die jeweilige Stadt und ihre Teilräume abzugeben – eine derartige bipolare normative Aufladung wird jedoch

---

3 Ein detaillierter Überblick über diese Thematik kann hier nicht geleistet werden; zur Bedeutung von Image im Stadtmanagement vgl. einführend z.B. KAMPSCHULTE 1999; zu neueren Beispielen imageorientierter Stadtentwicklung etwa VALE/WARNER 2001 oder ECKARDT/KREISL 2004; zu Marketing im Kontext neuer landesplanerischer Instrumente der Regionalentwicklung bspw. MAIER/TROEGER-WEISS 1990, JURCZEK 1995, BÜHLER 2002.

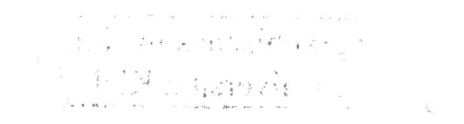

dem komplexen kognitiven und emotionalen Konstrukt der „Gesamtheit an Bedeutungszuschreibungen" nicht gerecht. Neben diesen zwei Einschränkungen, die mit dem Image-Begriff in Kauf genommen werden müssten, ermöglicht der Ausdruck „Raumvorstellung" zudem die klare Feststellung, dass es sich hierbei um ein auf das einzelne Individuum bezogenes Konstrukt handelt, während bei Verwendung des Image-Begriffs eine zusätzliche Abgrenzung zwischen dem „subjektiven Image" eines Individuum und verschiedenen kollektiven oder vorgefertigten Images nötig wäre. Dies gilt umso mehr angesichts der großen Bedeutung, die die Instrumentalisierung eines „offiziellen" Stadtimages als Mittel von Stadtmarketing und Stadtentwicklung in den letzten Jahrzehnten erfahren hat.

– Raumbild
Einen Spezialfall stellt der auf IPSEN (1986) zurückgehende Terminus „Raumbild" dar, der zur Analyse des Einflusses kultureller Raumvorstellungen auf regionalökonomische Entwicklungen dienen soll. Zur Erklärung von divergierenden Entwicklungspfaden bestimmter Räume stellt IPSEN (1986, S. 922) folgende These auf: „Der Raum schafft sich durch seine Entwicklung oder Nicht-Entwicklung ein kulturelles Bild, und zugleich wird ein bestimmter Entwicklungstypus durch das Bild auf den konkreten Raum projiziert." Die Raumbilder – definiert als „auf einen Raum projizierte, in der Regel materialisierte Zeichenkomplexe, die in ihrer latenten Sinnhaftigkeit stets Bezug zu einem Entwicklungsmodell haben" – fließen zum einen in die Ausbildung einer regionalen Identität der Bevölkerung ein (vgl. IPSEN 1993) und wirken zum anderen förderlich oder hinderlich für die weitere Entwicklung eines Raumes. Das Beispiel, in dessen Kontext IPSENS Überlegungen stehen, sind die Inkompatibilitäten zwischen kulturellen Vorstellungen von einem Raum als „fordistischem Raum" und den Rahmenbedingungen und spezifischen Anforderungen eines zum Postfordismus gewandelten Entwicklungsmodells (vgl. die Diskussion von IPSENS Raumbild im regionalpolitischen Kontext bei BERNREUTHER 2005, S. 65ff). Wenngleich IPSEN seine Konzeption mit Illustrationen von Bauwerken versieht, die symbolisch für bestimmte Entwicklungsepochen stehen, ist sein „Raumbild" primär eine auf eine bestimmte Fragestellung der Regionalentwicklung zugespitzte Abwandlung des Image- bzw. Bildbegriffes, bei dem qualitative Aussagen über die Charakteristika eines Raumes im Mittelpunkt stehen und nicht bildliche Vorstellungen. Aufgrund seiner sehr spezifischen und anwendungsorientierten Ausrichtung wird der Terminus „Raumbild" in der vorliegenden Arbeit nicht weiter verwendet.

– Filmisches Stadtbild
Die einzige Begriffsvariante, in der „Bild" im Rahmen dieser Untersuchung verwendet wird, bezieht sich auf die Darstellung von Städten in Filmen. Dabei wird der Ausdruck „filmisches Stadtbild" synonym zu den Formulierungen „filmische Stadtpräsentation", „Stadtdarstellung" oder „Stadtinsze-

nierung" verwendet. Den Eigenschaften des Mediums Film entsprechend werden hiermit nicht allein die visuellen, sondern die gesamten audio-visuellen Inhalte eines Films angesprochen. Filmische Stadtbilder oder Stadtinszenierungen werden vom Filmbetrachter über den Prozess der individuellen Medienaneignung erschlossen und fließen als eine Komponente in die Gesamtheit an Bedeutungszuschreibungen zu einer Stadt bzw. ihren Teilräumen ein, die im weiteren Verlauf mit dem Terminus „Raumvorstellung" bezeichnet wird.

– Raumvorstellung
Der als Ersatz für ein subjektives und umfassend konzipiertes „Bild" bzw. „Image" von einem Raum verwendete Begriff „Raumvorstellung" soll im Weiteren alle Bedeutungszuschreibungen bezeichnen, die ein Individuum zu einem Erdraumausschnitt vornimmt. Raumvorstellung umfasst alle subjektiven Vorstellungsinhalte, unabhängig von der Herkunft der Bedeutungszuschreibungen aus dem direkten Erleben oder aus einer medialen Vermittlung. Sowohl kognitive als auch emotional-wertende oder handlungsorientierte Elemente können als Teile von Raumvorstellungen aufgefasst werden, die – im Kontext der Filmrezeption von besonderer Bedeutung – auch visuell-bildliche Komponenten beinhaltet, die aus dem direkten Erleben von Ausschnitten des Erdraumes oder aus diversen medialen Darstellungen herrühren können. Im Kontext der in Kapitel 9 dargestellten empirischen Untersuchungen hat sich die Verwendung des Begriffes „Raumvorstellung" als Kurzformel für das gesamte Wissen, Denken, Assoziieren und Vorstellen, das mit einem Raum verbunden wird, bewährt. Aus den Gesprächen wird insbesondere deutlich, dass der Terminus „Raumvorstellung" anders als der Begriff „Image" keine normativen Wertungen induziert oder die Diskussion einseitig auf bildhafte Vorstellungen fokussiert. Im Mittelpunkt des Interesses der Rezipienteninterviews steht nicht der durch wahrnehmungs- und kognitive Vorgänge gebildete Prozess der Ausbildung von Raumvorstellungen, sondern die in Gesprächen reflektierte Erinnerung bzw. der Prozess der diskursiven Rekonstruktion der Raumvorstellungen und zweier ausgewählter Einflussgrößen, des direkten Erlebens einer Stadt und der Rezeption ihrer filmischen Darstellungen. Im Vorgriff auf die folgende Diskussion ausgewählter Raumkonzeptionen kann darauf verwiesen werden, dass Raumvorstellung in der hier verwendeten Begriffsbestimmung mit der Verwendungsart des Raum-Begriffes übereinstimmt, die WEICHHART in seiner Klassifikation als den „erlebten $Raum_{1e}$" bezeichnet (siehe Abschnitt 4.2.2.2).

4. BILD DER WELT 2: KONSTRUKTIONEN DES RAUMES

> Es ist schon ein Jammer mit der Geographie. [...] Wir sind weiß Gott nicht „am Kern", wenn es darum geht, ein plausibles und akzeptables Konzept zur Analyse der räumlichen Strukturiertheit gesellschaftlicher Phänomene vorzulegen. [...] Die traditionellen Raumkonzeptionen der Geographie, die vielfach doch recht naiv und ohne extrem auffälligen Reflexionsaufwand verwendet wurden, sie haben wohl ausgedient.
> WEICHHART 1998, S. 75

Nach dem Zugang zu einem „Bild der Welt" durch die Wahrnehmungsgeographie folgt als zweiter Schritt der theoretischen Fundierung die Auseinandersetzung mit Vorstellungen über alltägliche Konstruktionen des Raumes, die im Zuge des erstarkten Interesses der Geographie an der theoretischen Fundierung der Disziplin entwickelt wurden (vgl. GLÜCKLER 1999, S. 9). Den Beginn dieser Theorie-Renaissance datiert SAHR (1999, S. 43) auf die Mitte der 1980er Jahre, als zentrale Arbeiten zu einer intensivierten theoretischen Raumdiskussion vorgelegt wurden, die eine handlungs- und systemorientierte Neuausrichtung der Humangeographie anstrebten (z.B. SEDLACEK 1982, WERLEN 1986, WEICHHART 1986, KLÜTER 1986, WERLEN 1987). Ausgehend hiervon hat sich die gegenwärtige Theoriediskussion zu einem komplexen multiparadigmatischen Geflecht von Diskursen über „Raum" und andere zentrale Kategorien der Geographie entwickelt, das u.a. durch MIGGELBRINK (2002a, S. 37ff) und KOCH (2005, S. 36ff) überblicksartig dargestellt wird. Wie das einleitende Zitat jedoch anzudeuten scheint, wird die Diskussion über „plausible und akzeptable" Konzepte des Verhältnisses von Gesellschaft und Raum überlagert von der Persistenz „traditioneller" substantialistischer Denkweisen, die entgegen den Überlegungen der „Raum-Exorzisten" wie HARD, KLÜTER oder WERLEN dem „Raum" weiterhin eine eigenständige ontologische Struktur und damit eine potentielle Funktion als ursächlicher „Wirkkraft" zusprechen (vgl. WEICHHART 1998, S. 75f und die Gegenposition von KÖCK 1997).

Eine detaillierte Diskussion der gegenwärtigen Theorieentwicklungen der deutschsprachigen Humangeographie würde den Rahmen der vorliegenden Untersuchung übersteigen und zudem an ihrer Zielsetzung vorbeiführen. Vielmehr stehen vor allem die Fragen im Mittelpunkt, in welcher Form der Vorgang der Raumwahrnehmung in ausgewählte aktuelle Konzepte integriert wird und wie das Verhältnis von lebensweltlichen Erfahrungen und medialen Quellen in der Ausprägung einer individuellen Raumvorstellung verstanden wird. Bevor diese Fragen für zwei exemplarische Theoriekonzepte behandelt werden (Abschnitt 4.2), wird ein kurzer Überblick über gegenwärtige Raumkonzepte der Geographie gegeben.

4.1. RAUMKONZEPTE IN DER GEOGRAPHIE

> Das kleine Boot des Denkens vieler Christen ist nicht selten von diesen Wogen zum Schwanken gebracht, von einem Extrem ins andere geworfen worden: vom Marxismus zum Liberalismus bis hin zum Libertinismus; vom Kollektivismus zum radikalen Individualismus; vom Atheismus zu einem vagen religiösen Mystizismus; vom Agnostizismus zum Synkretismus, und so weiter. [...] Einen klaren Glauben nach dem Credo der Kirche zu haben, wird oft als Fundamentalismus abgestempelt, wohingegen der Relativismus, das sich ‚vom Windstoß irgendeiner Lehrmeinung Hin- und-hertreiben-lassen', als die heutzutage einzig zeitgemäße Haltung erscheint. Es entsteht eine Diktatur des Relativismus, die nichts als endgültig anerkennt und als letztes Maß nur das eigene Ich und seine Gelüste gelten läßt.
> RATZINGER (2005)

Die insbesondere durch die Formel von der „Diktatur des Relativismus" berühmt gewordene Zustandsbeschreibung, die RATZINGER über das „kleine Boot des Denkens vieler Christen" gegeben hat, lässt sich in zweierlei Hinsicht auf die gegenwärtigen Theoriediskussionen der Humangeographie übertragen. Zum Ersten fließt in die theoretischen Diskurse der Geographie ein ähnlich weites Spektrum von theoretischen Grundpositionen ein, zum anderen teilen viele der Beiträge zur Raumtheorie eine relativistische Auffassung bezüglich der ontologischen Struktur ihrer Diskussionsgegenstände und der epistemologischen Fundamente ihrer Zugänge. Die Bewertung dieses Zustandes freilich fällt für eine wissenschaftliche Disziplin wie die Geographie weniger eindeutig aus als für die katholische Kirche und schwankt zwischen einer positiven Akzeptanz von „Pluralität der Ansätze im Sinne einer erkenntnisfördernden Komplementarität" (ARNREITER/WEICHHART 1998, S. 78) und einer auf Komplexitätsreduktion bedachten Gegenbewegung hin zu einer „neuen Übersichtlichkeit" (DÜRR 1998, S. 39, vgl. MIGGELBRINK 2002a, S. 23f).[4]

Während sich ARNREITER/WEICHHART (1998) mit der Pluralität von humangeographischen Paradigmen auseinandersetzen und für zwölf Einzelparadigmen der

---

4 Die neue Übersichtlichkeit wird nicht von DÜRR gefordert oder betrieben, sondern in kritischer Rezension von WESSELS *Empirisches Arbeiten in der Wirtschafts- und Sozialgeographie* (1996) als übermäßige Simplifizierung der Komplexität der gegenwärtigen Humangeographie konstatiert.

Geographie[5] die Überschneidungsbereiche ihrer erkenntnistheoretischen Grundlagen sowie der Bezugnahme auf fachinterne wie fachübergreifende „Superparadigmen" diskutieren, lässt sich die Vielfalt von divergierenden Ansätzen auch für die aus unterschiedlichen Paradigmen heraus entwickelten Raumkonzepte feststellen. Abbildung 8 zeigt einen Überblick über ausgewählte Raumtheorien, die aus systemtheoretischen wie humangeographischen bzw. soziologischen Grundpositionen seit den 1980er Jahren heraus entwickelt wurden. Die umfangreiche Berücksichtigung systemtheoretischer Ansätze dient KOCH (2005) dabei als Fundierung für seinen eigenen systemtheoretisch ausgerichteten Entwurf des Raumes als „selbstreferentielles, autopoietisches System."

Abb. 8: Zur Vielfalt des „Raumes" in der Geographie

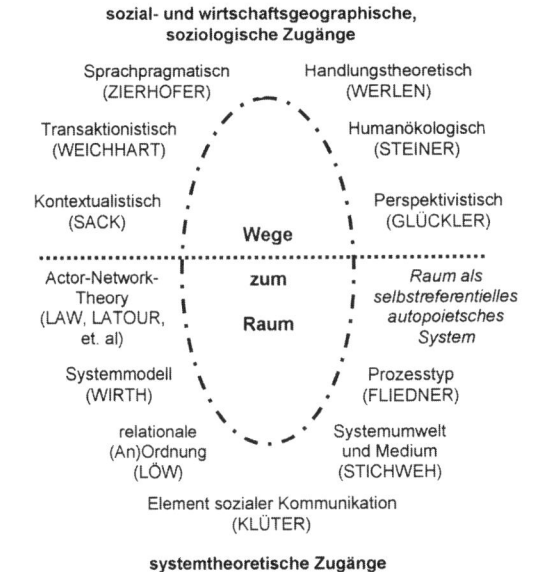

sozial- und wirtschaftsgeographische, soziologische Zugänge

Sprachpragmatisch (ZIERHOFER)
Handlungstheoretisch (WERLEN)
Transaktionistisch (WEICHHART)
Humanökologisch (STEINER)
Kontextualistisch (SACK)
Perspektivistisch (GLÜCKLER)

Wege zum Raum

Actor-Network-Theory (LAW, LATOUR, et. al)
Raum als selbstreferentielles autopoietisches System
Systemmodell (WIRTH)
Prozesstyp (FLIEDNER)
relationale (An)Ordnung (LÖW)
Systemumwelt und Medium (STICHWEH)
Element sozialer Kommunikation (KLÜTER)

systemtheoretische Zugänge

Quelle: KOCH 2005, S. 363

Wie Abbildung 8 verdeutlicht, lässt sich für die in der gegenwärtigen Geographie vorliegenden Raumkonzepte neben ihren theoretischen (Systemtheorie) bzw. disziplinären Grundpositionen (Geographie und Soziologie) eine Vielzahl spezieller Schwerpunkte und paradigmatischer Festlegungen ausmachen. Unter den systemtheoretischen Ansätzen, die „Raum" in verschiedener Weise in den Kontext von LUHMANNS Gesamttheorie stellen, hat der Vorschlag von KLÜTER (1986), Raum ausschließlich als Element sozialer Kommunikation zu betrachten, aufgrund sei-

---

[5] Die Autoren unterscheiden Landschaftsgeographie, „Raumstrukturforschung", Raumwissenschaftliche Geographie, Welfare Geography, Radical Geography, Marxistische Geographie, Feministische Geographie, Verhaltensgeographie, Humanistische Geographie, Neue regionale Geographie, Handlungstheoretische Geographie sowie Humanökologische Geographie.

ner zeitlichen Vorreiterstellung und der Deutlichkeit, mit der substantielle Raumvorstellungen abgelehnt und durch eine systemorientierte immaterielle Raumkonzeption ersetzt werden, besondere Beachtung erfahren (vgl. HARD 1986). Auch die Ansätze der Actor-Network-Theorie haben als Ausgangspunkte für weitere Diskussionen (vgl. z.B. ZIERHOFER 1999b, 2002, MURDOCH 1997 oder die erweiterte Akteursnetzwerkperspektive von JÖNS 2003) in jüngerer Zeit deutliche Resonanz in der deutschsprachigen Geographie gefunden. Aus dem Spektrum der von KOCH als humangeographisch und soziologisch kategorisierten Ansätze werden im folgenden Abschnitt die handlungstheoretische Konzeption von WERLEN und die Ausführungen von WEICHHART näher diskutiert. Die Selektion (vgl. Abschnitt 4.2) basiert sowohl auf der zentralen Bedeutung dieser Diskussionsbeiträge im gegenwärtigen Theoriediskurs der deutschen Geographie als auch darauf, dass anhand der beiden Ansätze die theoretischen Grundlagen dafür aufgezeigt werden können, wie sich eine handlungszentrierte Geographie mit den unterschiedlichen Aspekten der Raumwahrnehmung und der Mediennutzung befassen kann. Es wird insbesondere bei WEICHHARTS Überlegungen deutlich, dass hier Anknüpfungspunkte zu den humanökologischen Ansätzen von STEINER und der sprachpragmatischen Konzeption von ZIERHOFER bestehen, so dass durchaus Querbeziehungen und Gemeinsamkeiten zwischen diesen von KOCH graphisch separierten Ansätzen bestehen.

Mit der getroffenen Auswahl soll jedoch nicht der Blick dafür verstellt werden, dass neben den diskutierten Strängen der Auseinandersetzung mit dem „Raum" eine Vielzahl weiterer Perspektiven und Theoriebausteine zu diesem zentralen Fragenkreis der Geographie intensiv diskutiert werden. Dabei stehen insbesondere die vielfältigen Prozesse der sozialen Produktion von Räumen im Mittelpunkt, wofür die Konzeptionen von LEFEBVRE (1974)[6] einen zentralen Ausgangspunkt darstellen. Die räumlichen Produktionsprozesse werden in jüngerer Zeit zumeist explizit in ihrer Abhängigkeit von den Vorgängen der sprachlichen Kodierung und Vermittlung von Bedeutung aufgefasst; dabei wird neben der semiotischen Basis (vgl. einführend z.B. SAHR 2003) der „Kultur als Zeichensystem" insbesondere nach FOUCAULT der Zusammenhang zwischen Diskursen, Wissen und Macht in der Konstitution sozialer Räume thematisiert. Hierzu haben nicht zuletzt die diskursanalytische politische Geographie[7] oder Arbeiten, die aus feministischer Perspektive die Konstruktion von sozial-räumlichen Identitäten hinterfragen (z.B. STRÜVER 2003, 2005b), entscheidende Beiträge geleistet. Diesem theoretischen Feld, das sich mit dem Konstruktivismus der „Modephilosophie der 1990er Jahre" bedient (HACKING 1999), muss jedoch mit zwei kritischen Anmerkungen begegnet werden. Zum einen kann auf die von MIGGELBRINK (2002b) vorgebrachte Warnung vor einem inflationären und undifferenzierten Gebrauch konstruktivistischer Begrifflichkeiten

---

6   Zur Rezeption vgl. für den anglo-amerikanischen Bereich u.a. SOJA (1989, 1996) und ELDEN (2001); in der deutschen Geographie liegt insbesondere die umfassende Aufarbeitung von SCHMID (2005) vor.
7   Vgl. u.a. REUBER 1999, LOSSAU 2000, REUBER/WOLKERSDORFER 2001, WOLKERSDORFER 2001; im Kontext einer *radical geography* vgl. z.B. BELINA 1999, 2000, 2003; zur Methodik der Diskursanalyse in der Geographie vgl. einführend REUBER/PFAFFENBACH 2005, S. 198ff.

und Konzepte verwiesen werden, der als Befreiungsschlag gegen Essentialismus und Reduktionismus gedacht ist, aber bei unzureichender begrifflicher Definitionsschärfe zugleich den Verdacht einer „neuerlichen Fetischisierung" mit sich bringt, die an die Stelle des „Raumes" nun die „schillernde Formel" von der sozialen Konstruktion des Raumes setzt. Zum anderen stellen semiotisch orientierte Denkmuster, die mit entsprechender Radikalität die Bedeutung der materiellen Welt auf ihre symbolische sprachliche Vermittlung reduzieren, einen ebenso einseitigen und damit angreifbaren Extrempunkt in der Reflexion über das Zusammenspiel zwischen Mensch und Raum dar (vgl. Abschnitt 4.2.2). Wenn die Aufgabe der Geographie auf die „Dekonstruktion der diskursiven Konstruktionen von Körper, Wissen, Macht und Raum" (STRÜVER 2005b, S. 35) beschränkt wird oder festgehalten wird, „dass es die Sprache ist, durch die Bedeutung erst produziert wird, oder, um es mit DERRIDA noch radikaler zu formulieren: ,there is nothing outside the text'" (GEBHARDT et al. 2003a, S. 11), dann drücken derartige Formulierungen zwar zum Gutteil nachvollziehbare Aussagen über die erhebliche Bedeutung der sprachlichen Komponente der menschlichen Kognitionsmechanismen aus, verschließen sich aber zugleich vor den im folgenden Abschnitt anhand der Konzeptionen von WEICHHART diskutierten Herausforderungen und Möglichkeiten, das Mensch-Natur-Verhältnis in seinen räumlichen Kontexten vollständig abzubilden.

4.2. ALLTAG UND MEDIEN IN AUSGEWÄHLTEN RAUMTHEORIEN

Aus der Vielzahl gegenwärtiger Diskussionsstränge werden im Folgenden zwei Ansätze herausgegriffen und detaillierter auf ihren Umgang mit Wahrnehmungsprozessen und medialen Einflussgrößen auf den Raumbezug des Menschen untersucht. Die Auswahl der dargestellten Theorien lässt sich mit den folgenden Überlegungen begründen:

- WERLENS handlungsorientiertes Raumkonzept bildet einen der zentralen Diskussionsgegenstände der jüngeren deutschsprachigen Humangeographie. Das ausführlich dargestellte und mit großer Argumentationstiefe begründete Handlungskonzept von WERLEN weist in seiner Übernahme zentraler Aspekte von GIDDENS Strukturationstheorie deutliche Anknüpfungspunkte zur NEISSER'schen Wahrnehmungstheorie auf und ermöglicht so eine Reflexion darüber, wie Prozesse der menschlichen Raumwahrnehmung jenseits der behavioristischen Grundtendenzen, die in der geringen disziplininternen Beachtung dieses Themenfeldes noch nachwirken, in handlungstheoretische Konzeptionen der Geographie einbezogen und damit anschlussfähig gemacht werden können. Zudem widmet WERLEN (1997, S. 378ff) in seinen Überlegungen zur Ausbildung alltäglicher Regionalisierungen explizit dem Bereich der informativ-signifikanten Regionalisierungen, die auch die gegenwärtigen Massenmedien als zentralen Aspekt spätmoderner Gesellschaften umfassen, besondere Aufmerksamkeit. Dabei werden wesentliche Übereinstimmungen zwischen den handlungstheoretisch begründeten und den in den *cultural studies* entwickelten Vorstellungen über die Funktion medialer Präsentationen für die alltäglichen Raumbezüge des Menschen deutlich, die eine zentrale Grundlage für die empirischen Ansätze der vorliegenden Arbeit darstellen.

– Für WEICHHARTS transaktionistisches Raumkonzept lässt sich zum einen festhalten, dass im Sinne des übergeordneten Gedankengebäudes der Humanökologie hier ein Konzept entworfen wird, das explizit die Dichotomie zwischen Mensch und Natur aufzulösen versucht und somit als ein Mittelweg zwischen extremem Konstruktivismus einerseits und traditioneller Raumzentriertheit andererseits angelegt ist. Die detaillierte Auseinandersetzung mit WERLENS Konzeption lässt WEICHHARTS Ansätze zudem als kritische Ergänzung innerhalb einer handlungstheoretischen Rahmensetzung erscheinen. Dabei fungieren die Übersicht und kritische Betrachtung gegenwärtiger geographischer Raumkonzeptionen als hilfreiches didaktisches Mittel, um die von MIGGELBRINK geforderte begriffliche Schärfe zu erarbeiten. Für den weiteren Verlauf der vorliegenden Untersuchung ist besonders die Einordnung des Begriffes der „Raumvorstellung" in WEICHHARTS Ordnungsschema der Raumbegriffe von Bedeutung, ebenso wie das action-setting-Konzept einige Hinweise zur prinzipiellen Wirkungsweise kultureller Ausdrucksformen in der menschlichen Produktion alltäglicher Räume und einen erläuternden Querverweis zu dem eingangs diskutierten Impuls der *Theory of Filmspace* (Abbildung 1) ermöglicht.

4.2.1. Wahrnehmung und Medien in alltäglichen Regionalisierungen

WERLENS handlungszentrierte Konzeption der Humangeographie hat sich über den Zeitraum von gut zehn Jahren entwickelt von der Darstellung der handlungstheoretischen Grundlagen (WERLEN 1986, 1987) über die geistesgeschichtliche Diskussion der Ontologien von „Raum" und „Gesellschaft" im Entwicklungsverlauf von der Moderne zur Spätmoderne (WERLEN 1995b, hier ²1999) bis hin zu der auf GIDDENS Strukturationstheorie (1984, hier deutsch ³1997) aufbauenden handlungstheoretischen Neukonzeption der Humangeographie (WERLEN 1997). WERLENS viel beachtetes Projekt einer „neuen" Humangeographie wird kurz skizziert; anschließend stehen die bereits umrissenen Detailfragen zur Rolle der Wahrnehmung im Vorgang der alltäglichen Regionalisierung und zur Integration von Medien in WERLENS Gedankengebäude als einer Form informativ-signifikanter Regionalisierungen zur Diskussion.

4.2.1.1. Werlens Projekt: Eine neue Humangeographie

Spätestens mit der Veröffentlichung des zweiten Bandes der *Sozialgeographie alltäglicher Regionalisierungen* ist WERLENS handlungstheoretische Neukonzeption der Humangeographie als zentrales Element des theoretischen Diskurses der deutschsprachigen Geographie festzuhalten. Wie WEICHHART (1997, S. 25f) in seiner Rezension anmerkt, ist die unmittelbare Reaktion der „*scientific community*" in Form von Buchbesprechungen – neben der von WEICHHART v.a. die von OSSENBRÜGGE (1997) – und insbesondere durch die in dem von MEUSBURGER (1999) herausgegebenen Sammelband dokumentierte Diskussion während des 51. Deutschen Geographentages in Bonn als Indiz für die besondere Bedeutung und als große Anerkennung für ein Werk anzusehen, „mit dem man sich auseinanderzusetzen hat und durch das die Grundlagendiskussion in unserem Fache völlig neu strukturiert wird – gleichgültig, ob man seinen Thesen zustimmt oder ihnen ablehnend gegenüber steht."

Im Zentrum von WERLENS Neukonzeption der Humangeographie steht die Loslösung der Geographie von ihrer traditionellen Schlüsselkategorie „Raum" und ihre Reformulierung als eine subjektzentrierte, handlungsorientierte Sozialwissenschaft. Je nach Blickwinkel wirkt WERLEN damit als „Raumexorzist", der der bereits langen Reihe von Identitätskrisen der Geographie eine weitere, wenngleich ungewöhnlich fundamentale Sinnkrise beifügt, oder aber als einer derjenigen Autoren – neben HARD oder KLÜTER (vgl. WEICHHART 1998, S. 75) – die der Geographie seit den 1980er Jahren durch ihre Ablehnung einer raumzentrierten Sichtweise die Möglichkeit „aufgezwungen" haben, sich intensiv um eine theoretische Fundierung des Faches zu bemühen.

Als Ausgangspunkt für die Zusammenfassung von WERLENS Überlegungen fungiert seine grundlegende Unterscheidung zwischen traditionellen und spät-modernen Formen von Gesellschaft (WERLEN 1995b). Die traditionelle Vergesellschaftung ist demnach von einem hohen Grad an Raumgebundenheit des Individuums geprägt und ermöglicht aufgrund der relativ großen Homogenität von Bevölkerungsgruppen in einem spezifischen Erdraumausschnitt die wissenschaftliche Herangehensweise der Beschreibung von sozialen Phänomenen als „Eigenschaften" eines Raumes. Eine derartige Betrachtungsweise, die sowohl in der klassischen Landschaftskunde in der Identifizierung und Beschreibung von „Regionen" als natürlichen Entitäten als auch in der raumwissenschaftlichen Geographie in Form der nach Kriterien der Zweckmäßigkeit orientierten „Regionalisierungen als Klassifikation" dominant war, ermöglichte der Geographie als Raum-Wissenschaft die disziplinäre Alleinstellung im Vergleich zu anderen Sozialwissenschaften. Spätestens seit dem Übergang von einer modernen in eine spätmoderne Phase der gesellschaftlichen Entwicklung jedoch ist die kleinräumige Verankerung des Menschen, die als Grundlage der traditionellen Regionalisierungsverfahren der Geographie diente, von einem Zustand der „Entankerung" abgelöst worden (vgl. WERLEN 1995b, S. 134). Das Wechselspiel von globalen Einflüssen und lokaler Verortung des Menschen führt demnach die raumzentrierte Vorgehensweise der Geographie zwangsläufig an ihre Grenzen, da „[…] nur noch ein geringer Anteil der menschlichen Handlungen ausschließlich an die unmittelbare körperliche Vermittlung gebunden" sei. Damit können Verfahren wie die Analyse von körpergebundenen Aktionsräumen die soziale Wirklichkeit nur unzureichend erfassen, da „das regional Beobachtbare und kulturlandschaftlich Erschließbare […] – aufgrund der vielfältigen Entankerungsmechanismen – nicht mehr bloßer Ausdruck lokaler Verhältnisse", sondern vielmehr in zunehmendem Maße Ausdruck globaler Zusammenhänge sei (WERLEN 1997, S. 38).

In der Analyse spätmoderner Gesellschaften führt demnach die Verwendung einer raumzentrierten Untersuchungsperspektive zwangsläufig zu reduktionistischen Interpretationen sozialer Gegebenheiten, bei denen zunächst soziale Elemente als inhärente Eigenschaften eines „Raumes" reifiziert werden, um anschließend als Aussagen über den Raum als für alle Bewohner gültig angesehen zu werden. Derartige Fehlschlüsse sind für WERLEN, insbesondere wenn sie in die Nähe von raumdeterministischen Aussagen über soziale Phänomene reichen, ein besonders problematischer Aspekt der substantialistischen Raumkonzeptionen (vgl. OSSENBRÜGGE 1997, S. 251, MIGGELBRINK 2002a, S. 39f), worauf WEICHHART die nahezu hypersensible Weise zurückführt, mit der von WERLEN „auch das geringste Verdachtsmoment für eine raumzentrierte Denkungsart aufgespürt und als vernichtendes Argument gegen den jeweils Angeklagten ins Treffen geführt wird" (WEICHHART 1997, S. 30). Als eine wesentliche Grundlage für die strikte Trennung, die er zwischen der materiellen Umwelt und den sozialen wie subjektiven Gegebenheiten setzt, fungiert für WERLEN (1986, S. 71ff, ³1997, S. 68ff) die von POPPER (1973a) entwickelte Drei-Welten-Theorie. Die drei ontologisch voneinander abgegrenzten Seinsbereiche, die physisch-materielle Welt 1, die Welt 2 der subjektiven Bewusstseinszustände und die Welt 3 der objektiven Ideen oder Intelligibilia, werden zwar als im Verlauf einer Handlung miteinander verknüpft angenommen, jedoch sind direkte Wechselwirkungen zwischen der materiellen Welt 1 und der symbolischen Welt 3 nicht ohne Vermittlung durch mentale Prozesse möglich (vgl. Abbildung 9): „Die Welt der Bewußtseinszustände (Welt 2) steht mit den beiden anderen Welten in Wechselbeziehung. Welt 1 und Welt 3 können so nur durch die Vermittlung von Welt 2, d.h. durch die Akte des Erkennens und des praktischen, in die äußere Welt gerichteten Handelns, aufeinander einwirken" (WERLEN ³1997, S. 68).

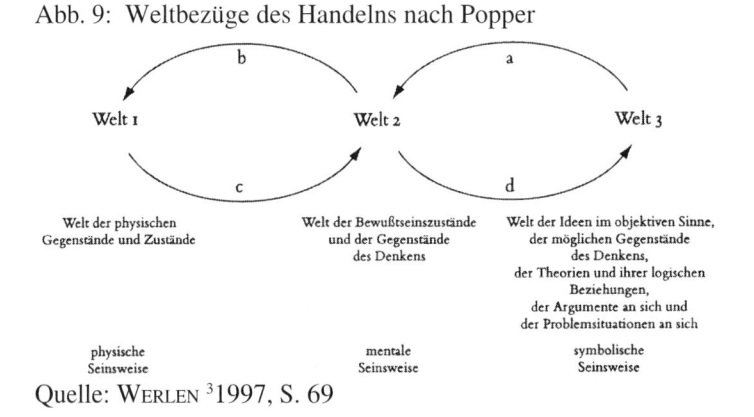

Abb. 9: Weltbezüge des Handelns nach Popper

	Welt 1	Welt 2	Welt 3
	Welt der physischen Gegenstände und Zustände	Welt der Bewußtseinszustände und der Gegenstände des Denkens	Welt der Ideen im objektiven Sinne, der möglichen Gegenstände des Denkens, der Theorien und ihrer logischen Beziehungen, der Argumente an sich und der Problemsituationen an sich
	physische Seinsweise	mentale Seinsweise	symbolische Seinsweise

Quelle: WERLEN ³1997, S. 69

Aus der Feststellung, dass die materielle Welt und die in Welt 3 zu verortenden sozialen Gegebenheiten[8] niemals ohne vermittelnde Zwischeninstanz zueinander in Beziehung stehen, folgern WERLEN und andere Raumexorzisten, dass Soziales wie Psychisches nicht als wesensinhärente Eigenschaft der erdräumlich lokalisierbaren materiellen Welt denkbar ist. Diese Interpretation von POPPERS Drei-Welten-Theorie impliziert auch, dass keine kausalen Beziehungen von der physischen Welt 1 auf die sozialen Elemente der Welt 3 existieren können, womit deterministische Deutungen des Natur-Mensch-Verhältnisses ausgeschlossen werden. In der in Abschnitt 4.2.2 anschließenden Diskussion wird allerdings deutlich, dass bei einer anderen Interpretation von POPPERS Modell (vgl. WEICHHART 1999, S. 70ff) eher die Frage nach den Zusammenhängen oder Wechselwirkungen zwischen den Welten ins Zentrum des Interesses rückt und damit die Grundlage für die Entwicklung eines auf unauflösbaren Verbindungen zwischen materieller, psychischer und sozialer Welt basierenden Raumkonzeptes gegeben ist.

WERLEN bereitet sein Raumkonzept mit einer intensiven Diskussion verschiedener Raumontologien vor (WERLEN ²1999, Kap. 3), deren Grundfrage darin liegt, „ob der Raum an sich eine Entität und eine Substanz ist, die eine Struktur aufweist und kausal wirksam sein kann, oder ob wir räumliche Begriffe, die sich auf räumliche Gegebenheiten beziehen, als irreführende Redensarten über materielle Objekte interpretieren sollen" (WERLEN 1995b, S. 145). Als substantialistische Raumkonzeptionen, die auf eine eigenständige Existenz und Wirksamkeit des Raumes hinweisen, werden die Konzeptionen von ARISTOTELES, DESCARTES und NEWTON besprochen und mit der relationalen Raumvorstellung von LEIBNIZ kontrastiert. Somit geht WERLENS raumkonzeptionelle Fundierung zurück auf eine Auseinandersetzung mit den Grundsatzdebatten der abendländischen Philosophie, die seither auch in weiteren Beiträgen der Geographie intensiv behandelt wurden (vgl. z.B. BLOTEVOGEL 1993, GLÜCKLER 1999, STRÜVER 2005b). Auch in anderen wissenschaftlichen Disziplinen sind entsprechende Rückbeziehungen in der Aufarbeitung aktueller Raumkonzeptionen zu finden. Von besonderem Interesse ist hierunter die bereits 1954 erschienene Abhandlung von JAMMER (1960), dessen philosophischer Rückblick in einer Darstellung des Raumbegriffes der zeitgenössischen Physik mündet. Als Teil der paradigmatischen Fortentwicklung der Physik des frühen 20. Jahrhunderts sind auch hier eine Überwindung absoluter bzw. substantialistischer Raumbegriffe und ihre Ablösung durch relationale Raumvorstellungen zu finden. Bezeichnenderweise verwendet EINSTEIN (1960, S. XIII) in seinem Vorwort zu JAMMERS Buch mit der Gegenüberstellung von „Raum als ‚Behälter' aller körperlichen Objekte" und einem Raumbegriff als „Lagerungs-Qualität der Körperwelt" dieselbe Terminologie wie WEICHHART in seiner Klassifizierung gegenwärtiger wissenschaftlicher Raumkonzepte (siehe Abschnitt 4.2.2.2).

---

8   Vgl. WERLEN (1995b, S. 39): Soziale Aspekte sind weder in Reinform noch als „Gemisch" der Welten 1 und 2 zu sehen, sondern stellen für Popper zusammen mit Feststellungen, Meinungen, Argumenten, wissenschaftlichen Theorien zentrale Bestandteile der Welt 3 dar, die auch als Welt der sozialen Institutionen paraphrasiert wird.

WERLENS Diskussion relationaler Raumkonzepte orientiert sich zunächst an den Vorstellungen von LEIBNIZ, der den Begriff Raum als eine relative Ordnungskategorie für koexistierende Dinge und nicht als eigenständige ontologische Substanz verwendet. LEIBNIZ betont „daß ich den Raum ebenso wie die Zeit für etwas rein Relatives halte; für eine Ordnung der Existenzen im Beisammen, wie die Zeit eine Ordnung des Nacheinanders ist. Denn der Raum bezeichnet unter dem Gesichtspunkt der Möglichkeit eine Ordnung der gleichzeitigen Dinge, insofern sie zusammen existieren, ohne über ihre besondere Art des Daseins etwas zu bestimmen." (LEIBNIZ 1904, S. 134, vgl. WERLEN ²1999, S. 172ff und GLÜCKLER 1999, S. 26ff). Vor dem Hintergrund dieser Ausführungen diskutiert WERLEN die erkenntnistheoretische Raumkonzeption KANTS als zentrale Grundlage einer angemessenen Ontologie des modernen Raumes. Wenn Raum nicht als Gegenstand, sondern als „eine Form der Gegenstandswahrnehmung", als eine „Möglichkeit der Wahrnehmung, Ordnung und Beschreibung ausgedehnter Gegebenheiten" zu begreifen ist, dann liegt darin die Basis dafür, dass WERLEN (²1999, S. 218) Raum als „formal-klassifikatorischen Begriff" konzipiert, der sich „auf die Räumlichkeit der ausgedehnten Dinge bezieht" (WERLEN 1993, S. 250). Als formaler Begriff im Gegensatz zu erkenntnisbasierten empirisch-deskriptiven Begriffen ist Raum eine „Art Grammatik für die Orientierung in der physischen Welt" und erfüllt eine „syntaktisch verknüpfende Funktion", durch die das handelnde Subjekt im Handlungsverlauf relationale Anordnungen erfassen kann. Darüber hinaus ist der Raumbegriff für WERLEN auch als klassifikatorischer Begriff anzusehen, da durch ihn Ordnungen ermöglicht werden, ohne dass „Raum" an sich zu einer Klasse würde (WERLEN ²1999, S. 222, vgl. WERLEN 1993, S. 250f). Der Raumbegriff als „subjekt- und handlungsspezifische Ordnungsstruktur" (MIGGELBRINK 2002a, S. 71) hat seine Berechtigung für WERLEN nur im Bereich der physischen Welt und darf nicht auf die immateriellen subjektiven Bewusstseinszustände oder die intersubjektiven sozial-kulturellen Gegebenheiten ausgedehnt werden, da diese – so Werlen – immer nur unräumlich gedacht und in subjektiven Bedeutungszuschreibungen mit materiellen Räumen verknüpft werden können (WERLEN ²1999, S. 222).

Damit rückt für WERLEN das handelnde Subjekt und nicht ein prä-existenter, gegenständlicher Raum in den Mittelpunkt der Betrachtungen. Raumbezogenes Handeln, in dessen Verlauf räumliche Kontexte analysiert und einbezogen werden, wird zum Untersuchungsgegenstand einer sozialwissenschaftlichen handlungsorientierten Geographie. Die erdräumlichen materiellen Gegebenheiten stellen für das räumliche Handeln zum einen Bedingung und Mittel dar, zum anderen werden sie als beabsichtigte oder unbeabsichtigte Handlungsfolgen verstanden, soweit es sich um die menschlichen Einflüssen ausgesetzte „Kulturlandschaft" handelt. Als wesentlichen Mechanismus für die Ausbildung eines individuellen Raumbezuges, der auf der „Erfahrung der Räumlichkeit der dinglichen Welt mittels Erfahrung der Körperlichkeit der handelnden Subjekte" beruht (WERLEN 1993, S. 251), versteht WERLEN (1997, S. 18) die „alltäglichen Regionalisierungen". Entgegen der herkömmlichen Definition im raumwissenschaftlichen Kontext, wonach Regionalisierung als Bildung räumlicher Klassen auf der Grundlage einer bestimmten Untersuchungsvariablen verstanden werden kann, ist Regionalisierung im alltäglichen

Kontext für WERLEN eine „Form der ‚Welt-Bindung', welche die Subjekte unter globalisierten Bedingungen über verschiedene Typen des Handelns vollziehen." Dieser Mechanismus wird in den folgenden Abschnitten eingehender diskutiert, insbesondere in Hinblick auf die Einbeziehung von wahrnehmungstheoretischen Überlegungen sowie auf die Rolle, die WERLEN medialen Inhalten für die Prozesse des alltäglichen Raumbezuges zuspricht. Die verschiedenen Formen von Regionalisierungen definieren bei WERLEN den Katalog der Untersuchungsgegenstände einer „Sozialgeographie alltäglicher Regionalisierungen" (vgl. WERLEN 1997, S. 271ff). Das breit gefächerte Themenspektrum, das WERLEN im letzten Kapitel des zweiten Bandes *Sozialgeographie alltäglicher Regionalisierungen* darlegt, umfasst die Forschungsfelder der produktiven und konsumtiven Regionalisierungen, der normativen Aneignung und politischen Kontrolle, sowie die alltäglichen Geographien der Information und der symbolischen Aneignungen. Letztgenannte Themenfelder sind im Kontext der vorliegenden Untersuchung von besonderem Interesse und werden später vertieft dargestellt.

In seiner Bewertung des von WERLEN skizzierten Themenkreises, den eine handlungsorientierte Humangeographie in ihrer empirischen Anwendung erschließen könnte,[9] stellt OSSENBRÜGGE (1997, S. 252) fest, dass es sich teilweise „‚nur' um Übersetzungen konventioneller geographischer Fragestellungen in die vorgeschlagene Theoriesprache" handele, während andere Teilbereiche, namentlich die Geographien politischer Kontrolle und normativer Aneignungen, von weiterführendem Charakter seien. Diese Einschätzung wird dadurch bestätigt, dass in der politischen Geographie eine intensive Rezeption von WERLENS Ansätzen stattgefunden hat, die in die Formulierungen einer handlungsorientierten politischen Geographie und akteursbezogenen Konfliktforschung eingeflossen sind (vgl. z.B. REUBER 1999, 2001). Auch in anderen Teildisziplinen wie der Aktionsraumforschung (vgl. SCHEINER 2000) fungiert WERLENS Projekt einer handlungsorientierten Humangeographie als theoretischer Grundbaustein, ebenso wie sich die Handlungsperspektive als weithin akzeptierter Standard in der geographischen Theoriediskussion behauptet und mittels des begrifflichen Vehikels der „kulturellen Praktiken" – hinter denen sich nichts anderes als die verschiedenen Arten von Regionalisierungen verbergen (WERLEN 2003, S. 261) – als zentrales Konstrukt Eingang in die Diskurse einer „neuen Kulturgeographie" gefunden hat (vgl. GEBHARDT et al. 2003a).

---

9 Angesichts des Ausbleibens des von WERLEN (1997, S. 421) angekündigten dritten Bandes der Sozialgeographie alltäglicher Regionalisierungen „Geographien des Alltags – Empirische Befunde" stellte die Frage nach den Möglichkeiten und Grenzen empirisch fundierten Arbeitens im Rahmen von WERLENS handlungsorientiertem Paradigma für gewisse Zeit einen primär an WERLEN gerichteten Kritikpunkt dar.

4.2.1.2. Alltägliche Regionalisierung und Wahrnehmung

Mit seinem Schlüsselbegriff der „alltäglichen Regionalisierung" bezieht sich WERLEN einerseits auf die von GIDDENS im strukturtheoretischen Kontext geleistete Bestimmung dieses Begriffes, andererseits bildet HARTKES Vorstellung von Geographie als Analyse des „alltäglichen Geographie-Machens" einen wesentlichen Ausgangspunkt von WERLENS Überlegungen (1997, S. 26ff). In seiner Ablehnung des Forschungsgegenstandes „Landschaft" und der Forderung an die Geographie, sich den menschlichen Aktivitäten und ihren sozio-kulturellen Bedingungen zuzuwenden und der Kulturlandschaft lediglich die Rolle einer „Registrierplatte" für die Folgen menschlichen Handelns zuzuweisen, stellt HARTKES Konzeption für WERLEN eine „kopernikanische Wende der geographischen Weltsicht" dar (WERLEN 1998, S. 16, vgl. 1995a, S. 517, 2000, S. 143ff). Die Reformulierung der Geographie durch HARTKE als eine Wissenschaft, die mit den Prozessen der sozialen Produktion von „Räumen" oder „Geographien" befasst ist, scheitert jedoch nach WERLENS Ansicht zumindest partiell daran, dass dessen Forschungskonzeption und Methode eben doch auf einer raumzentrierten Sichtweise beruhen würden, wenn er die „Aufdeckung der erdräumlichen Kammerung der Gesellschaft in traditionelle geographische bzw. kartographische Kategorien" betreibt und damit letztendlich in Umkehrung von WERLENS Vorschlag nicht nach den gesellschaftlichen Bedeutungen von Regionalisierungen, sondern „primär nur nach den räumlichen Eigenschaften von Gesellschaften" fragt (WERLEN 1997, S. 37f).

Um demgegenüber zu einer subjektzentrierten, handlungsorientierten Geographie zu gelangen, in deren Zentrum die „Erkundung der Bedeutung des Räumlichen für die Konstitution gesellschaftlicher Wirklichkeiten" steht, verwendet WERLEN den Begriff der Regionalisierung in einer neuen Definitionsvariante als Vermittlung zwischen handelndem Subjekt und seiner raum-zeitlichen Umgebung. Als eine Form der Wieder-Verankerung angesichts globalisierter Lebensverhältnisse stellen Regionalisierungen alle Formen sozialer Praktiken dar, „in denen die Subjekte über ihr alltägliches Handeln die Welt einerseits auf sich beziehen, und andererseits erdoberflächlich in materieller und symbolischer Hinsicht über ihr Geographie-Machen ‚gestalten'" (WERLEN 1997, S. 212). Anhand dieser Definition wird deutlich, dass mit dem Konzept einer alltäglichen Regionalisierung ein Mechanismus in WERLENS Gesamtkonzeption vorliegt, anhand dessen sich die Fragen nach der Einbeziehung wahrnehmungstheoretischer Erkenntnisse und nach der Rolle medialer Quellen für den Raumbezug des Individuums diskutieren lassen.

Hierfür kann zunächst der Teilaspekt von Regionalisierung vernachlässigt werden, den WERLEN im Sinne der raumrelevanten Handlungsfolgen als Gestaltung des Erdraumes durch den Menschen erst im Verlauf seiner ausführlichen Diskussion von Regionalisierung einführt (vgl. WERLEN 1997, Kap. 4, insb. S. 206ff). Geht man dagegen von einer von WERLEN (1997, S. 16) einleitend formulierten Definition von Regionalisierung als „eine besondere soziale Praxis […], anhand derer die Subjekte die Welt auf sich beziehen" aus, so scheint die Formulierung von Regionalisierung als „Welt-Bezug des Individuums" genauso gut als Paraphrase für die von NEISSER entwickelte Vorstellung von Wahrnehmung als zirkulärem, aktivem Extrahieren von Informationen aus der räumlichen Umwelt des Menschen dienen zu können (vgl. Abschnitt 3.2). Diese Übereinstimmung wird besonders dadurch nachvollziehbar, wenn die intensive Auseinandersetzung mit NEISSERS Wahrnehmungsansatz beachtet wird, die von GIDDENS (^{3}1997, S. 96ff) als Grundlage für seine Theorie der Strukturierung geleistet wird. Für GIDDENS stellt Wahrnehmung einen integralen Bestandteil der reflexiven Handlungssteuerung des Individuums dar (^{3}1997, S. 97), durch die im kontinuierlichen Handlungsverlauf sowohl das eigene Verhalten eines Handelnden als auch der räumlich und zeitliche Handlungskontext aufgenommen und zur Steuerung des Handlungsstromes genutzt werden (^{3}1997, S. 55). Wenn für GIDDENS die Einbettung des Handelns in seinen räumlichen und zeitlichen Kontext von entscheidender Bedeutung für das Verständnis von Handlung und damit, über das zentrale Element der Dualität von Struktur, auch für die fortdauernde Reproduktion sozialer Beziehungen ist, dann erfordert dies ein Konzept von Wahrnehmung, das ebenfalls in der Lage ist, die fortdauernden, zirkulären Beziehungen zwischen dem Menschen und seiner zeitlich wie räumlich differenzierten Umwelt zu erfassen und als Mechanismus der Handlungssteuerung einzubeziehen. Eben dies leistet NEISSER, in dessen Konzeption es sich bei „Wahrnehmung nicht um eine Aufsummierung diskreter ‚Wahrnehmungen', sondern um einen mit der Bewegung des Körpers in Raum und Zeit integrierten Tätigkeitsverlauf" handelt (GIDDENS ^{3}1997, S. 96). Im Wahrnehmungsverlauf sind die antizipatorischen Schemata, durch die die Wahrnehmung gesteuert wird und die für die Selektivität der Wahrnehmung verantwortlich sind, dasjenige Medium, durch das die Vergangenheit in der Form von erinnertem Wahrgenommenem die Zukunft beeinflusst, wodurch die Kontinuität des Wahrnehmens und des Handelns gewahrt wird.

Indem die von NEISSER beschriebenen Wahrnehmungsmechanismen als ein wesentliches Element reflexiver Handlungssteuerung Eingang in GIDDENS Gedankengebäude finden, bekommt räumliche Wahrnehmung auch einen zentralen Stellenwert in dem Prozess der Regionalisierung. In Ablehnung einer rein physisch-materiellen Sichtweise empfiehlt GIDDENS (^{3}1997, S. 424): „Regionalisierung versteht man am besten nicht als einen ausschließlich räumlichen Begriff, sondern als einen, der die Verknüpfung von Kontexten in Raum und Zeit zum Ausdruck bringt." Es wird mit Regionalisierung also die auf Wahrnehmung basierende Konstitution des raum-zeitlichen Handlungskontextes durch den Handelnden bezeichnet, mit Region als deren Ergebnis, also der Kontext bzw. die Situation des Handelns (vgl. WERLEN 1997, S. 194). Dabei verweist GIDDENS (^{3}1997, S. 170) mit dem Begriff des „locale", für den WERLEN (1997, S. 168) die Übersetzung „Schauplatz" vorschlägt, darauf, dass in der Analyse und iterativen Konstitution des Handlungskontextes eine unauflösbare Verschränkung der materiellen Umgebung eines Schauplatzes mit den ihr zugeschriebenen sozialen Merkmalen zum Tragen kommt – ein Tatsache, die im Widerspruch zu der von Werlen postulierten strikten Trennung der POPPER'schen Welten steht (vgl. WEICHHART 1997, S. 33) und die genau deshalb in WEICHHARTS Überlegungen zu transaktionistischen „settings" eine erhebliche Rolle spielt (siehe Abschnitt 4.2.2).

Für den von GIDDENS konzipierten Vorgang der Regionalisierung als „raumprojizierte soziale Definition des Handlungskontextes" (WERLEN 1997, S. 212) stellt die räumliche Wahrnehmung des Handelnden eine der wesentlichen Einflussgrößen dar. Da WERLEN Regionalisierung in der Bedeutung als Konstitution des Handlungskontextes als eine äußerst wichtige Form von alltäglichen Regionalisierungen anerkennt, ist die in diesem Abschnitt eingangs formulierte Vermutung bestätigt, dass Wahrnehmung in NEISSERS Sinn ein zentraler Bestandteil der Praktik ist, in der Menschen „die Welt auf sich beziehen." Wenn WERLEN darüber deutlich hinausgehend Regionalisierung als Dialektik aus der Konstitution von Weltbezug und der handelnden Gestaltung der Erdoberfläche in materieller und symbolischer Hinsicht begreift, so kann Wahrnehmung als zentrales Element der Handlungssteuerung aufgefasst werden. GIDDENS (^{3}1997, S. 99) betrachtet Wahrnehmung „als etwas, das Handelnde tun, als einen Bestandteil ihrer zeitlich und räumlich situierten Handlungen." Auch in einem um eine Handlungskomponente erweiterten Verständnis von Regionalisierung kann Wahrnehmung somit als einer der zentralen Mechanismen des Weltbezuges bezeichnet werden. Hieraus folgt, dass trotz des disziplinhistorischen Abschwungs der Wahrnehmungsgeographie und der paradigmatischen Inkompatibilität ihrer behavioristischen Traditionslinie mit den handlungstheoretisch fundierten Ansätzen der Humangeographie eine Beschäftigung mit Prozessen der Raumwahrnehmung auch in einer handlungszentrierten Geographie möglich und von zentraler Bedeutung ist.

Im Kontext der Auseinandersetzung mit medialen Einflüssen auf den Weltbezug des Menschen ergibt sich jedoch das Problem, dass die Beschränkung von „Regionalisierung" auf den Handlungskontext eines Individuums einen Ausschluss mittelbar wahrgenommener Räume impliziert. Was Regionalisierung als Praktik, in der Menschen „die Welt auf sich beziehen", durchaus konzeptionell zu erfassen in der Lage ist, nämlich die Frage, welcher Weltbezug das Sehen eines Films über einen nicht aus dem direkten Erleben bekannten Raum vermittelt, ist weder in einer auf Handlungskontexte reduzierten Regionalisierung noch in der Bedeutungsfacette der erdräumlichen Gestaltung enthalten. Welche Rolle derartige mediale Bezüge als Charakteristikum der spätmodernen Gesellschaften dennoch im Rahmen von WERLENS Geographie alltäglicher Regionalisierungen spielen, wird im folgenden Abschnitt näher betrachtet.

4.2.1.3. Zur Rolle der Medien in Werlens Konzeption

Die Bedeutung moderner Massenmedien kann in WERLENS Gesamtkonzeption einer handlungszentrierten Humangeographie kaum überschätzt werden, da die Auswirkungen der Medien eines der zentralen Elemente des Wandels von traditionellen zu spätmodernen Formen der Vergesellschaftung darstellen. In WERLENS Einschätzung stellen Kommunikation und Wissensaneignung den Lebensbereich dar, in dem der Übergang zwischen traditionellen und spätmodernen Gesellschaften eher einer epochalen Wende als einer Transformation entspricht, da kommunikative Massenmedien „sowohl Ausdruck von Entankerung und Globalisierung sind als auch gleichzeitig deren wichtigste Mechanismen der Ermöglichung" (1997, S. 378). Wenn spätmoderne Gesellschaften schlagwortartig als „Mediengesellschaften" charakterisiert werden können, so lässt sich das durch die große Bedeutung der elektronischen Medien für diejenigen sozialen Prozesse begründen, die als definierende Kriterien gegenwärtiger Gesellschaften angesehen werden können. Zum einen sind Medien maßgeblich für die Vergrößerung der „Reichweite des sozialen Wandels" verantwortlich, womit WERLEN (^{2}1999, S. 114ff) die Loslösung sozialer Beziehungen aus ihren lokalen Kontexten bezeichnet. Die bereits durch die Entwicklung von Schriften und Drucktechniken eingeleitete Ausdehnung der Interaktionsmöglichkeiten über Zeit und Raum hinweg, die in Form der Fixierung von und Kontrolle über Informationen auch ein bedeutendes Element von Machtausübung darstellt, mündet mit den globalen Netzwerken elektronischer Kommunikationsmittel – von Radio und Fernsehen über (kabellose) Telefonie bis hin zur mobilen Verfügbarkeit von E-Mail und Internet – in einem Zustand, in dem die Geschwindigkeit der Informationsverbreitung ihren Maximalpunkt in der Verfügbarkeit von Echtzeit-Wissen erreicht hat und dieses Wissen mittels Mobil- oder Satellitenverbindung an jedem Punkt der Erdoberfläche abrufbar ist. Doch nicht nur die Geschwindigkeit und Reichweite der Informationsverbreitung auf globaler Ebene stellen zentrale Merkmale gegenwärtiger Gesellschaften dar, sondern auch die erheblich gestiegene Bedeutung, die Information im fortwährenden Prozess der Konstitution sozialer Systeme zukommt. Dies kommt in der „(institutionellen) Reflexivität der Moderne" zum Ausdruck, mit der GIDDENS (1991, S. 20) die kontinuierliche Neuaushandlung sozialer Zusammenhänge im Gegensatz zu den durch tradierte Regeln und Praktiken fest gefügten Beziehungen in traditionellen Gesellschaften bezeichnet. Sowohl für die Konstitution gesellschaftlicher Gegebenheiten als auch für die Interaktionen zur materiellen Umwelt ergibt sich durch die neuen Informationsmedien ein erheblich ausgeweiteter und in seiner Verbreitung beschleunigter Vorrat an „neuem" Wissen, anhand dessen die bestehenden Strukturen überprüft und gegebenenfalls revidiert werden: „Modernity's reflexivity refers to the susceptibility of most aspects of social activity, and material relations with nature, to chronic revision in the light of new information or knowledge" (GIDDENS 1991, S. 20, vgl. WERLEN ^{2}1999, S. 123ff).

Die institutionelle Reflexivität der Moderne „ist vielleicht der am tiefsten greifende Unterschied im Vergleich zu traditionellen Gesellschaften", zu der globale Informationsmedien an entscheidender Stelle beitragen. Medien werden im alltäglichen Mediengebrauch als Informationsquellen über soziale Gegebenheiten genutzt, und diese Informationen werden in ihrer durch die Rezipienten angeeigneten Form wiederum zu Einflussfaktoren in der Transformation bzw. Reproduktion sozialer Verhältnisse. Somit stellen Medien „eine zentrale Institution der Wirklichkeitskonstitution und der Reproduktion sozial-kultureller Sinnwelten" dar (WERLEN 1997, S. 379). Die Wirklichkeitskonstitution bzw. die Zuschreibung von sozialen und kulturellen Bedeutungen zu Ausschnitten des Erdraumes erfolgt medial vermittelt auch für Räume, die nicht durch körperliche Anwesenheit erfahren werden, und ermöglicht ebenso die wechselseitige Bezugnahme auf Praktiken und Handlungen von sozialen Akteuren, die nicht kopräsent sind und dem handelnden Subjekt nicht persönlich bekannt sein müssen. Darüber hinaus wird an folgender Formulierung von WERLEN (1997, S. 379) deutlich, dass mediale Inhalte als Grundlage für die weitere

Wahrnehmung und den daraus resultierenden Raumbezug, in WERLENS Terminologie die alltägliche Regionalisierung, dienen: „[...] die interpretativen Sozialwissenschaften können eindrücklich zeigen, daß die Arten der Bedeutungskonstitution vom jeweils verfügbaren Wissen abhängig sind. Was uns Dinge bedeuten, hängt vom Wissen ab, über das wir verfügen." In einer zirkulären Verknüpfung, die mit NEISSERS Vorstellung von dem zyklischen Zusammenspiel von Schemata, Objekt und Erkundung korrespondiert, wirken aufgenommene Medieninhalte also auf die Wirklichkeitskonstitution wie auf die weitere Wahrnehmung ein.

Aus der zentralen Stellung der modernen Massenmedien als Ausdruck und ermöglichender Mechanismus globaler Entankerung und als zentraler Aspekt der sozialen Produktion von Wirklichkeit leitet WERLEN zwei Themenfelder ab, mit denen die Geographie die Prozesse informativ-signifikanter Regionalisierungen aufarbeiten sollte (vgl. 1997, S. 385ff): Die alltäglichen Geographien der Information wären demnach mit den Prozessen der Informationsaufnahme befasst, die als Grundlage für subjektive Bedeutungskonstitutionen dienen. Demgegenüber stellen Geographien der symbolischen Aneignung diejenigen Vorgänge in den Mittelpunkt, in denen das subjektive Wissen und die zu Räumen vorgenommenen Bedeutungszuschreibungen in den sozialen Praktiken zur Anwendung gebracht werden, und durch die „Räume" von bestimmten Akteuren oder Gruppen symbolisch in Anspruch genommen oder für sich reklamiert werden. In Übereinstimmung mit der rezeptionstheoretischen Position der *cultural studies* (vgl. Abschnitt 7.2.2), fordert WERLEN dazu auf, in der Analyse der informativen und signifikanten Prozesse sowohl die Produktions- als auch die Rezeptionsseite in differenzierter Weise zu betrachten. Die Produktionsseite kann somit zunächst hinsichtlich der geographischen Verteilung der Institutionen und materiellen Einrichtungen der Informationsproduktion und -übermittlung untersucht und dann im Hinblick auf die eingesetzten allokativen und autoritativen Ressourcen kritisch analysiert werden. Von besonderem Interesse hierbei sind die Besitzverhältnisse und Kapitalinteressen der Medienindustrie sowie die Kontroll- und Regelungsmechanismen, denen die Produktion von Medieninhalten folgt. Auf der Seite der Mediennutzer erfordert eine umfassende Analyse der Medien-Nutzer-Beziehung für WERLEN (1997, S. 383) eine Grundposition, die Medienaneignung als aktiven Handlungsprozess auffasst und die Selektion und Verwendungsweisen medialer Inhaltsangebote durch die Nutzer thematisiert. Die Medieninhalte, die ihrerseits kein „objektives" Abbild der Wirklichkeit im Sinne eines „Spiegel der Wirklichkeit" darstellen, sondern vielmehr das Ergebnis von „Selektion, Bewertung, Verarbeitung und Interpretation sozialer Ereignisse" durch die Akteure der Medienproduktion sind, werden auf der Seite der Rezipienten erneut diesen vier Schritten der Aufnahme und Verarbeitung unterzogen, durch die sie in das subjektive, bedeutungskonstituierende Wissen eines Subjektes eingebaut werden. Eine ähnliche Konzeption von Medienrezeption als aktivem Aushandlungs- und Aneignungsprozess findet sich in den Untersuchungen der *cultural studies* zum alltäglichen Umgang mit populären Medien, die in Abschnitt 7.2.2 näher dargestellt und als methodische Grundlage für die empirischen Auseinandersetzungen mit der Wirkung von filmischen Stadtbildern für die alltäglichen Raumvorstellungen von Akteuren genutzt werden.

Die hier skizzierten Überlegungen WERLENS, Massenmedien als zentrales Charakteristikum der spätmodernen Gesellschaften zu konstatieren, stehen in einer weit zurückreichenden Tradition sozialwissenschaftlicher Reflexionen über die Medien. Da auf einige der Vorläufer im Zusammenhang mit einseitig negativen Bewertungen der Massenmedien hinsichtlich ihrer sozialen Implikationen noch eingegangen wird (Abschnitt 7.2.1), sei an dieser Stelle darauf verwiesen, dass insbesondere im Zusammenhang mit den Überlegungen zum Begriff und Wesen der „Postmoderne" der Bedeutungsverlust der unmittelbar erlebten „Realität" und ihre Auflösung in mediale und virtuelle Hyperrealitäten, in Oberflächlichkeit, Simulationen und Spektakel intensiv diskutiert wird und ein postmoderner Gesellschaftszustand auch von Autoren wie DEBORD (1967), JAMESON (1984), BEAUDRILLARD (1981, 1986) oder SOJA (2000) nicht zuletzt anhand der Auswirkungen elektronischer Massenmedien auf das alltägliche Leben definiert wird (siehe Abschnitt 7.2.1). DENZIN (1991) verweist auf die direkten Verbindungen zwischen postmodernen Gesellschaften und dem Medium Film. Er sieht zum einen Film als bevorzugtes Medium der Darstellung sozialer Beziehungen, die als postmodern bezeichnet werden können, zum anderen werden in postmodernen Gesellschaften Wahrnehmungsmuster, die aus dem Umgang mit dem Medium Film herrühren, für die Auseinandersetzung mit dem gesellschaftlichen Zusammenleben übernommen. DENZIN (1995) spricht hierbei von dem voyeuristischen Blick der postmodernen *„cinematic society"*.

Gerade vor diesem Hintergrund ist es auffällig, dass WERLEN seine Überlegungen zur Rolle der Medien primär unter dem Aspekt der Informationsbeschaffung anstellt und ein Großteil der Ausführungen auf der historischen Entwicklung der Medien im Sinne von Kommunikationsmitteln basiert. Trotz des Verweises auf FAULSTICHS (1991, S. 9ff) Darstellung der vielfältigen Bedeutungsvarianten des Medienbegriffes kann man durch WERLENS Abhandlungen den Eindruck gewinnen, dass er hauptsächlich journalistische Informationsmedien behandelt oder zumindest den unterschiedlichen Dimensionen des Realitätsbezuges einerseits in informativen Medienformaten (Radio- und Fernsehnachrichten, Berichte, Dokumentationen, Internet-Berichterstattung etc.) und andererseits künstlerischen Medienformaten (Spielfilm, Hörspiel, Gemälde) keine Beachtung schenkt. Gerade für die Einbettung eines medialen Inhaltes in die Realitätskonstitution dürfte es jedoch von nicht unerheblicher Bedeutung sein, ob in einem Programm des elektronischen Mediums „Fernsehen" eine „Selektion, Bewertung, Verarbeitung und Interpretation sozialer Ereignisse" (s.o.) in Form eines Nachrichtenbeitrags oder in Form eines Spielfilms vorliegt.

4.2.2. Räume zwischen den Welten[10]

In den folgenden Abschnitten wird zunächst auf das transaktionistische Weltbild eingegangen, das die Grundlage für WEICHHARTS Auseinandersetzungen mit dem Verhältnis des Menschen zu seiner Umwelt bildet. Gemäß einem Grundverständnis von Mensch und Natur als unauflösbar miteinander verknüpften Elementen eines Gesamtsystems betont WEICHHART in Abkehr von WERLENS Position die Verbindungen zwischen POPPERS Welten, indem er in der kritischen Reflexion geographischer Raumkonzepte der als „Räumlichkeit" bezeichneten Verschränkungskategorie Raum$_4$ besondere Bedeutung zumisst. Dies wird auch in der näheren Auseinandersetzung mit den in der Umweltpsychologie und Soziologie diskutierten Konzepten des „locale" bzw. des „action setting" deutlich, mit denen WEICHHART aufzeigt, wie Sinn und Materie in der konzeptionellen Erfassung der Konstitution alltäglicher Handlungsräume aufeinander bezogen werden können.

4.2.2.1. Weichharts Grundprogramm: Humanökologie und Transaktionismus

Im Zentrum von WEICHHARTS Arbeiten steht mit dem Verhältnis von Mensch und Natur eine der Grundfragen der Geographie, in deren Bearbeitung er sich als einer der führenden Vertreter der Geographie mit Fragen und Konzepten der Humanökologie befasst hat (MEUSBURGER/SCHWAN 2003a, S. 5). Nicht zuletzt durch die auf dem 53. Deutschen Geographentag in Leipzig intensiv geführte Diskussion seiner Thesen (vgl. MEUSBURGER/SCHWAN 2003b) stellen WEICHHARTS Ansätze einen inzwischen weit rezipierten Diskussionsbeitrag zur Konzeption der Schnittstellen zwischen Natur und Kultur – und zwar im Sinne einer Aufhebung dieser Dichotomie – sowie zwischen naturwissenschaftlichen (insb. physisch-geographischen) und sozialwissenschaftlichen (humangeographischen) Herangehensweisen an diesen Fragenkomplex dar (vgl. z.B. 1993a, 2003c).

Die beiden Schlagworte „Humanökologie" und „Transaktionismus", die zur Charakterisierung von WEICHHARTS übergreifendem Programm verwendet werden, können hier nur in groben Zügen skizziert werden. Einleitend kann aus dem erwähnten Sammelband von MEUSBURGER/SCHWAN (2003b) insbesondere auf die überblicksartige Darstellung von STEINER (2003) verwiesen werden, der zentrale Aspekte der Humanökologie skizziert und die von WEICHHART geleisteten Beiträge in dem weiten Spektrum humanökologischer Themen einordnet. Von WEICHHART selbst sind insbesondere die relativ pessimistischen Einschätzungen über die Frage, ob die Humanökologie einen Stellenwert als anerkanntes Paradigma in der Humangeographie hat bzw. haben sollte und kann, von Interesse (1993a, 2003b). Diese im disziplinhistorischen Verlauf der Geographie keineswegs neuartige Frage – WEICHHART (2003b, S. 295) verweist u.a. auf die Versuche von MOORE (1920) oder BARROWS (1923), Geographie als eine Form der Humanökologie zu etablieren – stellt

---

10 Im Sinne einer verbesserten Lesbarkeit sind in Abschnitt 4.2.2 im Regelfall bei Quellenangaben, die sich auf WEICHHART beziehen, lediglich die Jahres- und Seitenangaben aufgeführt.

sich für die Geographie in besonderem Maße, da sie in ihrer Teilung in Physische und Humangeographie in vielfältiger Weise mit der Trennung zwischen naturwissenschaftlichen und humanwissenschaftlichen Zugängen umzugehen hat. So stellen sich neben dem disziplinpolitischen Desiderat, zur Unterstreichung der Relevanz der Geographie ihren größtmöglichen Umfang und damit die Einheit des Faches zu betonen, auch die Ausbildung und Forschungspraxis betreffende Fragen danach, ob es angesichts der sich ständig erhöhenden Komplexität der Teildisziplinen und der damit verbundenen Tiefe der Spezialisierungen innerhalb der verschiedenen Bindestrich-Geographien überhaupt noch realistisch ist, „Einheitsgeographen" auszubilden und in der wissenschaftlichen Praxis agieren zu lassen. Eine auf die inhaltliche Trennung der geographischen Hauptrichtungen insistierende und pointiert formulierte Position lässt sich bei BARTELS (1968, vgl. WEICHHART 1993a, S. 211f) finden, der über die Feststellung vollkommen unterschiedlicher Grundbegriffe, wenngleich dies eigentlich nur auf den Vorgang der Forschungspraxis rekurriert, zu einer Auffassung gelangt, dass die Physische von der Humangeographie durch „vollkommen inkommensurable Erkenntnisweisen" voneinander getrennt sei, womit eine Integration der Geographie grundsätzlich nicht möglich wäre.[11]

Dieses Fazit lässt sich nur dann aufrechterhalten, wenn die Trennung der Erkenntnisbereiche und Forschungswege nicht als bloße Aussage über das wissenschaftliche Herangehen (der Geographie) an ihre Untersuchungsgegenstände interpretiert wird, sondern auf die dahinter stehende Auffassung über das Wesen der Forschungsobjekte zurückgeführt wird. Eine notwendige Voraussetzung für diese Position liegt in der Annahme, dass es sich bei den Sphären der humanwissenschaftlich zugänglichen sozialen und individuell-psychischen Gegebenheiten und dem naturwissenschaftlich zu bearbeitenden Bereich des Materiellen um grundsätzlich zu trennende, weil ontologisch dichotome Seinsbereiche handelt (WEICHHART 1993a, S. 211). Diese bereits im Kontext von POPPERS Drei-Welten-Theorie angesprochene Annahme steht in diametralem Gegensatz zu einem humanökologischen Verständnis, das davon ausgeht, dass der Mensch als elementarer Bestandteil der Ökosphäre nicht anders als in der wechselseitigen Verschränkung von soziokulturellen und materiellen Prozessen aufgefasst werden kann. Die Auffassung, dass Natur und Gesellschaft nicht als separate Entitäten außerhalb eines Vermittlungsverhältnisses aufgefasst werden können, widerspricht keineswegs der Tatsache, dass menschliche Gesellschaften die „Natur" als eine nicht-gesellschaftliche bzw. nicht-menschliche Realität von der Gesellschaft abgrenzen. Allerdings beruht eine derartige Grenzziehung nicht auf den grundlegenden Seinsqualitäten beider Sphären, sondern ist lediglich durch die Wahrnehmung und Erfahrung des Menschen von der Natur als „unabhängig" von der Gesellschaft begründet (vgl. WEICHHART 2003c, S. 18).

---

11 Relativierend sei angemerkt, dass BARTELS in den gemeinsamen Prinzipien geographischer Modellbildung durchaus Ansatzpunkte für eine Überbrückung des Gegensatzes zwischen Physischer und Humangeographie auf methodologischer Ebene formuliert; vgl. hierzu seine Ausführungen „Zur geographischen Methode" (1968, S. 56ff).

WEICHHART geht von der Annahme „einer durchgängigen Realität" aus, deren dreifache Untergliederung nach POPPER für analytische Zwecke als Hilfsmittel nützlich ist, sich jedoch nicht auf unterschiedliche Existenzweisen berufen kann. Vielmehr stellen die „drei Welten" „unterschiedliche Erscheinungs- oder Organisationsform derselben Realität" dar (WEICHHART 1999, S. 72, vgl. ZIERHOFER 1999a).[12] Die Betonung eines kontinuierlichen Gegenstandsbereiches fließt auch in die Definition ein, die WEICHHART (1993a, S. 214) für die Humanökologie als wissenschaftliche Herangehensweise formuliert: „Unter ‚Humanökologie' will ich daher all jene auf wissenschaftliche Erkenntnisgewinn abzielenden Denkansätze verstehen, die sich in irgendeiner Form um die konzeptionelle Überwindung der Dichotomie zwischen Mensch und Natur bemühen und dabei ausdrücklich auch Überlegungen zur ontologischen Deutung ihrer als Ganzheiten aufgefaßten Erkenntnisobjekte anstellen." Für diese Festlegung lassen sich im Entwicklungsverlauf der Humanökologie noch zwei bedeutsame Unterscheidungen treffen (vgl. STEINER 2003, S. 45ff).

Zum einen lässt sich für eine neuere Entwicklungsphase der Humanökologie ab den 1970er Jahren der Übertritt von intradisziplinären humanökologischen Ansätzen hin zu einer dezidiert interdisziplinär orientierten Humanökologie feststellen. Angesichts vielfältiger Bestrebungen zu interdisziplinärer wissenschaftlicher Arbeit erscheint dieses Merkmal nicht herausragend. Es lässt sich zum Zweiten dadurch ergänzen, dass in der Erfassung des Mensch-Natur-Verhältnisses nicht nur wissenschaftliche Zugangsweisen beachtet werden, sondern dass außer- und vorwissenschaftliche Wissensarten und die Verankerung wissenschaftlichen Arbeitens in derartigen weiter gefassten Weltsichten wie Philosophie oder Religion bzw. Spiritualität in die Überlegungen – wenngleich aus wissenschaftlicher Perspektive – einbezogen werden. In solchem erweiterten Sinn lässt sich Humanökologie nicht mehr als Wissenschaftsdisziplin oder interdisziplinärer Forschungsschwerpunkt zum Mensch-Natur-Verhältnis definieren, „sondern ließe sich am ehesten als Betrachtungsperspektive oder transdisziplinäres Forschungsfeld umschreiben" (WEICHHART 2003b, S. 296). Auch in dieser Auffassung bleibt jedoch eine besonders auffällige Affinität der Geographie mit der Humanökologie bestehen, die anhand von drei grundlegenden Vergleichsdimensionen festgemacht werden kann (WEICHHART 2003b, S. 296f, vgl. STEINER 2003, S. 46): So kann zum Ersten in Geographie wie Humanökologie das „Realobjekt" der Forschung in der Geosphäre und insbesondere in den Mensch-Umwelt-Interaktionen identifiziert werden, wobei sich das humanökologische Dreieck aus Mensch, Gesellschaft und Umwelt als grundlegende Situationsdefinition der Humanökologie problemlos auf die Geographie übertragen lässt bzw. eine Entsprechung in der Diskussion der Drei-Welten-Lehre von POPPER findet (vgl. STEINER 2003, S. 50ff). Hieraus ergibt sich eine zweite Gemeinsamkeit, die in der geteilten Notwendigkeit zur konzeptionellen Auseinandersetzung mit der Dichotomie zwischen Natur und Kultur, zwischen „Sinn und Materie" liegt. Zum Dritten treten sowohl Geographie als auch Humanökologie mit einem hohen Kom-

---

12 Ein in ihrer Ablehnung der Trennung zwischen Mensch und Natur besonders deutliche Abhandlung zu diesem Thema hat ZIERHOFER (2000) mit seiner Forderung nach einer „United Geography™" vorgelegt.

plexitätsanspruch auf, der – die Verknüpfung der materiellen und soziokulturellen Aspekte vorausgesetzt – in einer ganzheitlichen Problembehandlung seine Entsprechung finden kann.

Mit dem zweiten Schlüsselbegriff des „Transaktionismus" ist diejenige Grundperspektive oder „Weltsicht" bezeichnet, die nach WEICHHARTS Ansicht am ehesten geeignet ist, die Grundlage für eine konzeptionelle Verklammerung von Sinn und Materie zu bilden (vgl. 1990a, 1998). Er bezieht sich dabei hauptsächlich auf eine Kategorisierung von ALTMAN/ROGOFF (1987), die vier Grundtypen von psychologischen Weltbildern unterscheiden. In der formistischen Perspektive (*formism*) steht mittels des Begriffes „*trait*" (Charakterzug) die intrinsische Qualität von psychischen und sozialen Phänomenen im Zentrum, die ihren eigenständigen ontologischen Status ebenso begründet wie ihre Wirkung in der Welt. In einem mechanistischen Weltbild stehen dagegen die funktionalen und kausalen Systemzusammenhänge zwischen identifizierbaren Einzelelementen im Mittelpunkt, deren Eigenschaften ebenso wie die gesetzmäßigen Wechselwirkungen erforscht werden können. Nicht von Einzelelementen, sondern von deren Zusammentreffen in komplexen Phänomenen geht demgegenüber die holistische organismische Perspektive aus. Die kleinsten Bestandteile einer komplexen Gesamtheit werden hier als nicht analytisch fassbar angesehen, dem Gesamtzusammenhang dagegen, der als Summe mehr darstellt als die Gesamtheit seiner Teile, gilt besondere Aufmerksamkeit hinsichtlich der übergeordneten Systemgesetzmäßigkeiten, die die Wechselwirkungen zwischen Einzelelementen und Ganzheiten steuern. Über diese holistische Position geht der Transaktionismus noch hinaus, indem ein unauflösbarer Zusammenhang zwischen den komplexen Phänomenen der organismischen Perspektive und dem raum-zeitlichen Kontext postuliert wird: „Phänomene, Prozesse und Kontext werden als *Aspekte* von Ganzheiten aufgefaßt. Die Grundkategorie der Analyse ist das *Ereignis*, das bei raum-zeitlichen Zusammentreffen von Phänomenen, Akteuren, Prozessen und Settings konstituiert wird" (WEICHHART 1990a, S. 229). Damit ist eine zeitlich dynamische Untersuchungsperspektive gegeben, die Handlungen in ihren raum-zeitlichen spezifischen Kontexten erfasst und nicht einzelne Akteure und Elemente betrachtet, sondern die komplexe relationale Verschränkung von Handelnden und Kontexten. An die Stelle kausaler Beziehungen zwischen Elementen der physischen und sozialen Welt tritt die Vorstellung, dass Akteure und Kontexte als Aspekte eines übergeordneten Gesamtzusammenhanges koexistieren und einander wechselseitig bedingen.

Sowohl für die Darstellung und kritische Betrachtung gegenwärtiger Raumkonzepte in der Geographie als auch für das von WEICHHART entwickelte Systemmodell der *action settings* ist eine Grundperspektive entscheidend, die einen fundamentalen Unterschied zu der bei WERLEN anzufindenden Position darstellt. Wo WERLEN auf der Grundlage der POPPER'schen Drei-Welten-Lehre eine grundlegende Trennung setzt, nämlich zwischen die physisch-materielle Welt 1 und die menschlichen Seinssphären der Welten 2 und 3, strebt WEICHHART nach einer transaktionistischen Konzeption der Geographie als Humanökologie auf der Basis raumtheoretischer Konzepte, die in der Lage sind, die fundamentalen Verknüpfungen zwischen diesen Bereichen konzeptionell schlüssig zu erfassen.

4.2.2.2. Geographische Raumkonzepte und ihre Kritik

WEICHHARTS Entwicklung eines transaktionistischen Raumkonzeptes, das im Konzept des *action setting* die mannigfaltigen Verbindungen der physisch-materiellen Welt mit ihren subjektiven Sinnzuschreibungen besonders beachtet, basiert auf einer intensiven Auseinandersetzung mit den handlungstheoretischen Überlegungen von WERLEN (insb. WEICHHART 1996b, 1997, 1999) und einer zusammenfassenden Kritik der Raumkonzepte, die in der zeitgenössischen Geographie angewandt werden (vgl. WEICHHART 1998, 1999). In der Auseinandersetzung mit WERLENS Konzeption macht WEICHHART deutlich, dass er wesentliche Grundzüge der handlungstheoretischen Geographie teilt: Als Raum-Exorzist der „schwachen Form", der statt eines Postulates der vollkommenen Unabhängigkeit sozialer Gegebenheiten von materiellen (einschließlich räumlicher) Strukturen lediglich die Ablösung einer raumzentrierten Semantik der Beschreibung sozialer und kultureller Phänomene durch sozialwissenschaftlich fundierte (z.B. handlungstheoretische) Begrifflichkeiten vertritt (vgl. 1999, S. 68),[13] geht er ebenso wie WERLEN von der Notwendigkeit einer Ablösung des ontologisch nicht bestätigten „Raumes" als zentraler Kategorie der Geographie aus. In seiner Konzeption einer handlungsorientierten Humangeographie betont WEICHHART jedoch anders als WERLEN die Verbindungen zwischen den ontologischen Seinsbereichen, weshalb der Frage nach der Verschränkung materieller Aspekte mit den subjektiven und sozialen Sphären des menschlichen Seins in seiner kritischen Betrachtung bestehender Raumkonzepte und in der vorgeschlagenen Fokussierung der Humangeographie auf das Konzept der „Räumlichkeit" besondere Bedeutung zukommt.

Im Folgenden steht die kritische Auseinandersetzung mit bestehenden Raumkonzepten der Geographie im Mittelpunkt, die WEICHHART in verschiedenen Stufen entwickelt und verfeinert hat (1998, 1999, 2000). Dabei geht er sprachpragmatisch vor und stellt nicht den „Raum" als solchen zur Disposition, sondern fragt vielmehr nach den Verwendungen des Begriffes „Raum". Die Begründung für dieses Vorgehen und die daraus resultierende Umformulierung der Grundfrage seines Inventarverzeichnisses der Raumkonzepte formuliert WEICHHART (1999, S. 75, Hervorhebungen im Original) wie folgt:

> Wenn wir einfach fragen „Was ist Raum?", dann gehen wir nämlich ein großes Risiko ein: Wir riskieren durch diese sprachrealistische Fragehaltung, dass die Antwort schlicht in einer metaphysischen Spekulation besteht. Begriffe und Wörter sind Zeichen, die auf etwas verweisen. Ihre Bedeutung entsteht immer durch einen Zuschreibungsprozess, den der Sprecher selbst vornimmt. Es ist daher vernünftiger, schlicht und einfach die Verwendungsweisen von Begriffen zu analysieren. Bei einer solchen sprachpragmatischen Umformulierung wird die Frage aber ein wenig komplizierter. Wenn wir nämlich rekonstruieren wollen, *in welcher Bedeutung* das

---

13 In dieser Unterscheidung zwischen „starkem" und „schwachem" Raumexorzismus bezieht sich WEICHHART auf ZIERHOFER (1999a, S. 176), der darauf hinweist, dass es sich bei dem u.a. von LUHMANN (1997, S. 30) vertretenen starken Raum-Exorzismus nicht um eine gesteigerte „Weiterführung" des schwachen Exorzismus handelt, sondern um eine anders begründete und somit eigenständige Position. ZIERHOFER und WEICHHART dagegen vertreten einen schwachen Raum-Exorzismus.

Wort „Raum" verwendet wird, dann müssen wir auch berücksichtigen, *von wem* und *zu welchem Zweck* es verwendet wird.

Dementsprechend kommt WEICHHART in der Analyse der in der Geographie, in anderen mit „Raum" befassten Disziplinen und in der alltäglichen Umgangssprache geläufigen Verwendungen des Raumbegriffs zu vier Haupt- und zwei Untertypen von Raumbegriffen, die einem spezifischen Verwendungszweck entstammen (vgl. Abbildung 10, siehe 1998, S. 77ff, 1999, S. 75ff).

– Raum$_1$ bezeichnet einen Erdraumausschnitt oder Teilbereich der Erdoberfläche, dessen Lage zwar einerseits präzise spezifiziert werden kann; andererseits wird die Abgrenzung von Raum$_1$-Einheiten jedoch oft relativ vage oder konventionell bzw. pragmatisch geleistet. Als definierende Kriterien solcher Einheiten fungieren primär reine Lageangaben („Mittelmeerraum" als „das Gebiet rund um das Mittelmeer", pragmatisch festgelegt z.B. durch die Territorien der Anrainerstaaten) oder bestimmte als dominant angesehene Gegebenheiten. „Gebirgsräume", „Passivräume" oder „Ballungsräume" beziehen so ihre Abgrenzung als „Vertreter bestimmter Verbreitungstypen von Phänomenen" (1999, S. 76). Verwendung findet der Raum$_1$-Begriff in der Alltagssprache sowie im Sinne einer flächenbezogenen Lagespezifikation in allen empirischen Wissenschaften, die Aussagen über erdräumlich verortbare Phänomene treffen; die erheblichen Probleme, die mit inkonsistenter Verwendung dieser Begriffsfacette insbesondere in der Geographie entstehen können, werden im Anschluss ausführlicher erläutert.

– Raum$_{1e}$ stellt eine Unterkategorie des Raum$_1$ dar, die insbesondere im Kontext der vorliegenden Arbeit von großem Belang ist. Der erlebte, subjektiv wahrgenommene Raum$_{1e}$ der Alltagswelt steht mit dem Raum$_1$ in direkter Verbindung, da als erlebter Raum immer ein Ausschnitt der Erdoberfläche angesprochen wird. Ihm werden subjektive Bedeutungen und subjektiver Sinn zugeschrieben, wobei die Bedeutungszuschreibungen in der Regel auch intersubjektive Komponenten enthalten, wodurch gruppen- oder kulturspezifische „kollektive Images" entstehen. Die folgende Charakterisierung des Raum$_{1e}$ macht deutlich, dass der in der vorliegenden Arbeit verwendete Begriff der Raumvorstellung übereinstimmt mit dem in einer Gesprächssituation reflektierten bzw. erinnerten und verbalisierbaren Raum$_{1e}$ eines Individuums (WEICHHART 1999, S. 80f):

Der erlebte Raum erscheint dem Menschen als der Inbegriff faktischer Realität, er repräsentiert gleichsam die integrale „Wirklichkeit" der Außenwelt, der wir in unserer individuellen Existenz gegenüberstehen. Er ist von der Wahrnehmung her ein ganzheitliches Amalgam, in dem Elemente der Natur und der materiellen Kultur, Berge, Seen, Wälder, Menschen, Baulichkeiten, Siedlungen, Sprache, Sitten und Gebräuche sowie das Gefüge sozialer Interaktionen zu einer räumlich strukturierten Erlebnisgesamtheit, zu einem kognitiven Gestaltkomplex verschmolzen sind. Die erlebten Räume unserer Alltagswelt stellen also kognitive Konstrukte dar, in denen ein Gefüge von Meinungen und Behauptungen über einen Raum$_1$ zum Ausdruck kommt.

Zwei weitere Aspekte des $Raum_{le}$ verdienen besondere Beachtung. Erstens entspricht die Ausbildung eines subjektiven $Raum_{le}$, also die „räumliche" Eigenschaften im Vorstellungsbild verfestigende Zuschreibung von Raumbedeutungen aus dem physisch-materiellen oder sozialen Bereich, dem Prozess der Hypostasierung oder Reifikation. Während die Umdeutung der Beziehungen, Interaktionen und Relationen zwischen Dingen und Körpern zu einem substantiellen Begriff, im räumlichen Kontext also z.B. die Umdeutung der einem Erdraumausschnitt zugedachten Bedeutungen zu Eigenschaften eines Raumes, im alltäglichen Leben eine nahezu unvermeidliche Denkfigur darstellt, ist im wissenschaftlichen Arbeiten der Geographie der Widerspruch zwischen den Praktiken, einerseits reifizierte Räume, andererseits räumliche Reifizierungsprozesse zu untersuchen, von größter Bedeutung. Zum Zweiten fungiert der erlebte $Raum_{le}$ als die Raumkategorie, mittels derer die Ausformung emotionaler Raumbindungen und Identifizierung geschieht.[14] Die emotionale Ortsbezogenheit im Sinne einer engen Verknüpfung von Ich-Identität und den Gegebenheiten der materiellen und sozialen Umgebung setzt WEICHHART mit dem Begriff der Heimat gleich. Wie WEICHHART (1999, Fußnote 4) jedoch einschränkend anmerkt, ist diese Art von $Raum_{le}$-Bezug im globalisierten Zeitalter der Massenmedien nicht zwangsläufig auf Heimat im Sinne des Wohnsitzes eines Menschen beschränkt. Vielmehr „können in unserem Zeitalter der Massenmedien und der Globalisierung auch mediale und virtuelle Räume zu erlebten Räumen transformiert werden." Dies lässt sich auch anhand von WEICHHARTS Überlegungen zu dem humanökologischen Schlüsselbegriff „Umwelt" verdeutlichen. Wenn sich „Umwelt" nur in relationaler Weise als derjenige Teil der Umgebung eines Lebewesens bezeichnen lässt, mit dem energetische, materielle oder informatorische Beziehungen bestehen (1979, S. 526), so ist die Umwelt unter globalisierten Lebensbedingungen im Hinblick auf die Reichweite der Handlungsfolgen die ganze Erde, hinsichtlich des Wahrnehmungshorizontes die ganze Welt (vgl. STEINER 2003, S. 50f). Es lässt sich also folglich der $Raum_{le}$ als jene Raumbegrifflichkeit konstatieren, in der die Verknüpfung von medialen Inhalten und lebensweltlichen Bedeutungszuschreibungen oder auch die rein mediale Ausbildung einer komplexen Raumvorstellung (WEICHHART würde sagen: eines $Raums_{le}$) theoretisch anzusiedeln ist. Daraus ergibt sich eine zentrale Bedeutung des $Raums_{le}$ im Kontext der geographischen Medienforschung.

— $Raum_2$ bezeichnet den „leeren" Containerraum als eigenständige ontologische Struktur, der ebenso wie $Raum_1$ als real existierendes Element der physisch-materiellen Wirklichkeit gedacht wird. Der unendlich ausgedehnte $Raum_2$, in den alle materiellen Elemente eingebettet sind, ohne dass seine Existenz von der „Befülltheit" des Containers abhinge, ist als Element der NEWTON'schen Physik zur Grundlage substantialistischer Raumvorstellungen in der raumwissenschaftlichen Geographie geworden (1999, S. 77, vgl. WERLEN ²1999, S. 158ff, GLÜCK-

---

14 Vgl. hierzu WEICHHARTS (1990b) frühere Ansätze zu Fragen der raumbezogenen Identität.

LER 1999, S. 19ff). Raum$_2$ ist keine im alltäglichen Sprachgebrauch verwendete Begriffsbestimmung von „Raum" und wird in der Geographie nur im Kontext des raumwissenschaftlichen „*spatial approach*" gebraucht. Die eigenständige ontologische Substanz des Raum$_2$ dient diesem Paradigma als Prämisse dafür, dass eigenständige „Raumgesetzlichkeiten" postuliert sind und von einer Wirksamkeit des Raumes gesprochen werden kann (1999, S. 79).

– Als Raum$_5$ charakterisiert WEICHHART die auf KANT zurückgehende epistemologische Raumkonzeption (vgl. Abschnitt 4.2.1), in der „Raum" nicht als Gegenstand oder bloße Vorstellung, sondern als eine Form der Anschauung und als Bedingung oder Weise der Gegenstandswahrnehmung – somit a priori der Wahrnehmung – konzipiert wird.

Abb. 10: Weichharts Inventarverzeichnis geographischer Raumkonzepte

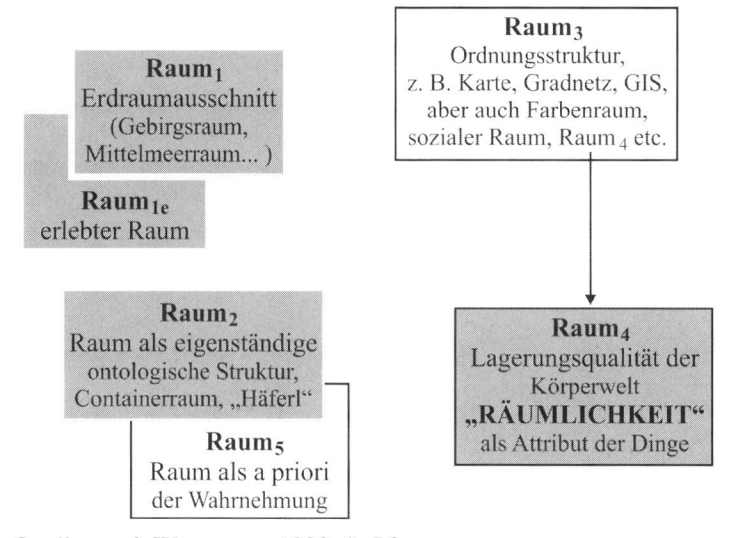

Raum$_1$
Erdraumausschnitt
(Gebirgsraum,
Mittelmeerraum...)

Raum$_{1e}$
erlebter Raum

Raum$_2$
Raum als eigenständige
ontologische Struktur,
Containerraum, „Häferl"

Raum$_5$
Raum als a priori
der Wahrnehmung

Raum$_3$
Ordnungsstruktur,
z. B. Karte, Gradnetz, GIS,
aber auch Farbenraum,
sozialer Raum, Raum$_4$ etc.

Raum$_4$
Lagerungsqualität der
Körperwelt
„RÄUMLICHKEIT"
als Attribut der Dinge

Quelle: nach WEICHHART 1999, S. 76

– Raum$_3$ bezeichnet die abstrakteste Bedeutungsvariante, in der Raum als eine Ordnungsrelation oder eine logische Struktur bezeichnet wird, innerhalb derer Elemente gedanklich zueinander in Relation gesetzt und „geordnet" werden können. Dabei hängt das verwendete Ordnungsraster vom Beobachter ab, unabhängig davon, ob es sich bei der festgestellten Ordnung um eine „erfundene" Ordnung im konstruktivistischen Sinn oder um eine den Objekten inneliegende „entdeckte" Ordnung handelt (1999, S. 78, vgl. REICHERT 1996, S. 17). Raum$_3$ erscheint somit als die Ordnungsmatrix, mittels derer im Prozess des Denkens Unterscheidungen ermöglicht werden, was sowohl auf die bereits im Kontext von WERLENS Raumbegriff diskutierte epistemologische Raumkonzeption von KANT verweist als auch mit der von ZIERHOFER (1999a, S. 181) entwickelten Definition eines „Raumes erster

Ordnung" korrespondiert. Raum$_3$ als „Bedingung der Möglichkeit von Unterscheidungen" ist kein auf bestimmte wissenschaftliche Disziplinen oder alltägliche Praktiken beschränktes Konzept, sondern ist in jedem Prozess des Denkens und Unterscheidens aktiv, womit alle anderen Raumbegriffe in Raum$_3$ enthalten sind.[15]

– Raum$_4$ ist das für WEICHHART im Kontext geographischen Arbeitens zentrale Teilelement des Raum$_3$. Im Sinne einer Lagerungsqualität verweist Raum$_4$ nicht auf eine eigenständige ontologische Struktur, sondern bezeichnet ein Attribut physisch-materieller Dinge, weshalb WEICHHART zur Unterstreichung des Charakters von Raum$_4$ als einer Eigenschaft materieller Gegebenheiten den Begriff „Räumlichkeit" einführt (1993b, S. 235, 1998, S. 79). Räumlichkeit existiert ausschließlich in den Beziehungen und in der Relationalität der physisch-materiellen Dinge zueinander, so dass Raum$_4$ ohne die in Relation stehenden „Dinge" nicht existieren würde (1993b, S. 235). Insbesondere in der Auseinandersetzung mit WERLENS Raumkonzept weist WEICHHART (1997, S. 39, Hervorhebung im Original) darauf hin, dass Räumlichkeit als Lagerungsqualität der materiellen Dinge auch unabhängig von den individuellen Bedeutungszuschreibungen in einer Art wirksam werden kann, und zwar insofern, als durch die relationale Lagerung die Entstehung von Emergenzphänomenen befördert werden kann. „Dadurch, daß materielle Dinge eine bestimmte Konfiguriertheit aufweisen, zueinander in bestimmten Lagerelationen stehen, benachbart, getrennt oder miteinander verbunden sind, kann so etwas wie ein funktionaler oder dynamischer Systemzusammenhang entstehen, der ohne diese spezifische Lagerungsqualität **nicht** eintreten würde." Dieser Zusammenhang lässt sich anhand von WEICHHARTS Beispiel der Folgen der Veränderung der Lagerelation – sprich: des Zusammentreffens – zweier subkritischer Uranmengen, deren „Dingqualität" durch die Änderung ihrer Räumlichkeit zunächst nicht beeinflusst wird, in einer nuklearen Kettenreaktion nachvollziehen. Im sozialwissenschaftlichen Bereich ist die Konzeption von Raum$_4$ für WEICHHART (1999, S. 80) von zentraler Bedeutung, wenn die Verschränkung zwischen materiellen und sozialen Gegebenheiten thematisiert werden soll. Ebenso wie in der Architektur und der Raumplanung, die nach einer möglichst günstigen Gestaltung von Lage- und Beziehungsrelationen streben, stelle sich die fachspezifische Frage der Geographie hinsichtlich der „Beziehungen und funktionalen Relationen, die zwischen den Elementen der physisch-materiellen Realität der Erdoberfläche existieren." Angesichts einer derartigen

---

15 In diesem Sinn hat auch LOSSAU (2005a) in ihrem Vortrag über „Paradoxien ‚unräumlicher' Verräumlichung" auf dem 55. Deutschen Geographentag in Trier 2005 argumentiert; die intensive und von Verständnisschwierigkeiten geprägte Diskussion demonstrierte nicht zuletzt das Problem, das sich auch für Geographen in wissenschaftlichen Diskussionen offenbar darin stellt, eindeutig zwischen dem alltäglichen Raumverständnis (Raum$_1$ bzw. Raum$_{1e}$) und den akademischen Begriffskonventionen zu unterscheiden.

4.2. Alltag und Medien in Raumtheorien

Einschätzung ist es nicht überraschend, dass WEICHHART dem $Raum_4$-Konzept sowohl inhaltlich als auch disziplinpolitisch begründet hohen Stellenwert für die Geographie beimisst (s.u.).

Bevor WEICHHARTS Fazit über die Angemessenheit der verschiedenen Räume in der Geographie zur Sprache kommt, werden anhand von Abbildung 11 einige Probleme mit bestimmten Verwendungsweisen der unterschiedlichen Raumbegriffe dargestellt. Neben der aus dem wissenschaftlichen Sprachgebrauch resultierenden Verwirrung, in der abwechselnd ohne terminologische Differenzierung auf verschiedene Raum-Begriffsfacetten einfach als „Raum" verwiesen wird, lassen sich zwei inhaltlich begründete und problematische Verwirrungen feststellen. Eine erste, weit in die Entwicklungsgeschichte der Geographie zurückreichende Verwechslung, die in die theoretische Fundierung der klassischen Landschafts- und Länderkunde eingeflossen ist, sieht WEICHHART (1999, S. 83) in der „Hochstilisierung" der kulturellen Deutungsmuster, die eine subjektive Raumvorstellung ($Raum_{1e}$) bilden, zu einem wissenschaftlichen Erkenntnisprinzip. Der subjektiv erlebte Raum, der mittels individueller Personifizierungs- und Hypostasierungsprozesse des Forschers gebildet wird, wird in den erdoberflächlichen $Raum_1$ projiziert und dort als ganzheitliche Landschaft oder landschaftliche Raumindividuen[16] „wiederentdeckt" – der kognitive Vorgang der Weltdeutung somit als substantieller Untersuchungsgegenstand, als „räumliche Realität" fehlinterpretiert.

Abb. 11: Verwirrungen zwischen Raumkonzepten und ihren Funktionalitäten

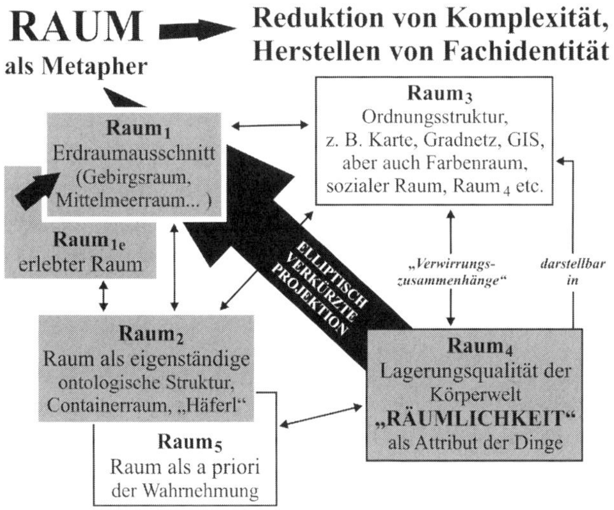

RAUM als Metapher ➔ **Reduktion von Komplexität, Herstellen von Fachidentität**

$Raum_1$
Erdraumausschnitt
(Gebirgsraum, Mittelmeerraum...)

$Raum_{1e}$
erlebter Raum

$Raum_2$
Raum als eigenständige ontologische Struktur, Containerraum, „Häferl"

$Raum_3$
Ordnungsstruktur, z. B. Karte, Gradnetz, GIS, aber auch Farbenraum, sozialer Raum, $Raum_4$ etc.

$Raum_4$
Lagerungsqualität der Körperwelt
„RÄUMLICHKEIT" als Attribut der Dinge

$Raum_5$
Raum als a priori der Wahrnehmung

ELLIPTISCH VERKÜRZTE PROJEKTION

„Verwirrungszusammenhänge"

darstellbar in

Quelle: nach WEICHHART 1999, S. 85

---

16 Eine ausführliche Auseinandersetzung mit dieser Vorstellung, „daß die Länder als Individuen, als einmalige Ganzheiten in Raum und Zeit gesehen werden müßten", findet sich bei WEICHHART (1975, S. 16-24).

Neben der Verwechslung von Deutung und Objekt, die mit der durch den Kieler Geographentag symbolisierten Abkehr von der Länderkunde weitgehend überwunden ist und die im Alltag der Geographie nur noch selten im unreflektierten Umgang mit dem Landschaftsbegriff stattfindet, steht die auch in gegenwärtigen Fachdiskussionen häufig zu beobachtende, in Abbildung 11 durch den diagonalen Pfeil von $Raum_4$ auf $Raum_1$ hervorgehobene „elliptisch verkürzte Projektion" von relationaler Räumlichkeit auf den als Metapher gebrauchten, erdräumlich gedachten $Raum_1$. Insbesondere für wirtschaftsgeographisch und regionalpolitisch orientierte Arbeiten, in denen die Auswirkungen relationaler Lageanordnungen von Institutionen und Betrieben oder die Netzwerkbeziehungen von Akteuren thematisiert werden, stellt WEICHHART (1999, S. 84f) eine Tendenz fest, dass eine spezifische Konstellation von Lagerelationen auf eine zunächst als bloße Lageangabe zu verstehende $Raum_1$-Bezeichnung projiziert und verdinglicht wird. Das Sprechen über „Räume" anstatt über „Räumlichkeit" ist dabei zum einen ein „nahezu geniales Mittel der Komplexitätsreduktion", zum anderen kann darin der geographische Schlüsselbegriff des Raumes auch weiterhin als disziplinpolitisch wichtiges Element der fachlichen Identitätsstiftung dienen.

Auf der Grundlage seiner Analyse der in „räumlichen" Wissenschaften geläufigen Raumkonzepte kommt WEICHHART zu einem Fazit, welche der vorliegenden Konzeptionen im Rahmen einer handlungsorientierten Geographie sinnvollerweise eingesetzt werden können. Dass die Notwendigkeit zur Entwicklung eines handlungstheoretisch kompatiblen Raumkonzeptes gegeben ist, steht für WEICHHART außer Zweifel – für die Beschäftigung mit humanökologischen Fragestellungen, die die materiellen Handlungsgrundlagen des Menschen berücksichtigen und die integralen Verknüpfungen von Materiellem und Sozialem im Sinne eines transaktionistischen Weltbildes ansprechen, ist die Bemühung um einen sozialwissenschaftlich anschlussfähigen Raumbegriff für die Humangeographie unerlässlich. Im Falle des Containerraums ($Raum_2$) und des $Raum_5$ ist das Verdikt eindeutig: Beide Konzepte seien mit der Vorstellung inkompatibel, dass „Räume" erst durch soziale Praxis konstituiert werden und sind daher in einer handlungsorientierten sozialwissenschaftlichen Geographie verzichtbar. Ebenso eindeutig ist im Gegensatz dazu die Tatsache, dass $Raum_3$ als Grundlage von Unterscheidungen ein unverzichtbares Element aller alltäglichen wie wissenschaftlichen Praxis ist. Etwas größere Aufmerksamkeit erfordern die Möglichkeiten und Grenzen der Verwendungen der $Raum_1$- und $Raum_{1e}$-Begriffe sowie die als besondere Chance für die Geographie bilanzierten Eigenheiten des $Raum_4$. Die Verwendung des $Raum_1$-Konzeptes hat für WEICHHART in der wissenschaftlichen Diskussion eine Berechtigung, solange ausschließlich Lokalisierungsangaben hiermit bezeichnet werden. Im Sinne einer die Redeweise vereinfachenden definitorischen Festlegung sind $Raum_1$-Angaben und die darin ausgedrückten Grenzziehungen immer durch den Betrachter begründet und müssen kritisch hinterfragt werden, wenn der Verdacht besteht, eine Abgrenzung sei als „natürliche" Grenze gemeint, die zwingend aus Attributen der Raumeinheit abgeleitet würde. Dies widerspräche der Eigenschaft von $Raum_1$-Abgrenzungen als Konvention, die durch inhaltliche oder methodische Gesichtspunkte begründet ist. Besondere Fälle derartiger Abgrenzungen stellen einerseits die Verwendung staatsrechtlich definierter Territorien als zweckmäßige $Raum_1$-Einheiten dar, für die abweichend von der oft vagen Festlegung derartiger Gebiete eine eindeutige Flächenangabe möglich ist. Zum anderen verweist bei $Raum_1$-Bezeichnungen, für die entsprechend der Verbreitung bestimmter Phänomene Gebietstypen wie z.B. Ballungsräume, strukturschwache Räume etc. gebildet werden, allein schon die räumliche Projektion, durch die die diskret vorkommenden Phänomene als Quasi-Kontinua umgedeutet werden, auf den Konstruktcharakter der Abgrenzung.

Das $Raum_{1e}$-Konzept stellt für WEICHHART einen unverzichtbaren Bestandteil handlungsorientierter Geographie dar, da die lebensweltliche Raumkonstruktion des Individuums ein zentrales Element von „Regionalisierung" im Sinne der Analyse des räumlichen Handlungskontextes bzw. der Handlungssituation darstellt (s.o.). Als solche bleiben $Raum_{1e}$-Konzepte ein zentrales Forschungsobjekt der Geographie, wenngleich hierbei zum einen eine deutliche Abgrenzung von der disziplingeschichtlich vorherrschenden behavioristischen Herangehensweise an erlebte Räume angebracht erscheint, zum anderen aufgrund der vielfältigen mit ähnlichen Fragestellungen befassten Nachbardisziplinen kein Alleinstellungsmerkmal für die Geographie gegeben ist.

Die Möglichkeit zur disziplinären Alleinstellung sieht WEICHHART (1999, S. 91) für die $Raum_4$-Konzepte, deren Fragestellungen er sowohl als blinden Fleck anderer Sozialwissenschaften als auch als traditionelles Themenfeld der Geographie betrachtet. Im Rahmen der handlungstheoretischen Geographie ist $Raum_4$ als Räumlichkeit von zentraler Bedeutung, da „diese relationale Räumlichkeit der Körper- und Dingwelt eines der Medien darstellt, mit deren Hilfe Menschen im Vollzug von Handlungen Beziehungen zwischen physisch-materiellen Dingen, subjektiven Wahrnehmungs- und Deutungsprozessen und sozialen Sachverhalten herstellen." So ist die Räumlichkeit des Menschen ein zentraler Aspekt dafür, wie Materielles, psychische Empfindungen und soziale Gegebenheiten miteinander in Beziehung gesetzt werden und damit für die Verklammerung der drei POPPER'schen Welten im Handlungsverlauf (1998, S. 80). Als ein Raumkonzept, das somit für die Überwindung der als unangemessen interpretierten strikten Trennung zwischen den drei Welten wertvolle Ansatzpunkte liefert, ist die Verwendung von $Raum_4$-Denkweisen ein wesentlicher Bestandteil von WEICHHARTS Überlegungen zu einem Raumkonzept der *action settings*. In diesem Konzept wird auch auf die eingeräumten Tücken bzw. Operationalisierungsprobleme des $Raum_4$ eingegangen, die daraus resultieren, dass $Raum_4$ als nicht-substantialistischer Raum primär nicht als gegenständlich oder erdräumlich lokalisierbar angesehen werden kann. Neben seinen physisch-materiellen Komponenten, die im klassischen Sinne verortet und damit kartierbar sind, wenngleich sie nicht in ihrer eigenständigen Form als „Dinge" sondern als Attributsträger ihrer Räumlichkeit bzw. ihrer Lagerelationen von Belang sind, umfasst $Raum_4$ immer auch die Akteure und sozialen Praktiken („Programme"), deren Zusammenspiel das Grundgerüst eines *action setting* bilden. Hieraus folgt, dass eine erdräumliche Einheit im Zeitverlauf der „Ort" vieler verschiedener durch relational angeordnete Körper und Dinge sowie die sie verbindenden sozialen Programme gebildeter $Räume_4$ sein kann, die in Abhängigkeit von der Volatilität ihrer Elemente von unterschiedlichster Lebensdauer sein können.

Zusammenfassend kann Raum$_4$ nicht nur als zentrales, mit den Grundlagen einer handlungsorientierten sozialwissenschaftlich fundierten Geographie kompatibles Raumkonzept und als potentielle disziplinpolitische „Marktnische" einer Geographie charakterisiert werden, die sich mit der Grundfrage nach den Verbindungen zwischen materiellen Gegebenheiten und psychischen und sozialen Phänomenen beschäftigt. Das Raum$_4$-Konzept ist zudem im Hinblick auf die ontologischen Differenzierungen zwischen den Raumkonzepten gegen die problematischen Implikationen substantialistischer Anschauungen gefeit, da in ihm eine Umkehrung des in substantialistischen Raumkonzepten angenommenen Verhältnisses von materiellen und sozialen wie psychischen Elementen gegeben ist (1999, S. 91f):

> der entscheidende Vorzug des Raum$_4$-Konzepts [liegt] besonders darin, dass hier die grundlegende Denkfigur des klassischen substantialistischen Raumverständnisses genau umgekehrt wird. Es wird nicht mehr das Soziale oder Psychische als gleichsam wesensinhärente Eigenschaft der erdräumlich lokalisierbaren materiellen Welt dargestellt und projektiv verdinglicht. Es ist umgekehrt vielmehr so, dass mit dem Raum$_4$ bestimmte Aspekte oder Ausschnitte der erdräumlich lokalisierbaren Welt in spezifischen Handlungskontexten über subjektive und objektive Sinnzuschreibungen und die soziale Praxis als wesensinhärente Elemente des Sozialen gedeutet werden können.

4.2.2.3. Transaktionistische Räume: „Locale" und „Action Settings"

Die von WEICHHART angewandte und für die Geographie geforderte transaktionistische Weltsicht findet ihren Ausdruck in einem Konzept alltäglicher Raumbezüge in sogenannten *action settings*, das deutliche Übereinstimmungen mit dem von Giddens und Werlen diskutierten Begriff des *locale* hat und eine handlungstheoretisch kompatible Weiterentwicklung des in der ökologischen Umweltpsychologie von BARKER (1968) entwickelten Ansatzes der *„behavior settings"* darstellt.[17] Als Ausgangspunkt der Argumentation dient die Einschätzung (WEICHHART 2003a, S. 16), dass die Beziehungen zwischen Mensch und Natur in den Sozialwissenschaften zumeist in reduktionistischer Form konzipiert werden, indem „Natur" und „Kultur" entweder in essentialistischer Weise aufgefasst werden oder die Relevanz von materiellen Naturelementen – in einer parallelen Gedankenführung zu konstruktivistischen Grundpositionen im sozialwissenschaftlichen Diskurs – ausschließlich auf ihre symbolische Repräsentation reduziert wird.

Letztgenannte Position kann auf zwei „Kronzeugen" zurückgreifen: Mit LUHMANNS systemtheoretischer Vorstellung, soziale Systeme seien ausschließlich durch Kommunikation definiert, argumentiert im geographischen Kontext z.B. KLÜTER (1986), während die von POPPER entwickelte Drei-Welten-Theorie von HARD (z.B. 1993) und nicht zuletzt auch von WERLEN als Beleg für eine strikte Trennung zwi-

---

17 Ausnahmen von der geringen Beachtung, die dieses Konzept bislang in der deutschen Geographie erfahren hat, finden sich bei TZSCHASCHEL 1979 und STEINBACH 1984, 1999 sowie in manchen Arbeiten zur Verhaltenssteuerung von Touristen (STEINBACH 2003, S. 23ff, BÖDEKER 2003, S. 19f.

schen den Seinssphären materieller, psychischer und sozialer Natur verwendet wird. Die mit ontologischen Differenzen zwischen den Welten begründete Schlussfolgerung, dass es „nicht möglich und schon gar nicht sinnvoll sein [kann], ‚Bewohner' einer dieser Welten mit Elementen einer anderen in Beziehung zu setzen oder in einer anderen Welt abzubilden", kann dabei als primär nicht ontologischen Überlegungen, sondern der ultimativen Abwehr deterministischer Vorstellungen dienende Argumentation angesehen werden, die auf eine einseitige Interpretation von POPPERS Aussageabsichten bei der Entwicklung der Drei-Welten-Theorie zurückgeführt werden kann (WEICHHART 1999, S. 70). Neben der Grundintention der Drei-Welten-Theorie, die in einer eigenständigen Begründung der Welt objektiver Ideen in Abgrenzung von den subjektiven Denkprozessen besteht, ist nicht die strikte Trennung zwischen den Welten, sondern im Gegenteil die Analyse der Wechselbeziehungen zwischen ihnen eines der zentralen Anliegen von POPPER (1973b, S. 273f, vgl. WEICHHART 1999, S. 70ff). Dabei geht es POPPER um dieselbe Grundfrage, die für WEICHHART auch den Kern der Humangeographie und Humanökologie darstellt, nämlich die Konzeption eines nicht-deterministischen Zusammenhangs zwischen der materiellen Umwelt und dem menschlichen Dasein. Eine Verwendung POPPERS als „Kronzeuge" einer Position, die die Wechselwirkungen zwischen den drei Welten als irrelevant betrachtet, geht also an POPPERS eigener Problemsicht vorbei und ist im Kontext seines Theoriegebäudes inkonsistent. Dies wird auch im Konzept von WERLEN deutlich, der insbesondere mit seinen Überlegungen zu materiellen Artefakten die Bedeutung von „hybriden" Phänomenen thematisiert, die nicht eindeutig einer der drei POPPER'schen Welten zugeordnet werden können. Zwar sind physisch-materielle Artefakte in ihrer physischen Existenz Elemente der Welt 1, da jedoch „in Artefakten immer auch Sinnsetzungen der Hervorbringungsakte aufgehoben sind", sind sie auch partiell der Welt 3 zuzuordnen (WERLEN 1987, S. 181, vgl. WEICHHART 1998, S. 82). Besonders auffällig wird die Zwitterhaftigkeit für die immobilen materiellen Artefakte, die als erdräumlich fixierte Sinnsetzungen mit hoher Persistenz die materielle Welt sozial strukturieren und zugleich die soziale Welt in erdräumlicher Hinsicht gliedern. Von der Einführung eines eigenen „artefakte-weltlichen" Raumbegriffes, der eine hybride Verklammerung der Welten 1 und 3 leisten würde, sieht WERLEN (1987, S. 183) jedoch ab und verweist auf die seines Erachtens zu große Gefahr, dass dadurch eine Reduktion des Sozialen auf das Räumliche oder eine Ausklammerung physisch-materieller Aspekte aus sozialen Kontexten verbunden sein könnte.

Eine derartige hybride Verklammerung der drei Welten, die im alltäglichen Handlungsverlauf von jedem handelnden Subjekt geleistet wird, aus geographischer Perspektive konzeptionell zu erfassen und für empirische Untersuchungen operationalisierbar zu machen, ist das Ziel von WEICHHARTS Vorschlag, sozialökologische und umweltpsychologische Konzepte in dem Ansatz des *action setting* zu verbinden (WEICHHART 2003a). Mit dieser Konzeption, die als humanökologisches Modell eine Überwindung der Mensch-Natur-Dichotomie beinhaltet und die an die Stelle einer exemptionalistischen Deutung des Menschen als Inhaber einer Sonderstellung quasi außerhalb der ökologischen Systeme eine Vorstellung von der durch die Körperlichkeit des Menschen begründeten Eingebundenheit in den ökologischen Kontext setzt, strebt WEICHHART (vgl. 2003a, S. 21f) einen Beitrag zur Beantwortung von vier Schlüsselfragen zum Verhältnis von physisch-materieller Welt und sozialen Gegebenheiten an:

1.) Gibt es kausale Verursachungen, durch die die physisch-materielle Welt auf die soziale Welt einwirken kann?
2.) Wie lässt sich mit den Problemen des Determinismus und der grundsätzlichen Kontingenz der sozialen Welt (d.h. der prinzipiellen Offenheit, ob und wie eine Handlung geschieht) umgehen?
3.) Wie können hybride, zwitterhafte Phänomene, die „zwischen den Welten" angesiedelt sind, konzeptionell erfasst werden?
4.) Wenn der Einfluss der materiellen Welt nicht auf ihre symbolische Repräsentation reduziert werden darf, wie kann dann das Wechselverhältnis dieser Interaktionsebene mit den funktional-stofflichen Zusammenhängen zwischen Gesellschaft und Umwelt erfasst werden?

Das Modell, das WEICHHART auf der Basis der genannten Fragestellungen entwickelt, greift zum einen auf ein Gesellschafts-Umwelt-Modell aus der Sozialökologie zurück (FISCHER-KOWALSKI/WEISZ 1999, vgl. FISCHER-KOWALSKI et al. 1997), das als Bindeglied zwischen der materiellen Welt und der Gesellschaft im soziologischen Verständnis als der ausschließlichen Sphäre rekursiver symbolischer Kommunikation den Begriff der „Population" einführt (siehe Abbildung 12). Der hybride Charakter der Gesellschaft entsteht durch zwei Grundprozesse, mit denen die menschlichen Populationen, die explizit in ihrer materiellen Körperlichkeit aufgefasst werden, mit der physisch-materiellen Welt in Beziehung treten, dem gesellschaftlichen Metabolismus und dem Vorgang der Kolonisierung. Unter Kolonisierung ist die Transformation natürlicher Prozesse durch längerfristige zielgerichtete Interventionen des Menschen zu verstehen. Derartige Aneignungsprozesse umfassen landwirtschaftliche Vorgänge (Rodung, Ackerbau, Düngemitteleintrag etc.) ebenso wie die Errichtung von Bauwerken oder den Einsatz von Rohstoffen in der industriellen Produktion. Durch den Vorgang der Kolonisierung, in dem der Mensch mit seinen Ideen, Intentionen und Vorstellungen in die Natur eingreift, entstehen Artefakte (Kulturpflanzen, Landnutzungssysteme, Städtesysteme, usw.), die in ihrer Eigenschaft als kulturelle sinnhafte Ausdrucksformen des Menschen inhärente Elemente der Gesellschaft darstellen und die zugleich Phänomene der materiellen Welt sind, die aufgrund des menschlichen Eingriffes in die biophysikalischen Systemzusammenhänge der Ökosphäre auftreten. Die langfristige Sicherung der kolonisierten Artefakte erfordert „den durch sozioökonomische Prozesse gesteuerten Einsatz von Energie und Materie sowie vor allem von menschlicher Arbeit." Dieser Einsatz stellt als sozial organisierter Vorgang ein Element des gesellschaftlichen Metabolismus dar, also der Stoff- und Energiekreisläufe zwischen Mensch und Umwelt, die in ihrer auf MARX zurückgehenden begrifflichen Fassung als „Metabolismus zwischen Mensch und Natur" ein Standardkonzept zur Untersuchung der Mensch-Umwelt-Interaktionen darstellen (WEICHHART 2003a, S. 25, vgl. FISCHER-KOWALSKI/WEISZ 1999, S. 224ff).

Indem im Modell von FISCHER-KOWALSKI et al. die gesellschaftlich angeeignete, „kolonisierte" materielle Welt als Grundlage der körperlichen Existenz des Menschen einen inhärenten Bestandteil der Gesellschaft ausmacht, wird der Gesellschaft ebenso wie den durch Kolonisierungsprozesse gebildeten Artefakten ein ontologischer Zustand als „hybrides" Element zugewiesen – Gesellschaft als hybrides System basiert also auf der Verschränkung von Sinn und Materie in der Form von stofflich-energetischen Eingriffen in die materielle Umwelt, die zugleich kulturelle und sinnhafte soziale Prozesse darstellen. Damit lässt sich im Bezug auf die formulierten vier Grundfragen feststellen, dass das vorliegende Modell die Verknüpfung von materiellen und symbolischen Kultur-Natur-Zusammenhängen auf überzeugende Weise leistet (Frage 4) und zugleich die Verschränkung der POPPER-Welten 1 und 3 in vielen hybriden Elementen (Artefakten) nicht als „Problem der Zwitterhaftigkeit" (Frage 3) erscheinen lässt, sondern als eine auf den hybridisierenden Vorgang der Kolonisierung zurückzuführende Tatsache, die dem Charakter der Population und damit der Gesellschaft als inhärent hybriden Systemen entspricht.

Abb. 12: Action settings im sozialökologischen Gesellschafts-Umwelt-Modell

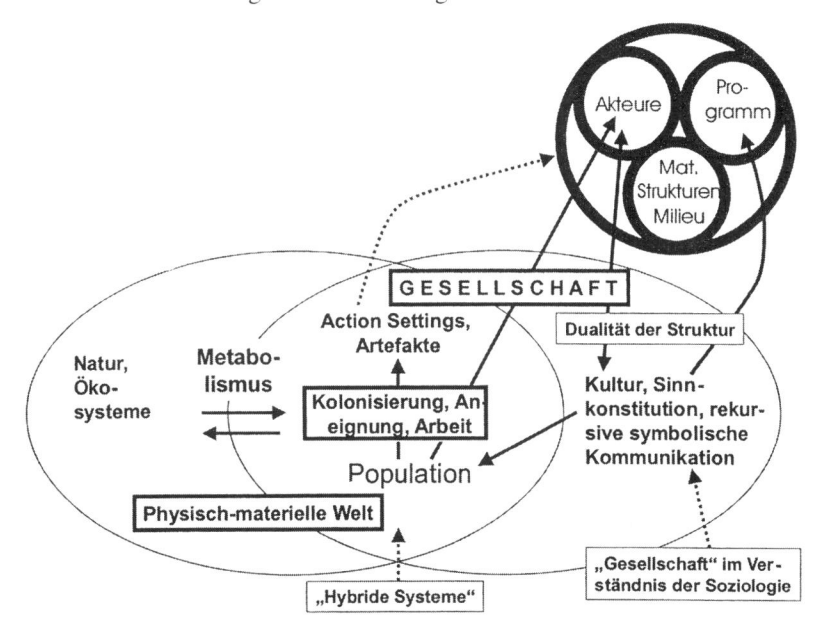

Quelle: WEICHHART 2003a, S. 34

In das sozialökologische Modell der Mensch-Natur-Beziehungen bettet WEICHHART eine modifizierte und handlungstheoretisch neuinterpretierte Version der auf BARKER (1968) zurückgehenden Theorie der *behavior settings* ein. Auf dieses Konzept hat WEICHHART (1997, S. 32f, 1998, S. 84f) mehrfach in der Auseinandersetzung mit dem strukturationstheoretischen Schlüsselbegriff des *locale* (vgl. GIDDENS ³1997, S. 170) und seiner Rezeption durch WERLEN (1997, S. 166ff) hingewiesen, wobei er den *locale*/Schauplatz-Begriff in seinem Charakter als unauflösbarer Verschränkung von materiellen und sozialen Gegebenheiten als nahezu identisch mit dem Terminus „*setting*" nach BARKER ansieht. „Man kann es auch so formulieren: Sowohl GIDDENS als auch WERLEN haben in sehr überzeugender Weise etwas wiedererfunden, was es in der sozialwissenschaftlichen Literatur als elaboriertes und bewährtes Konzept bereits gibt" (WEICHHART 1997, S. 33).

Ausgangspunkt für das behavioristische Ursprungskonzept von BARKER ist die Beobachtung, dass das Handeln von Akteuren, obschon potentiell von sehr hoher Variabilität und Kontingenz aufgrund der individuellen Charakteristika der Menschen gekennzeichnet, in der Realität sehr viel gleichförmiger abläuft als es die prinzipiell möglichen Freiheitsgrade menschlichen Handelns erwarten ließen. Das alltägliche Handeln erscheint vielmehr als weitgehend „kontextkonform" mit den materiellen Gegebenheiten eines „Verhaltens"-Schauplatzes und den sozialen Interaktionspartnern, die in einer ersten Begriffsbestimmung als *behavior setting* zusammengefasst werden können (vgl. KAMINSKI 1986, S. 13). Innerhalb der Settings lassen sich unabhängig von der einzelnen Person stabile konstante Verhaltensmuster (*standing patterns of behavior*) ausmachen, die an bestimmte Orte, Gegenstände, Zeiten und Interaktionspartner geknüpft sind. Wenngleich es sich bei der Übereinstimmung von räumlichem Setting und standardisiertem Verhalten um eine statistische Verallgemeinerung handelt, so lässt sich doch festhalten, dass es bestimmte räumliche Milieus gibt, die in einer Art „Passung" mit einer bestimmten Verhaltensweise verknüpft sind, ohne dass dies eine deterministische Ableitung des menschlichen Tuns aus einem räumlichen Kontext bedeutet. Vielmehr kann diese als Synomorphie bezeichnete Gesamtkonstellation aus relativ konstantem Handlungsmuster und dem strukturell und funktionell entsprechenden zeitlich-räumlichen Milieu (vgl. KOCH 1986, S. 34) nicht als Attribut der materiellen Gegebenheiten, sondern als „Ergebnis intensiver Kultivations- oder Kolonisierungsaktivitäten" angesehen werden, „durch die materielle Strukturen auf dem Weg über Aneignungs-, Umgestaltungs- oder Produktionsprozesse, also unter Einsatz menschlicher Arbeit, Energie- und Materialinput, eigens an den Erfordernissen spezifischer Handlungsvollzüge ausgerichtet werden" (WEICHHART 2003a, S. 33). Damit ist sowohl die in Abbildung 12 durch den gestrichelten Pfeil angedeutete Einbettung des *action setting* (rechts oben) in die Produktionsbeziehungen des hybriden Gesellschaftssystems der Sozialökologie gegeben als auch die Anschlussfähigkeit des Setting-Konzeptes im Kontext handlungsorientierter Humangeographie. Diese ergibt sich für WEICHHART (2003a, S. 31, Hervorhebung im Original) aus einer Umkehrung der Gedankenführung der behavioristischen Grundkonzeption, so dass nicht Orte als angeblich Verhalten determinierende Settings den Ausgangspunkt bilden, sondern „die *Subjekte*, die im Vollzug von Handlungen bestimmte Orte dazu instrumentalisieren, unter Zuhilfenahme der dort bestehenden materiellen Gegebenheiten und der dort anzutreffenden Interaktionspartner spezifische Intentionen zu verwirklichen." Die Einbeziehung der intentionalen Komponente in ein Setting besteht dabei in seinem dritten Element des „Setting-Programmes", das die im Handlungsverlauf realisierte soziale Steuerung von Interaktionen durch Regeln, Abläufe, Rollenverteilungen, Verantwortlichkeiten und Interaktionsstrukturen sowie die zur Aufrechterhaltung sozialer Struktur erforderlichen Kontrollmechanismen umfasst. In diesem Programm, das mit der von GIDDENS entwickelten Vorstellung von der Dualität von Struktur kompatibel ist (vgl. GIDDENS ³1997), werden somit auch die Rahmenbedingungen für die Verwirklichung individueller Handlungsintentionen im materiellen und sozialen Handlungskontext gesetzt.

Mit den Anmerkungen zum nicht-deterministischen Charakter des Setting-Einflusses auf menschliches Verhalten und zur Einbeziehung intentionaler Motivation mittels des Setting-Programmes sind bereits zwei zentrale Aspekte einer handlungstheoretisch kompatiblen Neuinterpretation des *behavior setting* zu einem *action setting* genannt. Hierzu sind zwei weitere Überlegungen zur Materialität und zur Habitualität des Handelns entscheidend. In der Diskussion des Raum$_4$-Konzeptes wurde bereits darauf hingewiesen, dass im menschlichen Handeln die drei Sphären der materiellen, psychischen und sozialen Elemente aufeinander bezogen werden und – in GIDDENS Terminologie – damit Struktur sowohl im Handlungsvollzug konstituiert wird als auch für die Handlungen leitend ist. Diese Auffassung wird unterstützt durch die von GIDDENS (³1997, S. 58ff) dargelegte Position, der Handeln nicht ausschließlich aus seinem intentionalen Charakter und dem subjektiven Sinnbezug begründet, sondern vielmehr durch die Fähigkeit, intendierte oder nicht-intendierte Veränderungen der sozialen wie materiellen Welt umzusetzen. Auch die Tatsachen, dass Handeln oft den Körper eines handelnden Subjektes in seiner Materialität involviert und dass im Handlungsverlauf häufig diverse materielle Ressourcen eingesetzt werden, auch als Hilfsmittel für die Erleichterung der in der Handlung ablaufenden sozialen Interaktionen, verweist auf die enge Verschränkung von materiellen Elementen und den handelnden Subjekten in ihren sozialen Beziehungen, die in dem Setting-Modell zum Ausdruck kommt.

Mit dem Verweis auf die Habitualisierung von Handlungen lässt sich schließlich eine wesentliche Schwäche von BARKERS Konzept umgehen: Wenn BARKER mit der Vorstellung von standardisierten Verhaltensweisen operiert, dann kommt hierin eine behavioristische Grundvorstellung davon zum Tragen, dass bestimmte räumliche Settings im Zusammenspiel mit sozialen Interaktionen determinierenden Einfluss auf das menschliche Verhalten haben. Demgegenüber kann unter Verweis auf die Tatsache, dass viele Handlungen des Menschen im alltäglichen Lebensvollzug oder in Auskleidung einer sozialen Rolle in routinisierter oder habitualisierter Form ablaufen (WEICHHART 2003b, S. 31f, vgl. WEICHHART 1986, S. 86, GIDDENS ³1997, S. 111ff, WERLEN 1997, S. 176ff), davon gesprochen werden, dass für derartige standardisierte Handlungsabläufe entsprechende räumliche Konfigurationen (Milieus) entwickelt werden, die als Ergebnis und nicht als determinierende Voraussetzung menschlicher Aktivitäten zu verstehen sind:

> Für all jene (sehr zahlreiche) Handlungen, die in ähnlicher Form von verschiedenen Akteuren immer wieder vollzogen werden (standing patterns of action), wurden gleichsam standardisierte materielle Konfigurationen von Dingen (Gebäude, Räumlichkeiten, Einrichtungsgegenstände, Werkzeuge etc.) entwickelt, die unter bestimmten gesellschaftlichen und technologischen Rahmenbedingungen als besonders geeignet angesehen werden, spezifische Handlungsvollzüge zu unterstützen, zu erleichtern oder zu optimieren (WEICHHART 2003a, S. 33).

Damit stellt sich das *action setting* als spezifische Interaktion zwischen den physisch-materiellen Strukturen eines räumlichen Milieus, den handelnden Akteuren und der Steuerung durch ein Programm dar (vgl. Abbildung 12). Es handelt sich dabei um hybride Strukturen im Sinn des zugrunde liegenden Metabolismus-Kolonisierungsmodells, die im Vollzug der aufeinander bezogenen Handlungen konstituiert werden und die in dem Handlungsverlauf fortwährend rekonfiguriert werden sowie zeitliche Grenzen besitzen. Dies lässt sich an den von WEICHHART (1996a, S. 40f, 1998, S. 85) genannten Beispielen für *action settings* darlegen. Das Setting „Kaufhaus" ist beispielsweise an die zeitlichen Grenzen der Öffnungszeiten gebunden, während derer die durch das Setting-Programm (z.B. Hausordnung, Verträge) gesteuerten Interaktionen zwischen Kunden, Verkäufern, Zulieferern, Geschäftsleitung und nicht zuletzt Waren ablaufen. „In der Nacht ist es ein ganz anderes Setting, das durch die aktuellen und möglichen Interaktionen zwischen Waren, Warenwert, Versicherungen, Nachtwächtern mit Hund und potentiellen Einbrechern charakterisiert ist." In ähnlicher Weise lassen sich Fußballstadien, Universitätshörsäle, Büros, Wohnungen, Fabriken und Theatersäle als Settings charakterisieren, wobei letztgenanntes Beispiel deutlich machen kann, dass es sich bei Setting nicht um eine bloße materielle „Bühne" für menschliche Aktivitäten handelt. Es genügt für das Setting „Theater" eben nicht, die Bretter einer Bühne sowie Sitzreihen für Zuschauer bereit zu stellen, sondern das Setting wird erst im gesamten Aufführungsvollzug existent, d.h. es umfasst die Räumlichkeiten, die beteiligten Akteure und den „Ablaufplan" in seiner konkreten Ausführung.

Eine kritische Betrachtung des Setting-Modells kann zunächst im Rückgriff auf die von WEICHHART formulierten Grundfragen des Mensch-Natur-Verhältnisses erfolgen. Das bereits gezogene Zwischenfazit über die Fähigkeit des Modells, mit hybriden Elementen umzugehen und sowohl materiell-energetische als auch repräsentationale Verbindungen zwischen Natursphäre und Mensch zu beachten, kann als bestätigt angesehen werden bzw. wird mit der Einbettung des *action setting* in das sozialökologische Grundmodell konkretisiert werden. Die Konkretisierung besteht darin, dass nicht nur die Produktion bestimmter Artefakte und die auf der Raumaneignung beruhende Existenz von Populationen bzw. Gesellschaften als hybride Elemente gelten können, sondern dass ein derartiger hybrider Charakter auch für jeden in einem Setting darstellbaren Handlungsverlauf festgehalten werden kann, da es sich bei der im Handlungsverlauf stattfindenden „Produktion" des Settings um eine Form der Hervorbringung eines Artefaktes handelt. Die beiden ersten Grundfragen nach der Möglichkeit einer kausalen Verursachung zwischen Materie und sozialen Prozessen sowie nach dem Umgang mit dem Determinismus-Problem sind durch die einschränkende Feststellung beantwortbar, dass im sozialwissenschaftlichen Kontext grundsätzlich eine deterministische Steuerung ausgeschlossen wird und für alle Rückwirkungen, die von einem spezifischen Handlungskontext – und sei es mit einer extrem hohen „Passung" für bestimmte Handlungsweisen – auf das menschliche Tun ausgehen, nur von probabilistischen Beziehungen ausgegangen werden kann.

Allerdings weist WEICHHART (2003a, S. 23, vgl. auch Beispiele in 1998) auch darauf hin, dass in vielen Fällen der Konstitutionsleistung der Individuen und Diskurse relativ klare Grenzen gesetzt sind, die nicht zuletzt physisch-materieller Art sein können. Beispielhaft hierfür sind die Berliner Mauer oder eine Lawine genannt, doch auch in vielen weniger dramatischen Fällen kann davon ausgegangen werden, dass materielle Strukturen im Sinne eines *action setting* mit den Wirkungsweisen der menschlichen Wahrnehmungs- und Kognitionsmechanismen und mit den durch Routinisierungen alltäglicher Handlungen gewonnenen Effekten der Rationalisierung und erhöhten Stabilität menschlichen Daseins derart zusammenwirken, dass die prinzipielle Deutungs- und Handlungsfreiheit der Subjekte in reduzierter Form zur Anwendung kommt. Angesichts des Spektrums von uneingeschränkten bis relativ geringen Freiheitsgraden menschlichen Handelns schlägt WEICHHART in Übernahme eines Begriffs von POPPER (1973b, S. 287) vor, derartige Steuerungszusammenhänge als „plastische Steuerung" zu bezeichnen. Eine derartige Vorstellung ist deutlich abgegrenzt von einem Modell, das die Möglichkeit einer deterministischen („gusseisernern") Steuerung zulassen würde, und doch „reicht diese plastische Steuerung mit all den Möglichkeiten von Abweichungen, Toleranzspielräumen und Unschärfen dafür aus, dass soziale Systeme und Interaktionen recht gut und verlässlich ‚funktionieren'" (WEICHHART 2003a, S. 24).

Vor dem Hintergrund der Fragestellung der vorliegenden Untersuchung ist abschließend eine Bewertung im Hinblick auf die Rolle von medialen Inputs von Interesse. Hierbei ist zunächst auf die von WEICHHART (2003a, S. 36) selbst gemachte Einschränkung hinzuweisen, dass die Anwendung der Setting-Theorie auf jene Typen von Handlungen beschränkt sei, „bei denen die körperliche Präsenz der Akteure und die Kopräsenz von Interaktionspartnern eine signifikante Rolle spielt." Damit sei das Modell höchstens eingeschränkt dafür geeignet, Handlungen und Interaktionsstrukturen im Kontext von „spätmodernen Entankerungsmechanismen" zu erklären, unter die neben Geld, Schrift und Telekommunikation auch die Massenmedien zu zählen wären. Diese Einschätzung ist zunächst zu teilen, da das Setting-Modell primär der empirischen Erfassbarkeit von kopräsenten Handlungen in ihrem spezifischen räumlich-sozialen Kontext dient, demnach ein Konzept zur Operationalisierung des Raum$_4$ darstellt. Die Rolle der Medien im Gesamtmodell der *action settings* ist demzufolge darauf reduziert, dass die modernen Massenmedien in der von WERLEN diskutierten Form als zentrales Element der Wirklichkeitskonstitution in der immateriell gedachten Gesellschaft im soziologischen Verständnis enthalten sind und dadurch auf die Konstruktion hybrider Artefakte und in die Produktion von Settings einfließen. Filme als Elemente der kulturellen Sinnkonstitutionen beeinflussen also die in der Produktion materieller Artefakte handelnden Akteure und können in die Settingprogramme einfließen.[18]

In dieser Interpretation kann der Wert des Modells von WEICHHART und insbesondere seiner Illustration in Abbildung 12 darin gesehen werden, dass damit sowohl für die menschliche Umgestaltung materieller räumlicher Strukturen in der hybriden Gesellschaftskomponente der Population als auch im alltäglichen Zustan-

---

18 Diese Aussage bezieht sich auf die rezipierten Inhalte von Filmen, während ein „Film" im Sinn des materiellen Produktes ein durch Stoff- und Energieaufwendungen hergestelltes hybrides Artefakt darstellt.

dekommen von *action settings* neben vielfältigen anderen Elementen der Sphäre symbolischer Kommunikation auch Filme einen Anteil daran haben, wie alltägliches Leben in seinen sozialen und räumlichen Kontexten durch menschliches Handeln gestaltet wird. Damit kann WEICHHARTS modellhafte Darstellung als eine Antwort auf die anhand des von DEAR entwickelten Schaubildes einer *Theory of Filmspace* (Abbildung 1) gestellte Grundfrage der vorliegenden Untersuchung fungieren. Der Einfluss von Filmen auf die Produktion materieller Artefakte, materieller räumlicher Strukturen und alltäglicher Handlungskontexte stellt einen der Mechanismen dar, durch die Filme das alltägliche Erleben von Städten beeinflussen. Aus dem Konzept des *action setting* ergibt sich eine konzeptionelle Präzisierung der Formulierung von DEAR (2000a, S. 167), dass Filme zur Gestaltung von Städten nach medialen Vorlagen beitragen können – „cities as representations as cities."

4.3. ZWISCHENBILANZ ZU WAHRNEHMUNG UND RAUM

Vor der Hinwendung zu den verschiedenen Teilbereichen der „Medien"-Geographie in den folgenden Abschnitten wird eine Zwischenbilanz zu den Themenfeldern Wahrnehmung und Raumtheorie gezogen. Als Ausgangspunkt für die Behandlung von Raumwahrnehmung in (Stadt-)Geographie und Stadtplanung bleibt die Untersuchung von LYNCH (1960) zum Stadtbild von zentraler Bedeutung. An ihr lassen sich wesentliche Merkmale des Wahrnehmungsprozesses wie die Auffassung von Wahrnehmung als Wechselwirkung zwischen Individuum und Umwelt sowie die sprachlich vermittelte Zuschreibung von Bedeutung zu wahrgenommenen Elementen festmachen, ebenso wie sie Inspiration für wahrnehmungsgeographisches Arbeiten (z.B. *mental map*-Forschung) ist. Die konzeptionellen Grundlagen der traditionellen Wahrnehmungsgeographie werden insbesondere im Hinblick auf ihr mechanistisches Wahrnehmungskonzept und die behavioristischen Reduktionismen von verschiedener Seite kritisch hinterfragt, so dass ab den 1980er Jahren wahrnehmungs- und verhaltensorientierte Ansätze der Geographie hinter die handlungstheoretischen Konzeptionen zurückgetreten sind. Durch die Auseinandersetzung mit NEISSERS Modell von Wahrnehmung als schemagesteuertem zyklischem Prozess ist jedoch die Grundlage dafür gegeben, dass Wahrnehmung auch in handlungstheoretischen Gedankengebäuden als elementarer Bestandteil der reflexiven Handlungssteuerung des Menschen integriert ist, so dass auch eine handlungsorientierte Geographie mit Fragen der Raumwahrnehmung befasst sein muss. Das Bild der Welt der wahrnehmungstheoretisch orientierten Geographie, dem die erste theoretische Teilfrage der Untersuchung gilt, hat damit einen Wandel von einer intensiv kritisierten behavioristischen Reduktion zu einer handlungstheoretisch kompatiblen, wenngleich in der Geographie in den Hintergrund getretenen zyklischen Auseinandersetzung des Menschen mit seiner räumlichen Umwelt durchlaufen.

Die Einbettung von Wahrnehmungsprozessen in die Ausbildung einer alltäglichen Regionalisierung ist insbesondere auch für die von WEICHHART in den Fokus gerückte Überwindung der Mensch-Natur-Dichotomie erforderlich, da in Wahrnehmungs- und Kognitionsprozessen die Bezugnahme des Menschen auf seine materielle Umwelt erfolgt, also die subjektive Verknüpfung von Materie und Sinn. Damit sind Prozesse der räumlichen Wahrnehmung von entscheidender Bedeutung für die subjektive Ausbildung des erlebten Raumes$_{le}$, der in der begrifflichen Bestimmung als „Raumvorstellung" eine wesentliche Kategorie für die empirische Vorgehensweise der vorliegenden Untersuchung hat. Da im Zeitalter globalisierter Lebenswelten die mediale Vermittlung von Informationen als Grundlage für die Ausgestaltung sozialer Beziehungen von entscheidender Bedeutung ist, sind für die Verknüpfungen von Sinn und Materie in zunehmendem Maße die Einflüsse elektronischer Massenmedien zu beachten. Direkt erlebte und mediale Raumbezüge sind im „Bild der Welt" einer handlungsorienterten Geographie – der zweiten theoretischen Teilfrage – eng verknüpft und strukturell gleichartig. Für die empirische Aufarbeitung dieses Wechselspiels ist ein Verständnis medialer Weltbezüge relevant, das in seiner gleichwertigen Beachtung der kontextualisierten Produktions- und Rezeptionszusammenhänge und in der Vorstellung von Mediennutzung als aktiver Auseinandersetzung und Aneignung medialer Inhalte dem konzeptionellen Grundgerüst der *cultural studies* entspricht, das in Abschnitt 7.2 diskutiert wird.

5 BILD DER WELT 3: MEDIEN UND GEOGRAPHIE

> Aber inzwischen wissen wir eine ganze Menge über den Einfluss von Trash-Fernsehen auf Phänomene, die von Fettsucht bis zur Politik reichen. […] Fernsehen ist zum zentralen Vehikel für die Entwicklung der Demokratie und des politischen Diskurses geworden. Leute, die die Welt zum Beispiel aus der Sicht des BBC sehen, wissen sehr viel mehr über diese Welt und handeln ganz anders als Leute, die den Blickwinkel von Berlusconis Sendern übernehmen. […] Die bisherigen Umfragezahlen sprachen jedenfalls gegen [Berlusconi]. Sollte er wider Erwarten in der Lage sein, diese Entwicklung des Meinungsbildes wieder umzudrehen, wissen wir, dass die Realität keine Bedeutung mehr hat. Das wäre sehr besorgniserregend.
> Alexander STILLE im Interview mit Andrian KREYE 2006, S. 15

> Was wir über unsere Gesellschaft, ja über die Welt, in der wir leben, wissen, wissen wir durch die Massenmedien. Das gilt nicht nur für unsere Kenntnis der Gesellschaft und der Geschichte, sondern auch für unsere Kenntnis der Natur.
> LUHMANN 1995, S. 5

Als dritter Teilaspekt eines theoretischen Zugangs werden in diesem Abschnitt die bisherigen geographischen Forschungen zum Untersuchungsgegenstand „Medien" im Überblick dargestellt. Auch die Medien – eine begriffliche Klärung wird in Abschnitt 5.1 vorgenommen – stellen ein spezielles Bild der Welt dar, das, wie bereits im Zusammenhang mit WERLENS Ausführungen zur Rolle der Medien diskutiert wurde (s.o., vgl. RENCKSTORF 1989), in zweierlei Hinsicht als „Bild der Welt" interpretiert werden kann: In einem objektivistischen Verständnis der Wirklichkeit können Massenmedien als ein Spiegelmechanismus betrachtet werden, der, wenngleich von bestimmten Verzerrungen beeinflusst, ein Abbild einer vorgegebenen materiellen oder sozialen Gegebenheit erzeugt. Demgegenüber kann die Funktionsweise von Medien auch konstruktivistisch aufgefasst und den Medien eine zentrale Stellung als Agenten einer Konstruktion von Wirklichkeit zugedacht werden. In diesem

Sinn bringen die beiden vorangestellten Zitate eine Auffassung von Massenmedien zum Ausdruck, die diese als das wesentliche Mittel für die Ausbildung eines individuellen wie kollektiven Bildes der Welt ansieht, wobei dies im politischen Kontext der Bewertung des Medienunternehmers und italienischen Ministerpräsidenten Berlusconi mit deutlich negativer Konnotation geschieht. Im Folgenden stehen die Auseinandersetzungen der Geographie mit den Medien als Wirklichkeitsapparaten der Postmoderne im Mittelpunkt, wobei den geographischen Arbeiten über Spielfilme besondere Beachtung zukommt (Abschnitt 5.4). Den Ausgangspunkt für die Darstellungen bildet eine kurze Begriffsbestimmung des Terminus „Medien", der ähnlich wie in der Geographie der Schlüsselbegriff „Raum" in den Medienwissenschaften als zentraler Gegenstand intensiv diskutiert wird (vgl. Abschnitt 5.1). Im Anschluss werden in einem kursorischen Überblick zentrale geographische Arbeiten zu den Massenmedien skizziert, die nach den bereits in DEARS Theorie des Filmraums (Abbildung 1) dargestellten Kategorien des Raumbezuges von Medien gegliedert dargestellt werden: Die Orte der Filmproduktion werden aus wirtschafts- und stadtgeographischer Perspektive insbesondere seit den 1980er Jahren hinsichtlich ihrer organisatorischen wie räumlichen Verflechtungen diskutiert, finden allerdings ebenso wie Orte und Prozesse des Medienkonsums – sowohl ihre geographische Lokalität als auch die individuelle Rezeption von Medieninhalten – nur ein untergeordnetes Interesse in der Geographie. Demgegenüber ist die Mehrzahl von geographischen Untersuchungen an den Prozessen der Konstruktion von Raumbedeutungen oder Raumbildern in Medien interessiert, was sowohl für die frühen Arbeiten aus den 1980er und 1990er Jahren als auch für die im deutschen Sprachraum im Zuge einer „neuen", diskursorientierten Kulturgeographie zahlreich vorgelegten Arbeiten seit der Jahrtausendwende gilt. Zum Abschluss wird in Form einer Synthese zu den Themenfeldern Wahrnehmung, Raumtheorie und Medien die theoretische Fundierung der vorliegenden Arbeit zusammengefasst.

5.1. ZUM MEDIENBEGRIFF

„Man sollte annehmen, daß der zentrale Begriff der Medienwissenschaft – ein zweiter lautet „Wissenschaft" […] hinreichend geklärt ist oder zumindest seine Bedeutungsdimensionen fachkonsensuell doch weitestgehend ausdifferenziert und festgelegt sind. […] Tatsächlich gibt es heute nach wie vor eine große Verwirrung um den Medienbegriff, und diese Konfusion muß zunächst einmal zur Kenntnis genommen werden." Mit diesem Fazit leitet FAULSTICH (2003, S. 19) ein Lehrbuch der Medienwissenschaft ein und teilt damit eine in den Medienwissenschaften geläufige Einschätzung, den zentralen Terminus „Medien" als ungelöstes Problem der Disziplin anzusehen (vgl. z.B. LESCHKE 2003, S. 9f). Für den geographischen Umgang mit den Medien genügen an dieser Stelle ein kurzer Abriss der Problematik und die Bezugnahme auf eine relativ grobe und in Einzelaspekten nicht unproblematische Systematisierung nach FAULSTICH (siehe Tabelle 2, vgl. FAULSTICH 2003, S. 24ff).

Ausgehend von einer etymologischen Interpretation des Singulars „Medium" als etwas „Mittleres" oder „Vermittelndes" sind sowohl die alltagssprachliche und metaphorische Verwendung, in der eine nahezu unbegrenzte Vielzahl von Phänomenen als „Medium" bezeichnet werden kann, als auch die physikalischen und parapsychologischen Bedeutungsfacetten erklärbar und prinzipiell von der Verwendung im Plural – „den Medien" – als Terminus der Medienwissenschaften abgrenzbar. Allerdings ist die Abgrenzung insoweit problematisch, da durch sie das „Medium Sprache" als Grundlage menschlicher Kommunikation von den „Medien" als institutionalisiertem Kanal menschlicher Kommunikation getrennt und als ein Forschungsgegenstand außerhalb der Medienwissenschaften definiert wird (LESCHKE 2003, S. 12f). Für den medienwissenschaftlichen Terminus lässt sich dagegen eine Reihe von konstituierenden Elementen festhalten, die in eine Definition des Medienbegriffes einfließen (vgl. FAULSTICH 2003, S. 23f, SAXER 1997, S. 20f). Demnach ist ein Medium

- ein Bestandteil zwischenmenschlicher Kommunikation, und zwar im Spezialfall vermittelter Kommunikation im Gegensatz zu *face-to-face*-Kontakten;
- entweder in Kommunikation zwischen zwei Individuen oder in Massenkommunikation einbezogen;
- ein Kommunikationskanal, der technischer oder nicht-technischer Natur (im Sinne der „Menschmedien", vgl. Tabelle 2) sein kann, und in dem in der Regel ein
- spezifisches Zeichensystem zur Gestaltung bzw. Behandlung des zu vermittelnden Inhaltes eingesetzt wird (z.B. ein Schrift- und Drucksystem bei einer Zeitung; körperbezogene Ausdrucksformen bei „Menschmedien" wie Tanz, Theater etc.);
- eine Organisation, die Kommunikation funktional zurichtet und die institutionalisiert ist (Langfristigkeit, eigenständige Organisationsstruktur);
- historischen Veränderungen unterworfen, sowohl hinsichtlich des Gesamtbestandes an Medien als auch im Bezug auf die zeit- und gesellschaftsspezifische Dominanz einzelner Medien.

Der Medienbegriff, den FAULSTICH als gegenständlich für die Medienwissenschaften ansieht, ist somit technologisch und gesellschaftlich fundiert, indem ein bestimmter technologischer Mechanismus der Kommunikation bzw. ein spezifischer Kommunikationskanal in seiner gesellschaftlich längerfristig verankerten, institutionalisierten Form als Medium bezeichnet wird. In Anlehnung an SAXERS ausdifferenziertes Konzept von Medien als „spezifischem problemlösenden System" (SAXER 1997) kann eine Definition eines Mediums demnach lauten (FAULSTICH 2003, S. 26): „Ein Medium ist ein institutionalisiertes System um einen organisierten Kommunikationskanal von spezifischem Leistungsvermögen mit gesellschaftlicher Dominanz." Entsprechend der technologischen Fortentwicklung lassen sich vier Hauptgruppen von Medien unterscheiden (Tabelle 2), die in unterschiedlichem Ausmaß in der gegenwärtigen Geographie thematisiert werden. Den Primärmedien wird dabei in ihrer heutigen Ausprägung fast keine Beachtung mehr geschenkt, anders als einzelnen Vertretern der drei weiteren Mediengruppen. Unter den Schreib- und Druckmedien werden insbesondere die Massenkommunikationsmittel Zeitung und Zeitschriften aus geographischem Blickwinkel bearbeitet, während bei den elektronischen Medien Fernsehen und Film sowie alle Formen der digitalen Medien in jüngerer Zeit verstärkt im Zentrum der Aufmerksamkeit von geographischen Arbeiten über Medien stehen. Die prinzipielle Bevorzugung von Medien, die visuelle Kommunikationsformen enthalten, gibt zudem Anlass zu einem kurzen Exkurs über Geographie als primär visuelles Unterfangen (Abschnitt 5.2).

Tab. 2: Operationale Systematik der Medien

Mediengruppe	Beispiele
Primärmedien (Menschmedien)	Früher: Opferritual, Tanz, Priester (analog: Schamane, Zauberer, Medizinmann, Prophet, Seher), Sänger, Hofnarr, Ausrufer, Erzähler Heute: Theater
Sekundärmedien (Schreib- und Druckmedien)	Früher: Schriftrolle, Wand, Kalender Heute: Zeitung, Zeitschrift, Buch, Flugblatt/Flyer, Plakat, Heft
Tertiärmedien (elektronische Medien)	Fotografie, Hörfunk, Schallplatte/Tonträger, Film, Video, Fernsehen, Telefon, Fax, Handy
Quartärmedien (digitale Medien)	Computer, Multimedia, E-Mail, Internet (WWW), Chat, Intranet

Quelle: eigene Zusammenstellung nach FAULSTICH 2003, S. 25

Im Kontext der bei GIDDENS und WERLEN zu findenden Charakterisierung der Spätmoderne als Zeitalter einer primär medial verursachten räumlichen Ausweitung und zeitlichen Beschleunigung von Kommunikation und Wissensvermittlung wurde bereits deutlich, dass von einzelnen Medien epochale Veränderungen im Zusammenleben menschlicher Gesellschaften ausgehen können. Als erste dieser Veränderungen kann die durch die Entwicklung von Schriftsystemen entstandene Möglichkeit zur Fixierung und zum Transport von Information gesehen werden, die Ära der Spätmoderne ist dagegen mit den genannten Effekten elektronischer Kommunikationsmedien verbunden (vgl. Abschnitt 7.2.1; vgl. WERLEN ²1999, S. 117, WERLEN 1997, S. 396f). Ob die gegenwärtige Entwicklung hin zu einer Verschmelzung von Sekundär-, Tertiär- und Quartärmedien in Gestalt mobiler Multifunktionsgeräte eine weitere Epoche einleiten wird oder inwieweit eine mediale Eigenständigkeit in den Hauptgruppen erhalten bleiben wird, ist noch nicht abzusehen.

5.2. EXKURS: GEOGRAPHIE ALS VISUELLE PRAKTIK

Die zunehmende Beachtung medialer Darstellungen in der Geographie kann als eine Facette einer Bewegung gesehen werden, die sich intensiver und explizit mit dem visuellen Charakter vielen geographischen Arbeitens auseinandersetzt. Man muss nicht unbedingt mit THORNES (2004, S. 787) soweit gehen, neben den vielen anderen *„turns"* in der Geographie (*cultural, semiotic, linguistic, representational, non-representational* etc.) festzustellen „that there has been a visual turn in geography as a whole." Jedoch sind in den letzten Jahren beachtenswerte Reflexionen über das Visuelle als Grundelement und besonderes Thema der Geographie erschienen, die in einem kurzen Exkurs vor der Darstellung von geographischen Medien-Untersuchungen skizziert werden. Die Bedeutung des Visuellen in der Geographie lässt sich in drei Ebenen untergliedern, die jedoch eng miteinander verbunden sind. Zum einen sind viele Formen des Erkenntnisgewinns in der Geographie „visuell", indem sie auf „Sehen" in der Form von Beobachtungen realweltlicher Phänomene basieren (vgl. TUAN 1979, POCOCK 1981, SUI 2000, S. 322f). Als präferierte Hilfsmittel einer Wissenschaft, die „vision as the primary sense of knowing" ansieht, dienen entsprechend Karten, Luft- und Satellitenbilder, Diagramme und nicht zuletzt geschriebene Texte – allesamt visuelle Medien, die in Forschung und Lehre in der Geographie wie in vielen anderen Disziplinen zentrale Funktion einnehmen.

Auf eine zweite Bedeutungsebene des „Visuellen" in der Geographie hat SUI (2000) hingewiesen, der die Verwendung von metaphorischen Umschreibungen für den Gegenstand und die spezifischen Vorgehensweisen der Geographie untersucht. Auf den primär visuellen Erkenntniswegen der Geographie basieren demzufolge die Verwendung von Metaphern wie „geography as 'looking glass', 'mirror', 'gaze'." Geographische Forschung wurde als Abbildung der Welt, als Anwendung einer spezifischen geographischen Weltsicht charakterisiert, die *„World as exhibition"* von GREGORY (1994) oder die interpretierenden Lesarten offen stehenden Landschaften bzw. Städte als Texte (z.B. DUNCAN 1990) sind für SUI (2000, S. 323) Beispiele einer hauptsächlich visuellen Charakterisierung der Geographie. Dem stehen für SUI Metaphern des Gesprächs gegenüber, die Geographie als Dialog, Konversation oder Polyphonie bezeichneten. Mittels derartiger Umschreibungen würden eine perspektivische Offenheit, die Akzeptanz unterschiedlicher Positionen, die Beachtung subjektiver Ansichten, die Bevorzugung qualitativer Vorgehensweisen sowie eine Gleichwertigkeit zwischen Forscher und erforschten Subjekten zum Ausdruck gebracht. SUI (2000, S. 335f) empfiehlt, sowohl die visuelle als auch die von postmodernen Philosophien und gesellschaftlichen Gegebenheiten vorangetriebene Gesprächs-Metaphorik in wechselseitiger Ergänzung in der Geographie zu verwenden, nicht jedoch ohne darauf hinzuweisen, dass die gegenwärtigen Gesellschaften von „visuellen Kulturen" geprägt sind und daher das Visuelle neben einer Erkenntnisweise der Geographie auch eine wesentliche Forschungsthematik bleiben muss.

Hiermit in enger Verbindung steht eine dritte Facette der Visualität der Geographie, mit der sich u.a. im deutschsprachigen Raum FLITNER (1999) und im anglo-amerikanischen Bereich ROSE (2001) sowie diverse Beiträge eines *Antipode-*

Forums zu „*Geographical Knowledge and Visual Practices*" (ROSE 2003, MATLESS 2003, DRIVER 2003, RYAN 2003, CRANG 2003) beschäftigen. Hierbei stehen Fragen darüber im Mittelpunkt, wie Geographen in Forschung und Lehre mit visuellen Materialien umgehen und wie durch visuelles Material Bedeutungen konstruiert werden, die den Positionen eines Vortragenden Nachdruck verleihen. Angesichts des umfassenden Gebrauchs, der in Lehrveranstaltungen wie wissenschaftlichen Präsentationen von bildlichen Darstellungen gemacht wird, konstatiert ROSE (2003, S. 212f) für die zeitgenössische Geographie einen relativ unkritischen Umgang mit derartigen Materialien, sowohl was die Rolle des Wissenschaftlers als Erzeuger von bildlichen Botschaften angeht als auch im Hinblick auf die Interpretationsmöglichkeiten visuellen Materials (vgl. hierzu etwa FLITNER 1999, ROSE 2001). Insbesondere angesichts der autoritativen Unterstützung, die ein Vortragender seinem Publikum gegenüber durch die Verwendung bildlicher Belege und die computergestützte Visualisierung (primär durch PowerPoint) erhält, ist für die Geographie als „visuelle" Wissenschaft ein kritischer Umgang mit solchen Praktiken erforderlich, der hinter die nur scheinbar neutrale Funktion visueller Medien blickt: „The visualities deployed by the production of geographical knowledges are never neutral […]." Vielmehr sei es angebracht „to consider instead the ways in which geographers and their images and audiences also intersect in ways that produce hierarchies and differences" (ROSE 2003, S. 213).

5.3. ALLGEMEINE MEDIENFORSCHUNG IN DER GEOGRAPHIE

Im folgenden Abschnitt werden verschiedene Zugänge der Geographie zum Themenfeld der modernen Massenmedien dargestellt. In relativ kurzer Form kommen zum Ersten geographische Arbeiten zur Produktion von Medieninhalten zur Sprache, die aus verschiedenen Teilbereichen der Wirtschaftsgeographie stammen. Den erheblich größeren Teil geographischer Medienforschung nehmen zum Zweiten diejenigen Untersuchungen ein, die dem Potential von Massenmedien zur Generierung von Raumbedeutungen nachgehen; Ansätze dieser Gruppe, die sich mit nichtfilmischen Medien auseinandersetzen, sind in Abschnitt 5.3.2 dargestellt, während die mit dem Medium Film arbeitenden Untersuchungen als dasjenige Themenfeld, auf das die vorliegende Arbeit Bezug nimmt, gesondert in Abschnitt 5.4 skizziert werden. Als relativ heterogenes Arbeitsfeld zeigen sich drittens die Untersuchungen zum Medienkonsum, die zum einen aus Sicht der angewandten Geographie auf die stadträumlichen Orte des Medienkonsums gerichtet sind, zum anderen in bislang sehr schwach ausgeprägter Weise die Rezeptionen von Medieninhalten in ihren Auswirkungen auf das alltägliche Leben bearbeiten. In diesem Bereich lässt sich für die allgemeine geographische Medienforschung wie für das Spezialgebiet geographischer Filmforschung ein deutliches Potential für weitere Entwicklungen erkennen.

5.3.1. Geographie der Medienproduktion

Die Produktion von Medieninhalten ist angesichts der gestiegenen Bedeutung der Kulturindustrie für die Entwicklung städtischer Ökonomien ein Thema der Wirtschaftsgeographie und der angewandten Geographie, das in den letzten Jahren insbesondere im Zusammenhang mit den wirtschaftsstrukturellen Veränderungen durch die sog. „neuen" Medien deutlich an Aufmerksamkeit gewonnen hat. Jedoch haben einzelne Geographen bereits deutlich früher Teilbereiche der Medienproduktion bearbeitet, so etwa BLOTEVOGEL (1984), der die Verbreitungsgebiete deutscher Tageszeitungen analysiert und auf die engen Verbindungen zwischen dem zentralörtlichen Siedlungssystem und den Verbreitungsräumen der Tagespresse hinweist, die als stabilisierender Faktor für die funktionale Bindung eines Verflechtungsbereiches an einen zentralen Ort gesehen werden. Eine inhaltlich ähnliche Untersuchung hat BAUER (1990) für den (ost-)bayerischen Raum vorgelegt.

Ein wesentlicher Ausgangspunkt für die jüngeren Diskussionen um den regionalökonomischen Stellenwert der Medienindustrien ist in den Arbeiten über den Großraum Los Angeles zu sehen, in dem zum einen die zentrale Bedeutung der Film- und Fernsehindustrie sowie weiterer designorientierter *„image-producing industries"* (SCOTT 2000) wie Mode, Industriedesign, Innenarchitektur etc. offenkundig wird (vgl. SCOTT 1996, 1997, MOLOTCH 1996). Diese Diskussionen werden im deutschsprachigen Raum etwa von KRÄTKE (2002b) aufgegriffen, der die Bedeutung wissensbasierter, kreativer Wirtschaftszweige für die wirtschaftliche Entwicklung von „Medienstädten" darstellt. Auch HELBRECHT (1999) hat die Rolle des kreativen Potentials von Metropolen für die wissensbasierte Wertschöpfung nicht zuletzt im Medienbereich behandelt und versucht, mit einem Konzept des „geographischen Kapitals" von Orten der Wissensproduktion die positiven Einflüsse bestimmter Standorte auf kreative Prozesse erfassbar zu machen (vgl. HELBRECHT 2005).

Zum anderen wurden anhand der US-amerikanischen Filmindustrie bereits Mitte der 1980er Jahre Prozesse der flexiblen Spezialisierung und der Clusterung von netzwerkartig miteinander verbundenen Unternehmen thematisiert, die als ein wesentliches Element post-fordistischer Industriebranchen gelten und aus deren spezifischen Organisationsstrukturen sich entsprechende räumliche Ausgestaltungen von Unternehmensclustern ableiten (vgl. STORPER/CHRISTOPHERSON 1985, 1987, 1989, STORPER 1989). Deren dynamische Entwicklung im Verlauf der letzten 20 Jahre untersucht LUKINBEAL (2004b), der unter Anwendung eines modifizierten Modells zur Clusterbildung nach STORPER/CHRISTOPHERSON (1985, 1987) die Diversifizierung von Film- und TV-Produktionsstandorten in den USA über ihre traditionellen Standorte in den Metropolen Los Angeles und New York hinaus analysiert. Dabei wird deutlich, dass die Zunahme von Filmproduktion in den USA, die auf den deutlichen Anstieg der Filmvermarktung im Kabelfernsehen und den daraus resultierenden Aufschwung von Eigenproduktionen der Fernsehsender zurückzuführen ist, vor allem aus Kostengründen in sekundären Medienclustern wie British Columbia, Florida, Texas, North Carolina oder San Diego geschieht, die sich häufig in spezifischen Marktnischen behaupten und von denen zumindest Florida und die Region Vancouver/BC hinsichtlich ihrer jährlichen Wertschöpfung von über $1

Mrd. eine ähnliche Größenordnung wie New York erreichen, ohne jedoch annähernd den Status von Los Angeles als primärem Zentrum der US-amerikanischen Medienindustrie zu gefährden (LUKINBEAL 2004b, S. 308, 319, vgl. auch COE 2000, OTT 2006).

Insbesondere seit der Jahrtausendwende sind vergleichbare Fragestellungen auch in der deutschsprachigen Wirtschaftsgeographie vermehrt behandelt worden. Im Bereich der Film- und Fernsehproduktion untersuchen z.B. SCHEUPLEIN (2002) oder KRÄTKE (2002c) die Vernetzung von Produktionsbetrieben im Filmcluster Potsdam-Babelsberg; ähnliche Prozesse stehen mit der von der Ansiedlung des MDR initiierten Medienclusterung am Standort Leipzig als Erfolgsfaktoren zur Diskussion (BATHELT/JENTSCH 2002, BATHELT 2002, 2005). Dass diverse Branchen der Medienwirtschaft auch aus der Sicht regionalpolitischer Akteure von großem Interesse sind, haben z.B. SCHÖNERT/WILLMS (2001) diskutiert, die zudem die Konzentration der Medienindustrie in den 20 größten Städten Deutschlands analysieren. Dabei stellen sie fest, dass die Filmwirtschaft mit einem Beschäftigungsanteil von 41% in den vier führenden „Filmhochburgen" Berlin, München, Hamburg und Köln einen besonders hohen Grad räumlicher Konzentration aufweist (2001, S. 419). Im Hinblick auf die beiden führenden Cluster für die Herstellung von Fernsehinhalten in Deutschland – München und Köln – analysiert MOSSIG (2004) die ungleiche Verteilung von Steuerungskapazitäten und Macht innerhalb der zwischenbetrieblichen Netzwerke zur Herstellung kreativer Inhalte. Auch die Verbindung von innerstädtischem Nutzungswandel und der Ansiedlung von Unternehmen der Internet-Branche ist beispielsweise für die Spandauer Vorstadt in Berlin-Mitte aufgezeigt worden (BIRK 2002), ebenso wie WILKENS-CASPAR (2004) die Bedeutung neuer Medien und der Werbeindustrie für die Umgestaltung der Hamburger Waterfront thematisiert. Letztgenannter Fall ist aufgrund der besonderen Stellung von Hamburg im Bereich der Printmedien – fünf der sechs größten Verlagshäuser Deutschlands haben ihren Sitz in der Hansestadt – auch ein Beispiel dafür, wie ein bestehendes Mediencluster durch Unternehmen der Internet-Medienbranche auch über den rasanten Aufschwung und Fall der sog. „*new economy*" hinaus strukturell erweitert werden kann und damit alte und neue Medien im Standortverbund die wirtschaftliche Position eines Medienclusters nachhaltig stärken können (vgl. SOYKA/SOYKA 2004).

Gerade die Beispiele zu Geographien der Medienproduktion in Deutschland, die eine Konzentration der Medienindustrien auf die metropolitanen Regionen Berlin, Hamburg, München oder Köln illustrieren, können auf der Seite der Medienherstellung als Beleg dafür angeführt werden, dass die elektronischen und digitalen Massenmedien nicht in einer „Auflösung des Raumes", sondern in einer Fokussierung auf urbane Zentren wirksam werden. Die insbesondere durch CASTELLS mit Schlagworten wie der „*Informational City*" (1989) oder der „*Network Society*" (1996) geführte Diskussion um die grundlegenden Auswirkungen globaler Informations- und Medienbeziehungen auf städtische Gesellschaften und Strukturen kommt damit zu ähnlichen Schlüssen wie SASSEN (1991), wenn sie auf die anhaltende Bedeutung von direkten *face-to-face*-Kontakten in den in Global Cities konzentrierten unternehmensorientierten Dienstleistungen hinweist: Sowohl auf der Ebene des global miteinander vernetzten Städtesystems als auch innerhalb der Stadtregionen, die von der „*digital divide*" zwischen medial vernetzten und abgekoppelten Bevölkerungsgruppen durchzogen sind (vgl. z.B. LOADER 1998), bewirken neue Kommunikations- und Medienformen zumindest aus ökonomischer Perspektive eine Transformation bestehender Standortmuster und Interaktionen, nicht jedoch eine durch mediale Ubiquität ausgelöste Umwandlung einer städtischen in eine post-städtische Welt (GRAHAM/MARVIN 1996, S. 377, vgl. u.a. GRAHAM 1999, SCHMITZ 2000, JESSEN et al. 2000, KRÄTKE 2002a).

5.3.2. Geographie medialer Weltkonstruktionen

Der weitaus größte Teil der gegenwärtigen geographischen Arbeiten zu Medien-Themen widmet sich der Funktion der Massenmedien als „Wirklichkeitsapparaten", als Anbieter von nicht zuletzt räumlich kodierten oder auf Erdräume bezogenen Informationen, die in einer kritischen Analyse „dekonstruiert" werden können. Dabei können nach den wesentlichen theoretischen Bezugspunkten der Arbeiten in einer groben Annäherung zwei Phasen der geographischen Medienforschung unterschieden werden: Zum einen liegt seit den 1970er Jahren ein wachsendes Spektrum an Untersuchungen vor, das räumlichen Darstellungen in Print- und audiovisuellen Medien nachgeht. Dies geschieht entweder im Kontext angewandter Fragestellungen, etwa im planerischen oder didaktischen Bereich, oder es werden aus einer Vielzahl theoretischer Positionen heraus Fragestellungen zu den Wirkungsweisen von medialen Darstellungen abgeleitet. Von diesen Arbeiten kann das sich in jüngster Zeit entwickelnde Feld der explizit diskursorientierten und mit vielfältigen Versatzstücken poststrukuralistischer Theorien arbeitenden Untersuchungen abgegrenzt werden, die sich vor allem durch einen diskursbasierten Wahrheitsbegriff und die zentrale Stellung sprachlicher Bedeutungsgenerierung auszeichnen und in deren Repertoire die Medien als einer der wichtigsten Produzenten von Aussagen innerhalb gesellschaftlicher Diskurse einen wichtigen Untersuchungsbereich darstellen. Der chronologischen Entwicklung der Grundperspektiven entsprechend werden im Folgenden zunächst verschiedene Medien-Ansätze skizziert, die in der Geographie seit den 1970er Jahren entwickelt wurden, und anschließend die Zugänge einer diskursorientierten „neuen" Kulturgeographie zum Themenfeld Medien angesprochen.

Der Bereich der Printmedien hat in verschiedenen thematischen Kontexten geographische Aufmerksamkeit erfahren; einen ersten Überblick hierüber bietet STEGMANN (1997, S. 14), der auf geographische Medienforschung insbesondere zu den Themenfeldern Raumwahrnehmung, Regionalbewusstsein, Problemwahrnehmung in der Stadt sowie Imagebildung hinweist, zugleich aber die Diskrepanz zwischen der den Medien zugeschriebenen Bedeutung und der tatsächlichen empirischen Auseinandersetzung mit diesem Themenfeld betont. Weitere Beachtung finden Medien z.B. aus der Perspektive der Geographiedidaktik, für die ENGELHARDT (1975) auf die vielfältigen Verwendungsmöglichkeiten von Presseberichten im Geographieunterricht hingewiesen hat. Neben der didaktischen Verwendung sind Berichterstattungen der Printmedien aus anwendungsorientierter Perspektive auch als methodisches Werkzeug verwendet worden, so beispielsweise im Rahmen der räumlichen Konfliktforschung der frühen 1980er Jahre (vgl. z.B. MAIER 1981, OSSENBRÜGGE 1982, 1983). Hier dienen Zeitungsberichte aus regionalen Blättern als eine Möglichkeit, den Verlauf von räumlichen Konflikten sowie die beteiligten Akteure samt ihren Positionen nachvollziehen zu können. Dieses Verfahren hat auch gegenwärtig noch einen zentralen Stellenwert in der geographischen Konfliktforschung. So verwendet HAMHABER (2004) in seiner Analyse von Konflikten, die sich im Zusammenhang mit New Yorker Elektrizitätsimporten aus kanadischen Indianergebieten ergeben haben, neben Interviews mit beteiligten Akteuren zur Konfliktrekonstruktion umfangreiches Pressematerial (2004, S. 56). Wie in den Vorläufern der 1980er Jahre kommt dabei ein Verständnis der Medienberichte zum Tragen, das der Presse eine neutrale Berichterstatterrolle zuweist und nicht nach einer Rolle von Medien-Schaffenden als aktiven Beteiligten am Konfliktverlauf fragt, was aufgrund der Möglichkeiten der Medienakteure zur Selektion und Gewichtung von Inhalten erforderlich erscheint. HAMHABERS Analyse der Prozessbeteiligten – die u.a. die ohne Pressearbeit kaum vorstellbaren Lobbyismus-Aktivitäten verschiedener Gruppen aufführt – kommt jedoch ohne die Ebene der durch Medien generierten Öffentlichkeit aus und beschränkt sich auf staatliche Instanzen, wirtschaftliche Akteure und verschiedene zivilgesellschaftliche Institutionen sowie das im Konfliktverlauf maßgeblich beteiligte Volk der Cree-Indianer (2004, S. 75).

Die von HAMHABER vorausgesetzte Funktion der Presse als neutraler Berichterstatter ist in geographischen Arbeiten zu Printmedien bereits früh durch eine kritische Grundhaltung abgelöst worden. In ihrer unter den Titel *News from Nowhere* gestellten Analyse der in der englischen Tagespresse dominanten Interpretation von städtischen Ausschreitungen in London, Liverpool und Manchester im Jahr 1981 als „*riots*" geht BURGESS (1985) von der enormen Bedeutung des Produktionsprozesses von Nachrichten aus: „News does not exist; it is created." Nicht nur durch die verschiedenen technischen Möglichkeiten der Einzelmedien, sondern insbesondere durch politische Prädispositionen der Medienmacher und durch die durch Machtverhältnisse vorgegebenen Möglichkeiten von gesellschaftlichen Akteuren, ihren Standpunkt in der Presse öffentlich darzulegen, werden aus dem Spektrum an Themen und Deutungsmöglichkeiten „die Nachrichten" selektiv und mit einer bestimmten Interpretation versehen geschaffen. Damit werden die Medien – in der Untersuchung von BURGESS ein Querschnitt aus renommierten Qualitätsblättern und Boulevardzeitungen – zu wesentlichen Einflussfaktoren auf das verfügbare Wissen in Gesellschaften: „The mass media play a profoundly significant role in the appropriation and interpretation of the meanings of social reality. They have the capability to shape conceptions of our physical, economic, political and social environments" (1985, S. 194). Mit ihrem Fallbeispiel zu städtischen Unruhen behandelt BURGESS ein Thema, das aufgrund der starken emotionalen Aufladung von besonderer Brisanz hinsichtlich der Wirkungsweisen von Medien in der Zuweisung von Bedeutungen zu bestimmten Räumen und damit in der Schaffung von „räumlichem" Wissen bei weiten Teilen der Gesellschaft ist. In der Geographie und Stadtforschung werden daher häufig die Einflüsse verschiedener Massenmedien auf das

Sicherheitsgefühl bzw. die sicherheitsrelevante Bewertung städtischer Räume untersucht (vgl. SMITH 1985). Dies wird z.B. in den Diskussionen über Videoüberwachung öffentlicher Räume (BELINA 2002, BURGER 2003) und die ideologiegeleitete Definition bestimmter Gebiete als „kriminelle Räume" (BELINA 1999, 2000, 2003) deutlich, die insbesondere im US-amerikanischen Kontext von Bedeutung ist: Wie YANICH (2001, 2004a, 2005) basierend auf der Auswertung lokaler TV-Berichterstattung in verschiedenen Großräumen der USA darstellt, sind insbesondere die boulevardjournalistischen „*local-news*"-Formate US-amerikanischer Privatsender äußerst effektvoll in ihrer Darstellung bestimmter Teilräume einer Stadtregion, v.a. der Kernstadt, als Kriminalitäts- und Gefährdungsräume. Dadurch tragen sie wesentlich zu einer Stereotypisierung bestimmter Bevölkerungsgruppen – namentlich von männlichen afro-amerikanischen Jugendlichen aus den innerstädtischen Vierteln – bei. Sowohl die räumliche als auch die soziale Bedeutungszuweisung auf medialer Basis sind dabei direkt handlungsrelevant für die Art und Weise, in der insbesondere die suburbanen Medienrezipienten den Stadtraum nutzen und ihre sozialen Interaktionen gestalten. Die zentrale Rolle der Medien im Umgang mit sicherheitsrelevanten Ereignissen machen auch die Auseinandersetzungen über die adäquate Interpretation der Rodney-King-Unruhen in Los Angeles 1992 (u.a. WEST 1992, GOODING-WILLIAMS 1993, DAVIS ³1999; vgl. FRÖHLICH 2003, S. 157) oder der Anschläge des 11. September 2001 in Washington und New York (SORKIN/ZUKIN 2002, DENZIN/LINCOLN 2003) deutlich. Dabei stellen kritische Kommentatoren besonders die negativen Auswirkungen des US-amerikanischen Mediensystems für die öffentlichen politischen Debatten heraus. Auf der Grundlage übermäßig vereinfachender medialer Darstellungen sei eine Wandlung des Demokratieverständnisses zu beobachten, durch die an die Stelle einer aktiven Auseinandersetzung informierter Bürger die Rezeption eines Spektakels trete: „The images that result from this communication system limit political debate and turn democracy into a spectator sport in which complex realities are simplified" (YANICH 2004b, S. 38, vgl. BENNETT ⁴2001).

Die selektive und mit bestimmten Aussageinteressen von „Medienmachern" verbundene Präsentation von räumlichen Bedeutungen in Medien hat auch in weniger direkt politisch relevanten Kontexten die Aufmerksamkeit der Geographie gefunden. Die beiden Arbeiten von WOOD (1989) und STROHMANN (1991) stellen beispielsweise ihre Untersuchungen zur regionalen Berichterstattung im Ruhrgebiet bzw. in Ostfriesland in den Kontext der Ende 1980er Jahre intensiv diskutierten Konzepte zu regionalem Bewusstsein bzw. regionaler Identität.[19] Dabei fokussiert WOOD auf die Längsschnittanalyse des als regionales Identifikationspotential angebotenen „Bildes des Ruhrgebietes" in der Westdeutschen Allgemeinen Zeitung, während STROHMANN neben einem inhaltsanalytischen Zugang auch intensiv die Prozesse der redaktionellen Informationsbeschaffung und -auswahl einbezieht und

---

19 Als eine Hauptlinie dieser Diskussion lässt sich die Debatte zwischen BLOTEVOGEL/HEINRITZ/POPP (1986, 1987, 1989) und HARD (1987a, 1987b) ausmachen; weitere Ansätze zur theoretischen wie empirischen Annäherung an Fragen regionaler Identität finden sich z.B. bei MEIER-DALLACH 1980, 1987, MEIER-DALLACH et al. 1987, WEICHHART 1990b.

damit eine Analyse der durch Produktionszusammenhänge bedingten räumlichen Strukturen der Zeitungsinhalte anstrebt.

Eine weitere Gruppe geographischer Medienuntersuchungen hat ihren Fokus auf verschiedenen populärmedialen Formaten. Ein in jüngerer Zeit intensiviertes Themenfeld stellt die Vermittlung „geographischen" Wissens in populären Magazinen wie etwa *National Geographic* (LUTZ/COLLINS 1993, SCHULTEN 2001) oder dem deutschen Pendant *Geo* (ZIMMERMANN 1998) dar, deren breitenwirksame Beeinflussung eines alltäglichen Weltbildes insbesondere durch ihre spezifische Kombination aus Photo- und Reportagejournalismus bedingt ist. Dabei lässt sich insbesondere für den US-amerikanischen *National Geographic*, dessen besondere Bedeutung sich zunächst durch sein Engagement in Expeditionen mit unterschiedlichsten Zielregionen (Arktis, Afrika, Südamerika) begründete, eine Funktion als „Schaufenster zur Welt" festhalten, das nicht zuletzt durch stilbildende Photographien von den „exotischen" Expeditionszielen eine unverwechselbare Handschrift erhielt und damit zu weit verbreiteten Vorstellungen „fremder Welten" beitrug. Diese Funktion photographischer Welt-Abbilder dokumentiert auch der Sammelband von SCHWARTZ/RYAN (2003) anhand verschiedenster Regionen und ihrer visuellen Präsentation in Photos aus dem 19. Jahrhundert, v.a. im Hinblick auf den Beitrag photographischer Inszenierungen zur nationalen Identitätsbildung und als eine Form der Annäherung an koloniale Besitzungen europäischer Staaten.

Ein weiteres zentrales Medium in der Ausbildung von Raumvorstellungen über „die Fremde" stellen heutzutage die unter anderem als Vorbereitung auf eigene Erkundungen verwendeten Reisesendungen im Fernsehen (SCHRÖDER 2001) oder Reiseführer dar, deren Aussagen aus geographischer Sicht z.B. in verschiedenen Beiträgen in POPP (1994d) oder von AGREITER (2003, 2005) thematisiert werden. Insbesondere wenn Reiseführer neben der Vermittlung von Orientierungswissen und organisatorischen Tipps auch in einer „Mentor-Rolle" dem Leser interpretierend das vorzustellende Reiseziel näher bringen (POPP 1994c, S. 7 in Anlehnung an COHEN 1985), besteht ein großer inhaltlicher Überschneidungsbereich zwischen dem Themenspektrum der Reiseführer-Literatur und dem Kompetenzbereich einer umfassenden regionalen bzw. länderkundlichen Geographie. Daher können aus geographischer Sicht Reiseführer neben einer Prüfung auf sachliche Fehler auch kritisch daraufhin untersucht werden, welche Information selektiert und wie die Auswahl präsentiert wird. Insbesondere für Reiseziele, die aufgrund ihrer soziokulturellen und historischen Gegebenheiten für den Reisenden relativ schwer zu erschließen sind, lässt sich die große Bedeutung der Einführung durch Reiseführer vermuten, wodurch Fragwürdigkeiten in der Darstellung derartiger Ziele besonderes Gewicht erhalten (vgl. etwa die Darstellungen zu Marokko von POPP 1994a, 1994b oder der Türkei von STRUCK 1994).[20]

---

20 Einen Fall extrem persistenter und unzutreffender Außendarstellungen, die u.a. auf Reiseliteratur und vielen anderen populären Medien beruht, stellt CONNELL (2003) dar, der die verklärte Außensicht auf Polynesien mit alternativen und regionalen Deutungen dieser Südseeregion vergleicht.

Im Gegensatz zur Reiseführer-Diskussion ist der Ansatz von STEGMANN (1997) auf die städtische Lebenswelt einer deutschen Großstadt gerichtet. Seine Untersuchung zum Kölner Image in Printmedien umfasst verschiedene Genres und Image-Aspekte. Köln wird zum einen im literarischen Kontext erfasst, etwa im Genre des Köln-Krimis, in den Auseinandersetzungen um die Image-Destruktionen in dem Werk *Tagebuch eines in Köln Exilierten* von DETERS (1972) oder als wiederkehrender Einflussfaktor auf das literarische Oeuvre Heinrich BÖLLS. Zum anderen stehen strategische Verwendungen von Stadt-Images wie etwa durch die Zeitschrift *köln* des kommunalen Verkehrsamtes zur Diskussion.

STEGMANN geht von der These aus, dass Medien in zunehmendem Maße für die Wahrnehmung und Bewertung städtischer Lebenswelten relevant sind, indem sie als Entscheidungshilfe und sogar Auslöser räumlicher Handlungen fungieren. Dabei kommt ein in Abbildung 13 veranschaulichtes Grundverständnis des Zusammenwirkens von medialen und anderen Quellen in der Wahrnehmung städtischer Umwelten zum Tragen, das in vielen der bislang skizzierten Arbeiten zu finden ist und das die physisch-materielle „Realwelt" und ihre medialen Darstellungen als voneinander unabhängige Entitäten auffasst.

Abb. 13: „Realität" versus „Medien" in der Raumwahrnehmung

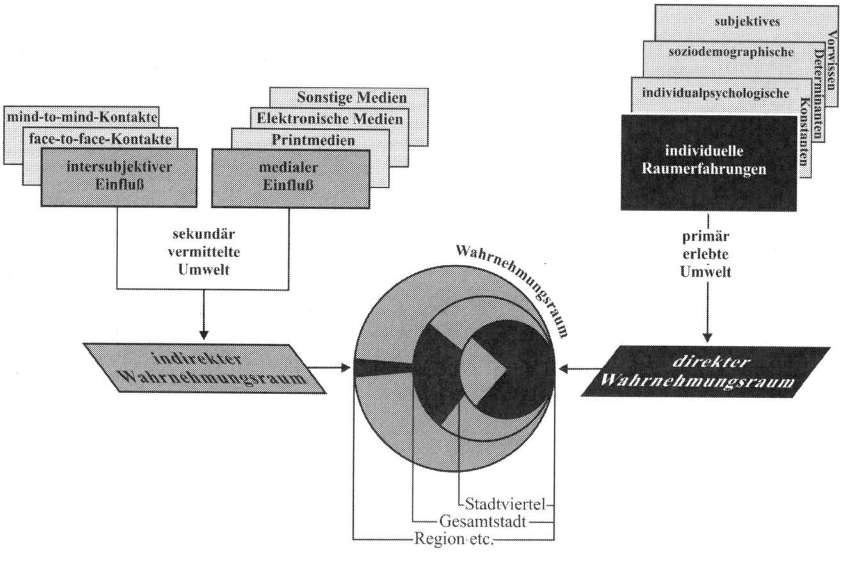

Quelle: nach STEGMANN 1997, S. 15

Als erste Einschränkung zu STEGMANNS Abbildung kann angemerkt werden, dass er offenbar ausschließlich den Einfluss medialer Inhalte auf die Wahrnehmung und damit das alltägliche Handeln in der *direkten* Lebenswelt eines Menschen thematisiert, woraus sich die Bezeichnungen „Wahrnehmungsraum" bzw. seine eine alltägliche Lebensumgebung andeutenden Maßstabsebenen Stadtviertel, Gesamtstadt und Region erklären.[21] Über diese Zielrichtung hinaus wird in der vorliegenden Arbeit nach den Wechselbeziehungen zwischen medialen und anderen Quellen in der Ausbildung von Raumvorstellungen von *nicht* lebensweltlich bekannten Stadträumen gefragt. Die zweite kritische Anmerkung zu STEGMANNS Konzeption bezieht sich wie angedeutet auf die zu strikte Trennung zwischen dem „direkten" und dem „indirekten" Wahrnehmungsraum. Zum einen ist gerade hinsichtlich des medialen Einflusses auf das alltägliche Lebensumfeld zu beachten, dass die Rezeption von medialen Raumdarstellungen immer in einem räumlichen und zeitlichen Kontext erfolgt, der die Aneignung der medialen Inhalte beeinflusst. Das Aufnehmen des „medialen Einflusses" geschieht also als Teil der „individuellen Raumerfahrung" (vgl. Abbildung 13) und die Bedeutungen, die einem medialen Raumbild zugewiesen werden, stehen in einer besonders direkten Relation zu dem direkten Lebensraum, wenn es sich in beiden Fällen um den gleichen Erdraumausschnitt handelt. Ebenso wie die Medienrezeption nicht aus ihrem räumlichen Kontext herausgelöst betrachtet werden kann, ist als zweites Element der Wechselwirkung von Medienbildern und alltäglicher Raumvorstellung auch der mediale Einfluss auf die individuelle Raumerfahrung zu berücksichtigen. Mediale Einflüsse stellen einen nicht zu vernachlässigenden Teil des „subjektiven Vorwissens" bzw. der „individualpsychologischen Konstanten" dar, die als Grundlage für die alltägliche lebensweltliche Raumwahrnehmung fungieren. Dies ließe sich in Abbildung 13 dadurch illustrieren, dass zumindest die rechte Hälfte mit einem Rückkopplungspfeil von dem Wahrnehmungsraum zu den Einflussfaktoren der Raumerfahrung – insbesondere zu dem subjektiven Vorwissen – von einem linearen in einen zirkulären Prozess umgestaltet wird.

In der strukturellen Trennung zwischen medialen Repräsentationen und der individuellen Raumerfahrung lässt sich anhand von Abbildung 13 auch der zentrale Gedankengang des neuesten geographischen Zugangs zu medialen Einflüssen auf das alltägliche Leben und die Räumlichkeit des Menschen aufzeigen, der in einer „neuen" Kulturgeographie im Zuge einer diskursorientierten Analyse der Medien vorliegt. Hier wird von einem Verständnis von Realität ausgegangen, das zum einen im Rückgriff auf DE SAUSSURES Konzeption sprachlicher Bezeichnung auf den konstrukthaften Charakter der zeichenhaften Zuordnung eines Signifikants zu einem Signifikat hinweist, durch den sozialen wie materiellen Gegebenheiten ihre Bedeutungen erst zugewiesen werden (DE SAUSSURE 1916, vgl. SAHR 2003, S. 20f). Neben diesem als *„semiotic turn"* bezeichneten Perspektivenwechsel lässt sich eine zweite Facette der Macht der Sprache in der Konstruktion von Realitäten unter dem Stichwort *„linguistic turn"* festhalten. Unter Betonung der Bedeutung der Vermittlungsinstanz Sprache kann die Bedeutung der zeichenhaften Zuordnungen teilweise in Frage gestellt werden, da jedes Zeichen prinzipiell eine sprachlich codierte Konvention zur Bezeichnung eines Signifikats mit einem sprachlichen

---

21 In dieser Hinsicht kann STEGMANNS Untersuchung als Ergänzung zu REUBERS Arbeit *Heimat in der Großstadt* (1993) gesehen werden, in der die verschiedenen Maßstabsebenen und besonders relevante Teilräume für die Ausbildung einer Ortsbindung untersucht werden, die jedoch den Einfluss medialer Berichte nur rudimentär berücksichtigen.

Ausdruck (Wort) darstellt. Allerdings schränken GEBHARDT et al. (2003a, S. 12) ihre rhetorische Frage „Welche Zeichen sollten schon außerhalb der Sprache aufgehoben sein?" dahingehend ein, dass ein erster analytischer Zugang insbesondere zu komplexen, über audiovisuelle Medien vermittelten Zeichen durchaus von der Verwendung semiotischer Ansätze profitieren könnte: „Andererseits sind Zeichen so kompakte Formen symbolischer Codierung, dabei in sich oft wieder so different in ihrer Bedeutung, dass es sich gerade in einer zunehmend über visuelle Medien vermittelten und über Icons kodierten Welt lohnt, sich deren Bedeutung mit semiotischen Ansätzen zu nähern."

Die erkenntnistheoretische Auffassung, dass Bedeutung auf ihrer sprachlichen Vermittlung basiert und damit „außerhalb des Textes" keine Erkenntnis existieren könne, womit auch materielle Gegebenheiten nur „als Symbole und Zeichen gesellschaftlicher Kommunikation relevant sein können" (GEBHARDT et al. 2003a, S. 11), ist bereits im Kontext von WEICHHARTS Raumkonzeptionen als kritikwürdige Reduktion angesprochen worden (vgl. Abschnitt 4.2.2). Ihre Bedeutung im Zusammenhang mit geographischen Untersuchungen zu Massenmedien ist darauf zurückzuführen, dass mit dem *linguistic turn* insbesondere die Abhängigkeit sprachlich vermittelter Bedeutung von ihren Kontexten relevant wird, durch die vielfältige Möglichkeiten zur Rekontextualisierung und Deutung nur scheinbar eindeutig sprachlich fixierter Inhalte entstehen. Die latente Polyvalenz und Uneindeutigkeit sprachlicher Bedeutungsbestimmungen – mit DERRIDAS Begriff: die Möglichkeit zur *„différance"* – führt zu der zentralen Rolle, die dem „Diskurs" als vereinheitlichendem Mechanismus sozialer Kommunikation zugedacht wird. Mit diesem auf FOUCAULT zurückgehenden Begriff (vgl. REUBER/PFAFFENBACH 2005, S. 202ff, MATTISSEK/REUBER 2004) werden in einer diskursorientierten Wissenschaft die „Formen und Regeln öffentlichen Denkens, Argumentierens und Handelns als Grundprinzip von Gesellschaftlichkeit" bezeichnet (REUBER/PFAFFENBACH 2005, S. 202), durch die Regeln für die Produktion von Aussagen und Bewertungsmaßstäbe für die Anerkennung von Aussagen als „wahr" oder „falsch" in Abhängigkeit der gültigen diskursiven Regeln gegeben sind. Da neben den Wissenschaften oder der Politik insbesondere auch die Medien eine maßgebliche Institution sind, die innerhalb bestehender Diskurse Aussagen formulieren und damit zur Reproduktion des Diskurses beitragen, rücken massenmediale Inhalte hinsichtlich ihrer Beiträge zur Konstruktion von Raumbedeutungen in den Mittelpunkt dieser Betrachtungsweise.[22]

Das Spektrum der poststrukturalistisch inspirierten Medien-Geographie umfasst im Bereich der politischen Geographie die kritische Betrachtung medialer Einflüsse in der Ausbildung geopolitischer Leitbilder und verweist dabei insbesondere auf die in Medienberichten offenbarte „Macht der Diskurse", bestimmte Interpretationen

---

22 Die Ankunft von Medienthemen im Mainstream der „neuen" Kulturgeographie demonstrieren auch der Workshop „Geographies and the Media" der IGU-Kommission „The Cultural Approach in Geography" im Juni 2005 und die Tagung „Visualisierungen des Raumes I – Produzieren, Profilieren, Präsentieren" des Leibniz-Instituts für Länderkunde Leipzig im Oktober 2005.

von politischen Ereignissen wie den Anschlägen des 11. September 2001 durchzusetzen (REUBER/WOLKERSDORFER 2003, S. 50, vgl. z.B. auch REUBER/WOLKERSDORFER 2001, WOLKERSDORFER 2001, CLEMENS/DITTMANN 2003). In ähnlicher Weise, in der die diskursive Produktion von globalen Leitbildern geographisch analysiert werden kann, lässt sich eine Vielzahl von Grenzziehungen und Regionalisierungen auf ihren diskursiven Charakter hinterfragen. So skizziert STRÜVER (2005a, 2005c) die deutsch-niederländischen Beziehungen, indem sie Charakterisierungen in Museumsausstellungen, Zeitungskolumnen und Spielfilm herausarbeitet. Dabei verweist sie zwar auf die Bedeutung des Rezeptionsprozesses solcher medialen Darstellungen dafür, welche Bedeutung die Grenze im alltäglichen Leben der Anrainer erhält (STRÜVER 2005a, S. 283), bleibt jedoch den empirischen Beleg für ihre Behauptung schuldig, dass bzw. wie derartige Narrative und Images aktiv das tägliche Leben der Menschen beeinflussen. Ebenfalls mit Identitäts- und Raumkonstruktionen im interkulturellen Kontext befasst sich LOSSAU (2000, 2002, 2005b), die unter anderem mit den diskursiv gebildeten Vorstellungen über die postkolonialen Beziehungen zwischen „erster" und „dritter" Welt auf einen wesentlichen Ausgangspunkt der Diskussionen über *„geographical imaginations"* (GREGORY 1994, vgl. GREGORY 1995, SAID 1978) zurückgreift. Ähnliche Grenzziehungen diskutiert GEBHARDT (2005), der die Debatten über ein deutsches Nord-Süd-Gefälle der 1980er Jahre (vgl. z.B. HÄUSSERMANN/SIEBEL 1987, BRÜCKNER/WEHLING 1987) aufgreift und die in das 19. Jahrhundert zurückreichende Entwicklung des deutschen Diskurses über die Nord-Süd-Differenzen nachzeichnet.

Eine Ost-West-Perspektive greifen dagegen verschiedene Arbeiten von WERLEN-Mitarbeitern aus Jena auf, so z.B. FELGENHAUER et al. (2005), die sich mit der medieninduzierten Konstruktion der Raumkategorie „Mitteldeutschland" auseinandersetzen und darlegen, dass es sich hierbei um ein produziertes Label des Mitteldeutschen Rundfunks handelt, dem keine Selbstidentifizierung der Menschen im Sendegebiet als „Mitteldeutsche" entspricht. In ausführlicher Weise hat auch SCHLOTTMANN (2005a, 2005b) den Einfluss medialer Berichte auf die Überformung von West-Ost-Differenzen im Nachlauf der Wiedervereinigung thematisiert, wobei sie intensiv auf die Verbindungslinien zwischen WERLENS handlungstheoretischer Konzeption alltäglicher (v.a. signifikanter) Regionalisierungen und den sprachorientierten Diskursansätzen der jüngeren Humangeographie eingeht. Auch hier lässt sich jedoch feststellen, dass SCHLOTTMANN (2005b) in ihrem sozialgeographischen Konzept einer „RaumSprache" zwar in detaillierter Theoriediskussion grundlegende Aspekte zum „sprachlichen Geographie-Machen" darlegt. Angewandt wird die „RaumSprache" jedoch ausschließlich anhand einer Collage von journalistischen Texten zur deutschen Wiedervereinigung, wodurch die Arbeit ebenfalls in einer textorientierten Perspektive verhaftet bleibt, die eben nicht das rezeptive Aneignen und damit das Wirksamwerden sprachlicher Raum-Konstruktionen berücksichtigt.

Im Rückgriff auf die in Abbildung 13 kritisierte Trennung zwischen medialen Einflüssen und alltäglichem Raumerleben kann die Position vieler jüngerer Medienansätze in der Geographie dahingehend zusammengefasst werde, dass mediale Inhalte als zentrale Elemente gesamtgesellschaftlicher Diskurse zur sprachlichen Vermittlung von Raumbedeutungen wesentlich beitragen und die strikte Dichotomisierung zwischen Medien und Realwelt so nicht haltbar ist. Vielmehr geht die diskursorientierte Wissenschaft davon aus, dass ein Wechselspiel aus Sprache und Realität besteht, in dem eindeutige Abhängigkeitsverhältnisse gegeben sind: „Diskurse produzieren, formen die Objekte, über die sie sprechen, indem sie bestimmen, was in welchem Zusammenhang als wahr anerkannt und als falsch verworfen wird. Nicht die ‚Realität' lässt die Sprache entstehen, vielmehr erschafft Sprache als diskursive Formation erst unsere Vorstellung von Realität: Der Wahrheitsbegriff wird also durch den Diskursbegriff ersetzt" (GEBHARDT et al. 2003a, S. 15). Es muss jedoch kritisch angemerkt werden, dass mit dieser totalisierenden Perspektive auch die Frage nach den Grenzen der Diskurse und den Grenzen der diskursorientierten, dekonstruktivistischen wissenschaftlichen Arbeitsweise zumindest größtenteils ausgeblendet wird. Letzteres kritisiert HEINRITZ (2005, S. 63) anhand des Kulturgeographie-Sammelbandes von GEBHARDT et al. (2003b), wenn er zur Sicherung der politischen Relevanz der („neuen" Kultur-)Geographie auf die Notwendigkeit zur Positionierung und zur Entwicklung alternativer Standpunkte drängt, die an die Stelle reiner Dekonstruktionen treten solle: „Was und wem würde denn die ‚Erschütterung des Glaubens an geographische Evidenzen' bzw. die geforderte ‚(Dekonstruktions-)Arbeit auf zentralen Terrains' (S. 23) nutzen, wenn an deren Stelle keine neuen Konstruktionen gesetzt werden würden? Wie nutzlos und unbefriedigend eine solche bloße Dekonstruktionsarbeit tatsächlich bleibt, dokumentiert in dem Band am eindrucksvollsten der Beitrag von Anke STRÜWER [sic] […]."[23]

Die Grenzen der Diskurse sind zum einen wie erwähnt aus einer transaktionistischen Perspektive auf das Mensch-Natur-Verhältnis relevant, wobei die diskursorientierte Perspektive eine einseitige Konzeption beinhaltet, die Materielles ausschließlich auf seinen symbolischen Stellenwert in kommunikativen Kontexten reduziert. Dies wird besonders auffällig, wenn die Reduktion von materiellen Vorgängen auf ihre symbolische Bedeutung zu ethisch fragwürdigen Auffassungen beiträgt, wie dies am Beispiel der von HOYLER und JÖNS (JÖNS/HOYLER 2004, vgl. HOYLER/JÖNS 2005) vorgestellten Überlegungen zu Ikonoklasmen und den Zerstörungen von Repräsentationen deutlich wird: Eine vergleichende Gegenüberstellung der Sprengung der afghanischen Bāmiān-Buddhas durch das Taliban-Regime im Jahr 2001 mit dem ebenfalls als Zerstörung einer ikonenhaften Repräsentation interpretierten Einsturz des World Trade Centers in New York mag im Hinblick auf die Intentionen der Zielauswahl der Aggressoren einleuchten, reduziert aber zugleich in überaus kritikwürdiger Art den Tod von über 3.000 Menschen zu einer Frage der Repräsentation. Auf eine weitere Grenze sprachlich-diskursiver Vermittlung weist die insbesondere auf THRIFT (1996, 1997, 2002) zurückgehende „*non-representational theory*" hin. In Ablehnung eines zu stark auf Repräsentationen und ihre Interpretation ausgerichteten Verständnisses der Sozialwissenschaften fordert THRIFT, sich den alltäglichen Praktiken der Menschen zuzuwenden, die in spezifi-

---

23 STRÜVER (2003) stellt aus „feministisch-poststrukturalistischer Perspektive" die Frage „Wer bin ich – und wenn ja, wie viele?" und thematisiert die diskursive Konstruktion von Geschlechtsidentitäten; dieses Thema wird in ähnlicher Weise von ihr erneut aufgegriffen (STRÜVER 2005b), wobei auch im Hinblick auf dieses Werk der Kritik von HEINRITZ gefolgt werden kann.

schen Orten das Miteinander und die individuelle Identität gestalten. Auch hierbei werden bestimmte Medienformen als Inspirationsquelle verwendet, vor allem die künstlerisch-medialen Ausdrucksformen (Theater, Tanz, Musik etc.), die der Auffassung von menschlichem Alltagsleben als *„performance"* entsprechen (THRIFT 2002 S. 556, vgl. ROSE/THRIFT 2000 bzw. die Aufforderung zur gleichberechtigten Bearbeitung von repräsentationalen und nicht-repräsentationalen Praktiken von CASTREE/MACMILLAN 2004).

5.3.3. Geographie des Medienkonsums

Entsprechend der räumlichen Strukturierung des Prozesses der medialen Kommunikation in DEARS „Theorie des Filmraums" (Abbildung 1) stellen die physisch-materiellen sowie die im übertragenen Sinn verstandenen „Räume" des Medienkonsums eine dritte mögliche Forschungskategorie für geographische Medienuntersuchungen dar. Diese dritte Zugangsmöglichkeit zu medialen Räumen ist bislang am schwächsten ausgeprägt und erweist sich zudem als heterogenes Betätigungsfeld. Die erdräumlichen Lokalitäten des Medienkonsums sind äußerst unterschiedlich und schließen private Wohnungen (Fernsehen, Printmedien, WWW etc.) ebenso ein wie öffentliche Räume oder spezielle Einrichtungen für den Konsum einzelner Medien. Bei Letzteren besitzt das Kino als Freizeitraum eine besondere Stellung, da Kinos auch in ihrer heutigen Ausprägung als multifunktionale Erlebniswelten noch vergleichsweise stark von der auf das Medium Film fixierten Primärnutzung abhängig sind. Aus der Sicht der Stadtplanung bzw. anwendungsnahen Geographie ist die Zunahme eines bestimmten Typus des „Medienraums" Kino, der sog. Multiplex-Kinos als multifunktionale Freizeitgroßprojekte, besonders thematisiert worden. Eingebettet in die grundlegenden Diskussionen um die Erscheinungsformen, Steuerungsmöglichkeiten und Konsequenzen einer Stadtentwicklung durch Großprojekte (vgl. z.B. HATZFELD/TEMMEN 1994, HATZFELD 1997, MOULAERT et al. 2001) sind Multiplex-Kinos als neue Angebotsformen der Freizeitindustrie sowohl Gegenstand strukturorientierter Untersuchungen zu Verbreitung, Einzugsbereichen, Konsumentenverhalten oder planerischer Behandlung (u.a. HENNINGS 1998, FREITAG/KAGERMEIER 2002, FREITAG 2003, COLLINS 2005) als auch Thema einer eher normativ orientierten Debatte um die Funktion von Freizeiträumen in der Stadt, in der Multiplexe ein Beispiel für die zunehmende Privatisierung und Kommerzialisierung bestimmter Formen von Öffentlichkeit sind (vgl. hierzu etwa SORKIN 1992 und die Übersicht in FRÖHLICH 2003, S. 184ff).

In einzelnen Arbeiten ist zudem die kulturhistorische Bedeutung des Kinos als Ort der Auseinandersetzung des modernen Städters mit dem Medium Film angesprochen. Eine Einführung in die Kino-Räume der Moderne ist in BRUNOS *Atlas of Emotion* enthalten, einem vielschichtigen Querschnitt durch Film- und Kunstgeschichte, Architektur, Geographie und Kartographie, verbunden durch die zentrale Funktion des Films als der dominanten Form des individuellen wie kollektiven Gedächtnisses: „In our own time, in which memories are (moving) images, this cultural function of recollection has been absorbed by motion pictures" (BRUNO 2002,

S. 8). Die Erfindung des Kinos als besonderer Ort der Welt-Erfahrung stellt BRUNO in den Kontext der vorausgehenden neuartigen architektonischen Konstellationen des späten 19. Jahrhundert, die als Orte der Bewegung und des Übergangs eine neue Form von Raumwahrnehmung ermöglichten, die „*flânerie*" als Wahrnehmungsmodus eines sich bewegenden Körpers in einem dynamischen Umfeld. Die Arkaden, Züge und Straßenbahnen, Bahnhöfe, Kaufhäuser, Wintergärten und Ausstellungspavillons der modernen Großstädte sind so als die architektonischen Vorläufer des Kino-Erlebnisses zu sehen (vgl. BRUNO 2002, S. 16f). Wenig später ist es das anfänglich hochgradig metropolitane Medium Film, das die Rolle der bewegten öffentlichen Räume übernimmt. Die Leinwand wird zur Piazza, zum öffentlichen Erlebnisraum modernen Großstadtlebens – in VIRILIOS (1991, S. 25f) Worten: „The screen abruptly became the city square, the crossroads of all mass media [...] it is Hollywood that merits urbanist scholarship." Um diese Rolle erfüllen zu können, muss „Film" in ein entsprechendes räumliches Setting eingebettet werden, um zu „Kino" werden zu können. Zu dem zentralen Medium des Großstadtlebens – zumindest für gut 60 Jahre zwischen der ersten öffentlichen Filmvorführung durch die Brüder LUMIÈRE im Jahr 1895 und der steigenden Verbreitung des Fernsehens als neuem Verbreitungskanal für Spielfilme (MONACO ⁴2002, S. 235) – konnte Film erst durch die Schaffung des öffentlichen Raumes des Kinos werden.[24] Für Kino als die spezifisch moderne Form der städtischen Öffentlichkeit, die das Erlebnis bewegter urbaner Räume in den statischen Vorgang des Film-Sehens im Inneren des speziellen semi-öffentlichen Raumes des Kinos verlagert, ist in BRUNOS (2002, S. 44) Formulierung eine Wechselwirkung zwischen Stadtraum und Kinoraum zu sehen, die an DEARS Formulierung „Cities as Representations as Cities" erinnert:

> Film is always housed. It needs more than an apparatus in order to exist as cinema. It needs a space, a public site – a movie 'house'. It is by way of architecture that film turns into cinema. Located in the public architecture of the movie theatre, the motion picture is a social, architectural event. [...] As the street turns into a movie house, the movie house turns into the street.

Die besondere Rolle des Kinos als Element des Film-Sehens ist auch in den Filmwissenschaften thematisiert worden (vgl. TURNER ³1999, S. 127ff). Damit ist der räumliche Rahmen abgesteckt, innerhalb dessen der zentrale Vorgang der Medienkonsumtion im Fall des Spielfilms häufig, wenngleich in abnehmendem Maße, abläuft.

Die aktive Aneignung von medialen Inhalten durch den Betrachter und das Einbeziehen von medialen Elementen in alltägliche Kommunikation, Wahrnehmungen und Handlungen ist der zentrale Mechanismus, durch den einer medialen Botschaft eine kontext- und subjektspezifische Bedeutung zugewiesen wird und der Sinn von Kommunikation entsteht. Diese Position, die dem Vorgang der Rezeption und nicht dem Sender die Definition der Botschaft zuweist, ist in WERLENS Aus-

---

24 CLARKE/DOEL 2005 weisen darauf hin, dass bereits die ab dem 17. Jahrhundert entstandenen Vorläufer des Kinos wie Laterna Magica, Praxinoskop, Phenakistiskop, Diorama, Stereoskop und Formen stationärer oder animierter Panoramen eine Veränderung der räumlichen und zeitlichen Wahrnehmung erzeugten und damit frühe Beispiele der von BRUNO beschriebenen Verlagerung von öffentlichen Räumen darstellen.

führungen zu medialen Wirklichkeitskonstruktionen bereits angesprochen worden (vgl. Abschnitt 4.2.1) und bildet die Grundlage für die Medienanalysen der *cultural studies*, deren auf die Aneignungspraktiken von Rezipienten gerichtete Ansätze eine wesentliche Grundlage für die Rezipienteninterviews im Rahmen der vorliegenden Arbeit darstellen (siehe Abschnitt 7.2.2). Dagegen sind zum gegenwärtigen Zeitpunkt in der geographischen Medienforschung nur einzelne Arbeiten vorgelegt worden, die sich theoretisch wie empirisch fundiert mit der Rezeption von Medieninhalten auseinandersetzen. So setzt sich ENGLAND (2004) mit der Darstellung eines innerstädtischen Gebietes in Vancouver in einem von der örtlichen Polizei produzierten Dokumentarfilm auseinander und vergleicht die filmische Charakterisierung mit den Raumvorstellungen von amerikanischen Ureinwohnerinnen, die im betreffenden Gebiet leben. Die zumeist ablehnende direkte Reaktion auf den Dokumentarfilm wird in Gruppengesprächen festgehalten, während weiterführende Diskussionen über das Verhältnis zwischen Polizeioffizieren und den betroffenen Frauen in Tiefeninterviews geführt werden. Damit nähert sich ENGLAND der Frage, wie Bewohnerinnen eines filmisch präsentierten Raumes die Botschaften des Films aufnehmen, sich ihnen widersetzen und mit den materialisierten Konsequenzen der Repräsentationen in dem alltäglichen Aufeinandertreffen mit Vertretern der Polizei umgehen (2004, S. 296, 314ff).

Im deutschen Kontext ist besonders auf die Arbeiten von HÖRSCHELMANN (1997, 2001, 2002) hinzuweisen, die sich mit der Darstellung des deutschen Ost-West-Gegensatzes in Fernsehbeiträgen auseinandersetzt und neben einer Analyse von Medieninhalten auch die durch die Transformation der Medienindustrie gewandelten Produktionskontexte sowie die Rezeption von medialen Darstellungen des ehemaligen deutschen Ostens und der Wiedervereinigung beachtet. Sie erwähnt als Ausgangspunkt ihrer Untersuchungen die Ansätze der britischen *cultural studies* zur Medienrezeption (2001, S. 190f) und verwendet insbesondere die von HALL (1980a) entwickelte Unterscheidung zwischen verschiedenen Rezeptionspositionen (siehe Abschnitt 7.2.2), um aufzuzeigen, inwieweit Mediennutzer in Ost und West die Fernsehdarstellungen des Ostens bzw. Westens akzeptieren oder eine kritische Gegenposition zu den Medieninhalten entwickeln. Dabei setzt HÖRSCHELMANN (2001, S. 191) verschiedene Methoden der Rezeptionsanalyse ein: einen kurzen halbstandardisierten Fragebogen zur Mediennutzung, Tagebuchaufzeichnungen zu Mediennutzung und –bewertung und eine Reihe qualitativer Einzel- und Gruppeninterviews. Sie kommt zu dem Schluss, dass bei den ostdeutschen Untersuchungsteilnehmern eine kritische Rezeptionsposition überwiegt, die die mediale Präsentation des ehemaligen Ostens als einseitige Generalisierungen kritisiert und eine differenziertere Betrachtung der lebensweltlichen Verhältnisse in der ehemaligen DDR fordert. Der wahrgenommenen Marginalisierung kollektiver ostdeutscher Erfahrungen und der einseitigen moralischen Positionierung der Medieninhalte treten die Mediennutzer in HÖRSCHELMANNS Arbeit weitgehend kritisch gegenüber, wodurch die Medienrezeption zu einem Mechanismus der Selbstzuschreibung mit einer alternativen Identität wird.

Es kann jedoch insgesamt angesichts der Diskrepanz zwischen der Anzahl an Medienuntersuchungen in der Geographie und der Zahl der speziell rezeptiven Prozessen gewidmeten Arbeiten festgestellt werden, dass die Aneignung von Medieninhalten bislang allenfalls rudimentär als geographischer Forschungsgegenstand entdeckt und in einem der Bedeutung des Rezeptionsvorganges entsprechenden Ausmaß bearbeitet worden ist. Dies gilt auch für die im folgenden Abschnitt detaillierter dargestellten geographischen Untersuchungen zum Medium Spielfilm. Nicht zuletzt mag eine Ursache hierfür in den methodologischen Inkompatibilitäten liegen, die zwischen der Geographie und Disziplinen bestehen, die sich mit den Wirkungen von Medien auf individuelle oder kollektive Rezipienten beschäftigen: der allgemeinen und der Medienpsychologie sowie literaturwissenschaftlich inspirierten Ansätzen der Rezeptionsforschung. Jedoch können mit sozialwissenschaftlich fundierten Methoden, die in der Aneignungsforschung der *cultural studies* oder den erwähnten Arbeiten von ENGLAND (2004) oder HÖRSCHELMANN (1997, 2001) verwendet wurden, auch aus geographischer Perspektive die Prozesse der Medienrezeption zugänglich gemacht werden. Damit kann ein Beitrag zu der bereits 1990 von BURGESS (1990, S. 155) erhobenen Forderung geleistet werden, die Geographie möge als Teil ihrer Forschungsagenda zu Medienthemen den alltäglichen Prozessen des Medienkonsums und der Interpretationen medialer Botschaften im alltäglichen Leben mehr Beachtung schenken.

5.4. BESTANDSAUFNAHME ZUR GEOGRAPHISCHEN FILMFORSCHUNG

> Vom Augenblick an, da die ersten Bewegungsbilder durch ‚Varietees' in die Öffentlichkeit drangen, hat man daran begeisterte Hoffnungen für die Verbreitung der Kenntnis der Erde und der Freude an ihr geknüpft; von da an haben alle wohlwollenden Förderer immer wieder auf große Naturaufnahmen als Höchstleistung dieser Technik hingewiesen; und die ganze Bewegung zur Hebung und Wiederberichtigung des Kinos, besonders auch die, die es für Schule und Volksbildung nutzbar machen wollen, kommen immer wieder auf ‚Kino und Erdkunde' als Kern- und praktischen Ausgangspunkt zurück. Nichts entzückt jedermann so und erscheint jedem als die ureigenste Aufgabe der Bewegungsbilderkunst als die Wiedergabe von Landschaften und allem, was sich darin bewegt.
> HÄFKER 1914, S. 3

5.4.1. Etablierung von „Film" als Thema der Geographie

Das besondere Verhältnis zwischen Geographie und Film ist, wie das einleitende Zitat von HÄFKER illustriert, bereits kurz nach der Einführung des Mediums intensiv thematisiert worden: Als Teil der Kinoreform-Bewegung, die das neuartige

Medium Film im Vergleich zu dem bestehenden Kunst- und Kultursystem kritisch einschätzte und zu einer „Hebung" über die Ebene des „Schundkinos" hinaus beitragen wollte, ist HÄFKER (1913, 1914) der Auffassung, dass die Fähigkeit zur authentischen Fixierung bewegter Landschaftsbilder einen für die Fachwissenschaft und Didaktik äußerst wertvollen Beitrag des Mediums Film ermöglicht, falls die Wissenschaft selbst die Kontrolle über die Produktion solchen Materials leisten würde (HÄFKER 1914, S. 54). Diese Vorstellung vom geographischen Fachwissenschaftler als Produzenten länderkundlicher und fachthematischer Lehrfilme verweist auf den von ROSE (2003) fast ein Jahrhundert später erneut angemahnten kritischen Umgang der Geographie mit visuellen Materialien als „Belegen" bzw. „Illustrationen" im Fachdiskurs (vgl. Abschnitt 5.2). In der Folgezeit jedoch ist das Thema Film in der Geographie weitgehend nicht berücksichtigt worden und erst im Verlauf der 1980er Jahre wieder im englischen Sprachraum auf der Forschungsagenda aufgetaucht (vgl. hierzu BURGESS/GOLD 1985a, S. 5f, KENNEDY/LUKINBEAL 1997, S. 33f). Für die deutschsprachige Geographie weisen ZIMMERMANN/ESCHER (2005b, S. 265) darauf hin, dass bereits im Jahr 1952 der spätere Geograph WIRTH in seiner soziologischen Dissertation „Stoffprobleme des Films" behandelt und dabei mit der filmischen Verwendung unterschiedlichster und häufig wechselnder Räume ein geographisch relevantes Charakteristikum des Mediums Film anspricht (WIRTH 1952, S. 172). Auch hier findet sich die Gegenüberstellung von „Film und Wahrheit", wenn WIRTH (1952, S. 209) feststellt: „Die allermeisten Filme zeigen zwar die verschiedensten und teilweise ausgefallensten Milieus, aber fast nie zeigen sie diese korrekt." Anders als Filme, „in denen die Mädchen eines ganz unberührten Südseestammes plötzlich Broadway-Bauchtänze zum besten geben", soll Film für WIRTH (1952, S. 212) nach der größtmöglichen Umsetzung seines eigentlichen Wesens streben, der unmittelbaren Wiedergabe der Wirklichkeit: „Der Film soll wahr sein. Die Illusion des Films, einen Einblick in reale Ereignisse, ein Bild von realen Dingen zu geben, darf nicht reine Illusion, also Täuschung sein. Immer muß der Film auch wirkliche oder mögliche Wirklichkeit geben." Eine weitere Beschäftigung mit der Thematik durch WIRTH oder eine Rezeption in der geographischen Fachöffentlichkeit ist jedoch ausgeblieben.

Mit dem Sammelband *Geography, The Media and Popular Culture* von BURGESS/GOLD (1985b) setzt Mitte der 1980er Jahre eine verstärkte Auseinandersetzung mit Themen der Populärkultur ein, die sich anders als die Vorläufer der humanistischen Geographie weniger mit Literatur und diversen „gehobenen" Kunstformen, sondern mit den alltäglichen Massenmedien Fernsehen, Film und Printmedien beschäftigten. Mit *Place Images in Media* beschäftigen sich die Beiträge eines weiteren frühen Sammelbandes (ZONN 1990), in dessen breitem Themenspektrum neben Photographien der New Yorker Skyline (DOMOSH 1990), narrativen Charakterisierungen von ländlichen und urbanen Räumen (JAKLE 1990, MONK/NORWOOD 1990) oder Vermarktungsimages von Regionen (RYAN 1990) sowie der Werbung für suburbanes Leben (GOLD/GOLD 1990) auch mit dem Beitrag von JENKINS (1990) die Schaffung eines dokumentarischen Filmporträts von China analysiert und als Ergebnis von bewussten Entscheidungen der Filmschaffenden über eine narrative Inszenierung diskutiert wird. Nach den relativ breit gehaltenen Übersichten über geographische Zugänge zu Medien und Populärkultur ist seit der Veröffentlichung von *Place, Power, Situation, and Spectacle – A Geography of Film* (AITKEN/ZONN 1994b) eine verstärkte Konzentration auf das Medium Film zu beobachten. Innerhalb dieser Thematik ist mit Werken wie dem von CLARKE (1997b) herausgegebenen *The Cinematic City*, CRESSWELL/DIXONS (2002b) *Engaging Film – Geographies of Mobility and Identity* oder dem Band *Lost in Space – Geographies of Science Fiction* von KITCHIN/KNEALE (2002) zum einen eine deutliche Schwerpunktsetzung auf geographisch besonders relevante Fragen wie die filmische Darstellung bestimmter Räume – v.a. von Städten –, die Inszenierungen künftiger Welten oder die filmische Konstruktion von Identitäten festzustellen. Die große thematische wie konzeptionelle Breite geographischer Filmforschung lässt sich über diese Schwerpunkte hinaus an der Auflistung der „üblichen Verdächtigen" geographischer Filmthemen (DOEL/CLARKE 2002, S. 69) ablesen:

> [N]ational cinemas, places of production, contexts of reception, commodity chains, Hollywood and Bollywood, home movies and closed-circuit television, cinematic cities, representations of place and space, moral geographies and imperial citizenship, genres of social geography; propaganda and pornography, modernity and postmodernity, consumer society and surveillance society.

Auch die bisherigen Ansätze, mit denen Film als Untersuchungsthema in der Geographie im deutschen Sprachraum verankert wurde, lassen sich innerhalb des von DOEL/CLARKE genannten Spektrums verorten: ESCHER/ZIMMERMANN (2001) widmen sich der Frage, in welchen Funktionen Landschaften in Filmen verwendet werden und wie über diese zentrale Untersuchungskategorie der Geographie der Kontakt „Geography meets Hollywood" begründet werden kann. Weitere deutschsprachige Arbeiten beschäftigen sich mit der filmischen Konstruktion von Stadtdarstellungen – so z.B. „Cinematic Marrakech" (ZIMMERMANN/ESCHER 2005a), „Wie Hollywood Cairo erschafft" (ESCHER/ZIMMERMANN 2005) und die „Münsteraner Filmwelt" (BOLLHÖFER/STRÜVER 2005) – oder mit Drehorttourismus als einer speziellen Form filmischer Wirkungen auf das individuelle Handeln (ZIMMERMANN 2003, BOLLHÖFER 2003). In den folgenden Abschnitten werden theoretische Grundperspektiven auf den Zusammenhang von Film und Stadtraum aufgezeigt, die für die meisten der genannten geographischen Untersuchungen als implizite oder explizite Voraussetzung Geltung beanspruchen können. Zudem wird der Frage nachgegangen, welche analytischen Vorgehensweisen in der Geographie im zunächst fachfremden Umgang mit dem Medium Film gewählt werden und eine kurze Charakterisierung bisheriger Arbeitsschwerpunkte angestellt.

5.4.2. Theoretische Grundperspektive auf Film und (Stadt-)Raum

Zu Beginn ihrer theoretischen Einführung in eine Geographie der Populärmedien vermuten BURGESS/GOLD (1985a, S. 1), dass die Geographie bis dahin gerade aufgrund der alltäglichen Gewöhnlichkeit von Fernsehen, Radio, Zeitungen, Belletristik, Film und Popmusik ihren Einfluss auf die Raumbezüge von Individuen unterschätzt hat. Für ihre gegenläufige Position, dass derartige Populärmedien „as part of people's geography 'threaded into the fabric of daily life with deep taproots into the well-springs of popular consciousness'" seien, dienen den Autoren HARVEYS Überlegungen zur Geographie in der Postmoderne als Beleg (HARVEY 1984, S. 7, vgl. HARVEY 1989). In ähnlicher Weise identifizieren KENNEDY/LUKINBEAL (1997, S. 33f) fünf Faktoren, die zu einer relativ späten geographischen Auseinandersetzung mit Filmen beigetragen haben:

1. In der behavioristischen Wahrnehmungsgeographie ist eine nahezu ausschließliche Fokussierung auf die lebensweltliche Wahrnehmung des räumlichen Umfeldes gegeben (vgl. Abschnitt 3.1).
2. Literarisches Material wurde, insbesondere durch die humanistische Geographie, in der Auseinandersetzung mit geographischen Imaginationen als bevorzugtes Medium untersucht. TUAN (1976, 1977) betrachtet Literatur (im Sinne von landläufigen Erzählungen, Folklore, Lyrik etc.) als Ausdrucksform von „unvollständigen Erfahrungen" („*inchoate experiences*"), die im alltäglichen Leben nicht ausgedrückt werden. Vielmehr ist es die Literatur, die anderweitig verborgen bleibendes ins Bewusstsein ruft und somit zu einer ergänzenden Ausdrucksform alltäglicher (räumlicher) Erfahrung wird (vgl. BUNKŠE 2004).
3. Neben der Trennung zwischen „hoher Kultur" und „Populärkultur", wobei letztere als unauthentische und zu vernachlässigende Kategorie angesehen wird (vgl. BURGESS/GOLD 1985a, S. 15; z.B. in RELPH 1976), fungiert auch die Ansicht, Film stelle lediglich ein Wirtschaftsgut der Unterhaltungsindustrie dar, als Argument für eine geringe Beachtung dieses Mediums.
4. Anders als das allgemeine Verständnis eines Films durch einen Zuschauer, das eine globale Fähigkeit für jeden, „der nur ein wenig intelligent und mehr als vier Jahre alt ist" (MONACO ⁴2002, S. 12), darzustellen scheint, ist ein wissenschaftlich-analytischer Zugang zu filmischen Aussagen komplexer und eine für Geographen fachfremde Materie.
5. Zudem ist die Verbindung zwischen filmischen Darstellungen und ihren Auswirkungen auf das räumliche Handeln bzw. die dargestellten Orte theoretisch wie empirisch schwer zu erfassen. Mit diesem Hinderungsgrund für die geographische Filmforschung benennen KENNEDY/LUKINBEAL die anhand von Abbildung 1 illustrierte Wechselwirkung zwischen Film und Stadt-Leben, die die grundlegende Fragestellung der vorliegenden Untersuchung bildet. Für den Aufschwung geographischen Interesses am Medium Film ist seit Mitte der 1980er Jahre eine Vorstellung dieser Wechselbeziehung mitverantwortlich, die die Verbindungen zwischen „Repräsentation" und „Realwelt" als enge gegenseitige Abhängigkeit statt als kategorisierende Trennung auffasst.

Ein neuartiges Verständnis von „Repräsentationen" und „Realität" wurde bereits im Bezug auf die Überlegungen der diskursorientierten geographischen Medienforschung thematisiert. Auch für den Teilbereich der geographischen Filmforschung ist neben einer Akzeptanz von Populärkultur als zentralem Einflussfaktor auf das alltägliche Leben eine Neukonzeption des Verhältnisses von „Realität" und „Repräsentation" die zentrale theoretische Fundierung, wobei das klassische Abhängigkeitsverhältnis, in dem Repräsentationen als verzerrte Ableitungen aus vorangestellten objektiven Tatsachen erscheinen (vgl. Downs' Wahrnehmungsschema, Abbildung 6), einem gleichberechtigten oder sogar umgekehrten Machtverhältnis weicht. Jones/Natter (1999, S. 243) weisen auf eine dialektische Wechselbeziehung zwischen Repräsentation und alltäglich gelebter Räumlichkeit hin, in der sowohl Repräsentationen als auch die Konstitution von sozialer und die Interpretation von materieller Wirklichkeit als Ergebnisse von Produktionsprozessen aufgefasst werden: „[…] what on the one hand is regarded as 'material' space has almost certainly been made possible by and is interpreted through representations. In turn, representations such as 'texts' and 'images' are materializations of social relations embedded within particular social spaces of production and reception." Sowohl Repräsentationen als auch „Räume" im Sinn von mittels Bedeutungszuschreibungen aufgeladenen, gleichsam interpretierend konstituierten Lokalitäten können demnach als Ergebnisse sozialer Aushandlungs- und Produktionsprozesse und zugleich als Mittel und Rahmenbedingungen für die kontinuierliche Produktion und Reproduktion von sozialen Beziehungen gesehen werden: „[…] as meaningful significations of social life, both spaces and representations continually restructure thought and action, and, as a consequence, have the capacity to reconfigure the web of social power itself" (Jones/Natter 1999, S. 243).

Mittels der Vorstellung einer Auflösung der Dichotomie zwischen Realität und Repräsentation werden Filme ein zentraler Einflussfaktor für die Ausbildung von *„imaginative geographies"*, den Verknüpfungen von Raum, Wissen und Macht in der Bedeutungsdefinition bestimmter Räume (Gregory 1994, 1995). Seit der grundlegenden Auseinandersetzung Saids (1978) mit der eurozentrischen Konstruktion des „Orient" werden *imaginative geographies* insbesondere im Hinblick auf Konstruktionen des Eigenen in Abgrenzung von Fremdem und für die Ausbildung von Identitäten diskutiert (vgl. Valentine 1999, Fleischmann 2005, S. 96f). Weniger als „bloße Bilder" oder als autarker Ausdruck eines künstlerischen Genius sind Filme zu verstehen, sondern vielmehr als in sozialen und räumlichen Kontexten kollektiv produzierte Darstellungen, als „temporary embodiment of social processes that continually construct and deconstruct the world as we know it" (Cresswell/Dixon 2002a, S. 3f). Filme werden zu einem Untersuchungsgegenstand der Geographie in ihrer Funktion, kulturelle Normen, soziale und politische Beziehungen, ideologische Positionen und ethische Grundsätze einer Gesellschaft zu reflektieren und dies explizit mit der Produktion und Reproduktion der physischen Umwelt in Verbindung zu setzen (vgl. Aitken/Zonn 1994a, S. 5). Dabei ist ein Verständnis von filmischen Räumen entscheidend, das zwischen dem mechanischen Filmraum – dem in einem einzelnen Kamerabild festgehaltenen dreidimensionalen Anordnungsraum der Filmhandlung – und einem narrativen Filmraum unterscheidet. Mit diesem auf die grundlegende Arbeit von Heath (1976) zurückgehenden Begriff wird auf den Bedeutungsraum eines Films verwiesen, auf eine im Verlauf des Sehens durch den Betrachter zusammengetragene räumliche Erzählung eines Films, die als narrativer Handlungsrahmen und nicht als bloßer mechanischer Umgebungsraum der handelnden Filmakteure verstanden wird (vgl. Winkler 1992, S. 89, Aitken/Zonn 1994a, S. 15ff). Der narrative oder diegetische – zur erzählten Handlung gehörende – Filmraum geht dabei insoweit über die Summe der gezeigten „mechanischen"

Filmräume hinaus, als der Betrachter eines Films, durch die narrativen Bedeutungsaufladungen angeregt, die räumlichen Filminhalte im Kontext weiterer kultureller und biographischer Aspekte dekodiert und damit eine komplexere Vorstellung von dem erzählten Filmraum entsteht. Der narrative Filmraum entsteht so als ein Ort, mit dem der Betrachter eine eigenständige und vielschichtige Geschichte und Geographie verknüpft, was für HEATH (1976, S. 85) im Gegensatz zur statischen Umrahmung eines Theaterstückes im Film gerade durch die dynamische Abfolge unterschiedlicher Handlungsräume ermöglicht wird.

Da jedoch auch die medial inszenierten „Real"-Räume ihrerseits weitestgehend erst durch individuelle und kollektive Bedeutungszuschreibungen konstituiert und erfassbar gemacht werden, birgt der Begriff der „Repräsentation" in sich die Gefahr einer Missdeutung der Raum-Film-Beziehungen: Filmen und allen anderen „Repräsentationen" steht demnach kein essentialistisch aufzufassender Gegenpol einer fixierten „Realität" gegenüber, der in Form einer interpretierenden Aufzeichnung filmisch festgehalten werden könnte. Der fortdauernde Prozess der Interpretation von und Bedeutungszuweisung zu „Räumen" wird in der Produktion eines Films von einem Kollektiv von Akteuren aufgegriffen, selektiert und interpretiert und als zeitlich, räumlich, sozial und kulturell klar positionierte Momentaufnahme in Form der filmischen Inszenierung von Räumen wiedergegeben. Die inszenierten Filmräume wiederum erhalten ihre Bedeutung erst in den kontextabhängigen Prozessen der rezeptiven Aneignung durch einen Betrachter. Für die Vorgänge der Filmproduktion und Filmrezeption kann aus dieser Perspektive ein Verhältnis von „Real" zu „Medial" formuliert werden, das auf DOELS (1999, S. 11) Charakterisierung der Geographie basiert: „[…] geography, like any other activity, has nothing whatsoever to do with representation, least of all the so-called 'crisis' of representation. Geography is an act, an event, a happening. It is evaluated not according to its degree of correspondence, coherence, or integrity, but according to how it affects and is affected by other events." Diese Vorstellung kann nun sowohl auf den Prozess der Filmproduktion als auch auf das Film-Sehen und seine Auswirkungen übertragen werden. Filme werden so von Repräsentationen einer vorgegebenen Realität zu Präsentationen einer Inszenierung, was letztendlich selbst für den einfachsten Fall gilt, in dem eine Filmkamera in einer menschenleeren Umgebung – z.B. einer städtischen Straße – steht und sie filmt: Wie DOEL in einer Diskussionsbemerkung während des Mainzer Symposiums „The Geography of Cinema – a cinematic World" nahezu sophistisch formulierte, ist eine Straße *mit* Filmkamera etwas anderes als dieselbe Straße *ohne* Filmkamera – eine andere raum-zeitliche Konfiguration, ein anderes „Event" mit grundlegend anderen Akteuren und Bedeutungen, die dem Straßenraum zugeschrieben werden. In die Terminologie WEICHHARTS übertragen lässt sich dieser Gegensatz als der Unterschied zwischen dem alltäglichen *action setting* Straße und dem filmwirtschaftlichen Setting „Drehort" auffassen, die durch divergierende Akteure und Programme bei gleicher materieller Umgebung gekennzeichnet sind.

Wird ein derartiges Verständnis von der Produktion filmischer Abbildungen von in sich wiederum „konstruierten" Räumen angewandt, so kann auch die in der Geographie bereits früh thematisierte Stellung von Dokumentarfilmen als didaktischem Hilfsmittel wegen ihrer Fähigkeit zur „neutralen" Wirklichkeitsabbildung neu beleuchtet werden (vgl. das Zitat von HÄFKER in der Einleitung von Abschnitt 5.4). Die pädagogische Eignung von Dokumentarfilmen wurde in den 1950er Jahren intensiv in der Geographie diskutiert und kann als Geburtsstunde geographischer Filmuntersuchungen gelten (KENNEDY/LUKINBEAL 1997, S. 41). Die zugrunde liegende Annahme, Dokumentarfilme seien nicht narrativ oder fiktional, sondern vielmehr objektive Darstellungen von Sachverhalten, kann jedoch weder im Hinblick auf die Produktionsmechanismen von Dokumentationen (vgl. JENKINS 1983, 1990; AITKEN 1994) noch mit Blick auf die Einflüsse der beteiligten Akteure aufrecht erhalten werden. Ein besonders deutliches Beispiel hierfür sind die persönlich-narrativen Dokumentationen von Michael MOORE wie *Roger & Me* (1989), *Bowling for Columbine* (2002), oder *Fahrenheit 9/11* (2004). Am Beispiel von *Roger & Me* demonstrieren NATTER/JONES (1993, S. 149f), dass nicht ein Fehlen an Objektivität, eine persönliche Verzerrung der dargestellten Sachverhalte das besondere Charakteristikum dieses Films sei, sondern vielmehr die explizite Angabe MOORES über seine ideologischen Standpunkte, die in den Film einfließen:

> [...] all films, documentary or otherwise, are constructions, and thus involve choices at every level [...]. The promise of film simply capturing or mirroring what occurs in the world without the intrusion of 'subjectivity' [...] is illusionary. Even a hypothetical single camera recording a single place without temporal interruptions, is after all, a positioned camera, thus producing a particular frame, and not another, at a particular place and at a particular time. [...] The 'reality effect' of the documentary is, as with fiction film, the outcome of a set of successfully performed narrative conventions. [...] we could offer that the film fulfills the dictionary definition of objectivity even more than any supposedly factual documentary account hiding behind the guise of objectivity might claim [...], since Moore explicitly incorporates his perspective of the events into the structure of the film.

In ähnlicher Weise, in der DOEL den Terminus der „Repräsentation" kritisch betrachtet, hinterfragen GEBHARDT et al. mit dem Begriff der *„hyperreality"* (Hyperrealität) einen Schlüsselbegriff der anglo-amerikanischen Postmoderne-Debatten. Mit dem erkenntnistheoretischen Argument, dass „alles in Sprache aufgehoben" sei, lehnen GEBHARDT et al. (2003a, S. 13) das Konzept der Hyperrealität ab, das ihrer Ansicht nach wiederum die Existenz einer bestimmten Realität unterstellt und eher als „sehr geschickter Diskurs zu begreifen [sei], der das gesellschaftliche Gefühl eines ‚Verlustes der guten alten Zeit' zu kanalisieren versteht." Wenngleich dieser Befund zutreffend ist, so sind doch in den Diskussionen um eine postmoderne Entwicklungsstufe von Gesellschaft und Stadt weitere wesentliche Ansatzpunkte für die Beziehungen zwischen Film, Stadt und Raum zu finden. Der auf BAUDRILLARD (1981) zurückgehende Terminus „Hyperrealität" kennzeichnet entgegen dem ersten Verständnis keine neue ontologische Entität einer „gewandelten Realität", sondern verweist auf die bereits diskutierte Beschleunigung in der Konfiguration und im Wandel von Raum-Zeit-Konstellationen und auf die zunehmenden Einflüsse medialer Darstellungen für lebensweltliche räumliche Aktivitäten (vgl. SOJA 2000, S. 326ff). Das Verschmelzen von Medialem und Materiellem findet dabei seine ultimative Ausprägung in einer Welt, in der Kopien und Abbilder von nicht existierenden Originalen die kollektiven wie individuellen Raumvorstellungen prägen

– die Welt wird zum Simulacrum (vgl. JAMESON 1984, S. 66). Sowohl die architektonischen *hyperspaces* der Postmoderne – in sich geschlossene und einer neuen Kultur der Oberflächlichkeit Ausdruck verleihende Fassadenwelten, die JAMESON (1984, S. 80ff) am Beispiel des Bonaventure Hotels in Los Angeles illustriert – als auch die virtuell-medialen Hyperrealitäten sind für JAMESON (1995, S. 38f) eine Herausforderung, da die Wahrnehmungs- und Deutungsmuster der modernen Epoche mit dem Übergang in die Postmoderne größtenteils außer Wert gesetzt worden sind. In diesem postmodernen Hyperspace sind es insbesondere Filme und andere populäre audiovisuelle Medien, die die Funktion von kollektiven kognitiven Karten übernommen haben (vgl. JAMESON 1984, 1988, 1992) oder die, in BRUNOS (2002, S. 8) Formulierung, als eine „social cartography of meaning creation and identity formation" fungieren (vgl. LUKINBEAL 2004a, S. 247).

In den postmodernen Diskursen zur medialen Durchdringung des alltäglichen Lebens sind es primär städtische Umwelten und das Medium Film, die im Kontext der US-amerikanischen Gesellschaft der 1980er Jahre diskutiert werden. Doch auch angesichts der steigenden Bedeutung des Internets als nächster medialer Generation ist der Nexus zwischen Film und Stadt eine wesentliche Zugangsachse zu geographischen Untersuchungen zu Filmen. Durch das Kino als Seh-Erlebnis wir die genuin moderne städtische Erfahrung des *„flâneurs"*, des mobilen Betrachters, der die anonyme Welt großstädtischen Lebens primär durch individuell zentrierte ästhetische Betrachtung auf sich bezieht (CLARKE 1997a), zu einer kulturellen Konstante des 20. Jahrhunderts, die neue Formen der Stadtwahrnehmung hervorbringt. Dass die neuartigen Formen von Stadtwahrnehmung und städtischer Öffentlichkeit emanzipatorischen Charakter haben können, indem sie bislang ausgeschlossenen Akteuren (und insbesondere Akteurinnen) einen Zugang zu den filmischen „öffentlichen Räumen" ermöglichen, demonstriert BRUNO (1993, vgl. auch BRUNO 1997) am Beispiel der neapolitanischen Filmemacherin Elvira NOTARI und ihrer städtischen Inszenierungen aus den ersten Jahrzehnten des 20. Jahrhunderts. Weniger als emanzipatorisches Element, sondern vielmehr als kritikwürdige Täuschungsmaschinerie werden die Medien dagegen von BAUDRILLARD konzipiert (siehe Abschnitt 7.2.1), dessen europäisch-amerikanischer Vergleich zum Verhältnis von Kunst und Stadt als Begründung von Stadt-Film-Untersuchungen oft herangezogen wird (vgl. CLARKE 1997a, S. 1). So wie eine italienische oder niederländische Stadt beim Verlassen einer Galerie so erscheinen kann, als sei die städtische Umgebung gleichsam ihren bildlichen Darstellungen entsprungen, so verhält es sich für BAUDRILLARD (1988, S. 56) auch mit Filmen und der US-amerikanischen Stadt: „The American city seems to have stepped right out of the movies. […] To grasp its secrets, you should not, then, begin with the city and move inwards towards the screen; you should begin with the screen and move outwards towards the city."

Die mittlerweile 20 Jahre alte Aufforderung von BAUDRILLARD wird in zunehmendem Maße in der Geographie sowie in den Filmwissenschaften aufgenommen, wobei die überwiegende Mehrzahl der Arbeiten das „begin with the screen" berücksichtigt und sich intensiv mit den Inszenierungen von Räumlichkeiten in Filmen auseinandersetzt. Der Brückenschlag „to move outwards towards the city" ist dagegen zwar theoretisch klar positioniert – als wechselseitige Beeinflussung von medialen Inszenierungen und subjektiven und kollektiven Bedeutungszuschreibungen, in WEICHHARTS Worten zur Generierung von Räumen$_{1e}$ –, stellt jedoch ein empirisch nur rudimentär bearbeitetes Teilgebiet einer Filmgeographie dar. Von daher kann dem von DEAR (2000a, S. 210f) gezogenen Fazit auch heute noch Gültigkeit zugesprochen werden, dass die Koordinaten des real-medialen Hyperraumes der Postmoderne noch nicht mit Sicherheit festgelegt und wissenschaftlich aufzuarbeiten sind:

> [...] our geographies have radically shifted: from sidewalk into traffic; from car to screen; from arcade to inside your head; from stasis to speed [...] The conflation between material and virtual worlds, between spaces of the screen and spaces of the street, is part of the postmodern condition that we are only now confronting [...] This material/virtual world is what postmodern hyperspace is. And, Jameson was right, we cannot yet ascertain its coordinates.

5.4.3. Schwerpunkte bisheriger Arbeiten

Unter den bisherigen geographischen Untersuchungen zum Themenfeld „Film" bilden „Filmstädte" einen besonderen Schwerpunkt (vgl. CLARKE 1997b). Bereits in den 1980er Jahren hat GOLD (1984) eine erste Bibliographie zu diesem Thema vorgelegt und zudem mit der filmischen Inszenierung städtischer Zukünfte ein zentrales Topos der Filmstadt eingeführt. Als Ausgangspunkt für seine Überlegungen dient GOLD (1985) LANGS *Metropolis* von 1927 (vgl. Abbildung 14), der zusammen mit RUTTMANNS *Berlin – Symphonie einer Großstadt* (1927, vgl. NATTER 1994) zu den Meisterwerken der frühen deutschen Stadtfilme zählt. LANGS von New York inspirierte futuristische Filmarchitektur – ein „Laboratorium moderner Architektur" (JACOBSEN/SUDENDORF 2000) – fungiert als fortdauernde Inspiration für so unterschiedliche Werke wie SCOTTS *Blade Runner* (1982), BESSONS *Das fünfte Element* (1997) oder die Stadtlandschaft von „*New New York*" in der Zeichentrickserie *Futurama* (GROENING/COHEN 1999–2002). Zum Produktionszeitpunkt stellte Langs „*city of towers*" eine Zukunftsvision dar, die mit vielen anderen Science-Fiction-Darstellungen von Städten darin übereinstimmt, dass sie einen erheblichen Maßstabssprung städtischer Dimensionen und technologischer Möglichkeiten demonstriert und zugleich eine visionäre Aussage über die künftigen sozialen Verhältnisse in Städten enthält.[25]

---

[25] Eine vollkommen andere, wenngleich ebenfalls auf die künftige Entwicklung von Städten fokussierte Dimension der Kontrolle von Stadträumen thematisiert GOLD (GOLD/WARD 1994, 1997, GOLD 2002) mit seinen Arbeiten über die Darstellung von Stadtplanungs- und Entwicklungsprozessen in Dokumentar- und Spielfilmen. Die insbesondere in Filmen über die Entwicklung der britischen „*new towns*" offenkundige Propagierung städtebaulicher Leitbilder im Dokumentargenre führt auch hier zur Ablehnung der Vorstellung, Dokumentarfilme würden eine neutrale Beobachterperspektive einnehmen.

Abb. 14: Metropolen der Zukunft

Verkehrsader mit Blick auf den Neuen Turm Babel   Tricktableau Morgendämmerung

Quelle: SCHWEITZER 2000, S. 79, 84

Während die räumliche Botschaft in LANGS *Metropolis* von der romantischen Utopie einer Erlösung der gesichtslosen Massen des Proletariats dominiert wird, fokussieren viele Arbeiten zu filmischen Stadtvisionen auf das Zusammenspiel von architektonischen Zukunftsbildern und „dystopischen" Vorstellungen von künftigen Stadtgesellschaften. Filme wie *Blade Runner*, *The Matrix* (WACHOWSKI/WACHOWSKI 1999), oder *Escape from New York* (dt. *Die Klapperschlange*, CARPENTER 1981) verknüpfen städtische Räume, deren architektonische Gestaltung von der Dualität zwischen den die düstere Macht absoluter Herrscher ausdrückenden Megastrukturen in der Tradition von *Metropolis* und verkommenen Slums der Ausgebeuteten, Unterdrückten und Kriminellen geprägt ist, mit Visionen totalitärer Regime und gewaltsamer Konflikte, durch die die düsteren Stadträume Dystopias kontrolliert werden (vgl. DOEL/CLARKE 1997, NUNN 2001, KNEALE/KITCHIN 2002).

Zu einer primär anti-urbanen Inszenierung von Spannungen, Gewalt und Zerstörung haben auch eher action-orientierte Science-Fiction-Filme beigetragen, wie z.B. *Independence Day* (EMMERICH 1995), *The Day after Tomorrow* (EMMERICH 2004) oder *Armageddon* (BAY 1998), in denen die Zerstörung von Metropolen wie New York den Auslöser für heroische und action-geladene Rettungstaten bildet. Darüber hinaus haben insbesondere die negativen Stadtporträts des *film noir*, der Gangster- und Detektivstories der 1940er und frühen 1950er Jahre (vgl. CHRISTOPHER 1997, KRUTNIK 1997, DIMENDBERG 2004), oder die „*urban confidential*"-Filme der 1950er Jahre wesentliche Facetten einer negativen filmischen Stadtdarstellung geliefert. Als *urban confidential* (vertraulich) bezeichnet STRAW (1997) eine Serie von Stadtfilmen, die in der Darstellung von fiktiven Verbrechen den Anschein erwecken wollten, gleichsam als städtische Aufklärungs- oder Enthüllungsfilme dem Zuschauer vertrauliche Einsichten in das tatsächliche Innenleben der US-Metropolen zu geben.[26] Angesichts der Vielzahl filmischer Stadtdarstellungen, die auf die negativen Erscheinungsformen und Auswirkungen städtischen Lebens abzielen, kommt KIRBY (2005) zu dem Fazit, dass ein genereller „anti-urban bias within popular culture" auszumachen sei, den Filme nachdrücklich unterstützt und damit den Normen und Wertvorstellungen der amerikanischen Konsumgesellschaft, inklusive ihres suburbanen Lebensraum-Ideals, maßgeblichen Vorschub geleistet hätten:

> The city proper is often a place of deviance at best [...] typified by [...] the sordid realities that result from high-density living – as in *Rear Window* – or savage crime, at worst (*Taxi Driver*). It is a complex place with complicated conflicts, as in *West Side Story*. Or it is the manifestation of evil, and the larger the city, the more likely it is that it is hell on earth; [...] whenever Hollywood wants to portray definitive catastrophe, it involves the destruction of New York.

Wenngleich diese Interpretation von KIRBY sicherlich etwas zu einseitig ausfällt – z.B. in der Deutung von HITCHCOCKS *Fenster zum Hof* (*Rear Window*, 1954) als Ausdruck bedrückender großstädtischer Bevölkerungsdichte – so lässt sich doch eine Spiegelung gesellschaftlich verbreiteter anti-urbaner Ressentiments in vielen filmischen Inszenierungen der Metropolen der Moderne und Postmoderne nachzeichnen. LAPSLEY (1997, S. 195) betont, dass die vorherrschende filmische Stadt-Inszenierung so angelegt ist, den lebensfeindlichen Stadträumen menschlichen Unglücks ein zumeist ländliches „Woanders" gegenüberzustellen, das als Ausweg oder Fluchtpunkt für die am Stadtleben zerbrechenden Charaktere dient. Auf eben diese Funktion verweisen auch AITKEN/LUKINBEAL (1998, S. 143, vgl. COHAN/HARK 1997) im Hinblick auf die ländlichen Straßen der „*road movies*", die den handelnden Filmcharakteren als Ausweg aus den Konflikten der Großstadt erscheinen. Interessanterweise nennt KIRBY als eines der selten anzufindenden Gegenbeispiele der positiven bzw. romantisierenden Darstellung urbanen Lebens den Film *Manhattan* von Woody ALLEN (1979), der auch in der vorliegenden Arbeit Gegenstand einer ausführlichen Filminterpretation ist (siehe Abschnitt 8.5.1). Dabei steht zu erwarten, dass anstelle einer kategorischen Dualität von extrem positiven und extrem negativen Stadt-Charakterisierungen in *Manhattan* und anderen Beispielfilmen ein komplexeres Bedeutungsgeflecht entwickelt wird, das keine eindeutig gerichteten normativen Aussagen über städtisches Leben enthält.

In jüngerer Zeit sind neben den normativ aufgeladenen Stadtdarstellungen in dystopischen oder romantisierenden Narrativen auch die komplexen Inszenierungen der sich verändernden politischen, gesellschaftlichen und ökonomischen Stadtprozesse thematisiert worden. Wesentliche Entwicklungslinien des filmischen Umgangs mit städtischen Prozessen, die unter dem Schlagwort des Übergangs von modernen zu postmodernen Stadtgesellschaften erfasst werden, diskutieren EASTHOPE (1997) bzw. MAHONEY (1997). Letztere setzt sich am Beispiel des Thrillers

---

26 Die in Deutschland weitgehend unbekannten *urban confidential*-Filme, die mit geringen Budgets und teils mit Laienschauspielern realisiert wurden, bezeichnet STRAW (1997, S. 112) als „*noir* after the major studios, prestige stars and canonical directors have left." Als Beispiele bespricht er v.a. *New Orleans after Dark* (SLEDGE 1958), andere Titel sind z.B. *New York Confidential* (ROUSE 1955), *Las Vegas Shakedown* (SALKOW 1955), *The Houston Story* (CASTLE 1956) oder *Inside Detroit* (SEARS 1956).

Falling Down (SCHUMACHER 1993) mit den gesellschaftlichen Trennungslinien einer postmodernen Metropolis wie Los Angeles auseinander, mit denen der Protagonist des Films zunehmend in Konflikt gerät. Für die jüngere Auseinandersetzung mit medialen Inszenierungen von New York kann insbesondere auf die Beiträge von BALSHAW/KENNEDY (2000) und KENNEDY (2000) hingewiesen werden. Während aus BALSHAW/KENNEDY insbesondere der Aufsatz von BROOKER (2000) im Kontext der Rauminszenierung des Stadtteils Park Slope, Brooklyn, durch den Film *Smoke* von besonderem Interesse für die vorliegende Arbeit ist, setzt sich KENNEDY (2000) intensiv mit der Darstellung benachteiligter afro-amerikanischer Stadtviertel in Filmen einer neuen Generation farbiger Regisseure auseinander. Als ein dominanter Künstler des „*new black cinema*" gilt Spike LEE. Dessen Drama um jugendliche Dealer in Brooklyn (*Clockers*, LEE 1995) interpretiert KENNEDY (2000, S. 157ff) als Porträt eines gewalt- und drogendurchsetzten Ghettolebens, in dem die jugendlichen Protagonisten in einem Spannungsverhältnis stehen zwischen eigenständigen Entscheidungen und dem Mut zu Ehrlichkeit und Wahrheit und den strukturellen Gegebenheiten ihres städtischen Umfeldes – darunter primär den Verlockungen der Drogenhändler.

Neben der Auseinandersetzung mit filmischen Stadtbildern sind viele geographische Filmuntersuchungen in dem Themenfeld anzufinden, das bereits im Zusammenhang mit den theoretischen Überlegungen zu *imaginative geographies* angesprochen wurde. Als medialem Baustein von *imaginative geographies* betreiben Filme die Darstellung und Konstruktion von Identitäten, sei es nationaler, geschlechtlicher oder kultureller Art, von Grenzziehungen zwischen Eigen und Fremd und von filmischen Bedeutungszuweisungen zu „fremden" Orten (vgl. CRESSWELL/DIXON 2002b, LUKINBEAL 2004a). Die geographische Aufarbeitung der filmischen Darstellung von derartigen Identitätskonstrukten fokussiert dabei auf unterschiedlichste Maßstabsebenen, wobei auf der personenbezogenen Ebene die Konstitution von Geschlechtsverhältnissen und ihre Einbettung in spezifische räumliche Szenerien besondere Beachtung gefunden hat. So analysieren AITKEN und ZONN (1993, ZONN/AITKEN 1994) anhand von verschiedenen australischen Spielfilmen die geschlechtsspezifischen Verhältnisse von Männern und Frauen zu bestimmten australischen Landschaften; KENNEDY (1994) analysiert die sich wandelnde Beziehung des mythischen männlichen Helden *Lawrence von Arabien* (LEAN 1962) zu der Wüstenlandschaft, durch die die Persönlichkeit des Protagonisten ebenso wie unterschiedliche kulturelle Identitäten und aufeinander prallende politische Interessen zum Ausdruck kommen. Auch in den latent gewaltsamen Kontexten von Science-Fiction-Filmen (AITKEN/LUKINBEAL 1998, AITKEN 2002), dem Nordirland-Drama *The Crying Game* (JORDAN 1992, vgl. DAHLMANN 2002), dem „neuen Western" *The Last Picture Show* (BOGDANOVICH 1971, vgl. HOLMES et al. 2004) oder dem Porträt von urbanen Freizeitkämpfern in *Fight Club* (FINCHER 1999, vgl. CRAINE/AITKEN 2004) werden zumeist unter Anwendung psychoanalytisch inspirierter Methoden der Filminterpretation die in Handlung und räumlichem Setting eingebetteten Elemente, Ausdrucksformen und fortdauernde Neuaushandlung von Männlichkeits-Konstitutionen analysiert.

Während dabei primär die individuelle Ebene einzelner Filmcharaktere im Mittelpunkt steht, stellen auf einer zweiten aggregierten Maßstabsebene Untersuchungen zu der Darstellung kollektiver Identitäten und ihrer durch Abgrenzungen geleisteten Reproduktion einen zweiten wesentlichen Schwerpunkt der Konstrukte interpretierenden Filmforschung in der Geographie dar. So demonstriert z.B. SCHÖNFELD (2002) für einen weiteren Meilenstein des frühen deutschen Films – WIENES *Kabinett des Dr. Caligari* von 1920 –, wie die sich im Zuge der industriellen Großstadtentwicklung dramatischen Veränderungen hin zur Destabilisierung unterzogene Identitätsfindung moderner Stadtbürger ihren Ausdruck in neuartigen expressionistischen filmischen Darstellungsmitteln gefunden hat. Der Film weist städtischen Räumen in höchst ambivalenter Weise den Charakter eines gefährdenden Molochs zu, wenngleich sich die Filmemacher und ihre zeitgenössischen Rezipienten sehr wohl auch der kosmopolitanen Vielfalt und der Möglichkeiten der europäischen Metropolen der 1920er Jahre bewusst waren. SCHÖNFELD (2002, S. 185) attestiert *Dr. Caligari* ebenso wie LANGS Filmen *Dr. Mabuse, der Spieler* (1922) oder *Metropolis* (1927), dass im Filmerlebnis „the seductiveness and charisma of the urban Moloch" deutlich spürbar sei. In einer Reihe weiterer Beiträge stehen in ähnlicher Weise Identitätskonstruktionen innerhalb westlicher Gesellschaften des 20. Jahrhunderts im Mittelpunkt, die in zeitgenössischen Filmen aus den jeweiligen Ländern reflektiert werden – z.B. Klassenauseinandersetzungen in Großbritannien (BOWDEN 1994), die mit den Gegensätzen zwischen industrialisierten Großstädten und ländlichen Idyllen in Szene gesetzt werden, oder die gewalttätigen Auseinandersetzungen um die Aneignung städtischer Räume durch jugendliche Cliquen in COPPOLAS *The Outsiders* von 1983 (WOOD 1994).

Demgegenüber kann als eine dritte Maßstabsebene die Auseinandersetzung mit interkulturellen Zuschreibungen und Konstruktionen von Identitäten in Filmen festgehalten werden. Besonders große interkulturelle Distanzen thematisiert beispielsweise SMITH (2002), der die Produktion von kulturellen Identitäten in Flahertys *Nanook of the North* (1922, vgl. MANVELL 1956) untersucht und auf die im historischen Verlauf mehrfach veränderten Lesarten und die damit artikulierten Identitätszuschreibungen zu *Nanook* und dem Volk der Inuit hinweist. Ebenfalls mit einem indigenen Volk setzen sich ZONN/WINCHELL (2002) auseinander, die die Selbstzuschreibung einer zeitgenössischen indianischen Identität durch den (Drehbuch-) Autor Sherman ALEXIE in dem Film *Smoke Signals* (1998) diskutieren und als selbstironischen Gegenpol zu der in der euro-amerikanischen Kultur verwurzelten Vorstellung der Ureinwohner Amerikas interpretieren. Während die ironische Charakterisierung des Reservationslebens von Indianern ein in der US-amerikanischen Öffentlichkeit eher am Rande stehendes Thema darstellt, ist die von MAINS (2004) behandelte Frage, wie filmische Darstellungen der US-mexikanischen Grenze dazu beitragen, die latenten Ängste Einwanderern gegenüber und die abgrenzende Identitätssicherung der weißen Mehrheitsgesellschaft der USA in Form einer Projektion auf illegale Einwanderer zu „verkörperlichen", angesichts der Dynamik dieser interkulturellen Beziehung von größter Relevanz.

Eine interkulturelle Perspektive auf die Generierung von Raumbedeutungen ist auch Gegenstand der meisten bisher vorgelegten deutschsprachigen Arbeiten zum Thema Film, die sich mit der filmischen Inszenierung verschiedener Räume des Nahen Ostens und Nordafrikas auseinandersetzen (vgl. ESCHER/KOEBNER 2005a, 2005b, ESCHER/ZIMMERMANN 2005, ZIMMERMANN/ESCHER 2005a, 2005b). ESCHER und ZIMMERMANN diskutieren an den Beispielen Kairo (ESCHER/ZIMMERMANN 2005) und Marrakech (ZIMMERMANN/ESCHER 2005a) die Entstehung einer *„cinematic city"* durch die Darstellungen dieser Städte in europäischen, australischen und US-amerikanischen Spielfilmen. Dabei verstehen sie unter Rückgriff auf eine früher geführte Diskussion zu den möglichen Rollen von „Landschaft im Spielfilm" (ESCHER/ZIMMERMANN 2001) unter einer *cinematic city* eine Stadt, die über eine Funktion als „bloße Kulisse" oder „Location-Lieferant" hinaus kontinuierlich als „dramatische Figur und handlungsbestimmende Größe" eines Films genutzt wird (2005, S. 163). Wie diese Unterscheidung allerdings in der Beurteilung eines konkreten Films getroffen werden kann, darf als ein ungelöstes Problem einer derartigen Konzeption einer *cinematic city* angesehen werden, ebenso wie die trennscharfe Abgrenzung der weiteren Landschafts-Funktionen „Garant für Authentizität und Glaubwürdigkeit", „Metapher oder Symbol", „Mythos", und „Schauspiel und Schauspieler" (ESCHER/ZIMMERMANN 2001, S. 231ff). Zudem ist eine derartige Abgrenzung einer *cinematic city* Ausdruck einer problematischen Vermengung zweier gegenständlich unterschiedlicher Untersuchungsbereiche. Die Geographie der Filmproduktion und der Sonderfall des Drehorttourismus, also die Ebene der erdräumlich lokalisierten „Realräume", werden von ESCHER/ZIMMERMANN ohne ausreichende strukturelle Trennung mit dem Untersuchungsfeld der inszenierten Stadträume in Filmen und damit mit den städtischen Räumen zugewiesenen Bedeutungen vermengt (vgl. 2001, S. 233f). Hieraus begründet sich auch die Arbeitsweise der kartographischen Gegenüberstellung von Drehorten (*locations*) und den filmisch inszenierten Stadträumen – hier den „Städten des filmischen Nordafrikas" (2005, S. 170) –, die auch von BOLLHÖFER (2003) als wichtiger Aspekt geographischer Film-Untersuchungen angesehen werden. Derartige Kartierungen scheinen primär einem geographischen Reflex zu entspringen, ihr Aussagewert in einer Geographie der Medieninhalte ist angesichts der von ESCHER/ZIMMERMANN detailliert analysierten „Entstehung" der *cinematic cities* Kairo und Marrakech zweifelhaft: Einzelne städtische Räume – in Kairo die Pyramiden, Hotels, Bars, Clubs, Bibliothek, aber auch der Nil und die angrenzende Wüste, in Marrakech der zentrale Platz Jemaa el Fna, das Panorama über die Dächer der Medina, das Gassengewirr des Souqs und die Innenräume orientalischer Häuser – würden in häufig wiederkehrender Weise als Kennzeichen für die Städte genutzt und transportierten darüber hinaus eine „Meta-Story" an Bedeutungen: „'Cinematic Marrakech' ist als die Stadt der geheimnisvollen Ereignisse und des unbegrenzten Genusses durch die dargestellten vier Orte definiert" (ZIMMERMANN/ESCHER 2005a, S. 72). Kairo dagegen ist eine fremde, exotische Welt, in der Angehörige westlicher Kulturen „auf der Suche nach lebensweltlicher Orientierung und übersinnlicher Seinsvergewisserung" sind (ESCHER/ZIMMERMANN 2005, S. 168).

Eine *cinematic city* entsteht durch die Verknüpfung von städtischen Ansichten mit Aussagen über städtische Räume, die für die Handlung eines Films relevant sind. Wo die Räume gefilmt worden oder vielmehr entstanden sind – in der Stadt, für die ein Film Bedeutungen generiert, im Hinterhof eines Hollywood-Studios, oder in einem Apple-Computer in Silicon Valley – ist für die bedeutungsvollen Aussagen eines Films über einen Stadtraum irrelevant. Dies gilt umso mehr, als diese Bedeutungen nicht mehr darstellen als ein „Bedeutungsangebot" für den Betrachter, der sich im Prozess des Film-Sehens die medialen Inhalte kontextabhängig und subjektiv aneignet und die filmische Präsentation zu einer individuellen Aussage oder Botschaft umwandelt bzw. dekodiert. Die räumliche Bedeutungen generierenden Interpretationen von Filmen und die Einbettung von *cinematic cities* als Teil einer alltäglichen Raumvorstellung ist als eine überaus relevante Fragestellung für die Geographie anzusehen, mit der der Einfluss alltäglichen Mediengebrauchs auf die Räumlichkeit des Menschen thematisiert werden kann. Nicht in der einem geographisch-kartographischen Reflex entspringenden Gegenüberstellung von „echtem Raum" und „konstruiertem Medienraum", sondern in den vielschichtigen Wirkungsweisen, in denen die narrativen Filmstädte in ihrer Interpretation für alltägliche Raumvorstellungen und räumliche Handlungen relevant werden können, liegt das Potential geographischer Untersuchungen zu „Film und Raum".

Unter einer *cinematic city* kann also das komplexe Gefüge an Raumbedeutungen verstanden werden, das durch filmische Inszenierungen geschaffen wird und das vom Betrachter als diegetischer Raum zu einem Stadtraum mit einem eigenen historisch-geographischen Hintergrund zusammengefügt wird. Dabei wird, anders als von ESCHER/ZIMMERMANN für Kairo oder Marrakech festgestellt, keine verkürzte Verknüpfung ausgewählter Ansichten mit bestimmten, vordefinierten Aussagen über Stadträume thematisiert oder festgestellt. Die von ESCHER/ZIMMERMANN dargelegte stereotype Reduktion der *cinematic cities* Kairo und Marrakech auf wenige ausgewählte Ansichten und Raumkategorien kann nicht zuletzt als Resultat eines „externen Blickes" durch die Filmschaffenden auf einen fremden Kulturraum und damit nicht als allgemeingültiges Prinzip filmischer Stadtdarstellungen gelten. Unter den in Kapitel 8 diskutierten Beispielfilmen für Berlin und New York dominieren dagegen Stadtfilme, die auch aufgrund der internen Perspektive ihrer Urheber ein differenzierteres Bild der Städte und Einblicke in andere Räume als die durch fortdauernde Wiederholung zu filmischen Ikonen verfestigten Stadtbilder bieten.

6. SYNTHESE: „REALITÄT" UND „MEDIEN" IN DER RAUMVORSTELLUNG

> To experience landscapes, we need to do so with all our senses; to consider and represent them without sounds, smells, touches, and tastes, is but a partial geography.
> UNWIN 2005, S. 702

Anders als im vorangestellten Zitat von UNWIN formuliert, beschränkt sich die theoretische Diskussion in der vorliegenden Arbeit weitgehend auf diejenigen Bezüge des Menschen zu Räumen, in denen visuelles und auditives Wahrnehmen eine zentrale Rolle spielen. Aufgrund einer pragmatischen Beschränkung im Sinne der zugrunde liegenden Fragestellung nach den Verknüpfungen zwischen dem audiovisuellen Medium Film und dem alltäglichen Erleben und Handeln in städtischen Räumen wurden die Facetten des Raumbezuges ausgeblendet, die haptischer, olfaktorischer oder gustatorischer Natur sind. Mit dieser Einschränkung soll nicht die generelle Bedeutung der anderen sensorischen Zugänge des Menschen zu seiner räumlichen Umgebung in Abrede gestellt werden. Auch angesichts der gestiegenen Konzentration auf das Visuelle als zentrales Medium unserer Zeit und trotz der Notwendigkeit für die Geographie, sich mit der gegenwärtigen *„visual culture"* und mit audiovisuellen Medien wie Film zu beschäftigen, wäre es eine unangemessene Einseitigkeit, sich ausschließlich mit den visuellen Raumbezügen auseinanderzusetzen. Als Warnung hiergegen ist die Feststellung von BUNKŠE (2004, S. 79) zu betrachten, der eine Tyrannei des Visuellen in der Alltagskultur und in ihrer geographischen Aufarbeitung feststellt – „a visual tyranny determines what is to be seen and experienced" – was als Zustandsbeschreibung übertrieben, als Warnung angemessen erscheint.

Die Ausprägung individueller Raumvorstellungen, die gemäß der Kategorisierung von WEICHHART als Räume$_{1e}$ bezeichnet werden können, ist als Ergebnis eines multisensorischen Wahrnehmungsprozesses zu betrachten, in den neben audiovisuellen auch andere sensorische Eindrücke einfließen. Dabei sind der Interpretationsfreiheit des Individuums Grenzen gesetzt, die sich zum einen aus den Wirkungsweisen antizipatorischer Schemata auf die Wahrnehmung ergeben: Als neurologisch fundierte, durch individuelles und sozial vermitteltes Vorwissen überprägte Einheiten steuern die Schemata den Wahrnehmungsprozess, der nach NEISSER als Vorgang der aktiven Informationssuche in der räumlichen Umwelt aufzufassen ist. Zum anderen sind die Mechanismen der sprachlichen Codierung von Information ebenso zu beachten wie die durch sprachliche diskursive Praktiken gesteuerten

Festsetzungen darüber, welche physisch-materiellen und sozialen Gegebenheiten in dem räumlich-zeitlichen Kontext einer Gesellschaft thematisiert werden und wie über die festgelegten Diskussionsgegenstände gesprochen wird.

Aus dem Zusammenspiel von Wahrnehmungs- und Diskurselementen ergibt sich eine theoretische Position für die vorliegende Arbeit, die auf einer Integration der bislang relativ unverbundenen Diskussionsstränge der Wahrnehmungs- und Handlungstheorie beruht. In der Ausbildung alltäglicher Vorstellungen von Räumen ist der alltägliche Umgang mit der physischen wie sozialen Umwelt in Form des Wahrnehmungsprozesses ebenso zu berücksichtigen wie die konstitutiven Potentiale des Individuums im „alltäglichen Geographie-Machen" und die Rahmenbedingungen der gesellschaftlichen Diskurse für die Konstruktion von sozialen Wirklichkeiten. Der Rückgriff auf die Untersuchungen von LYNCH zeigt auf, welche grundlegenden Elemente der geographischen Arbeiten zur Raumwahrnehmung bereits Ende der 1950er Jahre in der Auseinandersetzung mit dem alltäglichen Stadt-Erleben entwickelt wurden. Den aktiven Charakter von Wahrnehmung als menschlicher Aktivität, der in LYNCHS dualem Wahrnehmungskonzept bereits angelegt ist, unterstreicht insbesondere NEISSERS Vorstellung von Wahrnehmung als aktiver und schemageleiteter Informationssuche des Individuums. Mit diesem Konzept ist die Grundlage geschaffen, Wahrnehmung strukturell analog zu menschlichem Handeln als dem zentralen Gegenstand einer handlungsorientierten Humangeographie zu erfassen und somit eine Integration von Untersuchungen zur Raumwahrnehmung in den theoretischen Rahmen der subjekt- und handlungsbezogenen Geographie zu ermöglichen.

Die zentrale Untersuchungskategorie besteht dabei in dem komplexen Konstrukt der alltäglichen Raumvorstellung, das zum einen nach WERLEN als Ergebnis des alltäglichen Geographie-Machens, zum anderen gemäß der von WEICHHART vorgelegten Systematik als $Raum_{le}$ angesehen werden kann. Als alltäglicher Lebensraum wird $Raum_{le}$ von den Prozessen der Raumwahrnehmung ebenso beeinflusst wie von gesellschaftlichen Diskursen und medialen Inszenierungen, deren gestiegener Einfluss als ein wesentliches Unterscheidungsmerkmal zwischen modernen und spät- bzw. postmodernen Gesellschaften angesehen wird. Hieraus ergibt sich für die geographische Auseinandersetzung mit alltäglichen Raumvorstellungen zum einen, dass neben dem direkten Erleben der materiellen Lebenswelt die alltägliche Aneignung medialer Inhalte als gleichrangige Komponente alltäglicher Raumbezüge anzusehen ist und nicht als nachgeordnete oder durch ihren „verfälschten" Charakter minderwertige Einflussgröße. Die Hinfälligkeit derartiger Trennungen wird noch deutlicher, wenn zum Zweiten die Wertigkeit der am medialen Kommunikationsprozess beteiligten Akteure im Sinne einer rezeptionsorientierten Konzeption aufgefasst wird. Nicht die Vorgänge der Medienproduktion oder ein vermeintlich eindeutig festgelegter medialer Inhalt determinieren die Wirkung von Medienbotschaften für den Betrachter, sondern die alltägliche Kulturpraktik der Dekodierung von Medientexten, die als gleichrangige Integration von Medialem in alltägliche Lebenszusammenhänge aufgefasst wird (vgl. Abschnitte 4.2.1.3 und 7.2.2). In der vorliegenden geographischen Medienforschung – deren „Bild der Welt" die dritte theoretische Teilfrage der vorliegenden Untersuchung darstellt – zeigt sich bislang ein deutliches Ungleichgewicht zwischen der Bedeutung, die medialen Inhalten als Mechanismus der Konstruktion von sozialen Realitäten zugesprochen wird, und der auf die Aneignung von medialen Inhalten ausgerichteten Aufarbeitung der Art und Weise, in der Medien als Element von Raumvorstellungen wirksam werden.

Im Hinblick auf die empirischen Teile der vorliegenden Untersuchung kann zum einen darauf verwiesen werden, dass wissenschaftliche Zugänge zu alltäglich erlebten Räumen der GIDDENS'schen Auffassung einer doppelten Hermeneutik entsprechend nur als Rekonstruktionen von Konstruktionen möglich sind. Zum anderen erfolgen wissenschaftliche Auseinandersetzungen mit alltäglichen Raumvorstellungen im Regelfall retrospektiv und stützen sich auf die Reflexion und Bewertung der Individuen, deren Räume$_{1e}$ erfasst werden sollen. Hieraus ergeben sich in Verbindung mit den dargestellten theoretischen Grundzügen zu „Realität" und „Medien" in der alltäglichen Raumvorstellung im Hinblick auf die empirische Untersuchung von Filmrezeptionen folgende Schlussfolgerungen:

— Eine Analyse der Wechselwirkungen zwischen Filminhalten und Alltagsleben muss auf einer theoretischen Basis beruhen, die der Medienaneignung als alltäglicher Bedeutungskonstruktion Rechnung trägt. Als solche wird die Position der *cultural studies* bewertet und als Ausgangspunkt für die eigenen Untersuchungen herangezogen.

— Die empirische Vorgehensweise muss in der Lage sein, die komplexen Prozesse der Medienaneignung und der Verbindung zwischen medialen und anderen alltäglichen Diskursen nachzuvollziehen. Dies wird durch die Anwendung problemzentrierter qualitativer Interviews umgesetzt.

— Es ist davon auszugehen, dass durch den retrospektiven Charakter des Vorgehens, das zudem auf der Ausdrucksfähigkeit der Untersuchungsteilnehmer basiert, die alltäglichen Raumvorstellungen von Individuen nur näherungsweise skizziert werden können.

— Als wesentliche inhaltliche Folgerung ist festzuhalten, dass auch in einer nur partiellen Rekonstruktion von alltäglichen Raumvorstellungen und Filmaneignungen die Möglichkeit gegeben ist, dem Zusammenspiel von Raumwahrnehmung, Medieneinfluss und alltäglichem Handeln in städtischen Kontexten empirisch näher zu kommen. In die Entstehung von alltäglichen Raumbezügen fließen Elemente aus allen menschlichen sensorischen Apparaten und aus Quellen unterschiedlicher medialer Vermittlung – von Sprache bis zu elektronischen Massenmedien – ein. In einer in Interviewform extern angestoßenen Reflexion steht zu erwarten, dass die unterschiedlichen Quellen einer Raumvorstellung – im vorliegenden Fall über die Städte Berlin und New York – nachvollzogen werden können und das komplexe Gefüge teils bewusster, teils unbewusster Vorstellungsinhalte, das sich aus dem Wechselspiel zwischen Mediendarstellungen und anderen alltäglichen Diskursen über Räume bildet, in relativ differenzierter Form zugänglich wird.

7. FILM UND (STADT-)LEBEN – IMPULSE AUSSERHALB DER GEOGRAPHIE

Als Bindeglied zwischen den Darstellungen zur im weiteren Sinne „geographischen" theoretischen Fundierung des Zusammenhangs von Wahrnehmung, Medien und alltäglichem Raum-Erleben und den empirischen Zugängen zu diesem Fragenkreis werden im Folgenden ausgewählte Impulse aus medien- und kulturwissenschaftlichen Nachbardisziplinen skizziert, die zugleich als Ergänzung theoretischer Grundlagen und als methodische Vorbereitung für die eigenen empirischen Untersuchungen dienen.

Zum Ersten kann darauf verwiesen werden, dass das Thema „Film und Stadt" in den Film- und Medienwissenschaften im Laufe der letzten 15 Jahre ein deutlich gesteigertes Interesse erfahren hat, wobei eine Annäherung der inhaltlichen Schwerpunkte zwischen geographischer Filmforschung und filmwissenschaftlicher Aufarbeitung der Darstellungen von Stadträumen zu beobachten ist. Zum Zweiten steht mit der Frage nach den Auswirkungen von Filmen bzw. den modernen Massenmedien im Allgemeinen ein Themenkreis zur Debatte, der – wie mehrfach angesprochen – ein theoretisch zentrales, empirisch jedoch relativ schwach ausgeprägtes Arbeitsfeld geographischer Medienforschung darstellt. Neben einem kurzen Überblick über kulturtheoretische Positionen des 20. Jahrhunderts, die dem Konsum von Massenmedien zumeist negative Auswirkungen auf das Individuum und das soziale Gefüge westlicher Gesellschaften attestieren, wird als „Gegenpol" die Position der britischen *cultural studies* dargelegt, deren empirische Medienaneignungsforschungen als Anknüpfungspunkte für die eigenen qualitativen Rezeptionsuntersuchungen dienen.

7.1. CINEMATIC CITIES ALS MODETHEMA

Die Verbindungslinien zwischen dem neuen Medium Film und den Großstädten des 20. Jahrhunderts reichen bis zu den Anfängen der Filmgeschichte zurück. Film war zu Beginn seiner rasanten Verbreitung zu dem führenden Medium der Gegenwart ein städtisches Phänomen, nicht nur im Hinblick auf sein Publikum, sondern auch bezüglich der dargestellten Inhalte früher Filme. Hieraus entwickelte sich eine in den 1920er Jahren bereits intensiv diskutierte Verbindung zwischen den zwei „räumlichen Künsten" Film und Architektur, die neben der inhaltlichen Ebene filmischer Darstellungen von gebauten Räumen auch auf einer gemeinsamen Wahrnehmungsart basierte (vgl. TOY 1994a, DEAR 2000a, S. 178). Bereits für frühe Stadtfilme, für die in Deutschland die Metropole Berlin die entscheidende Grundlage war (VOGT 2001, S. 4), galt die Charakterisierung, die SNOWDEN/INGERSOLL (1992, S. 5) über die Beziehungen zwischen Film und Architektur geben: „Architecture is the latent subject of almost every movie. The illusion of architectural space and the reliance on images of buildings are ineluctable devices for establishing mood, character, time, and the site of action in a film." Dabei sind es insbesondere die expressionistischen Stadtfilme der 1920er Jahre, die als Ausgangspunkt für weitere Überlegungen zum Verhältnis von sich durch technologische und gesellschaftliche Umbrüche rasch wandelnden Stadtlandschaften und filmischen Stadtinszenierungen fungieren (vgl. NEUMANN 1996). Entsprechende Beispiele untersucht auch VIDLER (1996, S. 13) in seiner Darstellung von Film als Experimentierfeld der modernen Stadtgestaltung, in der er auch davor warnt, das Verhältnis zwischen filmischer und städtischer Architektur als eindimensional aufzufassen:

> Film, indeed, has even been seen to anticipate the built forms of architecture and the city: we have only to think of the commonplace icons of Expressionist utopias to find examples, […] architecture might have been seen to have caught up with the imaginary space of film. […] And yet the simple alignment of architecture and film […] has always posed difficulties, both theoretically and in practice.

Die Parallele zwischen Film und Stadtleben auf der Ebene einer neuartigen Form von Wahrnehmung gebauter Umgebungen beruht auf der Dynamisierung der städtischen Wahrnehmung. BRUNO (1993, S. 45ff) zeigt diese Parallele zwischen Film und Stadt-Wahrnehmung am Beispiel von Neapel auf, indem sie das Sehen der Stadtfilme von Elvira NOTTARI und die Wahrnehmung, die ein „flâneur" von einer städtischen Umgebung aufnimmt, als miteinander eng verbunden diskutiert. Sowohl in modernen Städten, in denen die räumlich-zeitliche Dynamik durch die von RUTTMANN in *Berlin – Symphonie einer Großstadt* (1927) eindrücklich inszenierten Massenverkehrsmittel der Eisenbahn, Straßenbahn und der aufkommenden Automobile dominiert wird, als auch in dem postmodernen Equivalent der durch endlose Freeway-Fahrten erlebten Stadtlandschaft von Großräumen wie Los Angeles (vgl. DEAR 1994, S. 10f) ist die Analogie zwischen dynamischen Formen der Stadtwahrnehmung und filmischen Wahrnehmungsmustern fortgeführt. TOY (1994a, S. 6) sieht die Parallele zwischen Film- und Stadterlebnis „in the exploration of volumetric space in time." Als wesentlichen Unterschied benennt sie die im direkten Erfahren einer Stadt höheren Freiheitsgrade des Betrachters bzw. Stadt-Nutzers, das Erkunden der räumlichen Inszenierung durch Bewegung zu steuern. Während das Erleben von architektonischen Räumen durch deren Gestaltung zwar geprägt, nicht jedoch a priori festgelegt ist, nehmen Filmräume dem Betrachter durch die visuelle Inszenierung die Wahlfreiheit der Wegfindung. Damit sind jedoch nicht zugleich die Art der Interpretation und die inhaltlichen Bedeutungszuschreibungen determiniert, die verschiedene Betrachter zu materiellen wie zu filmischen Stadträumen vornehmen.

In der deutschsprachigen Filmforschung ist das Thema „Stadt im Film" dagegen bis in die 1990er Jahre ein relativ gering beachtetes Thema geblieben. Für Berlin wurde anlässlich der 750-Jahr-Feier von BERG-GANSCHOW/JACOBSEN (1987) eine überblicksartige Darstellung der filmhistorisch herausragenden Bedeutung der Metropole Berlin für den deutschen Stadtfilm erarbeitet. Mit dem filmischen

Grundtopos der Stadt-Land-Gegensätze und ausgewählten Filminterpretationen, die wiederum hauptsächlich Berlin-Filme behandeln, beginnt ein umfangreiches Forschungsprojekt zur „Stadt im deutschen Film" (MÖBIUS/VOGT 1990), dessen Abschlussdokument *Die Stadt im Film – Deutsche Spielfilme 1900–2000* (VOGT 2001) das deutschsprachige Standardwerk der Filmwissenschaften zur Thematik darstellt. Neben einer theoretischen Einführung und einem historischen Abriss der filmischen Stadtgestaltung in Deutschland behandelt VOGT (2001, S. 17ff) auch die räumlichen Schwerpunkte filmischer Stadtinszenierung, bei denen in Deutschland trotz der Bedeutung sekundärer Filmstädte wie München, Hamburg, Köln oder Frankfurt mit großem Abstand Berlin dominiert. Dementsprechend sind über 50 der Beispielfilme, deren Vorstellung den größten Teil von *Die Stadt im Film* einnimmt, mit der Inszenierung Berlins befasst. Auch die meisten der in der vorliegenden Untersuchung besprochenen Beispiele sind hierin enthalten. VOGTS Analysen umfassen neben einem Abriss der Produktionskontexte und intensiver Beleuchtung der kritischen Würdigung jeweils eine Abhandlung zur räumlichen Inszenierung der Filme. Dabei stehen dieselben Grundfragen wie in den Filminterpretationen der vorliegenden Arbeit zur Diskussion, wenngleich sich VOGT dem disziplinären Entstehungskontext entsprechend stärker auf die Verwendung filmischer Gestaltungsmittel konzentriert.

Aus dem englischsprachigen Raum lässt sich die bei VOGT anklingende Überschneidung zwischen film- und raumwissenschaftlich fundierten Perspektiven auf Filmstädte am deutlichsten anhand der Beiträge in den Sammelbänden von SHIEL/FITZMAURICE (2001, 2003) belegen. Als explizite Herausforderung für die traditionellen Filmwissenschaften, deren Schwerpunkt auf der Analyse von Filmsprache und textlicher Exegese liegt, sieht SHIEL (2001, S. 3) das Anliegen, aus filmwissenschaftlicher Sicht die soziologischen Kontexte der Filmproduktion, des Vertriebs und der Filmrezeption stärker zu beleuchten. Die thematische Vielfalt der Beiträge reicht von der Konstruktion post-kolonialer Identitäten in Stadtfilmen über die Rolle der Filmindustrie und Filmgeschichte in Stadtökonomien und städtischer Imagearbeit bis hin zu stärker filmimmanenten Arbeiten über Los Angeles als Anti-Utopie (DAVIS 2001) oder den ironischen Visionen TATIS von einem modernen „neuen Babylon" (MARIE 2001). Dagegen sind die Beiträge des Folgebandes *Screening the City* (SHIEL/FITZMAURICE 2003) einer Gegenüberstellung filmischer Stadtbilder der modernen europäischen Metropolen und der postmodernen US-amerikanischen Stadtlandschaften gewidmet. Hier ist insbesondere der Beitrag von SHIEL (2003) von Interesse, der dem New York des Woody-ALLEN-Films *Annie Hall* (1977) eine herausragende Mittlerstellung zwischen moderner und postmoderner Stadtverfilmung zuspricht. New York als die Apotheose der US-amerikanischen modernen Metropole (vgl. HALL 1998, S. 746ff) wird in *Annie Hall* als Ort charakterisiert, dem trotz seiner Widersprüchlichkeiten und negativen Seiten große Bedeutung für die Identitäten seiner Bewohner zukommt. Als Kontrastpunkt bietet sich ein postmodernes Los Angeles an, dem weder die intellektuelle Kreativität noch die neurotische Kompliziertheit New Yorks, sondern eine erdrückende Oberflächlichkeit und materialistische Fixierung zugesprochen wird (vgl. SHIEL 2003, S. 170).

Das Themenspektrum ebenso wie die inhaltliche Ausrichtung der zwei Sammelbände von SHIEL/FITZMAURICE sind als kompatibel mit neueren geographischen Arbeiten zu Filmthemen zu sehen, die ebenfalls versuchen, allen Teilaspekten der Filmproduktion, des Filminhaltes und der durch die Auswirkungen von Filmen induzierten Veränderungen im Umgang mit städtischen Umwelten gerecht zu werden. Somit sind in den Sozial- und Medienwissenschaften zeitgleich die komplexen Entstehungs- und Rezeptionszusammenhänge von Filmen zu einem Modethema geworden, zu dessen Ausgestaltung die Geographie wesentlich beigetragen hat.

Einen Sonderfall in der Auseinandersetzung mit Filmstädten stellt SANDERS' *Celluloid Skyline* (2003) dar. Das besondere Verhältnis von New York und Filmen diskutiert SANDERS zum einen mit einer Darstellung der Rolle von New York als Produktionsort, in der die Entwicklung der Stadt vom Zentrum früher Filmproduktion über ihre Funktion als kreatives Potential für Hollywoods Studios bis hin zum Aufschwung der Location-Dreharbeiten vor Ort in den letzten Jahrzehnten nachgezeichnet wird. Zum anderen stellt SANDERS die architektonische Ausgestaltung der Filmstadt New York ausführlich dar und behandelt dabei die Verwendung einzelner Schauplätze und räumlicher Konstellationen. Die Skyline von Manhattan, sowohl in futuristischer Weiterentwicklung als auch in gegenwärtiger Ausgestaltung, bildet den Ausgangspunkt dieser Übersicht, die neben Bürohochhäusern auch verschiedene Gebäudetypen und Wohnformen behandelt. New York erscheint so als filmische Stadt, deren räumliche Bedeutungen über ihre Architektur transportiert werden. Von den billigen Reihenhäusern der *West Side Story* (1961) über die Apartmenthäuser des *Verflixten 7. Jahrs* (WILDER 1955) oder von *Breakfast at Tiffany's* (EDWARDS 1960), die Nobelhotels und Luxusvillen in Filmen wie *Die Schwester der Braut* (CUKOR 1938) bis hin zu den italienischen Restaurants des *Paten* (COPPOLA 1972) und den düsteren Straßen in *Taxi Driver* (SCORSESE 1976) reicht das breite Spektrum an architektonischen Stadträumen, in die die filmischen Geschichten über New York eingebettet sind.

7.2. DIE WIRKUNGEN VON FILMEN

In den Darstellungen zur bisherigen Filmgeographie (vgl. Kapitel 5) wurde deutlich, dass einer wesentlichen analytischen Perspektive der Medienwissenschaft innerhalb der geographischen Auseinandersetzungen mit Filmen bislang nahezu keine Aufmerksamkeit geschenkt wurde, nämlich der Frage, welche Wirkungen mediale Darstellungen auf die Nutzer eines Mediums entfalten. Im engeren Sinne können auch die in der Filmgeographie vorgenommenen Filmanalysen als eine systematische und damit an wissenschaftliche Ansprüche angepasste Form der Darstellung der Filmwirkungen auf ein Individuum – den sich mit Filmen beschäftigenden Wissenschaftler – interpretiert werden. Für die Beschäftigung mit Filmen ist die Thematisierung des persönlichen Zugangs zu einem Film und der Wirkungen eines Filmes auf den Wissenschaftler in besonderem Maße geboten, da sich der Wissenschaftler bei diesem Forschungsgegenstand zwangsläufig in einer Zwischenposition zwischen wissenschaftlicher Distanz und lebensweltlicher Nähe befindet: Zum einen findet die Annäherung an einen Film mit einem eindeutigen analytischen Erkenntnisinteresse statt, was das Film-Sehen zu einem intensiven und bereits bei einem erstmaligen Sehen mit einer deutlichen Lenkung des Film-Sehens stattfindenden Arbeitsschritt macht. Zum anderen jedoch ist das Sehen eines Films immer auch ein Erlebnis, bei dem sich selbst der analytischste Zuschauer zumindest teilweise auf das „ganzheitliche" Film-Erleben einlässt, womit die emotionale Ansprache durch einen Film und die subjektiven Reaktionen auf die gezeigten Personen und Räumlichkeiten untrennbar mit dem analytischen Prozess des Film-Sehens verbunden sind. Die Auseinandersetzung eines Wissenschaftlers mit einem Film beinhaltet daher immer zu einem gewissen Ausmaß eine persönliche Komponente, die aus der Unmöglichkeit einer trennscharfen Abgrenzung zwischen Filmsehen als Analysevorgang und dem vorangegangenen Filmerlebnis als komplexem, emotional ansprechenden Ereignis herrührt.[27]

Die in den Kultur- und Sozialwissenschaften im Vordergrund stehende Perspektive im Hinblick auf die Wirkungen von Medien fragt nach den medialen Auswirkungen auf ein Individuum bzw. auf eine Gesellschaft. Zunächst wird hierzu eine Reihe von kulturtheoretischen Überlegungen skizziert, die zumeist als Kritiken der modernen Massenmedien zu verstehen sind und die auf die negativen Einflüsse der Medien auf das gesellschaftliche Leben der Moderne und Postmoderne hinweisen (Abschnitt 7.2.1). Diese Auffassung lässt sich bereits in den ersten Jahren nach der Erfindung des Mediums Film feststellen und ist im weiteren Verlauf der Medienkritik vor allem in den Arbeiten der Frankfurter Schule und später in den anti- bzw. postmodernen Medienkritiken von DEBORD, JAMESON und BAUDRILLARD deutlich. Demgegenüber lässt sich anhand der zu ihrem Zeitpunkt revolutionären Arbeiten der britischen *cultural studies* nachzeichnen, wie eine alternative Perspektive auf die Massenmedien aussehen kann. Die konzeptionellen Grundlagen und empirischen Untersuchungen dieser Forschungsperspektive verbinden eine kritische Distanz zu den Medien mit einer analytischen Neutralität gegenüber dem Wirken von Medien als integralen Bausteinen alltäglicher Kultur und – in geographischer Erweiterung der in den *cultural studies* vorzufindenden Fragestellung – als wesentlichem Einflussfaktor auf die alltäglichen Raumvorstellungen (Abschnitt 7.2.2).

---

27 Eine weitere Dimension der selbstreflexiven Auseinandersetzung mit den Wirkungen von Filmen stellt der Beitrag von Christina KENNEDY bei dem Symposium „The Geography of Cinema – a cinematic World" in Mainz im Juni 2004 dar. KENNEDY erläutert autobiographisch, welchen Einfluss die in ihrer Kindheit gesehenen Filme bzw. die gegenwärtigen Erinnerungen an diese Filme auf ihre persönliche Entwicklung genommen haben. Die offenkundigen Schwächen dieses Zugangs bestehen neben der möglichen Tendenz zur einseitigen und/oder beschönigenden Interpretation der eigenen Persönlichkeit und ihrer Entwicklung vor allem in der Fehlschlüsse geradezu herausfordernden Gedankenführung, die von in der Kindheit und Jugend erlebten Filmen kausale Auswirkungen auf den Lebensweg annimmt.

7.2.1. Soziale Implikationen des Films aus Sicht der Medientheorie

In seiner Einführung in die Medientheorie stellt LESCHKE (2003, S. 23ff) heraus, dass am Beginn medientheoretischer Überlegungen bei den meisten Medien – gemeint sind hier Massenmedien wie Rundfunk, Fernsehen, Kino oder Computer – ein Prozess des Vergleiches zwischen bestehenden Medien und einem neu erfundenen oder erstmals größere Verbreitung findenden Medium steht. Die „primären intermedialen Reflexionen" (LESCHKE 2003, S. 23) sind somit noch vor der Entwicklung eines Medienbegriffs oder einer akademischen Institutionalisierung der Medienwissenschaften einer ersten Bestimmung der unterschiedlichen Qualitäten eines neuen Mediums im Vergleich zu seinen Vorgängern gewidmet. Trotz ihrer oftmals unsystematischen und fragmentarischen Natur sind diese Ansätze als „spontane" zeitgenössische Reaktionen auf ein neues Medium und als Ausgangspunkt für weitere medientheoretische Überlegungen auch heute noch von Interesse.

Für das Medium Film hält LESCHKE (2003, S. 36) fest, dass aufgrund der raschen Verbreitung und der nahezu schlagartig deutlich werdenden Massenrelevanz der technischen Innovation Film die primären Positionierungsversuche bereits in großer Vielzahl und in Form intensiver Diskussionen vorlagen. Im deutschsprachigen Raum lässt sich der primäre Medienvergleich am deutlichsten mit den Positionen des Kinoreformers HÄFKER darlegen, dessen Hoffnungen auf einen wissenschaftlich kontrollierten Beitrag der genauen filmischen Wirklichkeitsabbildung für die geographische Didaktik bereits angesprochen wurden (vgl. Abschnitt 5.4.2). Eben jene Charakterisierung des neuen Mediums Film als technologisch-industrielles Wirklichkeitsabbild, die die Grundlage für diese aufklärerische Hoffnung bildet, führt jedoch im Vergleich zum Referenzobjekt des Kunstsystems zu einer abfälligen Bewertung des Films: Aus der massenwirksamen industriellen Distribution und der unmittelbaren sinnlichen Präsenz von Filmen entsteht zwar ihr Potential als pädagogisches Hilfsmittel, zugleich jedoch auch ein Niveauverlust im Vergleich zu den Ausdrucksformen der „hohen Künste" Malerei, Schauspiel oder Bildhauerei. Als Verteidigung sozio-kultureller Machtpositionen eines etablierten Kulturmilieus kann es somit interpretiert werden, wenn HÄFKER (1913, S. 10) dem Kino erst dann eine positive Rolle zuspricht, wenn es „von Seichtheit, Schmutz, Geschmacklosigkeit, gehaltlosem Sinnenkitzel, vor allem von aller Kräfteverschwendung und -verzappelung, von allem Zuviel gereinigt" worden ist (vgl. LESCHKE 2003, S. 37). Sowohl dem filmischen Produktionsprozess als auch seiner Aufnahme durch das Publikum wird im Gegensatz zu dem etablierten Kunstsystem eine mechanische Wirkungsweise zugedacht, die künstlerische Autonomie und Genie ebenso ausschließt wie eine subjektspezifische und tiefere Interpretation. Aus der dem Medium Film unterstellten „unmittelbaren Anschaulichkeit, seiner sinnenpackenden Lebensähnlichkeit und seiner Voraussetzungslosigkeit" für die Rezipienten (HÄFKER 1913, S. 11) ergibt sich eine Einschätzung des Films als einer seichten und oberflächlichen Ausdrucksform, die zur Darstellung komplexer und tieferer Inhalte nicht geeignet erscheint. Während die Unmittelbarkeit der Wirklichkeitsdarstellung dem Film einerseits eine potentiell positive Rolle als didaktischem Hilfsmittel zukommen lässt, ist die gleiche „phantasielähmende Deutlichkeit des Bildes" (BRUNS 1913, S. 275) ein zentrales Argument, das Medium Film nicht als ästhetische Kunstform anzuerkennen, sondern als technologisch-industrielles Produkt zu disqualifizieren.

Eine ebenfalls auf den technologischen Produktionsprozessen der Medien des 20. Jahrhunderts basierende Einschätzung der Massenmedien stellt BENJAMINS Aufsatz *Das Kunstwerk im Zeitalter seiner technischen Reproduzierbarkeit* von 1936 dar, den HELBRECHT (2003, S. 156) die berühmtesten Gedankenstränge nennt, „die je über das veränderte Verhältnis von Ästhetik und Politik, Kunst, Technik und die Rolle des Designs formuliert worden sind." Als Element des gesellschaftlichen Überbaus, der gemäß dem marxistischen Basis-Überbau-Modell von der Grundlage der ökonomisch-politischen Strukturen und somit insbesondere von den Eigentumsverhältnissen an Produktionsmitteln determiniert wird, unterliegt das Kunstsystem kontinuierlichen Anpassungsprozessen an sich wandelnde ökonomische Strukturen. Für den zeitlichen Entstehungskontext der 1930er Jahre konstatiert BENJAMIN (1936, S. 9) eine Zeitverschiebung von gut 50 Jahren, mit der die Durchsetzung des industriellen Kapitalismus eine alle Kulturbereiche durchdringende Veränderung des künstlerischen Überbaus bewirkt hat, die für BENJAMIN mit dem Eintritt moderner Massenmedien in das etablierte Kunstsystem gegeben ist: „Die Medien, insbesondere der Film, passen also das Kunstsystem an eine in anderen gesellschaftlichen Bereichen bereits durchgesetzte historische Entwicklung, nämlich an die Bedingungen des Kapitalismus an" (LESCHKE 2003, S. 167).

Als zentrale Unterscheidung zwischen dem etablierten Kunstsystem, das die Einmaligkeit und Unvorhersehbarkeit der Ausdrucksformen künstlerischen Genies als wesentliche Elemente künstlerischen Schaffens betonte, und den technisch reproduzierbaren Kunstformen, die sich seit der Entwicklung von Buchdruck und Holzschnitt kontinuierlich bis zu den audiovisuellen Massenmedien Radio und Film weiterentwickelt haben, sieht BENJAMIN (1936, S. 13) den „Verlust der Aura" eines Kunstwerkes. Dieser Verlust kann auf die Produktion eines Kunstwerkes, seinen inhärenten Charakter oder seine Rezeption bezogen werden; seine Bewertung schwankt zwischen der Betonung negativer ästhetischer und politischer Implikationen und der zumindest anfangs von BENJAMIN vertretenen Hoffnung auf einen neuen kritischen Umgang mit den Medien des 20. Jahrhunderts. Auf die Produktion von Kunst bezogen wird die Auflösung der Aura als Konsequenz einer modernen Kultur-Industrie gesehen, die ökonomischen Gesichtspunkten folgend ein auf den Massenmarkt abzielendes Kunst-Produkt mit den durch die technische Reproduzierbarkeit ermöglichten Mitteln herstellt und verbreitet. Nicht mehr die Einzigartigkeit garantierende Verwurzelung eines autarken Künstler-Genies in die zeitlichen und räumlichen Kontexte des Schaffensprozesses, sondern die universelle Logik kapitalistischer Akkumulation ist die Basis für die Herstellung eines Kunstwerkes. Hierdurch wird ein Kunstwerk aus dem Bereich des Außergewöhnlichen und Einmaligen herausgenommen – der insbesondere durch die historische Fundierung von künstlerischen Ausdrucksformen in religiös-rituellen Kontexten entsteht, wofür der Begriff des „Kultwertes" eines Kunstwerkes steht – und kann sowohl im Hinblick auf seine gesellschaftlich-repräsentative Funktion („Ausstellungswert") als auch als bloße Unterhaltungsware sowie als Ausdrucksmittel wirtschaftlicher und politischer Interessen betrachtet werden.

In all diesen Fällen jedoch impliziert die massenhafte Verbreitung reproduzierter Kunst einen gewandelten Modus der Auseinandersetzung des Individuums mit einem Kunstwerk. War die Einmaligkeit und Genialität, die Aura eines Kunstwerkes Grundlage für eine kontemplative Betrachtungsweise von Kunst, so ermöglicht der Auraverlust zumindest potentiell einen wesentlich rationaleren Mechanismus der Rezeption, der die Produktionszusammenhänge kennt, ihre Auswirkungen auf das Kunstwerk kritisch hinterfragt und somit zu einer aufgeklärten Interpretation von Kunst gelangen kann (vgl. LESCHKE 2003, S. 171ff). BENJAMINS hoffnungsvolle Einschätzung kann bereits angesichts der historischen Gegebenheiten in den 1930er Jahren relativiert werden. Neben der z.B. durch die Logiken des Filmstar-Kults betriebenen Re-Auratisierung von Kunst ist – für BENJAMIN als deutschen Juden im Pariser Exil besonders gegenwärtig – die durch die Nationalsozialisten betriebene „Ästhetisierung des politischen Lebens" als Beispiel dafür zu nennen, dass auch reproduzierbare Kunst auratisch überhöht und unkritisch angeeignet wird. Die Ästhetisierung des Nazi-Regimes kann in unterschiedlichen Bereichen festgehalten werden, die von der Unterstützung eines faschistischen Regimes durch Architektur und Städtebau über choreographierte Massenveranstaltungen bis hin zu RIEFENSTAHL-Propagandafilmen reichen (vgl. HELBRECHT 2003, S. 158). Aus heutiger Sicht kann die Hoffnung auf einen aufgeklärten Umgang mit Medien ebenso kritisch hinterfragt werden. Die Produktionsmechanismen des Mediensystems und die Rezeption durch das breite Publikum sind insbesondere beim Medium Film, anders als es BENJAMINS normatives Prinzip des fortschrittlichen Umgangs mit einem neuen Medium vorsieht, fortdauernd von einer an der Aura des Kunstwerkes orientierten einfühlenden und identifizierenden Rezeption geprägt, die LESCHKE (2003, S. 173) zu folgendem Schluss bezüglich BENJAMINS Auffassungen über die Auswirkungen des Mediums Film führt: „Zumindest aber dürfte Benjamins Hoffnung darauf, dass das neue Medium Film qua seiner technischen Struktur naturwüchsig ein analytisch kompetentes Publikum hervorbringen werde, nachweislich vom Mediensystem und seinem Publikum widerlegt worden sein."

Nicht von der technischen Struktur der audiovisuellen Massenmedien, sondern von den medialen Inhalten und ihren ästhetischen Strukturen gehen HORKHEIMER/ADORNO (^{12}2000, zuerst 1947) in ihrer ähnlich pessimistischen Einschätzung medialer Auswirkungen auf die modernen Gesellschaften aus. Auch für die Frankfurter Kritische Theorie sind die modernen Massenmedien zunächst als ein Produktionszweig kapitalistischer Akkumulation unter vielen zu sehen. Die „Kulturindustrie", die die Autoren im amerikanischen Exil in Form des US-amerikanischen Konsumkapitalismus und während ihrer Jahre in Los Angeles in Form der Hollywood-Filmindustrie direkt vor Augen hatten, ist ein Faktor in dem Scheitern der Aufklärung, das HORKHEIMER/ADORNO mit dem Auftauchen der totalitären Systeme des Faschismus und Stalinismus sowie mit der Ausbreitung des Spätkapitalismus konstatieren. Die Massenmedien werden als „Kulturindustrie", als wesentlicher Akteur einer „Aufklärung als Massenbetrug" identifiziert: Die Auflösung religiösmetaphysischer gesellschaftlicher Ordnung in der europäischen Aufklärung mündete demnach nicht in Desintegration und Chaos, sondern in einer Übernahme der gesellschaftlichen Ordnungsfunktionen durch die Medien (HORKHEIMER/ADORNO

¹²2000, S. 128f), die durch eine inhaltliche und ästhetische Standardisierung eine Unterschiede nivellierende und Abweichungen nicht zulassende Ordnung struktureller Gleichförmigkeit erzeugen. Wo früher die autonome Kunst ebenso wie die breitenwirksame leichte Kunst zumindest durch Ironie und Spott das Potential für die kritische Reflexion gesellschaftlicher Verhältnisse barg, stellen die Unterhaltungsformen der Kulturindustrie einen subtilen, verführerischen „Amüsierbetrieb" dar (vgl. HELBRECHT 2003, S. 161), dessen Abgrenzung vom Kunstsystem nicht in einem Verlust von Aura, sondern im Verzicht auf das kritische Potential von Kunst besteht. Die „ästhetische Barbarei" der monopolistischen Kulturindustrie, für die HORKHEIMER/ADORNO (¹²2000, S. 140) den USA eine Vorreiterrolle zusprechen, beruht auf dem Verlust kultureller Autonomie den politischen und ökonomischen Interessen gegenüber. Das kapitalistischen Logiken entsprechende Mediensystem ist daher kein Agent kritischer Gesellschaftsreflexion mehr, sondern ein Mechanismus der Erreichung und Sicherung gesellschaftlicher Konformität, eine „Verfallsform von Kunst" (LESCHKE 2003, S. 182), die Selbständigkeit und Freiheit des Denkens in einer Gesellschaft eher erschwert als befördert.

Die grundlegende Medienkritik der Frankfurter Schule hat ihren Gegenstand in den modernen Massenmedien vor der Einführung des Fernsehens oder elektronischer Medien, und ihren historischen Kontext in der modernen Industriegesellschaft und den zivilisatorischen Katastrophen der Zeit zwischen 1933 und 1945. Doch wenngleich die folgende Epoche seit 1945 erneut einen Quantensprung in der Ausweitung medialer Einflusssphären in allen Teilbereichen des alltäglichen Lebens mit sich brachte, weisen viele der anti-modernen oder post-modernen Medienkritiken strukturell ähnliche Argumentationslinien wie die beiden bislang skizzierten Beiträge auf. Als anti-modern kann man aufgrund der avantgardistisch-revolutionären Ansprüche der von ihm maßgeblich beeinflussten „Situationistischen Internationalen" die Vorstellungen von DEBORD über die kapitalistische *Gesellschaft des Spektakels* bezeichnen, die 1967 veröffentlicht wurde, wodurch DEBORDS Werk zu einem Impuls für die Pariser Studentenunruhen von 1968 avancierte. Dabei bezieht DEBORD (1971, S. 9) seine Analyse des Spektakels nicht ausschließlich auf diejenigen Kulturbereiche, die maßgeblich zu der zunehmenden Ausbreitung von Images beitragen, sondern geht vielmehr davon aus, dass alle Lebensbereiche den Logiken eines umfassenden Spektakels unterliegen: „Toute la vie des sociétés dans lesquelles règnent les conditions modernes de production s'annonce comme une immense accumulation de spectacles. Tout ce qui était directement vécu s'est éloigné dans une représentation." Auch bei DEBORD sind es die Grundzüge des Kapitalismus, die dafür sorgen, dass im gesellschaftlichen Leben das Handeln der Akteure durch die Regeln des Spektakels aufeinander bezogen ist und Menschen fest gefügten sozialen Rollen entsprechend auftreten. Wenn dabei alles Leben zum Schauspiel, zur nach außen gewandten Repräsentation des eigenen Lebens wird, dann ist hierfür nicht zuletzt die zur wichtigsten Handelsware der Gesellschaft des Spektakels verkommene Kultur verantwortlich. Ähnlich wie die kritische Theorie geht auch DEBORD (1995, S. 135f) davon aus, dass das herkömmliche Kunstsystem seine kritische gesellschaftliche Stellung und seine ästhetische Legitimation verloren hat. Konsequenterweise strebte die avantgardistische Strömung der Situationistischen

Internationalen nicht nur nach einer Ablösung des bestehenden kapitalistischen Produktions- und Regulationsregimes, sondern verstand diese politische Agenda als untrennbar verknüpft mit dem Anspruch, die alltägliche kreative Selbstverwirklichung der Menschen als authentischen Ausdruck statt als repräsentatives Spektakel und demonstrativen Kultur-Konsum zu ermöglichen.

Dass die Situationisten für die radikale Neugestaltung des politisch-ökonomischen wie gesellschaftlichen Lebens eine vollkommen neuartige Idee von der physischen Stadtgestalt für notwenig erachteten, beruht auf der zentralen Rolle, die DEBORD und seine Mitstreiter der Gestaltung städtischer Räume als Mechanismus für die Durchsetzung und Kontrolle der Spektakel-Gesellschaft zusprachen (DEBORD 1995, S. 119ff, vgl. SADLER 1998). Hierin liegt eine zentrale Gemeinsamkeit ihrer Gesellschafts- und Medienkritik mit den Vorstellungen des US-amerikanischen Literaturwissenschaftlers JAMESON, wenngleich dieser rund 20 Jahre später die medienkritische Diskussion fortführt und dabei statt dem modern-fordistischen Kapitalismus Europas die postmoderne Gesellschaft der USA als Kontext vor Augen hat. In seinem viel beachteten Essay über die Postmoderne als kulturelle Logik des Spätkapitalismus konstatiert JAMESON (1984)[28] nicht nur in ähnlicher Weise wie DEBORD eine vollkommene Durchdringung von Kapital und Kultur, sondern spricht ebenfalls den von postmoderner Architektur geprägten städtischen Räumen eine Sonderstellung als besonders deutliches Beispiel für den Übergang von moderner zu postmoderner Ästhetik und Kulturproduktion zu (JAMESON 1995, S. 2).

Neben den Pop-Art-Gemälden WARHOLS und den filmischen Phantasiewelten Hollywoods sind es vor allem die „amerikanischen Downtowns, die herauspolierten Stadtzentren und stadtgestalterisch bewusst inszenierten Innenstädte mit ihren neuen glitzernden Bürogebäuden und Luxushotels, den Einkaufszentren, repräsentativen Bankgebäuden, Mode- und Designdistrikten, Kleinkunstecken und Großbürgerplätzen" (HELBRECHT 2003, S. 160), die JAMESONS Kritik einer postmodernen Kultur initiieren. Die postmoderne Kultur ist gleichzusetzen mit Kulturindustrie, denn auch JAMESON geht davon aus, dass die Produktion kultureller Inhalte und medialer Repräsentationen zu einer zentralen Branche spätkapitalistischer Volkswirtschaften geworden ist und der Kunstbetrieb nicht mehr als kritischer Kommentator der Gesellschaft, sondern als Lieferant einer Handelsware fungiert. Die „*commodification*" von Kunst ist am Beispiel der von Großunternehmen beauftragten postmodernen Architektur ebenso deutlich wie in der Suppendosen inszenierenden Werbeplakat-Kunst WARHOLS und geht für JAMESON einher mit einem qualitativen Verfall der kulturellen Artefakte, die er mit den Begriffen „ästhetischer Populismus" und einer „neuen Tiefenlosigkeit" („*new depthlessness*") als Ausdruck inhaltlicher Verflachung und emotionaler Oberflächlichkeit („*waning of affect*" – das Schwinden der Berührtheit) kennzeichnet. Die Oberflächlichkeit kann im direkten Sinne für JAMESON (1995, S. 12ff, S. 38ff) am deutlichsten in der Innenstadt von Los Angeles gespürt werden, in der Bauwerke wie die spiegelnden Türme des Bonaventure Hotels oder die tiefenlos wirkenden Fassaden des Wells Fargo Court den

---

28 Im Folgenden wird der unveränderte Text aus JAMESON 1995 verwendet.

Betrachter in einer nicht fassbaren städtische Umgebung positionieren und mit ihrer hermetischen Oberfläche klar zwischen dem Außen des Straßenraums und dem durch die komplexe Formengebung unentrinnlich erscheinenden Innen trennen (Abbildung 15). Den verwirrenden Eindruck der Unentrinnbarkeit und des Verlorenseins, den die Lobby des Bonaventure Hotels laut JAMESON (1995, S. 44) auf ihre Besucher macht, begründet er dadurch, dass der Benutzer in seiner Fähigkeit zur Wahrnehmung und Orientierung dem postmodernen architektonischen *hyperspace* noch nicht gewachsen sei. Diese Diagnose würde für JAMESON auch im übertragenen Sinne für die Verortung des Menschen in den Koordinaten des destabilisierten sozialen Gefüges der Postmoderne gelten, übernähmen nicht die Medien die stabilisierende Ordnungsfunktion, die JAMESON insbesondere für Filme als den kognitiven Karten seiner Zeit attestiert (vgl. Abschnitt 5.4.2).

Abb. 15: Jamesons Los Angeles – Welten der Oberflächlichkeit

Quellen: JAMESON (1995, S. 10); eigene Aufnahme, 2000; TOY (1994b, S. 166)

JAMESONS Analyse der postmodernen Architektur ist eingebettet in die Kritik einer vollständig zur Ware verkommenen Kulturproduktion, die in allen Bereichen des sozialen Lebens ihre „kulturellen", mit repräsentativen Images aufgewerteten Produkte zu platzieren versucht. Damit kommt die Kulturindustrie einem Konsumentenbedürfnis nach, das JAMESON (1995, S. 18) als „appetite for a world transformed into sheer images of itself and for pseudo-events and 'spectacles' (the term of the situationists)" bezeichnet. Auch hier findet sich also die Vorstellung DEBORDS wieder, dass oberflächliche Spektakel sowohl im engeren Sinn als Omnipräsenz medialer Inszenierungen als auch im erweiterten Verständnis als Regulierungsmodus des gesellschaftlichen Umgangs ein grundlegendes Charakteristikum postmoderner Gesellschaften darstellen. Für derartige spektakuläre Pseudo-Ereignisse schlägt JAMESON die Verwendung des bereits von PLATO verwendeten Begriffs „Simulacrum" als „identical copy for which no original has ever existed" vor. Mit diesem Schlüsselbegriff postmoderner Gesellschafts- und Medienkritik operiert auch BAUDRILLARD (1981, vgl. SOJA 2000, S. 326ff, HELBRECHT 2003, S. 162), der die endgültige Auflösung der Dialektik von Realität und Image als Simulacrum bezeichnet. Als letzte Stufe eines Abfolgemodells des Realität-Abbild-Verhältnisses ist in einer Welt der Simulacra alles vordergründige Simulation, nichts „echt" oder „richtig", so dass Falsches und Unwahres davon abgegrenzt werden könnten. Nicht zuletzt die idealisierten Kopien einer unmöglichen städtischen Realität, die in Hollywoods Filmen und den Themenparks wie Disneyland vorliegen (BAUDRILLARD 1981, S. 12, 1986), sind Ausdrücke einer vollkommen medial durchdrungenen Gesellschaft. Damit kann BAUDRILLARDS Vorstellung vom Simulacrum als der reinen Kopie ohne repräsentierte Substanz auch als Extrempunkt von Medienkritik angesehen werden (vgl. LESCHKE 2003, S. 262f). Die Massenmedien werden von BAUDRILLARD als grundlegend negativ in ihren gesellschaftlichen Auswirkungen gesehen und zugleich wird ihre Bedeutung als größtmöglich aufgefasst, indem das Zusammenfallen von Realem und Medialem konstatiert wird.

Die dargestellte Abfolge von medien- und insbesondere filmkritischen Positionen belegt eine im Verlauf des 20. Jahrhunderts kontinuierlich an Schärfe zunehmende Negativeinschätzung der Medienwirkungen auf das gesellschaftliche Leben, die im gewissen Ausmaß auf die ästhetischen Standards und Inhalte, vor allem aber auf die Implikationen der Medien im politisch-regulativen und ökonomischen Bereich abzielt. In vielen theoretischen Beiträgen wird das endgültige Verschmelzen von medialer Inszenierung und alltäglichem Leben konstatiert und den Medien eine apokalyptische Aversion entgegengebracht. Dass eine derartige Verabsolutierung eines Diskussionsobjektes auch den Interessen eines Autors zur Hervorhebung der eigenen Aussagen dienen kann, über eine totale Negativität der Medien eine Aufwertung medientheoretischer Aussagen zu Warnungen vor den Medien zu erreichen, erscheint daher als ein angebrachter Einwand gegen derartige Argumentationen (vgl. LESCHKE 2003, S. 263). In den anschließenden Darstellungen zur Medienaneignungsforschung der *cultural studies* wird zudem deutlich, dass absolute Medienkritik in ihrer negativen Einseitigkeit die Gefahr birgt, aus ideologischen Positionen heraus den alltäglichen Umgang mit Medien zu vernachlässigen oder nur partiell erfassen zu können, wenn aufgrund ideologischer Prädispositionen der empirische Zugang zu den lebensweltlichen Aneignungspraktiken einseitig angelegt wird.

7.2.2. Aneignung von Medieninhalten als integrative Rekonstruktion

Mit den Aneignungsforschungen der britischen *cultural studies* wird in diesem Abschnitt eine Auffassung von den Wirkungen von Medieninhalten dargelegt, die einerseits nicht um politisch eindeutige Positionierungen verlegen ist, sondern sich als Projekt einer „Neuen Linken" versteht, die den „Kategorien der Vermittlung" (Kultur, alltägliche Erfahrung, Bewusstsein, Moral) einen zentralen Stellenwert gibt (LINDNER 2000, S. 28). Ihre normative Verankerung stellt jedoch andererseits nicht die Basis für eine einseitige Medienkritik dar, sondern bildet den Rahmen für eine kritische Analyse der vielfältigen Nutzungsmöglichkeiten medialer Inhalte im alltäglichen Leben.

Als Ursprünge der *cultural studies* werden in der Regel Hoggarts (1971, zuerst 1957) *The Uses of Literacy* und Williams *Culture and Society* (1976, zuerst 1958) benannt, deren Gemeinsamkeit in einem für ihren Entstehungskontext neuartigen Verständnis von Kultur besteht. Am Anfang des akademischen Projektes der *cultural studies*, das für Lindner (2000, S. 9f) als interdisziplinäres und theoretisch eklektizistisches Forschungsfeld ein „postmodernes Wissenschaftsprojekt" darstellt,[29] steht eine Positionierung der genannten Autoren am Rande des etablierten Wissenschaftsbetriebes, aus der sich eine wesentliche Verschiebung des Kulturbegriffes und der Untersuchungsgegenstände von Kulturwissenschaft ergibt. Aus der Perspektive von *„scholarship boys"*, deren akademische Karriere vom Widerspruch zwischen einer Biographie im Arbeitermilieu und dem bürgerlichen Bildungssystem gekennzeichnet war (vgl. Hoggart 1971, S. 292), stellt die elitäre Verwendung des Kulturbegriffes im Sinne von Bildung und den hohen Künsten einen Affront dar, indem die lebensweltliche Alltagskultur traditionell bildungsferner Schichten damit als „kulturlos" diskreditiert wird. Dem wird programmatisch entgegengesetzt, dass Kultur ein alltägliches Phänomen aller gesellschaftlichen Gruppierungen ist – *Culture is ordinary* lautet dementsprechend der Titel eines Essays von Williams (1989, zuerst 1958), „der zur Losung der Cultural Studies geworden ist, die gelebte Erfahrungen und Alltagshandeln als sozial bedeutsame und kulturell bedeutungsvolle Praxen thematisieren" (Lindner 2000, S. 19).

Entsprechend dieser anti-elitären Vorstellung hat Williams in *The Long Revolution* (1961) ein Verständnis von Kultur als „a whole way of life", als Gesamtheit einer Lebensweise entwickelt, das er von zwei weiteren Begriffsverwendungen von Kultur unterscheidet. Einer idealen Begriffsbestimmung entsprechend wäre Kultur als Zustand größter menschlicher Annäherung an bestimmte absolute und universelle positive Werte zu betrachten, Kulturanalyse demnach der Vorgang der philosophischen Reflexion dieser Grundwerte und ihrer Integration in ein zeitlich und kulturell übergeordnetes „Weltethos" einer universellen Wertordnung. Hiervon abzugrenzen ist ein dokumentarisches Verständnis, das mit dem Kulturbegriff eine bestimmte Gruppe von künstlerischen Werken bezeichnet, die menschliche Erfahrung reflektieren und die als Gegenstand von Kulturanalyse detailliert auf ihren ästhetischen Wert und ihre inhärenten Aussagen hin untersucht werden können. Aus einer Verbindung der idealen und dokumentarischen Kulturkonzepte entsteht die Vorstellung von Leavis (1930) von einer *„minority culture"*, die bestimmte elaborierte Kunstwerke als Ausdruck idealer Wertvorstellungen, als Leitlinie für künftiges Kulturschaffen und damit als Kultur einer elitären Minderheit umfasst. Die Vorstellung von einer Minderheiten-Kultur kritisiert Williams (1983, S. 45, S. 75ff) als Vernachlässigung des kulturellen Schaffens der Nicht-Elite und führt

---

29 Zudem attestiert Lindner (2000, S. 9) einen Boom dieser akademischen Strömung im deutschsprachigen Raum, der bspw. durch überblicksartige Sammelbände wie Bromley et al. 1999, Hörning/Winter 1999, Lutter/Reisenleitner 2002 oder Hepp/Winter 2003 markiert wird und von einer zeitgleichen Festigung der internationalen Position der *cultural studies* – deutlich etwa in der Etablierung neuer (European/International) Journals of Cultural Studies – begleitet wird.

daher die gesellschaftliche Begriffsbestimmung von „Kultur" als *„whole way of life"* ein. WILLIAMS versteht unter „Kultur" eine bestimmte Lebensweise und die implizit oder explizit im alltäglichen Handeln ausgedrückten Werte und Bedeutungen. Nicht nur in den elitären Bereichen der Kunst und der Erziehung bzw. in den fixierten Kunst-Werken dieser Betätigungsfelder, sondern auch in gesellschaftlichen Institutionen und dem alltäglichen Handeln von Menschen drückt sich Kultur als *„way of life"* aus.

In LINDNERS (2000, S. 43) Einschätzung ist es als bemerkenswerte zeitliche Koinzidenz anzusehen, dass mit dem erweiterten anthropologischen Kulturkonzept als Lebensweise eine wissenschaftliche Auseinandersetzung mit Alltagskulturen genau zu dem Zeitpunkt eine neue Fundierung und einen deutlichen Interessenaufschwung erfährt, als die fordistische Arbeiterkultur, der viele frühe Vertreter der *cultural studies* verbunden waren, durch die populären Medienkulturen der Postmoderne verdrängt bzw. in ihr aufgelöst wurde. Waren sowohl die traditionellen Volkskulturen als auch ihre Entsprechung im Industriezeitalter, die urbane Arbeiterkultur, als langfristig gebildete und facettenreiche authentische Lebensweise einer Gruppe mittels deutlicher schichtspezifischer Abgrenzungen von der sog. Hochkultur zu unterscheiden, so ist die Populärkultur des 20. Jahrhunderts von einem zunehmenden Verschwimmen der Trennungslinien ästhetischer, inhaltlicher und klassenspezifischer Art geprägt: „pop has rapidly permeated all strata of society, and at the same time succeeded in blurring the boundaries between itself and traditional or high culture" (MELLY 1970, S. 1, zur Abgrenzung Populär- vs. Volkskultur vgl. FISKE 1999, S. 249ff). Konsequenterweise hat sich das Untersuchungsfeld der *cultural studies* von einem anfänglichen Fokus auf die Arbeiterkulturen erheblich ausgeweitet und umfasst sowohl unterschiedlichste Formen medialer Populärkultur – von Büchern über Magazine, TV, Popmusik etc. bis zu Spielfilmen – als auch ein breit gefächertes Spektrum der untersuchten gesellschaftlichen Gruppierungen (Jugendkulturen, mediale Konstruktionen von Identität & *Gender* etc.). Zwar kritisiert z.B. HOGGART (1971) in ähnlicher Weise wie JAMESON die verarmende Wirkung oberflächlicher „Massenkultur" (im Sinne der Massenmedien) auf ehemals authentischen Lebensweisen wie die Arbeiterkultur, im Allgemeinen jedoch konstatieren Vertreter der *cultural studies* den von MELLY ausgedrückten transzendierenden Charakter der Populärkultur. Statt eine Dichotomie zwischen authentischer Lebensweise und verarmendem Einfluss der Massenmedien aufzubauen und eine kategorisch mahnende Haltung einzunehmen, beschäftigen sich die Medienuntersuchungen der *cultural studies* mit dem alltäglichen Umgang der Menschen mit medialen Inhalten, der im Spannungsfeld zwischen eigener Identität und den gesellschaftlichen Kontexten stattfindet.

Hierbei rekurrieren die *cultural studies* auf ein Kulturkonzept, das im Vergleich zur grundlegenden Definition als gesamte Lebensweise deutlich spezifischer ist und durch das die Aufmerksamkeit der medienbezogenen Untersuchungen strukturiert wird. Abweichend von seiner früheren Definition entwickelt WILLIAMS (1981, vgl. HEPP ²2004, S. 44ff) in seinem Konzept des kulturellen Materialismus eine Systematik von Kultur als Bedeutungssystem, das die Produktion und Konsumtion von Kulturobjekten als Sinn produzierende materielle Praktiken auffasst (vgl. Abbildung 16). Die Bedeutung eines kulturellen Objektes ergibt sich dabei erst im Zusammenspiel aller drei Elemente – Produktion, Produkt und Konsumtion – in ihren spezifischen räumlich-zeitlichen und sozialen Kontexten: „kein Werk [kann] in vollem Sinne als produziert gelten, bevor es nicht auch rezipiert worden ist" (WILLIAMS 1986, S. 51). Ein Kulturobjekt ist somit streng genommen nicht getrennt von den konventionell vermittelten und komplexen Handlungsformen zu betrachten, durch die es hervorgebracht oder durch seine Betrachter rezipiert wird, da die spezifischen Bedeutungen eines Kulturobjektes zumindest partiell aus den Kontexten der Produktions- und Rezeptionspraktiken entstehen.

Abb. 16: Kultur als Bedeutungssystem

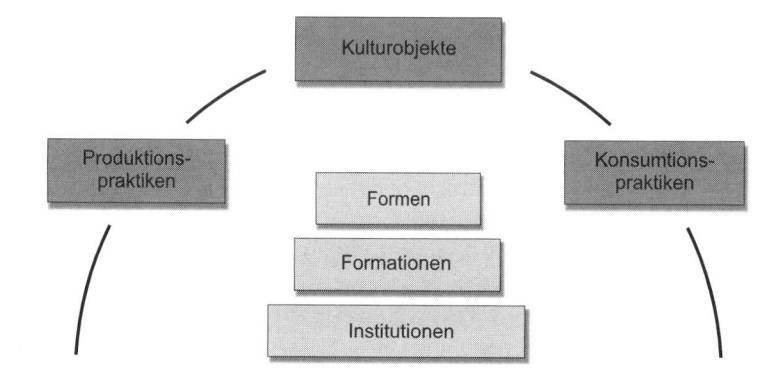

Quelle: eigene Darstellung nach HEPP (^{2}2004, S. 45)

Kultur kann gemäß WILLIAMS' Vorstellung nicht als Sphäre aufgefasst werden, die von den ökonomischen und gesellschaftlichen Gegebenheiten strikt getrennt oder andererseits von diesen determiniert würde. Die Regulierung des Produktionsprozesses, in den spezifische Produktionsmittel und zumeist materielle Ressourcen einfließen, ist maßgeblich von den Verbindungen zwischen Kulturproduzenten und gesellschaftlichen Institutionen abhängig. Im Zeitalter der durchdringenden *commodification* von Kultur – der Einverleibung kulturellen Schaffens in die marktwirtschaftliche Sphäre der Ökonomie – ist dieses Verhältnis zunehmend als Integration von Kulturproduktion und Kulturindustrie aufzufassen. Besonders im Fall der Hollywood-Produktionen ist die Überschneidung von Kulturschaffen und kapitalistischer Institution (d.h. Medienunternehmen) nahezu vollständig, während im Fall von Independent-Filmen auch das traditionellere Verhältnis der Patronage zwischen Institutionen (v.a. staatlicher Kulturförderung) und Kultur auftritt. In diesem Beispiel lassen sich die institutionellen Relationen teilweise auf die Zugehörigkeit von Hollywood-Filmern und Independent-Filmen zu unterschiedlichen Formationen der Kulturproduktion zurückführen. Hierunter versteht WILLIAMS (1981, S. 57ff) Organisationen oder Gruppierungen von Kulturschaffenden, wie etwa künstlerische Bewegungen oder Schulen, die auf formaler Mitgliedschaft, inhaltlicher Übereinstimmung oder künstlerischer Zusammenarbeit fundieren können.

Schließlich beinhaltet WILLIAMS' Konzept des kulturellen Materialismus die Grundkategorie der kulturellen Form, mit der kommunikative Gattungen oder Genres bezeichnet werden, wie etwa Liebesroman, Quizshow, Western etc. Sie stellen ein kollektives Element dar, indem sie Kultur-Produzenten bestimmte Leitlinien vorgeben und auf das Vorverständnis der Rezipienten wirken, mit dem einem Kulturobjekt begegnet wird. Zugleich sind Formen auch individuelle Elemente, weil Kulturschaffende die Konventionen einer Form jedes Mal im Produktionsprozess neu umsetzen und sich in der Reproduktion von Formen bewusst für Grenzüberschreitungen und Neuinterpretationen der durch die Formen vorgegebenen Standards entscheiden können.

Für die Auseinandersetzungen der *cultural studies* mit den Vorgängen der Medienrezeption ist ein Konzept medialer Kommunikation von grundlegender Bedeutung, das ähnliche Freiheitsgrade auch dem Prozess der Rezeption bzw. Dekodierung von Medieninhalten zuspricht. Ein derartiges Modell entwickelt HALL (1980a) mit dem Encoding/Decoding-Ansatz (Abbildung 17), dem eine Auseinandersetzung mit anderen zeitgenössischen Vorstellungen von der Aufnahme medialer Botschaften vorausgeht. Stimulus-Response-Modelle zur Beschreibung von Kommunikationsprozessen lehnt HALL als behavioristische und grob vereinfachende Vorstellungen ab. Deren lineare und kausale Konzeption, in der die „direkten" Wirkungen eindeutiger Medientexte gleichsam als Reiz-Reaktionen eines Menschen aufgefasst werden, verkennt die in HALLS Kulturverständnis zentrale Rolle der Aneignung medialer Inhalte, die als komplexer und soziokulturell kontextualisierter Vorgang anzusehen ist (vgl. HALL 1980b, S. 117). Ebenso einseitig erscheint HALL die Auffassung des *uses-and-gratifications*-Ansatzes (vgl. Überblick und Adaption in Form eines „Nutzenansatzes" bei RENCKSTORF 1989), der ausgehend von der Erkenntnis, dass sich Rezipienten aktiv mit Medientexten auseinandersetzen, die Mediennutzung als zielgerichtete Suche nach medialen Informationen auffasst. Medienkonsum ausschließlich als die Nutzen stiftende Befriedigung individueller Bedürfnisse und Motive zu begreifen und nur noch danach zu fragen, auf welche Arten das Publikum bestimmte Medien zur Bedürfnis-Gratifikation verwendet („what do people do with media?"), blendet jedoch die Einflüsse der Medieninhalte auf die Zuschauer vollkommen aus. Schließlich wird auch der psychoanalytische Ansatz der Screen-Theorie von HALL als unzulässig einseitige Konzeption des Verhältnisses von Medientext und Rezeption betrachtet (HALL 1980c). Sie geht davon aus, dass Medientexte ihre Rezipienten unabhängig von deren soziokulturellen und historischen Kontexten in gleichförmiger Weise so „positionieren", dass sie „in die Subjektposition einer unproblematischen Identifikation mit den Medieninhalten versetzt werden" (HEPP ²2004, S. 111). Die Positionierung der Betrachter eröffnet einen psychoanalytischen Zugang zu den in der Medienrezeption unterbewusst ablaufenden Prozessen; allerdings negiert die Screen-Theorie die enorme Varianz, die individuelle wie soziale Komponenten in der Subjektpositionierung in Relation zu Medientexten verursachen.

In Abgrenzung von diesen als einseitig kritisierten Modellen der Medienwirkung betont das Encoding-Decoding-Modell von HALL die Gleichwertigkeit der Prozesse der Medienproduktion und –konsumtion. Beide Prozesse sind von spezifischen Rahmenbedingungen geprägt, die als expliziter Bestandteil von Medienanalysen zu beachten sind. So sind im Produktionsprozess etwa die technologischen Möglichkeiten, Konventionen und branchenüblichen Standards und die organisatorischen und institutionellen Strukturen der Medienindustrie zu beachten, die den Vorgang des *encoding*, des Festhaltens bestimmter Sinnstrukturen in Form eines medialen Programms, wesentlich beeinflussen. Gleiches gilt für den Prozess des Dekodierens einer medialen Botschaft, der Aneignung einer sinnhaften Botschaft in eine interpretierte oder verstandene Sinnstruktur, die für HALL (1980a, S. 130) erst die Voraussetzung dafür bildet, dass Medieninhalte wie auch immer geartete Einflüsse auf Rezipienten haben können: „Before this message can have an 'effect' (however defined), satisfy a 'need' or be put to a 'use', it must first be appropriated as a meaningful discourse and be meaningfully decoded." Durch die Unterschiede der technischen und institutionellen Rahmenbedingungen und durch individuelle Komponenten ist der Gesamtvorgang von Produktion und Rezeption mit einem Mindestmaß an Asymmetrie behaftet; die kodierten Sinnstrukturen 1 der Medienproduktion und die dekodierten Strukturen 2 sind nicht als identisch anzusehen.

Abb. 17: Encoding/Decoding nach Hall

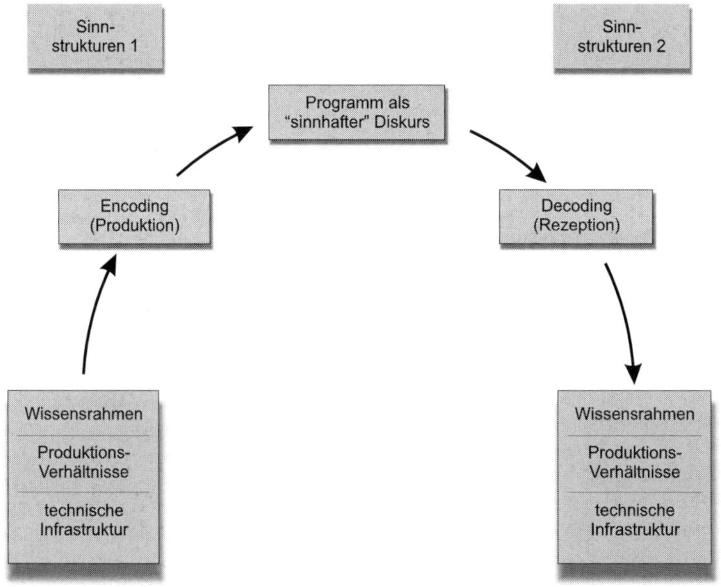

Quelle: eigene Darstellung nach HALL 1980a, S. 130

Für den analytischen Umgang mit den Prozessen der Medien-Dekodierung entwickelt HALL eine Kategorisierung, die die Aneignungen eines Medientextes in favorisierte, ausgehandelte oder oppositionelle Lesarten unterscheidet. Die Voraussetzung für derartige Differenzen liegt für HALL (1980a, S. 134) in der Polysemie der medialen Programme, deren kodierte Zeichen unter Anwendung eines kulturellen Meta-Codes hinsichtlich ihrer Konnotationen entschlüsselt werden. Die gesellschaftlichen Normierungen, wie Ereignisse oder Medieninhalte zu „lesen" sind, können im Wesentlichen als übereinstimmend mit Vorgaben diskursiver Formationen betrachtet werden (vgl. Abschnitt 5.3.2). Als „favorisierte Lesart" ist die Aneignung eines Medieninhaltes streng genommen nur für den idealtypischen Fall vollkommen transparenter Kommunikation zu bezeichnen, für den eine vollständige Übereinstimmung zwischen den diskursiven Codes der Produktion und Rezeption vorliegt. Eine vollkommene Gleichheit zwischen Medienproduzenten und Publikum ist jedoch im Regelfall nicht anzutreffen. Ebenso muss hinterfragt werden, wie die Codes der Medienproduzenten mit anderen dominanten Codes der Wirklichkeitsdefinition einer Gesellschaft in Beziehung stehen – eine medial dominante Interpretation eines Sachverhaltes kann von den z.B. politisch oder ökonomisch fundierten gesellschaftlichen Interpretations-Hegemonien zumindest solange auch abweichen, wie eine vollkommene Integration von Kultur und Medien in die ökonomisch-politische Sphäre nicht gegeben ist.

Als „ausgehandelte Lesart" spricht HALL diejenigen Fälle an, in denen dominante Formen der Ereignis- und Medieninterpretation zwar weitestgehend von einem Rezipienten geteilt werden, dieser jedoch die Medieninhalte einer situativen und auf seinen lebensweltlichen Bereich beschränkten Logik folgend teils in abweichender Weise dekodiert bzw. verwendet. Demgegenüber setzt eine „oppositionelle Lesart" eines Medientextes voraus, dass ein Rezipient einen medialen Inhalt zunächst innerhalb des dominanten Codes „versteht" und damit als interessengeleitete und kontextabhängig codierte Aussage „demaskiert". Der eigenen Position des Rezipienten entsprechend werden die dekodierten Medieninhalte dann in einem alternativen Bezugscode re-kontextualisiert, wodurch im Extremfall eine diametral oppositionelle Interpretation eines Medientextes im Vergleich zu den der Codierung zugrunde liegenden Sinnstrukturen resultieren kann (vgl. HEPP [2]2004, S. 114ff).

Mit dem Encoding-Decoding-Modell ist ein wesentlicher Ausgangspunkt für die empirischen Rezeptionsstudien der *cultural studies* gegeben, nach deren Grundverständnis Medienrezeption sich am ehesten als alltägliche Aneignungspraxis von kompetenten Mediennutzern auffassen lässt. Die Formulierung der „alltäglichen Aneignungspraxis" greift dabei auf die von DE CERTEAU (1988) dargelegte Kritik an FOUCAULTS übermäßig deterministischer Vorstellung von den gesellschaftlichen Kontrollmechanismen zurück. In den alltäglichen Praktiken der Aneignung, durch die sich Konsumenten sowohl Produkte als auch Medientexte zu Eigen und zu Teilen ihres kulturellen Eigentums machen, liegt für DE CERTEAU (1988, S. 13) immer auch ein Mindestgrad an unkontrollierbarer Deutungsfreiheit, durch die sich Aneignungspraktiken fundamental von einer rein passiven Rezeption im Sinne eines Ausgesetztseins oder einer Assimilation an vorgegebene Inhalte und Bedeutungen unterscheiden (vgl. HEPP 1998).

In den qualitativen Rezipienteninterviews der vorliegenden Untersuchung steht der Prozess der Medienaneignung im speziellen Kontext der alltäglichen Raumvorstellungen über die Städte Berlin und New York im Mittelpunkt (Kapitel 9). Aus einer Formulierung von HEPP wird deutlich, dass mit dem Vorgang der aktiven Medienaneignung eben jene Verknüpfung zwischen räumlich-subjektiv positioniertem Medienkonsum und alltäglichem (Stadt-)Leben konzeptionell erfasst ist, die in DEARS „Theorie des Filmraums" (Abbildung 1) als Doppelpfeil zwischen der „*urban matrix*" des Alltags und der filmischen „*cartographic matrix*" angedeutet ist. Die Aneignung von Medieninhalten kann nämlich aufgefasst werden als „Vermittlungsprozess zwischen den in spezifischen Diskursen lokalisierten Medieninhalten einerseits und den ebenfalls diskursiv vermittelten, alltagsweltlichen Lebenszusammenhängen der Nutzerinnen und Nutzer andererseits" (HEPP ²2004, S. 164). Für die Bearbeitung der Forschungsfrage, wie filmische Stadtinszenierungen dekodiert und in die alltagsweltlichen Lebenszusammenhänge, genauer gesagt in die alltägliche Raumvorstellung bestimmter urbaner Räume eingebunden werden, können neben dem konzeptionellen Grundverständnis von Medienaneignung auch die methodischen Zugänge der *cultural studies* als Ausgangspunkt der eigenen Überlegungen dienen. Aus der Ablehnung psychologischer Modelle und Methodiken der Medienwirkungsforschung heraus haben Aneignungsstudien der *cultural studies* (z.B. MORLEY 1980, HOBSON 1982, ANG 1986, BUCKINGHAM 1987) empirische Zugänge zur Medienaneignung gewählt, die dem methodischen Handwerkszeug der qualitativen Sozialforschung entsprechen und meist auf der Selbstreflexion der Befragten basieren (vgl. MORLEY 1992). Mit der Ausnahme von Untersuchungen, die den Prozessen der Medienaneignung in ihren „natürlichen" Kontexten (z.B. in den Wohnungen der Untersuchungsteilnehmer) mittels teilnehmender Beobachtung nachgehen (u.a. HOBSON 1982), sind Gruppendiskussionen, qualitative Tiefeninterviews und die Analyse von schriftlichen Reflexionen der Untersuchungspersonen über ihren alltäglichen Umgang mit Medien wesentliche methodische Vorgehensweisen der *cultural studies*.

Mit ähnlichen methodischen Zugängen lässt sich folglich auch aus der Perspektive der sozialwissenschaftlichen Geographie der alltägliche Medienumgang nachvollziehen, wobei in der vorliegenden Untersuchung die spezielle alltägliche Verknüpfung zwischen filmischen Stadtbildern und den allgemeinen Raumvorstellungen zur Diskussion steht. Tendenziell im Hintergrund werden dabei eine Reihe von Themenfeldern stehen, die die Aneignungsstudien der *cultural studies* maßgeblich geprägt haben – so z.B. die Beschreibung von klassen-, geschlechts- und ethnienspezifischen Dekodierungen, die Zusammenhänge zwischen Medienaneignung und Identitätsprozessen oder gruppeninterne Prozesse des Redens über Medieninhalte, wie sie in Familien oder Freundeskreisen ablaufen.

Wenn mit dem Ansatz der qualitativen sozialwissenschaftlichen Rezeptionsforschung in Anlehnung an die *cultural studies* ein spezifisches Vorgehen der Medienwirkungsforschung gewählt wird, so geschieht dies v.a. aufgrund dieser forschungstheoretischen und -praktischen Anknüpfungspunkte. Die Selektivität der gewählten Zugangsweise, die z.B. medienpsychologische Perspektiven auf diesen Forschungsgegenstand aufgrund der gegebenen fachlichen Inkompatibilitäten ausblendet (vgl. z.B. GROEBEL/WINTERHOFF-SPURK 1989, MERTEN 1994, WINTERHOFF-SPURK ²2004), geschieht ebenso bewusst wie die Reduktion des Themenfeldes, das die vorliegende Arbeit im Vergleich zu den Forderungen der *cultural studies* aus pragmatischen Gründen vornimmt. Wenn LESCHKE (2003, S. 200) ein „Votum für komplexe Analysen der Populärkultur statt ihrer schlichten Verdammung" als ein Grundprinzip der *cultural studies* ausmacht, dann lässt sich dies sowohl auf konzeptionelle Grundlagen wie das Encoding-Decoding-Modell zurückführen als auch in vielen empirischen Studien nachvollziehen. Der Forderung nach Komplexität wäre demnach erst Genüge getan, wenn die diskursiven Rahmenbedingungen der Medienproduktion ebenso in die Untersuchung aufgenommen würden wie die Analyse medialer Inhalte und ihrer kontextualisierten Aneignung durch das Publikum bzw. Teilpublika mit spezifischen Aneignungsmustern. Eine alternative Verdeutlichung der komplexen Wechselbeziehungen zwischen Kulturproduktion, Kulturprodukt, Rezeption, Rezipienten und gesellschaftlichen Rahmenbedingungen, die als Dynamisierung und Erweiterung der von HALL erfassten Produktions- und Rezeptionskontexte (vgl. Abbildung 17) angesehen werden kann, ist mit dem „Kreislauf der Kultur" von DU GAY et al. (DU GAY et al. 1996, vgl. DU GAY 1997, siehe Abbildung 18) entwickelt worden. Ohne einen fixierten Startpunkt in der kulturtheoretisch fundierten interpretativen Auseinandersetzung mit Medien vorzugeben, illustriert dieser Kreislauf die wechselseitig verknüpften Elemente, die eine umfassende Medienanalyse nach Ansicht von DU GAY et al. zu beachten hat: Die Bedeutungen und Sinngehalte, die ein Medienprodukt repräsentiert, die mit ihm verbundene Konstruktion von Identität, die Prozesse der Produktion und Rezeption von Medieninhalten sowie die Mechanismen gesellschaftlich-diskursiver Regulierung der genannten Vorgänge und Bedeutungszuschreibungen.

Abb. 18: Kreislauf der Kultur

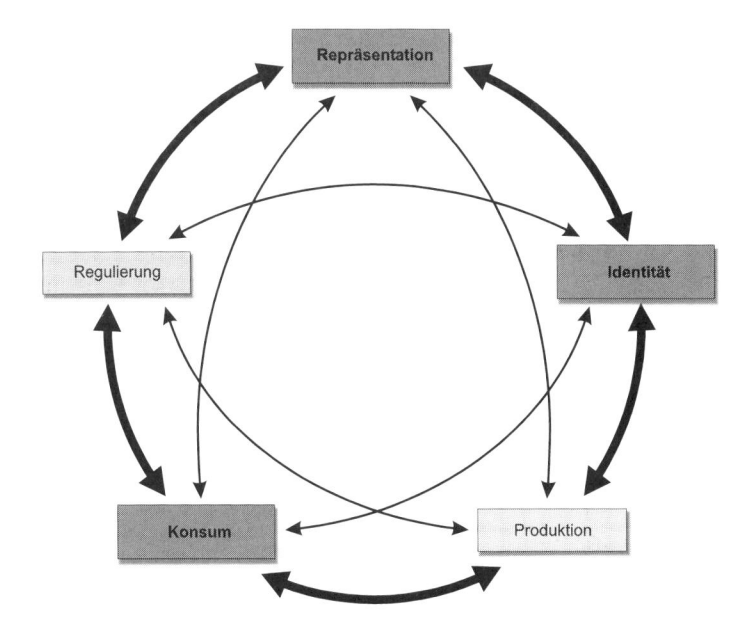

Quelle: eigene Darstellung nach DU GAY 1997, S. 3

In der vorliegenden Untersuchung wird – aus pragmatischen Überlegungen über die Umsetzbarkeit im Forschungsprozess heraus – nur eine Auswahl an Elementen aus dem skizzierten Kulturkreislauf diskutiert. Nur in sehr eingeschränktem Umfang kommen die Produktionsprozesse und Regulationsmechanismen des Kulturzyklus zur Sprache. Lediglich in der Gegenüberstellung von filmischen Stadtbildern und einer genetisch-strukturorientierten Charakterisierung der inszenierten Stadtviertel von New York (siehe Abschnitt 9.3.1) klingt die Frage an, wie die Produktionsprozesse eines Films den städtischen Raum aufnehmen und umgestalten, und welche regulativen Einflüsse – z.B. der filmtechnischen Standards, der narrativen Konventionen, der Erwartungen über das Publikum – hierfür eine Rolle spielen. Eine stärkere Beachtung der Fragestellung, warum und mit welchen Mitteln die kollektiven Akteure der Filmproduktion städtischen Räumen eine bestimmte Bedeutung zuweisen, wurde aufgrund von zwei Überlegungen nicht verfolgt: Zum einen stellt eine derart autoren- bzw. regisseurzentrierte Betrachtung unter Einschluss der gesamten Regulierungszusammenhänge, die sich aus den Logiken der Filmindustrie und den Traditionen der Filmgeschichte ergeben, eine derart umfangreiche filmwissenschaftliche Zugangsweise zu Stadtfilmen dar, dass sie im Rahmen und vor dem Hintergrund des spezifischen Forschungsinteresses der vorliegenden Untersuchung nicht adäquat geleistet werden könnte. Zum anderen legt die Grundfrage nach den Verknüpfungen zwischen Medieninhalten und alltäglichem Stadtleben eine Position nahe, die erst mit der Aneignung und Bedeutungszuweisung zu Medientexten ihre Relevanz für alltägliche Lebenszusammenhänge gegeben sieht. Damit soll nicht einer Vernachlässigung bestimmbarer medialer Einflüsse auf die Konsumenten das Wort geredet werden, sondern eine Begründung dafür geliefert werden, warum den Wechselbeziehungen zwischen Konsumtion und filmischem Stadtbild mehr Aufmerksamkeit geschenkt wird als dem Produktionsprozess. Warum und wie bestimmte städtische Filmbilder entstanden sind, ist nur in sehr geringerem Umfang relevant dafür, wie die Stadtinszenierungen dann von den Medienrezipienten angeeignet und in alltägliche Zusammenhänge integriert werden. Die Verknüpfungen zwischen Medienkonsum und alltäglichen Raumvorstellungen, die durch den Vorgang der konsumtiven Aneignung und Bedeutungszuweisung zu Medientexten konstituiert werden, sind mit den Ergebnissen der qualitativen Rezipienteninterviews in Kapitel 9 dargestellt. Dabei kommen sowohl die Charakterisierungen und Identitätszuweisungen zur Sprache, die im alltäglich-medialen Kontext zu Räumen und ihren Einwohnern vorgenommen werden, als auch die Selbst-Identifizierung, die Menschen als Rezipienten im Umgang mit Medien entwickeln, indem sie sich selektiv und interpretierend bestimmte Medieninhalte aneignen, die in lebensweltliche Wahrnehmungs-, Interpretations- und Handlungsschemata eingebaut werden.

8. FILMSTÄDTE I: FILMINTERPRETATION ALS STADTFORSCHUNG

Vor der Interpretation der filmischen Stadtdarstellungen in ausgewählten Beispielfilmen zu Berlin und New York ist darauf einzugehen, wie Geographen den fachfremden Arbeitsvorgang der Filmanalyse und Filminterpretation angehen können. Angesichts der in der vorliegenden Arbeit verfolgten Fragestellung, die den räumlichen Bedeutungen nachgeht, die Filme für ausgewählte Stadträume entwickeln, kann eine „geographische" Filminterpretation als eine Anwendung filmanalytischer Arbeitsmethoden in der Bearbeitung einer räumlich-geographischen Interpretationsperspektive betrachtet werden. Hierzu werden zunächst Grundzüge der Filmanalyse und Filminterpretation skizziert und dann in den Kontext geographischer Fragestellungen gestellt. Im Anschluss wird die Auswahl der Beispielstädte Berlin und New York anhand der besonderen Stellung dieser Metropolen als führende Filmstädte ihrer Länder hergeleitet und die Selektion der Beispielfilme erläutert.

8.1. GRUNDZÜGE DER FILMANALYSE

Im Laufe der Entwicklungsgeschichte der Filmtheorie und Filmwissenschaften hat sich ein vielseitiges Instrumentarium der Filmanalyse herausgebildet, das in Grundzügen im Folgenden skizziert werden soll. Die Methoden der Filmanalyse stellen ein Arsenal filmwissenschaftlichen Handwerkszeuges dar, das im Rahmen dieser Arbeit den besonderen Erkenntniszielen entsprechend adaptiert und selektiv angewandt wird. Eine derartige Selektivität ist notwendig angesichts eines Untersuchungsgegenstandes, dessen akademische Aufarbeitung, wie KORTE (^{2}2001, S. 7) anmerkt, infolge des Booms der Film- und Medienwissenschaften von einer enormen Perspektiven- und Methodenvielfalt geprägt ist. Zugleich hätten die Filmwissenschaften „in den verwendeten Terminologien und Methoden aber ihren Konglomeratcharakter noch kaum überwunden."

Die folgenden Ausführungen basieren im Wesentlichen auf Beiträgen aus den Film- und Medienwissenschaften, für die mit Werken wie FAULSTICH (1988), KORTE (^{2}2001), MONACO (^{4}2002) und HICKETHIER (^{3}2001) lehrbuchartige Überblicksdarstellungen existieren. Darüber hinaus ist festzuhalten, dass auch in der Geographie mit dem Lehrbuch von ROSE (2001) eine Aufarbeitung von medienwissenschaftlichen Arbeitstechniken vorliegt, unter denen neben unterschiedlichen Ansätzen der Bildinterpretation auch den Methodiken der Filmanalyse besondere Aufmerksamkeit zukommt.

Die wissenschaftliche Auseinandersetzung mit dem Gegenstand Film kann im Wesentlichen auf zwei Analyseebenen erfolgen. Auf der einen Seite stehen Ansätze, bei denen ein Film als in sich geschlossenes Kunstwerk im Mittelpunkt des Interesses steht. Diese Perspektive der Filmanalyse lässt sich auf die Frühphase der Filmgeschichte und der Filmtheorie zurückführen, in der die Kunstform Film zunächst hinsichtlich ihrer Charakteristika im Vergleich zu bestehenden bildenden und darstellenden Künsten positioniert wurde (LESCHKE 2003, S. 23). Auf der Einordnung des Films in das System der Künste basiert auch heute noch eine Begründung für die akademische Auseinandersetzung mit Film. Eine werkimmanente Betrachtungsweise wird so z.B. von FAULSTICH (2002, S. 16f) mit dem Stellenwert von Film als eigenständigem literarischem Kunstwerk begründet, dessen Inhalte und Gestaltungsmuster medienwissenschaftlich aufzuarbeiten seien. Darüber hinaus werden auch in den Standardwerken zur Filmanalyse in vermehrtem Umfang die Kontexte der Filmproduktion und Rezeption als notwendige Erweiterung des medienwissenschaftlichen Umgangs mit Filmen thematisiert, die im Kontext der *cultural studies* bereits dargestellt wurden. Damit wird eine Verengung des Forschungsgegenstandes und wissenschaftlichen Zugangs zu Filmen zunehmend aufgehoben, deren Überwindung TURNER (^{3}1999, S. 2) in seinem 1988 zuerst erschienenen *Film as Social Practice* zum Ausgangspunkt seiner Überlegungen macht.

> „[F]ilm studies have largely been dominated by one perspective – aesthetic analysis in which film's ability to become art through its reproduction and arrangement of sound and images is the subject of attention. This book breaks with this tradition in order to study film as entertainment, as narrative, as cultural event."

Der Gegenstand der Filmanalyse wird auch in den deutschsprachigen Filmwissenschaften in der Einbettung filmischer Inszenierungen in die sozialen, politisch-ökonomischen und kulturellen Kontexte von Produktion und Rezeption aufgefasst. So unterscheidet KORTE (^{2}2001, S. 21ff) vier Dimensionen der Filmanalyse. Die „Filmrealität" ist demnach mittels einer immanenten Bestandsaufnahme „aller im Film selbst feststellbaren Daten" zu erfassen, worunter inhaltliche, formale, handlungsbezogene und produktionstechnische Aspekte verstanden werden. Auf dieser Ebene kommen die Arbeitstechniken der Filmanalyse zum Einsatz, die im Folgenden dargestellt werden. Als „Bedingungsrealität" bezeichnet KORTE die Faktoren des Entstehungskontextes, die in Übereinstimmung mit den Produktionskontexten in HALLS Encoding/Decoding-Modell (vgl. Abbildung 17) als Einflussfaktoren auf Themenwahl, Gestaltungsart und Aussageintention eines Films angesehen werden. Die dritte Analyseebene der „Wirkungsrealität" weicht dagegen von den Vorstellungen der *cultural studies* ab. Nicht die Erhebung individueller Aneignungspraktiken versteht KORTE (^{2}2001, S. 24) als Wirkung von Filmen, sondern neben strukturellen Dimensionen wie Zuschauerzahlen, Publikumsstruktur oder Laufzeiten eines Films in der Kinoverwertung vor allem die Aufbereitung der historischen Rezeption durch Filmkritik und Fachöffentlichkeit. Die vierte Dimension der Filmanalyse stellt die „Bezugsrealität" eines Films dar. Hierunter versteht KORTE die Gegenüberstellung der filmischen Inszenierung mit dem „gemeinten" Inhalt seiner Darstellung. Aussagen zur Bezugsrealität sollen klären, in welchem Verhältnis „die filmische Darstellung zur realen Bedeutung des gemeinten Problems, zu den zugrundeliegenden (historischen) Ereignissen" steht (KORTE ²2001, S. 24). In diskurstheoretischer Umformulierung liegt hier eine Entsprechung zur Position der *cultural studies* vor, die der Einbettung des Encoding-Vorganges in den Wissensrahmen der diskursiven Formation einer Gesellschaft Aufmerksamkeit schenkt.

Als Voraussetzung für eine „geordnete Rede" über den Gegenstand Film sieht KANZOG (1991, S. 152ff) den Rückbezug wissenschaftlicher Aussagen über Filme auf Erkenntnisse, die mittels anerkannter Methoden der Filmanalyse gewonnen werden. Durch eine „Vorrangigkeit des Produktes" (1991, S. 154) unterscheidet sich Filmwissenschaft von den Zugängen der Filmkritik und der popularmedialen Berichterstattung über Film, die dem Prinzip der assoziativen Verknüpfung folgen und auf der subjektiven Selektion der angesprochenen Filminhalte durch einen Autor basieren. Demgegenüber sind für wissenschaftliche Zugänge zu Filmen zwei Vorgehensweisen dafür relevant, dass belastbare Aussagen über filmische Inhalte analytisch gewonnen und für eine Interpretation des Films herangezogen werden können. Zum einen geben entsprechende Standardwerke zur Filmanalyse einen Rahmen vor, welche inhaltlichen und formalen Aspekte in einer Filmanalyse festgehalten werden, zum anderen dienen Verfahren zur schriftlichen Fixierung filmischer Inhalte dazu, eine intersubjektiv nachvollziehbare Referenz für die interpretative Erschließung eines Films zu entwickeln.

Die Bedeutung einer Fixierung des temporären Filmerlebens in Form eines Filmprotokolls wird von vielen Filmwissenschaftlern als notwendige Voraussetzung für wissenschaftliche Reflexionen unterstrichen (vgl. z.B. FAULSTICH 1988, S. 17, KANZOG 1991, S. 135, KORTE ²2001, S. 45ff). Allerdings gehen die Einschätzungen darüber auseinander, in welcher Detailliertheit die Filmtranskription zu erfolgen hat. So verweist HICKETHIER (³2001, S. 36) darauf, dass die besondere Stellung des Filmprotokolls aus den Einschränkungen erwuchsen, mit denen Filmwissenschaftler vor der Durchsetzung des Video- und später des DVD-Formates konfrontiert waren. Mittlerweile sei durch die unmittelbare Verfügbarkeit von Filmen, die im Verlauf einer Untersuchung mehrmals intensiv gesehen werden können, die Notwendigkeit zu einer minutiösen und detaillierten Transkription hinfällig geworden. Dies gelte insbesondere für sog. Einstellungsprotokolle, die jede Einstellung eines Films, d.h. jede einzelne der durch Schnitte abgegrenzten kleinsten Analyseeinheiten eines Films, hinsichtlich inhaltlicher und formaler Gestaltung festhalten und aufgrund der großen Anzahl von Einstellungen in einem Spielfilm bereits bei geringer Informationstiefe einen Umfang von 100 bis 150 Seiten erreichen können (vgl. HICKETHIER ³2001, S. 37). Als Ausweg empfiehlt HICKETHIER (³2001, S. 38) die Beschränkung der detaillierten Einstellungstranskription auf Schlüsselsequenzen eines Films und die Erfassung der filmischen Gesamtstruktur mit Hilfe eines Sequenzprotokolls. Aus HICKETHIERS (³2001, S. 38f) Definition einer Filmsequenz lässt sich ableiten, dass diese Vorgehensweise insbesondere auch im Hinblick auf die Auseinandersetzung mit räumlichen Bedeutungszuweisungen in Filmen geeignet ist:

Als Sequenz wird dabei eine Handlungseinheit verstanden, die zumeist mehrere Einstellungen umfasst und sich durch ein Handlungskontinuum von anderen Handlungseinheiten unterscheidet. In der Regel werden Handlungseinheiten durch einen Ortswechsel, eine Veränderung der Figurenkonstellation und durch einen Wechsel in der erzählten Zeit bzw. der Erzählzeit markiert.

Die Festlegung von Filmsequenzen anhand der räumlichen Kontexte der Handlung macht ein Sequenzprotokoll zur geeigneten Grundlage für die geographischen Fragestellungen folgende Filminterpretation. Die Festlegung der zu protokollierenden Inhalte erfolgt in Anlehnung an das spezifische Erkenntnisinteresse und widmet sich mit größerer Intensität den räumlichen Inhalten, während die Verwendung filmischer Gestaltungsmittel in den Hintergrund rückt. Ein Auszug aus dem Sequenzprotokoll eines Beispielfilms ist zur Illustration der Vorgehensweise im Anhang beigefügt (siehe Abschnitt 11.4.1).

Die Themenkataloge einer strukturellen Filmanalyse variieren in Einzelfragen in den verschiedenen Standardwerken der Filmwissenschaften, zeigen jedoch eine gemeinsame Betonung der visuellen Elemente des Films und seiner spezifischen Gestaltung und Bauformen (vgl. KORTE ²2001, S. 26ff, HICKETHIER ³2001, S. 42ff, FAULSTICH 2002). Bei der einzelnen Einstellung als kleinster filmischer Einheit beginnend lassen sich die Einstellungsgrößen festhalten, die von der intimen Ebene der Detailaufnahme über mittlere Einstellungsgrößen, die z.B. den Protagonisten in seiner räumlichen Umgebung erkennbar machen, bis hin zu panoramatischen Weitaufnahmen reichen (vgl. KORTE ²2001, S. 27ff). Ebenfalls innerhalb einzelner Einstellungen unterscheiden sich Kameraperspektiven in Normalsicht auf Augenhöhe der Akteure, Untersicht und Vogelperspektive, die zusammen mit den Einstellungsgrößen wesentlich für die Ausbildung einer Relation von Distanz und Nähe zwischen Filmcharakteren und Zuschauern sind und zugleich die Position der Akteure in ihrem Umfeld andeuten. Auch durch die Bewegungen der Kamera und Veränderungen des Zoom-Verhaltens lassen sich Beziehungen zwischen Handelnden und ihren räumlichen Kontexten symbolisieren. Neben vertikalen und horizontalen Kameraschwenks sind insbesondere Parallel- und Verfolgungsfahrten sowie Vorwärts- und Rückfahrten der Kamera in Relation zu den Akteuren als unterschiedliche Möglichkeiten von Relevanz, durch die die *mise-en-scène*, die Einbettung der Charaktere in den Rahmen des Filmbildes und seines inszenierten Raumes mit unterschiedlichen Gestaltungsmustern thematisch gesteuert werden kann (vgl. HICKETHIER ³2001, S. 62ff). Eine weitere Analysekategorie, die auf der Ebene der einzelnen Einstellung ebenso angesiedelt ist wie im Themenkreis der Zusammenfügung von Einstellungen zu einem kontinuierlichen Filmverlauf durch unterschiedliche Montagetechniken, ist das Verhältnis von Handlungsachsen des Films und der Sichtachse des Zuschauers. Besonders in der Gestaltung von Dialogen existieren sowohl verbreitete Normen wie das sog. Schuss-Gegenschuss-Verfahren, bei dem jeweils einer der Gesprächspartner im 45-Grad-Winkel über die Schulter des Gegenübers gefilmt wird, als auch bedeutsame Abweichungen von derartigen Konventionen, durch die eine besondere inhaltliche Bedeutung eines Dialogs unterstrichen werden kann. Ein Beispiel hierfür sind die Unterschiede zwischen der Inszenierung der Schlusssequenz aus *Manhattan* (siehe Abbildung 58b), deren distanzierte Konversation im traditionellen Schuss-Gegenschuss gestaltet ist, und der Abschlusssequenz von *Smoke* (Abbildung 73c und 73d), in der dieses Arrangement zur Betonung der emotional-intellektuellen Tiefe des Gespräches in extreme Nahaufnahmen von Sprecher und Zuhörer aufgelöst wird.

Für die Entstehung eines kontinuierlichen Wahrnehmungs- und Handlungsstromes in einem Film ist die Anordnung einzelner Einstellungen zu Sequenzen und deren Zusammenfügung zum Gesamtwerk des Films von entscheidender Bedeutung. Demzufolge kommt den Möglichkeiten und Gestaltungsprinzipien der Filmmontage im Rahmen der strukturellen Filmanalyse besondere Aufmerksamkeit zu (vgl. HICKETHIER ³2001, S. 144ff). Neben dem insbesondere in klassischen US-amerikanischen Filmen als Standard eingesetzten „unsichtbaren" Schnitt, der für den Betrachter nicht bewusst auffällig sein soll und damit die Kontinuität der Übergänge zwischen Einstellungen betont (HICKETHIER ³2001, S. 149f), werden sog. „harte" Schnitte ebenso wie Überblendungen zwischen Einstellungen oder Auf- und Abblenden zur Betonung von thematischen Brüchen und zur Abgrenzung einzelner Handlungsstränge eines Films eingesetzt.

Im Vergleich zu den visuellen Filmelementen und ihrer Gestaltung werden die auditiven Inhalte weniger intensiv analytisch aufgearbeitet (vgl. MONACO ⁴2002, S. 215). Dies entspricht zum einen der Dominanz visueller Wahrnehmung im Filmerleben, zum anderen wurden die visuellen Gestaltungspotentiale des Films von Beginn an als die zentralen Alleinstellungsmerkmale des Mediums und daher als zentrales cinematographisches wie filmwissenschaftliches Problem angesehen (HICKETHIER ³2001, S. 94). Für die raumorientierte Fragestellung der vorliegenden Untersuchung sind ebenfalls die visuellen Elemente von Filmen entscheidend, was nicht zuletzt in der Dominanz deutlich wird, mit der Rezipienten in der Reflexion filmischer Stadtdarstellungen das Filmbild thematisieren. Trotzdem lässt sich feststellen, dass insbesondere Filmmusik die emotionale Aufnahme von Filmbildern wesentlich beeinflusst und zusammen mit der Geräuschkulisse einer städtischen Filmszenerie deren Wahrnehmung lenkt.

Nicht zuletzt kann darauf verwiesen werden, dass mit den Äußerungen der handelnden Filmcharaktere ein zentraler Aspekt von Filmen ebenfalls auditiver Natur ist (MONACO ⁴2002, S. 215). Daher sind Ton und Bild auch in den Kategorien der Handlungs- und Akteursanalyse eng miteinander verbunden. Durch die Fokussierung der Rezeption auf die Filmhandlung und den zentralen Mechanismus der Identifikation mit den Filmcharakteren erweist sich die Ebene der Akteure auch im Hinblick auf die vorliegenden Fragestellungen als zentrales Element. So findet die Wahrnehmung des filmischen Stadtraumes in vielen Fällen in der Form statt, dass Rezipienten die räumlichen Kontexte und die über räumliche Inszenierungen vorgenommenen Charakterisierungen der Filmfiguren in den Mittelpunkt stellen. Im Umkehrschluss werden zudem Eigenschaften der Filmcharaktere als typische Elemente des räumlichen Settings reifiziert, was besonders für markante Filmfiguren wie den neurotischen Anti-Helden Woody Allen gilt.

Als selten beachtetes Spezialthema der Filmanalyse muss die Aufarbeitung der räumlichen Kontexte der Filmhandlung angesehen werden, die über die Ebene des „mechanischen Bildraumes" im Sinne des in einer Einstellung gezeigten Raumausschnittes hinausgeht (HICKETHIER ³2001, S. 70ff, vgl. FAULSTICH 2002). Die Konventionen des mechanischen Bildraumes sind darauf ausgerichtet, durch die Übertragung von alltäglichen Wahrnehmungskonventionen auf den Film eine Kontinuität des Raumerlebens herzustellen. „Der Raum wird als Kontinuität und Kohärenz des Abgebildeten stiftende Gewissheit vorausgesetzt, der Blick damit auf das, was innerhalb dieser Raumkonstituierung geschieht, gelenkt" (HICKETHIER ³2001, S. 71). Zu den räumlichen Gestaltungsnormen zählen u.a. die Einhaltung der Horizontausrichtung, die Statik der Stativkamera und die auf eine Bildmitte fokussierende Wirkung der zentralperspektivischen Projektion der Filmkamera. Abweichungen von diesen Konventionen des mechanischen Filmraumes sind damit gestalterische Möglichkeiten, besondere inhaltliche Aspekte durch Kameraverkantungen, unruhige Kameraführung oder bewusste Abweichungen von der Bildmitte zu betonen.

Abgesehen von Sonderfällen der filmischen Inszenierung von Architektur, die insbesondere am Beispiel der Stadtvisionen der 1920er Jahre ausführlicher diskutiert werden (vgl. Abbildung 14), wird der Funktion des Filmraumes als narrativem Element in der Filmanalyse relativ wenig Beachtung geschenkt. Es können zwei wesentliche Bedeutungsebenen des narrativen Filmraumes unterschieden werden, die in Ansätzen als Gegenstand der Filmanalyse diskutiert werden. Zum einen greift HICKETHIER (³2001, S. 84f) die von HEATH (1976) initiierte Diskussion über die Konstitution eines kontinuierlichen narrativen Filmraumes durch die Wahrnehmung des Betrachters auf. Hier wird der Filmraum als eigenständiges Element des Filmnarratives gesehen, der dadurch entsteht, dass im Prozess des Film-Sehens die einzelnen inszenierten Räume im Gedächtnis des Betrachters verschmelzen. Der so entstandene Filmraum ist daher ein subjektives Konstrukt, das keine Übereinstimmung mit realen Räumen aufweist. Der narrative Raum eines Betrachters ist für HICKETHIER (³2001, S. 84) „ein Raum, der im Grunde künstlich ist und keine Entsprechung in der Realität besitzt, der sich durch die Addition der Raumsegmente, die die einzelnen Einstellungen zeigen, vielfältig ausdehnt, und damit mehr als einen tatsächlich umschreibbaren Raum darstellt." Auch wenn die theoretische Trennung zwischen materiellen Stadträumen und den wahrgenommenen narrativen Filmräumen nachvollziehbar ist, so lässt sich im Kontext der Frage nach den Aneignungen räumlicher Filminhalte festhalten, dass der „künstliche", diegetische Filmraum im Aneignungsprozess durch die Betrachter in Beziehung zu den realweltlichen Räumen gesetzt wird, die als Umfeld der filmischen Handlung wahrnehmbar sind.

Dies gilt zum weiteren auch für die Überlegungen, die KANZOG (1991, S. 28ff) zur filminternen Zuordnung narrativer Räume zu einzelnen Charakteren anstellt. Ausgehend von der großen Bedeutung der Wechselbeziehung, in der einerseits filmische Rauminszenierungen für die Charakterisierung von Figuren verwendet werden, andererseits Wesenszüge von Protagonisten auf ihre räumliche Umgebung übertragen werden, formuliert KANZOG (1991, S. 30) ein „Raumordnungsverfahren", mit dem die Beziehungen zwischen Filmcharakteren und Filmräumen geregelt werden. Hierfür ist für KANZOG eine Reihe von grundlegenden Aspekten maßgeblich. Zum Ersten ist für jede Filmfigur eine feste Zuordnung zu einem bestimmten narrativen Raumausschnitt feststellbar – einzelne Charaktere stehen in fester Wechselbeziehung zu einem spezifischen narrativen Raum. Zweitens stellt ein spezifisches Prädikat der Filmcharaktere die Grundlage für die Zuordnung zu einem bestimmten narrativen Filmraum dar, die räumliche Festlegung wird somit zu einer qualifizierenden Aussage über eine Filmfigur. Besondere Beachtung erfordern schließlich diejenigen Figuren, die im Lauf einer Filmhandlung in der Lage sind, die fixierten Raumgrenzen ihres Zuordnungsbereiches zu überschreiten. Die für die Filmhandlung wesentlichen charakterlichen Entwicklungen und andere Dynamiken der Erzählung werden häufig mit derartigen „Verletzungen" des angestammten narrativen Filmraumes einer Filmfigur symbolisiert, so dass eine Entsprechung zwischen Filmhandlung und ihrer direkten räumlichen Symbolisierung aufgehoben und im Filmverlauf neu konfiguriert wird.

8.2. WAS IST „GEOGRAPHISCHE" FILMINTERPRETATION?

Die Methoden und Themenfelder der Filmanalyse werden weder in den Filmwissenschaften noch in anderen mit Filmen befassten Disziplinen als Selbstzweck betrachtet, sondern bilden die Grundlage für die Einbeziehung objektivierbarer Aussagen in die Interpretation eines Films. Mit den Verfahren der Filmanalyse werden die inhaltlichen und formalen Besonderheiten eines Films erfasst, deren Bedeutung sich jedoch erst durch die Wahl einer bestimmten Interpretationsperspektive erschließen lässt. FAULSTICH (1988) unterscheidet sechs Grundtypen der Filminterpretation, die das Material der Filmanalyse in sehr unterschiedliche Kontexte stellen.

– Als „strukturalistischen Zugriff" bezeichnet FAULSTICH eine Interpretationsperspektive, die auf der Basis eines Filmprotokolls den spezifischen Aufbau eines Films und die Relation seiner Teilelemente ermittelt und dabei der Handlung, den Filmfiguren, den filmischen Stilmitteln und der ideologischen Aussage nachgeht. Insgesamt wird die Annahme dieser Interpretationsrichtung, allein durch die Identifizierung von Strukturmerkmalen eines Films zu Aussagen über seine Bedeutung zu gelangen, von FAULSTICH kritisch eingeschätzt: Das nachvollziehbare „Zerlegen" eines Films in strukturelle Einheiten klammert die synthetische Interpretation entweder aus oder bleibt in der Zuordnung von inhaltlicher Bedeutung zu einzelnen Strukturelementen willkürlich (FAULSTICH 1988, S. 28).

– Der biographische Zugriff der Filminterpretation stellt die analysierten Merkmale eines Films in den Kontext anderer Werke eines Filmschaffenden und bezieht sich auf dessen Biographie, indem Konstanten und Fortentwicklungen von Thematiken, Charakteren und Stilmitteln thematisiert werden. Anders als in den Literaturwissenschaften muss im Film jedoch auf den kollektiven Charakter des Produktionsprozesses hingewiesen werden, wodurch sich auch die Differenzen zwischen der Aussageabsicht eines Regisseurs oder Drehbuchautors und dem filmischen Endprodukt vergrößern. Neben der Arbeitsintensität und psychologischen Orientierung dieses Ansatzes, die durch den Versuch bedingt sind, Querverbindungen zwischen biographischen Konstanten eines Regisseurs und seiner Werke zu finden, ist das „gefährliche Mißverständnis [...] der Annahme einer Einheit von Leben und Werk" für FAULSTICH (1988, S. 43) der größte Nachteil biographischer Filminterpretation.

- Die literar- oder filmhistorische Interpretation fokussiert auf die Traditionslinien und Fortentwicklungen, die zwischen einem Film und anderen Werken der Literatur- und Filmgeschichte bestehen. Dabei kann es sich zum einen um direkte literarische Vorlagen handeln, deren filmische Umsetzung in ihren markanten Differenzen interpretiert wird. Zum anderen können nur implizite Querbeziehungen zu anderen Werken vorliegen, deren Identifizierung die Gefahr der Zufälligkeit und Selektivität aufweist. Zudem seien nur für wenige Filme bedeutsame Querverweise zu literarischen und filmischen Impulsen nachweisbar, die über eine gemeinsame Genrezuordnung hinausgingen.

- Die genrespezifische Filminterpretation hält FAULSTICH für eine unterschätzte Interpretationsperspektive, anhand derer sich aus dem Spannungsverhältnis zwischen konstanten Genrekonventionen und individuellen Abweichungen die kontinuierliche Fortentwicklung des Films aufzeigen lässt (1988, S. 78ff, vgl. FAULSTICH 2002). Problematisch bleiben dagegen die Definition und Abgrenzung von Genres und die Ausblendung anderer Bedeutungsebenen, z.B. der historischen oder psychologischen Dimension von Filmen.

- Als erste von zwei im Kontext der vorliegenden Untersuchung zumindest partiell anschlussfähigen Interpretationsperspektiven erscheint FAULSTICHS „soziologische Filminterpretation". Sie lässt sich als übereinstimmend mit der Aufarbeitung des Encoding-Prozesses nach HALL auffassen und sieht einen Film als Ausdruck der gesellschaftlichen Kontexte seiner Entstehung, die FAULSTICH (1988, S. 56) allerdings auf die Ebene der gesellschaftlich relevanten Thematiken der Handlung reduziert. Neben einer Überbetonung gesellschaftlicher Zwänge sieht FAULSTICH die Gefahr in einer nicht explizierten politisch-ideologischen Aufladung von Filminterpretation, indem Wertungen über gesellschaftliche Sachverhalte implizit auf Filme als „Ausdruck" von gesellschaftlichen Kontexten übertragen werden.

- Die Parallele zwischen der psychologischen oder psychoanalytischen Filminterpretation und der in der vorliegenden Arbeit durchgeführten Aneignungsforschung liegt in der Konzentration auf die Rezeption von Filminhalten. Darüber hinaus jedoch ist die psychologische Interpretation von Filmen als „Traumerlebnissen", die über analytische Zugänge zur latenten Bewusstseinsebene des Rezipienten zugänglich sind, mit der auf die Verbalisierung vergangener Aneignungsprozesse ausgerichteten Aneignungsforschung sozialwissenschaftlicher Prägung inkompatibel. Der prinzipielle

Wert dieses Zugangs kommt nach FAULSTICH (1988, S. 75) insbesondere dann zum Tragen, wenn ein Film durchgehend über eine stark ausgeprägte latente Sinn-Ebene verfügt. Viele der ausgewählten Beispielfilme können jedoch so eingeschätzt werden, dass ihre psychoanalytisch zugängliche latente Sinnstruktur in ihrer Bedeutung deutlich hinter den expliziten Inhalten zurücksteht.

Neben den dargestellten Interpretationsperspektiven lässt sich eine „geographische" Filminterpretation dahingehend charakterisieren, dass die analysierten Elemente der filmischen Handlung, Figurengestaltung und Stilistik in den Kontext der Frage gestellt werden, welche Bedeutungen durch sie für einzelne inszenierte (Stadt-) Räume generiert werden. Das komplexe Geflecht von filmischen Raumbedeutungen kann in Zusammenhang mit anderen Interpretationsperspektiven thematisiert werden. Unter den ausgewählten Beispielfilmen zu Berlin und New York sind ALLENS *Manhattan*, SCORSESES *Taxi Driver* oder der von AUSTER geschriebene *Smoke* aufgrund des besonderen Umgangs mit der Stadt New York, der die Biographie der jeweiligen Filmschaffenden prägt, für eine Einbeziehung biographischer Interpretationsaspekte geeignet. Dagegen stehen bei Filmen aus ostdeutscher Produktion die Besonderheiten der gesellschaftlichen Produktionskontexte im Mittelpunkt, da diese für die filmische Bedeutung entscheidend sind und auch von den Rezipienten in besonderem Maße wahrgenommen werden. Genrespezifische Überlegungen prägen z.B. die Analyse der filmischen Raumdarstellung in *E-Mail für Dich*, dessen konventionelle Setting-Verwendung zu einer der wichtigsten filmischen Raumbedeutungen von New York beiträgt.

Die Interpretationen der Beispielfilme zu Berlin und New York legen eine Reihe von Fragestellungen über die geographische Relevanz und die räumliche Bedeutungszuschreibung eines Films zugrunde, die insbesondere mit den Filmcharakteren und ihrer Entwicklung sowie mit den zentralen Inhalten und Wendepunkten der Filmhandlung verbunden sind. So kann die grundlegende Frage nach den durch den Film generierten Raumbedeutungen dahingehend differenziert werden, welche distinkten Teilräume einer Stadt im filmischen Narrativ erscheinen und mit welchen Bedeutungen für welche Akteure oder Gruppen von Akteuren die unterschiedlichen Stadtteile verbunden werden. Den Überlegungen von KANZOG über die Zuordnungsräume einzelner Filmcharaktere folgend können oftmals die Beziehungen zwischen bestimmten Filmfiguren in einer räumlichen Kodierung festgehalten werden, so dass aus der Interpretation der verschiedenen Stadträume Rückschlüsse auf die Charaktere möglich sind. Eine weitere Teilfrage widmet sich für viele Beispielfilme den Grenzüberschreitungen und der Mobilität von Charakteren zwischen verschiedenen Teilräumen einer Stadt bzw. zwischen Stadt und Land, die in ihrer Bedeutung für die persönliche Entwicklung der Figuren und die Gestaltung ihrer zwischenmenschlichen Beziehungen interpretiert werden. Für die meisten diskutierten Filme lassen sich zudem einzelne Sequenzen feststellen, in denen die räumlichen Aussageebenen und Bedeutungsfacetten in besonderer Weise deutlich werden, aufeinander bezogen oder in Gegensatz gestellt werden, oder sich die räumliche Charakterisierung einzelner Filmfiguren als Ausdruck einer grundlegenden Wende der Filmhandlung markant ändert. Die räumlichen Schlüsselsequenzen eines Films werden in der Interpretation in besonderem Maße angesprochen. Zudem bilden sie eine Brücke zu den Rezipienteninterviews, in denen für die Raumdarstellung zentrale Sequenzen als Impulse für die intensive Reflexion darüber verwendet werden, wie Filme als Bausteine alltäglicher Raumvorstellungen wirken.

Die Aufarbeitung dieser Fragestellungen wird anhand der ausgewählten Beispielfilme in einem mehrstufigen Verfahren durchgeführt, das sich an dem Ablauf der hermeneutischen Filminterpretation orientiert, den HICKETHIER (^{3}2001, S. 34f) in Anlehnung an Modelle der hermeneutischen Literaturinterpretation darstellt. Die Bedeutungen der einzelnen Arbeitsschritte sind in Tabelle 3 zusammenfassend dargestellt.

Tab. 3: Arbeitsschritte der Filminterpretation

Arbeitsschritt	Bedeutung
Seh-Erfahrung	Ausgangspunkt für die Analyse und Interpretation von Filmen stellt die eigene Seh-Erfahrung des Interpreten dar.
Zugang zum Film	In die Formulierung des ersten Zugangs zum Film fließen die spontanen Eindrücke beim Sehen ebenso ein wie offene Fragen an den Film.
Explizierung des eigenen Kontextes	Zentrale Bedeutung für die hermeneutische Filminterpretation hat die Explizierung des subjektiven Kontextes des Interpreten, in dem die spezifische Lesart bzw. Wahrnehmungsart eines Films dargelegt wird.
Auslegungshypothese	Auf den genannten Grundlagen können Auslegungshypothesen entwickelt werden, die als Leitfaden für die Filmanalyse und die Interpretation des filmischen Bedeutungsgeflechtes dienen.
Filmanalyse	Die Analyse des Films hinsichtlich seiner Struktur, Gestaltung und seiner Kontexte erfolgt auf der Basis des explizierten Vorverständnisses und der Auslegungshypothesen und dient als Basis für die Filminterpretation.
Rückbezug und Interpretation	In der Interpretation werden Analyseinhalte auf die Seh-Erfahrung, den persönlichen Kontext und die Arbeitshypothesen rückbezogen und so ein Zirkelschluss zwischen Vorverständnis und Analyse vollzogen.

Quelle: eigene Zusammenstellung nach HICKETHIER (^{3}2001, S. 34f)

In den Darstellungen zu den Beispielfilmen der vorliegenden Untersuchung wird für jeden Film ein Filmsteckbrief entwickelt, der eine kurze Synopse zu Handlung und Charakteren enthält und in dem Besonderheiten des persönlichen Zugangs, offene Fragen und Hypothesen zur Interpretation der geographischen Filminhalte festgehalten sind. Die Interpretation des räumlichen Bedeutungsgeflechtes der einzelnen Filme erfolgt teils für einzelne Filme, teils unter stärkerer Fokussierung auf die vergleichende Interpretation inhaltlich oder zeitlich korrelierender Beispielfilme. Die textlichen Ausführungen werden eng mit der Wiedergabe von Filmstandbildern verknüpft, an denen zentrale Punkte der Filminterpretation festgemacht werden.

8.3. ZUR AUSWAHL DER BEISPIELSTÄDTE UND BEISPIELFILME

Als Beispielstädte werden im Rahmen dieser Untersuchung die US-amerikanische Metropole New York und die deutsche Hauptstadt Berlin herangezogen. Die Konzeption als US-amerikanisch-deutscher Vergleich erscheint in besonderem Maße angebracht, da so Beispielfilme der global dominanten US-amerikanischen Filmindustrie mit Vertretern eines europäischen Kinos gegenübergestellt werden können. Dabei ist im Hinblick auf die Rezipienteninterviews in Deutschland eine hohe Bekanntheit amerikanischer Filme anzufinden, die mit einer Vertrautheit mit den cineastischer Normen und inhaltlichen Konventionen des Hollywood-Kinos einhergeht. Zudem lässt die Auswahl von zwei Standorten in den USA und Deutschland im Hinblick auf die Rezipienteninterviews vermuten, dass durch die unterschiedlichen Kontakte der meisten deutschen Interviewpartner zu den Städten New York und Berlin verschiedene Einflussebenen filmischer Darstellungen auf alltägliche Raumvorstellung aufgezeigt werden können. Die Rolle von Filmen und anderen Medien für die Vorstellung von New York als einer Stadt, die primär aus den Medien sowie aus zeitlich begrenzten touristischen Aufenthalten bekannt ist, kann so mit der Raumvorstellung von Berlin verglichen werden, das den meisten Interviewten aus eigener Anschauung sowie über persönliche und familiäre Beziehungen durchwegs aus intensiverer Besuchersicht oder aus lebensweltlicher Perspektive vertraut ist.

Die Auswahl von New York als der US-amerikanischen Beispielstadt – im Gegensatz beispielsweise zu Los Angeles als ebenfalls häufig filmisch inszenierter Metropole – beruht ebenfalls auf den zu erwartenden Vorteilen im Hinblick auf den rezeptionsorientierten empirischen Teil der Untersuchungen. Zum einen lässt sich für New York eine relativ stark ausgeprägte Medienpräsenz in Deutschland feststellen, die nicht erst nach den Ereignissen des 11. September 2001 einsetzt, sondern durch die Anschläge lediglich verstärkt wurde. Zum anderen kann aufgrund des Charakters von New York als hinsichtlich vieler kultureller Dimensionen „europäischster" Metropole der USA sowie durch die einprägsamen stadtmorphologischen Eigenheiten davon ausgegangen werden, dass New York vielen Europäern vertrauter ist als die kalifornische Metropole Los Angeles. Im Rahmen von qualitativen Interviews über die Raumvorstellungen von New York ist daher ein deutlicheres Vorstellungsbild von New York als von vergleichbar bedeutenden Filmstädten der USA zu erwarten. Auf seiner Grundlage wird eine differenziertere und intensivere Diskussion der filmisch-medialen Einflüsse auf alltagsweltliche Raumvorstellungen möglich, die insbesondere in Relation mit den erheblich komplexeren Raumvorstellungen von Berlin viele Anhaltspunkte für eine vergleichende Betrachtung bietet. Dies gilt auch für die im US-Bundesstaat Delaware durchgeführten Interviews, die aufgrund der relativen Nähe zu New York mit dieser Beispielstadt ein geeignetes Gesprächsthema für die Gegenüberstellung von medialen Inszenierungen und lebensweltlichem Kontaktraum haben.

Ähnlich wie New York stellt auch Berlin eine der zentralen Städte der Filmgeschichte dar. Insbesondere für die Frühphase des Mediums lässt sich aufzeigen, dass deutsche Filme, die städtische Motive in Szene setzen und vielfach in Potsdam-Babelsberg als frühem Zentrum der deutschen Filmindustrie entstanden, von zentraler Bedeutung für die Entwicklungsgeschichte des Films waren. Hierzu wird auf die umfangreiche filmwissenschaftliche Übersicht zur Stadt im deutschen Spielfilm von VOGT (2001) verwiesen. Hierin wird die besondere Qualität der Stadtdarstellungen und die herausragende öffentliche und wissenschaftliche Rezeption solcher Stadt-Klassiker wie RUTTMANNS *Berlin – Symphonie einer Großstadt* von 1927, LANGS *Metropolis* aus demselben Jahr oder JUTZIS Verfilmung von DÖBLINS *Berlin Alexanderplatz* (1931) dokumentiert. Die deutsche Teilung bedeutete auch für die Filmproduktion zwei voneinander getrennte Entwicklungspfade. Während Babelsberg als Standort der ostdeutschen DEFA weiterhin eine zentrale Rolle für die Filmindustrie in der DDR spielte, entwickelte sich München zu einem Zentrum der westdeutschen Filmindustrie, die jedoch auch in der Medienmetropole Köln und anderen Standorten vertreten war. Auch für die Zeit der Teilung lässt sich jedoch festhalten, dass andere deutsche Städte wie München, Hamburg oder Köln in ihrer Bedeutung als filmisch dargestellte Städte hinter Berlin deutlich zurücktraten (vgl. MÖBIUS/VOGT 1990, VOGT 2001, S. 21ff).

Seine Position als führende Filmstadt – sowohl als Produktionsort als auch als dargestellte Stadtregion – hat Berlin mit dem Aufschwung als wiedervereinigte Kultur- und Medienmetropole nach der deutschen Wiedervereinigung insbesondere seit der Mitte der 1990er Jahre weiter ausgebaut. Neben kommerziell erfolgreichen Filmen wie *Lola rennt* (TYKWER 1998) oder BECKERS *Good Bye, Lenin!* (2002) sind nicht zuletzt aus den Reihen einer feuilletonistisch mit dem Label „Berliner Schule" versehenen Gruppe junger, unabhängiger Filmemacher eine Vielzahl von Filmen in Berlin produziert worden (vgl. GLOMBITZA 2006, SCHWEIZERHOF 2006). In vielen der jüngeren Berlin-Filme wird eine enorme Spannbreite städtischer Teilräume, kultureller Perspektiven auf die Stadt und unterschiedlicher Bedeutungszuschreibungen zum städtischen Raum präsentiert, was zusammen mit ihrer teils realistischen Filmsprache ihre Relevanz für eine geographisch orientierte Filminterpretation ausmacht.

Die Stadt New York stellt historisch wie aktuell eine der bedeutendsten Filmmetropolen der Welt dar. Auch wenn die kalifornische Filmindustrie mit ihrem Synonym Hollywood zum Inbegriff des US-amerikanischen Kinos geworden ist, so lassen sich die Anfänge der Filmproduktion und wesentliche Impulse auf das amerikanische Kino in New York festmachen. Eine Recherche beim Internet-Filmdienst *imdb.com* allein für das Kriterium der „*filming location*" ergibt eine Anzahl von rund 4.370 zumindest teilweise in New York gedrehten Filmen; inklusive TV-Formaten erhöht sich diese Zahl auf ca. 6.200 (IMDB.COM 2005). Die Anzahl der Beiträge, die New York darstellen, ohne dass in der Stadt gedreht wurde, lässt sich dagegen schwer abschätzen. Sowohl für die Zeit der 1930er bis 1950er Jahre, in denen das Hollywoodkino von reinen Studioproduktionen ohne Außenaufnahmen geprägt war (vgl. SANDERS 2003, S. 62ff), als auch für die gegenwärtige Zeit, in der insbesondere aus Kostengründen andere Städte wie z.B. Toronto als Drehorte für New York inszenierende Filme verwendet werden (vgl. LUKINBEAL 1998, S. 73), existiert eine große Anzahl von Filmen, die Geschichten aus und über New York entwickeln, ohne dort produziert zu sein.

Die Geschichte von New York als Drehort von Filmen begann am frühen Nachmittag des 11. Mai 1896: Der Kameramann William Heise platziert sein Aufnahmegerät in einem Fenster am Herald Square und produziert den ersten Vertreter des frühesten Filmgenres, der sog. „*actualities*". Derartige Dokumente alltäglichen Lebens in den öffentlichen Räumen der Metropole – von denen eine beeindruckende Sammlung in der Library of Congress erhalten und im Internet zugänglich ist (LIBRARY OF CONGRESS 1999) – wichen jedoch schnell den ersten Spielfilmen, in denen professionelle Schauspieler eine vordefinierte Handlung zum Leben erwecken (vgl. SANDERS 2003, S. 24ff). Nicht zuletzt aufgrund seiner Rolle als führende Theater- und Kulturmetropole der USA wurde New York zum Standort vieler früher Filmstudios. Von den führenden Studios hatte allerdings nur das in Astoria im Bezirk Queens gelegene Paramount-Studio über das Jahr 1932 hinaus Bestand. Zu diesem Zeitpunkt hatten sich nach der ersten Filmproduktion in Los Angeles im Jahr 1909 bereits eine Reihe weiterer Filmfirmen in Hollywood niedergelassen, deren Zahl bis 1914 auf über 70 anstieg und aus deren Reihen sich bereits im Verlauf der 1920er Jahre die sechs sog. „*major companies*" der US-Filmindustrie – Paramount, Fox, MGM, Universal, Warner Brothers, RKO – zu unangefochtenen Marktführern entwickelten (DEAR 2000b, S. 55f, vgl. MONACO ⁴2002, S. 235ff).

Der zeitweise Bedeutungsverlust von New York als Drehort wurde davon konterkariert, dass die in Hollywood ansässigen Filmstudios weiterhin auf das kreative Potential der Ostküstenmetropole zurückgriffen, so dass New Yorker im kalifornischen Exil maßgeblich als Autoren, Regisseure oder Musiker an der Gestaltung vieler klassischer Hollywood-Filme und auch am filmischen New York-Bild dieser Epoche beteiligt waren. Mit dem Aufschwung des „on-location shooting" in den 1950er Jahren – wofür Elia KAZANS *On the Waterfront* (1954, deutsch *Die Faust im Nacken*) mit Marlon Brando die Initialzündung darstellte – und durch seine parallel entstehende Rolle als Zentrum der amerikanischen Fernsehindustrie hat sich New York als produzierende und inszenierte Filmstadt eine maßgebliche Stellung neben Los Angeles gesichert. Eine Studie der Boston Consulting Group errechnete für das Jahr 2000 eine Gesamtbeschäftigung von über 70.000 und einen Gesamtumsatz von rund $ 5 Mrd. in den verschiedenen Bereichen der Film- und Fernsehindustrie in New York City, woran die Fernsehindustrie ($2,1 Mrd.), die Filmbranche ($2,0 Mrd.) sowie die Werbefilmbranche ($0,8 Mrd.) die größten Anteile ausmachten (BOSTON CONSULTING GROUP 2000, S. 11f). Auch politisch wird die große Bedeutung der Medienwirtschaft sowohl für die Wertschöpfung als auch für die Image bildende Inszenierung der Stadt anerkannt, was insbesondere in der unbürokratischen Förderung von Filmproduktionen durch eine Stabsstelle beim Bürgermeister von New York deutlich wird (vgl. NEW YORK CITY MAYOR'S OFFICE OF FILM, THEATRE AND BROADCASTING 2005). Deren großer Erfolg in der Positionierung New Yorks als Produktionsstandort hat jüngst zu einem deutlichen Zuwachs an Beschäftigung in der Film- und Fernsehbranche geführt, in dessen Konsequenz mittlerweile die finanziellen Ressourcen erschöpft sind, die die Stadt New York in Form von Steuererleichterungen und indirekten Subventionen an die Medienbranche weiterreicht (HAKIM 2006).

Angesichts der bedeutenden Rolle von New York in der Filmgeschichte verwundert es nicht, dass viele Klassiker der Filmgeschichte diese Stadt in Szene gesetzt haben und viele große Szenen des Kinos untrennbar mit Stadtansichten von New York verbunden sind. Für eine filmhistorisch fundierte Übersicht hierzu wird auf das Werk von SANDERS (2003), für die Lokalisierung von Filmschauplätzen in New York u.a. auf REEVES (2001), KATZ (1999, 2002, KATZ/BRANDON 2005) oder die *Manhattan Movie & TV Map* (NEED TO KNOW PUBLISHING 1996) verwiesen. Die Reihe der mit New York verbundenen Höhepunkte der Filmgeschichte reicht von *King Kong* (COOPER/SCHOEDSACK 1933) über Hollywood-Klassiker wie *Breakfast at Tiffany's* (EDWARDS 1960), HITCHCOCKS *Rear Window* (1954, *Das Fenster zum Hof*) und *North by Northwest* (1959, *Der unsichtbare Dritte*) bis hin zu Gangster-Epen wie *The Godfather* (COPPOLA 1972, *Der Pate*) und *Once upon a Time in America* (LEONE 1984, *Es war einmal in Amerika*). Aus filmhistorischer wie rezeptionsorientierter Sicht sind auch die Stadtgeschichten von Woody ALLEN von herausragender Bedeutung, die bereits mit frühen Filmen wie *Annie Hall* (1977), dem ausführlicher diskutierten Beispielfilm *Manhattan* (1979) oder *Hannah and her Sisters* (1985) begründet ist, wenngleich ALLEN seine Position als führender Regisseur New Yorks nahezu jährlich mit einem in New York spielenden Film untermauert. Neben Hollywood-Produktionen und ALLENS New Yorker Geschichten verdeutlichen auch von unabhängigen Regisseuren produzierte Filme, die eine alternative Interpretationsweise der Stadt anbieten, die große Bedeutung von New York als Filmmetropole. Beispielhaft hierfür können Filme des afro-amerikanischen Regisseurs Spike LEE genannt werden, so neben dem interpretierten Beispielfilm *Do the Right Thing* (1989) auch das Dealer-Porträt *Clockers* (1995) oder *25th Hour* (2002), der als erste größere Filmproduktion nach den Anschlägen des 11. September 2001 realisiert wurde. Weitere markante Beiträge zu einem alternativen Film-New-York sind im Werk von Jim JARMUSCH – u.a. *Stranger than Paradise* (1984) und *Ghost Dog* (1999) – oder bei dem Regisseur-Autor-Duo Wayne WANG und Paul AUSTER zu finden, deren Brooklyn-Filme *Smoke* (1995) und *Blue in the Face* (1996) ein geographisch relevantes Porträt dieses Stadtteils zeichnen.

Um aus der jeweils sehr großen Anzahl an Filmen aus und über Berlin bzw. New York eine handhabbare Auswahl zu erreichen, wurde zum einen eine Reihe von Auswahlkriterien festgelegt, anhand derer mittels einschlägiger Filmliteratur eine Vorauswahl an geeigneten Filmen getroffen wurde. Zum Zweiten wurde derselbe Kriterienkatalog einer Reihe ausgewiesener deutscher Filmexperten vorgelegt, deren Filmempfehlungen mit der eigenen Vorauswahl abgeglichen wurde, wobei sich generell ein hohes Maß an Übereinstimmung zwischen den filmwissenschaftlichen und geographischen Perspektiven zeigt. Unter den Gesprächspartnern waren der Filmwissenschaftler VOGT, der ausgehend von der ersten Übersicht *Drehort Stadt* (MÖBIUS/VOGT 1990) im Rahmen eines DFG-Forschungsprojektes „Die Stadt im deutschen Film" das Grundlagenwerk *Die Stadt im Film – Deutsche Spielfilme*

8.3. Auswahl der Beispielstädte und Beispielfilme

1900 – 2000 erarbeitet hat (VOGT 2001). Außerdem hat mit dem Filmhistoriker Jacobsen der Leiter der Publikationsabteilung der Deutschen Kinemathek Berlin zur Festlegung der Beispielfilme beigetragen. Seine Publikationen umfassen neben Übersichtswerken zum deutschen Film und Einzelanalysen zu Regisseuren (u.a. JACOBSEN et al. 2000, JACOBSEN/SUDENDORF 2000, JACOBSEN et al. ²2004) auch Werke, in denen speziell die Darstellung von Berlin in Spielfilmen behandelt wird (BERG-GANSCHOW/JACOBSEN 1987, JACOBSEN 1998). In der eigenen Vorauswahl ebenso wie in den Diskussionen mit den Experten und anschließend in der endgültigen Auswahl der Beispielfilme wurden vier Kriterien zugrunde gelegt, die sich aufgrund der Fragestellungen der vorliegenden Untersuchung wie folgt begründen lassen:

– Produktionszeitraum ab ca. Mitte der 1970er Jahre
 Die Beschränkung auf Filme der letzten drei Jahrzehnte erfolgt zum einen aufgrund der forschungspraktischen Überlegung, dass derartige Filme ebenso wie ihre politischen, gesellschaftlichen und städtischen Entstehungskontexte den Gesprächspartnern der Rezipienteninterviews, die sich unter anderem mit den Beispielfilmen der Filmanalyse befassen, tendenziell eher bekannt sein dürften als dies für frühere Epochen der Fall gewesen wäre. Diese im Verlauf der Interviews weitgehend bestätigte Vermutung stellt jedoch in keiner Weise den herausragenden Wert vieler früherer Filme für die Filmgeschichte wie für die Fragestellung der vorliegenden Arbeit in Zweifel. Zum Zweiten stellt der Zeitraum seit 1975 in beiden Beispielstädten eine Phase dar, in denen markante, teils bruchartige und epochale Veränderungen von Stadtstruktur und Stadtleben auftraten. Für Berlin sind der Fall der Berliner Mauer und die Metamorphose der Stadt von der geteilten Ikone des Kalten Krieges zur wiedervereinigten deutschen Hauptstadt zu nennen. In New York sind die letzten Dekaden von graduellen Prozessen wie der Entwicklung von den städtischen Krisen der 1970er Jahre zur Parallelität von Aufschwung und Niedergang einzelner Stadtgebiete geprägt. Die Kontinuität der städtischen Entwicklung wird zumindest in der öffentlichen Wahrnehmung häufig mit der Zäsur des 11. September 2001 kontrastiert. In beiden Fällen lassen die markanten Entwicklungsprozesse, die städtischen Umbrüche und die mediale Präsenz der Städte einen leichten Zugang im Rahmen von qualitativen Interviews erwarten. Einzelne filmische Momentaufnahmen aus dem Verlauf der letzten drei Jahrzehnte können so mit den Tendenzen der Stadtentwicklung und mit den Verankerungen beider Facetten – der städtischen Entwicklungen und ihrer Reflexionen im Film – in den alltäglichen Raumvorstellungen der Interviewpartner gegenüber gestellt werden.

– Popularität der Filme
 Die Massenwirksamkeit des Mediums Film soll anhand von Beispielfilmen dargestellt werden, die ein Mindestmaß an Breitenwirkung entfaltet haben. Für einige der ausgewählten Filme gilt dies uneingeschränkt bereits für ihre Kinoauswertung in Deutschland. So war *Wall Street* mit 1,3 Mio. Kinobesuchern im Jahr 1988 auf Rang 15 aller Filme in der BRD, *E-Mail für Dich* belegte 1999 mit 3,55 Mio. Besuchern Rang 10 und *Die Legende von Paul und Paula* stellt mit

bis heute 3,3 Mio. Kinogängern den erfolgreichsten Film aus DEFA-Produktion dar (vgl. FILMFÖRDERUNGSANSTALT 2005). Bei anderen Beispielfilmen ergibt sich der Status als populärer Film neben der Kinoauswertung auch durch ihre wiederholte Ausstrahlung im Fernsehen sowie durch positive Reaktionen und Einschätzungen seitens der Filmkritik und der wissenschaftlichen Aufarbeitung der Filme. Dies lässt sich insbesondere für die Filme von ALLEN und LEE festhalten, von denen letzterer einem deutschen Publikum relativ unbekannt geblieben ist, während die Bedeutung seiner Stadtporträts in der öffentlichen Reaktion und wissenschaftlichen Aufarbeitung in den USA hervorgehoben wird. Eine Ausnahme bilden die Filme *Ostkreuz*, *Nachtgestalten* und *Dealer*, die in Deutschland mit relativ geringem Publikumserfolg in den Kinos liefen und auch im Fernsehen nur einem Spezialpublikum geläufig sind. Sie stehen stellvertretend für eine Vielzahl an kunstorientierten Autoren-Filmen, deren vielschichtige und wissenschaftlich relevante Sichtweise auf ihre städtischen Gegenstände herausragt, die jedoch aufgrund ihres geringen Bekanntheitsgrades weniger geeignet für eine Verwendung im Rahmen der Rezipienteninterviews sind.

– Bedeutung des Stadtraumes als narratives Element
  Als erstes inhaltliches Kriterium dient die Vorgabe, dass in den ausgewählten Filmen dem Stadtraum eine zentrale Bedeutung als narrativem Element zukommt. Über die reine Sichtbarkeit städtischer Umgebungen im Film hinaus – die anhand von Sequenzprotokollen quantitativ analysiert werden kann, wodurch bei allen ausgewählten Filmen bereits die große Bedeutung der Stadtdarstellung belegt werden kann – soll der räumliche Kontext für Personen und Handlungen wesentlich erscheinen. Die Frage, ob ein Film demnach neben seinen personenbezogenen Handlungen auch eine räumliche Erzählung entwickelt, stellt ein wenig quantifizierbares, „weiches" Kriterium für die Selektion von Beispielfilmen dar, weshalb hierbei die Rückkopplung mit ausgewiesenen Filmwissenschaftlern besonders angebracht erschien.

– Vielfalt der Stadt-Perspektiven
  Derart komplexe Erzählungen über städtische Räume sollen sich nach Maßgabe des letzten Kriteriums sowohl innerhalb einzelner Filme als auch in der Zusammenschau der Gesamtauswahl zu einer Vielfalt an filmischen Perspektiven auf die Beispielstädte ergänzen. Neben dem bereits angesprochenen historischen Querschnitt stehen hierbei u.a. die Darstellung verschiedener Teilräume einer Metropole oder der gesellschaftlichen Trennlinien der Stadt im Mittelpunkt. Ebenso sind die entwickelten Gegensätze zwischen Stadt und Land, zwischen einem Individuum und seiner städtischen Umgebung von Interesse. Die Filme enthalten zudem eine Vielzahl von polarisierenden Bewertungen von Stadt – als Ort der Bedrohung oder Erlösung, als Zufluchtsort oder Endpunkt einer stetigen Abwärtsbewegung. Solche Gegensätze finden sich teils innerhalb einzelner Filme in extremer Form, als der Ost-West-Gegensatz in *Himmel über Berlin* oder als Trennung zwischen öffentlichen und privaten Räumen in *Manhattan* und *Taxi Driver*. In anderen Fällen lassen sich unterschiedliche Perspektiven

in direkter Gegenüberstellung von Filmen aufzeigen, z.B. in der gegenläufigen Darstellung einzelner Stadtteile in *Wall Street* und *Do the Right Thing*.

Die auf der Basis der genannten Kriterien ausgewählten Beispielfilme sind in folgender Tabelle 4 aufgeführt. Unter den Berlin-Filmen sind mit *Die Legende von Paul und Paula* und *Solo Sunny* zwei Vertreter der ostdeutschen DEFA berücksichtigt, mit WENDERS' *Der Himmel über Berlin* ein westdeutscher Klassiker der Vorwende-Zeit, sowie der frühe Nachwendefilm *Ostkreuz* und drei jüngere Vertreter einer Berliner Kinokultur, die den Aufschwung Berlins zum politischen Zentrum und zur kulturellen Metropole Deutschlands filmisch begleitet. Die New-York-Filme umfassen mit ALLENS *Manhattan* und SCORSESES *Taxi Driver* zwei Filmklassiker aus den 1970er Jahren, zwei inhaltlich und in der öffentlichen Diskussion der Filme gegensätzliche Porträts aus den späten 1980er Jahren – STONES *Wall Street* sowie LEES *Do the Right Thing* – sowie mit *Smoke* ein Filmporträt unbekannter Stadtfacetten und den Genrefilm-Blockbuster *E-Mail für Dich* aus den späten 1990er Jahren. Alle Filme wurden in der jeweiligen Originalsprache verwendet; die herangezogene Version ist aus der Übersicht der Filmquellen im Anhang ersichtlich (siehe Abschnitt 11.3.3).

Tab. 4: Übersicht der Beispielfilme[30]

Filme BERLIN	Filme NEW YORK CITY
Die Legende von Paul und Paula (Heiner Carow, 1973)	Taxi Driver (Martin Scorsese, 1976)
Solo Sunny (Konrad Wolf, 1980)	Manhattan (Woody Allen, 1979)
Der Himmel über Berlin (Wim Wenders, 1987)	Wall Street (Oliver Stone, 1988)
Ostkreuz (Michael Klier, 1991)	Do the Right Thing (Spike Lee, 1989)
Das Leben ist eine Baustelle (Wolfgang Becker, 1997)	Smoke (Wayne Wang / Paul Auster, 1995)
Dealer (Thomas Arslan, 1999)	You've Got Mail! / E-Mail für Dich (Nora Ephron, 1999)
Nachtgestalten (Andreas Dresen, 1999)	

---

30 Die Jahresangaben beziehen sich auf die Erstaufführung im Ursprungsland nach Angaben der Filmdatenbank der Zeitschrift *film-dienst*, http://cinomat.kim-info.de/ (2006).

Im folgenden Abschnitt stehen die in Tabelle 4 aufgeführten Filme als Beispiele dafür zur Diskussion, welche geographisch relevanten räumlichen Bedeutungen in Spielfilmen generiert werden und wie die filmischen Erzählungen über Stadträume aus der Perspektive der Humangeographie zugänglich gemacht werden können. Dabei werden in chronologischer Abfolge zunächst die Berlin-Filme und anschließend die Beispiele aus bzw. über New York diskutiert.

8.4. BERLIN IN AUSGEWÄHLTEN FILMEN

Als erste Beispielfilme werden mit *Die Legende von Paul und Paula* und *Solo Sunny* die beiden aus der ostdeutschen DEFA-Produktion stammenden Filme zu Berlin diskutiert und einer vergleichenden Interpretation unterzogen. Danach werden der westdeutsche Vor-Wende-Film *Himmel über Berlin* sowie die vier nach der deutschen Wiedervereinigung entstandenen Berlin-Filme besprochen.

8.4.1. Filme aus DEFA-Produktion

Steckbrief: *Die Legende von Paul und Paula* (Heiner Carow, 1973)
Personen & Handlung
Heiner CAROWS DDR-Publikumshit *Die Legende von Paul und Paula* erzählt die Geschichte eines ungleichen Paares, das sich im Berlin der frühen 1970er Jahre findet: die unangepasste allein erziehende Mutter Paula (Angelica Domröse) und der systemtreue Karrierist Paul (Winfried Glatzeder). Während Paula zu Beginn des Films die Avancen des freundlichen Reifenhändlers Saft zurückweist und eine unglückliche Affäre mit einem Schausteller hat, bahnt sich für Paul auf demselben Volksfest die Ehe mit der Schaustellertocher Ines an. Nach einigen Jahren lernen sich die Nachbarn Paul und Paula in einer Situation kennen, in der beide sehr unterschiedlich auf die sich entwickelnde stürmische Romanze reagieren. Paula sieht nach Jahren des Alleinseins in Paul sofort den Mann fürs Leben. Paul dagegen ist einerseits durch die abwechslungsarme Routine seines Beamtenalltags, durch Affären seiner Frau und das angespannte Verhältnis zu den Schwiegereltern gerne bereit für eine Romanze mit Paula, sieht sich jedoch andererseits nicht in der Lage, seine Ehe für Paula aufzugeben und damit seine Karriere zu gefährden. Nach mehreren Konfrontationen zwischen der fordernden Paula und dem abwehrenden Paul scheint ihre Affäre beendet zu sein, kurz bevor Paulas Sohn direkt vor ihrem Haus überfahren wird. Diese Katastrophe, die Paula als Strafe dafür, „alles zu wollen", ansieht, bewirkt in ihr den Entschluss, den Avancen des gut situierten, wenngleich deutlich älteren Saft nachzugeben und familiäre Sicherheit ihren amourösen Idealen vorzuziehen. Hierauf reagiert Paul mit trotziger Eifersucht, er belagert Paulas Wohnung, indem er mehrere Tage im Hausflur übernachtet, und lädt sich selber zum Wochenendausflug in Safts Datsche ein. Als ihn seine Kollegen aufspüren und eine dienstliche Abmahnung ansteht, ist Pauls Entschluss definitiv, mit Paula zusammenleben zu wollen. Er verlässt seine ihn fortdauernd betrügende Frau und

"erobert" Paula. Nach unbestimmter Zeit bekommt Paula entgegen dringendem ärztlichem Rat ein Kind von Paul – nachdem sie bei der Geburt gestorben ist, zeigt die Schlusssequenz Paul als Familienvater in Paulas Altbauwohnung, kurz bevor diese abgerissen wird, um für Plattenbauten Platz zu machen.

Abb. 19: Die Eröffnung des Films   Abb. 20: Paul und Paulas Straße

Persönlicher Zugang & Fragen an den Film
Der persönliche Zugang zu *Paul und Paula* wird zunächst dominiert von der ersten Einstellung des Films (Abbildung 19), in der vollkommen unvermittelt die Sprengung eines Altbaus geschieht, der den sich im Hintergrund bereits in Bau befindlichen Plattenbauten weichen muss. Ein Film, der mit einer derart massiven Veränderung der gebauten Stadtstrukturen beginnt, verheißt, ein stadtgeographisch hochgradig relevantes Untersuchungsobjekt abzugeben. Es stellt sich die Frage, in welcher Weise der Film die städtischen Umbrüche der frühen 1970er Jahre in Ost-Berlin in Bezug zu den Akteuren und der Handlung setzt. Es kann davon ausgegangen werden, dass eine Reihe von Parallelen und Verknüpfungen zwischen den städtebaulichen Veränderungen, dem sozialen Leben und der Entwicklung der einzelnen Charaktere aufzuzeigen ist. Die visuelle Gegenüberstellung der grauen Altbauten mit ihrem modernen Gegenpart fällt im Verlauf des Film immer wieder auf (vgl. Abbildung 20). Dagegen sind Ansichten, die Berlin als Schauplatz des Films eindeutig kennzeichnen, nicht Element des ersten Zugangs, sondern werden z.B. in Form der hinter einem gesprengten Altbau auftauchenden Spitze des Fernsehturms am Alexanderplatz erst bei wiederholtem Sehen bewusst. Weitere Räume des alltäglichen Lebens – der Tanzclub im Beat-Stil, die Kaufhalle, in der Paula arbeitet, die Datsche des Reifenhändlers Saft und die gegenläufige Wohnsituation der Protagonisten, die Paul im Plattenbau, Paula im Altbau mit Braunkohleheizung ansiedelt – fallen insofern auf, dass sie in ihrer Auswahl und Darstellungsart zu den eigenen Eindrücken aus der DDR der 1980er Jahre passen.

Steckbrief: *Solo Sunny* (Konrad Wolf, 1980)
Personen & Handlung

Solo Sunny erzählt die Geschichte der Sängerin Sunny (Renate Krößner), deren Leben zwischen den Hinterhöfen des Prenzlauer Berges (Abbildung 21) und den tristen Provinzsälen pendelt, in denen sie mit der Unterhaltungstruppe „Die Tornados" auftritt. Sowohl in ihrer Nachbarschaft, für die Sunny aufgrund ihres Lebenswandels eine Störung darstellt, als auch in der Band, in der sich Sunny gegen die Aufdringlichkeiten des Musikers Norbert wehrt, ist Sunnys Alltag von Spannungen und der Suche nach stabilen Beziehungen zu ihrer Umgebung geprägt. Während der gutmütige Taxifahrer Harry von Sunny regelmäßig abgewiesen wird, glaubt sie, mit ihrer Beziehung zu dem Philosophen und Aushilfsmusiker Ralph ein dauerhaftes Glück gefunden zu haben. Ihr Verhältnis ist von fundamentalen Asymmetrien geprägt – Sunny wird als extrovertierte, leicht oberflächliche Persönlichkeit mit starker emotionaler Bindung gezeichnet, für die Ralph als tiefgründiger und ruhiger Gegenpol fungiert. Ihr Verhältnis endet zeitgleich mit Sunnys Rauswurf aus ihrer Band, nachdem Sunny Ralph mit einer anderen Frau ertappt. Die anschließende Lebenskrise, in der Sunny nach einem kurzen musikalischen Solo-Engagement erfolglos eine Rückkehr in ihren Fabrikjob versucht und nach einem missglückten Selbstmordversuch in psychiatrische Behandlung kommt, findet am Ende des Films einen versöhnlichen Ausgang, indem Sunny sich vorläufig erfolgreich bei einer neuen Band als Sängerin bewirbt und dort als selbstbewusste Frau mit allen charakterlichen Widersprüchen akzeptiert wird.

Abb. 21: Sunnys Verortung

Abb. 22: In Ralphs Wohung

Persönlicher Zugang & Fragen an den Film

Anders als bei *Paul und Paula* ist der räumliche Kontext des Films im ersten Sehen bei weitem nicht dominant. Vielmehr steht der zentrale Charakter Sunny im emotionalen Zentrum des Seh-Erlebnisses. Besondere Aufmerksamkeit kommt allerdings spontan einer Reihe von räumlichen Charakterisierungen zu, mit denen der Film operiert. Zum einen scheint auffällig, dass die zentralen Figuren Sunny und Ralph nicht demselben räumlichen Milieu zugeordnet sind und sich die auffällige Gestaltung ihrer Lebensräume als Einstiegspunkt für die räumliche Interpretation des Films anbietet. Ralphs Wohnung ist seinem Leben und Arbeiten als Philosoph entsprechend inszeniert, der Schreibtisch, die Bücherregale und der Lesesessel am Fenster dominieren (Abbildung 22), während Sunny ihre Wohnung zum reich bebilderten Schaufenster ihres Lebens ausgestaltet hat. Der Charakter-Identifizierung über ihre Wohnräume entspricht die tiefe Symbolik, dass Sunny bereits nach der ersten Nacht bei Ralph in dessen Wohnung bleibt und die Wände neu streicht, den neuen Mann in ihrem Leben damit auch „wohnräumlich" in Beschlag nimmt. Eher unklar bleibt beim ersten Sehen die Funktion der häufigen Blicke aus dem Fenster, teils mit kurzem Augenkontakt Sunnys mit einem unbekannten Nachbarn, teils als *mise-en-scène* eines Dialogs (Abbildung 22) oder als Ausblick über die Stadt. Der Film verlässt Berlin in kontrastreicher Weise vor allem, wenn Sunny mit ihren Showtruppe in die Provinz fährt. Von einer ländlichen Idylle sind diese Ziele weit entfernt; sie zeigen sich als triste Kleinstädte und Dörfer, als Orte der immerwährenden Konflikte zwischen den Musikern, die regelmäßig die Langeweile und den Frust über ihr unerfülltes Künstlertum in exzessivem Alkoholkonsum vergessen wollen.

8.4.1.1. Interpretation von Die Legende von Paul und Paula

Das räumliche Setting von *Paul und Paula* bleibt ausgehend von der Eingangssequenz (Abbildung 19) durchgehend vom Spannungsverhältnis zwischen Alt und Neu im Ostberlin der 1970er Jahre geprägt. Auf die Sprengung eines Altbaus folgt eine Sequenz, in der Paul das nicht mehr benötigte Inventar einer Wohnung durch das Fenster in den Hinterhof wirft. Eine Gruppe fröhlicher Umzugshelfer und die musikalische Umrahmung mit dem Lied *Wenn ein Mensch lebt* vermitteln direkt das Spannungsverhältnis zwischen der Aufbruchsstimmung angesichts des städtebaulichen wie sozialen Fortschritts, der mit den Großwohnsiedlungen angestrebt wurde, und dem Verlust von Erinnerungs- und Heimaträumen durch den Abriss von Altbauten (Abbildungen 23 und 24). Dieses Grundthema wird während des Films wiederholt aufgegriffen, indem einzelne Einstellungen am Beginn von Sequenzen den Gegensatz von Alt- und Neubauten darstellen. Die realweltliche Verortung der gezeigten Stadtbilder ist dabei nur durch zwei Andeutungen möglich.

Abb. 23: Fortschritt...   Abb. 24: ... durch Ruinen

Zum einen ist bei der Sprengung eines Altbaus einmal im Hintergrund die Spitze des Fernsehturmes am Alexanderplatz als der Ikone der Fortschrittlichkeit und Leistungsfähigkeit der DDR zu erahnen (Abbildung 25) – das Alte macht hier im direkten visuellen Sinn dem Fortschritt Platz. Zum anderen lässt sich in einer Einstellung, die das Wohnumfeld von Paul und Paula zeigt (Abbildung 26), über den teils sichtbaren Schriftzug „Neues [Deutschland]" im Hintergrund links oben erkennen, dass der Straßenzug in Nachbarschaft zum Redaktionsgebäude dieser Zeitung am Franz-Mehring-Platz in Berlin-Friedrichshain liegt.[31] Durch die Verortung in einem innerstädtischen Sanierungsgebiet – im Gegensatz zu randstädtischen Neubaugebieten wie Berlin-Marzahn, das in *Solo Sunny* sichtbar wird – ist die direkte Übertragung des Alt-Neu-Gegensatzes auf die Charaktere und ihre Entwicklung im Handlungsverlauf möglich. Als die Romanze von Paul und Paula ihre stürmische erste Phase hat, stellt sich die räumliche Codierung der Akteure wie in Abbildung 20 gezeigt dar: Paula wohnt mit ihren zwei unehelichen Kindern in dem letzten Altbau ihrer Umgebung, während Paul mit seiner Familie in einer neu eingerichteten, standardisierten Wohnung im Plattenbau direkt gegenüber wohnt. Das Terrain dazwischen, in dem ihre Romanze größtenteils in einer Garage stattfindet, ist als Baustelle gerade im Modernisierungsprozess begriffen, dem am Ende des Films auch das Haus weichen muss, in dem Paula gewohnt hat.

Abb. 25: Dem Fortschritt weichen   Abb. 26: Hinweis zur Verortung

Der räumliche Kontext der Protagonisten ist im Verlauf des Films Veränderungen unterworfen, die vor allem der charakterlichen Entwicklung Pauls entsprechen (vgl. Abbildung 27). Pauls Beziehung zu seiner Frau ist von Beginn an auf ökonomische und statusbezogene Aspekte fundiert. Ines lässt sich auf Pauls romantische Avancen erst ein, nachdem Paul seinen Ausbildungsgrad als Politik-Student in der Examensphase und seine gesicherten Karriereaussichten offenbart hat. In den ersten Jahren ihrer Ehe leben Paul und Ines zwar in einer Altbauwohnung, doch bereits zu seiner Militärzeit ist Paul dabei, das Unzeitgemäße und Rückständige der Altbauten hinter sich zu lassen – die Abschiedsszene, in der Paul in Uniform auf einen Neubau am Ende der Straße zugeht, deutet dies sinnbildlich an (27a). Bezeichnend ist auch der

---

31 VOGT (2001, S. 562) weist darauf hin, dass *Paul und Paula* durchweg an Originalschauplätzen in Friedrichshain, v.a. in der Singerstrasse gedreht wurde.

Umgang Pauls mit der Untreue seiner Frau, die er bei einer unerwarteten Rückkehr aus seinem Armeestandort in flagranti überrascht. Nach einer kurzen Wutphase besänftigt Paul sich und seine Ehefrau mit seiner Zukunftsvision, „richtig ranklotzen" zu wollen. Eine neue Wohnung, neue Möbel, Theaterbesuche und die charakterbildende Sportlerkarriere des gemeinsamen Sohnes sieht Paul als ideale Zukunft an, für die er über die Affäre seiner Frau hinwegzusehen bereit ist (27b).

Abb. 27: Einbettung der Charaktere in das Setting

27a: Aufbruch zur Moderne  27b: Pauls Idealwelt

27c: Paulas Einsamkeit  27d: Ausflug ins Datschen-Idyll

In dieser Phase des Films ist die räumliche Einbettung der anderen Protagonisten noch von einem deutlichen Gegensatz zu Pauls Welt gekennzeichnet. Paula lebt in einer Altbauwohnung mit einem Kino im Hinterhaus; weder ihr Beruf als Arbeiterin in einer Kaufhalle noch ihre privaten Beziehungen spiegeln Fortschritt oder Aufstieg wider. Paula wird einerseits als selbstbewusste Singlefrau und allein erziehende Mutter gezeichnet, die aber auf der idealistischen Suche nach der großen Liebe bisher herbe Enttäuschungen hinnehmen musste und mit den Vätern ihrer Kinder nur kurze Affären hatte. In ihrer Frustration über das Alleinsein, die am deutlichsten in einer Sequenz gezeigt wird, in der Paula anscheinend stundenlang eimerweise Kohlen in das Haus trägt und beim Betrachten der Filmplakate romantischer Komödien den Mangel in ihrem Leben vergegenwärtigt (27c), ist Paula jedoch über weite Strecken des Films noch nicht soweit, den Avancen des Reifenhändlers Saft nachzugeben. Der freundliche ältere Herr kann als die Art von Mann angesehen werden, die der Karrierist Paul werden würde, wenn er nicht charakterlich und räumlich den Übergang von seiner in Paulas Welt vollziehen würde. Als selbstständiger Unternehmer ist Saft gut situiert, was durch seinen Wartburg ebenso zum Ausdruck kommt wie durch seine Datsche, in die der einzige räumliche Ausbruch aus Berlin im Lauf des Films führt (27d). Die Datsche, die Saft Paula und ihrer Tochter zu einem Zeitpunkt der Handlung zeigt, an dem Paula in der Lebenskrise nach dem Tod ihres Sohnes widerstrebend bereit ist, Saft zu heiraten, ist nicht nur ein Ausblick auf ein ländliches Familienidyll, sondern auch als größtmögliches Sinnbild spießiger und materialistisch fixierter Fortschrittlichkeit inszeniert. Vom Kamin über das moderne Bad mit finnischen Armaturen, die Einbauküche bis hin zum geplanten Swimmingpool offenbart Saft sein Lebenswerk als Inbegriff der fortschrittsgläubigen Ideale einer Gesellschaft, die trotz ihres sozialistischen Regimes vom Streben nach materieller Sicherheit und individuellem Status dominiert ist.

Die Idealwelt des Unternehmers Saft wird erst spät im Verlauf des Films demonstriert, als Paul bereits weitestgehend von diesen persönlichen Idealen Abstand genommen hat und sich zunehmend Paulas Weltbild, Lebensentwurf und ihrer räumlichen Welt annähert (Abbildung 28). Begleitet vom programmatischen Puhdys-Song *Geh zu ihr, und lass Deinen Drachen steigen* nimmt der räumlich-charakterliche Wandel Pauls seinen Ausgang im Niemandsland der Baustelle in ihrer Straße. Zwischen Alt- und Neubauten findet sich dort die Garage, in der Paula und Paul ihre erste Nacht verbringen und in der Paul in seiner Freizeit bezeichnenderweise damit beschäftigt ist, einen Oldtimer zu restaurieren (28a). In der Folgezeit steht die stürmisch-fordernde Paula dem zögerlichen und in den Zwängen seiner Ehe und beruflichen Position verhafteten Paul gegenüber, was wiederholt filmisch durch Szenen zum Ausdruck gebracht wird, in denen Paula Paul zu einem Besuch bei ihr im Altbau animieren will oder die beiden Frauen Paula und Ines von ihren jeweiligen Wohnungen aus „ihren" Mann auf dem Weg zur Arbeit beobachten. Paul steckt in dieser Phase zwischen zwei Frauen, die für unterschiedliche Lebensentwürfe und Wertorientierungen stehen, und der Film inszeniert Pauls Position in einer eindringlichen architektonischen Verschlüsselung zwischen der einheitlichen Fortschrittlichkeit der Neubauten und dem spontanen, individuellen Leben im baufälligen Altbau. Den tiefsten Einblick in Paulas Welt nimmt Paul in einer durch ihre Länge herausragenden Traumsequenz (28b). Er kommt nach einem Tag beim Arbeitsdienst in Uniform nicht zu seiner Frau Ines, sondern in Paulas für diesen Abend umarrangierte Altbauwohnung, deren Bruchstückhaftigkeit am deutlichsten durch Paulas in der Mitte geteiltes halbes Doppelbett dargestellt wird. Zum lustvollen Erlebnis wird der Abend der beiden „Blumenkinder" zunächst dadurch, dass Paula durch ihre Arbeit in einer Kaufhalle „an der Quelle" für seltene kulinarische Highlights sitzt. Anschließend zerfließen die Grenzen zwischen dem erotischen Miteinander des Paares und einer surrealen Traumphase, in der Paul und Paula sich mit ihrem Bett auf einem Flussschiff wieder finden und Paul der über Generationen als Flussschiffer tätigen Familie Paulas vorgestellt wird. Für den Ausbruch aus der Wirklichkeit dient allerdings keine romantisierte Flusslandschaft als Hintergrund, sondern ein mit Industrieanlagen umrahmtes Hafenbecken.

8.4. Berlin in ausgewählten Filmen 173

Abb. 28: „Geh zu ihr ..." Pauls Annäherung an Paulas Welt

28a: Zwischen Paula und Paul    28b: Paulas Traumwelten

28c: Eroberung von Paulas Welt    28d: Liebe verbindet Räume

In direkter räumlicher Sicht als Eroberung von Paulas Welt ist die Entscheidung Pauls inszeniert, seine Frau und damit vermutlich auch seine Karriere zu verlassen und seinem Gefühl folgend in einer Beziehung mit Paula zu leben. Der aus Verzweiflung über den Tod des Sohnes entstandenen Annäherung Paulas an Saft begegnet Paul durch eine Belagerungstaktik. Den Andeutungen seiner entrüsteten Kollegen ist zu entnehmen, dass Paul eine Woche lang im Treppenhaus vor Paulas Wohnung campiert, sich nur gelegentlich zum Schlafen in seine Garage zurückzieht und seine Belagerung auch während der Wochenendfahrt auf Safts Datsche aufrecht erhält, indem er sich unaufgefordert anschließt. Ein letztes Mal kehrt Paul zu seiner Frau Ines zurück, nachdem ihn Kollegen ausfindig gemacht haben. Paul schenkt seinem Sohn ein neues Fahrrad und zelebriert seine Rückkehr mit Ines mit einem Glas Sekt. Statt jedoch den Verführungen seiner Frau nachzugeben und damit den Anschein gesellschaftlich akzeptierter familiärer Normalität aufrecht zu erhalten, reißt Paul die Fassaden der Scheinwelt lachend ein, holt den Liebhaber seiner Frau aus dem Kleiderschrank seiner Schlafzimmergarnitur und verabschiedet sich. In Festkleidung geht Paul entschlossenen Schrittes aus der normierten Welt des Plattenbaus hinüber in Paulas unregelmäßige, aber mit authentischen Gefühlen behaftete Welt, und lässt der Belagerung die Eroberung folgen – er bricht mit einem geborgten Beil die Tür zu Paulas Wohnung auf (28c).

Das Ende von *Paul und Paula* zeigt zunächst den vollkommenen Übergang Pauls in den Lebensentwurf und die Lebensräume Paulas. Paula entschließt sich trotz ihrer nur minimalen Überlebenschance für das gemeinsame Kind und wird im Film letztmals gezeigt, als sie nach einer medizinischen Konsultation fröhlich in eine U-Bahn-Station läuft. Ihre Selbstaufgabe für das Kind von „dem einzigen Mann, den es für mich gibt" wird in direkter Symbolik von einer Erzählerstimme in dem Moment mitgeteilt, als Paula im schwarzen Nichts der Treppe verschwunden ist. Im Film wird kurz darauf mit dem Haus, in dem Paula mit Paul und den zwei Kindern aus den früheren Beziehungen gelebt hat, auch der räumliche Code vernichtet, der über den gesamten Film hinweg für Paula und ihre Lebensart steht (Abbildung 24). Allerdings legt der Schluss des Films nahe, dass Paul auch in einer neuen Umgebung als allein erziehender Familienvater den Werten und Idealen Paulas treu bleiben wird, so dass ihre durch das Photo am Fenster symbolisierte Beziehung auch künftig die Gegensätze zwischen Romantik und Realismus, zwischen Altbau und Plattenbau, zwischen Paula und Paul überwindet (28d). Damit ist *Die Legende von Paul und Paula* ein Film, in dem die im Umbruch befindlichen städtischen Räume Ostberlins in ihren zeitgenössischen Bedeutungszuschreibungen von Modernität und gesellschaftlicher Konsolidierung der DDR eine zentrale Rolle spielen als Ausdrucksformen für die beiden Hauptcharaktere und ihre sich entwickelnde Beziehung. *Paul und Paula* als Liebesgeschichte zweier sich annähernder Charaktere beruht zentral auf der filmischen Inszenierung der widersprüchlichen Geographie Ostberlins und wäre ohne diesen raum-zeitlichen Kontext auch nicht zu einem überaus erfolgreichen Ausdruck der gesellschaftlichen Grundstimmung der DDR der frühen 1970er Jahre geworden (Vogt 2001, S. 561).

8.4.1.2. Interpretation von Solo Sunny

Die Eröffnung von *Solo Sunny* zeigt Musiker bei einer Probe auf einer einfachen Provinz-Bühne, die kurz danach den nur wenig Glanz ausstrahlenden Auftritt einer gemischten Showtruppe um die Band „Tornados" erlebt, die unter schlechten Arbeitsbedingungen und ständigem internem Streit durch die Provinz tourt. Damit ist bereits im Prolog vor dem Vorspann eine räumliche Facette des Films präsentiert, die aus *Solo Sunny* streckenweise ein „Roadmovie" durch die DDR macht (Abbildung 29, vgl. Jacobsen/Aurich 2005, S. 423). Die Fahrten durch die ländliche DDR sind jedoch für die Hauptfigur Sunny keine Erleichterungen oder gar Fluchtbewegungen aus ihrem Milieu am Prenzlauer Berg in Berlin, sondern stellen die Orte zentraler Konflikte im Leben der jungen Künstlerin dar – entsprechend unspektakulär ist der Aufbruch zu einer dieser Tourneen als Künstlerkarawane inszeniert (29a). Unterwegs muss sich Sunny zum einen des aufdringlichen Kollegen Norbert erwehren und gemeinsam mit den Kollegen die Tristesse des Musikeralltags bewältigen. Zum anderen sind die Auftritte für die wenig selbstbewusste Sunny permanente Herausforderungen, ihr Selbstverständnis als ernsthafte Künstlerin angesichts der Realität qualitativ durchschnittlicher Auftritte auf Dorffesten aufrecht zu erhalten. Durch die Betonung des rückständigen Charakters dieses räumlichen Settings (29b) wird schnell klar, dass die Straße bzw. die ländlichen Räume von *Solo Sunny* als „Roadmovie" nicht mit dem klassischen Erlösungsmotiv des Genres in Einklang stehen. Ebenso prägnant in Szene gesetzt wird die alltägliche Reflexion der Musiker über ihren Beruf (29c): Von der Erfüllung ihrer künstlerischen Visionen – „Man müsste ganz andere Musik machen. Jazz müsste man spielen. Jazzer müssen Revolution machen." – ist die Gruppe weit entfernt, womit auch klar wird, dass Sunnys persönlicher Traum von einem Leben als ernsthafte Künstlerin in den tristen Provinzhallen nicht zu finden ist. Im Gegenteil ist Sunnys Eisenbahnfahrt zurück nach Berlin nach ihrem Rauswurf aus der Band mit einem klassischen filmischen Sehnsuchtsmotiv inszeniert, der aus der Kameraperspektive erlebten Fahrt einen Schienenstrang entlang in Richtung Sonne (29d).

Abb. 29:   Solo Sunny als Roadmovie durch die DDR

29a: Aufbruch in die Provinz    29b: Ländliches Nicht-Idyll

29c: Lebenstraum in der Sackgasse    29d: Sunny verliert sich in Sehnsucht

Neben Sunnys Versuchen, sich als Künstlerin selbst zu verwirklichen und damit die Anerkennung ihres Publikums zu erlangen, steht ihre Beziehung zu dem Diplom-Philosophen und Aushilfsmusiker Ralph im Zentrum von *Solo Sunny*. Der charakterliche Gegensatz des Paares wird, deutlich schwächer als in *Paul und Paula*, durch die jeweiligen Wohnsituationen gekennzeichnet (vgl. Abbildung 30). Sunnys Umgebung sind die Hinterhöfe und Straßenzüge des Prenzlauer Berges, der zu Beginn der 1980er Jahre zwischen Verfall und alternativer Liebenswürdigkeit oszillierte: „[…] in einer Altbauwohnung im Prenzlauer Berg, damals ein Bezirk des allgemeinen Verfalls, in dem sich's gleichwohl gemütlich leben ließ zwischen S-Bahn, U-Bahn und Straßenbahn, zwischen Brandmauern, Fried- und Hinterhöfen" (JACOBSEN/AURICH 2005, S. 422). Der Bezug zwischen Sunny und ihrer Umgebung wird visuell zum einen durch eine Einstellung hergestellt, in der der Hinterhof von Sunnys Haus in einer extrem nach oben orientierten Kameraperspektive gezeigt wird (Abbildung 21). Hier wird der Blick des Betrachters in einen leeren Himmel gelenkt, ähnlich wie Sunnys Vorstellungen und Träume noch ohne Zielpunkt sind. Hiermit korrespondiert eine zweite Darstellungsweise, die in umgekehrter Perspektive den Blick in den beschränkten Raum des Hinterhofs lenkt und nur wenig Verknüpfung von Sunnys Lebensraum mit dem Stadtraum Berlins andeutet (30a).

Abb. 30: Die Wohnungen und Milieus von Sunny und Ralph

30a: Gefangen im Hinterhof

30b: Ausnahmsweise lebenswert

30c: Denkraum eines Philosophen

30d: Ornament und Profanität

In ihrem Umfeld ist Sunny aufgrund ihres Lebenswandels ständigen Anfeindungen ihrer konservativen Nachbarn ausgesetzt, und gerade zu Beginn des Films wird sie als eine Figur gezeigt, die ständig im Aufbruch ist und nicht in ihrer Umgebung verweilt. Diese Funktion erfüllt Sunnys Wohnung erst im Verlauf des Films, als sich Sunny dort längere Zeit mit Ralph aufhält. Die Inszenierung von Sunnys Wohnung, die zuvor von blätterndem Putz, Tauben im Schrank, Toilette auf dem Halbstock im Treppenhaus etc. gekennzeichnet war, erfüllt nun den Zweck eines romantisierten Setting für das Paar, das von Kerzen und den Künstlerphotos von Sunny geprägt ist (30b). Später werden die Photos zum zentralen Gestaltungsmittel einer Schlüsselszene, in der eine depressive Sunny vor einem Schminkspiegel sitzend an ihrem künstlerischen Misserfolg und ihrer gescheiterten Beziehung zu Ralph verzweifelt, während ihr die Künstlerin Sunny von den Photos an der Wand herab über die Schulter blickt. In dieser räumlichen Anordnung verbirgt sich Sunnys grundlegendes Dilemma, der Konflikt zwischen künstlerischem Anspruch und persönlicher Krise, die Sunny kurz danach zur Rückkehr in die Fabrikarbeit und zu einem Selbstmordversuch bewegt.

Trotz des Versuchs von Sunny, die Wohnung ihres Freundes Ralph bereits kurz nach dem Kennenlernen durch das Streichen von Wänden symbolisch in Besitz zu nehmen, bleibt ihre Beziehung von Gegensätzen und Fremdheiten geprägt. Ralphs Wohnung wird als Rückzugsareal eines Intellektuellen inszeniert, der sich auf Kosten der Allgemeinheit philosophisch mit dem Thema des Todes befasst – ein „Thema, das keiner bestellt hat", „unproduktiv" und gesellschaftlich tabuisiert. Thematisch passend ist ein Friedhof in der Nähe seiner Wohnung Ralphs grünes, außerhalb der Stadt erscheinendes Refugium, über dem zwar Verkehrsflugzeuge städtischen Lärm erzeugen und die Sehnsucht nach einem „Woanders" vermitteln, gleichzeitig jedoch Sunny den tiefsten Einblick in Ralphs Wesen erhält und die beiden Protagonisten tatsächlich als Paar erscheinen (30c). Die einzige intensivere Auseinandersetzung mit Ralphs Arbeit als Philosoph und seinen Gedanken über „Tod und Gesellschaft" wird dagegen in einem äußerst gegensätzlichen Raum inszeniert. Nicht die kontemplative Ruhe eines Friedhofes, sondern der bierselige Dunst einer Arbeiter-Eckkneipe ist Schauplatz des Gespräches. Das Aufeinanderprallen von Elaboriertem und Proletarischem deutet sich in der Eröffnung dieser Sequenz durch die Trennung an, die ein Baum zwischen dem kunstvollen Eingang eines Altbaus und der schmucklosen Fassade der Eckkneipe erzeugt (30d).

Divergenzen zwischen persönlichen Hoffnungen und Sehnsüchten und der alltäglichen Realität sowie Trennungen zwischen Menschen können auch als Botschaft der häufig auftretenden filmischen Metapher der Fensterausblicke festgehalten werden (Abbildung 31, vgl. Vogt 2001, S. 616f). Zu Beginn des Films scheint der Blick Sunnys hinunter in den Hinterhof ihres Wohnhauses nur die Trennung zwischen ihrem Lebensentwurf und dem der Nachbarn anzudeuten und fungiert als Verweis auf die Konflikte zwischen der lebensoffenen Künstlerin und einem kleingeistigen Umfeld (31a). Im Verlauf jedoch weitet sich die Bedeutungsebene der räumlich codierten Trennungen; die Fensterblicke werden zu Symbolen für Sunnys Suche nach dem Weg, den sie als Person und Künstlerin in ihrem Leben einschlagen will. Ihre Beziehung mit Ralph, die mit dem morgendlichen Ausblick an einem Schreibtisch vorbei auf das Nachbarhaus beginnt und deren Gespräche häufig in Ralphs Wohnung vor dem Fenster stattfinden (Abbildung 22), fasst Sunny bei einem der am Fenster ablaufenden Gespräche unbewusst zusammen als „Du schaust mich an wie durch'n Fenster." Den Verlauf und Höhepunkt von Sunnys Lebenskrise kennzeichnen Einstellungen, in denen sich Sunny körperlich von dem Ausblick auf ihre Umgebung abwendet und beispielsweise mit dem Rücken zum Fenster in ihrer Küche positioniert gezeigt wird. Für ihre Depression und das Fallenlassen ihrer Zukunftsträume steht auf einer ebenfalls räumlich umgesetzten Meta-Ebene ein „Fensterblick", der Sunny vor einem Fensterrahmen zeigt, der als Dekorationselement in ihrem Zimmer installiert ist (31b): Sunny wendet sich hier von einer „romantischen" Phototapete ab, deren Motiv Weite und Exotik andeutet und die in ihrer Funktion, einen Ausblick in der Mitte einer Wand zu schaffen, als ein Sinnbild für Sunnys Sehnsüchte für ihr weiteres Leben fungiert. Die Abwendung von einer positiv gesehenen Zukunft gipfelt in Sunnys Selbstmordversuch, auf den das Eingeschlossensein hinter den vergitterten Fenstern einer psychiatrischen Anstalt folgt (31c). Bezeichnenderweise geschieht der Suizidversuch in der Wohnung einer Freundin, die inmitten der entstehenden Großwohnsiedlungen von Berlin-Marzahn liegt (31d). Hierdurch wird Sunnys Abkehr vom Leben von einer individuellen auf eine gesellschaftliche Ebene gehoben und richtet sich sowohl gegen persönliche Zukunftsträume wie gegen den gesellschaftlichen und städtebaulichen Fortschritt, der sich in der Umgebung ihrer Freundin vollzieht.

Abb. 31: Fensterblicke und Ausblicke auf das Leben

31a: Sunnys Mitmenschen    31b: Abkehr vom Lebenstraum

31c: Zwischenstation hinter Gittern    31d: Suizid statt (Stadt-)Fortschritt

Sunnys Suche nach tiefgründigen Beziehungen zu ihren Mitmenschen, nach dem richtigen Mann, den zu finden Sunny für eine Lotterie hält, und nach Erfolg als Künstlerin bleibt am Ende von *Solo Sunny* als fortdauerndes Unterfangen offen. Ihr Neuanfang mit einer neuen Band wird inszeniert als eine Rückkehr in die vertrauten Milieus des Prenzlauer Berges, die mit dem Blick über die Dächer und dem Hinterhofgefüge des Proberaumes der neuen Kollegen gekennzeichnet werden. Entgegen klischeehafter Hollywood-Symbolik wird der Ausbruch Sunnys aus ihrer Depression nicht mit einer räumlichen Veränderung oder einem saisonalen Wechsel von Winter zu Frühling bezeichnet, sondern mit einer Kontinuität des Milieus, die mit dem offenen Ausgang und der ungewissen weiteren Entwicklung der Protagonistin korrespondiert.

8.4.2. Trennungen und Zwischenräume in *Himmel über Berlin*

Steckbrief: *Der Himmel über Berlin* (Wim Wenders, 1987)
Personen & Handlung
Die Parabel *Der Himmel über Berlin* lässt den Betrachter an den Beobachtungen der Engel Damiel (Bruno Ganz) und Cassiel (Otto Sander) teilhaben, die als himmlische Beobachter die Gedanken, Wünsche und Probleme der Menschen im geteilten Berlin der 1980er Jahre begleiten, ohne daran Teil zu haben. Im Mittelpunkt steht der Prozess, in dem Damiel den Entschluss fasst und umsetzt, vom Engel zum Menschen werden zu wollen. Diese Metamorphose ist von seinen Gefühlen für die Zirkusartistin Marion (Solveig Dommartin) maßgeblich beeinflusst, doch bereits früher äußert Damiel das Bedürfnis, nicht mehr auf die Rolle des passiven, gefühllosen, weil in seiner Unendlichkeit von Raum und Zeit unabhängigen Betrachters reduziert zu sein, sondern „ein Gewicht an den Füßen zu spüren", mit allen Sinnen und Konsequenzen Mensch zu sein. Bestärkt wird Damiel in seinem Entwicklungsprozess von einem amerikanischen Schauspieler (Peter Falk), der selbst ein „gefallener" Engel ist und als Bindeglied zwischen Himmel und Erde fungiert, das die Engels-Erfahrungen teilt und Damiels positive Erwartungen über die Existenz „auf der anderen Seite" bestätigt. Nicht nur im Moment des Übergangs von himmlischer in irdische Existenz, sondern auch zur Einleitung und wiederholt während des Films wird Berlin teils aus der Perspektive der Engel (Abbildung 32), teils in vielfältigen Teilräumen als Ort der Erinnerungen, Trennungen, Tragödien und Gefühle präsentiert.

Abb. 32: Engelsperspektive auf Berlin   Abb. 33: Engelsgleiche Artistin

Persönlicher Zugang & Fragen an den Film
„Als das Kind Kind war, wusste es nicht, dass es Kind war, alles war ihm beseelt und alle Seelen waren eins." Mit HANDKES poetischer Einleitung ist der bleibende Eindruck des ersten Sehens bereits vorweggenommen. *Himmel über Berlin* wirkt von Beginn an als ein nach ästhetischer Erhabenheit und intellektueller Bedeutungsschwere strebendes Kunstwerk, in dem stereotype Topoi wie die Menschwerdung des Mannes durch die Liebe einer Frau oder allzu offensichtliche Zeichenhaftigkeit, in der WENDERS seinen Engeln weiße Flügel verleiht, nahezu deplatziert wirken. Auch das zweite Element der Annäherung von Engel und Mensch, das in der Fähigkeit von Kindern liegt, die Anwesenheit der Engel zu spüren und ihnen direkt ins Gesicht zu sehen, erscheint als vorhersehbarer Rückgriff auf traditionelle An-

sichten über den Wert und das Wesen der Kindlichkeit. Die Mahnung Jesu „wenn ihr nicht umkehrt und werdet wie die Kinder, so werdet ihr nicht ins Himmelreich kommen" (Matthäus 18,3) gilt hier im Umkehrschluss auch für den Engel Damiel, der irdisch und kindlich werden will, um mit unbekümmerter Neugierde das Leben als Mensch und seine kindlichen wie auch überaus erwachsenen Freuden zu genießen. Eine weitere Auffälligkeit ist die Codierung des Engel-Mensch-Übergangs mittels farblicher Gestaltung: Der Übergang von der reduzierten und distanzierten Schwarz-Weiß-Ästhetik der Engel zur Farbigkeit des Menschseins taucht erstmals auf, als Damiel staunend die als Engel durch den blauen Himmel des Zirkuszeltes fliegende Marion beobachtet (Abbildung 33). Von dieser stereotyp bis trivial wirkenden Komposition weit entfernt ist dagegen die Verknüpfung zwischen Himmel und Erde, die in einer auffälligen kurzen Szene von dem Peter-Falk-Charakter des Filmstars vollzogen wird: Im Landeanflug auf Berlin teilt der Filmstar, der ebenfalls ein zum Menschen gewordener Engel ist, die Vogelperspektive auf die Stadt und sinniert über eine Reihe von Städten, in die sein Reiseziel eingeordnet ist: „Tokyo, Kyoto, Paris, London, Trieste ... Berlin!" Städte als räumliche Fixpunkte der Kulturgeschichte des Menschen sind die Orte, an denen das „Wahre, Gute und Schöne", die ewige Gültigkeit beanspruchenden Errungenschaften menschlicher Kultur, zu Hause sind.

WENDERS *Himmel über Berlin* hat nicht nur teils enthusiastische Kritikerreaktionen hervorgerufen (vgl. Übersicht in VOGT 2001, S. 692ff), sondern dient BRUNO (2002, S. 34f) und HARVEY (1989, S. 314ff) auch als exemplarische postmoderne Filmparabel über die Suche nach Identität in einer fragmentierten Stadtgesellschaft. WENDERS Berlin ist primär eine Stadt der Trennungen (Abbildung 34), wobei der Film die Berliner Mauer als markanteste Trennung des Berlins der 1980er Jahre und als symbolisch für die Trennung zwischen Engeln und Menschen aufnimmt und nicht in ihrer Dimension als aktuelle ideologische Ost-West-Trennung verwendet. Bereits in der Eingangssequenz offenbart WENDERS durch seine Filmsprache die fundamentalen Trennlinien der Stadt, indem sich der Film aus der „Engels"-Perspektive der Luftaufnahme an Berlin annähert. Die Fragmentierung städtischen Lebens wird dabei insbesondere durch die Inszenierung eines städtebaulich prägnanten Elementes der Berliner Stadtstruktur angedeutet, indem WENDERS eine „Engelsperspektive" auf die verschachtelte Hinterhofarchitektur der wilhelminischen Blockrandbebauung inszeniert (34a). In ähnlicher Weise wird städtische Zerrissenheit in der Anfangssequenz symbolisiert durch die Wunden, die Stadtautobahn und bunkerartige Großbauten wie das ICC in der Struktur der Wohnbebauung hinterlassen haben. Die Trennungen zwischen Menschen werden dem Betrachter durch die Augen der Engel präsentiert, die die Gedanken der sich anschweigenden Personen mithören, die sich als Vielzahl fragmentierter Aussagen über das Leben in Berlin zu einer Gesamtsymphonie der großen Nöte und Freuden der Menschen einer Stadt zusammensetzen. Auch wenn vereinzelt auch Kinder unter den unverknüpft nebeneinander stehenden Charakteren zu finden sind, so macht WENDERS doch deutlich, dass es die erwachsenen Stadtbewohner sind, die durch ihre Unfähigkeit zu kommunizieren die Fragmentierung und Zerrissenheit städtischer Existenz verursachen. Kinder dagegen sind die Einzigen, denen die unbeteiligt über der Szenerie stehenden Engel auffallen – ein kindliches Gemüt, die Voraussetzung für das Menschwerden eines Engels, macht in der idealisierten Interpretation von WENDERS noch keine Unterscheidungen: „Alles ist beseelt und alle Seelen sind eins." Alle Mechanismen gesellschaftlicher Trennungen, die für die sozialen und räumlichen Fragmentierungen der Postmoderne verantwortlich gemacht werden, seien es politische Ideologien, sozialer Status, Hautfarbe, sexuelle Orientierung etc. sind im kindlichen Umgang mit dem Anderen für WENDERS noch nicht angelegt. In seiner filmischen Übersetzung wird die Verbindung von Himmlisch und Irdisch im kindlichen Blick durch die Einstellung deutlich, in der ein Kind auf einem Fußgängerübergang als einzige Person die Beobachterrolle des Engels Damiel erwidert und in einer perspektivischen Grenzüberschreitung den Engel wahrnimmt (34b).

Abb. 34: Berlin – Stadt der Trennungen

34a: Engelsblick auf Mietskasernen   34b: Visuelle Grenzüberschreitung

Die Erwachsenenwelt hingegen ist von vielfältigen Trennlinien strukturiert, die ihren Ausdruck in der Teilung der Stadt Berlin und der Zerstörung ihres historischen Kernes (vgl. Abbildung 35) ebenso finden wie in den alltäglichen menschlichen Tragödien der Einsamkeit, der Depression, des Aufgebens bis hin zum Selbstmord. In all diesen Fällen sind die Engel zu stillem Zusehen und Mitleiden verdammt: Ihre Anwesenheit hält den Selbstmörder nicht vom Sprung in die Tiefe oder das Ehepaar von seiner handgreiflichen Auseinandersetzung ab, sondern verschafft höchstens für kurze Zeit Erleichterung, einen positiven Gedanken, die Idee, dass das eigene Leben vielleicht doch nicht nur von der bedrückenden sozialen Kälte und Distanz geprägt ist, in die WENDERS seine Erwachsenen-Charaktere platziert. Die Engel Damiel und Cassiel existieren in ihrer Beobachterrolle in einem anderen räumlich-zeitlichen Kontext, ihre Dimension ist nicht das soziale Hier und Jetzt, sondern die Ewigkeit, die großen geschichtlichen Dimensionen, die sie überblicken und in deren Verlauf sie das gegenwärtige Leben in Berlin stellen und kommentieren. Ihre Aussprache in einem Autohaus – dem symbolischen Ort der Konsumgesellschaft, der menschlich-materiellen Wünsche und der begrenzten Art, in der Menschen, in Zeit gefangen, Raum überwinden – macht die Gegensätzlichkeit der Kontexte deutlich: Cassiel eröffnet das Gespräch mit einer astronomischen Präzisierung des Hier und Jetzt – Sonnenauf- und -untergang, Wasserstände der Berliner Flüsse etc. – und historischer Ereignisse 200 bzw. 50 Jahre vor der Gegenwart. Die positiven Beobachtungen der Engel sind solche, in denen auch die Menschen eine Ahnung von Ewigem und Wahrem entfalten, sei es in dem Vorlesen aus Homers Odyssee oder der Schilderung eines Schülers, wie ein Farn aus der Erde wächst. Auch die erste längere Sequenz, die die Engel im Umfeld der Berliner Mauer zeigt, arbeitet mit dem Gegensatz der himmlischen Zeitspanne und dem, was der Mensch in seiner begrenzten Erfahrungsweise als geschichtliche Gegebenheiten akzeptiert und wie er Geschichte und Geographie „macht". Angesichts der Erinnerungen der Engel an die Entstehung des Urstromtals und die Zeit vor dem Eintreffen des Menschen wird die Absurdität des Versuchs offenbar, Ideologie durch physische Strukturen wie die Berliner Mauer „langfristig" zu manifestieren.

Eine komplexe Verschränkung unterschiedlicher Zeit- und Raumbezüge bietet eine Sequenz, die auch in den Rezipienteninterviews besondere Beachtung findet (Abbildung 35). Sie beginnt in der Globensammlung der Staatsbibliothek, in der eine Vielzahl von Engeln regelmäßig die Menschen bei ihren Studien und Arbeiten begleitet. Der greise Erzähler Homer sinniert über ein Grundthema der Postmoderne – das Ende der Erzählung und damit der Geschichte, dem er sich widersetzen will, wenngleich er sich danach sehnt, nach Kriegen und Verfolgung endlich „ein Epos des Friedens" erzählen zu können. Versinnbildlicht wird der Widerstand gegen die postmoderne Entankerung durch die Situiertheit Homers inmitten von „Verortungsmaschinen" (35a).

Abb. 35: Homer und der Potsdamer Platz – Die Geschichte eines Platzes erzählen

35a: Verortung als Anti-Postmoderne    35b: Potsdamer Platz als Ruheraum

35c: Städtische Geschichte... 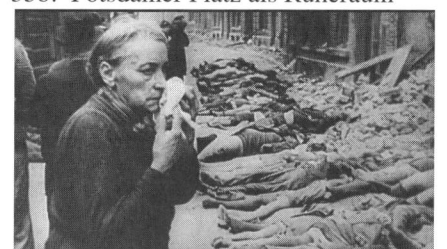   35d: ...hat ein menschliches Gesicht

Homer macht sich anschließend auf die Suche nach dem Potsdamer Platz, und seine Erzählungen machen deutlich, dass sein Potsdamer Platz das pulsierende Zentrum urbanen Lebens der Zwischenkriegsjahre ist: Das Kaufhaus Wertheim, das Café Josty, ein Zigarrengeschäft sind für Homer die Fixpunkte der Erinnerung, die mit dem Aufkommen des Nationalsozialismus endet und die im offenen Widerspruch zur städtischen Brache steht, in der Homer seinen Erinnerungen nachhängt und die er nicht als Potsdamer Platz erkennt. Homers trotziger Entschluss „Ich gebe so lange nicht auf, bis ich den Potsdamer Platz gefunden habe!" macht deutlich, wie stark seine Raumvorstellung von dem urbanen Potsdamer Platz der 1920er Jahre wirkt und welch positive Bedeutung mit diesem Stadtraum verbunden wird. Bezeichnenderweise wird die städtische Wüstung des aktuellen Platzes in dem Moment zu einem Ort des Ausruhens und Verharrens, in dem Homer den Beschluss zum weiteren Suchen nach dem präferierten Aufenthaltsort seiner jüngeren Jahre fasst (35b).

Angesichts der Umgestaltung des Platzes nach der deutschen Wiedervereinigung, die für viele Gesprächspartner der Rezipienteninterviews die einzige Raumvorstellung des Potsdamer Platzes definiert, ist die Raum-Inszenierung der Homer-Sequenz ein besonders geeignetes Beispiel für die große Bedeutung von Filmbildern für die Erweiterung alltäglicher Raumvorstellungen (siehe Abschnitte 9.3.2 und 9.3.3). Die Besetzung der Rolle des Homer durch den Schauspieler Curt Bois, der selbst vor den Nazis ins Exil floh, macht den Verlust der Menschlichkeit der Stadt durch die Nazis, durch den 2. Weltkrieg, dessen Szenen Homer in einer Überwindung der Trennung von Vergangenheit und Gegenwart in seine Erzählung einbaut, und durch den Mauerbau in doppelter Hinsicht greifbar (vgl. KLAPDOR 2000, S. 224). Im Gegensatz zu dem menschenleeren Potsdamer Platz der 1980er Jahre, der den Verlust von Geschichte und die postmoderne Fragmentierung von Stadtgesellschaft darstellt, sind die „erinnerten" Orte Homers als Verbindungen von städtischen Strukturen und menschlichem Erleben angelegt, so dass die Rückblenden zu dem Potsdamer Platz als Ort von Zerstörung und Tod auf die filmische Gegenüberstellung von physischer Stadtstruktur (35c) und den sie erlebenden Stadtbewohnern (35d) angewiesen sind.

Wie VOGT (2001, S. 690) in seiner quantitativen Analyse der Filmsprache festhält, dominieren weite bis panoramatische Einstellungen das Berlin-Bild des Films, wodurch sowohl die über den Dingen schwebende Perspektive der Engel als auch die Verlorenheit des Menschen angesichts der Dimensionen seiner städtischen Umgebung angedeutet wird. Demgegenüber findet der Engel Damiel in eng definierten Räumen, die ein konkretes Hier und Jetzt symbolisieren, die kontemplative Ruhe, die Erlebnisse und die Personen, die seine Wandlung vom Engel zum Menschen vorantreiben. Die unendliche Weite des *Himmels über Berlin* wird ersetzt durch das begrenzte „Himmelszelt" des kleinen Zirkus, in dem Damiel die engelsgleiche Trapezartistin Marion auffällt (Abbildung 36a). Das erotische Moment, das Damiels Wunsch nach Menschwerdung befördert, wird durch die farbliche Hervorhebung Marions im Zirkuszelt und in ihrem Wohnwagen unterstrichen, während die zweite Facette der Annäherung von Engel und Mensch – das Einnehmen einer kindlich begeisterten Zuschauerrolle (36b), im distanzierten Schwarz-Weiß der Engel verbleibt. Auch der ehemalige Engel, der Damiels Präsenz im begrenzten Raum einer Imbissbude im Brachland nahe des Anhalter Bahnhofes spürt und ihn ermuntert, das Menschwerden mit all seinen Facetten zu wagen, ist – wiederum farblich codiert – in seiner Bedeutung untergeordnet unter die Auswirkung Marions auf die Identitätssuche von Damiel.

Abb. 36: „Als das Kind noch Kind war"

36a: Engelsgleiche Inszenierung   36b: Kindlich sein heißt Mensch sein

Bereits im Gespräch der Engel im BMW-Autohaus äußert Damiel das Bedürfnis, die „ewige Geistesexistenz" hinter sich zu lassen und „ein Gewicht an mir spüren" zu können. Zum visuellen Symbol für die Menschwerdung als zeitliche und räumliche Verankerung, als Gegenteil der postmodernen Oberflächlichkeit und *„placelessness"*, wird Damiels Berührung eines Steins in Marions Wohnwagen (Abbildung 37a). Hierbei ist das Aufeinandertreffen des materiellen Steines und des noch im Immateriellen gefangenen Engels Damiel durch die halbtransparente Überblendung der Hände angedeutet. Demgegenüber ändert sich die Darstellung, wenn WENDERS das Stein-Symbol später in der filmischen Inszenierung des Wandlungsprozess aufgreift, die die Freunde Damiel und Cassiel im Todesstreifen an der Berliner Mauer zeigt. Die Trauer Cassiels, der Damiels Freude und Begeisterung über den bevorstehenden Wandel nicht teilen kann, der für ihn den endgültigen Verlust einer ewigen Freundschaft bedeutet, wird in einem Raum in Szene gesetzt, der wie kaum ein anderes räumliches Symbol in der deutschen Geschichte für schmerzhafte, teils tödliche Trennungen und oftmals endgültige Abschiede steht. Der trauernde Blick Cassiels geht einem Freund nach, der Mensch geworden ist und als solcher in Farbe erscheint, als die Ankunft in der räumlich-zeitlichen Gegenwart mit der „Vereinigung" mit deren Symbol markiert wird – einem Stein, den sich Damiel an die Stirn hält, wobei Stein und Figur zweifelsfrei materiell erscheinen (37b).

Das ultimative Filmbild für den Übergang von Engel zu Mensch und damit für die Überwindung der größtmöglichen Trennung, die stellvertretend für alle anderen gesellschaftlichen Divergenzen steht, stellt die Überblende dar, in der Cassiel die leere Hülle seines Freundes durch die Berliner Mauer trägt (37c). Den Engel Cassiel sieht der Betrachter noch in Schwarz-Weiß und auf der klinisch weißen ostdeutschen Seite der Mauer, die bereits mit der graffiti-bebilderten Ansicht auf westlicher Seite verschmilzt, wo kurz darauf der Mensch Damiel erwacht. Im Vordergrund zeigt ein Straßenschild die Verortung der Szene im Stadtraum an. Damiels erste Erkundungstouren in der „Realität" menschlicher Existenz sind häufig von derartigen Ortsangaben begleitet, durch die die konkrete, gelebte Räumlichkeit angedeutet wird, innerhalb derer Damiel nun beginnt, statt der ewigen Geschichte der Engel die zeitlich begrenzte, ungleich kostbarere und persönlichere Geschichte des eigenen Lebens zu erkunden und zu gestalten. Dass er diese Entdeckungen von nun an selber machen muss, ist für Damiel eine neuartige Erfahrung, auf die ihn der

8.4. Berlin in ausgewählten Filmen 185

Filmstar verweist, von dem Damiel Antworten auf viele seiner unmittelbaren Frage erhofft, um zum ersten Mal festzustellen, dass auch zwischen Menschen Grenzziehungen existieren – und sei es „nur" durch den Absperrzaun eines Film-Studios.

Abb. 37: Übergänge und Trennungen, Vereinigungen und Zwischenwelten

37a: Materie und Geist   37b: Menschwerdung als „Erdung"

37c: Engel – Mensch, Ost – West   37d: Zwischen Himmel und Erde

Die endgültige Erfüllung des Übergangs vom Engel zum Menschen stellt für Damiel das Zusammenkommen mit Marion dar, das in der alle Sinne ansprechenden Atmosphäre eines Konzertes von *Nick Cave & The Bad Seeds* stattfindet. Marion bringt den Charakter der Menschwerdung als Kontextualisierung im Hier und Jetzt zum Ausdruck, wenn sie Damiel erinnert: „Wir sind jetzt die Zeit. Nicht nur die ganze Stadt, die ganze Welt nimmt gerade teil an unserer Entscheidung." Unterstrichen von der klischeebeladenen Erzählung Damiels – „Erst das Staunen über uns zwei, das Staunen über den Mann und die Frau, hat mich zum Menschen gemacht. Ich weiß jetzt, was kein Engel weiß" – symbolisiert die räumliche Anordnung der Charaktere in der Schlussszene des Films eine Auflösung der Trennlinien und der Identitätssuche, die den Film durchziehen (37d). In einem dunklen, abgegrenzten Raum schwebt die Artistin Marion an einem Seil, kurz unter dem begrenzten „Himmel" eines blauen Dachfensters, während der ehemalige Engel Damiel nun auf den Erdboden beschränkt ist und für Marions festen Kontakt mit dem Boden verantwortlich ist. Der Engel Cassiel steht für alle Figuren, die nicht den Mut und das Glück haben, scheinbar fest gefügte Trennungen zwischen Menschen, Räumen, Ideologien und Epochen zu überwinden, und bleibt auf die Rolle eines im Abseits sitzenden Zuschauers reduziert.

8.4.3. Berliner Nach-Wende-Filme

Steckbrief: *Ostkreuz* (Michael Klier, 1991)
Personen & Handlung
Mit *Ostkreuz* kommt Michael KLIER die Rolle zu, einen der ersten Filme nach 1989 geschaffen zu haben, der die Umstände im „neuen" Berlin in intensiver Weise reflektiert. Die Jugendliche Elfie (Laura Tonke) lebt mit ihrer Mutter (Susanne von Borsody) in einem für innerdeutsche Flüchtlinge eingerichteten Lager in Berlin. Sie erlebt die Umbrüche der Nachwendezeit und das Leben in neuen Grenzräumen zwischen Alt und Neu, zwischen Ost und West hautnah und mit bitterer Konsequenz. Als ihre Mutter die Hoffnung auf Arbeit und damit eine angemessene Wohnung aufgegeben zu haben scheint, trifft Elfie den polnischen Kleinkriminellen Darius (Miroslaw Baka), in dessen kriminelle Geschäfte sie als Helferin gerät. Ihre Tage verbringt Elfie nun zwischen den tristen Baracken des Übergangslagers, den heruntergekommenen Kneipen, die Darius und seinem Milieu als Stützpunkte dienen, und den Industriebrachen im Niemandsland zwischen Ost und West. Als Elfies Mutter mit ihrem Freund Berlin in Richtung Ruhrgebiet verlässt und Elfie zurückbleibt, findet Elfie in dem elternlosen Streuner Edmund einen Weggefährten, mit dem sie Schicksal und Behausung in einem Rohbau teilt.

Persönlicher Zugang & Fragen an den Film
In seiner einseitigen Tristesse ist *Ostkreuz* unter den vorgestellten Filmen der Nach-Wende-Zeit eine Ausnahme, in der die sehr persönlichen Erschütterungen individueller Lebensentwürfe durch den historischen Prozess der deutschen Wiedervereinigung thematisch wie filmsprachlich in die Nähe der städtischen Realitäten in der Zeit nach dem 2. Weltkrieg gerückt wird. Die folgende kritische Einschätzung von RUST (1992) wird dahingehend geteilt, dass KLIERS Umgang mit dem historischen Kontext in seiner einseitigen Negativität unangemessen erscheint, was jedoch den Wert seiner räumlichen Rahmengebung für die persönliche Tragödie Elfies als Untersuchungsgegenstand nicht generell aufhebt.

> Aus der Plattenbauruine geht der Blick auf eine unabsehbare, eisige Einöde. Klier variiert erfolgserprobte Motive [...] in Moll, mutet allerdings seinen filmischen Möglichkeiten mit einer fadenscheinig trauerumflorten Passion vom ‚Kreuz des Ostens' sichtlich zu viel zu. [...] Die falsch verstandene gute Absicht mißleitet, nach außen gekehrt, zu Bildern, die einfach nicht (mehr) stimmen. Volle 80 Minuten schleppt sich eine Halbwüchsige gesenkten Blickes durch ein trostloses Gelände, das fälschlich an die Trümmerruinen im Berlin der Nachkriegszeit in Rosselinis ‚Deutschland im Jahre Null' (1947) erinnern soll. Mutterseelenallein stapft man durchs garstige Leben ‚in Freiheit', entlang endloser Korridore, bei starrer Kälte und unter penetrantem Hundegebläff sowie dem Lärm rangierender Züge, um am Ende aller (Irr-)Wege doch nur abermals im Niemandsland des früheren Grenzstreifens anzulangen.

Steckbrief: *Das Leben ist eine Baustelle* **(Wolfgang Becker, 1997)**
Personen & Handlung
Mit *Das Leben ist eine Baustelle* entwickelt BECKER eine Parabel für die unfertige Stadt Berlin, deren Umbrüche und Übergangssituationen die Kulisse für die persönlichen Lebensbaustellen einer ungewöhnlichen Gruppe von Menschen darstellt. Im Zentrum steht Jan Nebel (Jürgen Vogel), der als Aushilfe im Schlachthof arbeitet und auf seinem nächtlichen Nachhauseweg in den Turbulenzen maikrawallartiger Ausschreitungen der geheimnisvollen Vera (Christiane Paul) begegnet. Dieses Ereignis bringt ihm nicht nur eine Verhaftung und Geldstrafe von DM 4.500 ein, sondern kostet ihn auch seinen Arbeitsplatz. Zugleich lernt Jan mit dem Lebenskünstler Buddy (Ricky Tomlinson) einen Freund kennen, mit dem er sich die Wohnung seines Vaters teilt, den Jan dort tot aufgefunden hat. Jans Beziehung zu Vera schwankt zwischen turbulenter Verliebtheit und den Zweifeln, die in Jan durch Veras oft undurchschaubares Verhalten aufkommen; seine berufliche Situation bringt Aushilfsjobs und eine Tätigkeit als Straßenverkäufer mit sich; die größte Herausforderung ist für Jan jedoch der Aidstest, zu dem er sich nach einem früheren One-Night-Stand endlich durchringen muss. Dies gelingt ihm mit Veras Hilfe, die für Jan ihren bisherigen Freund verlässt und in die WG mit Buddy und der jungen Griechin Kristina zieht. Jans und Veras Beziehung scheint somit gegen Ende des Films die einzige „Baustelle" zu sein, die einen Abschluss gefunden hat, anders als Jans Finanznöte, die angespannte Beziehung zu seiner Schwester und die Stadt Berlin Mitte der 1990er Jahre.

Persönlicher Zugang & Fragen an den Film
Im Gegensatz zur augenscheinlichen Negativität von *Ostkreuz* gelingt es BECKER, die persönlichen Krisen und Umbrüche in das eingängigere Format einer Beziehungs- und Identitätenkomödie zu integrieren, ohne dabei die Ambivalenz der Charaktere oder der Grundstimmung des Films zu hintergehen. Dabei ist allerdings auffällig, dass entgegen einschlägiger Hollywood-Konventionen die romantisch-komödiantischen Momente der Handlung nicht in räumlichen Kulissen inszeniert werden, die als weithin bekannte romantisierte Stadt-Ikonen gelten können. Der allgemeinen Verweigerung entsprechend, mit der BECKER das „offizielle" Berlin – touristische Standards, spezifische urbane Milieus, das entstehende Hauptstadt-und-Konzern-Cluster in Berlin-Mitte – und seine Ansichten ausblendet, finden Romantik wie Krise in den räumlichen Equivalenten der Lebensbaustellen der Charaktere statt .

Steckbrief: *Nachtgestalten* **(Andreas Dresen, 1999)**
Personen & Handlung
In einer Nacht, die vom Besuch des Papstes in Berlin überschattet wird, verfolgt der Film *Nachtgestalten* vier Gruppen von Akteuren auf ihren sich oft kreuzenden Pfaden durch die Hauptstadt.
- Die Obdachlosen Hanna und Viktor wollen sich mit dem „Wunder" eines 100-DM-Scheines, den Hanna beim Betteln plötzlich und unerklärlicherweise in ihrer Sammelbüchse hat, einen Abend mit Restaurant und Hotel gönnen, geraten aber durch Hannas aggressive Art fortdauernd in Konflikte. Ihre Odyssee führt erfolglos in verschiedene Hotels sowie nach einer Auseinandersetzung mit U-Bahn-Sicherheitskräften auf eine Polizeiwache und gipfelt in einem gewalttätigen Streit, nach dem Hanna Victor nur zögerlich in das schließlich gefundene Hotel folgt.
- Der angolanische Flüchtlingsjunge Feliz, dessen Kontaktperson Ricardo im Verkehrschaos aufgrund des Papstbesuchs stecken bleibt, wird von dem gestressten Manager Peschke vom Flughafen mitgenommen. Ihre Stationen sind Ricardos Wohnviertel Hellersdorf, sein Arbeitsplatz – ein einfaches Restaurant in Kreuzberg, vor dem eine Gruppe Punks Peschkes Auto klaut – und schließlich Peschkes Wohnung in Tiergarten.
- Auf der Suche nach einer aufregenden Nacht in der Großstadt trifft der Bauer Jochen aus Zippelsförde die drogensüchtige Prostituierte Patty. Während ihrer Tour durch Stundenhotels, Restaurants, Clubs und verwahrloste Wohnungen versucht Jochen, eine Gesprächsbeziehung zu Patty aufzubauen, die jedoch in Jochen nur einen zahlenden Kunden sieht und sich zunehmend unruhig dem nächsten Schuss entgegensehnt.
- Eine Gruppe von Straßenpunks klaut zunächst auf dem Bahnhof Jochens Tasche, dann in Kreuzberg das Auto von Peschke. Auf ihrer Fahrt ans Meer hilft eine Jugendliche der von Victor verletzten Hanna; das Verbrennen von Peschkes Auto am nächsten Morgen stellt das Ende von *Nachtgestalten* dar.

Persönlicher Zugang & Fragen an den Film
Zu Beginn von DRESENS nächtlicher Reise durch das Berlin gesellschaftlicher Randgruppen fällt die unmittelbare Position des Zuschauers in Relation zu den Charakteren auf: Der Betrachter verfolgt die Figuren „in medias res" und ist durch die Verwendung von bewegten Handkameras dicht am Geschehen. So wird der Rhythmus der Erzählung vorgegeben, die von ruhelos suchenden Charakteren getragen wird, die nahezu den gesamten Zeitraum des Films hindurch unterwegs sind. Eine wesentliche Frage für die Interpretation ist daher, welche Zielpunkte die Akteure finden und welche Ruheräume sich den *Nachtgestalten* bieten. Auffällig ist zudem in ähnlicher Weise wie bei *Ostkreuz* die relativ starke Beschränkung auf einen thematischen Aspekt Berlins: seine Randgruppen. Welche Vertreter der „Mainstream"-Gesellschaft Berlins – außer dem Manager Peschke – in welchen Rollen mit den porträtierten Außenseitern in Beziehung treten und in welchen Räumen dies inszeniert wird, kann als zweite Frage für die Interpretation von *Nachtgestalten* festgehalten werden.

Steckbrief: *Dealer* (Thomas Arslan, 1999)
Personen & Handlung

Der *Dealer* in ARSLANS Film ist der junge Türke Can (Tamer Yigit), der für den Gangster Hakan (Hussi Kutlucan) eine Gruppe von Straßendealern leitet. Die Straßen, Parks und Hinterhöfe von Kreuzberg sind die Welt, in der Can lebt und arbeitet und die den Gegenpol zu seiner Freundin Jale (Idil Üner), der Tochter Meral (Lea Stefanel) und der gemeinsamen Wohnung darstellt. Can wird als Dealer mit schlechtem Gewissen dargestellt, der jedoch trotz der wiederholten Nachfragen seiner Freundin nicht die Entschlossenheit aufbringt, sich eine andere, legale Tätigkeit zu suchen. Stattdessen glaubt er an seine große Chance, als Hakan ihm die Geschäftsführung einer Bar anbietet. Während Jale Can verlässt, da dieser sich nicht von Hakan loslöst, bringen Can seine wiederholten Gespräche mit einem Drogenfahnder, den er „von früher" kennt, bei Hakan und seinen Dealern in zunehmenden Rechtfertigungszwang. Bevor die Zuspitzung eskaliert, wird Hakan in Cans Anwesenheit auf offener Straße erschossen. Geschockt nimmt Can die Hilfe eines Freundes in Anspruch, der ihm eine Stelle als Küchenhilfe in dem Lokal eines Onkels vermittelt. Im Frust über die Trennung von Jale, die trotz des für Can ernüchternden ehrlichen Arbeitslebens nicht zu ihm zurückkehren will, beschließt Can, die restlichen Drogen zu verkaufen und wird dabei verhaftet. Ein letztes Treffen mit Jale im Gefängnis endet angesichts einer vierjährigen Haft und anschließender Abschiebung mit Cans Vorschlag, Jale könne ihm in die Türkei folgen – Jale verlässt Can ein zweites Mal, diesmal endgültig.

Persönlicher Zugang & Fragen an den Film

Ähnlich wie *Nachtgestalten* entlässt *Dealer* den Betrachter nach dem ersten Sehen mit einem Gefühl der Leere, das der Weigerung des Films entspringt, ein definitives und womöglich gar positives Ende nach Hollywood-Vorbild anzubieten. Die Apathie der Hauptfigur Can wird am Ende des Films markant ausgedrückt, wenn ARSLAN die nun verlassenen Lebensräume Cans Revue passieren lässt. Von dem Ende zurückblickend kann die fatalistische Einstellung der Hauptfigur durch den Verlauf der Handlung zurückverfolgt werden. Can erscheint so als Charakter, der in den Zwängen seines Milieus entgegen seinen Beteuerungen verfangen ist und dessen Bewegungs- und Handlungsunfähigkeit in Szenen unterstrichen wird, in denen die städtische Umwelt an Can bildlich vorbei zu fließen scheint (Abbildung 48). Hinsichtlich der räumlichen Konstellation fällt auf, dass wenige lokalisierbare Orte Berlins auftauchen, sondern das abgeschottete soziale Milieu des türkischen Berlin in anonymer Weise als Parallelwelt zur „deutschen" Stadt entworfen wird. Erst in der Analyse wird deutlich, dass dieser erste Eindruck auch dadurch unterstrichen wird, dass nur wenige „deutsche" Charaktere in Sprechrollen auftauchen und dann eine klare Gegenwelt zu Cans Milieu repräsentieren.

190 8. Filminterpretation als Stadtforschung

8.4.3.1. Heimatverlust in den Landschaften des Umbruchs

In *Ostkreuz* konzentriert sich KLIER auf die kleinste Maßstabsebene, die für die Darstellung der gesellschaftlichen und räumlichen Umbrüche nach der Wende von 1989 wählbar ist: eine einzelne Person. Für die jugendliche Elfie wiederum reduziert sich ihre Situation nach der Wiedervereinigung auf eine zentrale traumatische Erfahrung, den durch die Wohnsituation ausgedrückten Verlust von Heimat, Geborgenheit und Zugehörigkeit, so dass ihr Handeln über weite Strecken des Films auf ein Ziel gerichtet ist, nämlich die nötige Kaution für eine Wohnung in Höhe von DM 3.000 aufzubringen. Die Wende wird so zu einem persönlichen Trauma, das Elfie einen im halbkriminellen Milieu endenden Crash-Kurs in Kapitalismus abverlangt. Zur filmischen Überhöhung dieser Fokussierung stellt KLIER die Bilder der grauen Großwohnsiedlung, in der Elfies Traum einer eigenen Wohnung zu finden wäre, und des tristen Barackenlagers, in dessen weißen Gängen und spartanischen Containerzimmern Elfie und ihre Mutter untergebracht sind, gegenüber (Abbildung 38). Farbe und Lebendigkeit sind weder im aktuellen Lebensumfeld (38a) noch in Elfies Wunsch-Wohnumgebung (38b) zu finden. Lediglich eine Toilette, in der sich Elfie versteckt, um nicht mit ihrer Mutter und deren Freund Berlin verlassen zu müssen, ist durch ihre intensive orange Farbgebung visuell hervorgehoben und stellt doch nur den Übergang Elfies von dem heimatlosen Leben im Barackenlager zur Obdachlosigkeit dar.

Abb. 38: Das neue Berlin – Anstelle eines Zuhauses

38a: Elfies Lebensraum   38b: Elfies Wunschumgebung

Elfies Mutter teilt mit ihrer Tochter die Erfahrung der Verlorenheit und des Heimatverlustes, reagiert darauf jedoch mit einem vollkommen anderen Handlungsmuster. Die Mutter gibt die Job- und Wohnungssuche als hoffnungslos auf und verschwendet ihre Zeit aus Elfies Sicht mit ihrer Beziehung zum unsympathischen „Sklavenhändler" Harry und mit den kurzfristigen Vergnügungen des ansonsten grauen Alltags. Elfie dagegen ist darauf konzentriert, die Vertrautheit einer eigenen Wohnung im bekannten Umfeld Berlins wiederzuerlangen und reagiert mit geschockter Weigerung auf den Vorschlag ihrer Mutter, mit ihr und Harry nach Gelsenkirchen zu ziehen. Den Moment, in dem die Mutter ihre eigene Tochter in der Unwirtlichkeit des Barackenlagers zurücklässt, kommentiert Harry lakonisch „Sie muss lernen, sich anzupassen." Zu diesem Zeitpunkt hat sich Elfie bereits angepasst – jedoch nicht an die Sichtweise ihrer Mutter und deren Aufbruch in eine neue Umgebung, sondern an die Zwischenräume und die Gestalten der Halbwelt, die zwischen dem Zusammenbruch alter Strukturen und der Ausbildung neuer städtischer Realitäten existieren. Die filmische Fixierung derartiger Räume im Umbruch macht *Ostkreuz* zu einem für die Sozialgeschichte des deutschen Films relevanten zeitgeschichtlichen Dokument Berlins (vgl. MEISSNER 2006).

Für Elfies Erfahrungen mit den Zwischen-Räumen Berlins (Abbildung 39) ist der polnische Kriminelle Darius von entscheidender Bedeutung. Nachdem Elfie ihm kurzzeitig die Beute eines Ladendiebstahls abnimmt, sieht sie in dem undurchsichtigen Darius eine Möglichkeit, ihren Zielen näher zu kommen und sich durch ihn das Geld für eine eigene Wohnung zu beschaffen. Dabei nimmt sie in Kauf, dass Darius sie ebenso als Mittel zum Zweck einsetzt wie sie ihn, wobei das Kräfteverhältnis zwischen den ungleichen Partnern bedingt, dass Elfie die Übervorteilte ist. Ihre Erlebnisse mit Darius führen Elfie in eine Reihe von Zwischen-Räumen und Halbwelten, die sich ebenso wie ihr persönliches Leben in einer Umbruchsphase befinden.

Abb. 39: Zwischen-Räume um das „Ostkreuz"

39a: Ost-Ikone als Ausgangspunkt

39b: Post-Industrieller Zwischenraum

39c: Fortschrittssymbole in Krise

39d: Ultimativer Grenzraum

Nur an wenigen Stellen im Film sind noch die räumlichen Symboliken der untergegangenen DDR zu erkennen (39a), den hauptsächlichen Kontext von Elfies Odyssee stellen dagegen das gesichtslose Niemandsland ehemaliger Industrieanlagen (39b), die als monströse Hinterlassenschaften des Ostregimes erscheinenden Wohnblöcke (39c) oder die nach der Wende rasch etablierten Zwischennutzungen der Erotikbranche dar. Von dieser räumlichen Codierung ist es nur noch ein kleiner Schritt, der Elfie in die kriminellen Räume Berlins wie die von Hehlern frequentierten Kneipen und in die winterliche Grenzlandschaft zu Polen führt, in der Elfie nach einer gescheiterten Autoübergabe an russische Kriminelle von Darius zurückgelassen wird und wo sich Elfie räumlich wie individuell an der ultimativen Grenze befindet, die eine – wenngleich ins Wanken geratene – „normale" Existenz von einer Situation als familien- und „raum"losem Straßenkind trennt (39d).

Die Feststellung einer übertriebener Einseitigkeit des Films basiert nicht zuletzt auf der Inszenierung des Endes von *Ostkreuz* und der darin angedeuteten Parallelen zu der Trümmerlandschaft im Nachkriegs-Berlin in ROSSELLINIS *Deutschland im Jahre Null* (1947). Die Wende-Erfahrung als erneute Stunde Null (Abbildung 40) wird von KLIER durch die Benennung des Straßenjungen angedeutet, den Elfie im Verlauf des Films in einem unfertigen Rohbau trifft, in dem sie am Ende des Films beide unterkommen (40a). Der von den Eltern verlassene Edmund trägt bedeutungsvoll den Namen des verstörten jugendlichen Vatermörders aus ROSSELLINIS Werk, der ebenso wie Elfie am Ende von *Ostkreuz* durch die rohe Maueröffnung einer Ruine in den Abgrund blickt, bevor er sich selbst umbringt (40b).

Abb. 40: Erneute Stunde Null

40a: Heimatraum der Nullstunde   40b: Einstellung mit Film-Geschichte

Das Ende von *Ostkreuz* enthält dagegen die Andeutung, dass Elfie und Edmund in ihrem gemeinsamen Schicksal als verlassene Verlierer der Vereinigung kindliche Zuneigung füreinander empfinden, die erstmals im Verlauf des Films bei Elfie annäherungsweise eine emotionale Gelöstheit bewirkt. Die von Edmund geäußerte wechselseitige Charakterisierung „Ziehst du auch rum, durch die Stadt?" verdeutlicht, dass Elfie am Ende des Films einen Zustand erreicht, der an den Prozess der vollkommenen Auflösung einer Person in ihr städtisches Umfeld erinnert, den AUSTER (1985, 1986a, 1986b) in seiner New-York-Trilogie als typisch postmoderne Identitätskrise beschreibt. Der Heimatverlust der jugendlichen Protagonistin verschmilzt so mit seiner städtischen Entsprechung, mit den nur kurze Zeit existierenden Landschaften des Nachwende-Berlins, deren Tristesse und Lebensfeindlichkeit *Ostkreuz* in überdeutlicher Weise und plakativer Einseitigkeit präsentiert.

8.4.3.2. Leben und Stadt als Baustellen

Im Gegensatz zu *Ostkreuz* sind die Charaktere und ihre räumlichen Kontexte in *Baustelle* deutlich gefestigter. Nicht mehr ein totaler Heimat- und Identitätsverlust seiner Menschen, nicht mehr die zum Abriss bestimmten Ruinen und Brachflächen Berlins stehen im Mittelpunkt, sondern die fortdauernden Umbauprozesse der Stadt und des Lebens der Filmcharaktere. Das zeitliche und gesellschaftliche Umfeld der urbanen Baustellen-Generation des Films erschließt sich aus der Beschriftung eines Baustellenzauns, den Jan und Vera bei ihrer ersten Verabredung passieren (Abbildung 42c): „Die Liebe in Zeiten der Kohl-Ära" ist ein Thema des Films, der sich damit bewusst in den späten Jahren der Kohl-Regierung positioniert und für VOGT (2001, S. 729) auch als Kritik an deren lähmender Wirkung im städtischen Alltag aufzufassen ist. Dabei stehen nicht die entstehenden glänzenden Fassaden der Berliner Umbauphase im Zentrum, sondern vielmehr die alltäglichen, beinahe belanglos wirkenden Lebensräume einer jungen Generation aus dem Arbeiter- und Mittelstandsmilieu. Sowohl die Stadträume als auch die Lebensumstände der jungen Städter sind von den in Aussicht gestellten „blühenden Landschaften" weit entfernt. Vielmehr wird Berlin bereits in der Eröffnung des Films durch eine Gegenüberstellung charakterisiert, die das wortlose Beziehungsende zwischen Jan und Sylvia einerseits – symbolisiert durch Jans nachdenkliche Pose in Sylvias Altbau-Bad (Abbildung 41a) und durch Sylvia, die dem mit der S-Bahn abfahrenden Jan am Fenster ihrer Wohnung den Rücken zukehrt – und die Ausschreitungen und Plünderungen jugendlicher Randalierer auf der Straße andererseits miteinander verknüpft (41b). Sowohl individuell als auch gesamtgesellschaftlich erscheint Berlin zunächst als eine Stadt, in der die Filmfiguren keinen Raum für Kommunikation finden.

Abb. 41: Ausgangspunkt Sprachlosigkeit

41a: Ende einer Beziehung   41b: Verknüpfung Liebe – Randale

Der Umgang BECKERS mit dem Alexanderplatz als einem der wichtigsten Symbole für die Urbanität vergangener Tage – nicht zuletzt durch DÖBLINS Roman und deren filmische Umsetzung durch JUTZI (1931) und FASSBINDER (1980) – ist kennzeichnend für die reduzierte Bedeutung der Öffentlichkeit in dem alltäglichen Leben der

Baustellen-Generation (Abbildung 42). Der ehemals als soziales Zentrum der Stadt fungierende Platz übernimmt nun die Rolle der Ersatz-Öffentlichkeit, indem der Kamera-Container eines lokalen Fernsehsenders zur Teilnahme an einer Talentshow auffordert, während der Alexanderplatz zur abweisenden Winterlandschaft verkommen ist. Diese Inszenierung macht es erforderlich, die Verortung der Protagonisten Jan und Buddy durch die Weltzeituhr als markantes Symbol des Alexanderplatz zu kennzeichnen (42a), da der Platz ansonsten in seiner quasi-öffentlichen Funktion unerkennbar bleibt (42b). Auch die wenigen panoramatischen Einstellungen zeigen keine romantisierten Versionen der einladenden Szenerien der Stadt, sondern deren industrielles Hafenpanorama bei Nacht oder die nebelgraue Landschaft einer S-Bahn-Station, in deren trister Szenerie eine der letzten Sequenzen des Films inszeniert ist, der Stadt wie Charaktere ohne klare Auflösung lässt (42d).

Den deutlichsten Hinweis auf die städtebaulichen Veränderungen Berlins gibt die Figur des liebenswerten Alt-Rockers Buddy, den Jan während der kurzen gemeinsamen Zeit im Schlachthof kennen lernt. Seine Gelegenheitsjobs sind für Buddy nur Nebensache neben seinem Lebensinhalt Rock'n'Roll. Als Buddy seine Bleibe im Nebenraum des Rock'n'Roll-Clubs „Spree-Teddys" verliert, lässt seine Analyse nichts an Klarheit und deutsch-deutschen Spannungen vermissen: „Wir werden alle vor die Tür gesetzt. Die Alt-Eigentümer aus dem Westen sind hier plötzlich aufgetaucht. Verstehst du – du weißt schon, die Sprösslinge von Nazis, die das den Juden geklaut haben. Die rennen jetzt hier rum mit ihren schicken Aktenkoffern und Teakholz-Handys und spielen 'n bisschen Monopoly." Damit ist Buddys Leben nicht nur metaphorisch, sondern ganz unmittelbar in den Sog der städtischen Umwälzungen der 1990er Jahre geraten, die neben Arbeitslosigkeit und sozialer Kälte auch die Auseinandersetzung alteingesessener (v.a. Ost-)Berliner mit den aus dem Westen zuziehenden Neuankömmlingen umfassen.

Abb. 42: Berlin als Baustelle

42a: Symbolische Raumidentität

42b: Gesichtsloser Alexanderplatz

42c: Kohls Stadt-Baustelle

42d: Ende ohne Auflösung

Die alltägliche Beliebigkeit des räumlichen Setting, in dem BECKER seine Charaktere verortet, durch die „der Zuschauer denkt, irgendwie habe er dies alles schon gesehen, aber nie beachtet (VOGT 2001, S. 729), prägt die im Verlauf des Films aufkommenden Baustellen im Leben seiner Figuren (Abbildung 43). Das erste Aufeinandertreffen von Jan und Vera kurz nach dem Ende einer Vorläuferbeziehung, deren Perspektivlosigkeit keiner Worte mehr bedarf, endet für Jan mit einer Verhaftung im Badezimmer einer Ostberliner Familie, die in ihrer überspitzten Darstellung als BECKERS Persiflage des typischen Berliners erscheint (43a): In identischen Trainingsanzügen sitzt die Familie vor dem Fernseher, „Horror-Rudi" übt das Erkennen von entsprechenden Filmen anhand ihrer Schreie, der als Superman verkleidete Sohn lässt Vera und Jan in die Wohnung, die vor den auf der Straße tobenden Auseinandersetzungen zwischen Autonomen und Polizei fliehen. Die anschließende Nacht im Gefängnis kostet Jan seinen Arbeitsplatz im Schlachthof, die Verurteilung zu einer Geldbuße von DM 4.500 stellt eine unüberwindliche Hürde für den Aushilfs-Arbeiter dar, und die Wohnsituation Jans, der bei seiner Schwester Lilo, ihrem Freund Harry und ihrer Tochter Jenni wohnt, ist angesichts der Spannungen zwischen ihm und Harry unerträglich. Als Jan zudem noch erfährt, dass er sich möglicherweise mit HIV infiziert hat, am selben Tag seinen Vater tot in dessen Wohnung in Kreuzberg auffindet und darüber fast das erste Date mit Vera verpasst, ist eine Vielzahl von persönlichen Problemlagen in die Filmhandlung eingeführt. KARASEK (1997) spricht angesichts dieser unglaubwürdigen Massierung davon, „daß Beckers Film die Sorgen seiner Figuren kurz abhakt und dann schnell wieder vergißt, [...] das Leben ist keine Baustelle, sondern eine lose Folge von Problemclips." Dem Milieu hingegen, in das die Abfolge von Lebensbaustellen eingebettet ist, spricht KARASEK einen authentischen Charakter zu, wenngleich in der ungeschminkten Darstellung von Banalität – „die Scheußlichkeit der Innen- und Außenwelt zeigt, daß schlechter Geschmack keine Spezialität der trash-people Amerikas ist, auch deutscher Gammel ist von schreiender Häßlichkeit, geschmacksicher geschmacklos sind wir selbst."

Aus der Ansammlung von Lebensproblemen erwächst im Film langsam eine thematische Auflösung, die mit dem Einzug Jans und Buddys in die ehemalige Wohnung von Jans Vater beginnt. Der filmische Raum wird hier auch im eigentlichen Wortsinn zur Baustelle – das Wohnhaus, das in einer filmisch überzeugenden Gegenüberstellung zeitgleich den Abtransport von Jans Vater und den Einzug eines Designmöbel liebenden West-Yuppies erlebt (43b), wird ebenso renoviert wie die Wohnung, die Jan, Buddy und später Vera für sich als neuen Lebensmittelpunkt gestalten. Die sich entfaltende Beziehung zwischen Vera und Jan findet in den grauen Baustellen Kreuzbergs, den Hinterhofwohnungen und verlassenen Fabrikhallen, die Veras Künstlerleben bestimmen, und – kurzfristig – inmitten der leuchtenden Fassaden der „neuen" Friedrichstrasse statt. Für kurze Zeit sind hier die ungesicherten Lebenslinien der Hauptfiguren mit der fortschreitenden Modernisierung Berlins verknüpft, wenngleich die glänzende Fassadenwelt des Konsumismus das künftige Paar durch sein strahlendes Leuchten in den Schatten zu stellen droht (43c).

Abb. 43: Baustellen des eigenen Lebens

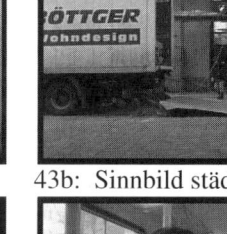

43a: Besuch im „typischen" Berlin    43b: Sinnbild städtischen Wandels

43c: Besuch im strahlenden Berlin    43d: Leben auf schwankendem Grund

Aus einer losen Affäre entwickelt sich erst spät im Film ein Ansatzpunkt für Stabilität, nachdem Jan eine ehrliche Aussprache mit Vera in einer völlig gegenläufigen Umgebung erreicht (43d). Das klärende Gespräch wird möglich, nachdem Jan die als Musikerin in einer vorbeifahrenden Straßenbahn „arbeitende" Vera sieht und den Zug verfolgt. Dass Jan selbst das Kükenkostüm seines Jobs als Kinderanimateur im Supermarkt trägt, macht deutlich, wie groß die Unsicherheiten im Leben der beiden Protagonisten sind. Die schwankende Straßenbahn ostdeutscher Herkunft macht einen räumlichen Kontext eines Paares perfekt, über deren Leben und städtischen Lebensraum dem Betrachter und den Filmcharakteren selbst nicht mehr bekannt ist, als dass sie sich auf einer Fahrt in die Zukunft mit unbekanntem Ziel befinden.

8.4.3.3. Irrwege, Konfrontationen und Ruhe-Räume in Nachtgestalten

Ein klar definiertes Ziel vor Augen haben dagegen die *Nachtgestalten*, die DRESEN auf ihren Wegen durch Berlin begleitet. Hanna und Viktor planen, ihren Unterstand unter einer Eisenbahnbrücke für eine komfortable Nacht in einem Hotel einzutauschen. Jochen will „mal was erleben" und versteht darunter eine Nacht im Rotlichtviertel von Berlin. Der klare Auftrag des Managers Peschke ist es, eine japanische Geschäftspartnerin vom Flughafen Tempelhof abzuholen; eine problemlose Erledigung seines Auftrags soll zudem Peschkes persönlichem Ziel dienen, bei seinem Vorgesetzten Dr. Schneider eine guten Eindruck zu machen. Der Flüchtlingsjunge Feliz schließlich hat das Ziel, seinen Schleuser Ricardo am Flughafen zu treffen. Mit dieser Ausgangslage startet *Nachtgestalten*, und von dem Moment an, in dem der Film die Zielsetzungen präsentiert, ist er eine Geschichte von Menschen, die sich verpassen, ihre Ziele nicht finden, deren Wünsche unerfüllt bleiben und die Probleme haben, miteinander zu kommunizieren.

Der angolanische Flüchtlingsjunge Feliz ist diejenige „Nachtgestalt", die am weitesten aus ihrer angestammten Umgebung herausgerissen ist. Insbesondere zu Beginn des Films wird seine Orientierungslosigkeit und Überforderung, sich in der fremden Großstadt zurechtzufinden, überaus deutlich inszeniert, wenn Peschke den Jungen durch die verkehrsreichen Straßen fährt, die vor dessen Augen zerfließen (Abbildung 44a). „Ausgerechnet in Hellersdorf" ist die Adresse von Feliz Kontaktmann Ricardo; für den Manager, der in der vornehmen Corneliusstrasse im Bezirk Tiergarten wohnt, sind die erdrückenden Wohnblöcke Ostberlins eine ebenso unvertraute Welt wie für den Neuankömmling aus Afrika. Als Peschke auf der Suche nach Ricardo in Kreuzberg auch noch sein unverzichtbares Statussymbol geklaut wird – „Weißt du, wie das ist, ohne Auto? Wie ohne Beine" klärt er Feliz auf – erfüllt DRESEN auch hier selbstironisch im Umgang mit Versatzstücken der Filmgeschichte die Konvention, wie dieses Erlebnis räumlich umzusetzen ist (44b). „Natürlich regnet's! Is' ja klar. Wenn man mir mein Auto klaut, dann regnet's eben, nicht?! Muss ja alles irgendwie zusammenpassen." – Peschkes Kommentar, im Regen vor dem Polizeirevier in Richtung seines Chefs Dr. Schneider abgegeben, könnte sich genauso gut auf die Standards der Filmschaffenden beziehen, wie Verlorenheit in städtischen Umwelten cineastisch darzustellen ist.

Den verschlungensten Pfad durch das nächtliche Berlin legen die Obdachlosen Hanna und Viktor zurück, deren Suche nach einem bezahlbaren Hotel für die Nacht von dem Touristenansturm wegen des Papstbesuchs erschwert wird. Hannas aggressive Umgangsart und ihr begrenztes Budget führen dazu, dass das Paar zu Fuß durch eine gesichtslose Stadt wandert. Nächtliche Straßentunnels und U-Bahnhöfe bilden mit den Hotellobbys das Wechselspiel der Stationen, die Viktor und Hanna als Außenseiter der Gesellschaft durchlaufen, bevor ihre zunehmend gereizte Stimmung in einer räumlichen Umgebung handgreiflich eskaliert, die als exemplarische Erfüllung filmischer Konvention für die Inszenierung derartiger Handlungen erscheint (44c): Auf einer einsamen Brücke im Regen schreit Hanna Viktor an, sie könne seine „unterwürfige Art" nicht ertragen und würde auf keinen Fall das gemeinsame Kind bekommen – nach Viktors brutaler Reaktion lässt er die verletzte Hanna zurück, die kurz darauf von der Bande Straßenkinder in Peschkes geklautem BMW gefunden wird.

Mit dem Paar Patty und Jochen fügt DRESEN zwei Charaktere zusammen, die bei einer Entfernung ihrer Lebensräume Berlin und Zippelsförde von unter 100 Kilometern dennoch in ebenso voneinander getrennten Welten leben wie der Manager Peschke und das afrikanische Flüchtlingskind Feliz. Der als gutmütig und etwas einfältig charakterisierte Jochen trifft auf dem Straßenstrich die junge Prostituierte Patty, kommt angesichts ihres Alters jedoch schell von seinen sexuellen Intentionen ab und geht stattdessen auf ihr Angebot ein, sich für DM 500 eine Nacht lang Berlin zeigen zu lassen. Die vollkommene Unvereinbarkeit ihrer Welten zeigt sich darin, dass Jochen selbst in einem Nachtclub Pattys Drogensucht nicht wahrnimmt, als sie sich bei einem Dealer eine Ersatzdroge besorgt, um bis zum nächsten Schuss Heroin durchzuhalten. Umso größer ist Jochens Entsetzen, als er Patty im Badezimmer der Drogen-WG, die den beiden als Nachtquartier dienen soll, beim Setzen einer Spritze sieht. Hier endet die Abfolge von Konflikt und zwischenmenschlicher Fehlkommunikation im absoluten Schweigen zweier Charaktere, die in einem surreal wirkenden räumlichen Setting zusammengefügt sind, ohne durch ihre Position, Körpersprache oder verbale Äußerungen aufeinander Bezug zu nehmen (44d).

Abb. 44: Berlin als Terrain der Irrwege

44a: Feliz' erste Eindrücke

44b: Sinnkrise eines Managers

44c: Ort der Eskalation

44d: Ende einer Nacht

In die verworrenen Pfade seiner Randgruppen-Gestalten, die durch die Einbeziehung der Figuren des teils unbeholfenen Peschke als unfreiwilliger Helfer und des provinziellen Jochen eher hervorgehoben als relativiert werden, bindet DRESEN weitere Elemente und Figuren eines „anderen" oder „offiziellen" Berlins ein (Abbildung 45). Als eine Verklammerung der Akteure und Handlungsstränge fungieren dabei zwei höchst unterschiedliche Figuren, die zum einen das Alltägliche einer Großstadt, zum anderen eine symbolische Ebene von Hoffnung und Erlösung darstellen, von der alle Nachtgestalten weit entfernt sind und die sich doch als Grundmotiv durch den gesamten Film zieht. Die erste Figur ist ein Taxifahrer, der die verschiedenen Figuren im Verlauf des Films chauffiert (45a). Als typische „Berliner Schnauze" interpretiert, symbolisiert dieser Fahrer einen Mechanismus des Zufalls, durch den die Personen und Handlungen des Films genauso gut miteinander in Verbindung treten können wie derartige Querbeziehungen ausbleiben können. Letzteres ist für die *Nachtgestalten* zumeist der Fall; die verbindende Figur des Taxifahrers erinnert jedoch an das allgemeine Charakteristikum von Städten, eine

8.4. Berlin in ausgewählten Filmen

Arena für potentielle Begegnungen von Menschen, Geschichten und Ideen zu sein. Als zweite Klammer neben dem Taxifahrer, durch die die parallelen Handlungsstränge verknüpft werden, fungiert der fiktive Besuch des Papstes. Johannes Paul II erscheint anders als der Taxifahrer nicht als realweltliche Figur, sondern durchgehend in der Form einer medial vermittelten Randerscheinung, sei es durch seine „Rahmung" mittels leerer Bierflaschen in besonderer Deutlichkeit vom filmischen Handlungsraum abgegrenzt in der Fernsehübertragung einer Predigt, die Jochen beim Einschlafen in der Drogen-WG sieht (45b), oder als Bild in der Rezeption des christlichen Hospizes, dessen Empfangsdame die unverheirateten Hanna und Viktor soeben unter Berufung auf die moralischen Grundsätze des Hauses abgewiesen hat. Auch als Ursache für Verkehrsstaus, verpasste Flüge und überfüllte Hotels, die wiederum direkte Auswirkungen für die Filmhandlung haben, tritt der Papst in Erscheinung, jedoch bei weitem nicht als inspirierende oder segensreiche Instanz für die Protagonisten.

Abb. 45: Das „andere" Berlin

45a: Realweltliches Bindeglied

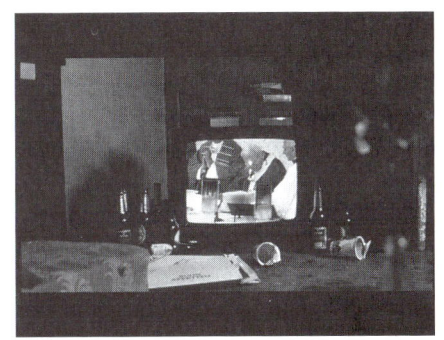

45b: Abwesenheit von Segen

45c: Kontaktraum Kneipe

45d: Tempel der „Anderen"

Für den kleinen Feliz ist die Ankunft in den Wohntürmen von Hellersdorf mit seiner ersten Bekanntschaft mit Neonazis verbunden, die stumm und bedrohlich den Aufzug mit ihm und Peschke teilen. Ebenso fremdartig ist die Klientel der Kneipe „Am Oranienplatz" in Kreuzberg, in dem Feliz auf ein gemischtes Publikum aus Türken und Deutschen trifft, während Peschke erfolglos nach der Kontaktperson Ricardo fahndet. Zwar gehen die Gäste nach ihren Maßstäben freundlich auf Feliz ein (45c), die Unvereinbarkeit der jeweiligen Welten wird jedoch überaus deutlich, wenn dieser „freundliche" Kontakt im Anbieten eines Schnapses besteht. Einer der wenigen Ausflüge der *Nachtgestalten* in einen Raum, der urbane Eleganz widerspiegelt, führt Patty und Jochen in ein teures Restaurant, in dem Jochen seiner Erlebnisnacht in der Hauptstadt „'n bisschen Niveau" verleihen will. Das Gourmet-Essen wird jedoch von Pattys unkontrollierbarer Sucht vereitelt; aus einer Welt, in der sowohl der Zippelsförder Jochen als auch die heroinsüchtige Patty deplatziert sind und die dem Betrachter durch die filmische Inszenierung ihrer Architektur deutlich als Tempel eines „anderen" Berlins präsentiert wird (45d), führt ihr Weg in den ultimativ gegensätzlichen Raum eines Nachtclubs mit offenem Drogenhandel. Für Hanna und Viktor stellt das „andere" Berlin zunächst eine Auseinandersetzung mit Kontrolleuren und Sicherheitspersonal in der U-Bahn dar. Auf beiden Seiten treten Feindbilder offen zu Tage, wenn ein Wachmann Hanna ironisch fragt, ob sie zusammen mit ihrer Dauerfahrkarte für Sozialhilfeempfänger auch ihre Kreditkarte verlegt habe, und wenn Hanna auf diese Herabwürdigung erwidert: „Muss ich mich hier vom Wachhund beleidigen lassen, oder was?" Die anschließende Erfassung des eskalierten Vorfalls durch einen Polizeibeamten gleicht für das Paar einer Offenlegung ihrer sozialen Marginalität und ihres persönlichen Scheiterns der staatlichen Autorität gegenüber, was insbesondere für Hanna schmerzhaft ist, da das Jugendamt ihr bereits das Sorgerecht für ein Kind entzogen hat.

Als Collage aus verschiedenen Erzählungen über nicht erreichte Ziele, mangelnde Kommunikation und menschliche Tragik bietet *Nachtgestalten* nur wenige Momente, in denen seine Charaktere zur Ruhe kommen und dementsprechend in Ruhe-Räumen gezeigt werden. Vielmehr sind die Zielpunkte der Handlungsstränge von erdrückender Endlichkeit, die Ruhephase nur ein kurzes Intermezzo, bevor die Personen wieder zurück auf die Straßen Berlins müssen. Peschke gewährt dem kleinen Feliz ein Nachtquartier auf seiner Couch, nachdem er mit Ricardo die Abholung am nächsten Morgen verabredet hat. Noch vor dem vereinbarten Termin zwingt ein Anruf seines Chefs den willfährigen Peschke, umgehend das Haus zu verlassen. Er lässt Feliz auf der Straße auf Ricardo warten, in seiner Abschiedsgeste wird offenkundig, auf welche Art menschlicher Beziehungen sich Peschke fast ausschließlich versteht: Wie am Vorabend bei ihrem ersten Treffen im Flughafen gibt er Feliz als Vorrat „für den Notfall" Geld, die gemeinsamen Erlebnisse der Nacht reduzieren sich auf den Unterschied zwischen dem 10-DM-Schein in Tempelhof und dem 100-DM-Schein beim Abschied vor Peschkes Wohnung. Ebenso zeitlich begrenzt ist der Rückzugsraum des billigen Hotelzimmers, den sich Hanna und Viktor mit dem auf wundersame Weise erworbenen Reichtum letztendlich leisten können. Obwohl Viktor noch erwartungsvoll die getrennten Betten zusammenstellt, ist er eingeschlafen, bevor Hanna aus der Dusche kommt, die sich entgegen ihrer anfänglichen Freude über „eine eigene Dusche" als enttäuschend kalt herausgestellt hat. Am nächsten Morgen werden die Beiden vom Baulärm direkt vor ihrem Fenster geweckt, und die Hotelwirtin erklärt via Telefon, dass das Paar schon längst das Zimmer hätte räumen müssen und zudem bereits das Frühstück verschlafen hat.

Auch für Jochen und Patty, deren Heroinsucht einen ganz eigenen Rhythmus von Ruhe und Entzug vorgibt, endet die im Drogen- und Alkoholrausch verbrachte

Ruhe ebenso abrupt, wie sich kurz darauf ihre Wege endgültig trennen. Wie am Vortag versucht Jochen, eine Beziehung zu Patty jenseits seiner Rolle als zahlender Freier zu etablieren, und gibt ihr zum Abschied noch einen Zettel mit seiner Adresse, in der Hoffnung, Patty könne ihm „'mal einen Brief schreiben" oder gar zu ihm auf das Land ziehen, weit weg von Drogensucht und durch sie erzwungene Prostitution. Noch auf dem Weg in die U-Bahn zerreißt Patty den Zettel und wirft ihn einem Straßenmusiker in den Geldkasten. Der Film endet mit der Gruppe der Straßenkinder, deren nächtliche Ruhephase in Peschkes Auto an einem Strand am Meer endet. Eher zum Vergnügen als um Spuren zu vernichten lassen sie das Auto in Flammen aufgehen; mit diesem einzigen Ausbruch aus den Stadtgrenzen von Berlin enden die Irrwege der Randgruppen-*Nachtgestalten* durch die Räume von Berlin, die ebenso wie ihre Bewohner sonst meist hinter den bekannten Plätzen und „offiziell" sehenswerten Arealen der Touristenstadt und Hauptstadt verborgen bleiben.

8.4.3.4. Ein Leben in parallelen Welten

In *Dealer* entwickelt ARSLAN eine Erzählung über einen jungen Kriminellen, der in apathischer Entscheidungslosigkeit zwischen parallelen Welten pendelt und letztlich daran scheitert, seinem kriminellen Milieu den Rücken zu kehren. Im Dealer-Milieu verbringt Can zum Leidwesen seiner Freundin Jale erheblich mehr Zeit als mit ihr und der gemeinsamen Tochter Meral, und schon zu Beginn der Handlung deutet der distanzierte Kommentar Cans an, dass es sich bei der Handlung in *Dealer* um eine Rückblende auf vergangene Erlebnisse handeln kann. Das alltägliche Revier Cans sind die Hinterhöfe, Parks und Straßen Berlins. Zumeist erscheint Can hier als effizienter Organisator einer kleinen Gruppe von Dealern; seine privilegierte Stellung wird dabei auch durch seine Positionierung deutlich, wenn Can das Bindeglied zwischen dem öffentlichen Straßenraum und dem zurückversetzten Hinterhofreich der Drogenszene fungiert (Abbildung 46a). Nur in einer Einstellung verweist ARSLAN durch die markante Landschaft der U-Bahn-Station Hallesches Tor in Kreuzberg darauf, dass seine Handlung in einem bestimmten Stadtbezirk anzusiedeln ist (46b). In seinem alltäglichen Handeln ist Can von seinem Lieferanten und Auftraggeber Hakan abhängig und gerät zunehmend unter Druck, seine Loyalität und Glaubwürdigkeit zu beteuern, nachdem ihn der Drogenfahnder Erdal wiederholt auf der Straße ermahnt und Can einmal für 12 Stunden in Polizeigewahrsam verhört wird. Nur in seltenen Fällen bedeutet für Can und seine Kollegen ihre Arbeit Spaß, etwa wenn zwei unerfahrene Jugendliche aus Ludwigsburg sich beim Dealen durch die coole Attitüde Cans einschüchtern und ohne Gegenleistung um DM 300 prellen lassen. Vor allem aber ist der „Arbeitstag" von Can von ständiger Angst vor der Polizei und von den Kontakten mit seinen süchtigen Kunden geprägt, denen er teils mit Mitleid, teils mit Abscheu, immer aber mit professioneller Distanz begegnet.

Abb. 46: Cans alltägliches Revier

46a: Raumkontrolle beim Dealen 46b: Einzige Raum-Identifizierung

Die sich von Mittag bis weit in die Nacht erstreckende Arbeitsroutine bedeutet für Cans Partnerin Jale, dass ihre Bedürfnisse hinter dem Dealerleben zurücktreten müssen. Nachdem sie anfänglich die illegalen Tätigkeiten Cans geduldet hat, setzt sie ihm zu Beginn des Films ein definitives Ultimatum. „Was führen wir für ein Leben? Du hängst nur noch auf der Straße rum!" ist ihre Aufforderung an Can, sich aus der Drogenszene zurückzuziehen. Dem starken Kontrast zwischen der harten Welt der Dealer und den weiblich besetzten Privaträumen verleiht ARSLAN durch sanfte Farben und die bewusst idealisierte Darstellung Jales Ausdruck (Abbildung 47a). Die in den Auseinandersetzungen mit Can äußerst bestimmend argumentierende Jale hat eine andere Vorstellung von einem guten Leben, wenngleich relativ undeutlich bleibt, welche realistischen Arbeitsalternativen Can ihrer Meinung nach hat. Für Can dagegen ist klar, was er als „meine große Chance" betrachtet, von der er Jale begeistert bei einem festlichen Abendessen berichtet. Anders als Jale ist Can davon überzeugt, dass das Angebot seines Bosses Hakan, für ihn eine Kneipe zu übernehmen, eine ernst gemeinte Offerte ist und den Ausstieg als Hakans illegalen Geschäften bedeuten würde. Es ist nicht Jales Entschluss, Can zu verlassen, der den jungen Dealer aus seiner Starrheit und Passivität reißt, wenngleich er im Anschluss bewusst mehr Zeit für seine Tochter aufbringt (47b) und durch die Vernachlässigung seiner Pflichten in der Straßenwelt der Dealer – versinnbildlicht durch den Rückzug in die abgeschlossene Welt eines Aquariums – weiteren Unmut von Hakan auf sich zieht. Vielmehr ist es wiederum ein externes Ereignis – der Mord an Hakan – das Can den Schritt zu einer geregelten Tätigkeit gleichsam aufzwingt.

Ebenso wie die Charakterkonstellation zwischen Can und Jale als Konflikt um den Ausstieg aus dem Drogengeschäft und wie das Verhältnis zwischen Can und seinem Boss Hakan, das auf Ausbeutung und Abhängigkeit beruht, entspricht auch die Möglichkeit, die sich Can für den Einstieg in eine legale Existenz bietet, einer in Filmen dieses Genres stereotypen Rollenverteilung. Ein Jugendfreund, der anders als Can nicht im Drogenmilieu arbeitet, sondern als Jura-Student den Weg in die deutsche Mehrheitsgesellschaft gefunden hat, vermittelt Can eine Stelle als Küchenhilfe in einem Restaurant. Das entscheidende Gespräch über diesen Schritt symbolisiert durch sein Setting den Übergang Cans von dem Straßenmilieu des Drogenhandels in die „geschlossenen" Räume regulären Arbeitens (47c): Der Straßenraum ist durch die Fenster eines Imbiss noch sichtbar, Can und sein Freund jedoch bereits davon abgetrennt. Die anschließende Phase ehrlicher Arbeit ist für Can eine ernüchternde Erfahrung. Anders als es Hollywood-erfahrene Zuschauer erwarten würden sind es jedoch nicht eine ablehnende Haltung des neuen Umfeldes oder in die neue Phase hineinreichende Zwänge des kriminellen Milieus, die für Cans Scheitern in der alltäglichen Routine verantwortlich sind, sondern die Einstellung des Protagonisten. „Ich stinke nach Fett, davon bekomme ich Kopfschmerzen!" und „Schau, wie ich aussehe, wenn mich einer sieht – peinlich!" sind Cans Erklärungen einem Kollegen gegenüber, warum er für die Arbeit in einer Küche nicht geeignet ist. Seine persönliche Abneigung wird von der klaustrophob anmutenden Arbeitssituation (47d) auch filmräumlich entscheidend befördert und mit dem Dealermilieu kontrastiert. Als Jale sich weigert, ohne weitere Bedenkzeit zu Can zurückzukehren, und somit auch die persönliche Motivation zum Ausstieg aus dem Dealer-Dasein entfällt, entscheidet sich Can fatalerweise zum Verkauf seiner restlichen Vorräte. Die „amerikanische Variante" der Läuterung eines Filmcharakters durch ehrliche Arbeit ist in Cans Fall kläglich gescheitert.

Abb. 47: Cans Parallelwelten – Familie und ein ehrliches Leben

47a: Familiäre Geborgenheit    47b: Abgeschlossene Idylle

47c: Ausstieg aus dem Straßenleben    47d: Klaustrophober Arbeitsraum

Die nationale Zugehörigkeit der Protagonisten legt es nahe, in *Dealer* einen Film über das türkische Milieu von Berlin zu sehen. Nur in Gestalt weniger Charaktere kommt ein Kontakt mit dem „deutschen" Berlin zustande. Außer Cans Drogenkunden taucht einzig die Tagesmutter und Freundin Eva in einer zentralen Rolle auf, bei der Jale mit ihrer Tochter zunächst einzieht. Dennoch weist KOLL (1999) zu Recht darauf hin, dass die filmische Erzählung in *Dealer* auch ohne ethnische Komponente in ähnlicher Weise entwickelt sein könnte – als Geschichte über „den gemeinsamen Fundus von Sorgen, Problemen, Sehnsüchten und Empfindungen seiner jungen Protagonisten in einer eisigen (Um-)Welt." Daher geht ARSLAN in der Charakterisierung der Akteure auch sparsam mit ethnischen Milieuindikatoren um. Die türkische Sprache wird nur in einer Unterhaltung Cans mit seinem Vater verwendet, alle weiteren Gespräche zu Hause und in Cans Revier finden auf Deutsch statt. Auch die Einrichtung der gemeinsamen Wohnung ist ethnisch neutral und weist nicht auf kulturelle Zugehörigkeiten hin, ebenso wie Cans farblich hervorstechende Kleidung keine Rückschlüsse auf eine ethnische Identität erlaubt.

So kann *Dealer* auch ohne ethnischen Hintergrund als Charakterstudie eines jungen Mannes gesehen werden, dem durch die Umstände seines Milieus, vor allem aber durch die eigene Sprachlosigkeit und Handlungsunfähigkeit die menschlichen Bindungen zu seiner Freundin und seiner Tochter verloren gehen, während er apathisch einem wirklichkeitsfremden Traum von einem besseren Leben nachhängt. Für diesen Zustand findet der Film immer wieder visuelle Umsetzungen, die die tranceartige Abkopplung Cans von der ihn umgebenden städtischen Umwelt und der Realität seines Lebens zum Ausdruck bringen (Abbildung 48).

Abb. 48: Die Welt fließt an Can vorbei

48a: Nächtlicher Streifzug

48b: Can verliert sich im Stadtraum

48c: Optische Verschmelzung

48d: Apathie statt Liebe

Cans Abkehr von seiner Umgebung wird im Fortlauf des Filmes in einzelnen Einstellungen zunehmend deutlich. So erscheint der Dealer auf seinen nächtlichen Streifzügen durch die Drogenszene von Berlin zunächst noch vor dem Hintergrund des fließenden Verkehrs, der jedoch durch die kurze Tiefenschärfe der Einstellung ebenso zerfließt wie Cans Gedanken, von ARSLAN durch lange Schnittfolgen und lyrische Musik befördert (48a). Bereits deutlicher abgerückt von seinem räumlichen Umfeld wirkt Can, wenn er als stiller Beobachter eine Straßenszene verfolgt und dabei im Profil halb hinter einer Häuserwand verschwindet (48b). Ein ähnliches Motiv wendet ARSLAN zu einem späten Zeitpunkt im Film an, als Can bereits seine Beziehung zu Jale und seiner Tochter nahezu eingebüßt hat; der Verlust an menschlichen Beziehungen wird dadurch verstärkt, dass Can in sinnierender Pose mit der steinernen Balkonwand zu verschmelzen scheint (48c) und zu einem isolierten Beobachter einer Szenerie geworden ist, die für ihn immer weniger Bedeutung hat. Zum Abschluss des Films werden die alltäglichen Räume Cans dann noch einmal präsentiert, diesmal menschenleer. Die weltabgewandte Unfähigkeit Cans, sich von der Parallelwelt des Drogenmilieus zu lösen und sich der von Jale und Meral symbolisierten Alternative zuzuwenden, hat zu einem rückblickend kommentierten schleichenden Abschied Cans aus seiner Alltagswelt geführt, zu der er selbst in den Ruhephasen seines kriminellen Alltags keinen Bezug mehr herstellen konnte. Bei ihrem letzten Besuch im Gefängnis kann selbst eine zärtliche Berührung seiner ehemaligen Geliebten nicht mehr durch Cans apathische Hülle zu seinem Inneren durchdringen (48d). Nach Gefängnisstrafe und Abschiebung sind die Räume endgültig leer, die zuvor in zunehmender Distanz an Can vorbeigeflossen sind.

8.5. NEW YORK IN AUSGEWÄHLTEN FILMEN

Die Beispielfilme zu New York werden ihren Entstehungs-Dekaden folgend behandelt. Auf *Taxi Driver* und *Manhattan* aus den 1970er Jahren folgen mit *Wall Street* und *Do the Right Thing* zwei Beispiele aus der Reagan-Ära der späten 1980er Jahre. *Smoke* und *E-Mail für Dich* stehen im Kontext der mittleren bis späten 1990er Jahre, wobei insbesondere *E-Mail für Dich* die wachstums- und sicherheitsorientierte Stadtpolitik der Giuliani-Zeit ausdrückt.

8.5.1. New York in den 1970er Jahren

Steckbrief: *Taxi Driver* (Martin Scorsese, 1976)
Personen & Handlung
Taxi Driver porträtiert die Entwicklung des Vietnamveterans Travis Bickle (Robert de Niro) vom ruhelosen Einzelgänger und Taxifahrer zum amoklaufenden Rächer und Richter über die dunklen Seiten New Yorks. Bickle heuert bei einem Taxiunternehmen an und „erfährt" das nächtliche New York mit all seinen Facetten, vom Rotlichtviertel um den Times Square über Brooklyn, das afro-amerikanische

Harlem bis hin zur Bronx. Während er die Stadt primär als fahrender Beobachter passiv aufnimmt (Abbildung 49), reift in Bickle die Auffassung, dass New York die moderne Variante der „Hure Babylon", der Inbegriff von Verbrechen, Laster, Konflikten und Dreck ist – als engelsgleiche Lichtgestalt erscheint ihm einzig die junge Wahlkampfmanagerin Betsy. Nachdem ihre Bekanntschaft für Bickle katastrophal endet – Betsy bricht jeden Kontakt ab, nachdem Travis sie zum ersten Date in ein Pornokino einlädt – wendet sich Bickles Abscheu New York gegenüber in Hass. In einem symbolischen Übergangsritual vom passiven Betrachter zum Attentäter bereitet er sich darauf vor, in einer gewaltsamen Entladung aufgestauter Aggressionen der Stadt die Stirn zu bieten (Abbildung 50). Zum Objekt seines Rachefeldzuges wird der Zuhälter Sport (Harvey Keitel), aus dessen Einfluss Travis die junge Prostituierte Iris (Jodie Foster) entfernen will. Nach dem Blutbad, das Travis in einem Stundenhotel unter Zuhältern und Freiern anrichtet und an dessen Ende zwei Selbstmordversuche stehen, sehen wir Bickle abschließend nochmals als Taxifahrer in New York unterwegs – seine weitere Entwicklung und seine Einstellungen zur Stadt bleiben offen.

Abb. 49: Bickle auf der Straße   Abb. 50: Der Rächer trainiert

Persönlicher Zugang & Fragen an den Film
Die beim ersten Sehen auffälligste Raumbedeutung in *Taxi Driver* ergibt sich aus dem starken Kontrast zwischen der Times-Square-Umgebung, die sich einem Besucher des Jahres 2000 bietet, und der Wirkung, die dieser Stadtraum auf den *Taxi Driver* hat: Für Travis Bickle ist das Viertel um Times Square und 42. Straße der Inbegriff des Schlechten, das von New York Besitz ergriffen hat. Obwohl er selbst die Pornokinos frequentiert und keinen Unterschied macht, welchen Fahrgast er in welches Viertel von New York bringt, ist das Rotlicht-, Drogen- und Verbrechermilieu des Times Square für ihn Abschaum, den ein „echter Regen eines Tages von der Straße waschen" wird, zusammen mit dem Unrat und den korrupten Politikern. Nur wenige Jahre vor *Manhattan* gedreht, rekurriert *Taxi Driver* doch auf vollkommen unterschiedliche Facetten der Metropole New York der 1970er Jahre, die auf den ersten Eindruck mit den historischen Umständen leichter in Einklang zu bringen sind als das Bild, das *Manhattan* zeichnet. Die städtische Krise der 1970er Jahre bildet so einen geeigneten Hintergrund für das Porträt eines von der Gesellschaft abgekoppelten Vietnam-Veteranen, der in seiner Mischung aus Naivität, Traumatisierung und Aggressivität eine verstörende und zugleich bedauernde Faszination auslöst.

Steckbrief: *Manhattan* (Woody Allen, 1979)
Personen & Handlung

Manhattan thematisiert den neurotischen Beziehungsdschungel einer Gruppe „Upper-Middle-Class"-Intellektueller und skizziert ihren besonderen urbanen Lebensstil. „New York war seine Stadt und würde es auch immer sein" hört man im Prolog des Films den TV-Autor Isaac diktieren – eine treffende Beschreibung des Charakters und zugleich seines Darstellers Woody Allen. Isaac ist weder mit seinem Privat- noch mit seinem Berufsleben zufrieden: Seine zweite Exfrau Jill (Meryl Streep) lebt seit dem Bruch der Beziehung mit einer lesbischen Freundin zusammen und plant, ein enthüllendes Buch über ihre gescheiterte Ehe mit Isaac zu veröffentlichen. Die Beziehung zur 17-jährigen Tracy (Mariel Hemingway) erscheint Isaac aufgrund des Altersunterschieds als hoffnungslos. Als Isaac auf der Suche nach seiner wahren Berufung seinen Job kündigt um ein Buch zu schreiben, tritt für kurze Zeit die extrovertierte Mary (Diane Keaton), die ihm zunächst pseudo-intellektuell erscheinende Geliebte seines besten Freundes, in Isaacs Leben. Ihre Romanze scheitert jedoch ebenso wie Isaacs anschließender Versuch, die von ihm verlassene Tracy zurückzugewinnen. Am Ende bleiben alle Beteiligten als an ihren Beziehungen gescheiterte Stadt-Neurotiker allein, einzig die auf dem Weg nach London befindliche Tracy vermittelt eine positive, zukunftsgewandte Einstellung – und den Weggang aus Manhattan.

Abb. 51: New Yorker Intellektuelle

Abb. 52: "It's a great city!"

Persönlicher Zugang & Fragen an den Film

Bereits die Eröffnung von *Manhattan* macht spontan das besondere Verhältnis des Regisseurs Woody Allen zu seiner Heimatstadt deutlich. Die im Rhythmus der „Rhapsody in Blue" von Gershwin geschnittene Sequenz beginnt mit vertrauten Ansichten der Skyline von Manhattan und zeigt bekannte Stadtansichten – Park Avenue, World Trade Center, Guggenheim Museum, Central Park – in einem filmischen Stil, der besonders durch die Charakteristika des Schwarz-Weiß-Materials die Ästhetik früherer Filmepochen zeigt und teils an historisierende Kunstpostkarten erinnert. Anderseits umfasst die Sequenz auch hektisches alltägliches Straßenleben, es werden „typische" New Yorker Charaktere ebenso wie die Hinterhöfe Manhattans gezeigt. Woody Allens Stimme als Erzähler setzt an, die Beziehung einer fiktiven Figur zu New York zu erläutern, scheitert aber immer wieder, bricht ab und sucht nach einer besseren Umschreibung dafür, was die Stadt für den Charakter bedeutet, von dem der Betrachter annehmen darf, dass es sich um Allens

Filmfigur Isaac Davis handelt. Als eröffnende „Ode an Manhattan" bereitet die Einstiegssequenz eine Bühne für die Gruppe von Protagonisten, die der Film in einem relativ engen Spektrum an räumlichen Milieus inszeniert, verglichen mit der Breite der Eröffnung. Besonders auffällig ist die große Bedeutung von öffentlichen und halböffentlichen Räumen für die Filmhandlung – die Intellektuellen beleben die „Bühne Manhattans" und selbst intime Gespräche finden in Restaurants, Cafés, an Arbeitsplätzen oder auf der Straße statt – gleich die erste Handlungssequenz zeigt die Protagonisten in ihrem „angestammten" Terrain eines beliebten Restaurants auf der Upper West Side (Abbildung 51). Als Rahmensetzung für die Neurosen und Beziehungskrisen seiner Protagonisten bleibt *Manhattan* eine weitgehend romantische Ikone der Urbanität, deren Probleme nicht wie bei *Taxi Driver* Kriminalität, Drogen und Zuhälterei sind, sondern allein aus dem Inneren der Hauptfiguren entstehen. So kann auch eine Schlüsselsequenz des Films, in der Isaac und Mary sich lange über ihre Beziehungsgeschichte unterhalten, in einer zur Ikone stilisierten Kulisse einer Parkbank unter der Queensboro Bridge stattfinden, auf der einer Theaterbühne gleich die innerlichen Probleme der Figuren inszeniert werden (Abbildung 52).

Die beiden Filme aus dem New York der 1970er Jahre sind in ihrer gegensätzlichen Charakterisierung der Stadt herausragende Beispiele dafür, welch unterschiedliche Bedeutungsgeflechte Filme auf der „Grundlage" eines vergleichbaren historischen Stadtkontextes erschaffen können. Im Fall von ALLEN und SCORSESE sind die zwei exemplarischen Stadtfilme zudem in jeweilige Gesamtwerke von Regisseuren eingebunden, die nicht zuletzt aufgrund ihrer engen biographischen Verbundenheit mit New York immer wieder das Leben in dieser Stadt filmisch thematisieren und dabei eine unverwechselbare Handschrift im Umgang mit New York City haben (vgl. zu Allen u.a. LAX 1992, GIRGUS ²2002, HIRSCH 1990, FOX 1996; zu Scorsese DOUGAN 1998, KELLY 2004, SEESSLEN 2003). Das städtische Umfeld, das beide Filmemacher in so unterschiedlicher Weise aufnehmen und filmisch umsetzen, ist die Metropole New York in ihrer tiefsten Krise des 20. Jahrhunderts, deren massenmedial definierter Höhepunkt die Schlagzeile der *New York Daily News* vom 30. Oktober 1975 war, in Reaktion auf Präsident Fords Weigerung, der Stadt finanziell unter die Arme zu greifen: „Ford to City: Drop Dead" (vgl. BRUSTEIN 2005). Zu diesem Inbegriff anti-urbaner Einstellung im Falle New Yorks hatte nicht nur die beinahe zum Bankrott führende Krise der kommunalen Finanzen (vgl. SHEFTER 1985, JACKSON 1995, S. 492, ROHATYN 2003), sondern auch die explosive Gemengelage aus städtebaulichem Verfall und Vernachlässigung, anhaltender selektiver Suburbanisierung, gesellschaftlichen Spannungen entlang sozialer, politischer und ethnischer Trennlinien und die desolate Situation der öffentlichen Sicherheit in New York beigetragen.

SCORSESES *Taxi Driver* erlebt täglich auf seinen Fahrten eine Version von New York, die direkt mit dem angespannten zeitgenössischen Verhältnis der US-amerikanischen Öffentlichkeit zu New York korrespondiert. Das Verhältnis von Travis Bickle zu New York ist bestimmt durch die Zeit, die er auf den Straßen von New York verbringt (Abbildung 53) – ein Thema, das SCORSESE bereits früher in *Mean Streets* (1973) als autobiographisch inspirierte Auseinandersetzung mit den Straßen von Little Italy behandelt und das auch im historischen Film *Gangs of New York* (2002) dominiert, in dem die Kämpfe um öffentlichen Raum und politischen Einfluss zwischen US-Bürgern und Immigranten als ein definierendes Moment der amerikanischen Geschichte und der Nationenbildung angesprochen werden.

Abb. 53: Die Straßen von New York

53a: Der Hinterhof Manhattans   53b: Dunkle Seiten von Times Square

Die Auseinandersetzung mit New Yorks negativen Seiten geschieht für Bickle primär während seiner Nachtschichten als Taxifahrer. Den Beginn hierfür inszeniert SCORSESE durch einen schonungslosen Blick in die dem touristischen Blick verwehrten Hinterhöfe Manhattans, indem die Taxifirma in der Nähe der Docks in der 57. Straße angesiedelt ist – hier fällt ein neueingestellter Taxifahrer, der seinen Frust auf offener Straße in Schnaps ertränkt, nicht weiter auf (53a). Im Mittelpunkt der Aufmerksamkeit steht für den Taxifahrer Bickle zunächst das nächtliche New York, und erst als die Handlung Bickles Beziehungen zu den zwei zentralen weiblichen Figuren des Films thematisiert (Abbildung 54), wird New York auch bei Tageslicht sichtbar. Bis dahin ist es das Vergnügungsviertel um den Times Square, das mit seiner heute kaum noch nachvollziehbaren Mischung aus Kinos, Leuchtreklamen und verschiedensten zwielichtigen Nachtgestalten das Stadtbild von *Taxi Driver* ausmacht (53b).[32] Das Gebiet des Times Square wird zu einem Symbol für die vergnügungssüchtige und aggressive Gesellschaft von New York ebenso wie für seine erfolgreichen Geschäftsleute und Politiker, die Bickle als Fahrgäste in seinem Taxi chauffiert, und die entweder – wie der Geschäftsmann in Begleitung einer Prostituierten – ihr verkommenes wahres Gesicht zeigen, oder wie der Politiker Palantine den Bedürfnissen und Lebenslagen des „kleinen Mannes" Bickle nur oberflächliche Aufmerksamkeit schenken. Nicht als Ausdruck von toleranter Offenheit, sondern als Zeichen einer alle sozialen und ethnischen Gruppen der Stadt umschließenden Abneigung ist Bickles Bereitschaft zu verstehen, Fahrgäste in alle Gebiete New Yorks zu bringen. Er bedient selbst die von anderen Taxifahrern gemiedenen Teile der Bronx oder Brooklyns und unterscheidet Kunden nicht nach Hautfarbe.

---

32 Die Geschichte der Times-Square-Umgebung in ihrer Entwicklung vom Theater- und Kulturzentrum der USA zum Sammelpunkt von *„adult entertainment"*, Drogen und Kriminalität ist z.B. bei ELIOT 2001 oder BIANCO 2004 dokumentiert. Die Wandlung des Times Square in seine heutige Erscheinung ist das Ergebnis eines „Reinigungs"-Prozesses kommerzieller Art, der unter dem Schlagwort der „Disneyfizierung" diskutiert wird (vgl. ROOST 1998, SAGALYN 2001).

Eine einzige Figur ragt für Bickle in madonnenhafter Anmutung aus der gesichtslosen Masse der Großstadt heraus – der Mann, der sich später als einsamen aufrechten Kämpfer gegen die Stadt inszenieren wird, glaubt, in der Wahlkampfmanagerin Betsy die einzige Frau gefunden zu haben, die mit ihm seelenverwandt und anders als die Menge ist (Abbildung 54). Die filmische Umsetzung der religiösen Überhöhung findet sich in einer Szene, in der Betsy für den in seinem Taxi wartenden Travis immer wieder als engelsgleiche Erscheinung in Zeitlupe zwischen den Passantenströmen der Midtown von Manhattan sichtbar wird (54a). Die Beziehung von Betsy und Bickle ist nur von kurzer Dauer, die Unterschiede zwischen der gebildeten, politisch engagierten Betsy und dem unsicheren, wenig eloquenten und zugleich ungeschickt-aufdringlichen Travis erweisen sich von Beginn an als zu groß. Travis Versuche, als Wahlkampfhelfer für Betsys Chef Palantine zu arbeiten, scheitern ebenso wie spätere Besuche in dessen Wahlkampfbüro (66. Straße & Broadway). Diese Räume der Mainstream-Gesellschaft von Manhattan bleiben für Travis verschlossen, so dass seine größte Annäherung an Betsy und ihre Welt in einem Cafébesuch besteht (54b), bei dem Travis zum einzigen Mal im Verlauf des Films als ein natürlicher Teil des hinter den Figuren ablaufenden Alltagslebens von New York erscheint, das sich am Columbus Circle entfaltet, statt als dessen rastloser und entrüsteter Beobachter.

Abb. 54: Madonna und Hure – Bickles Frauen

54a: Engelsgleiche Erscheinung

54b: Annäherung an Betsys Welt

54c: Die Hure als Engel-Imitation

54d: East Village als Gegenwelt

Bereits in der Cafészene mit Bickle und Betsy ist jedoch optisch durch die ähnliche Kleidung der beiden Frauen und filmische Inszenierung des Setting (54c) der Bezug dazu angelegt, dass Travis kurz darauf den ultimativen faux pas begeht und Betsy bei ihrem ersten Date in „seine Welt" bringt, ein Pornokino in der Nähe des Times Square, worauf die entsetzte Betsy jeglichen Kontakt mit Bickle abbricht.

Damit vermengen sich zum ersten Mal inhaltlich die beiden Ebenen des „Engels" Betsy und der jungen Prostituierten Iris, der Bickle auf den Straßen des East Village begegnet, einem Stadtteil, der als Kriminalitäts- und Drogenschwerpunkt einen diametralen Gegensatz zu den Räumen der politisch Mächtigen bildet, in denen Betsy verkehrt (54d). Die latente Aggressivität des *Taxi Driver* findet nun ihr endgültiges Ziel in Iris Zuhälter „Sport", nachdem ein Anschlag auf Betsys Chef Palantine gescheitert ist. Dem abschließenden Gewaltausbruch von Travis geht eine Vorbereitungsphase voraus, in der sich das Zielobjekt des martialisch inszenierten Rächers deutlich zeigt. Der Gegenstand seines Hasses ist zum einen die Stadt New York, zum anderen er selbst. Die Wandlung zum Aggressor beginnt mit der Aufrüstung mit einem Waffenarsenal, das ein dubioser Händler für Travis auf dem Bett eines Hotelzimmers über den Docks von Brooklyn ausbreitet (Abbildung 55a). Die Erlösung von den krankmachenden Seiten der Stadt liegt für Travis im bewaffneten Kampf, die Mittel hierzu liegen wie auf einem Altartisch vor ihm, und einem dreiteiligen Altarbild gleich ist mit der Skyline von Süd-Manhattan das symbolische „Angesicht des Feindes" New York zu sehen.

Abb. 55: "Wash all this scum off the streets"

55a: „Im Angesicht meiner Feinde"   55b: Angriff auf Bickle & New York

Die Auseinandersetzung mit dem städtischen Feind setzt eine Läuterung des Kämpfers Bickle voraus, der durch Training, Schießübungen und die Änderung seines Äußeren die Wandlung zurück zu seiner früheren Rolle als Vietnam-Soldat begeht. Seine spartanische Wohnung wird zur Waffenkammer, zu seinem Rückzugsgebiet nach den Feldzügen in die Stadt – als solcher ist v.a. der missglückte Mordanschlag auf Palantine zu sehen – und zum Manövergebiet für die Vorbereitungen auf den letzten Feldzug gegen den Zuhälter „Sport". Der Sparringspartner für Bickle ist zum einen sein Spiegelbild, mit dem sich Bickle wiederholt verbal auseinandersetzt, um jedes Mal der Sprachlosigkeit sich selbst gegenüber ultimativ mit dem Zücken der Waffen zu begegnen. Durch den Spiegel hindurch bleibt für Bickle jedoch auch New York als Zielscheibe des Angriffs sichtbar – symbolisiert durch die Straßenkarten auf der gegenüberliegenden Wand des Zimmers, die linke Karte zeigt bezeichnenderweise auch jenen Ausschnitt von Süd-Manhattan, der den Hintergrund des Waffenkaufs darstellt (55b).

Das Ende von *Taxi Driver* offenbart das Scheitern Bickles wiederum in räumlicher Codierung. Nachdem am Ende seines nächtlichen Amoklaufes gegen Zuhälter, Freier und Stundenhotelbetreiber sowohl Travis' Selbstmordversuch als auch seine Aufforderung an die eintreffenden Polizeibeamten, ihn umzubringen, scheitert, zeigt der Film seine Hauptfigur zurückgekehrt in ihre angestammte Position. Der Dank der Eltern der jungen Prostituierten, die nach Travis' Amoklauf zu ihrer Familie zurückkehren konnte, bedeutet für Bickle ebenso wenig wie sein kurzfristiger Medienruhm als heldenhafter Kämpfer gegen die Kriminalität. Vielmehr steht zu erwarten, dass die Rückkehr in sein altes Apartment und in seine Arbeit als Taxifahrer auf den Straßen New Yorks auch eine Konstanz seiner Einstellungen der Stadt und seinen Mitmenschen gegenüber andeutet, was insbesondere in einem bedeutungsschweren Blick Betsy gegenüber anklingt, die zufällig Travis' Taxi benutzt und die ihm nunmehr als gefallener, an die Umgebung des Moloch New York angepasster Engel erscheint (vgl. SEESSLEN 2003, S. 113).

Im Vergleich zu SCORSESES *Taxi Driver* skizziert ALLEN in *Manhattan* ein filmisches Bedeutungsgeflecht von New York, das zum Ende einer problembehafteten Dekade seiner Stadtgeschichte als gegen die dominante öffentliche Stimmung gerichtetes Manifest für den kulturellen Wert von Urbanität erscheint. Unter den Schlüsselsequenzen des Films, die auch im Kontext der Rezipienteninterviews als mediale Unterstützung der Reflexionen über New York wirkungsvoll eingesetzt werden, ist die fast vierminütige Eröffnung als Besonderheit zu nennen (Abbildung 56). Sie beginnt mit einer Einstellung, die für SANDERS (2003, S. 87) das cineastische New York wie keine zweite Stadtansicht definiert (56a):

> The skyline. Over the decades, the New York skyline has opened countless feature films – more films, probably, than any other single place on earth. […]. The skyline view is a kind of proscenium, after all, a metaphoric arch framing everything to come, offering a reassuring familiarity even as it plunges us into a new and unpredictable experience.

In *Manhattan* ist die Ansicht der Skyline von Midtown Manhattan bei weitem noch nicht das gesamte Prélude, das als „metaphorischer Bogen" die folgende Handlung umspannt. Diese Funktion übernimmt einem städtischen Kaleidoskop gleich die gesamte Eingangssequenz, deren Bilder architektonische Sehenswürdigkeiten, kulturelle Highlights und nur für Insider bekannte Ikonen der Stadt – wie Yankee Stadium oder das Plaza Hotel vor dem Hintergrund des Skidmore, Owings & Merrill-Klassikers 9 West 57th Street (56b) – ebenso ästhetisch in Szene setzen wie die Menschenmengen und Hinterhöfe Manhattans. Im Rahmen der Rezipientenanalyse (Kap. 9) wird deutlich, dass es insbesondere die Gegenüberstellung von glamourös anmutenden Stadtansichten (56c) – die zudem auf das ganze Filmgenre der romantischen Liebeskomödie verweisen – und ihrem unerwarteten Gegenüber (56d) sowie die gewachsene Alltagskultur (56e) und alltägliche Lebendigkeit (56f) austrahlenden Ansichten sind, die aus der Eröffnung von *Manhattan* eine glaubwürdige und das alltägliche Vorstellungsbild erweiternde Sequenz machen.

Aus der begleitenden Erzählung wird zudem deutlich, dass sich die Stadt New York nicht einer prägnanten Beschreibung und eindeutigen Wertung unterziehen lässt. Die Vielfalt städtischer Facetten und das Nebeneinander höchster kultureller Vollendung und der verbalisierten, aber nicht visualisierten negativen Seiten des Stadtlebens („Drogen, laute Musik, Fernsehen und Müll") zeichnen ein ambivalentes Verhältnis zu New York, das der von Allen verkörperte zentrale Charakter des Film offenbart: Der neurotische Fernsehautor Isaac Davis ist sich einerseits der Härten des Stadtlebens bewusst, wäre aber nach Einschätzung seines besten Freundes Yale nicht in der Lage, außerhalb von New York City zu existieren. Für die im Zentrum der Filmhandlung stehende Gruppe von Personen ist das urbane Manhattan mit seinen Museen, Galerien, Restaurants, Straßencafés, Diners und nächtlichen Spaziergängen am East River (vgl. Abbildung 52) eine unverzichtbare Bühne, ohne die die Charaktere und die entwickelte Handlung nicht vorstellbar wären. Ohne diesmal wie in *Annie Hall* (1977) explizit die „kulturlose" Oberflächlichkeit von Los Angeles als dramatischen Gegenpol zu positionieren (vgl. SHIEL 2003), macht ALLEN allein schon durch die Einführungssequenz deutlich, welche Wertschätzung der Film der einzigartigen Urbanität von Manhattan zukommen lässt.

Abb. 56: Eine Ode an Manhattan

56a: Eröffnung des Films

56b: Insider-Ikone für Glamour

56c: Romantik in Manhattan

56d: Unerwartet aber authentisch

56e: Symbol alltäglichen Lifestyles

56f: Alltag in Manhattan

Angesichts dieser städtischen Rahmensetzung ist es auffällig, dass in *Manhattan* eine Handlung auf der urbanen Bühne New Yorks inszeniert wird, die ausschließlich den inwendigen Problemen eines sehr eng gefassten Personenkreises gewidmet ist. Selbst wenn die handelnden Personen auch optisch – z.B. in Form von halbtotalen bis totalen Einstellungen (Abbildung 57a) – in den sie umgebenden städtischen Raum integriert werden, so beziehen sich die Handlungen der Hauptpersonen nahezu ausschließlich aufeinander. Im Theater des Beziehungsfünfecks der Protagonisten spielen Interaktionen mit anderen Städtern eine geringe Rolle, die Stadt mit ihren präsentierten Bedeutungen als urbane, intellektuelle Metropole reicht als Rahmensetzung für die Handlung vollkommen aus. Auf der städtischen Bühne *Manhattans* sind auch die handelnden Akteure permanent als Schauspieler und Vermarkter der eigenen Person tätig. Die Gespräche in öffentlichen Räumen kreisen um die richtige Auffassung von Kunst und Kultur, um die vergangenen und gegenwärtigen Liebesbeziehungen der Protagonisten, um den Sinn des eigenen Lebens und der menschlichen Existenz im Allgemeinen oder um die eigene Arbeit, die zumeist künstlerische Selbstverwirklichung gepaart mit Vergangenheitsbewältigung darstellt. In ihren neurotischen Selbstdarstellungen schrecken die egozentrischen Intellektuellen von Manhattan auch nicht davor zurück, in einer Runde flüchtiger Bekannter bei einer Wohltätigkeitsparty über gute und schlechte Orgasmen zu diskutieren oder über die intimen Inhalte der Sitzungen mit ihren Psychologen zu sprechen. Auch die größtmögliche Demütigung der Hauptperson Isaac, die Veröffentlichung eines Enthüllungsbuches durch seine Ex-Frau, zeigt *Manhattan* in einem öffentlichen Raum – aus einem entspannenden Ausflug ans Meer wird so eine Demonstration, dass den Großstädtern ihre neurotischen Beziehungskriege auch in die scheinbare Idylle folgen (57b).

Abb. 57: Private und öffentliche Räume in *Manhattan*

57a: Scheinbare Verbindung zu NYC  57b: Ehekrieg im Idyll

57c: „Trautes Heim"  57d: Ruhe zum Nachdenken

Eine zweite Schlüsselsequenz des Films, das erste längere Treffen von Isaac und Mary, macht das gespannte Verhältnis zwischen inwendiger Handlung und räumlichem Setting besonders deutlich und stellt darüber hinaus ein einmaliges Beispiel dar, wie in *Manhattan* die öffentlichen Räume der Selbstinszenierung in einen privaten Rückzugsraum übergehen. Während ihres nächtlichen Spaziergangs durch den Stadtteil Turtle Bay, der das Gebiet in den 50er Straßen nahe des East River umfasst, ist das spätere Liebespaar noch im oberflächlichen Austausch von Intimitäten verhaftet. Ohne auf die jeweiligen Gesprächsimpulse des Anderen tiefer einzugehen, reden die Figuren aneinander vorbei – über ehemalige Liebhaber, die Beziehung von Isaac zu seiner Mutter, den Versuch Isaacs, die jetzige Lebenspartnerin seiner Ex-Frau zu überfahren, und das aktuelle Verhältnis, das Mary mit Isaacs verheiratetem bestem Freund unterhält. Der Zustand des „gemeinsam einsam Seins" wird erst am Ende dieser Sequenz für einen kurzen Moment überwunden, in dem die Stadt New York angesichts der Romantik der nächtlichen Queensboro Bridge (Abbildung 52) zum Thema des Gesprächs, zum Gegenstand einer gemeinsamen Zuneigung wird, die nicht mehr in Worte gefasst werden muss:

[Mary] "Isn't it beautiful out?"
[Isaac] "Yeah, it's really so pretty when the light starts to come up."
[Mary] "I know. I love it."
[Isaac] "Boy, this is really a great city. I don't care what anybody says. It's just...
    it's really a knockout, you know."
[Mary] "Hmm. [...]"

Die große Bedeutung der öffentlichen und halböffentlichen Räume für das Nach-außen-Tragen der privaten Neurosen und Beziehungsprobleme der Akteure führt im Umkehrschluss zu der Frage nach der Rolle privater Räume für die Filmhandlung. Hierzu fällt zunächst auf, dass Isaacs berufliche und private Krise in typisch New Yorker Manier auf die Frage nach seinem Wohnraum übertragen wird. Die Kündigung seines sicheren TV-Jobs ist der Auslöser für Isaacs Suche nach einer günstigeren Wohnung, die zeitlich mit seinem Beziehungschaos und den Anfangsproblemen des Roman-Schreibens zusammenfallen. Persönliche Verunsicherung und die Gefahr eines Statusverlustes werden durch den Umzug in ein billigeres Zuhause verknüpft, worauf der von seiner Wohnsituation emotional leicht beeinflussbare Isaac mit verzweifelter Abneigung seiner neuen Wohnung gegenüber reagiert. Da in *Manhattan* Männer und Frauen im gleichen Ausmaß die öffentlichen Räume als Bühne ihrer Selbstdarstellung nutzen und sich die grundlegenden Beziehungen zwischen den Charakteren auch im Vergleich zwischen Öffentlichkeit und Privatheit nur wenig unterscheiden, ist die traditionelle Trennung zwischen öffentlichen als männlich dominierten und privaten Räumen als weiblicher Sphäre nur bedingt im Film wiederzufinden. Für Isaac Davis lässt sich diese Analogie nur aufrechterhalten, wenn der Mut zu emotionaler Ehrlichkeit als „weibliche" Eigenschaft definiert würde. Eine derartige Charakterisierung lässt sich als durchgehende Eigenschaft nur für die junge Tracy feststellen, mit der Isaac in seinen Wohnungen am ehesten eine glückliche und vertraute Privatheit erlebt (57c). In der Beziehung zu Mary hingegen ist Offenheit im Umgang mit dem Partner das Ergebnis eines zähen Ringens, das beide Akteure als niedergeschlagene, scheinbar beziehungsunfähige Neurotiker hinterlässt. Gar nicht erst in privaten Räumen wird der Konflikt zwischen den männlichen Protagonisten Isaac und seinem Freund Yale ausgetragen. Hier fungiert ein Klassenzimmer als Bühne ihrer Auseinandersetzung um dieselbe Frau, das Skelett eines Primaten steht einem stummen Zuschauer gleich zwischen den Kontrahenten einer archaischen Begegnung.

Für den Abschluss des Films ist ein Moment der Selbstreflexion ausschlaggebend, in dem Isaac in dem Rückzugsraum seiner Wohnung auf der Couch liegend zur Ruhe kommt, seinen zunächst einer Kurzgeschichte geltenden Gedanken freien Lauf lässt und sich dabei bewusst wird, dass er seine Beziehung zu Tracy nicht hätte beenden sollen (57d). Nachdem Isaac auf dem Weg zu Tracys Wohnung quer durch Manhattan gerannt ist, wobei ihn die Kamera in parallelen Fahrten begleitet und so die Verlorenheit der Figur in ihrem schnell vorbei fliegenden Umfeld verdeutlicht, endet *Manhattan* mit einer letzten Aussprache zwischen Tracy und Isaac (Abbildung 58). Sie findet in der Eingangslobby von Tracys Wohnhaus statt, somit in einem Zwischenraum zwischen öffentlicher und privater Sphäre (58a).

Abb. 58: Ende in Zwischen-Räumen

58a: Zwischenraum für Stadtneurosen   58b: Mr. Manhattan

Eine emotional gefestigte 18-jährige Kunststudentin auf dem Weg, für ein halbes Jahr in London zu studieren, trifft in einem Zwischenraum zwischen privater Reflexion und Selbstinszenierung dem Mitmenschen gegenüber auf einen reumütigen, aber noch nicht geheilten 42-jährigen Stadtneurotiker, der sie in egoistischer Selbstzentrierung bittet, ihm zuliebe New York nicht zu verlassen. Tracys Aufforderung zu Vertrauen und gegenseitiger Offenheit wird von Isaac mit einem unsicheren Blick und schüchternen Lächeln aufgenommen, das dem vom Beginn des Films bekannten Blick auf die Skyline und der *Rhapsody in Blue* weicht (58b). Der Film kehrt damit von seiner inwendigen Handlung der Beziehungsprobleme neurotischer Stadt-Intellektueller zu seinem übergeordneten räumlichen Kontext zurück, der Manhattan als faszinierendes kulturelles Universum und Rahmen für die Persönlichkeitsentfaltung einer besonderen Art von New Yorkern zeigt, die ohne dieses städtische Bühnenbild ebenso wenig vollständig wären wie die Stadt ohne sie.

8.5.2. Die späten 1980er Jahre

Steckbrief: *Wall Street* **(Oliver Stone, 1988)**
Personen & Handlung
In *Wall Street* erzählt Oliver STONE eine klassische amerikanische Parabel vom Aufstiegsstreben eines jungen ehrgeizigen Mannes, der im Verlauf des Films seine Ziele und moralischen Standards im Kräfteverhältnis zweier Vaterfiguren ausloten und definieren muss. Der junge Broker Bud Fox (Charlie Sheen) arbeitet in einer Wall-Street-Firma und ist von dem Traum besessen, im Finanzimperium des

Spekulanten Gordon Gekko (Michael Douglas) eine steile Karriere zu machen. Zu Beginn definieren die physische Enge seines Apartments und insbesondere seines Arbeitsplatzes (Abbildung 59) den Lebensraum von Bud Fox, dessen Streben nach Macht und Reichtum mit dem Staunen über die selbstinszenierende Raumbeherrschung des Finanzmoguls Gekko einhergeht (Abbildung 60). Mit Beharrlichkeit und Insiderinformationen über die Fluglinie „Blue Star", bei der sein Vater als Gewerkschaftsvertreter arbeitet, gelingt Fox der Zugang zu der Welt der Hochfinanz. Allerdings stellt er schnell fest, dass die angenehmen Seiten dieses Lebens mit skrupellosem und kriminellem Geschäftsverhalten erkauft werden. Den moralischen Gegenpol zur Wall-Street-Welt stellt Bud Fox Vater Carl (Martin Sheen) dar, der als prinzipientreuer, aufrichtiger und den Wert ehrlicher Arbeit schätzender Amerikaner gezeichnet wird. Bei einem Treffen mit Gekko über die weitere Entwicklung von Blue Star ist es Carl Fox, der dem Finanzhai Gekko die Stirn bietet und dessen Pläne zur Übernahme von Blue Star ablehnt. Die moralische Wende von Bud Fox, als deren Ergebnis er mit der Polizei bei der Aufdeckung von Gekkos illegalen Geschäftsmethoden zusammenarbeitet und eine Gefängnisstrafe für seine Beteiligung an dessen Insidergeschäften akzeptiert, wird somit zur emotionalen wie moralischen Rückorientierung von der Vaterfigur Gekko zum leiblichen Vater. Dies wird zum einen durch einen Wortbruch Gekkos forciert, der Blue Star entgegen ihren Absprachen nicht unter Buds Führung weiterführen sondern zerschlagen will, zum anderen durch die emotionale Bindung zu seinem Vater, die Bud Fox an dessen Krankenbett nach einem Herzinfarkt bewusst wird.

Abb. 59: Die Welt des Bud Fox   Abb. 60: Die Welt des Gordon Gekko

Persönlicher Zugang & Fragen an den Film
Wall Street erscheint aus der Perspektive des Jahres 2005 und der in Deutschland intensiv geführten Debatte über die „Heuschrecken"-Analogie für bestimmte Arten von Finanzinvestoren trotz seines Alters von erneuter Brisanz. Als Zeitdokument der 1980er Jahre porträtiert der Film die Phase der ungeahnten Dynamik der Finanzmärkte der Reagan-Ära, die kurz vor der US-Filmpremiere (11. Dezember 1987) am „Black Monday", dem Börsencrash des 19. Oktober 1987 endete. Aus einer geographischen Perspektive erscheint die Art und Weise relevant, wie der berufliche Aufstieg und die charakterliche Entwicklung des Protagonisten Bud Fox durch ihre räumlichen Kontexte begleitet werden, wobei die entwickelten Gegensätze zwischen den Vaterfiguren und ihren Wertsystemen deutlich mittels räumlicher Zuschreibungen ausgedrückt werden.

218　　　　　　　　8. Filminterpretation als Stadtforschung

Steckbrief: *Do The Right Thing* **(Spike Lee, 1989)**
Personen & Handlung
Der afro-amerikanische Regisseur Spike LEE inszeniert in *Do the Right Thing* ein beklemmendes Bild des alltäglichen Lebens in einem Straßenblock im Brooklyner Stadtteil Bedford-Stuyvesant (Bed-Stuy), in dem sich eine Spirale aus Aversionen und Aggressionen bis zu ihrer gewalttätigen Eskalation dreht. Hauptschauplatz des Films ist neben der Stuyvesant Avenue „Sal's Famous Pizzeria", die der Italo-Amerikaner Sal (Danny Aiello) mit seinen zwei Söhnen seit 20 Jahren betreibt und die sowohl in der morgendlichen Ruhe des Viertels als Sals geliebtes Lebenswerk inszeniert wird (Abbildung 61) als auch im Verlauf des Tages als Treffpunkt aller Einwohner der Nachbarschaft. Die Hauptfigur des Films, der ca. 25-jährige Afro-Amerikaner Mookie (Spike Lee), hat bei Sal als einer der wenigen seiner Altersgenossen einen Job als Pizza-Austräger. Am heißesten Tag des Sommers, den der Film über 24 Stunden darstellt, intensivieren sich die an verschiedenen Stellen auftretenden Spannungen zwischen Vertretern der verschiedenen Ethnien, woran Sal mit seiner streitbaren Art, besonders im Konflikt um die „Wall of Fame" italo-amerikanischer Berühmtheiten in seiner Pizzeria, trotz seiner Verbundenheit mit dem Viertel nicht unschuldig ist. Anfangs wirkt neben dem ergrauten Alkoholiker Da Mayor (Ossie Davis) auch Mookie mäßigend auf die Konflikte ein; als jedoch nach einer handgreiflichen Auseinandersetzung in Sal's Pizzeria ein Jugendlicher durch Polizisten zu Tode kommt, wirft Mookie den „ersten Stein" und trägt so zu den Ausschreitungen und zur Zerstörung von Sal's wesentlich bei. Die Konfrontation zwischen Sal und Mookie am folgenden Morgen unterstreicht durch ihr räumliches Setting die Bedeutung des symbolischen Raumes der Pizzeria in den Konflikten um Raumaneignung, die *Do the Right Thing* entwickelt (Abbildung 62).

Abb. 61: Sal's Famous Pizzeria　　　Abb. 62: Sal und Mookie danach

Persönlicher Zugang & Fragen an den Film
Das Seh-Erlebnis von *Do the Right Thing* ist von dem verstörenden Ende des Films geprägt, in dem sich mit Sal und Mookie zwei der Protagonisten entgegen der Sympathie und Identifizierung mit den Charakteren, die sich im Lauf des Films ausgebildet haben, als auslösende und verstärkende Akteure in den gewalttätigen Ausschreitungen beteiligen. Auch die intensiven Debatten über den Film, der in der US-amerikanischen Öffentlichkeit teils als Legitimierung von Gewalt zur Erreichung afro-amerikanischer Gleichberechtigung interpretiert wurde (vgl. ROCCHIO 2000, S. 153), richten sich v.a. auf die Gewaltszenen in der Zerstörung von Sal's

Pizzeria und die abschließende Gegenüberstellung eines Zitats von Martin Luther King, der die Anwendung von Gewalt als Mittel des Widerstandes verurteilt („both impractical and immoral"), mit einer Rechtfertigung gewaltsamen Vorgehens als „self defense" durch Malcolm X. Unbestritten ist jedoch, dass die Position von Spike Lee als einem der führenden US-amerikanischen Filmemacher der Gegenwart auf seinem Beitrag zu dem neuen afro-amerikanischen Stadtfilm der späten 1980er und 1990er Jahre basiert (vgl. u.a. Antonio 2002, Massood 2003), für den *Do the Right Thing* ein weithin beachtetes Zeichen für das Ende der Marginalität afro-amerikanischen Kinos nach den Jahren der Reagan-Ära setzte. Aus geographischer Sicht wird *Do the Right Thing* als ein aus einer afro-amerikanischen „Innenperspektive" heraus entwickelter Blick auf die symbolischen wie physischen Prozesse der Raumaneignung und Raumkontrolle relevant, für die einige filmische wie inhaltliche Besonderheiten festgehalten werden können. So ist die zeitliche und räumliche Beschränkung des Films auf einen Straßenblock im Verlauf eines Tages ein herausragendes Charakteristikum, das in der Interpretation hinsichtlich seiner Wirkung für das Narrativ des Films hinterfragt wird. Besonders angesichts der Auseinandersetzungen, die das Filmteam vor und während der Dreharbeiten in Bed-Stuy mit Drogenhändlern zu bewältigen hatte (vgl. Lee 1994), ist zudem auffällig, in welcher Weise der Film das alltägliche Leben und die Problemlagen seiner schwarzen Protagonisten selektiv inszeniert. Nicht Kriminalität und Drogenhandel, sondern die ökonomische Perspektivlosigkeit der Jugend und die Spannungen und Stigmata zwischen den Ethnien definieren für Lee das Themenspektrum, anhand dessen sich die Aggressionen aufschaukeln und schließlich eskalieren.

8.5.2.1. Räume der Geldgier und des amerikanischen Arbeiter-Mythos

Die Handlung von *Wall Street* als Identitätssuche von Bud Fox im Spiegel verschiedener Vaterfiguren korreliert mit den Bedeutungen von städtischen Räumen, die im Filmverlauf generiert werden. Die dominante Gegenüberstellung wird zwischen dem Finanzspekulanten Gordon Gekko und Buds Vater Carl aufgespannt, deren moralische Werte und Lebensstil klare und unverrückbare Antithesen darstellen. Gekkos Credo, das er als eloquenter Verführer den Aktionären eines seiner Spekulationsobjekte – bezeichnenderweise ein traditionelles Industrieunternehmen aus der Papierbranche – auf einer Hauptversammlung predigt, lautet „Greed is good!" Habsucht und die Anhäufung materiellen Reichtums um seiner selbst willen ist Gekkos oberstes Gebot. Als räumliche Codierung dieser Inhalte fungiert zu Beginn des Films insbesondere das Büro von Gekko (Abbildung 60), in das Bud Fox nach unzähligen Gesprächen mit Gekkos Sekretärin eingelassen wird und von dem aus Gekko sowohl auf den Stadtraum Südmanhattans kontrollierend herabblickt als auch zusammen mit seinem Beraterteam alle global versponnenen Fäden seiner Finanzdeals in der Hand hält. Von besonderer Bedeutung hinsichtlich der Raumgestaltung ist für den aus bescheidenen Verhältnissen stammenden Spekulanten seine Vorliebe für moderne Kunst – Gekko hat sich zu einem führenden Kunstsammler entwickelt und nähert sich damit der traditionellen Vorstellung gesetzter Noblesse.

Allerdings offenbart Gekko den neben parvenuhafter Geltungssucht wichtigeren Beweggrund seiner Wertschätzung von Kunst, wenn er die Wertentwicklung eines Gemäldes als Sinnbild für das Prinzip der nicht produktiven, sondern spekulativen Wertvermehrung erklärt: „This painting here, I bought it ten years ago for $60.000; I can sell it today for $600.000. The illusion has become real, and the more real it becomes, the more desperate they want it."

Die Umkehrung von Gekkos Formulierung "I create nothing, I own" gilt für Carl Fox, der als Inbegriff des amerikanischen Mythos des hart arbeitenden, ehrlichen und bodenständigen Mannes aus der Arbeiterklasse gezeichnet ist. Als Mechaniker und Gewerkschaftsvertreter bei der kleinen Fluglinie „Blue Star" vertritt Carl Fox einen Lebensstil und moralische Werte, die Bud bei ihrem ersten Treffen mit den Worten kommentiert: „there's no nobility in poverty any more!" Die Divergenz dieser zwei Vaterfiguren wird zunächst gemäß der inneren Gliederung New Yorks räumlich codiert. Gekko steht für die Finanzwelt Manhattans und der Wall Street, und auch Bud ist überzeugt, trotz horrender Mieten in Manhattan leben zu müssen, um „a player" im Spiel um das große Geld sein zu können. Daher borgt er sich lieber Geld von seinem Vater, statt auf dessen Angebot einzugehen, zurück zu den Eltern zu ziehen. Deren Welt ist der Arbeiter- und Immigrantenbezirk Queens, in dem Carls Arbeitsstätte, der Flughafen La Guardia, ebenso liegt wie sein kleines Einfamilienhaus und die Kneipe, in der Carl nach Feierabend mit den Kollegen ein Bier trinkt und ihnen als Gewerkschaftsvertreter mit Rat und Tat hilft (Abbildung 63a). Das hier verortete Treffen zwischen Vater und Sohn am Beginn des Films verdeutlicht, wie unangenehm Bud seine Herkunft ist und erklärt so seinen übergroßen Ehrgeiz, in die elitären Zirkel Manhattans vorzudringen. Der bodenständigen Welt seines Vaters nähert sich Bud erst am Ende seines Entwicklungsverlaufes wieder an, nachdem sein „Ausflug" in die Räume der Geldgier beendet ist.

Abb. 63: Vaterfiguren von Bud Fox

63a: Arbeitermilieu in Queens   63b: Sir Larry

Zwei zusätzliche Leitfiguren stellen neben Carl Fox weitere Alternativmodelle zum entfesselten Spekulationskapitalismus des Gordon Gekko dar. Als Börsianer alter Schule warnt Buds Vorgesetzter Lou Mannheim ihn davor, die Grundregeln solider Börsenarbeit zu verletzen und dem Geschäftsmodell von Gekko zu verfallen, der Firmen lieber aufkauft und in Einzelteile zerlegt gewinnbringend wieder veräußert, anstatt mit langfristigen, gut analysierten Anlagen die produktiven Kräfte der Wirtschaft zu unterstützen. Dagegen ist Gekkos britischer Gegenspieler Sir Larry Wildman zwar ebenfalls mit spekulativen Geschäften vertraut, favorisiert es jedoch im Gegensatz zu Gekko, Firmen nach feindlichen Übernahmen zu sanieren und als Gesamtheit profitabel zu führen oder zu verkaufen, statt sie zu zerschlagen. In dieser Eigenschaft wird Wildman zu einem strategischen Partner für Bud Fox, als dieser sich mit Gekko eine Übernahmeschlacht um Blue Star Airlines liefert, die Wildman finanziert. In seiner britischen Noblesse ist Wildman als extremer Kontrapunkt sowohl zum Arbeitermilieu von Queens als auch zu den übertriebenen Statussymbolen des Aufstiegs zu sehen, mit denen sich der Emporkömmling Gordon Gekko umgibt. Folgerichtig wird Wildman als souveräner Konzernlenker gezeigt, der von seiner Yacht aus mit den Insignien der Hochfinanz der 1980er Jahre – ein mobiler Computer, ein „Handy" im Großformat – das Bietergefecht um Blue Star Airlines dirigiert (63b).

Den Gegensatz zwischen dem Arbeitermilieu von Queens und der Welt des Gordon Gekko überbrückt der ehrgeizige Bud Fox in mehreren Schritten (Abbildung 64). Zu Beginn stellt die Tatsache, dass Buds kleine Wohnung auf der Upper West Side liegt, noch den Gegenstand süffisanter Bemerkungen dar, die Bud mit angeblichen Umzugsplänen pariert. Noch ist seine Rolle in der Finanzwelt jedoch die eines gewöhnlichen Brokers, der in der Masse der namenlosen Büroarbeiter sowohl im übertragenen als auch im direkten film-bildlichen Sinn nahezu untergeht (64a) und dessen Arbeitsalltag in einem Brokerhaus darin besteht, wohlhabende Anleger telefonisch zum Kauf bestimmter Papiere zu überreden.

Abb. 64: Stationen des Aufstiegs

64a: Beginn eines Aufstiegs

64b: Einzug in die Welt der „Player"

64c: East Side statt West Side

64d: Der innere Zirkel der Macht

Als der von Bud verehrte Spekulant Gekko nach langem Bemühen endlich auf Bud eingeht und in seine Geschäfte involviert, wird der junge Broker zur treibenden Kraft, die das hektische und rasant parallel ablaufende Börsengeschehen maßgeblich mitbestimmt. Als bedeutungsvolles Zeichen seines Aufstieges kann Bud Fox kurz danach voller Stolz aus dem Fenster seines eigenen Büros blicken (64b) – er verlässt das hektische Großraumbüro (vgl. Abbildung 59), in dem er ein unbedeutender Broker unter vielen war, und hat damit den ersten Schritt hin zu Reichtum und seinen Räumen gemacht, deren Sinnbild für Bud Fox in der Schaltzentrale von Gordon Gekko (Abbildung 60) liegt.

Im Privaten liegt die Entsprechung des räumlichen Aufstiegs vom Befehle ausführenden Broker zum gestaltenden *player* in einem Umzug von der Upper West Side auf die East Side von Manhattan. Die Penthousewohnung mit Blick auf die Hochhäuser von Midtown – am markant abgeschrägten Dach des Citigroup Centers lässt sich eine Position ca. auf Höhe der 54. Strasse erahnen – markiert für Bud Fox den Vorgang, seinen steigenden sozialen Status beinahe umgehend in einem Umzug auszudrücken. Dabei deutet seine Spontaneität, mit der er der verblüfften Maklerin sein Kaufangebot von $950.000 macht, eine nach oben offene Karriereleiter an. Bud könnte sich mehr leisten, was die Maklerin mit einem Angebot für eine Duplexwohnung am Sutton Square sofort thematisiert, aber Bud entgegnet angesichts der Aussicht in lässiger Schein-Bescheidenheit: „This feels like home" (64c). Nach einer innenarchitektonisch hochwertigen Umgestaltung durch seine neue Freundin Darien (Daryl Hannah), die Bud auf Vermittlung von Gordon kennen lernt, ist die neue Wohnung als Ausdruck des gewandelten Menschen Bud Fox auch Schauplatz einer Geheimkonferenz, in der Gekko den Gewerkschaftsvertretern der Fluglinie Blue Star ein Übernahmeangebot unterbreitet. Der einzige Widerstand gegen die Pläne, die den ehrgeizigen Bud als Präsidenten der Gesellschaft vorsehen, womit dieser endgültig den Aufstieg in die Welt der Hochfinanz geschafft hätte, geht von Carl Fox aus. Dem bodenständigen Charakter ist die Glätte Gekkos Indiz für die Unglaubwürdigkeit der Offerte, und auch sein eigener Sohn Bud erscheint dem Arbeiter aus Queens nun als Bewohner einer fremden Welt, deren Vorgänge undurchsichtig und deren Grundsätze abzulehnen sind. Sein Vater stellt für Bud damit das letzte Hindernis auf dem zielstrebig verfolgten Weg in eine Welt dar, die für Bud insbesondere durch Gekkos Villa am Strand auf Long Island versinnbildlicht wird. Als Treffpunkt einer High Society und des inneren Machtzirkels um Gordon Gekko ist das Strandhaus sowohl Ikone des Aufstiegs als auch der Ort, an dem sich die Initiation des Bud Fox und die –wenngleich nur kurzfristige – Aufnahme in den Geldadel Manhattans vollzieht (64d).

Die charakterliche Rückbesinnung Buds geht in typischer Hollywood-Manier von den emotionalen Erschütterungen aus, die ein Wortbruch von Gekko und ein Herzinfarkt seines Vaters in dem jungen Mann auslösen. Zwar beginnt Buds Besuch am Krankenbett noch mit der kontrollierenden Vogelperspektive desjenigen, der seine Umgebung aus der Höhe eines Büros, Penthouses oder Hubschraubers heraus betrachtet (Abbildung 65a), die so ausgedrückte emotionale Distanz wird jedoch schnell durch ein Aufleben tieferer Gefühle des Sohnes für den Vater überwunden. Die räumliche Umsetzung von Buds Annäherung an das Wertesystem seines Vaters beginnt damit, dass Bud neben dessen Gedankengut, Gestus und der Angewohnheit des Rauchens auch den Stammplatz seines Vaters in der Arbeiterkneipe in Queens einnimmt, um mit den anderen Gewerkschaftern die Strategie zur Abwehr des skrupellosen Gekko zu besprechen (65b). Der duellartige Showdown zwischen dem mächtigen Finanzjongleur Gekko und dem wieder bodenständigen Bud findet im Regen im Central Park statt. Vor dem Hintergrund der wachsenden Skyline von Midtown Manhattan liefert Bud als Informant der Polizei wertvolle Hinweise zur Überführung der illegalen Methoden von Gekko. Die Inszenierung der letzten Auseinandersetzung der Kontrahenten überträgt die visuellen Konventionen des Western-Duells in die Metropole Manhattan, aus der mit Zuschauern gefüllten Arena der Hauptstraße einer Westernstadt wird der menschenleere Central Park, in dem nur die Hochhäuser und – mittels des am Körper von Bud versteckten Rekorders – die Ermittlungsbehörden die Auseinandersetzung der Duellanten verfolgen. Bezeichnenderweise findet das Duell genau in der Mitte statt zwischen der Upper West Side, Buds Wohnviertel zu Beginn seines Aufstiegs, und seiner mittlerweile wieder verkauften Wohnung im Nobelviertel der East Side, die ihm die Beteiligung an Gekkos illegalen Geschäften kurzfristig ermöglicht hat (65c).

Abb. 65: Rückkehr zur Ehrlichkeit

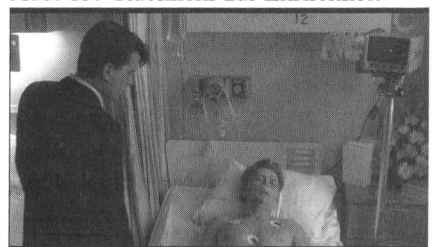

65a: Kontrollierte Distanz    65b: Der Sohn in der Rolle des Vaters

65c: Westernmythos in der Großstadt    65d: Umkehr von Raum-Macht

Der Abschluss von *Wall Street* platziert Bud Fox in einer umgekehrten räumlichen Konstellation, als sie für die machtvollen Aufstiegsphantasien genutzt wird. War die Macht des Finanzmagnaten Gekko und der Aufstieg des Bud Fox noch dadurch filmisch gekennzeichnet, dass die Charaktere aus zunehmender Höhe und Machtposition ihre städtische Umgebung betrachten, so erscheint Bud auf seinem Weg zur Gerichtsverhandlung auf den Stufen des U.S. Court House als immer kleiner werdende Figur, als die Kamera aus Vogelperspektive auszoomt (65d). Die Macht- und Geldgelüste eines jungen Aufsteigers sind der Übernahme einer schweren Verantwortung für die eigenen kriminellen Taten gewichen, deren moralische Überlegenheit sich nicht in offenkundigen räumlichen Codes verdeutlicht, sondern zunächst abstrakt bleibt. Nach der Ableistung seiner Haftstrafe jedoch – so die Vorstellung von Carl Fox – stehe dem ehemaligen Broker die Rückkehr in einen Job bei der Fluglinie Blue Star ebenso offen wie die Heimkehr in sein angestammtes

Terrain – Queens, die ehrliche Welt der Arbeiter, die von den glitzernden Scheinwelten Manhattans und seiner Finanzmogule durch mehr als nur den East River getrennt ist.

8.5.2.2. *This is our home!* – *Alltag und Raumaneignung in Bed-Stuy*

Die Abgrenzung bestimmter Teile von New York City wird in *Do the Right Thing* in noch größerer Deutlichkeit vorgeführt als der Gegensatz zwischen Manhattan und Queens in *Wall Street*. Die vollkommene Abkopplung der Lebenschancen und -umstände der Einwohner des farbigen Ghettos Bedford-Stuyvesant von dem New York, das für Wohlstand, Finanzwelt, Kultur und elaborierten Lebensstil steht, wird am deutlichsten in der räumlichen Fokussierung auf das Alltagsleben eines Straßenblocks, der nur in wenigen Aspekten mit dem städtischen Umfeld verknüpft ist. Die gesamte Handlung des Films spielt sich innerhalb eines Blocks der Stuyvesant Avenue ab, der für den Film aufgrund der typischen Bebauung mit dreistöckigen „*brownstone*"-Häusern und der Verfügbarkeit von zwei gegenüberliegenden Freiflächen für die Errichtung der Pizzeria und eines koreanischen Mini-Marktes ausgewählt wurde (vgl. LEE 1994, S. 108). In Abbildung 66 sind drei Ansichten dieses Straßenabschnittes der Stuyvesant Avenue zwischen Quincy Ave. und Lexington Ave. wiedergegeben: Die Kartenskizze zeigt die Anordnung der wesentlichen Schauplätze des Films im Straßenraum; „Sal's Famous Pizzeria" und das Apartment der Hauptperson Mookie definieren dabei die Endpunkte des Blocks, zwischen denen sich die Charaktere bewegen. Das Standbild aus der letzten Einstellung des Films zeigt Sals weißen Cadillac vor der ausgebrannten Ruine seines Restaurants, während Kirchgänger und Basketballspieler die sonntägliche Ruhe auf der Straße genießen (Blickwinkel A). In der Aufnahme des Straßenzugs vom April 2005 (Blickwinkel B) ist dagegen der Standort der Pizzeria wieder von einer Freifläche eingenommen, über der ein verblichenes Wandgemälde von Mike Tyson zu erkennen ist, das von dem Filmteam von *Do the Right Thing* zur Ausgestaltung der Location angebracht wurde.

8.5. New York in ausgewählten Filmen 225

Abb. 66: Der Straßenblock von Do the Right Thing

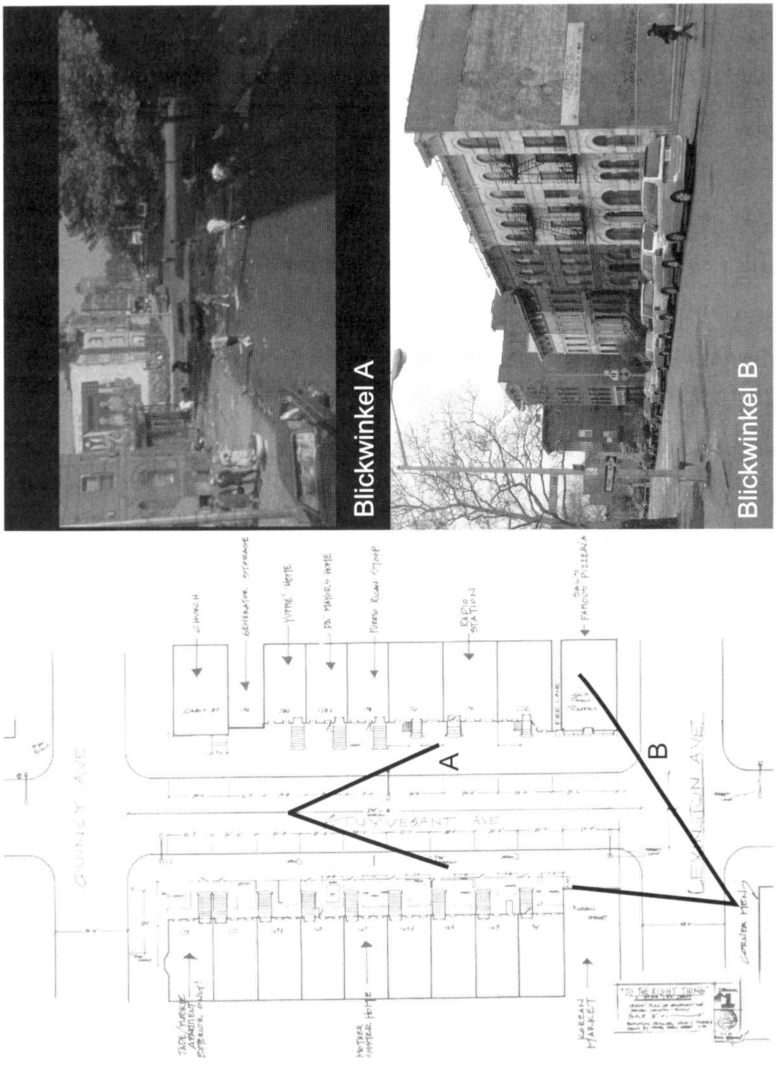

Quelle: LEE/JONES 1989, S. 22; LEE (1989); eigene Aufnahme, April 2005

Das „räumliche" Grundthema des Films – die umstrittenen alltäglichen Prozesse der Raumaneignung durch verschiedene Akteursgruppen – wird von LEE in der Darstellung des alltäglichen Lebens in der Öffentlichkeit des Straßenraumes entwickelt (Abbildung 67). Der Straßenblock ist als kollektiver Raum einer afro-amerikanischen Gemeinschaft inszeniert, in der Konflikte durch die Anwesenheit von Akteuren anderer Ethnien entstehen. Als kommentierende Beobachter der Szenerie fungieren drei Männer im mittleren Alter, die ihre Tage als „*corner men*" verbringen und deren Position mit dem Blickwinkel B der Abbildung 66 übereinstimmt.

Neben diesen an den Chorus eines griechischen Dramas erinnernden Akteuren (67a), die besonders durch ihre Inszenierung vor einer leuchtend roten Wand einen surrealen Charakter erhalten, und dem die Straße überblickenden Moderator der lokalen Radiostation ist auch der Charakter „Mother Sister", deren Haus genau in der Mitte „ihres" Blockes liegt, eine Inkarnation der von JACOBS (1992, S. 35) als „eyes upon the street" bezeichneten sozialen Kontrolle des Straßenraums, die zur Sicherheit des öffentlichen Lebens beiträgt (67b). Durch ihren Aussichtspunkt im Fenster ihrer Wohnung verkörpert Mother Sister die Verschmelzung von Privaträumen und der Öffentlichkeit der Straße, die den alltäglichen Lebensraum der Bevölkerung darstellt. „Mother Sister always watches" ist ihre Selbstbeschreibung, mit der sie Mookie auf dem Weg zu seiner Arbeitsstelle einen guten Tag wünscht, in dessen Verlauf sie mehrfach in habituelle Auseinandersetzungen mit dem gutmütigen „Da Mayor" gerät, der durch das harte Schicksal seines Lebens in Armut zum Alkoholiker geworden ist, aber dennoch als gute Seele des Blocks anerkannt wird. Damit ist Mother Sister eine der wenigen weiblichen Figuren, die in den öffentlichen Räumen des Blocks in die Handlung des Films eingreifen.

Abb. 67: Leben im öffentlichen Raum – „Bed-Stuy" in Do the Right Thing

67a: Chorus der Stuyvesant Avenue 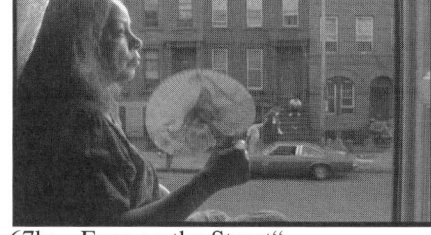   67b: „Eyes on the Street"

67c: Style definiert Identiät und Raum    67d: Alltag ohne Arbeit

67e: Invasion oder Geburtsrecht?    67f: Territorialität à la Bed-Stuy

Öffentlicher Raum ist in *Do the Right Thing* überwiegend der Raum farbiger Männer, während die privaten Räume mit Charakteren wie Mookies Schwester Jade oder seiner Freundin Tina verknüpft sind. Mookies Vernachlässigung seiner Freundin und des gemeinsamen Sohns Hector kommt dadurch zum Ausdruck, dass Tina ihren Freund mit einem Trick aus dem öffentlichen in den privaten Bereich holen muss: Eine von Mookie auszuliefernde Bestellung bei Sal's Pizzeria ermöglicht ein kurzes Treffen. Erst am Ende des Films zieht sich Mookie von der Bühne des öffentlichen Raumes zurück, um nach einem kurzen Gespräch mit Sal (vgl. Abbildung 62) Zeit mit seiner Familie zu verbringen.

Die alltäglichen Routinen in dem öffentlichen Raum des Straßenblocks sind von einem Übermaß an freier Zeit, der unerträglichen Hitze des Tages und dem Aufkommen erster Spannungen zwischen verschiedenen Gruppen geprägt. Dabei werden die kulturellen Symbole der Selbststilisierung, die LEE zur Kennzeichnung seiner Charaktere einsetzt, zu Gegenständen von Auseinandersetzungen. Bereits die Kleidung der Akteure verdeutlicht, wie „Style" zu einem filmischen Mittel der Charakter- und Raumdefinition und zum Mittelpunkt von Konfrontation wird (vgl. ROCCHIO 2000). Der Pizzaausträger Mookie trägt zum einen ein Trikot des legendären Baseball-Profis Jackie Robinson (67c), der als Spieler der Brooklyn Dodgers der erste Farbige im US-Profisport war und damit eine Brücke zwischen „schwarzen" und „weißen" Sphären geschlagen hat. Diese Funktion erfüllt auch Mookie, der zum anderen später ein Hemd mit dem Werbeaufdruck von Sal's Pizzeria, zudem in italienischen Nationalfarben, und seinem Namenszug trägt (Abbildung 69a), das ihn als Mischung der schwarzen Kultur seines Stadtviertels und der italienischen Einflüsse durch Sal und seine Söhne kennzeichnet. Dementsprechend wird Mookie von Sal auch als Vermittler in den Konflikt um die ausschließlich Italo-Amerikanern vorbehaltene „*Wall of Fame*" in der Pizzeria eingeschaltet. Der jugendliche Hitzkopf „Buggin' Out" fordert von Sal angesichts der Kundenstruktur der Pizzeria die Aufnahme farbiger Stars in die Photogalerie und ermahnt Mookie, der ihn aus dem Restaurant hinausbegleitet: „Stay black!" Der Inbegriff der schwarzen Identität ist der Jugendliche „Radio Raheem", dessen T-Shirt mit der Aufschrift „Bed-Stuy, Do or Die" kämpferische Solidarität innerhalb des Ghettos symbolisiert (67c) und dessen kämpferischer Anspruch auf sein Territorium nicht zuletzt in der Szene deutlich wird, in der er ungerührt mitten auf der Straße stehend Mookie seine Ansichten über Liebe und Hass zwischen den Menschen erklärt.

Aus Raheems tragbaren Radio schallt dementsprechend der Themensong des Films, *Fight the Power* der Rapper von Public Enemy. Mit dieser Hymne wird auch die Auseinandersetzung mit den puertoricanischen Jugendlichen symbolisiert, die als einer der Fremdkörper im Gefüge der schwarzen Nachbarschaft inszeniert werden. Die auf der Treppe vor ihrem Haus sitzenden Jugendlichen vertreiben sich die Zeit mit Bier und Salsamusik, ihre hitzigen Diskussionen sind kaum mehr als ein hoffnungsloser Versuch, ihren Mangel an Beschäftigung zu überdecken, der sie den Großteil ihrer Zeit als Dauerpräsenz im öffentlichen Straßenraum verbringen lässt, als Radio Raheem mit seinem Radio vorbeikommt (67d). Die Auseinandersetzung über die Legitimität der Raumaneignung zwischen Schwarzen und Hispanics wird zu einem symbolischen Kampf, welches tragbare Radio lauter ist – Raheems Rap gewinnt gegen karibische Salsa, die Straße bleibt, zumindest akustisch, zunächst in der Hand des jungen Afro-Amerikaners.

Die weißen Akteure, die in den alltäglichen Konflikten mit der farbigen Bevölkerung auftauchen, sind ebenfalls stilistisch wie räumlich als Gegensatz zu Bed-Stuy gekennzeichnet. Der im Trikot des weißen Basketballstars Larry Bird von den Boston Celtics gekleidete „*Yuppie*" löst eine Auseinandersetzung mit Buggin' Out aus, indem er unabsichtlich auf dessen wichtigstes Mittel der Lebensstil-Inszenierung tritt: die neuen weißen „Air Jordan"-Basketballschuhe von Nike. In der anschließenden Debatte fragt Buggin' Out erregt, mit welchem Recht der Weiße sich nicht nur in *seiner „neighborhood"* aufhält, sondern dort sogar eines der Häuser besitzt. Für den Hinweis des Hausbesitzers, Amerika sei ein freies Land, in dem jeder an einem Ort seiner Wahl leben könne, hat Buggin' Out ebenso wenig Verständnis wie für die Replik des Yuppies auf die Aufforderung, zurück nach Massachusetts zu gehen: „I was born in Brooklyn!" ist aus Sicht von Buggin' Out bei weitem keine Berechtigung dafür, in sein Territorium vorzudringen, noch dazu in der privilegierten Rolle eines Hauseigentümers, der Buggin' Out gleichsam eine Audienz auf den Eingangsstufen seines Hauses gewährt (67e).

In einer spielerischen Form von Raumaneignung lassen die Jugendlichen, die zur Abkühlung einen Hydranten geöffnet haben, einen weißen „Eindringling" in seinem Cabrio nicht ungeschoren passieren. Im Zuge dieses Vorfalls, der mit dem Charakter eines spontanen Festes inszeniert ist und als spielerischer Akt der alltäglichen Raumaneignung erscheint (67f), kommt es zur ersten Konfrontation zwischen dem farbigen Bed-Stuy und der Polizei als dem am deutlichsten ausgeprägten Gegenpol zur schwarzen Bevölkerung, der zunächst für autoritäre Kontrolle durch das „andere" New York steht, um später durch den Tod eines Jugendlichen zum offenen Feindbild zu werden. Die beiden Polizisten, die als italienisch- bzw. irischstämmige Weiße dargestellt sind, zeigen in den Ermittlungen des „Tathergangs" des Hydrantenvorfalls ein klares Vorstellungsbild von den Einwohnern ihres Bezirks. Nachdem ihre Nachfragen auf wenig Auskunftsbereitschaft der Passanten treffen, empfehlen sie dem aufgebrachten Autofahrer, besser weiterzufahren, bevor die Umstehenden beginnen, das wertvolle Fahrzeug zu demontieren. Bei späteren Kontrollfahrten empfinden die Beamten das Nichtstun der *corner men* ebenso als Verschwendung, wie die *corner men* die Kontrolle ihres Viertels durch die ironisch als „New York's Finest" bezeichneten Polizisten.

In den von Spannungen über symbolische Raumaneignungen geprägten Block pendeln Sal und seine zwei Söhne Pino und Vito täglich aus dem italo-amerikanischen Bensonhurst im Südwesten Brooklyns. Die Beziehungen der drei zu dem Stadtviertel sind äußerst unterschiedlich. Während Sal auf über 20 Jahre zurückblickt, in denen er die Bewohner Bed-Stuys begleitet hat – „They were raised on my pizza" – und der in einer Mischung aus Ortsverbundenheit und Alternativlosigkeit verharrt, ist der ältere Sohn Vito als aggressiver Rassist gezeichnet. Der geistig zurückgebliebene Pino dagegen kommt mit Mookie als seiner einzigen schwarzen Kontaktperson gut aus, der Rest des Viertels ignoriert ihn weitgehend.

Abb. 68: Sal und Vito und „ihr" Bed-Stuy

68a: "Sal's Famous is here to stay"    68b: "I hate this fucking place"

Trotz seiner Verbundenheit mit dem Viertel und seinem Bemühen um gute Beziehungen zu den Nachbarn und Kunden – besonders in seiner visuellen Einbettung in die Umgebung in Abbildung 68a verdeutlicht – ist der impulsive Sal weit mehr als der rassistische Vito an der zunehmenden Eskalation der Spannungen beteiligt. Dies ist umso widersprüchlicher angesichts der langen persönlichen Geschichte, die Sal mit seiner in Eigenarbeit errichteten Pizzeria in diesem Viertel verbindet und durch die sich die resignative Geste erklärt, mit der er den zornigen Ausbruch seines Sohnes Vito dem geistig zurückgebliebenen Smiley gegenüber hinnimmt (68b). Nachdem sein Umgang mit dem Querulanten Buggin' Out, den Sal im Streit um die *Wall of Fame* mit einem Baseball-Schläger bedroht, zu erhitzten Diskussionen und einem Boykottaufruf gegen Sal's Pizzeria geführt hat, ist es abermals das kulturelle Symbol der Rap-Musik aus Raheems Radio, das die tödliche Gewalt und die Zerstörung der Pizzeria am Ende des Films einleitet. Als Sal das Radio von Raheem zerstört, das Raheem demonstrativ in die Pizzeria mitgebracht hat, führt dieser Angriff auf das Symbol schwarzer Identität zu einem Handgemenge, an dessen Ende Raheem von den eintreffenden Polizisten getötet wird. Mookie ist letztmals in einer Position zwischen den Fronten und entscheidet sich gegen seine Zugehörigkeit zu Sal, für die Solidarität mit dem durch Polizeigewalt getöteten Raheem und mit den Schwarzen seines Viertels Bed-Stuy und damit für die Zerstörung von Sal's Famous Pizzeria (Abbildung 69). Die filmische Umsetzung dieser Gegenüberstellung zwischen den Italo-Amerikaner um Sal (69a), zu denen Mookie in seinem in italienischen Nationalfarben gehaltenen Shirt teils zu zählen ist, und den farbigen Einwohnern Bed-Stuys (69b), die Mookies ethnisch-kulturelle und räumliche Zugehörigkeit verkörpern, mangelt nicht an visueller Prägnanz.

Abb. 69: Mookies Entscheidung

69a: Bensonhurst  …   69b: … oder Bed-Stuy?

Das gewalttätige Ende verweist auf den politischen Kontext des Films und die Aussage, die LEE über das alltägliche Leben der afro-amerikanischen Bewohner innerstädtischer Ghettos beabsichtigt. Als Auslöser für die Produktion bezeichnet LEE (vgl. GLICKSMAN 2002, S. 16) einen Vorfall im Stadtteil Howard Beach, bei dem italo-amerikanische Jugendliche im Dezember 1986 drei Schwarze angegriffen und einen von ihnen getötet hatten (JACKSON 1995, S. 569f). Vier Elemente des Vorfalls hat LEE in die fiktive Handlung von *Do the Right Thing* übernommen: „We took four things from it: the baseball bat, a black man gets killed, the pizzeria, and the conflict between blacks and Italian-Americans." Darüber hinaus wird der Bezug deutlich, wenn die aufgebrachte Menge nach dem Tod von Raheem „Howard Beach" skandiert, kurz bevor Mookie eine Mülltonne durch das Fenster von Sal's Pizzeria wirft und damit deren Zerstörung initiiert. In einem Interview macht LEE deutlich (vgl. GLICKSMAN 2002, S. 17), dass er angesichts des Mordes der Polizisten an dem Jugendlichen Raheem die gewaltsame Reaktion des Filmcharakters Mookie als gerechtfertigt, als „doing the right thing" ansehen würde: „[…] Mookie and the people around him just get tired of blacks being killed by cops, just murdered by cops. And when the cops are brought to trial, they know nothing's going to happen. There's complete frustration and hopelessness."

In dieser – selbst vor dem Hintergrund jahrhundertelanger und anhaltender Ausbeutung, Unterdrückung und Diskriminierung der Schwarzen in den USA – fragwürdigen Interpretation würde *Do the Right Thing* als eine Aufforderung verstanden werden, der von außen in die Stadtviertel der Farbigen hineingetragenen Gewalt mit gleichen Mitteln zu begegnen. Dennoch bleibt LEES Porträt der alltäglichen Lebensbedingungen und der kulturellen Prozesse der Raumaneignung ein gutes Beispiel für eine in den 1980er Jahren neu eröffnete „schwarze" Perspektive auf die urbanen Lebensräume der Farbigen (vgl. KELLNER 1994, S. 157ff).

8.5.3. Metropole und Neighborhood – New-York-Filme der 1990er Jahre

Steckbrief: *Smoke* (Wayne Wang & Paul Auster, 1995)
Personen & Handlung
In *Smoke* verwenden WANG/AUSTER einen Zigarrenladen in Park Slope, Brooklyn als Ankerpunkt für zwei miteinander verknüpfte Handlungsstränge. Zum einen entwickelt sich im Verlauf des Films die Beziehung zwischen dem Verkäufer Auggie (Harvey Keitel) und einem seiner Stammkunden, dem Schriftsteller Paul Benjamin (William Hurt) von einer zwar im Beziehungsgeflecht der Nachbarschaft eingebetteten, doch relativ oberflächlichen Bekanntschaft hin zu einer intensiveren Beziehung. Die Intensivierung beginnt mit der Auseinandersetzung mit Auggies fotografischem Dauerprojekt, für das er jeden Morgen die Straßenecke seines Ladens aufnimmt, und entwickelt sich im Lauf des Films zu einer Männerfreundschaft, deren Höhepunkt darin besteht, dass Auggies dem Schriftsteller Benjamin in Form einer sehr persönlichen Weihnachtsgeschichte die Idee für eine dringende

Auftragsarbeit liefert.³³ Mit diesem Handlungsverlauf verbunden ist die Geschichte des jungen Schwarzen Rashid (Harold Perrineau), der bei seiner Tante in ärmlichen Verhältnissen in Boerum Hill wohnt und der gleichzeitig auf der Flucht vor lokalen Gangstergrößen und auf der Suche nach seinem ihm unbekannten leiblichen Vater ist. Der künstlerisch begabte Jugendliche bewahrt Paul davor, achtlos vor einen LKW zu laufen, und kommt für einige Tage bei ihm unter. Nach einem ersten Besuch bei seinem Vater Cyrus (Forest Whitaker), der im ländlichen Umland von New York eine neue Familie und eine schlecht laufende Autowerkstatt hat, kommt Rashid zurück nach Park Slope und arbeitet in Auggies Tabakladen. Erst bei einem zweiten Aufenthalt zwingen die zu Besuch kommenden Paul und Auggie den Jugendlichen, seinen Vater darüber aufzuklären, dass Rashid – mit eigentlichem Namen Thomas – dessen Sohn ist.

Persönlicher Zugang & Fragen an den Film
Die Eröffnung des Films, in der eine silberne New Yorker U-Bahn vor dem Hintergrund der markanten Skyline Süd-Manhattans über den East River fährt, erscheint beim ersten Sehen als Aufbruch in filmisches Neuland: Der Film verlässt mit dem typischsten New Yorker Verkehrsmittel die vertraute Umgebung Manhattans und gezwungenermaßen folgt der Betrachter der Einladung auf der DVD-Hülle: „Welcome to Planet Brooklyn". Auch die direkt anschließende Szenerie des Tabakladens eröffnet in ihrem leicht angestaubten Charme und in ihrer Mischung kuriosalltäglicher Charaktere ein liebenswertes und nicht-mondänes Bild einer Stadt, in der sich Menschen begegnen und miteinander reden. Somit wird mittels der ersten zwei Szenerien ein Einstieg in den Film geschaffen, der fragen lässt, welche Inszenierung von städtischer Gesellschaft und persönlichen Beziehungen in *Smoke* vorgenommen wird. Eine weitere auffällige Szene, die aufgrund ihrer „geographischen" Aussage als eine Schlüsselsequenz des Films vermutet wird, ist die Präsentation von Auggies Photoprojekt einer Dokumentation des alltäglichen Lebens an „seiner Ecke der Welt".

Steckbrief: *E-Mail für Dich* (Nora Ephron, 1999)
Personen & Handlung
E-Mail für Dich ist die Geschichte der amourösen Verwicklungen zwischen der Kinderbuchhändlerin Kathleen Kelly (Meg Ryan) und dem Erben einer Buchhändlerdynastie, Joe Fox (Tom Hanks). Noch bevor der Fox-Superstore in ihrer direkten Nachbarschaft den „Shop around the Corner" von Kathleen in den Konkurs treibt, haben sich beide in anonymer Form in einem Chat-Room kennen gelernt und stehen in anregender E-Mail-Korrespondenz, die neben den kleinen Dingen des Lebens vor allem die Besonderheiten der Stadt New York thematisiert. Die Rollen des virtuellen Joe Fox als seelenverwandter Gesprächspartner und des realen Joe Fox,

---

33 Diese Erzählung ist identisch mit der von Paul AUSTER zuerst am 25. Dezember 1990 in der *New York Times* veröffentlichten „*Auggie Wren's Christmas Story*" (AUSTER 1992), die den Regisseur WANG zu einer filmischen Umsetzung inspirierte, die zusammen mit AUSTER als Drehbuchautor realisiert wurde (vgl. WANG 1995).

der sich vom Konkurrenten zum Freund wandelt, beginnen während einer winterlichen Lebenskrise Kathleens zu verschmelzen; die bis zuletzt unwissende Kathleen erfährt schließlich zum romantischen Höhepunkt des Films im Riverside Park, dass sie zu Recht gleichzeitig in die virtuelle und in die reale Person verliebt ist.

Persönlicher Zugang & Fragen an den Film
Der erste Zugang zu *E-Mail für Dich* ist ambivalent und schwankt zwischen dem Genuss einer perfekten romantischen Inszenierung und dem inneren Protest gegen den Film als kitschigen Hollywood-Blockbuster mit vollkommen vorhersehbarer Handlung und stereotypen Charakteren. Auffällig ist das stark eingeschränkte räumliche Setting des Films, der mit einer einzigen Ausnahme – einer Szene im Büro der Buchhändlerdynastie Fox in Midtown Manhattan – in einer Upper West Side inszeniert ist, die als Lebensraum einer weißen Bourgeoisie fungiert, deren oberflächlicher Intellektualismus von Charakteren wie Kathleens Freund Frank oder Joe Fox' Verlobter Patricia ausgedrückt wird. Der von der Hauptfigur Kathleen verkörperte Lebens- und Geschäftsstil, zusammen mit den kleinstädtisch anmutenden Straßenszenerien aus kleinen Geschäften, Straßenmärkten, vielen Cafés und Restaurants, in denen alltägliche Lebensroutinen ablaufen, lässt die Upper West Side als perfekten kleinstädtischen Mikrokosmos erscheinen, der keine unmittelbare Verbindung zum Rest der Stadt New York zu haben scheint

8.5.3.1. A Hymn to the Great People's Republic of Brooklyn

Mit *Smoke* erzählen der New Yorker Schriftsteller AUSTER und Regisseur WANG eine Geschichte über den Stadtteil Park Slope in Brooklyn, die ebenso wie der improvisierte Nachfolgefilm *Blue in the Face*, dem die Charakterisierung als Hymne an die Volksrepublik Brooklyn (AUSTER 1995, S. 16) gilt, die besonderen Charaktere des Stadtteils und ihre sozialen Beziehungen in den Mittelpunkt stellt. Die Eröffnung (Abbildung 71) führt den Betrachter in den Stadtteil Brooklyn, und Manhattan und seine als Wahrzeichen dominante Skyline werden im weiteren Verlauf nur noch in einer Szene sichtbar werden. Vielmehr steht ein anderes Symbol New Yorks im Zentrum der Filmeröffnung: die das Verhältnis zwischen Manhattan und der bis 1898 eigenständigen Stadt Brooklyn symbolisierenden Brücken über den East River. Ein halbes Jahrhundert vor der Fertigstellung der Brooklyn Bridge erfasst JOHNSON (zitiert in GLUECK/GARDNER 1991, S. 25) die Stimmung der Brooklyner Eliten, die auf Eigenständigkeit von Manhattan bestehen: „Between New York and Brooklyn there is nothing common, either in object, interest or feeling – nothing that even apparently tends to their connection, unless it be the water that flows between them." Seit der Verbindung zwischen Manhattan und Brooklyn durch die Brooklyn Bridge, die bei ihrer Eröffnung im Jahr 1883 als Inbegriff technologischen Fortschritts gefeiert wurde, symbolisieren die in Abbildung 71a erkennbaren Brücken über den East River das Zusammenwachsen der Stadt New York. Gerade die Brooklyn Bridge erhält so einen ambivalenten Charakter und steht für eine Mischung aus Wachstum und Fortschritt einerseits sowie den Verlust kultureller Identität und die Unterordnung unter das dominierende Manhattan andererseits (vgl. SNYDER-GRENIER 1996, S. 66ff). Als vielfach thematisierte und künstlerisch inszenierte kulturelle Ikone (vgl. z.B. NEUBAUER 2005) sind die Brücken zwischen Manhattan und Brooklyn auch gegenwärtig mit vielschichtigen Bedeutungen aufgeladen, nicht zuletzt im Hinblick auf die Bewertung der Stadtteile als Wohnstandort. In Abbildung 70 wird die Brooklyn Bridge zum Symbol für eine Vertreibung aus dem Paradies Manhattans. Die weniger zahlungsfähigen Einwohner New Yorks werden von der mächtigen Hand des überhitzten Immobilienmarktes über die Brooklyn Bridge in die grauen Niederungen Brooklyns vertrieben. Dass gerade Park Slope sowohl in seiner Entstehung in den 1880er Jahren als auch in seinem gegenwärtig intensive Gentrifizierung durchlaufenden Stadium dem Zerrbild des *New Yorkers* nicht entspricht, wird insbesondere in dem stadtgeographischen Porträt des Stadtviertels deutlich (siehe Abschnitt 9.3.1.2).

Abb. 70: Die Brooklyn Bridge und die Vertreibung aus dem Paradies

Quelle: The New Yorker, Titelbild, 7. März 2005

Für den Film *Smoke* lässt sich feststellen, dass mit der Eröffnungseinstellung bewusst auf die komplexe Symbolik der East River-Brücken zurückgegriffen wird, um die Filmhandlung räumlich wie kulturell zu lokalisieren. Die Welt, die im Folgenden im Umfeld der „Brooklyn Cigar Co." inszeniert wird, ist autark von Manhattan als dem dominanten Stadtzentrum New Yorks. Dasselbe gilt auch für die Charaktere, die Auggies Tabakladen als sozialen Treffpunkt nutzen und sich dort im Verlauf des Tages mehrmals begegnen. Sie sind als Spiegel der gemischten Gesellschaft des Viertels angelegt, die Schwarze, Weiße und Hispanics umfasst, die bereits in der intensiven Diskussion über das Baseball-Team der New York Mets – die Mannschaft der „kleinen Leute" – mehr gemeinsam haben, als ihre ethnischen Differenzen trennen könnten (71b).

Abb. 71: "Welcome to Planet Brooklyn"

71a: East River-Symbolik   71b: "Brooklyn Cigar Co."

In den sozialen Mikrokosmos des Tabakladens wird nahtlos neben dem Arbeitermilieu auch der Schriftsteller Paul integriert, der bereits früh im Film in einer Schlüsselsequenz einen Einblick erhält, dass sich hinter der Fassade des Tabakverkäufers Auggie eine komplexere Persönlichkeit verbirgt, als dies dem ersten Anschein nach zu vermuten steht. Als Paul eines Abends die bereitgelegte Kamera sieht, gewährt ihm Auggie einen Einblick in sein Lebenswerk, das er außer Paul anscheinend noch niemandem gezeigt hat. Pauls amüsierte Bemerkung „So you're not just some guy who pushes coins across a counter" kommentiert Auggie mit einer Selbstreflexion, die auch für den oft im Schatten des dominanten Manhattan stehenden Bezirk Brooklyn gelten kann: „Well, that's what people see, but that ain't necessarily what I am." Hinter seinem „Projekt" verbirgt sich eine photographische Dokumentation mit bereits über 4.000 Bildern, die Auggie jeden Morgen um 8 Uhr mit einer Aufnahme seines Ladens erweitert. Die bildliche Erzählung über das alltägliche Leben an „seiner Ecke der Welt" (Abbildung 72a) überrascht Paul, der zu Beginn die Photos als identisch ansieht und sich erst mühsam an ein langsameres Betrachtungstempo annähern muss, um die Nuancen wahrzunehmen, die Auggies Bilder enthalten:

> [Auggie] They're all the same, but each one is different from every other one. You got your bright mornings and your dark mornings. You got your summer light and your autumn light. You got your weekdays and weekends. You got your people in overcoats and galoshes. And you got your people in t-shirts and shorts. Some time the same people, some time different ones. Sometime the different ones become the same, and the same ones disappear. The earth revolves around the sun, and every day, the light from the sun hits the earth at a different angle.

In einer typisch männlichen Umgebung, in der Verbundenheit zwischen den Charakteren durch gemeinsames Rauchen und Biertrinken erzeugt wird (72b), erzeugt Auggies photographischer Essay über das alltägliche Leben seines Stadtteils eine tiefere Verbundenheit zwischen den bislang durch lose Bekanntschaft verbundenen Männern. Kurz darauf wird die meditative Übung der Bilderbetrachtung für Paul nicht nur zu einer Dokumentation der „alltäglichen Geographie" Brooklyns, sondern er muss durch das Photo seiner toten Frau auch seine persönliche Verbundenheit mit dem Photoprojekt und dem dargestellten Raum erkennen.

Abb. 72: Auggie Wren als Chronist seiner Welt

72a: "My Corner of the World"   72b: Aus Nachbarn werden Freunde

Den Schriftsteller Paul und den photographischen Chronisten Auggie verbindet ab diesem Zeitpunkt eine Beziehung, für die das Erzählen von Geschichten über alltägliches Leben in Brooklyn von entscheidender Bedeutung ist. BROOKER (2000, S. 104f) weist darauf hin, dass viele Werke des Drehbuchautors AUSTER – insbesondere die New-York-Trilogie – als Beispiele postmoderner Literatur die Phänomene gesellschaftlicher Fragmentierung und der Auflösung fixierter Identitäten in den Mittelpunkt stellen. Demgegenüber wird in *Smoke* mit der Brooklyn Cigar Co. ein Raum dargestellt, der als Sphäre des öffentlichen Dialogs fungiert und seine Nutzer in kommunikative Gemeinschaft einbettet (Abbildung 73): Der Schriftsteller Paul erzählt den über Baseball philosophierenden Stammkunden eine Geschichte über Sir Raleigh und das Wiegen von Rauch und bindet sich mit dieser Erzählung, die seiner Rolle als Autor gemäß relativ weit von den üblichen Konversationsthemen abweicht, in die Dialoggemeinschaft ein, statt sich über die banalen Gesprächsinhalte seiner Zeitgenossen zu echauffieren (73a). Im Gegenzug fungiert Auggie als Berichterstatter des alltäglichen Lebens der Nachbarschaft, wenn er den Anwesenden von der „Kanzel" seines Tresens herab berichtet, was er zu diesem Zeitpunkt über den Schriftsteller Paul und dessen Lebensgeschichte weiß, die vor Jahren durch den tragischen Verlust seiner Frau aus der Bahn geraten ist (73b).

Die große Nähe zwischen den Freunden Auggie und Paul, die zum Ende des Films entstanden ist, wird in der beinahe zwölf Minuten langen Sequenz deutlich, in der Auggie dem Freund eine dringend für einen Auftrag der New York Times benötigte Weihnachtsgeschichte erzählt. Ausgehend von dem Setting im alltäglichen Raum eines Restaurant – Auggie lässt sich als Gegenleistung für die Geschichte ein Mittagessen bezahlen – zeigt die Kamera im Wechsel die beiden Protagonisten und nähert sich an deren Gesichter fortwährend weiter an. Am Schluss verbinden extreme Nahaufnahmen den Mund des erzählenden Auggies und die Augen seines aufmerksamen Zuhörers mit dem filmischen Sinnbild für die große Intimität, die zwischen den beiden Männern durch die Erzählung entsteht (73c und d).

Abb. 73: Räume für Erzählungen und Freundschaft

73a: Exot wird Gesprächspartner   73b: Erzählungen über Brooklyn

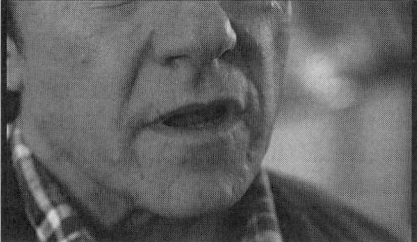

73c: Raum des Erzählens 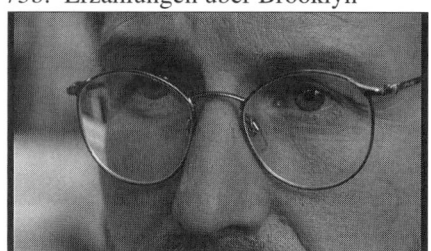   73d: Raum des Zuhörens

Während Auggies Erzählung bleibt die Kamera bei dem Wechselspiel zwischen Zuhören und Erzählen, und erst nachdem der Schriftsteller Paul seinem Freund am Ende der Geschichte zu seinem literarischen Talent gratuliert hat, zeigt WANG begleitet von Tom Waits' *Innocent when you dream* den jüngeren Auggie, der seine *Auggie Wren's Christmas Story* erlebt (vgl. Fußnote 33): Die wahren Erzählungen sind die Geschichten, die das alltägliche Leben schreibt und die im Gespräch zwischen Nachbarn und Freunden in dem Mikrokosmos weitergegeben werden, der sich um Auggies Zigarrenladen in Park Slope, Brooklyn aufspannt.

Die Erzählung zweier Freunde, die durch das Erzählen von Geschichten und das tiefe Verständnis für den Wert des alltäglichen Lebens in ihrem Stadtviertel verbunden sind, wird in *Smoke* durch den zweiten Handlungsstrang ergänzt. Paul und Auggie sowie der schwarze Jugendliche Thomas/Rashid und dessen Vater Cyrus werden in einem zwischen Park Slope, Brooklyn und der ländlichen Umgebung von Peekskill, NY wechselnden räumlichen Setting in einer Suche nach der eigenen Identität und Familie sowie dem ehrlichen Umgang mit der persönlichen Vergangenheit gezeigt. Im Fall des Schriftstellers Paul ist die Auseinandersetzung mit dem Photoprojekt von Auggie der Auslöser für einen persönlichen Prozess, in dem Paul den Tod seiner Frau überwindet. In dem Moment, in dem er durch eine langsame, kontemplative Betrachtung der Bilder deren tiefgründigere Aussage über die „alltäglichen Geographien" von Park Slope zu verstehen beginnt, entdeckt Paul auf einem Bild seine bei einer Straßenschießerei als unbeteiligte Passantin gestorbene Frau Helen.

Im späteren Verlauf des Films lässt sich erschließen, dass dieses Ereignis Paul zwingt, den traumatischen Verlust aufzuarbeiten. Gegen Ende des Films ist aus dem zerstreuten und in seiner Arbeit blockierten Paul ein gelöster und frisch verliebter Mann geworden, der durch die Reflexion über die Verwobenheit seiner persönlichen Geschichte mit der seines Stadtviertels eine neue Perspektive und erneut seine schriftstellerische Kreativität gefunden hat. Mit einem ähnlichen Verlust muss sich auch Auggie in einem untergeordneten Handlungsstrang auseinandersetzen. Die Begegnung mit seiner ehemaligen Partnerin Ruby, deren Besuch in dem Tabakgeschäft als Eindringen der Vergangenheit in Auggies überschaubare und geordnete Alltagswelt erscheint, bringt ein drängendes und unerwartetes Problem in Auggies Leben: Ruby eröffnet ihm, dass aus ihrer Beziehung nicht nur eine Tochter existiert, sondern dass diese zudem als schwangere Heroinsüchtige in einem anderen Stadtteil von Brooklyn wohnt. Die Konfrontation in der heruntergekommenen Wohnung der Tochter – für Auggie eine Auseinandersetzung mit seiner Vergangenheit und ihren unangenehmen Folgen – endet in einem scheinbar endgültigen Zerwürfnis der Patchwork-Familie. Später wird Auggie Ruby dennoch $5.000 geben, die er nach einem verunglückten Geschäft mit kubanischen Zigarren durch eine glückliche Fügung zurückerhält, damit eine Therapie für seine Tochter bezahlbar wird.

Die zentrale Handlung in der Auseinandersetzung mit der eigenen Identität und Familie involviert den 17-jährigen Thomas Cole. Nach einem zufälligen Zusammentreffen nimmt Paul den Jugendlichen für einige Tage auf, der sich unter dem falschen Name Rashid vorstellt und angibt, mit seinen Eltern auf der Upper East Side in Manhattan zu wohnen. Tatsächlich versteckt sich Thomas vor dem Gangster „The Creeper", dem er in seinem Viertel Boerum Hill mehr oder weniger unabsichtlich einen Umschlag mit $5.000 gestohlen hat. Seine Flucht aus den *housing projects* des Sozialwohnungsbaus in Boerum Hill in das relativ nahe liegende Park Slope begründet Thomas mit den Welten, die zwischen den beiden Stadtteilen liegen: „It's only a mile, but it's another galaxy: black is black, and white is white." In der weißen Galaxie von Park Slope entwickelt sich zwischen dem zunächst zurückhaltenden Thomas und Paul eine Vater-Sohn-Beziehung, die auf dem Interesse des künstlerisch begabten Jungen für Pauls Erzählungen beruht. Das gemeinsame Rauchen und Sehen eines Baseball-Spiels in Pauls Wohnung symbolisiert die Annäherung und das stille Übereinkommen zwischen den beiden, sich trotz der sehr unterschiedlichen Herkünfte als Individuen anzuerkennen (Abbildung 74a). Zu einem selbstironischen Versteckspiel der Identitäten kommt es zwischen Paul und Thomas im Gespräch mit einer jungen Buchhändlerin, die Paul als bewunderten Schriftsteller erkannt hat und auf ein baldiges Erscheinen eines neuen Buches hofft (74b). Thomas stellt sich der jungen Frau als Pauls Vater vor, der über Alters- und Ethnienunterschiede hinweg diese Version ihrer Beziehung bestätigt. Im Verhältnis zwischen Thomas und seinem väterlichen Freund Paul ist die Frage nach den Identitäten und Zugehörigkeiten damit geklärt, was in Hinblick auf Thomas' leiblichen Vater nicht der Fall ist.

Der weiterer Grund für Thomas Flucht aus der Wohnung seiner Tante in Boerum Hill ist die Suche nach seinem leiblichen Vater Cyrus, dessen Aufenthaltsort der Junge kürzlich erfahren hat. In einer Umkehrung der klassischen Raumkonstellation des Roadmovie-Genres, in dem die ländlichen Straßen den Protagonisten als Fluchtachse von den städtischen Problemen zu Idyll und persönlicher Erlösung erscheinen (vgl. AITKEN/LUKINBEAL 1998, S. 143), werden in *Smoke* die städtisch-postmodernen Identitätskonflikte des Jugendlichen Thomas auf dem Land ausgetragen. Seine erste Annäherung an den Aufenthaltsort des Vaters (74c) hat somit kein erlösendes Element, sondern ist von wachsender Spannung und großer Unsicherheit gekennzeichnet.

Abb. 74: Stadt und Land als Räume der Identitätssuche

74a: Räumliche Gemeinsamkeiten

74b: Identität wird verhandelt

74c: Road Trip ins Ungewisse

74d: Rauch verbindet

Der Vater Cyrus Cole begegnet Thomas als Fremdem aus der Stadt zunächst mit Misstrauen; er weist Thomas darauf hin, dass seine Autowerkstatt kein lohnendes Objekt für einen Raubüberfall sei. Nach diesen Anlaufproblemen erlaubt Cyrus seinem Sohn, in der Werkstatt zu helfen und dort zu leben, ohne dass die Beziehung zwischen den beiden geklärt wäre. Vielmehr wird deutlich, dass Cyrus den Verlust seines linken Armes als Strafe Gottes für ein Ereignis ansieht, das zeitlich mit dem Verlassen von Thomas' Mutter zusammenfällt – ob es sich bei seiner Fehltat hierum handelt oder ob zeitgleich andere Probleme aufgetreten waren, lässt der Film offen. Als Auggie und Paul Thomas und der neuen Familie seines Vaters einen Besuch abstatten, hat Thomas' Tante dem Schriftsteller bereits von den Hintergründen des mysteriösen Verhaltens und der wahren Identität des Jugendlichen berichtet. Die Freunde zwingen den Jugendlichen, seinem Vater die Wahrheit über ihre Verbindung zu berichten. Auf Cyrus heftige Reaktion folgt ein langes Schweigen, das auch vom gemeinsamen Essen nicht aufgebrochen wird, während Cyrus das Aufbrechen einer 17 Jahre alten persönlichen Wunde und Thomas seine neue Position als Kind eines unbekannten Vaters zu verarbeiten versuchen. Der ländliche Picknicktisch ist anders als die Tabakgeschäfte, Restaurants und Straßen von Park Slope kein Dialograum, in dem freundschaftliche Beziehungen durch Gespräche wachsen. Der erste Ansatz zu einer Verbindung der beiden Welten ist jedoch gemacht – mit der Zigarre, die Cyrus Paul anbietet und die schweigend geraucht wird (74d).

8.5.3.2. Kleinstadt und „global village" treffen aufeinander

In ähnlicher Weise wie *Smoke* entwickelt auch *E-Mail für Dich* ein idealisiertes Porträt eines New Yorker Stadtviertels, allerdings als Hintergrundbild für eine konventionelle romantische Liebeskomödie um zwei Charaktere, die nach längeren Verwechslungen und Komplikationen zusammenfinden. Dabei treffen im Handlungsverlauf das virtuelle globale Dorf der anonymen bzw. unter Decknamen geführten elektronischen Kommunikation und eine als kleinstädtisches Idyll inszenierte Upper West Side von Manhattan aufeinander (Abbildung 75). Die Eröffnungssequenz führt den Betrachter in die Wohnungen Kathleen Kellys und ihres zunächst virtuellen Gesprächspartners Joe Fox. Kathleen wohnt in einer Wohnung in einem dreistöckigen *brownstone*, deren Einrichtung ihren Charakter als niveauvolle Ästhetin mit ausreichend finanziellen Reserven spiegelt (75a). Ebenso traditionell ist der Erbe einer Buchhändlerdynastie Joe Fox in seiner Wohnungssituation wiedergegeben, dessen Status als Vertreter eines aggressiven Geschäftsmodells mit einer Umgebung aus gediegenen Macht- und Statussymbolen unterstrichen wird (75b). Gemeinsam ist beiden Charakteren zunächst nur die Verbindung per Laptop, über den sie angeregte E-Mails austauschen, deren Inhalt hauptsächlich aus alltäglichen Beobachtungen über die positiven Seiten des Lebens in New York besteht.

Abb. 75: Kleinstadt und globales Dorf

75a: Landhausstil in New Yorks Dorf   75b: Traditionelle Gediegenheit

In dem erlesenen Landhausstil von Kathleens Wohnung ist bereits ein Charakterzug angedeutet, der für den weiteren Handlungsverlauf und für die Darstellung der Upper West Side entscheidend ist. Kathleen wird als Inbegriff eines Lebensstils und eines damit verbundenen Geschäftsmodells dargestellt, die in ihrer altmodischen Art eher dem amerikanischen Mythos der *Small Town USA*, des idyllischen Lebens in ländlichen Kleinstädten entsprechen als den Realitäten metropolitanen Lebens am Ende des 20. Jahrhunderts. Konsequenterweise werden in der filmischen Bedeutungszuschreibung zur Upper West Side der urbane Charme des Stadtteils hervorgehoben und mögliche negative Begleiterscheinungen städtischen Lebens ignoriert. Abgesehen von dem geschäftlichen Konflikt zwischen Kathleen und Joe und den emotionalen Wellenbewegungen der Charaktere besteht das einzige negative Bild des Films in einem genervten Taxifahrer, der im Hintergrund zu einem Ausweichmanöver gezwungen wird, als Kathleen am Ende einer romantisierten Beschreibung ihres morgendlichen Arbeitswegs ihren Kinderbuchladen öffnet.

Ebenso stellt die gesamte ethnische und sozioökonomische Differenzierung New Yorks eine Randnotiz des Films dar. Einziger farbiger Charakter ist Joes Assistent Kevin, der als klassische Unterstützerfigur („*wing man*") gezeichnet ist, die den Protagonisten in seinen Entscheidungen unterstützt und der zentralen Figur gegenüber immer weiter in den Hintergrund tritt, je näher die Handlung ihrem Höhepunkt kommt.

Der zentrale Konflikt des Handlungsverlaufs ist die Bedrohung der kleinstädtischen Welt Kathleen Kellys durch die Invasion des Kapitalismus in Form eines „*Fox Books Superstore*" (Abbildung 76). Die Eröffnung dieses Großprojektes wird selbst von den Unternehmern als Konflikt mit dem Selbstverständnis des Stadtviertels wahrgenommen: Während Joes Vater die West Sider als „West Side, liberal nuts, pseudo-intellectual" einstuft, fürchten Joe und sein Assistent Kevin, von der Bevölkerung des Viertels als „end of civilization as we know it" angesehen zu werden, gleichzusetzen mit der verheerenden Wirkung und Symbolik eines Drogenumschlagplatzes. Dieser Gegensatz zeigt sich allein schon in der Einpassung der jeweiligen Ladengeschäfte in die räumliche Umgebung der Upper West Side: Während Kathleens Laden harmonisch in einen Straßenzug eingepasst ist (76a), erscheint der *Fox Superstore* als monolithische Großstruktur von bestaunenswerter Dimension (76b).

Abb. 76: Tante Emma trifft globalen Kapitalismus

76a: Ein Kleinstadt-Geschäft    76b: "The big, bad chain-store"

76c: Buchladen als Kindertraum    76d: Joe Fox, der Kapitalist

Das Fox-Geschäftsmodell jedoch ist bewährt – die ohne Probleme als Nachbau der US-amerikanischen Barnes&Noble-Geschäfte identifizierbaren *Superstores* bauen auf die verführerische Wirkung von Discountpreisen und Kaffeespezialitäten im hauseigenen Café. Kathleen dagegen führt ihr Kinderbuchgeschäft nicht als geschäftliche Betätigung, sondern als von ihrer Mutter übernommene Lebensaufgabe. Ihr „Shop around the Corner" ist als Paradies für die Förderung der kindlichen Entwicklung durch Bücher und Spielzeug, mit ausführlicher Beratung und einer traditionsreichen Atmosphäre ein Gegenentwurf zu dem Fox-Store, dessen Ziel die lukrative Verführung des Konsumenten ist. Dementsprechend ist das Ladengeschäft als nostalgische Inszenierung von Kinderträumen gezeichnet, einem Wunderland an Spielzeug und förderlicher Lektüre gleich (76c). Nichts verdeutlicht den Unterschied im Geschäftsmodell der Kontrahenten besser als Kathleens nostalgische Erinnerungen in dem nach der Geschäftsaufgabe leeren Ladengeschäft, die sowohl der verstorbenen Mutter als auch der Tatsache gelten, dass ihre Buchhandlung nun nach 42 Jahren aufhört, ein Teil des Lebens ihrer Kunden zu sein. Auf der anderen Seite steht Joe Fox, dessen Mantra „It's business, not personal" derartige emotionale Beeinflussungen auf geschäftliche Vorgänge verbietet. In der einzigen Szene, in der der Film die Upper West Side verlässt, diskutieren drei Generationen der Fox-Dynastie in einem Büro in Midtown Manhattan die bevorstehende Eröffnung der Filiale auf der Upper West Side. Joe Fox wird als machtvolle und erfolgsorientierte Führungskraft in Szene gesetzt, die in klassischer Herrscherpose die Aussicht über Manhattan ebenso genießt wie die Geschäftsaufgabe eines Konkurrenten und den bevorstehenden Erfolg des neuen Geschäfts (76d).

Bereits in dieser Szene wird jedoch deutlich, dass Joe im Vergleich zu seinem Vater Nelson kein rücksichtsloser Materialist ist, wenn er die abfällige Charakterisierung der West Sider zurückweist und sie als Leserschaft statt als liberal-verrückte Pseudointellektuelle tituliert. Auch im Geschäftsleben ist damit eine Seite des Charakters angelegt, die von Beginn an in der E-Mail-Korrespondenz zwischen Joe und Kathleen dominiert. Joe Fox ist im Inneren Kathleens Seelenverwandter, der im liebevollen Umgang mit seinen Stiefgeschwistern, in der idealisierenden Verklärung New Yorks bzw. der Upper West Side und in seinem romantischen Werben um Kathleen dieselben Werte und Charakterzüge an den Tag legt wie sein Gegenüber. Bezeichnenderweise wird diese Seite des Joe Fox auch film-räumlich codiert, indem er nicht mehr in der Umgebung seines Arbeitsplatzes gezeigt wird, sondern mit zunehmender Annäherung an Kathleen immer mehr zu einem Teil der öffentlichen Räume der Upper West Side wird, in denen sich die Beziehung nahezu vollständig abspielt (Abbildung 77).

Den Auftakt für die sich in öffentlichen Räumen entwickelnde Beziehung stellt Joes langer Besuch in Kathleens Wohnung dar. Joe weiß zu diesem Zeitpunkt bereits, dass Kathleen seine anonyme Gesprächspartnerin ist, während sie ihn noch als Grund für ihre Geschäftsaufgabe und damit als persönlichen Gegner sieht. Ab diesem Moment ist Joe im Film jedoch nicht mehr als Geschäftsmann inszeniert, sondern als Privatier, der in den öffentlichen Räumen der Upper West Side sein „Projekt" verfolgt, der realen Kathleen seine Identität mit dem virtuellen Gesprächspartner zum richtigen Zeitpunkt zu offenbaren. Dies geschieht allen gängigen Konventionen des Genres entsprechend an sonnigen Frühlingstagen, nachdem Kathleens Geschäftsaufgabe, persönliche Krise und Krankheit die Zeit zwischen Weihnachten und dem Frühjahr ausgefüllt haben. Die Treffen des Paares sind zunächst in belebten öffentlichen Bereichen inszeniert, so z.B. auf Parkbänken, in Straßenrestaurants und auf Wochenmärkten. In keinem Fall jedoch wird die Zweisamkeit des Gesprächs durch Verkehrslärm (77a) oder die Anwesenheit anderer Kunden eines Marktes (77b) gestört; es scheint vielmehr, als seien Kathleen und Joe zwar optisch in das Milieu eingebunden, die Handlung dagegen spielt sich in deutlicher Angleichung an die bühnenartige Verwendung der Stadtkulisse in *Manhattan* nur zwischen dem Liebespaar ab.

Abb. 77: Die öffentlichen Räume der Upper West Side

77a: Öffentlich, aber separat    77b: Ein Idyll für Zwei

77c: Romantische Traumwelt    77d: Happy End

Gleichsam als Steigerung der romantisierenden Zweisamkeits-Darstellung wird die Klimax des Films als Rückzug aus den belebteren Teilen der Upper West Side gestaltet. Zunächst verlässt Joe Fox seine Begleiterin von deren Haus, ohne dass Kathleen seiner wahren (Doppel-)Identität gewahr wäre. Das „romantische" Setting in einer idyllischen Wohnstrasse (77c) lässt jedoch bereits keine Zweifel mehr zu, dass zu dem Treffen im Riverside Park, das Kathleen mit ihrem virtuellen Gesprächspartner vereinbart hat, tatsächlich Joe Fox erscheinen würde. In der blühenden Parklandschaft schließlich ist auch optisch angelegt, dass sich die Welt, und insbesondere die Upper West Side in ihrer idealisierten Version, nur um die Liebenden und ihr obligatorisches Happy End dreht. Der Kapitalist Joe hat als Element seines Stadtteils ausreichend verdeutlicht, dass er das (klein-)städtische Leben der Upper West Side teilt und dass er als Teil des räumlichen und sozialen Milieus mit der Individualistin Kathleen auch deren romantische Werte teilt, die nur zeitweise hinter der Fassade des Millionenerben und Geschäftsmannes verborgen waren.

8.6. VERGLEICHENDES FAZIT

In den dargestellten Filmen lässt sich ein vielschichtiges Bild zweier dynamischer Metropolen festhalten, deren historische Entwicklungsverläufe und sozialräumliche Komplexität in den unterschiedlichsten Formen filmisch inszeniert werden. Die beiden aus ostdeutscher Produktion stammenden Filme verzichten in ihrer Inszenierung Berlins anders als WENDERS *Himmel über Berlin* vollkommen auf die Thematisierung der deutschen Teilung und stellen die Entwicklung ihrer Protagonisten in verschiedener Weise in Beziehung zu den sozialen und räumlichen Gegebenheiten. Die *Legende von Paul und Paula* arbeitet nicht nur mit einer direkten Raumsymbolik in der Charakterisierung des zentralen Paares, sondern verbindet die Protagonisten mit der gesellschaftlichen Aufbruchsstimmung der frühen 1970er Jahre, die durch die städtebaulichen Umgestaltungen der Zeit ausgedrückt wird. Mit der Übertragung des Gegensatzes zwischen Altbauten und den standardisierten Plattenbauten auf Paula und Paul wird über deren Wohnsituation die Dichotomie zwischen einer zukunftsorientierten und fortschrittsgläubigen Modernisierung und einem alternativen Lebensentwurf aufgespannt. Demgegenüber hat die räumlich ausgedrückte Grundstimmung der Gesellschaft in *Solo Sunny* viel von dem Elan der Vordekade verloren. Weder der zukunftsfrohe Glaube an die Errungenschaften des Sozialismus noch die naive Überschwänglichkeit, mit der Paula als ostdeutsches Blumenkind „alles" vom Leben will, haben sich im Milieu von Sunny und Ralph erhalten. Während für Paula das Suchen nach einer stabilen Beziehung und nach der Erfüllung ihres Lebenstraumes mit Paul einen definitiven Fixpunkt erhält, dem eine stabile räumliche Charakterisierung der beiden Figuren entspricht, liegt für Sunny weder in den flüchtigen Räumen ihrer provinziellen Karrierestationen noch in ihrem bzw. Ralphs Wohnumfeld eine festhaltbare Antwort auf die Frage, wohin ihr beruflicher und privater Lebensweg führen wird. Die visuell oft eng begrenzten Fensterblicke werden so zu Metaphern für eine relativ aussichtslose Sehnsucht nach belastbaren zwischenmenschlichen Beziehungen.

Beiden DDR-Filmen ist gemeinsam, dass die leicht erkennbaren Sehenswürdigkeiten der „Hauptstadt der DDR" nicht in die räumliche Charakterisierung eingebunden werden. Die Filme stellen vielmehr im Fall von *Paul und Paula* eine enge Verbindung zwischen einem spezifischen Milieu und seinen Figuren, im Fall von *Solo Sunny* ein Pendeln zwischen den zwei Stadträumen von Sunnys und Ralphs Wohnungen und den Roadmovie-Sequenzen dar. Die relative Enge des filmischen Stadtraumes wird am deutlichsten ausgedrückt in der Titel-Einstellung aus *Solo Sunny*, in der die Hinterhofperspektive der alltäglichen Enge den für die menschlichen Sehnsüchte und Wünsche stehenden Himmel symbolisch begrenzt. Die räumliche Öffnung, die in *Himmel über Berlin* mit Flugaufnahmen, Panoramabildern und mit in weiten Einstellungen gezeigten bekannten Orten wie der Kaiser-Wilhelm-Gedächtniskirche oder dem Potsdamer Platz erzeugt wird, korrespondiert mit einem Maßstabssprung der „Entfernung", die im Identitätsprozess des Engels Damiel zu überwinden ist. Bis auf Pauls Wandel vom angepassten Karrieristen zum spontanen Gefühlsmenschen sind die Charaktere der DEFA-Filme geringen Wandlungen und damit geringen Änderungen ihres räumlichen Kontextes unterworfen. Demgegenüber wird Damiel als Figur entwickelt, die große historische, räumliche und ontologische Distanzen überwindet, was mit der Weite des „himmlischen" Berlins ebenso ausgedrückt wird wie mit der Trennung durch die Berliner Mauer oder dem historischen Rückblick auf die Entwicklung des Potsdamer Platzes.

Den vier nach der deutschen Wiedervereinigung gedrehten Filmen ist – mit Abstrichen bei *Das Leben ist eine Baustelle* – ihre Entstehung als unabhängige Kunstfilme stärker anzumerken, was insbesondere im Gegensatz zu den US-amerikanischen Produktionen deutlich wird. Als Umbruchs- und Randgruppenporträts transportieren sie ähnliche Botschaften von Heimatlosigkeit, Unsicherheit und der Suche nach einem besseren Leben, wenngleich nur *Ostkreuz* angesichts der Dominanz der direkten Nachwendesituation in den Brachen und Zwischen-Räumen Ostberlins zwangsläufig in der deutschen Hauptstadt angesiedelt sein müsste. Die drei anderen Nachwende-Filme könnten auch in einer anderen deutschen Metropole mit ähnlichen Dimensionen, ähnlicher sozialer Divergenz und ähnlicher kultureller Dynamik spielen – falls es eine solche außer Berlin gäbe. Damit korrespondiert das Berlin-Bild der Filme ab 1990 mit der lebensweltlichen Raumvorstellung von Berlin als *der* deutschen Metropole, der zum Status einer Weltstadt lediglich die ökonomische und verkehrstechnische Dominanz fehlt (siehe Abschnitt 9.3.2). Zur Abmilderung des negativen Tenors der Berlin-Darstellungen könnte die Filmauswahl um Beispiele wie BECKERS *Good Bye, Lenin!* (2002) oder *Sonnenallee* (HAUSSMANN 1999) erweitert werden, die zwar thematisch an das ernste Topos der Berliner Trennung anknüpfen, dessen Inszenierung aber in einem komödiantischen Genreschema und mit erheblich positiveren Konnotationen gestalten.

Die Berliner Nachwende-Filme generieren im Vergleich zu den im ähnlichen Zeitraum entstandenen Beispielfilmen zu New York zwar ein ebenso vielschichtiges Bedeutungsgeflecht, auffällig ist dabei jedoch, dass keiner der Filme als kleinräumig fokussiertes Porträt eines Stadtviertels angelegt ist. Zwar lassen sich einige spezifische Handlungsschwerpunkte anhand von Stadtvierteln feststellen, etwa die Fahrt des *Nachtgestalten*-Paars Peschke und Feliz von Tempelhof über Hellersdorf nach Kreuzberg und weiter zu Peschkes Wohnung in Tiergarten oder die Entsprechung der „Lebensbaustellen" der Protagonisten mit dem unruhigen Milieu Kreuzbergs. Die „Teilräumigkeit" in *Dealer* ist dagegen eher auf die zwischenmenschlichen Verwerfungslinien als auf eine strikte räumliche Trennung des türkischen vom deutschen Berlin zurückzuführen. In dieser Eigenschaft entsprechen die Nachwende-Filme eher den vage lokalisierbaren Stadträumen in *Manhattan*, der zwar einzelne Sequenzen wie das nächtliche Bewundern der Queensboro Bridge eindeutig gestaltet, insgesamt jedoch – wie die Eingangssequenz andeutet – eine Erzählung über das gesamte kulturelle Universum des Bezirks Manhattan vorgibt zu entwerfen. Dass hierin z.B. die afro-amerikanischen New Yorker oder farbige Teile Manhattans wie Harlem in keiner Weise auftauchen, hat der universalistische Raumanspruch *Manhattans* mit seinem Gegenentwurf in *E-Mail für Dich* gemeinsam, dessen romantisierte Upper West Side von seinen Charakteren nicht verlassen wird. Hier liegt ebenso wie in *Smoke* und *Do the Right Thing* eine filmische Inszenierung eines bestimmten Stadtviertels vor, die allerdings anders als die beiden Brooklyn-Filme eine genretypisch bereinigte Atmosphäre entwickelt. Auch wenn *Smoke* und

E-Mail für Dich auf den ersten Blick große thematische Nähe aufweisen – in ihrer Wertschätzung altmodischer Läden als Treffpunkte ihrer Stadtviertel, in der Rolle des Geschichtenerzählens, sei es face-to-face oder per E-Mail, oder in ihrer positiven Charakterisierung ihrer Stadtviertel – so verbindet sich hiermit in *Smoke* eine sehr viel größere inhaltliche Tiefe in der charakterlichen Entwicklung der Akteure und in der Reflexion über die spezifischen Charakteristika der jeweiligen Stadtteile. Hierin liegt die Differenzierung begründet, in der *Smoke* als filmischer Ausdruck eines zutiefst urbanen Milieus, *E-Mail für Dich* dagegen als vor einen städtischen Hintergrund projizierte kleinstädtisch-idyllische Erzählung erscheint.

In noch stringenterer Weise als *E-Mail für Dich* ist *Do the Right Thing* in einem begrenzten städtischen Milieu lokalisiert. Inhaltlich könnten die Filme jedoch nicht weiter voneinander entfernt sein: Ist die Upper West Side für die Wirrungen und Romanzen einer weißen Elite ein Raum, aus dem man sich nicht hinaus in die potentiell weniger angenehmen Teile New Yorks begeben muss, so stellt Bed-Stuy für die Akteure ein unentrinnbares Schicksal dar. Das Gefangensein der Akteure in einem Ghetto-Umfeld, das mit mangelhaften Bildungs- und Arbeitsmöglichkeiten und dem wirksamen Stigma, das größte schwarze Ghetto New Yorks zu sein, die Lebenschancen seiner Bewohner schmälert, drückt sich in dem Slogan aus, der das T-Shirt des am Ende getöteten Jugendlichen Raheem ziert: „Bed-Stuy – Do or Die". Der Ausbruch aus dieser Welt ist – anders als für den Jugendlichen Rashid/Thomas in *Smoke*, der aus dem Ghetto erst ins weiße Park Slope, dann ins ländliche Umland flieht – für Mookie und die Bewohner seines Blocks keine realistische Option. Ganz im Gegenteil glauben sie, ihren Lebensraum gegen Eindringlinge von außen verteidigen zu müssen. Während die Auseinandersetzungen um Raumaneignung im Fall von Puertoricanern oder weißen Hausbesitzern noch durch kulturelle Symbole und Praktiken geführt werden können, sieht Mookie angesichts von Polizeigewalt und politischer Vernachlässigung nur noch den Weg eines gewaltsamen Auflehnens. Damit hinterlässt dieser Film, zumindest in der extremen Interpretationsperspektive, die ihn als Legitimation für gewaltsamen Widerstand auffasst, nicht nur den Eindruck eines räumlich und sozial vollständig abgekoppelten Mikrokosmos innerhalb der Stadt, sondern auch eine moralische Antithese zu dem zeitgleich produzierten Mainstream-Film *Wall Street*. Hier steht nicht die Verzweiflung einer städtischen Bevölkerungsgruppe im Mittelpunkt, die um den sozioökonomischen Anschluss kämpft und dabei mit räumlicher Stigmatisierung und der Verteidigung des eigenen Territoriums wie der eigenen Kultur zu tun hat; es geht nicht um die Abkopplung Bed-Stuys vom Rest New Yorks und insbesondere von dem Reichtum und der Macht Manhattans. Vielmehr wird eine Polarität aufgespannt zwischen dem Mythos des ehrlichen, hart arbeitenden weißen Amerikaners mit seinem räumlichen Korrelat, dem Arbeiterstadtteil Queens, und den postmodernen Fassadenwelten der Wall-Street-Banken, die der Spielplatz für die Geld- und Machtspiele skrupelloser Spekulanten sind.

Ein deutlicher Unterschied zwischen Berlin- und New-York-Filmen zeigt sich in der Inszenierung von Gewalt, Spannungen und Verbrechen in der Stadt. Die Nachwende-Filme zeigen ebenso wie *Taxi Driver*, *Do the Right Thing* und zum Teil *Smoke* ein Stadtbild, in dem Ausschreitungen und Gewaltkriminalität zum alltäglichen Umfeld der Akteure gehören. Zwar sind z.B. die maikrawallartigen Ausschreitungen am Beginn von *Das Leben ist eine Baustelle* inhaltlich ebenso als Konflikt um die Aneignung von Stadtraum gegen die Polizei gerichtet wie die Unruhen in der Schlusssequenz von *Do the Right Thing*. Im Kontext der US-amerikanischen Geschichte und angesichts der weite Phasen des 20. Jahrhunderts prägenden städtischen Unruhen im Spannungsfeld zwischen Rassendiskriminierung und Gleichberechtigung sind die gewaltsamen Ausschreitungen in Bed-Stuy jedoch der zentrale Kulminationspunkt und mit erheblich größerer Brisanz aufgeladen, als die eher beiläufige Rahmensetzung durch die Plünderungen in *Das Leben ist eine Baustelle*. Die am ehesten in gleichartiger historischer Dimension und Bedeutungsschwere auftauchende städtische Trennung in Berlin ist die Berliner Mauer. Ihre Rolle wird jedoch zum einen in *Himmel über Berlin* ästhetisiert auf das Identitäts-Verhältnis zwischen Engel-Mann und Menschen-Frau übertragen, zum anderen in den Auswirkungen des Mauerfalls in *Ostkreuz* mit dem Individualschicksal einer Filmfigur illustriert, das in seiner Einseitigkeit den komplexen Bedeutungen der historischen Veränderungen des Stadtraumes nur partiell gerecht wird. Eine ähnliche Divergenz zwischen deutschen und US-amerikanischen Filmen erscheint auch zwischen *Taxi Driver* und *Nachtgestalten* bzw. *Dealer*. Der gewaltsame Rachefeldzug des *Taxi Driver* wird inszeniert als gegen das urbane Amerika seiner Epoche gerichteter Ausdruck tief sitzender Aggressionen, die städtischen Räumen entgegengebracht werden. Dagegen erscheint das „andere" Berlin zwar als abweisend den gesellschaftlichen Randexistenzen der *Nachtgestalten* gegenüber, ihre Gewalt richtet sich jedoch primär gegeneinander oder gegen materielle Symbole der „anderen" Gesellschaft. Auch die Darstellung des Drogenmilieus in *Dealer* ist nicht mit der Intensität der Gewalteskalationen in *Taxi Driver* zu vergleichen und zielt in ihrer filmischen Wirkung auf die inwendige Charakterentwicklung der Hauptfigur ab, statt ein gewalttätiges urbanes Milieu in direkter Weise zum Gegenstand der Handlung und damit zum Fokus der räumlichen Charakterisierung zu machen.

Insgesamt bieten die diskutierten Filme eindrückliche Belege für die große Fähigkeit des Mediums Film, städtische Räume als elementaren Bestandteil ihrer Narrative zu konstruieren und ein vielschichtiges Geflecht an Raumbedeutungen zu generieren. Als in bestimmten historischen Kontexten entwickelte Interpretationen von Städten können Filme als Untersuchungsgegenstand der Geographie herangezogen werden, um die Entwicklungsverläufe einer Stadt aus der Perspektive einer medialen Reflexion nachzuvollziehen. Das Medium Film stellt hierfür einen besonders geeigneten Fokus dar, da Film als führendes Medium des urbanen 20. und 21. Jahrhunderts angesehen werden kann. Seit den Ursprüngen des neuen Mediums sind Film und Stadtleben inhaltlich, ästhetisch, wahrnehmungsmodal und durch die Verortung des Filmpublikums in städtischen Kontexten eng miteinander verknüpft. Die diskutierten Beispielfilme zeigen, dass bereits eine stark eingeschränkte Auswahl an Filmen ein breites Spektrum an räumlichen Bedeutungszuschreibungen generiert und dass die konstruierten Filmstädte auf vielfältige Weise die historischen Entwicklungsverläufe der dynamischen Metropolen Berlin und New York sowie die komplexen sozialen, stadtstrukturellen und kulturellen Differenzierungen urbaner Räume zum Ausdruck bringen können.

9. FILMSTÄDTE II: LEBEN IN FILMSTÄDTEN

> ... [C]ities must be directly experienced. Writing about them is only the weakest substitute for being in them.
> ABU-LUGHOD 1999, S. 426

> In short, there is need to explore more fully what 'living the global city' is all about.
> LEY 2004, S. 154

Entgegen der vorangestellten Aufforderung von ABU-LUGHOD wird auch im Weiteren lediglich über Städte geschrieben. Dies geschieht in dem Bewusstsein, dass auch die detaillierteste Interpretation städtischer Strukturen und städtischen Lebens eine vereinfachende und interpretierende „Erzählung" über Städte erzeugt, die mit der Komplexität und Dynamik der beschriebenen Phänomene nicht gleichzusetzen ist. Der Aufforderung von LEY kann dagegen in größerem Umfang entsprochen werden. Insbesondere in den Darstellungen der qualitativen Interviews über die alltäglichen Verbindungen zwischen Filmen und Stadt-Erleben kommt eine lebensweltliche Perspektive auf das Phänomen der Filmstädte zum Tragen, die nach den Einflüssen von medialen Stadtbildern auf die alltägliche Raumvorstellung der Untersuchungsteilnehmer fragt.

Die Verwendung eines Begriffes wie „*reality check*" für die Zusammenstellung unterschiedlicher Interpretationsperspektiven in Abschnitt 9.3, der zunächst als unnötiger Anglizismus vorkommt und zudem mit einer möglichen Übersetzung als „Realitätsabgleich" durchaus übertragbar erscheint, geschieht an dieser Stelle bewusst in dem Sinn, der durch die alltagssprachliche Verwendung des Terminus in den USA angedeutet wird. Als im politischen wie journalistischen Wortschatz angesiedeltem Ausdruck kommt *reality check* die Bedeutung zu, dass eine öffentlich gemachte Behauptung aus einer kritischen bis gegenläufigen Position heraus hinterfragt und mit *der Realität* des jeweiligen Akteurs kontrastiert werden soll. In den von ideologischen Positionen geprägten politischen Mediendiskursen, denen der Begriff *reality check* hauptsächlich entspringt, ist meist nur allzu offenkundig, dass der Abgleich zwischen widersprüchlichen Lesarten der Gegebenheiten mit der Intention vorgenommen wird, die eigene Position zu bestärken und die fremde Lesart der Realität als fehlerhaft darzustellen. Eine solche Interpretation des Begriffes *reality check* kommt exemplarisch in vielen mit diesem Suchwort auffindbaren Internetangeboten zum Ausdruck. So finden sich unter den ersten zehn von rund 8,25 Mio. Google-Ergebnissen für das Schlagwort „reality check" Einträge wie eine

Webseite zur Überprüfung von Internet-Legenden, „Aufklärungsseiten" über Jugenddiabetes und Tabak, Karrieretipps des Staates Texas für Highschool-Abgänger und eine konservativ-christliche Lobbygruppe aus Neuengland (vgl. Google-Suche „reality check" 2005).

Im Gegensatz zu derartigen politischen Verwendungen des Begriffes soll für keine der im Folgenden gegenüber gestellten Lesarten von „Realität" Anspruch auf alleinige Gültigkeit oder auf eine überlegene Interpretationsperspektive erhoben werden. Allein das strukturelle Prinzip der Kontrastierung einer öffentlich geäußerten Inszenierung von Realität, hier der filmischen Darstellung der Städte Berlin und New York, mit alternativen Lesarten bzw. wissenschaftlichen Zugängen, soll mit der Verwendung des Ausdruckes *reality check* zur Kennzeichnung der folgenden Überlegungen zum Verhältnis von Film und Stadt angedeutet werden.

Es werden dabei zwei unterschiedliche Bezugspunkte gewählt, mit denen die dargestellten filmischen Stadtinszenierungen verglichen werden. Die Entwicklung dieser beiden Grundtypen geht auf Diskussionen in der Frühphase des Projektes zurück, in denen zwei weit auseinander liegende Positionen zu den theoretischen wie empirischen Aspekten des Film-Stadt-Verhältnisses zum Vorschein kommen. Auf der einen Seite lässt sich eine ausschließlich diskursorientierte Position ausmachen, die Filme als Bedeutung stiftende Diskurse auffasst und von einer geographischen Filmanalyse die Aufarbeitung oder Dekonstruktion der filmisch präsentierten räumlichen Bedeutungen erwartet. Die Analyse ist dabei ausschließlich diskursimmanent orientiert und impliziert damit eine strikte Trennung von realweltlichen und filmischen narrativen Räumen. Für die empirischen Arbeiten bedeutet dies insbesondere, dass im Rahmen des Forschungsprozesses keine Aufenthalte an den filmisch inszenierten Orten nötig sind. Vielmehr sind aus diskursfokussierter Perspektive primär „alternative" Diskurse, etwa in Printmedien, dem Fernsehen, literarischen Quellen und anderen Kunstformen, die geeigneten Vergleichspunkte für die Interpretation „filmischer Raum-Diskurse". Als Vergleichsdiskurs kann darüber hinaus auch die in Interviews entwickelte Rezeption von Filmen aufgefasst werden.

Die zweite Grundposition lässt sich als die einer strukturorientierten, deskriptiv und analytisch arbeitenden Stadtgeographie bezeichnen, die filmische Diskurse zwar als eine mediale Repräsentation unter vielen und prinzipiell als Einflussfaktor auf Raumvorstellungen versteht, sie aber nicht als eine von den Stadtstrukturen losgelöste Untersuchungseinheit sieht. Aus dieser Position heraus wird die genannte forschungspraktische Frage nach der Notwendigkeit von Feldaufenthalten eindeutig positiv beantwortet. Der Aufenthalt „am wirklichen Ort" ist notwendige Voraussetzung dafür, nicht den Täuschungen medialer Repräsentationen zu unterliegen, sondern sie vielmehr anhand der „Realität" zu überprüfen und ggf. als unzutreffend zu identifizieren.

Beide Grundpositionen werden im Folgenden in modifizierter Version angewandt und in die unterschiedlichen Vergleiche zwischen Filmstädten und städtischem Leben integriert. Der Aufforderung seitens einer strukturorientierten Stadtgeographie, den „echten Ort" in die Betrachtung einzubeziehen, wird in Form von Porträts dreier Stadtteile von New York exemplarisch nachgekommen. Es werden historische Entwicklungslinien skizziert und anhand von Strukturdaten die gegenwärtigen Charakteristika der Viertel beschrieben. Die stadtgeographische Interpretation der Beispielviertel kann so einer filmischen Interpretation und Bedeutungszuweisung gegenübergestellt werden; zudem bieten die Stadtteilporträts eine erweiterte Verständnisbasis für die Diskussion der Rezeption bestimmter Filmausschnitte, die die jeweiligen Viertel inszenieren. Die in ihrem Aussagewert gewichtigere Gegenüberstellung erfolgt in der Interpretation der qualitativen Rezipienteninterviews. Als Vergleichsdiskurs für die filmische Stadtinszenierung fungiert in Anlehnung an die Vorstellungen der *cultural studies* die alltägliche integrative Aneignung von Medieninhalten und ihre Bedeutung für die Ausbildung von Raumvorstellungen über Berlin und New York. Für die beiden Grundarten von *reality checks* werden zunächst die zentralen theoretischen Positionen und im Fall der problemzentrierten Rezipienteninterviews das methodische Vorgehen dargestellt.

9.1. THEORETISCHE GRUNDLAGEN DER ERHEBUNGEN

Für die Darstellungen der drei exemplarisch behandelten Stadtviertel von New York wird ein kurzer Abriss der historischen Entwicklungslinien der Stadtteile gegeben, deren Endpunkt aufgrund der Datenverfügbarkeit und der dargestellten Zeiträume der Beispielfilme in ausgewählten Strukturdaten aus dem US-Census des Jahres 2000 besteht.[34] Dabei wird zum einen auf vorliegende Standardwerke zur Entwicklung der jeweiligen Stadtviertel und der Gesamtstadt New York zurückgegriffen, zum anderen ein deskriptiver Überblick über die gegenwärtigen Strukturen anhand statistischen Materials gegeben. Die Grundposition dieser Teiluntersuchung ist die einer quantitativ-analytischen Deskription, die mittels statistischer Sekundärdaten des Census und vorliegender Sekundärliteratur eine erste Annäherung an die Untersuchungsgebiete ermöglichen will.

Für die empirischen Erhebungen in Form der Rezipienteninterviews wird eine qualitative leitfadengestützte Interviewform gewählt, die hinsichtlich ihrer Offenheit und des Vorverständnisses des Interviewers als problemzentriertes Interview aufgefasst werden kann (LAMNEK ³1995b, S. 68ff, vgl. REUBER/PFAFFENBACH 2005, S. 130). Die methodologische Festlegung auf ein qualitatives Verfahren erscheint für die vorliegende Fragestellung angebracht, da folgende Grundzüge qualitativ-interpretativer Verfahren in besonderem Ausmaß in der empirischen Auseinandersetzung mit den Wechselwirkungen zwischen alltäglichen Raumvorstellungen und medialen Einflüssen vorliegen bzw. von Vorteil für die Aufarbeitung der Fragestellung sind (vgl. MAYRING ³1996, S. 13ff, LAMNEK ³1995a, S. 218ff, FLICK et al. 2000, S. 22ff):

---

34 Alle verwendeten Strukturdaten aus dem US-Census von 2000 sind über die Homepage des U.S. Bureau of Census im „American FactFinder" unter http://factfinder.census.gov/home/saff/main.html?_lang=en zugänglich.

- Verständnisorientierung
Als Ansatz zur Rekonstruktion komplexer Zusammenhänge scheinen qualitative Verfahren dazu in der Lage, die Reflexion über die vielschichtigen Prozesse der Ausbildung einer individuellen Raumvorstellung in den Gesprächssituationen der Interviews zu ermöglichen. Die Rekonstruktion der von den Untersuchungsteilnehmern vorgenommenen Sinnzuschreibungen steht im Mittelpunkt, nicht das Aufdecken allgemeiner Kausalzusammenhänge.

- Alltagsorientierung
Sowohl der Untersuchungsgegenstand als auch das methodische Vorgehen folgen dem Prinzip der Orientierung am Alltagswissen und an alltäglichen Praktiken der Untersuchungsteilnehmer. Der alltägliche Umgang mit medialen Inhalten durch die Teilnehmer und das komplexe Bedeutungsgefüge, das den Städten Berlin und New York als alltägliche Raumvorstellung zugeschrieben wird, stellen Forschungsgegenstände aus den alltäglichen Lebenszusammenhängen der Teilnehmer dar. Die Datenerhebung in Form der problemorientierten Interviews erfolgt in alltäglichen Kontexten der Teilnehmer.

- Einzelfallbezogenheit
Dem individuellen Prozess der Filmaneignung und der subjektiven Raumvorstellung kann am ehesten mit einem einzelfallbezogenen Vorgehen begegnet werden. In der Interviewsituation wie in der Auswertung stehen die Perspektive der Untersuchungsteilnehmer und damit die konkrete Einzelperson mit ihren Aneignungspraktiken und Raumvorstellungen im Mittelpunkt. Auch in der Auswertung wird diesem Aspekt Rechnung getragen und die generalisierten Aussagen durch Einzelfalldiskussionen ergänzt.

- Offenheit und Flexibilität
Qualitative Forschungsansätze erlauben eine auf die Einzelperson abgestimmte offene Gestaltung der Interviewinhalte und eine flexible Anpassung an Impulse, die sich im Gesprächsverlauf ergeben. Dies erscheint als besonderer Vorteil, da in Abhängigkeit von den persönlichen Erfahrungen der Teilnehmer in den Beispielstädten, dem Ausmaß, in dem sie Filme und andere Medien als Einflussfaktoren ihres persönlichen Vorstellungsbildes von den Städten thematisieren, und nicht zuletzt je nach dem Bekanntheitsgrad einzelner Beispielfilme zu Berlin bzw. New York die Interviewimpulse in Form von Fragen und medialer Unterstützung variiert werden können.

- Induktive Orientierung und qualitatives Theorieverständnis
Angesichts des Forschungsstandes und der inhaltlichen wie methodischen interdisziplinären Transfers entspricht neben der Orientierung auf Sinn- statt Kausalzusammenhänge auch das qualitative Theorieverständnis in der vorliegenden Arbeit dem explorativen Charakter der Untersuchung. Nicht die Herleitung eines beobachteten Einzelfalls auf der Grundlage eines zu überprüfenden Theoriegebäudes, sondern die von der einzelnen Beobachtung ausgehende

Aufdeckung und Typisierung von Zusammenhängen, die als Bausteine einer Theorieentwicklung fungieren können, steht im Mittelpunkt. Damit wird auch die Entwicklung innerhalb der für das empirische Vorgehen impulsgebenden *cultural studies* reflektiert, deren Medienuntersuchungen anfänglich teils als Überprüfungen der postulierten Aneignungspositionen angelegt waren, später jedoch eine zunehmende Offenheit und eine stärkere induktive Orientierung aufweisen.

– Kontextualität
Die Datenerhebung und die Aussagen über den Untersuchungsgegenstand der alltäglichen Raumvorstellungen sind in komplexe Alltagskontexte eingebunden, die in ihrer Ganzheit und Historizität den Rahmen für den wissenschaftlichen empirischen Zugang bilden. Daraus ergibt sich auch eine eingeschränkte Generalisierbarkeit der Ergebnisse, aus der heraus die Aussagen qualitativer Interpretationen als kontextabhängige Form von Wissen angesehen werden.

– Textorientierung
Die Generalisierung und Auswertung der erhobenen Daten wird textbasiert vorgenommen, es erfolgt keine Übersetzung des Materials in numerisch codierte Kategorien. Dies gilt sowohl für die Aussagen, die auf einer aggregierten Ebene als Ergebnis der inhaltlichen Generalisierung getroffen werden, als auch für die Einzelfalldarstellungen.

9.2. METHODIK DER QUALITATIVEN ERHEBUNGEN

Im Rahmen des Forschungsprojektes wurden in Bayreuth, Berlin und Newark, Delaware insgesamt 41 Interviews von 60 bis 120 Minuten Länge durchgeführt. Die relativ große Varianz beruht auf einigen Sonderfällen, in denen außergewöhnlich großes Interesse der Gesprächspartner am Thema Film bzw. längere Aufenthalte in New York die Grundlage für deutlich ausgeweitete Gespräche bildeten. Die Mehrzahl der Gespräche jedoch lag mit geringer Abweichung bei ca. 60 Minuten Dauer. Die Verteilung der Interviews auf die jeweiligen Standorte ist folgender Tabelle 5 zu entnehmen. Die Auswahl der Teilnehmer erfolgte dabei nach theoretischen Vorüberlegungen zu den verschiedenartigen Zugängen der Gesprächspartner zu den Beispielstädten Berlin und New York. Die Auswahl nach vermuteten Unterschieden zwischen den Teilnehmern im Hinblick auf eine Fragestellung und die schrittweisen Erweiterung der Datenerhebung im Forschungsprozess orientieren sich an den Grundzügen der „theoretisch begründeten schrittweisen Auswahl", die auf der Basis der Arbeit zur „grounded theory" von GLASER/STRAUSS (1967) zu den Standardverfahren qualitativen Samplings gerechnet wird (vgl. FLICK ^{5}2000, S. 81f, REUBER/PFAFFENBACH 2005, S. 152). Die theoretischen Vorüberlegungen betreffen die Bezüge der Teilnehmer zu Berlin und New York. Für beide Beispielstädte sollten Gesprächspartner gewonnen werden, deren alltägliche Raumvorstellungen aus unterschiedlicher kultureller Distanz heraus und mit unterschiedlichen persönlichen Erfahrungen an den jeweiligen Orten gebildet wurden, die wiederum auf die Einflüsse filmischer Stadtbilder hin überprüft werden können. Nachdem aus Kapazitätsgründen auf eine parallele Erhebung in Berlin und New York verzichtet werden musste, lag die Festlegung auf Berlin und – aus Gründen der maximierten Erreichbarkeit von potentiellen Teilnehmern – Bayreuth nahe. Interviewteilnehmer in Bayreuth wurden über ihre Raumvorstellungen von Berlin und New York befragt, in die im Fall von Berlin durchwegs mediale Quellen und eigene Erlebnisse eingeflossen sind; im Fall von New York ergibt sich eine Differenzierung in durch Besuche beeinflusste und ausschließlich durch mediale Quellen gebildete Raumvorstellungen. Bei Interviewteilnehmern in Berlin wurde der Schwerpunkt auf die Gegenüberstellung der Raumvorstellung von der alltäglichen Lebenswelt der Befragten mit den medialen Präsentationen Berlins gelegt, wobei in einigen Fällen durch die Teilnehmer selbst eine vergleichende Perspektive auf die Metropolen Berlin und New York sowie ihre filmische Darstellung entwickelt wurde.

Tab. 5: Anzahl der Rezipienteninterviews nach Standort

Interviewort	**Anzahl**
Bayreuth – Universität	15
Bayreuth – Sonstige	7
Berlin – Universität	4
Berlin – Sonstige	8
Delaware – Universität	7

Zur Ergänzung dieser Grundperspektiven wurde nach der Durchführung und ersten Dateninterpretation der in Deutschland geführten Interviews mit den Gesprächen in Delaware eine zusätzliche Teilgruppe in die Auswahl einbezogen. Die Erweiterung des Samples eröffnet die Möglichkeit, eine durch Besuche beeinflusste Perspektive auf die Stadt New York darzustellen, durch die in besonderem Maße die Unterschiede zwischen Europäern und US-Amerikanern in der Wahrnehmung und Bewertung New Yorks und seiner filmischen Inszenierung beleuchtet werden können. Aufgrund der geringen Verbreitung der in Deutschland produzierten Beispielfilme in den USA musste dabei allerdings auf eine Thematisierung der Raumvorstellungen von Berlin vor dem Hintergrund filmischer Einflüsse verzichtet werden. Der Zugang zu den auf der Basis der theoretischen Vorüberlegungen gebildeten Teilgruppen erfolgte in Bayreuth und Berlin ebenso wie in Delaware u.a. durch Aushänge in Universitätsinstituten und durch sog. *„gatekeeper"*, die Kontakte zu Untersuchungsteilnehmern ermöglichen (vgl. MERKENS 2000, S. 288). Die große Anzahl Teilnehmer am Standort „Bayreuth – Universität" ist demnach auf die Effektivität der dortigen *gatekeeper* zurückzuführen. Hierbei wie bei den durch persönliche Kontakte akquirierten Gesprächspartnern ist auch die Bereitschaft zur Mitwirkung als Element der „Selbstauswahl" der Untersuchungsteilnehmer zu beachten, so dass nicht von einer kontrollierten Festlegung des Samples gesprochen werden kann (vgl. REUBER/PFAFFENBACH 2005, S. 150).

9.2.1. Ablauf der Interviews

Die problemzentrierten Interviews von durchschnittlich 60 Minuten Dauer wurden in einem vierstufigen Aufbau durchgeführt (Abbildung 78). Zunächst wurde die alltägliche Lebenswelt des Interviewpartners erörtert, wobei im biographischen Ablauf die unterschiedlichen geographischen Lebensräume und deren Charakterisierung und Bewertung im Mittelpunkt standen. Teilweise orientiert sich der erste Interviewabschnitt an dem Fragenkatalog, den REUBER (1993, S. 26) in seiner Untersuchung zur Heimatbindung in Köln verwendet hat, der viele Aspekte eines alltäglichen Raumbezugs bzw. einer lebensweltlichen Raumvorstellung abdeckt. Anschließend wurden im Kontrast zur lebensweltlichen Raumvorstellung die Vorstellungen über die Stadt New York bzw. Berlin im Gespräch entwickelt, wobei spontane Assoziationen und visuelle Eindrücke ebenso abgefragt wurden wie subjektive Charakterisierungen der Teilräume der Stadt, ihres sozialen Gefüges oder wichtiger Aspekte ihrer historischen Entwicklung. Während dieses Gesprächsabschnittes wurde von allen Interviewpartnern, wenngleich in unterschiedlichen Ausmaßen, bereits auf die Quellen der diskutierten Raumvorstellungen eingegangen, wobei erwartungsgemäß diejenigen Interviewten, die die jeweilige Stadt aus direkter Anschauung kennen, in geringerem Umfang auf mediale Quellen zu sprechen kamen.

Nach der Diskussion der zumeist komplexen Raumvorstellung einer Stadt erfolgte dann im Rückgriff auf die erwähnten Quellen die Thematisierung von medialen Einflüssen auf die diskutierte Raumvorstellung, wobei sich eine deutliche Diskrepanz zeigte zwischen dem von den Interviewpartnern als signifikant eingeschätzten medialen Einfluss und der geringen Fähigkeit, bestimmte Filme oder ähnliche Medien als Quellen des eigenen Vorstellungsbildes zu benennen oder spezifische Elemente ihrer Raumvorstellung in einer eindeutigen Zuordnung auf einen bestimmten Film zurückzuführen. Dieses Phänomen der „medialen Absenz" im Sinne einer mangelnden Erinnerung an einzelne Medieninhalte stellt eine auch von HÖRSCHELMANN (2001, S. 192f) in ihrer Untersuchung zu Fernsehdarstellungen über das vereinigte Deutschland festgestellte Schwäche der auf Interviews basierenden Medienwirkungsforschung dar.

Als geeignetes Mittel zur Überwindung der „medialen Absenz" der Interviewpartner erweist sich die Impulsgebung durch Filmausschnitte, durch die die Reflexion über mediale Einflüsse auf Raumvorstellungen im Einzelfall angestoßen und dann im Regelfall auf bereits vorher bekannte Medieninhalte übertragen wird. Dazu wurden ausgewählte Filmausschnitte in einer Länge von jeweils ca. 5 bis 8 Minuten gezeigt, bei denen es sich um Schlüsselsequenzen ausgewählter Beispielfilme zu Berlin und New York handelte. In Gesprächen über New York wurden im Wesentlichen die Filme *Manhattan*, *E-Mail für Dich* und *Smoke* verwendet. Aus

Manhattan wurden beispielsweise die einleitende „Ode an Manhattan" und das erste längere Gespräch der Hauptfiguren am nächtlichen East River, aus *E-Mail für Dich* die Eröffnungssequenz und die romantisch inszenierte morgendliche Routine des späteren Liebespaares auf dem Weg zur Arbeit vorgeführt. Unter den Berlin-Filmen fanden *Himmel über Berlin* mit der Homer-Sequenz am Potsdamer Platz sowie die Eröffnung von *Das Leben ist eine Baustelle* häufig Verwendung.

Abb. 78: Aufbau und Inhalte der Rezipienteninterviews

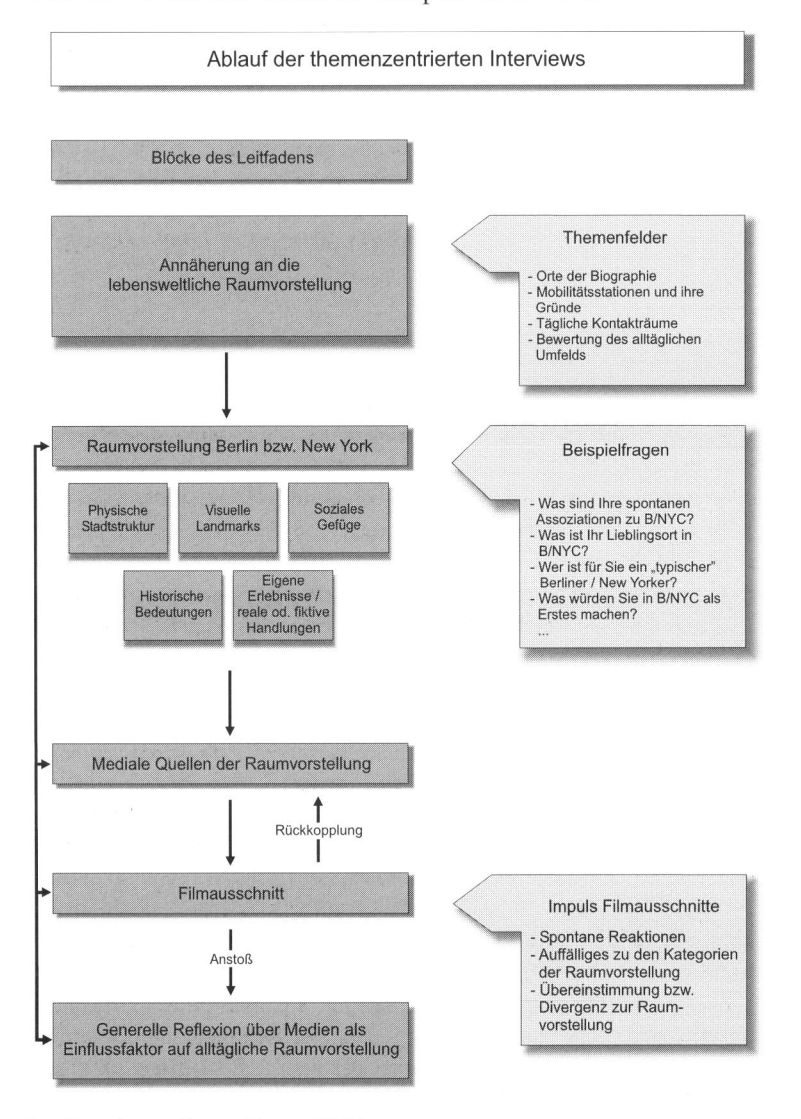

Quelle: eigene Darstellung, 2004

Die medialen Impulse ermöglichen in den meisten Interviews einen Zugang zu drei unterschiedlichen Themenbereichen: Erstens wird als direkte Reaktion auf den jeweiligen Filmausschnitt das filmisch inszenierte Stadtbild mit dem zuvor diskutierten Vorstellungsbild in Beziehung gesetzt und daraufhin überprüft, welche Übereinstimmungen existierten oder welche zusätzlichen Facetten im Film dargestellt werden. An dieser Stelle im Interviewverlauf wird die tief greifend emotional ansprechende Wirkung des Mediums Film dadurch deutlich, dass die Interviewpartner häufig in längeren spontanen Erzählungen ohne größere Interviewer-Impulse ihre Reaktionen auf den Film und die Verknüpfung zwischen den Eindrücken aus dem Film und der besprochenen Raumvorstellung schildern. Neben diesem Bereich der direkten Reaktion auf den jeweiligen Filmausschnitt fungieren die Filmausschnitte zum Zweiten in der Regel als Anstoß dazu, dass die Interviewpartner im Rückgriff auf eine bereits früher diskutierte Frage sich an weitere mediale Quellen ihrer Raumvorstellungen über New York bzw. Berlin erinnern können. Mit den Filmausschnitten wird zum Dritten eine Basis geschaffen, auf der zum Abschluss des Gespräches eine Reflexion über die Bedeutung von medialen Einflussfaktoren auf die Raumvorstellung von der jeweiligen Stadt geschehen kann.

9.2.2. Auswertung der Interviews

Die Auswertung der problemzentrierten Interviews erfolgt mit zwei unterschiedlichen Vorgehensweisen. Zum einen wird auf der Grundlage einer generalisierenden Zusammenfassung von Interviewaussagen eine Kategorisierung angestrebt, mittels derer unterschiedliche Formen der alltäglichen Medienaneignung und des Wechselspiels zwischen Medienbildern und Raumvorstellung festgehalten werden können. Zum anderen werden zur Illustration der so gebildeten Typen einzelne Interviews als Einzelfälle ausführlicher erläutert, anhand derer in besonderer Anschaulichkeit die Formen medialer Einflüsse auf alltägliche Raumvorstellungen aufgezeigt werden können.

In der Aufarbeitung der als Tonbandaufnahmen vorliegenden Interviews wird eine Transkription in normales Schriftdeutsch vorgenommen. Eine literarische oder phonetische Transkription wäre angesichts der den diskutierten Inhalten statt der Art ihrer Artikulation geltenden Fragestellung in ihrem zeitlichen Mehraufwand nicht vertretbar und wäre Ausdruck eines von FLICK (^{5}2000, S. 192) abgelehnten „Transkriptions-Fetischismus", der die Genauigkeit der textlichen Fixierung unverhältnismäßig vor die Ausführlichkeit der Interpretation stellt. Stattdessen steht die Lesbarkeit des Transkripts im Vordergrund, das an einzelnen Stellen – insbesondere in den spontanen Reaktionen auf Filmausschnitte – mit Kommentaren zu nicht verbalen Kommunikationsinhalten versehen wurde. Ein Beispiel eines Interview-Transkripts ist auszugsweise im Anhang wiedergegeben (Abschnitt 11.4.2).

Von entscheidender Bedeutung im Verlauf qualitativer textbasierter Forschung ist der Prozess, durch den die transkribierten Interviews inhaltlich analysiert, in einzelne Themenfelder kategorisiert und Aussagen aus verschiedenen Interviews in generalisierter Form zusammengefügt werden, um zu einer Ordnung von Interviewaussagen in bestimmte Typen oder Kategorien zu gelangen. Ziel ist es, die kommunikativen Inhalte der Gespräche in einem wissenschaftlichen Diskurs zu interpretieren (vgl. LAMNEK ³1995b, S. 173). Ein Grundproblem dabei ist das Finden einer Balance zwischen den Inhalten der Interviewtexte und den vom wissenschaftlichen Interpreten entwickelten Kategorien, die aufgrund spezifischer Fragestellungen in vorgefertigter Weise an die Texte herangetragen werden. Als ein Endpunkt des Kontinuums zwischen Kategorienvorgabe und reiner Textorientierung lässt sich auf der Basis des qualitativen Postulats eines möglichst offenen Forschungsprozesses eine Position formulieren, die jegliche Vorgabe von Kategorien zur Aufarbeitung des Interviewmaterials als Prädeterminierung durch den Forscher ablehnt und die Bildung von Ordnungsrastern einzig aus den vorliegenden Texten heraus akzeptiert (LAMNEK ³1995b, S. 199f). Es ist allerdings darauf hinzuweisen, dass dieses „offene Kodieren" nur für narrative Interviews als Standardvorgehen angesehen werden sollte, da die durch die Forschungsfragen vorgegebenen Themenfelder eines problemzentrierten Interviews bereits eine Strukturierung der Interviewinhalte bewirken, die auch in der Verdichtung des Materials wieder zum Vorschein kommt (vgl. REUBER/PFAFFENBACH 2005, S. 163f). Somit ergibt sich als Mittelweg zwischen einer Offenheit den Interviewtexten gegenüber und dem Wunsch nach einer fragespezifischen Straffung des Materials das Vorgehen des thematischen Kodierens, das dem Interviewmaterial mit vorgegebenen Kategorien begegnet, die jedoch in einer ersten Testphase in ihrer Anwendung auf wenige Fälle geprüft und überarbeitet werden, um den Aussagen aus den Interviews gerecht zu werden. Der Katalog an Analysekategorien basiert auf den inhaltlichen Fragestellungen der Untersuchung und differenziert zum einen nach den kognitiven, emotionalen und handlungsorientierten Ebenen des Raumbezugs sowie nach den Vertrautheitsgraden mit den Beispielstädten, zum anderen werden Aussagen zu medialen Einflüssen auf die Raumvorstellung nach ihrer Herkunft und Aussagen über die Beispielsequenzen nach ihren Verknüpfungen mit den Bezugsräumen unterschieden (vgl. Abschnitt 11.4.3).

Das in der Kodierung verwendete Verfahren orientiert sich stark an dem von SCHMIDT (2000) vorgeschlagenen Ablauf und beinhaltet als zentralen Arbeitsschritt die Erstellung von Interviewübersichten, die thematisch kategorisierte Aussageparaphrasen mit erläuternden Schlüsselzitaten und interpretierenden Kommentaren kombinieren. Ein Beispiel hierfür ist im Anhang wiedergegeben (siehe Abschnitt 11.4.4). Auf der Grundlage der zusammengeführten kodierten Interviewübersichten lassen sich die Interviewaussagen zum einen in übersichtlicher Form quantifizieren und ein Gesamtkatalog der angesprochenen Themen und der geäußerten Raumvorstellungen erstellen. In einem nächsten Schritt bildet die kategorisierte Aussagegesamtheit zum anderen den Ausgangspunkt für eine Typisierung der Interviews nach inhaltlichen Kriterien. Es werden zwei unterschiedliche Kategorisierungen vorgenommen, die als primäre und sekundäre Ebene angesprochen werden können. Die in der Sample-Auswahl angesprochene Differenzierung der Untersuchungsteilnehmer nach ihren alltagsweltlichen Bezügen zu den Beispielstädten schlägt sich auch in der Kategorisierung auf der Basis des Interviewmaterials deutlich nieder und stellt die primäre Typenebene dar. Dementsprechend folgt die Gliederung der

Interviewinterpretationen in den Abschnitten 9.3.2 bis 9.3.5 dieser Typenbildung auf Grundlage des Bezugs zu den Beispielstädten, der sich in der Ausprägung der Raumvorstellung und den Einflüssen medialer Inszenierungen deutlich widerspiegelt. Die Zuordnung einzelner Interviews zu den unterschiedlichen Formen von Raumbezügen zeigt Tabelle 6. Hier wird zwischen einer durch Besuche geprägten deutschen Perspektive auf New York und einer rein durch mediale Inszenierungen gebildeten Raumvorstellung differenziert. Die gemeinsame Darstellung dieser Kategorien in Abschnitt 9.3.4 betont die markanten Übereinstimmungen zwischen reiner Außensicht und Besuchsperspektive, durch die die in beiden Fallgruppen große Auswirkung medialer Stadtbilder von New York für die Formung einer alltäglichen Raumvorstellung zum Ausdruck kommt.

In einzelnen Interviews sind im Gesprächsverlauf trotz des aus Zeitgründen intendierten Fokus auf eine Beispielstadt mehr als eine Grundperspektive angesprochen worden. So behandeln z.B. die Interviews BE1, FU2 und FU3 neben einer lebensweltlichen Raumvorstellung Berlins auch eine durch Besuche geprägte Vorstellung von New York; die entsprechende Mehrfachzuordnung relevanter Interviewteile führt zu der Differenz zwischen den Fallzahlen der Tabelle 5 und den in Tabelle 6 aufgeführten zugeordneten (Teil-)Interviews.

Tab. 6: Übersicht der Interviews nach räumlichen Bezügen

	Berlin – Lebenswelt	Berlin – Besuche	New York– Außensicht	New York– Besuche	New York– Delaware
Interview	BE1	BT1	BE7	BE1	DE1
	BE2	BT2	BT3	BE3	DE2
	BE4	BT3	BT4	BE4	DE3
	BE5	BT5	BT5	BT1	DE4
	BE6	UBT2	BT6	BT7	DE5
	BE7	UBT3	UBT1	FU2	DE6
	BE8	UBT4	UBT2	FU3	DE7
	FU1	UBT5	UBT10	UBT3	
	FU2	UBT7	UBT11	UBT6	
	FU3	UBT9		UBT8	
	FU4	UBT11		UBT15	
	UBT6	UBT12			
	UBT13	UBT14			
Gesamtzahl zugeordneter (Teil-) Interviews (n=53)	13	13	9	11	7

Die sekundäre Kategorisierung der Interviews (Abschnitt 9.4) basiert nicht auf den räumlichen Bezügen zu den Beispielstädten der Untersuchung, sondern unterscheidet die Fälle nach der Art und Weise des alltäglichen Umgangs mit filmischen Stadtdarstellungen und nach der Art der Reflexion über die eigene Raumvorstellung. Die anhand der detaillierten Beschreibungen herausragender Einzelfälle illustrierte

Unterscheidung der Typen zeigt grundlegende Muster der alltäglichen Aneignung filmischer Stadtporträts und der Auswirkungen von Filmen auf die individuelle Raumvorstellung. Sie stellen die anhand des vorliegenden Interviewmaterials ableitbaren Kategorien dar, auf welche verschiedenen Arten durch die alltägliche Medienaneignung die Verknüpfung zwischen medialen Stadtbildern in Filmen und dem weiteren Kontext der Raumvorstellung von Städten geleistet wird.

9.3. DIE UNTERSCHIEDLICHEN REALITY CHECKS

Im Folgenden werden die Ergebnisse der unterschiedlichen *reality checks* präsentiert. Stadtgeographische Struktur- und Entwicklungsprofile werden für drei ausgewählte Stadtteile von New York diskutiert, die den Filmen *Do the Right Thing*, *Smoke* und *E-Mail für Dich* zuzuordnen sind. Für den zweiten Grundtypus von *reality checks* wird eine weitere Untergliederung vorgenommen, die auf dem Kriterium der primären Perspektive eines Gesprächspartners auf die jeweilige Stadt basiert. So lässt sich für Berlin zum Ersten das Verhältnis zwischen filmischen Stadtbildern und der durch das alltägliche Leben in dieser Stadt gebildeten Raumvorstellung skizzieren. Zum Zweiten werden Ergebnisse aus solchen Interviews zusammengestellt, bei denen die Gesprächspartner die Städte Berlin bzw. New York primär aus einer Außenperspektive betrachteten, wobei insbesondere der Frage nachgegangen werden kann, in welchem Ausmaß auf der einen Seite sporadische Besuche einer Stadt, auf der anderen Seite die filmischen Inszenierungen von Städten Einfluss auf die Raumvorstellung nehmen. Einen Spezialfall stellen abschließend die Ergebnisse aus den im US-Bundesstaat Delaware geführten Interviews dar, bei denen New York in einem Spannungsverhältnis aus direktem Erleben, filmischen Inszenierungen und seiner aufgrund vielfältiger Bedeutungsfacetten hervorgehobenen Stellung im öffentlichen Diskurs in den USA thematisiert wird.

9.3.1. Reality Check I: Das Filmbild im Vergleich zum Community Profile

Mit den geographischen Schwerpunkten der Filme *Do the Right Thing*, *Smoke* und *E-Mail für Dich* stehen drei sehr unterschiedliche Teilräume der Stadt New York zur Diskussion. Für die Gegenüberstellung der filmischen Erzählungen mit einem Porträt der wesentlichen Entwicklungstrends und strukturellen Charakteristika der Gebiete sind die drei Beispielfilme zum einen aufgrund ihrer relativen Zeitnähe zwischen 1989 und 1999 geeignet, zum anderen jedoch insbesondere aufgrund der Tatsache, dass in den drei Filmen ein hohes Maß an Konzentration auf das jeweilige Stadtviertel und seine Eigenheiten aufscheint. Die Interpretationen der Filmräume zeigen, dass neben dem auf einen einzigen Straßenzug beschränkten Extremfall *Do the Right Thing* auch *Smoke* und *E-Mail für Dich* bis auf einzelne Sequenzen, die dem Zweck der Abgrenzung des in Szene gesetzten Viertels dienen, auf ihre Stadtteile begrenzt sind. Die Einordnung der Stadtteile in den Großraum New York ist in

Abbildung 79 zu erkennen. Hierbei sind für die Untersuchungsgebiete Upper West Side und Bedford-Stuyvesant die Abgrenzungen auf der Basis der *„community districts"* dargestellt, die das Gesamtgebiet der Stadt New York in 59 untergeordnete administrative Einheiten gliedern. Die Upper West Side entspricht dem *community district* 7 des *boroughs* Manhattan, das Gebiet Bedford-Stuyvesant wird durch den *community district* 3 von Brooklyn gebildet. Im Fall von Park Slope kommt dagegen die historisch gewachsene alltagsweltliche Abgrenzung des Viertels zum Tragen, die mit den Angaben in Übersichtswerken von JACKSON (1995) oder JACKSON/MANBECK ([2]2004, S. 165ff) abgeglichen wurde. Park Slope ist Teil des erheblich größeren *community district* 6 von Brooklyn. Für die statistischen Angaben in Abschnitt 9.3.1.4 werden Census-Distrikte verwendet, die im Fall von Park Slope im Norden und Süden etwas weiter reichen als das in Abbildung 79 dargestellte Gebiet.

Abb. 79: Lage der Untersuchungsgebiete im Großraum New York

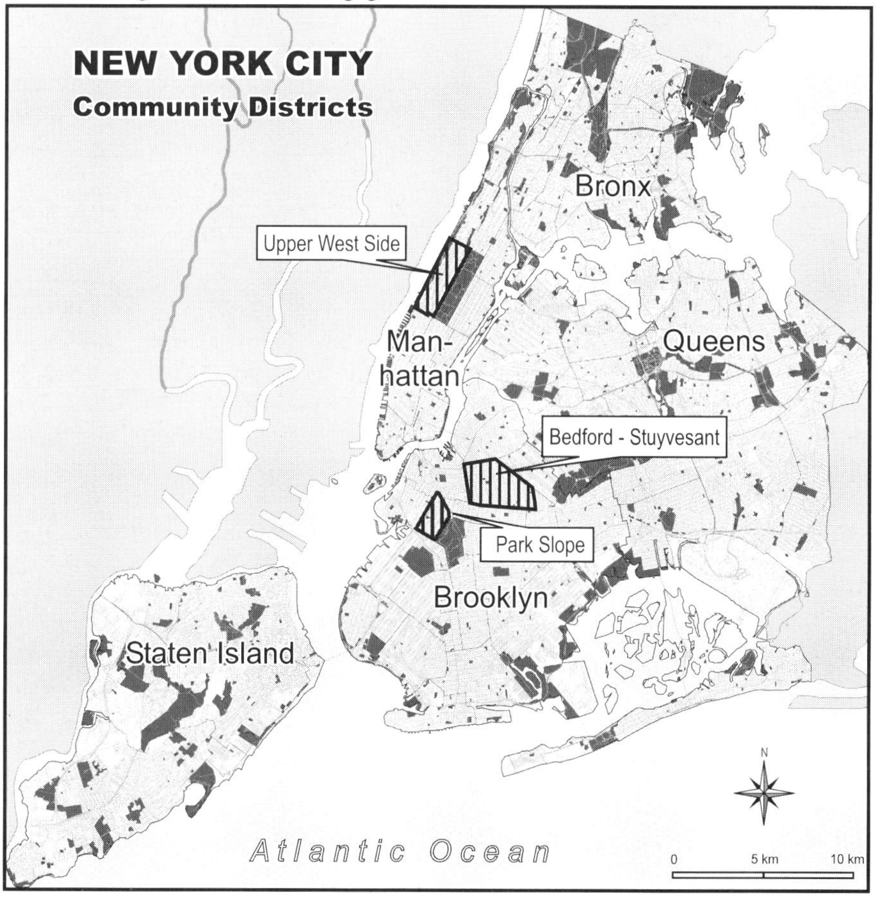

Kartenentwurf: H. Fröhlich, Kartenbearbeitung: J. Bregel
Kartengrundlagen: NYC Dept. of Information Technology & Telecommunications (Grünflächen & Straßen), NYC Dept. of City Planning (Borough- & Community District-Daten)

Quelle: eigene Darstellung, 2006

Die jüngere Stadtentwicklung von New York stellt in allen Disziplinen der Stadtforschung sowohl in den USA als auch in Europa ein herausragendes Thema dar, das mit den Ereignissen des 11. September 2001 und ihren städtischen Auswirkungen noch zusätzliche Brisanz erhalten hat (vgl. z.B. SORKIN/ZUKIN 2002, GAMERITH 2002, ABRAMS et al. 2004). Besondere Aufmerksamkeit liegt zum einen seit SASSENS (1991) Untersuchung zur Position New Yorks als „global city" auf den ökonomischen und sozialen Auswirkungen der Globalisierung im urbanen Kontext. New York erscheint hier als Metropole, die als wesentlicher Nutznießer globaler Verflechtungen eine ökonomische, politische und kulturelle Dominanz entwickelt hat, die sich – anders als von SASSEN diskutiert – auf ein erheblich breiteres Branchenspektrum als nur die Finanz- und unternehmensbezogenen Dienstleistungen erstreckt (vgl. WARF 2000). Die mit zunehmenden globalen Verflechtungen und ökonomischen Restrukturierungen induzierten Prozesse der Stadtentwicklung (vgl. MOLLENKOPF/CASTELLS 1992, HÄUSSERMANN/SIEBEL 1993) haben in den letzten Jahrzehnten zu städtischen Veränderungen beigetragen, die am Fall von New York in herausragender Intensität aufgetreten sind und akademisch aufgearbeitet wurden. Ein wesentlicher Prozess ist die zunehmende Diversifizierung der Stadtbevölkerung und ethnische Veränderung einzelner Stadtviertel, die durch fortdauernde Einwanderung aus Ländern Lateinamerikas, der Karibik, Afrikas und des ehemaligen Ostblocks geprägt ist (vgl. KRASE/HUTCHINSON 2004).

Seit den 1970er Jahren und erneut im Zuge des Immobilienbooms der Jahre seit 2001 ist das Phänomen der „gentrification" einer der am intensivsten diskutierten Aspekte städtischer Veränderungen in New York. In den 1970er Jahren trat Gentrifizierung zunächst in Form der Konversion von leerstehenden Fabrikgebäuden in SoHo (vgl. ZUKIN 1982) und der Veredelung von lange Zeit vernachlässigten Stadtteilen wie dem East Village auf und fand nicht zuletzt durch SMITHS (1979a, 1979b, 1987) neo-marxistische Analysen eines kapitalgetriebenen „back to the city movement" Eingang in die Diskussion der Stadtforschung. Nachdem auch in den 1990er Jahren noch Teile von Manhattan als Zielgebiet städtischer Veredelung diskutiert wurden (SMITH 1992, ABU-LUGHOD 1994), hat mit dem Boom des Immobilienmarktes der letzten Jahre eine erneut verstärkte Aufwertungswelle auch die äußeren Bezirke New Yorks erfasst (HACKWORTH 2001, FREEMAN/BRACONI 2004). Insbesondere die Brooklyner Stadtteile Williamsburg (CURRAN 2004), Brooklyn Heights (LEES 2003) und Park Slope (SLATER 2004) sind in jüngerer Zeit von intensiven Gentrifizierungsprozessen überformt worden. In vielen Fällen ist dabei ein Prozess zu beobachten, in dem Stadtteile und einzelne Gebäude, die bereits in den 1970er und 1980er Jahren von einer früheren Generation von „Gentrifizierern" aufgewertet wurden, nun mit dem Auftreten einer nochmals finanzkräftigeren Gruppe von Immobilienkäufern einem zweiten Gentrifizierungszyklus unterliegen, den LEES (2000, 2003) als „Super-Gentrifizierung" bezeichnet.

Die drei ausgewählten Gebiete stellen im Hinblick auf ihre historische Entwicklung und die aktuellen Strukturen stark unterschiedliche Teilbereiche der Metropole New York dar und sind in den letzten Jahrzehnten in verschiedenen Ausmaßen von den geschilderten Prozessen betroffen gewesen. Im Folgenden wird dies zunächst anhand eines kurzen Überblicks über die jeweiligen Entwicklungslinien dargelegt, bevor ausgewählte sozioökonomische Charakteristika aus dem US-Census des Jahres 2000 die Unterschiede zwischen den Untersuchungsgebieten auch quantitativ illustrieren.

9.3.1.1. Bedford-Stuyvesant – *Do the Right Thing*

Der Stadtteil Bedford-Stuyvesant (Bed-Stuy) im Osten des Distriktes Brooklyn blickt über weite Teile des 20. Jahrhunderts auf eine Geschichte als eines der wichtigsten afro-amerikanischen Viertel von New York zurück. Seine Abgrenzung gemäß der Definition als *community district* 3 sowie die Lokalisierung des Schauplatzes von *Do the Right Thing* sind in Abbildung 80 dargestellt. Die Film-Location umfasst den Block der Stuyvesant Avenue zwischen den Querstrassen Lexington und Quincy im östlichen Zentrum Bed-Stuys. Als Gebiet „Right Thing" sind sieben Census-Distrikte zusammengefasst, deren Strukturdaten zur Charakterisierung des näheren Umfeldes des Filmschauplatzes verwendet werden (vgl. Abschnitt 9.3.1.4).

Abb. 80: Lage des Schauplatzes von Do the Right Thing

Entwurf: H. Fröhlich/Bearbeitung: J. Bregel; Kartengrundlage: Hagstrom (2004)

Die historische Entwicklung von Bedford-Stuyvesant lässt sich wie bei vielen Stadterweiterungen in Brooklyn auf das Zusammenspiel fortschreitender Nahverkehrserschließung und großmaßstäblicher Immobilienentwicklung durch einzelne Investoren zurückführen, das im Fall von Bed-Stuy im Jahr 1836 einsetzte (JACKSON/MANBECK ²2004, S. 10). Im Jahr 1873 war die Einwohnerzahl auf rund 14.000 angestiegen, die sich aus deutschen, irischen, jüdischen, schottischen und niederländischen Einwanderern sowie bereits einer bedeutenden afro-amerikanischen Gruppierung zusammensetzte. Für letztere waren insbesondere die Siedlungskerne Carrville und Weeksville von großer Bedeutung, die bereits in den 1830er Jahren als erste Siedlungen freier Afro-Amerikaner im Gebiet des heutigen New York gegründet worden waren (JACKSON/MANBECK ²2004, S. 12, vgl. SNYDER-GRENIER 1996, S. 91ff). Der Boom der Bevölkerungs- und Siedlungsentwicklung nach dem Amerikanischen Bürgerkrieg und die verbesserte Anbindung an Manhattan durch die Brooklyn Bridge (1883) und die erste Hochbahn (1885) machten Bed-Stuy für mehr als ein halbes Jahrhundert zu einem bevorzugten Wohngebiet für die Mittel- und Oberschicht, was sich auch in der architektonischen Gestaltung der *brownstone*-Reihenhäuser in großen Teilen des Gebietes ausdrückt.

In den 1880er und 1890er Jahren entwickelte sich Bed-Stuy neben dem südwestlich angrenzenden Park Slope zum wichtigsten „suburbanen" Wohlstandsviertel in Brooklyn (LOCKWOOD 1972, S. 253), das auch den Kaufhaus-Magnaten F.W. Woolworth zu seinen Bewohnern zählte (JACKSON/MANBECK ²2004, S. 12). Mit der kontinuierlichen Expansion des Stadtgebietes und dem Zustrom von Einwanderern aus Osteuropa, den US-Südstaaten und der Karibik in den ersten Jahrzehnten des 20. Jahrhunderts, die vom westlich angrenzenden Williamsburg aus in das Gebiet von Bed-Stuy vordrangen, begann ein demographischer Wandel des Stadtteils, dessen Grundzüge bis heute nachwirken. Die Eröffnung der ersten U-Bahnlinie im Jahr 1936 trug wesentlich zu einer dynamischen Bevölkerungssteigerung bei, nicht zuletzt in Form einer Umzugsbewegung vieler afro-amerikanischer Familien aus Harlem nach Bedford-Stuyvesant. Im Jahr 1940 hatte die schwarze Bevölkerung des Gebietes 65.000 Personen erreicht; nach dem 2. Weltkrieg wurde die Konzentration von farbigen Einwohnern noch dadurch verstärkt, dass das bereits mehrheitlich schwarze Bed-Stuy eines der wenigen Viertel von Brooklyn darstellte, in dem Schwarze nicht am Kauf von Häusern gehindert wurden (JACKSON/MANBECK ²2004, S. 13).

In der Phase zwischen dem 2. Weltkrieg und den 1980er Jahren nahm das Viertel einen für viele innerstädtische Wohngebiete mit schwarzer Bevölkerungsmehrheit typischen Entwicklungsverlauf. Neben selektiver Suburbanisierung der sozioökonomisch besser gestellten weißen Bevölkerungsgruppen trugen ein Ausbleiben von Modernisierungsinvestitionen in die Bausubstanz, eine unterproportionale Ausstattung mit öffentlichen Einrichtungen und Ausbildungsstätten sowie der Verlust an Beschäftigungsmöglichkeiten durch die Deindustrialisierung zu einer Verschärfung der Arbeitslosen-, Armuts- und Kriminalitätssituation in Bedford-Stuyvesant bei. Innerhalb von New York kam es zeitgleich zu einem verstärkten Zuzug von Bewohnern anderer „Problemviertel", die im Zuge der Flächensanierungen des "*urban renewal*" umgesiedelt werden mussten. Als „dumping ground for families dislocated by massive urban renewal projects in Harlem" charakterisieren STERN et al. (²1997, S. 917) Bedford-Stuyvesant in den 1950er und 1960er Jahren, verweisen jedoch zugleich darauf, dass Bed-Stuy zwar das größte Schwarzen-Ghetto der USA darstellte, aufgrund der relativ guten Bausubstanz jedoch weit von den Verhältnissen eines innerstädtischen Slums entfernt war. MANONI (1973) leitet ihre detaillierte Studie des Viertels aus den frühen 1970er Jahren mit der rhetorischen Frage ein: „Why would anyone want to live there?" Sie zeichnet in ihrer Analyse das Bild eines innerstädtischen Problemviertels, dessen Entstehung von ausbeuterischen und diskriminierenden Praktiken des Immobilienmarktes befördert wurde und dessen ökonomische Existenzgrundlage ebenso fragil ist wie die soziale Infrastruktur und das insbesondere durch Drogenabhängigkeit und ihre Folgekriminalität gefährdete öffentliche Leben. Zugleich verweist MANONI (1973, S. 8f) auf die Ansätze zu einem koordinierten Engagement zivilgesellschaftlicher Akteursgruppen, durch die Bedford-Stuyvesant zu einem „well-organized ghetto" und zu einem Vorreiter für sog. „*community development corporations*" wurde (vgl. JACKSON 1995, S. 94f). Die erste gemeinnützige Entwicklungsgesellschaft ihrer Art in den USA, die Bedford Stuyvesant Restauration Corporation, wurde im Jahr 1967 unter Beteiligung der Senatoren Robert F. Kennedy und Jacob K. Javits gegründet und wurde zu einem wesentlichen Akteur in der städtebaulichen Verbesserung, der Schaffung von Arbeitsplätzen für die lokale Bevölkerung und der Errichtung kostengünstigen Wohnraumes sowie öffentlicher und kultureller Einrichtungen in Bed-Stuy.

Zum Zeitpunkt der Produktion von LEES *Do the Right Thing* im Jahr 1988 war Bedford-Stuyvesant von gegenläufigen Trends gekennzeichnet. Teilerfolgen des *community development* standen eine fortdauernde hohe Arbeitslosigkeit und entsprechend weit verbreitete Armut gegenüber. Mit dem Aufkommen von Crack-Kokain als Armutsdroge innerstädtischer Ghettos um die Mitte der 1980er Jahre intensivierten sich zudem die Probleme der Drogenabhängigkeit, des Drogenhandels sowie seiner Folgeprobleme für die öffentliche Sicherheit. Neben den jüngeren Veränderungen der Stadtpolitik in der Amtszeit von Giuliani, dessen Null-Toleranz-Politik auch im Zusammenhang mit Drogenhandel und anderen Formen von Gewaltkriminalität gewisse Wirkung zeigte, sind gegenwärtig auch auf dem Immobiliensektor erste Anzeichen für eine steigende Auswirkung gesamtstädtischer Prozesse auf Bed-Stuy auszumachen.

Im Zuge der jüngeren Stadtentwicklung von New York seit der Jahrtausendwende, für die neben den Anschlägen vom 11. September 2001 vor allem eine enorme Entwicklung des Immobilienmarktes kennzeichnend ist, lassen sich auch für Bedford-Stuyvesant Vorboten eines steigenden Gentrifizierungsdrucks ausmachen. So berichten etwa PRILUCK (2000) und CHAMBERLAIN (2004) von steigendem Interesse externer Investoren und Immobilienkäufer an dem attraktiven und bislang niedrig bewerteten Gebäudebestand des Viertels. Angesichts der allgemeinen Marktentwicklung in New York und speziell auch im Stadtbezirk Brooklyn, das gegenwärtig unter den Bezirken New Yorks die dynamischste Entwicklung des Immobilienmarktes und zeitgleich eine Renaissance in der Wertschätzung seiner kulturellen Identität und seiner Beliebtheit als Wohnstandort verzeichnen kann,[35] könnten sich in den kommenden Jahren in Bedford-Stuyvesant ein ähnlicher Entwicklungsverlauf und vergleichbare soziale Begleiterscheinungen wie in den beiden anderen Untersuchungsgebieten ergeben. Sowohl Park Slope als auch die Upper West Side waren bereits in einer frühen Gentrifizierungsphase in den 1970er Jahren viel beachtete Beispiele einer ökonomischen wie kulturellen Renaissance von Stadtteilen New Yorks.

9.3.1.2. Park Slope – Smoke

Die Entwicklung des Stadtteils Park Slope ist in ihrer Frühphase eng an die Schaffung des Prospect Park gekoppelt. Der von den Architekten des Central Park in Manhattan – Calvert Vaux und Frederick Law Olmsted – als Brooklyns Gegenpol zum Central Park gedachte Landschaftspark wurde im Jahr 1865 entworfen und im Jahr 1874 fertig gestellt (JACKSON 1995, S. 946, STERN et al. ²1997, S. 916). Nach der Einrichtung von Straßenbahnlinien als Verbindung zwischen Park Slope und dem Stadtzentrum Brooklyns bzw. Manhattans entwickelte sich das nördliche Park Slope zu einem Stadtteil mit eleganten Reihenhäusern und freistehenden Villen (LOCKWOOD 1972, S. 250ff). Insbesondere die westliche Begrenzung des Prospect Park zwischen der Grand Army Plaza und der 1. Straße wurde unter dem Name „Brooklyn's gold coast" zum Inbegriff aristokratisch anmutenden Lebensstils in Park Slope (SNYDER-GRENIER 1996, S. 97). Das architektonische Erbe dieser Epoche ist seit 1973 in Form des größten *„Historic District"* Brooklyns unter Schutz gestellt; rund 1.600 Gebäude sind in dem Schutzbezirk entlang des Prospect Park zwischen Park Place und 14. Straße erfasst (vgl. NEW YORK CITY LANDMARKS PRESERVATION COMMISSION 2006). Bereits in der Frühphase der Entwicklung von Park Slope entwickelte sich eine innere Differenzierung des Stadtteils, die bis heute nachvollzogen werden kann. Im Gegensatz zu der gehobenen Wohnbebauung im nördlichen Teilbereich (North Slope) waren die Bereich westlich der 7. Avenue (Lower Slope) sowie südlich der 9. Straße (South Slope) vornehmlich mit einfacheren Reihenhäusern für zumeist irisch- und italienischstämmige Arbeiter bebaut, die in der industriell geprägten Zone des sog. „Lower Slope" im Bereich des Gowanus Canal Arbeit fanden (SNYDER-GRENIER 1996, S. 98).

Anders als das nordöstlich liegende Bedford-Stuyvesant erlebte Park Slope nur einen relativ kurzfristigen Wandel seiner Einwohnerschaft, als die partielle Suburbanisierung seiner wohlhabenderen Bevölkerung nach dem 2. Weltkrieg und die Aufteilung von Reihenhäusern und Villen in kleinere Wohneinheiten den Zuzug

---

35 Einen Überblick über die Entwicklung des Immobilienmarktes in New York ermöglichen z.B. die jährlichen Reports der Maklerfirma Corcoran (z.B. 2006), deren Auftreten auf einem lokalen Immobilienmarkt innerhalb New Yorks BEAUREGARD (2005) als Indikator für bevorstehende oder stattfindende Aufwertungsprozesse wertet. Allein im Jahr 2005 sind die durchschnittlichen Preise für Eigentumswohnungen in Brooklyn um 16% (*co-ops*, d.h. genossenschaftliches Wohneigentum) bzw. 10% (*condos*, d.h. klassische Eigentumswohnungen) gestiegen.

von Arbeiterfamilien beförderten. In den 1950er Jahren waren viele Gebäude zu sog. „*rooming houses*" umgewandelt, pensionsartigen Quartieren für allein stehende Arbeiter und Immigranten, während nur vereinzelt Objekte aus der Gründungsphase von Park Slope vakant waren oder abgerissen wurden. Bereits in den 1960er Jahren setzte eine Erneuerungswelle ein, in der zunächst Familien der oberen Mittelschicht die Gelegenheit nutzten, zu günstigen Preisen renovierungsbedürftige *brownstone*-Häuser in günstiger Lage zu Prospect Park und der U-Bahn-Anbindung nach Manhattan zu erwerben (vgl. JACKSON 1995, S. 883). In den 1970er Jahren erfasste eine erste Gentrifizierungswelle das nördliche Park Slope, auf deren Pioniere bereits Anfangs der 1980er Jahre eine zweite Welle finanzkräftiger Immobilienkäufer und Makler folgte. In den frühen 1980er Jahren wurde der Wandel von North Slope vom relativ günstigen Lebensraum für die kreativen Pioniere des Aufwertungsprozesses zum sich rapide verteuernden Stadtteil der „*young urban professionals*" intensiv als Verlust einer einzigartigen Bevölkerungs- und Nutzungsmischung diskutiert (vgl. COLLINS 1981, BIRD 1982, DANIELS 1984).[36] Zugleich wurden jedoch auch die positiven Auswirkungen in Form von baulichen Instandsetzungen, verbesserter öffentlicher Infrastruktur und Sicherheitslage thematisiert (DOWD 1984). Bis in die 1990er Jahre hinein blieb das gentrifizierte Park Slope auf den nördlichen Teilbereich beschränkt (vgl. LEES 1994), während im südlichen Bereich neben einer starken irisch-amerikanischen Bevölkerungsgruppe auch Immigranten der ersten Generation aus Puerto Rico, der Dominikanischen Republik, Jamaika und verschiedenen Regionen Lateinamerikas ansässig waren. Auch das infrastrukturelle Umfeld war in dieser Zeit entsprechend differenziert. Die auf eine gehobene Klientel ausgerichteten Restaurants und Boutiquen konzentrierten sich auf den Korridor der 7. Avenue nördlich der 9. Straße, während South Slope im Wesentlichen als Wohnbezirk fungierte (vgl. JACKSON/MANBECK ²2004, S. 169).

Die Verortung des Films *Smoke* im Gefüge von Park Slope erfolgt im Jahr 1995 zu einem Zeitpunkt, an dem die Ausweitung des Gentrifizierungsprozesses auf die südlichen Teile South Slope und das angrenzende Windsor Terrace unmittelbar bevorsteht. Anhand von Abbildung 81 wird deutlich, dass die Bezugsräume je nach Quelle variieren. Im Film *Smoke* wird der Standort der Brooklyn Cigar Co. von dem Tabakverkäufer Auggie in der Vorstellung seines Projektes als Kreuzung von 3. Straße und 7. Avenue (Punkt 1) genannt und liegt damit im bereits intensiv aufgewerteten und mit entsprechend veredelter Infrastruktur ausgestatteten North Slope. Die Einleitung des *Smoke*-Sequels *Blue in the Face* verdeutlicht dagegen durch einen Kartenausschnitt einen anderen Standort, der mit dem Drehort übereinstimmt (Punkt 2): die Kreuzung Prospect Park West und 16. Straße, die im Übergangsbereich zwischen South Slope und Windsor Terrace liegt.

---

36 Eine frühe akademische Aufarbeitung der Entwicklungsprozesse von Park Slope ist O'HANLONS Studie *Neighborhood Change in New York City: A Case Study of Park Slope, 1850–1980* (1982), die leider unveröffentlicht und weder in Deutschland noch in den USA im Leihverkehr zugänglich ist.

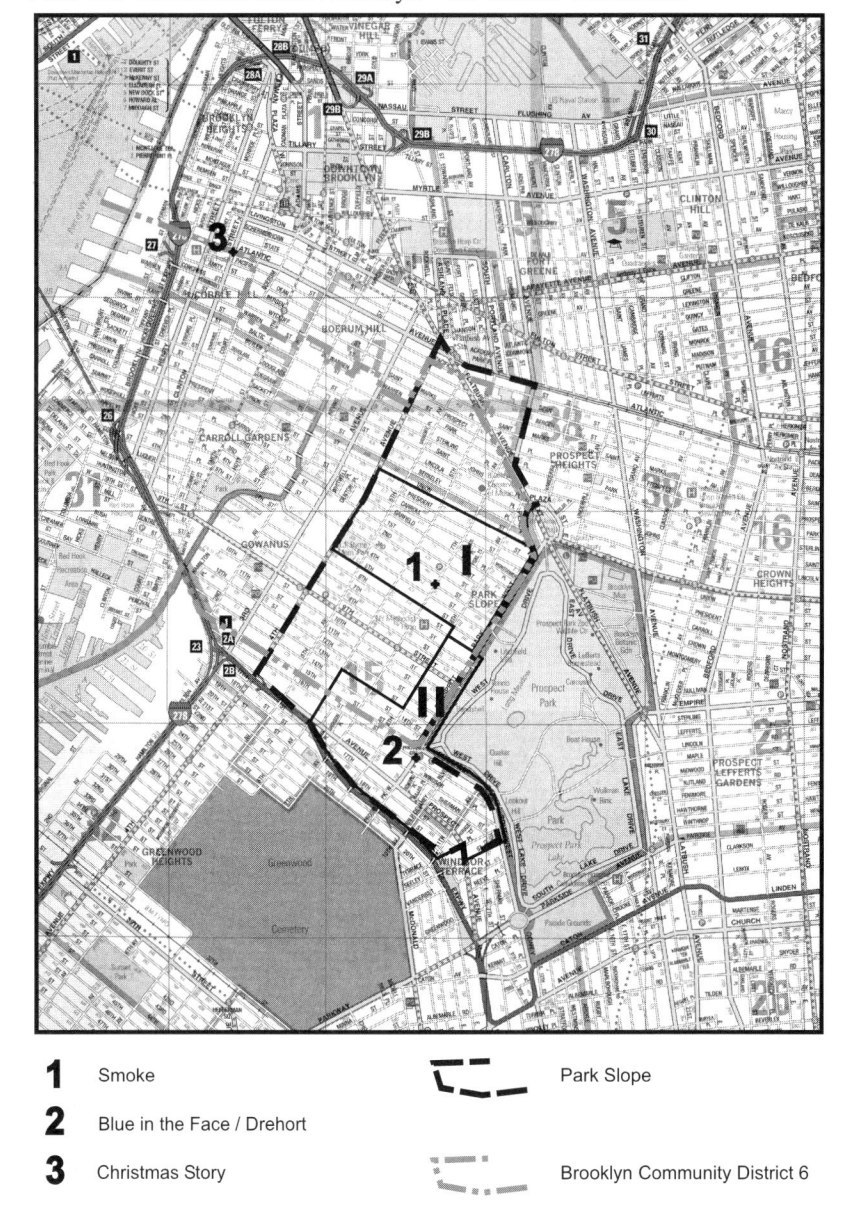

Abb. 81: Eine Reise durch Brooklyn – die Räume von Smoke

1 Smoke
2 Blue in the Face / Drehort
3 Christmas Story

⌐ ⌐ Park Slope
⌐ ⌐ Brooklyn Community District 6

Entwurf: H. Fröhlich / Bearbeitung: J. Bregel; Kartengrundlage: Hagstrom (2004)

In der *Smoke* zugrunde liegenden Kurzgeschichte von AUSTER (1992) wiederum ist nicht Park Slope, sondern das in der Nähe der *downtown* von Brooklyn gelegene Stadtviertel Cobble Hill Ort der Handlung – die Kreuzung Atlantic Avenue und Clinton Street ist hier als Standort des Tabakgeschäftes genannt (Punkt 3). Die mit römischen Ziffern I und II bezeichneten Teilräume stellen ausgewählte Census-Distrikte dar, anhand derer die unterschiedlichen Charakteristika des stark gentrifizierten nördlichen Park Slope, dem fiktiven Standort der Handlung von *Smoke*, und der Mittelstandsviertel South Slope und Windsor Terrace als Drehort bzw. Handlungsort des Anschlussfilms *Blue in the Face* verdeutlicht werden (Abschnitt 9.3.1.4). Die unregelmäßige Abgrenzung des Gebiets „Park Slope" resultiert ebenfalls aus statistischen Abgrenzungen des US-Census, die mit der in Abbildung 79 dargestellten gebräuchlichen Definition von Park Slope nicht vollkommen übereinstimmen.

Seit den späten 1990er Jahren erfahren sowohl Park Slope als auch die südlich angrenzenden Teile Brooklyns einen weiteren Aufwertungsschub, der eine Veränderung des bestehenden sozialen Gefüges impliziert. Neben den „*young professionals*" und einer großen Zahl junger Familien ist Park Slope auch von einer lebendigen kulturellen und künstlerischen Szene geprägt, nicht zuletzt durch den Einfluss einer der größten „*lesbian communities*" in den USA (SNYDER-GRENIER 1996, S. 99). Angesichts rapide steigender Immobilienpreise ist die Zusammensetzung dieser liberalen Stadtgesellschaft ebenso kontinuierlichem Wandel unterworfen wie die traditionell-konservative Bevölkerung in Windsor Terrace. In diesem relativ kleinen Stadtteil von Brooklyn sind überwiegend weiße Arbeiter und Mittelständler angesiedelt mit einem überproportional hohen Anteil städtischer Angestellter wie Polizisten, Feuerwehrleuten etc., die teils über Generationen in dem Gebiet verwurzelt sind und dessen enges soziales Gefüge ausmachen (vgl. LUECK 2006).

Im Verlauf des letzten Jahrzehnts sind neben einer Ausweitung kommerzieller Aktivitäten in Park Slope (vgl. SENGUPTA 1996) auch intensive öffentliche Debatten über die Konflikte zwischen der gewachsenen Bevölkerungsstruktur „älterer Gentrifier" und in jüngerer Zeit zuziehenden wohlhabenden Gruppierungen geführt worden (u.a. YARDLEY 1998, BARSTOW 2000, BAHRAMPOUR 2000), die auch in der akademischen Aufarbeitung beachtet werden. SLATER (2004) stellt zum einen fest, dass der Teil Park Slopes östlich der 6. Avenue zu den bereits in den 1980er Jahren aufgewerteten „reifen" Gentrifizierungsgebieten zu zählen ist. Als solches durchläuft North Slope gegenwärtig einen Prozess der „*supergentrification*" (LEES 2000), der alternativ als „dritte Welle" des Veredelungsprozesses nach den Pionier- und Gentrifizierungsphasen bezeichnet wird (SMITH/DEFILIPPIS 1999, HACKWORTH/SMITH 2001, HACKWORTH 2002). Zum anderen betont SLATER (2004, S. 1203ff), dass der jüngere Aufwertungsprozess anders als die Veränderungen der früheren Gentrifizierungsphasen primär von professionellen Immobilienverwertern statt von einzelnen Akteuren und deren Wohnstandortwahl vorangetrieben wird. Als Resultat einer „corporatization of gentrification" stellt Park Slope mittlerweile einen der begehrtesten Wohndistrikte in ganz New York dar, dessen Veränderungen neben einer sozioökonomischen Veredelung auch eine Verdrängung nicht-weißer Bevölkerungsgruppen („whiting-out") und somit eine stärkere ethnische Komponente enthalten.

9.3.1.3. Upper West Side – E-Mail für Dich

Auch die Schauplätze von *E-Mail für Dich* lassen sich anhand des Films relativ genau im Stadtraum der Upper West Side verorten (vgl. Abbildung 82). Die Eröffnungssequenz verdeutlicht, dass die Wohnung der Hauptperson Kathleen Kelly in der 77. oder 78. Straße zwischen West End Avenue und Riverside Drive liegt; die ihres Gegenübers Joe Fox wird mit der Adresse 152 Riverside Drive angegeben, womit diese fiktive Adresse in etwa der Höhe der 87. Straße entspricht. Andere feststellbare Ortsangaben sind u.a. der Bootshafen auf Höhe der 79. Straße, das bekannte Lebensmittelgeschäft „Zabar's" am Broadway zwischen 80. und 81. Straße und der kleine Park am Verdi Square (Broadway, Amsterdam Ave. und 72. Straße). Durch die Nachbarschaft zu dem Restaurant „L'Occitane" (198 Columbus Ave.) lässt sich für Kathleens *Shop around the Corner* und damit auch für das Fox-Buchgeschäft eine Lokalisierung an der Kreuzung Columbus Avenue & 69. Straße feststellen; das Treffen im Riverside Park zum Ende des Films wird für eine Stelle auf Höhe der 91. Straße vereinbart.

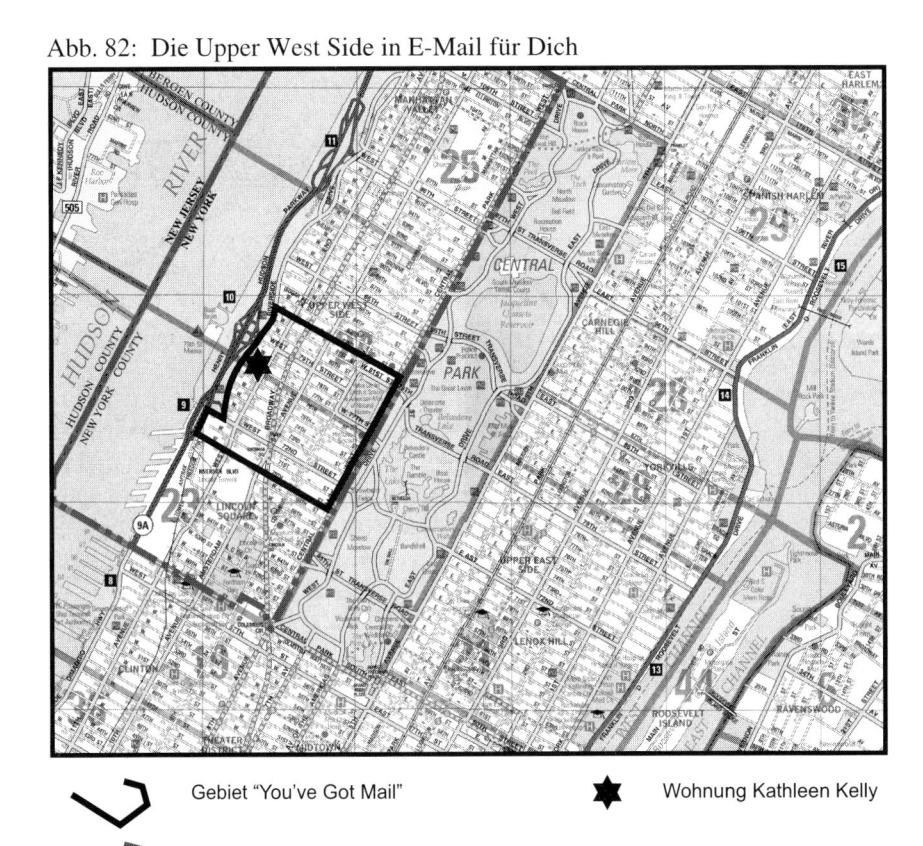

Abb. 82: Die Upper West Side in E-Mail für Dich

Entwurf: H. Fröhlich / Bearbeitung: J. Bregel; Kartengrundlage: Hagstrom (2004)

Die Upper West Side als Schauplatz von *E-Mail für Dich* stellt nicht nur im Vergleich zu Bedford-Stuyvesant und Park Slope einen erheblich größeren Teilraum von New York dar, sondern blickt auch auf eine deutlich längere historische Entwicklung zurück. Diese soll hier nur kurz skizziert werden, um insbesondere durch die Darstellung der Entwicklungsdynamik der letzten 30 Jahre den Kontext des inszenierten Filmraumes von *E-Mail für Dich* zu verdeutlichen.[37] Zwischen der ersten Besiedlung des Gebietes durch niederländische und flämische Kolonisten in den 1680er Jahren und der Errichtung des Central Park in den 1850er Jahren war „Bloomingdale" eine Ansammlung kleiner Farmsiedlungen und einzelner Herrenhäuser (JACKSON 1995, S. 1218). Mit der Eröffnung des Central Park, der Befestigung des Broadway im Bereich der Upper West Side ab 1867 und der Eröffnung der ersten Hochbahnlinie entlang Columbus Avenue im Jahr 1879 nahm das Viertel eine dynamische Entwicklung, die von eleganten Reihenhäusern und größeren Apartmenthäusern entlang des Central Park und des Hudson River geprägt war. Neben der Ansiedlung führender kultureller Einrichtungen New Yorks – so u.a. des American Museum of Natural History (1874), der 1892 begonnenen Kathedrale St. John the Divine oder der Columbia University (1897) – entwickelte sich die Upper West Side zu einem Stadtteil mit durchmischter Bevölkerung, in dem sowohl elegante Einfamilienhäuser aus der Zeit zwischen 1880 und 1910 als auch größere Wohnblocks aus den ersten Jahrzehnten des 20. Jahrhunderts anzutreffen sind. Einige herausragende Beispiele dieser städtebaulichen Mischung existieren auch in dem *historic district* „West End-Collegiate", der sich zwischen Riverside Park und West End Avenue von der 74. bis zur 79. Straße erstreckt und damit auch den Nahbereich um den filmischen Standort aus *E-Mail für Dich* umfasst (NEW YORK CITY LANDMARKS PRESERVATION COMMISSION 2005).

Entscheidend für die Entwicklung der Upper West Side zwischen der Depression der 1930er Jahre und den späten 1970ern war ein Charakter als Mittelschicht- und Arbeiterviertel mit zahlreichen städtischen Problemlagen, trotz derer sich die Bevölkerung eine starke Identifizierung mit ihrem Stadtviertel und einen eigenständigen Charakter bewahrte. Im Süden des Stadtteils wurden mit der von Robert Moses betriebenen Flächensanierung des Viertels San Juan Hill – ein durch die *West Side Story* verewigter „Slum" vornehmlich puertoricanischer Einwanderer – und der Schaffung des Lincoln Center bereits ab den späten 1950er Jahren zugleich die Probleme überfüllter Einwandererquartiere auf der Upper West Side deutlich und die Grundlage für eine durch kulturelle Impulse vorangetriebene Renaissance des Stadtteils gelegt (vgl. SALWEN 1989, S. 270ff). Trotz wachsender baulicher Missstände, die mit einer Konzentration armer Bevölkerungsschichten, mit Drogenkriminalität und anderen Formen von Störungen der öffentlichen Ordnung einhergingen, entwickelte sich – nicht zuletzt durch den Zuzug von durch die Nazis vertriebenen europäischen Juden sowie durch die Studenten und Mitarbeiter der Columbia University – ein besonderes urbanes Milieu, das liberale bis revolutionäre Tendenzen nährte. „Amid the danger and squalor, writers, artists, musicians,

---

37 Eine ausführliche Darstellung der Entwicklungslinien des Gebietes bietet SALWEN (1989).

social reformers, and political activists nourished an atmosphere of courage and experiment" fasst SALWEN (1989, S. 267) die Grundstimmung der Upper West Side als Boheme zusammen, deren Themenkatalog die Geisteshaltung des Gebietes verdeutlicht: „residents took part in demonstrations against the Vietnam War and in the movements for nuclear disarmament, civil rights, gay and lesbian rights, women's rights, historic preservation, and environmental protection" (JACKSON 1995, S. 1218).

Auf der Basis ihres sehr speziellen Charakters wurde die Upper West Side ab den späten 1970er Jahren zu einem der am frühesten gentrifizierten Stadtteile in New York, in dem nach den ersten Pionieransiedlungen von Restaurants und Boutiquen für eine neue, gehobene Klientel die Renovierung von *brownstone*-Häusern in Eigenregie als Modus des städtischen Umschwungs bald von den Geschäften der führenden Akteure des New Yorker Immobilienmarktes abgelöst wurde (vgl. SALWEN 1989, S. 282f). HACKWORTH (2001, S. 865) zählt die Upper West Side in weiten Teilen zu dem *„reinvested core"* von New York City. Hierunter versteht HACKWORTH Manhattan südlich der 96. Straße sowie Teile des nordöstlichen Brooklyn, die nach einer Phase des *„disinvestment"* um die Mitte des 20. Jahrhunderts in sehr großem Umfang von Modernisierungs- und Umwandlungsvorhaben sowie von Gentrifizierung überprägt wurden. Der Immobilienboom der 1980er Jahre in Manhattan verwandelte die Upper West Side in kürzester Zeit von einem Gebiet, für das Banken keine Immobilienkredite vergaben (sog. „*redlining*") in einen bevorzugten Stadtteil für Finanziers, Spekulanten und wohlhabende Wohnungssuchende. Sowohl sozioökonomisch als auch hinsichtlich der ethnischen Gliederung hat die Upper West Side – und hierin insbesondere der bevorzugte Wohnbereich zwischen Broadway und Hudson River zwischen 70. und 90. Straße – unter den drei Beispielvierteln mit Filmbezügen eine privilegierte Stellung, die sich auch in den Strukturdaten des jüngsten US-Census aus dem Jahr 2000 widerspiegelt.

9.3.1.4. Ausgewählte Statistiken im Vergleich

Zur Abrundung der Darstellung historischer Entwicklungslinien im 19. und 20. Jahrhundert werden für die drei Stadtteile ausgewählte statistische Kennziffern aus dem Census des Jahres 2000 im Vergleich dargestellt. Aus Tabelle 7 ist die Gesamtbevölkerung der Teilräume im Jahr 2000 ersichtlich. Hierbei und in den folgenden Ausführungen sind neben der Stadt New York und den Bezirken Manhattan und Brooklyn die *community districts* Manhattan 7 als Abgrenzung der Upper West Side sowie Brooklyn 3 als Definition von Bedford-Stuyvesant dargestellt sowie die kleineren Teilräume, die als Nahbereich der jeweiligen Filmstandorte in den Detailkarten zu den Filmgebieten dargestellt sind (Abbildung 80 bis Abbildung 82).

Tab. 7: Gesamtbevölkerung der Teilgebiete im Jahr 2000

Gebietseinheit	Einwohner
New York City	8.008.278
Brooklyn	2.465.326
Manhattan	1.537.195
Community District 7 – Manhattan	209.678
Community District 3 – Brooklyn	153.372
Park Slope	68.259
Bedford-Stuyvesant – *Do the Right Thing*	28.066
Park Slope – *Smoke* (1)	18.799
Park Slope – *Smoke* (2)	17.557
Upper West Side – *E-Mail für Dich*	47.304

Eigene Darstellung; Datenquelle: Census 2000

Die in Abbildung 83 dargestellte Zusammensetzung der Gesamtbevölkerung nach ethnischen Gruppen verdeutlicht die großen Unterschiede zwischen den Teilräumen. Bereits zwischen den *boroughs* Brooklyn und Manhattan bestehen signifikante Differenzen. Während Manhattan mit knapp 47% weißer Bevölkerung eine eindeutige Mehrheit einer Ethnie aufweist, hinter der Hispanics mit knapp 28% und Schwarze mit 16% deutlich zurückstehen, ist Brooklyn von einem Gleichgewicht zwischen Weißen und Schwarzen mit jeweils ca. 36% Bevölkerungsanteil gekennzeichnet. Die spanisch sprechenden Gruppen machen hier im Jahr 2000 20,5% aus, weisen allerdings die größten Steigerungsraten auf. Die beiden für das Umfeld von *E-Mail für Dich* relevanten Teilräume – Manhattan *community district* 7 und insbesondere der Teilraum „E-Mail für Dich" – weisen eine klare Dominanz der weißen Bevölkerung mit 68% bzw. 86% Anteil aus.

Als Ausreißer innerhalb des Bezirks Brooklyn weist auch das Gebiet Park Slope und hierin besonders das nördliche Teilgebiet um den Filmstandort 1 eine ähnliche ethnische Struktur wie die Upper West Side auf. Die Differenzierung zwischen den *Smoke*-Standorten 1 und 2 zeigt einen deutlich niedrigeren Anteil weißer Bevölkerung im südlich gelegenen Übergangsbereich zu Windsor Terrace; auch die weiteren Charakteristika zum sozioökonomischen Status der Bevölkerung und besonders die Verteilung der Immobilienwerte (siehe Abbildung 85) zwischen den beiden Teilräumen verdeutlichen die erheblich stärkere Ausprägung der Gentrifizierung im nördlichen Park Slope. Den Status von Bedford-Stuyvesant als führendem afro-amerikanischem Stadtteil Brooklyns verdeutlichen die Werte des *community district* 3 sowie des Teilraums „Do the Right Thing". Mit jeweils rund 80% Bevölkerungsanteil sind Schwarze die dominante ethnische Gruppe, während Hispanics als zweite nennenswerte Gruppierung Anteile zwischen 15% und 19% aufweisen. Damit ist für Bed-Stuy eine Persistenz seiner demographischen Gliederung gegeben, die sich bis in die Zeit vor dem 2. Weltkrieg zurückverfolgen lässt.

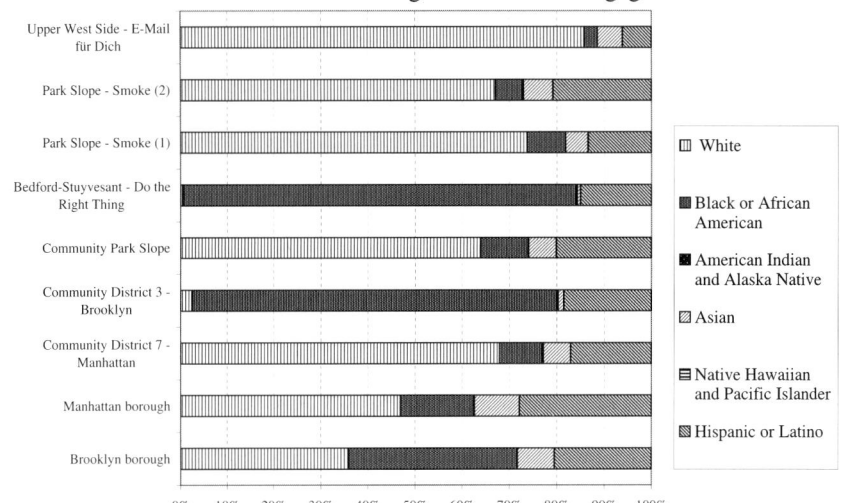

Abb. 83: Ethnische Zusammensetzung der Untersuchungsgebiete

Quelle: eigene Darstellung; Datengrundlage: Census 2000

Den Zusammenhang zwischen der ethnischen Gliederung der Teilräume und dem sozioökonomischen Status seiner Bevölkerung macht bereits die in Tabelle 8 dargestellte Entwicklung der Arbeitslosenquoten im Verlauf der 1990er Jahre deutlich. In diesem Jahrzehnt verzeichneten sowohl die Gesamtstadt als auch die Bezirke Manhattan und Brooklyn einen leichten Rückgang der Arbeitslosigkeit, wobei sich die Differenz zwischen Manhattan und Brooklyn von 2,8 auf 2,2 Prozentpunkte verringerte. Die kleinräumige Unterscheidung der Teilräume offenbart jedoch das sehr unterschiedliche Ausmaß, in dem die Bevölkerung New Yorks Zugang zu Arbeitsmöglichkeiten und Teilhabe am wirtschaftlichen Aufschwung der Dekade hat. Die vornehmlich weißen Teilgebiete der Upper West Side und Park Slopes weisen mit Quoten zwischen 6,7% für das Jahr 1990 und 3,2% im Jahr 2000 deutlich unter dem Durchschnitt der Stadt New York bzw. der Bezirke liegende Arbeitslosigkeit auf. Demgegenüber ist im afro-amerikanischen Bedford-Stuyvesant nicht nur eine Quote zwischen 18,4% und 20,6% anzutreffen, sondern auch mit *community district* 3 einer von nur zwei Teilräumen, die zwischen 1990 und 2000 einen Anstieg der Arbeitslosigkeit verzeichnen mussten.

Tab. 8: Entwicklung der Arbeitslosenquote in den Untersuchungsgebieten (in %)

Gebietseinheit	1990	2000
New York City	9,9	9,6
Brooklyn	11,5	10,7
Manhattan	8,7	8,5
Gebiet Park Slope	6,7	5,1
Community District 3 – Brooklyn	18,5	19,0
Community District 7 – Manhattan	6,7	4,6
Bedford-Stuyvesant – *Do the Right Thing*	20,6	18,4
Park Slope – *Smoke* (1)	6,0	3,2
Park Slope – *Smoke* (2)	5,3	5,6
Upper West Side – *E-Mail für Dich*	5,1	4,6

Quelle: eigene Darstellung; Datengrundlage: Census 2000

Die Differenzen hinsichtlich der Integration auf dem Arbeitsmarkt spiegeln sich in deutlicher Form in der Verteilung der jährlichen Familieneinkommen wider (Abbildung 84). Angesichts der hohen Lebenshaltungskosten im Großraum New York ist für die afro-amerikanischen Teilräume Brooklyns der Anteil der Familien, die ein Jahreseinkommen von weniger als $30.000 zur Verfügung haben, ein deutlicher Indikator für die Lebensbedingungen in Bedford-Stuyvesant. Rund 57,5% der Familien im *community district* 3 und ca. 62% im Teilraum „Do the Right Thing" liegen unter $30.000 Jahreskommen, während jeweils nur rund 10% der Familien in die oberen Klassen über $75.000 fallen. Die größten Unterschiede hierzu weisen der Teilraum „E-Mail für Dich" und die *Smoke*-Location 1 auf, in denen die unteren Einkommensklassen bis $30.000 p.a. jeweils bei ca. 19% liegen. Im mit Abstand sozioökonomisch stärksten Teilraum „E-Mail für Dich" liegt der Anteil der Familien mit mehr als $75.000 Jahreseinkommen bei ca. 52%, allein die oberste Kategorie der Einkommen über $200.000 weist einen Anteil von 17,5% auf. Zwischen den verschiedenen *Smoke*-Bezugsräumen erweist sich das Umfeld der Location 1 in North Slope als deutlich wohlhabender als der Alternativstandort im Südosten des Viertels oder als das Gesamtgebiet Park Slope.

Das Zusammenwirken niedriger Familieneinkommen mit den hohen Lebenshaltungskosten in New York kommt in dem Prozentsatz an Familien oder Teilfamilien unter der Armutsgrenze zum Ausdruck. Auch hier liegen die Werte der Bezirke Manhattan mit 18% und Brooklyn mit 22% Familien unter der Armutsgrenze relativ dicht zusammen, während im kleinräumigen Vergleich deutlich größere Unterschiede zwischen den wohlhabenden Gebieten der Upper West Side (8%) bzw. Park Slopes (7%) und dem Stadtteil Bedford-Stuyvesant mit rund einem Drittel an Familien unter der Armutsgrenze auftreten.

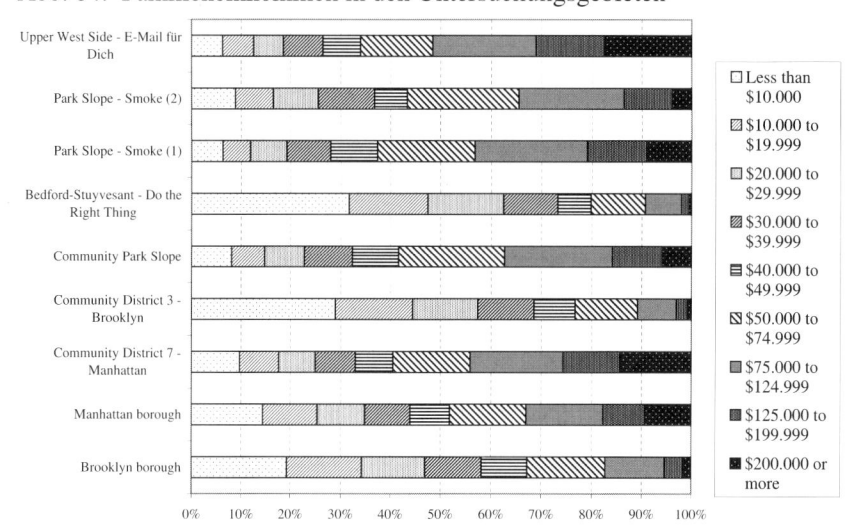

Abb. 84: Familieneinkommen in den Untersuchungsgebieten

Quelle: eigene Darstellung; Datengrundlage: Census 2000

Auch wenn die Angaben zu Immobilienwerten aus dem Census 2000 angesichts der rasanten Wertentwicklung auf dem New Yorker Immobilienmarkt in den letzten 5 Jahren keinen absoluten Aussagewert mehr besitzen, zeigen sie doch in Relation zwischen den einzelnen Teilgebieten die Entsprechung zwischen sozioökonomischen Charakteristika der Bevölkerung und der Struktur des Immobilienmarktes. Bei den Angaben in Abbildung 85 handelt es sich um die Daten zu Wohneinheiten, die von den Eigentümern bewohnt werden. Darin sind die unterschiedlichen Formen von Eigentumswohnungen ebenso aufgeführt wie Hausbesitz. Hinsichtlich der Verteilung der Immobilienwerte ragen wie bei den Beschäftigungs- und Einkommensvariablen die Upper West Side mit 50% an Eigentümer-Wohneinheiten mit Werten über $500.000 und knapp einem Viertel über $1 Mio. und die Park Slope-Location 1 heraus. In Park Slope offenbaren die Immobilienwerte zudem stärker als die Einkommensvariablen, dass das nördliche Park Slope in erheblich größerem Umfang von Aufwertungsprozessen geprägt ist. Während hier 30% der vom Eigentümer bewohnten Wohneinheiten im Jahr 2000 mit über $750.000 bewertet waren, waren dies im Gesamtgebiet von Park Slope nur 16,5%, in der südlichen *Smoke*-Location 2 sogar nur rund 7%.

Mit ebenso großer Deutlichkeit markiert Bedford-Stuyvesant im Jahr 2000 einen Teilraum New Yorks, der von der Entwicklung der Immobilienpreise noch weitgehend abgekoppelt ist. Jeweils um 90% des Bestandes sind im Teilraum „Do the Right Thing" bzw. im *community district* 3 mit unter $300.000 bewertet. Der Baubestand, der in weiten Teilen Bed-Stuys derselben Epoche wie die Bebauung im gentrifizierten Park Slope entstammt und ähnliche architektonische Gestaltung aufweist, ist aufgrund des Erhaltungszustandes und des Umfeldes nur einen Bruchteil dessen wert, was vergleichbare Objekte in Park Slope erzielen. Nur ca. 3% bis 5% der eigentümerbewohnten Wohneinheiten in Bedford-Stuyvesant sind in den

Kategorien über $400.000 anzufinden, während im nördlichen Park Slope über die Hälfte der Objekte über diesem Grenzwert liegt.

Abb. 85: Verteilung des Wertes von Eigentümer-Wohneinheiten

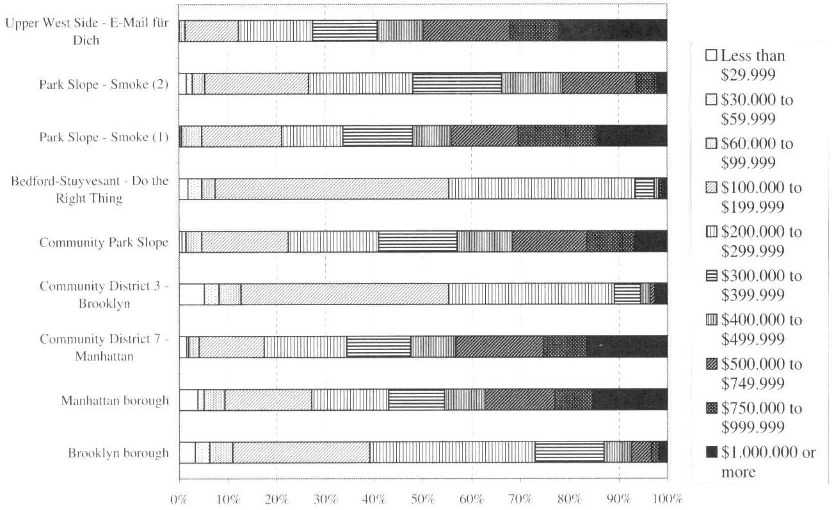

Quelle: eigene Darstellung; Datengrundlage: Census 2000

9.3.1.5. Zum Aussagewert des Reality Check I

Eine Gegenüberstellung von filmischen Stadtbildern mit wissenschaftlichen Aussagen zur historischen Entwicklung und zu aktuellen Strukturen und Problemen ausgewählter Stadtgebiete verknüpft zwei Diskurse über Stadträume, die sehr unterschiedlichen Entstehungskontexten entspringen und die nicht problemlos aufeinander bezogen werden können. Dies gilt insbesondere für die Ansprüche auf Geltungsbereich und Wahrheitsgehalt, durch die wissenschaftliche Aussagen einen höheren Stellenwert als filmische Raumcharakterisierungen reklamieren und somit zu Unterscheidungskriterien zwischen „richtigen" und „falschen" Darstellungen von Stadträumen werden. Eine derartige Unterscheidung ist im Rahmen des Produktionsprozesses und des Medieninhaltes eines Films irrelevant. Film hat nicht die „richtige" oder „wahrheitstreue" Abbildung von städtischer Realität zum Ziel oder Gegenstand, vielmehr definieren sich die Zielsetzungen eines Films in künstlerischer oder kommerzieller Art. Filme sind Kunstwerke, die in einem spezifischen ökonomischen Kontext kollektiv geschaffen werden und die unter anderem Aussagen über städtische Räume machen. Die räumlichen Aussagen eines Films sind Ausdruck einer narrativen Aussageabsicht der Filmschaffenden, ihre Umsetzung definiert sich primär durch die technischen Möglichkeiten und künstlerischen Konventionen, in denen Stadträume im Film inszeniert, durch Montage und Schnitt zusammengefügt und als Teil der übergeordneten Filmhandlung mit Bedeutungen aufgeladen werden. Insbesondere die Frage, ob der Raum der Filmproduktion und der filmisch inszenierte Stadtraum identisch sind, ergibt sich dabei häufig eher aus produktionstechnischen Überlegungen als aus der Forderung, dass die Erschaffung einer filmischen Inszenierung eines bestimmten Stadtraumes auch am gewählten Darstellungsobjekt zu geschehen hat.

Unter Beachtung der Trennung zwischen künstlerischer und wissenschaftlicher Erkenntnis reduziert sich der Aussagewert einer Gegenüberstellung von Filmdarstellungen mit stadtgeographischen Analysen bestimmter Stadtteile auf eine ergänzende Funktion im Rahmen geographischer Filminterpretation. Neben vielen anderen Zugangsweisen zu den kulturellen, politischen, ökonomischen und sozialen Gegebenheiten in einer Stadt zu einem bestimmten Zeitpunkt können stadtgeographische Analysen dazu beitragen, den städtischen Kontext einer Filmproduktion zu verdeutlichen. So lässt sich beispielsweise festhalten, welche zu einem zeithistorischen Kontext relevanten Diskurse und Entwicklungstendenzen einer Stadt die Filmschaffenden aufgreifen und in welcher Weise Filme mit den gegebenen Umständen umgehen. Am Beispiel von *Smoke* lässt sich so z.B. festhalten, dass der Film als „Hymne an die Volksrepublik Brooklyn" (AUSTER 1995, S. 16), in der Menschen ohne Beachtung ihrer Ethnie und sozioökonomischen Position in einer integrierten Nachbarschaft zusammenleben, die parallel ablaufenden Verdrängungsprozesse einer mehrheitlich von Weißen vorangetriebenen Gentrifizierung weitgehend ausblendet. Derartige Einseitigkeiten und Selektivitäten lassen sich für jeden medialen oder künstlerischen Diskurs feststellen und stellen kein Spezifikum des Mediums Film dar. Zudem wird aus der Interpretation der Rezipienteninterviews deutlich, dass die Wirkungsweisen filmischer Stadtdarstellungen auf die alltägliche Raumvorstellung nicht davon beeinträchtigt werden, dass Filme als fiktionales Medium, als selektive und narrativ überhöhende Inszenierungen angesehen werden, die nicht Abbilder realer, sondern Erschaffungen fiktionaler Wirklichkeiten beinhalten.

Nicht als Entscheidungsmaßstab über „richtige" und „falsche" filmische Stadtdarstellungen, sondern als eine alternative Zugangsmöglichkeit zu städtischen Phänomenen, die durch einen separaten Gegenstandsbereich sowie vollkommen andere epistemologische Grundsätze gekennzeichnet ist, stehen wissenschaftliche Aussagen über Städte den filmischen Inszenierungen gegenüber. Die Gegenüberstellung von einerseits „wahren" Aussagen über Strukturen und Entwicklungsprozessen von Städten und andererseits ihren fiktionalen Filmdarstellungen sowie darauf basierenden Werturteilen über die Qualität und Korrektheit filmischer Inszenierungen stellen eine im Einzelfall kritisch zu betrachtende bzw. zu legitimierende wechselseitige Bezugnahme zweier inkompatibler Aussagegattungen dar. Hiervon unbeschadet bleibt die wissenschaftliche Herangehensweise an Filmdarstellungen als sinnstiftende Diskurse, deren spezifisch räumliche Bedeutungsgeflechte auch aus geographischer Perspektive interpretiert und deren Einfluss auf alltägliche Raumvorstellungen mit sozialwissenschaftlichen Methoden untersucht werden können.

9.3.2. Reality Check II: Das Filmbild von Berlin im Vergleich zur Lebenswelt

Das Spektrum an biographischen Erfahrungen, die in die lebensweltliche Raumvorstellung der Interviewpartner von Berlin einfließen, und die Unterschiedlichkeit der alltäglichen Konträume resultieren in einem stark ausdifferenzierten alltäglichen Vorstellungsbild von Berlin. Die Extrempunkte werden zum einen von in Berlin aufgewachsenen Jugendlichen gebildet, die um 1989 geboren sind und ihren Alltag in einem relativ eng begrenzten Aktionsraum zwischen Schule, Familie und Freundeskreis im jeweiligen Stadtviertel verbringen, zum anderen von einem Manager im Rentenalter, der auf eine Karriere an internationalen Standorten zurückblickt und Berlin in seiner Kindheit noch vor dem 2. Weltkrieg erlebt hat.

9.3.2.1. Lebensweltliche Raumvorstellung

Trotz der weit auseinander liegenden Alltagswelten und biographischen Positionen ergibt sich eine grundlegend übereinstimmende Raumvorstellung von Berlin im Hinblick auf einige zentrale Aspekte. Als Prämisse vorauszuschicken ist hierzu die Feststellung einer gebürtigen Berlinerin (BE4), dass die Grundhaltung vieler Berliner in einer ausgeprägten Hassliebe zu ihrer Stadt besteht. „Der typische Berliner an sich, aber selbst die Zugereisten, die sich als Berliner fühlen, sind sehr überzeugt von Berlin. […] Sie meckern ohne Ende, aber Berlin ist dufte! […] Berliner sind immer am meckern, und würden ihre Stadt nie verlassen." Damit tragen viele Berliner aus Sicht der Interviewten zu einer lange bestehenden Tradition der „Beschimpfung einer Metropole und ihrer Einwohner" bei, die als feuilletonistische Grundposition seit den Gründerjahren konstant geblieben ist und die auch die Wiedervereinigung nicht beendet hat (vgl. BRANDT 2006). In mehreren Interviews können bestimmte wertende Aussagen mit einem derartigen ambivalenten Verhältnis der Berliner zu ihrer Heimatstadt in Verbindung gebracht und daher in ihrer Schärfe relativiert werden.

Das am deutlichsten hervorgehobene Element im alltäglichen Umgang mit Berlin als Lebenswelt ist eine starke Orientierung an den Stadtteilen („Kiezen") als Aktionsräumen und als teils sehr starker Fokus emotionaler Bindungen. Damit wird eine häufig geäußerte Einstellung zu Berlin, das vielen Interviewpartnern als einziger möglicher Lebensmittelpunkt erscheint, nicht nur auf der gesamtstädtischen Ebene im Hinblick auf die vielfältigen Angebote festgemacht, sondern auch im beschränkten räumlichen Kontext des alltäglichen Lebens in einem bestimmten Viertel. Ein vor kurzem nach Berlin gezogener Gesprächspartner verknüpft die generell konservative Werthaltung vieler Berliner wie folgt mit der Bodenständigkeit im Hinblick auf räumliche Mobilität:

> Generell sind, was so Veränderungen angeht, nach meinem Eindruck die Berliner eher konservativ. Auch die Vorstellung, eines Tages von Berlin wegziehen zu müssen, ist für die meisten Berliner ein Alptraum. Die sind also sehr verwurzelt hier, und auch Jugendliche, die zum Studium die Stadt verlassen, müssen dies meist tun und wollen es nicht und tun sich sehr schwer. […] Vor dieser Frage steht ja jeder, der von seinem Umfeld in eine andere Stadt muss. Mir fällt

auf, dass es bei den Berlinern sehr extrem ist. Dass sie sich nicht vorstellen können, dass Angebote, die in Berlin gemacht werden, anderswo auch stattfinden. Also eine sehr enge Sichtweise, dass Berlin das Optimum ist und dass es daneben nicht viel gibt oder geben kann. (FU4).

Neben der Insellage Berlins in einem sehr ländlichen Umland und seiner räumlichen Abtrennung während der deutschen Teilung können weitere historische Gründe für die starke Kiez-Orientierung vieler Berliner festgehalten werden. Die Interviewpartnerin BE4, nach eigener Einschätzung eine typische, weil „stolze, chauvinistische Berlinerin", weist auf zwei unterschiedliche Möglichkeiten zur kleinräumigen Fokussierung von Berlinern hin: Entweder seien Berliner Kiez-Menschen, die in den urbanen Milieus ihrer Stadtviertel verortet seien, oder als Einwohner von ehemals unabhängigen Dörfern, die erst in den Anfangsjahrzehnten des 20. Jahrhunderts eingemeindet wurden, in dörflichen Sozial- und Raumstrukturen verwurzelt. Sie selbst ist, abgesehen von längeren Aufenthalten in den USA, England und Israel und zahlreichen Reisen, nie über die Grenzen eines eng abgesteckten Lebensraumes in Berlin hinweg gezogen: „Ich kam ja aus Zehlen*dorf*. Dorf ist Dorf!", und durch die weiteren biographischen Stationen in Steglitz und Lichterfelde wurden ebenfalls nur relativ kleinräumige Grenzlinien überschritten:

> Letztlich bin ich nie aus meinem Bezirk herausgekommen. Steglitz und Zehlendorf bestehen ja aus mehreren alten Dörfern. Zehlendorf hat ja noch Schlachtensee, Nikolassee, Wannsee, Dahlem, dann Steglitz hat Lichterfelde West und Ost, Lichterrade. Im Grunde genommen bin ich nur über den Dahlemer Weg von da nach da und zurück nach hier. Ich bin jetzt fast wieder in Rufweite zu meiner Kindheits-Wohnung. (BE4).

In vielfältiger Weise sind die alltäglichen Konträume des Kiezes mit sozialen Zuschreibungen zu dem eigenen und vielen anderen Stadtteilen verbunden. Dass der Mechanismus derartiger sozialer Verortungen über die Jahrzehnte konstant geblieben ist, zeigt insbesondere ein Vergleich von Aussagen über das Berlin der 1960er Jahre mit denen, die jugendliche Neuköllner zur kleinräumigen sozialen Zuordnung ihres Kiezes machen. Der Unterschied zwischen Neukölln als städtischem Kiez und den als „ländlich" angesehenen Stadtteilen Britz und Rudow wird im Interview BE7 angesprochen. Der in Neukölln wohnende Jugendliche pendelt täglich in ein Gymnasium nach Rudow, das „vor 50 Jahren noch komplett Bauernhof" war, was bis heute in der Mentalität seiner „ländlichen" Altersgenossen nachwirkt:

> Die kennen z.B. höchstens, wie sie zum Brandenburger Tor kommen [...] die kommen nicht raus aus ihrem Loch. [...] Also, ich behaupte Rudow ist langweilig, in Rudow verpennt man. Ja, weil das ist einfach eine andere Welt. [...] Also, das ist echt Kleinbürgertum, also echt schlimm. [...] die laufen schon ganz anders rum [...] alle in Markenklamotten, angepasst bis zum geht nicht mehr, immer diese komischen Beamtenfrisuren.

Derartige soziale Zuschreibungen zu den verschiedenen Bezirken und eine detaillierte Differenzierung nach ihren einzelnen Kiezen prägen auch die teils retrospektiven lebensweltlichen Raumvorstellungen von älteren Berlinern. Aus der Perspektive des im äußersten Norden (des ehemaligen West-)Berlins gelegenen Frohnau, das für den international geprägten Gesprächspartner durch die Großzügigkeit und Toleranz der Einwohner und die Mischung aus einem suburban anmutenden Lebensumfeld mit der selten genutzten Möglichkeit zur Nutzung großstädtischer

9.3. Die Reality Checks

Kulturangebote charakterisiert wird, ist „der typische Berliner" eindeutig anderen Milieus der Stadt zugeordnet:

> Das wäre einer gewesen, der nach 1989 über die Mauer gekrabbelt ist. Die Leute, die da rüber gekommen sind, mit ihrem Dialekt und ihrer Art zu denken und zu leben. […] das waren wesentlich typischere Berliner, als die in West-Berlin lebten. Außer diejenigen, die in einem Kiez lebten, wo wir nicht hinkommen. Typische Berliner erkennt man, wenn hier [in Frohnau] Wochenmarkt ist. Da gibt es einige Originale – nicht nur wegen der Sprache und dem Auftreten. Das sind Berliner aus dem proletarischen Milieu – wobei das keine Wertung ist. Einfach laut mit einer speziellen Art von Humor. (BE2).

Neben der Ost-West-Trennung Berlins erscheint rückblickend für die 1960er und 1970er Jahre eine sozialräumliche Nord-Süd-Trennung in der Raumvorstellung von Berlin (BE4). Für das bürgerliche Südberlin stellte ebenso wie für den Norden der Bezirk Charlottenburg die Schallgrenze des Umzugsradius dar; die „Stadt in der Mitte war dann Wedding, und Tiergarten, und Neukölln und Kreuzberg." Die Bezirke der städtischen Mitte waren als Arbeiter- und Ausländerviertel ebenso eine „andere Welt" wie die als Angestellten-Gebiete wahrgenommenen Tempelhof, Lankwitz und Marienfelde oder die als Seniorenviertel betrachteten Steglitz und Lichterfelde.

Auch auf sehr viel kleinerer Maßstabsebene wird insbesondere entlang ethnischer Grenzen die Abgrenzung des alltäglichen Kiezes vorgenommen. In einem konkreten Fall definiert ein Jugendlicher die Kiez-Identität zwischen dem türkischen Neukölln entlang seiner Geschäftsachse Karl-Marx-Straße und dem durch die Zugehörigkeit zu einer Kirchengemeinde mit weit zurückreichenden historischen Wurzeln bestimmten Identitätsraum des „Böhmischen Dorfes" entlang der Mittellinie einer Straße fest: „also auf *der* Seite der Richardstraße sind wir Böhmische Rixdorfer […] und auf der Westseite, das ist Neukölln, also Karl-Marx-Straße ist schon sehr Neukölln", (BE6). Als wesentliches emotionales Zentrum der alltäglichen Stadt stehen die jeweiligen Kieze im Mittelpunkt der alltäglichen Aktionsräume und werden von den meisten Interviewpartnern als „Heimat" bezeichnet. Nur in Einzelfällen werden auch verschiedene Teile von Berlin-Mitte in ihrer nach der Wiedervereinigung umgestalteten Form als „neues Zentrum" bzw. „hauptstädtisches Berlin" zu den besonders emotional aufgeladenen Lieblingsorten gezählt, was in markanter Häufigkeit von zugezogenen Berlinern oder Bewohnern des Umlandes geäußert wird. Neben der Übereinstimmung mit den als touristischen Sehenswürdigkeiten geltenden Stadträumen ist in untergeordnetem Umfang auch ein medialer Einfluss auf die Zweiteilung der Heimatbindung zwischen Kiez und Zentrum feststellbar.

> Wenn ich an Heimat denke, dann den Richardplatz [in Neukölln-Rixdorf], die Kirche hier. Und sonst, ja, wenn man an Berlin denkt, eigentlich, wenn man so jetzt an Großstadt denkt, denkt man an die Innenstadt, also, was man auch im Fernsehen sieht – Unter den Linden, Brandenburger Tor. (BE6).

Mit der sog. „neuen Mitte" Berlins spricht dieser Interviewpartner einen Teilraum an, der in der alltäglichen Raumvorstellung in besonderem Maß thematisiert wird, wobei markante Unterschiede zwischen der lebensweltlichen Auffassung der Berliner und der Sicht von Berlin-Besuchern existieren. Als touristisches Highlight sind die Bereiche der neuen Mitte, die für die Befragten sowohl die Nord-Süd-Achse zwischen Kanzleramt, Reichstag, Brandenburger Tor bis zum Potsdamer Platz als auch in West-Ost-Richtung das Gebiet zwischen Brandenburger Tor und Alexanderplatz umfasst, ein zentraler Kontaktraum für Berlin-Touristen, in dem historische Bedeutung und Wiedervereinigungs-Symbolik mit der attraktiven Gestaltung von Einkaufs- und Kulturzentren abwechseln. Letzteres spielt für die alltäglichen Raumbezüge der Berliner weitgehend keine Rolle, in deren Aktionsräume die neue Mitte zumeist wenig eingebunden ist. Vielmehr erscheint dieses Gebiet einerseits als teuer und touristisch geprägt, andererseits als Ausdruck der symbolischen Annektion öffentlichen Stadtraumes durch die politische Elite der Hauptstadt. Insbesondere der Potsdamer Platz als markanter Teil der neuen Mitte wird in seiner Gestaltung und städtischen Funktion ambivalent bewertet. Seine Wahrnehmung schwankt zwischen der als einer fehlplatzierten Realisierung eines amerikanischen Architektur- und Stadtmodells und der Akzeptanz als Ausdruck der Entwicklung Berlins hin zu einer „ausgewachsenen" Hauptstadt und europäischen Metropole.

Anhand zweier biographisch sehr unterschiedlicher Berliner Interviewpartner können unterschiedliche Aspekte der positiven lebensweltlichen Bewertung des Potsdamer Platzes verdeutlicht werden. Für den pensionierten Manager BE2 ist die Umgestaltung der Mitte der architektonische Ausdruck eines gesellschaftlichen Findungsprozesses, in dem sich Berlin rund 15 Jahre nach der Maueröffnung durch den verzögerten Umzug der Bundesregierung immer noch befindet. Das Aufeinanderprallen sehr unterschiedlicher sozialer Gruppierungen in der „spannendsten sozialen Struktur, die es im Augenblick gibt", sieht BE2 als Symptom für das „unfertige" soziale Gefüge der Hauptstadt – ein Topos, der in *Das Leben ist eine Baustelle* und anderen Berliner Nachwende-Filmen filmisch aufgegriffen und in Szene gesetzt wird. Der sozialen Dynamik geben die städtebaulichen Veränderungen der Mitte einen physischen Ausdruck, der für die Herausbildung einer städtischen Identität Berlins als deutsche Hauptstadt und europäische Metropole steht.

> Jetzt langsam beginnt Berlin ein neues Gesicht zu bekommen. Das typische ist das ganze Gebiet um das Brandenburger Tor herum. Da merkt man, da tut sich etwas. Der Motor beginnt richtig zu laufen. Die Gebäude und die Architektur und das ganze Umfeld prägt auch die Art zu leben. […] In Berlin ist das noch im Werden, es hat sich noch nicht eine richtige Gesellschaft etabliert, [die] zum Zentrum, zu einer Hauptstadt von Deutschland passen würde.

In dieser Interpretation wird die sich wandelnde Mitte – wenngleich weder der architektonische noch der soziale Entwicklungsprozess als abgeschlossen und endgültig zu bewerten angesehen werden – für BE2 zu einem Lieblingsort in Berlin und zum Symbol für die sich entwickelnde selbstbewusste und stolze Rolle Berlins als Hauptstadt und kulturelles Zentrum Deutschlands mit einer entsprechenden Stadtgesellschaft. Aus einer gänzlich anderen Perspektive heraus stimmt die Gesprächspartnerin BE5, eine 19-jährige Auszubildende mit den biographischen Stationen Reinickendorf und Pankow, der positiven Bewertung des Potsdamer Platzes als emotional aufgeladener Lieblingsort in Berlin zu. Für sie und ihren Freundeskreis stellt der Potsdamer Platz und hierunter v.a. der halböffentliche Raum des Sony-Centers einen beliebten Treffpunkt dar: „Der Potsdamer Platz mit einer Flasche Wein, an dem Brunnen mit dem Metallgitter. Da kann man sich rauflegen und oben in das beleuchtete Zeltdach gucken." Als belebter öffentlicher Platz wird der Potsdamer Platz hier von einem Raum der Touristen und der Großkonzerne zu einem subjektiv angeeigneten Raum, in dem sich Jugendliche in ihrer alltäglichen Freizeitgestaltung aufhalten können.

Die intensive Thematisierung der neuen Mitte durch Berliner wie durch Berlin-Besucher reflektiert ebenso wie die akademische Aufarbeitung des städtischen Umwandlungsprozesses (vgl. u.a. ROOST 1998, HÄUSSERMANN/SIMONS 2001, LENHART 2001) die tiefe symbolische Bedeutung, die insbesondere dem Areal um den Potsdamer Platz durch seine wechselhafte Geschichte und kulturelle Bedeutung zukommt. In Interviews über Berlin wurde daher häufig die Sequenz aus *Himmel über Berlin* herangezogen, in der sich der Erzähler Homer auf die Suche nach dem Potsdamer Platz seiner Erinnerung begibt, die in radikaler Weise mit dem vorgefundenen Ödland des Mauervorfeldes inkompatibel ist. Die Reaktionen der Gesprächspartner auf die Homer-Inszenierung des Potsdamer Platzes verdeutlichen das große Potential filmischer Stadtdarstellungen, als Impuls für die reflexive Auseinandersetzung mit den eigenen alltäglichen Raumvorstellungen zu fungieren (Abschnitt 9.3.2.3).

Einen Spezialfall zwischen Alteingesessenen und Besuchern stellt eine Gruppe von relativ neu zugezogenen Studenten und jungen Berufstätigen dar, die sowohl die positiven Seiten Berlins als auch seine spezifischen kulturellen Gegebenheiten in pointierter Weise ausdrücken. Dies ergibt sich teils aus der retrospektiven Rechtfertigung für den Umzug nach Berlin, für den z.B. bei den Studenten unter den Gesprächspartnern primär das Erleben der Metropole Berlin den Ausschlag im Vergleich zu strategischen Überlegungen zu Ausbildung und Karriere gibt. „Ich wollte in eine große Stadt, und da gab es zu Berlin in Deutschland keine Alternative – außer vielleicht Hamburg, das waren die zwei Metropolen" – so begründet FU3 ihre Entscheidung, aus Köln nach Berlin zu ziehen. In ähnlicher Weise werden die geschichtliche Bedeutung Berlins und seine Stellung als Laboratorium des deutschen Zusammenwachsens nach 1989 (FU2 aus dem Ruhrgebiet) oder die deutschlandweit einzigartige Vielschichtigkeit – bezogen auf soziale Milieus, Wohnviertel, Kultur- und Freizeitangebot etc. (BE1 aus Bayern) – als Alleinstellungsmerkmale Berlins und als Begründung für die Wohnstandortwahl genannt. Als kulturelle Metropole mit großer historischer Bedeutung wird Berlin in Vergleiche mit London, Paris und New York gestellt, wenngleich die Dimensionen der Stadt, ihre schwache ökonomische Basis und verkehrstechnisch periphere Lage als Einschränkungen beachtet werden. Dennoch sind ethnische und kulturelle Vielschichtigkeit und die spezifisch urbane Mentalität Ansatzpunkte für eine strukturelle Übereinstimmung zwischen den Beispielstädten Berlin und New York, wie insbesondere von Interviewpartnern geäußert wird, deren lebensweltliche Bezüge zu Berlin mit intensiven Erfahrungen in New York gekoppelt sind (BE1, BE4). Die mentalen Ähnlichkeiten sowie ein zentrales historisches Moment der Unterscheidung kommen deutlich in folgender Aussage aus dem Interview BE4 zum Ausdruck:

> Also, New York passt absolut zu Berlin. New York und Berlin sind sich so ähnlich, außer in der Größe und der Dimension, da ist Berlin ein Dorf dagegen. Aber von der Ausstattung – New York ist einfach alles überdimensioniert mehr, aber von der Anlage ist Berlin im Grund ähnlich. Und am ähnlichsten, was die Mentalität der New Yorker angeht. Die sind genauso

raubeinig, aggressiv, schnell, ignorant, freundlich, hilfsbereit, humorvoll – also eine Mischung, die man sonst irgendwie nie trifft. […] von der Mentalität, von der Geschichte, von der Internationalität ist Berlin [eine Metropole wie New York]. Vom Senat, der Regierung, der zugereisten Provinzialität und der Eingeschränktheit und Engstirnigkeit, die hier auch herrscht, ist es nicht so. […] Wir sind nicht so großartig wie New York oder pulsierend oder kulturell so top. Ich denke, was Berlin zwischen den 1920er Jahren und danach einfach unterscheidet, ist dieses totale Ausgeblutetsein von allem, was diese Stadt auch ausgemacht hat. Von kultureller, literarischer, musikalischer, intellektueller Substanz, die wurde ja verjagt oder ermordet.

Berlins Nachwende-Neubürger finden sich nicht nur von den kulturellen Angeboten der Stadt angezogen, sie erleben andererseits auch eine erschwerte Orientierung, die ihrer Unkenntnis der historisch gewachsenen räumlichen wie sozialen Kiezgliederung der Stadt entspringt. Hierdurch erhalten die großen räumlichen Dimensionen und das Gefühl sozialer Anonymität eine gewichtige Rolle für die erste Raumvorstellung von Berlin als neuem Lebensraum. Im Rückblick schätzt z.B. der Interviewpartner UBT6, in seiner Eingewöhnungsphase in Berlin habe es ein Jahr gedauert, bis er sich die Stadt räumlich erschlossen habe und mit den Mentalitätsunterschieden zwischen Süddeutschland und Berlin zurecht gekommen sei:

Wenn man so schnell ins kalte Wasser geworfen wird, da weiß man nicht alles sofort, was zu machen ist. […] dafür bin ich zu süddeutsch, und wenn man selber freundlich und hilfsbereit ist – in so einer Großstadt, in so einem Moloch geht das dann unter, bei Tausenden von Leuten. […] Am Anfang sehr schwierig, ich würde sogar sagen, das erste Jahr. […] Im Sommer war alles neu und groß und toll und herrlich. Dann kam der Winter, und das ist ja eh so eine Sache. In Berlin, Winter, ist eine ganz harte Sache.

Die erste Orientierung auf bestimmte Lebens- und Aufenthaltsräume ist in der Gruppe der Neuankömmlinge auf eine Mischung aus medialen Einflüssen und Erzählungen aus dem Freundeskreis zurückzuführen. „Durch einen Mitbewohner, der schon ein halbes Jahr vorher in Berlin war, der kannte schon die Ecken, wo man ganz gut leben kann. Es gab nur eine Alternative – Kreuzberg oder Prenzlauer Berg, da spielt das Leben", (UBT6). Die sozialen Kontakte in die bevorzugten Stadtviertel, zu denen in der Zielgruppe der Studenten und jungen Berufstätigen auch Friedrichshain sowie bestimmte Teile Charlottenburgs und Neuköllns gehören, werden dabei von medialen Inszenierungen durch Fernsehberichte unterstützt, allerdings eher in Lifestyle-Formaten und Dokumentationen, die als separate Medienrealität vom dominanten Fernsehbild von Berlin als Hauptstadt wahrgenommen werden (s.u.). Angesichts der Verortung der bevorzugten Kieze lässt sich auch festhalten, dass die Ost-West-Trennung für die Zielgruppe der 18–35-jährigen Neuberliner keine andere Bedeutung mehr hat, als dass bestimmte Teile des ehemaligen Ostberlins aufgrund der als spannend empfundenen Umbruchssituationen, der günstigen Mieten und des lebendigen Nachtlebens bevorzugte Viertel darstellen – die Einordnung als ehemaliger Osten wird so zu einem Lifestyle-Etikett, durch das bestimmte Kieze positiv besetzt werden. Anders ist die Einschätzung der Ost-West-Differenzen allerdings, wenn weitere Gruppen von zugezogenen Westdeutschen, insbesondere die aus Bonn übersiedelten Beamten der Bundesregierung, betrachtet werden. Verschiedentlich (BE1, BE4) wird deren Weigerung, die östlichen Teilgebiete von Berlin als Wohnstandorte in Betracht zu ziehen, als negativ und als von außen nach Berlin hineingetragenes Persistenzmoment der Berliner Trennung bewertet.

Als letzte Besonderheit in der Umstellung auf das Lebensumfeld Berlin lässt sich an den Neuankömmlingen auch die Reaktion auf spezifisch großstädtische Negativaspekte der Stadt festmachen. Als deutlichster Beispielfall artikuliert dies der Interviewpartner FU4, der in Neukölln-Rixdorf in einem „Dorf inmitten der großen Stadt" lebt und so die Vorzüge des Großstädtischen mit den Rückzugsmöglichkeiten dörflicher Strukturen verbunden sieht. „Der erste Eindruck, den man gewinnt, ist die pure Größe dieser Stadt. Die Zeit, die man braucht, um von einem Ort zum anderen zu reisen." Auch die teilweise vorhandenen Aggressionen zwischen Jugendlichen verschiedener ethnischer Zugehörigkeit, die Anonymität und Verlorenheit des Individuums im aufbrechenden großstädtischen Sozialgefüge und eine äußerst negative Grundstimmung alteingesessener Bürger in sich wandelnden „Problemvierteln" wie Neukölln werden von dem relativ kurzfristig zugezogenen Interviewpartner FU4 deutlich wahrgenommen, wenngleich er derartige Probleme nicht als pauschale Vorbehalte gegen Berlin gelten lassen will.

> Wobei ich auch sagen muss, dass meine Sichtweise auf Neukölln natürlich auch nicht repräsentativ ist. [...] Das liegt vielleicht zum einen daran, dass wir solche negativen Sachen noch nicht erlebt haben [...] die Konsequenz zu ziehen, dass es jetzt überhaupt das Schlimmste sei, in Neukölln zu leben, den Schritt kann ich dann nicht machen, weil ich noch andere Dinge sehe, die positiv sind hier.

Somit wird bei den positiven Entwicklungen und der speziellen urbanen Kultur Berlins, bei den hauptstädtischen Funktionen und ihrer räumlichen Repräsentation, aber auch im Hinblick auf die sozialen Spannungen und Problemgebiete der Stadt eine differenzierte lebensweltliche Raumvorstellung deutlich. In allen Teilaspekten kann davon ausgegangen werden, dass auch für in Berlin Ansässige ein gewisser Einfluss medialer Berichte und filmischer Bilder auf die Vorstellung vom eigenen Lebensumfeld ausgemacht werden kann.

9.3.2.2. Einflüsse von Medien

In den Gesprächen mit Berlinern wird der Einfluss von Medien auf die alltägliche Raumvorstellung in spezifisch ausgeprägter Weise thematisiert. Insgesamt ist die Verknüpfung zwischen Filmbildern und alltäglicher Raumvorstellung – die aus lebensweltlicher Perspektive am differenziertesten und im Gesprächsverlauf dominant auftritt – in der Reflexion der Interviewpartner relativ schwach ausgeprägt. In der zunächst nicht durch Filmausschnitte gelenkten Thematisierung von Mediendarstellungen von Berlin werden zwei Themenfelder häufig und intensiv angesprochen: Zum einen eine oppositionelle Interpretation der einseitig auf die Hauptstadtfunktion und die repräsentativen Stadträume der neuen Mitte fokussierten Fernsehberichte über Berlin, zum anderen eine besonders kritische Reflexion über filmische Darstellungen, die klischeehafte Charakterisierungen vornehmen oder Diskrepanzen zwischen gefilmten Produktionsräumen und inszenierten Filmräumen aufweisen.

Neben der im Einzelfall auftretenden Zweiteilung der Heimat-Identifizierung mit dem lokalen Kiez und dem medial bestimmten Innenstadt-Image bilden die

Fernsehberichte über die „Hauptstadt Berlin" oder die in Medienberichten häufig abgedeckten Teilräume des touristisch geprägten Stadtzentrums aus der Sicht der Interviewpartner im Regelfall einen Gegenpol zum eigenen Raumbezug. So gibt z.B. der Interviewpartner FU4 Fernsehberichte als eine primäre Quelle seiner Raumvorstellung vor dem Umzug nach Berlin an, die zu einer mit dem alltäglichen Erleben weitgehend unverbundenen Realität gehören:

> [...] halt aus dem Fernsehen. Dieses Großstädtische, dieses „Hauptstadt-Sein", das fällt mir ein, wenn ich an meine Vorstellung von Berlin von vorher denke. Und dass die Realität, die ich jetzt im Alltag hier sehe und die Bundespolitik, das Hauptstadt-Sein, an der Lebensrealität hier in der Stadt sehr vorbei geht, dass das im Prinzip parallel stattfindet und dass es überhaupt keinen Unterschied macht, ob man hier in Berlin sitzt oder in München. Man bezieht seine Informationen genauso aus der Tagesschau, auch wenn es in der Luftlinie nur ein paar Kilometer entfernt ist, [...]

Die Selektivität der Inszenierung der Mitte Berlins als Bühne von Welt- und Bundespolitik sowie als imagewirksame „Visitenkarte" Berlins steht in Kontrast zu den alltäglichen Lebensräumen vieler Berliner, die die medial unentdeckt bleibenden Stadtteile und Raumbedeutungen sowohl alltäglich erleben als auch für das „eigentliche" bzw. spannendere Berlin halten. Während die Fernsehinszenierung des Regierungsviertels als inhaltlich begründete Produktionsstrategie aufgefasst wird – „die zeigen immer das Brandenburger Tor als Hintergrund und wollen dadurch so ein bisschen Würde ausstrahlen", (UBT13) – bleiben viele für die alltägliche Raumvorstellung relevanten Facetten im medialen Porträt unerwähnt. Dass gerade auch die nicht-repräsentativen Vorkommnisse und Teilräume das urbane Milieu einer Metropole ausmachen, kommt als gegen einseitige Medieninszenierungen gerichtete Aussage z.B. in folgendem Ausschnitt aus dem Gespräch FU1 zum Ausdruck.

> Ja, aber das ist nicht so das, wo man sagen kann, der Lehrter Bahnhof, das ist das typische Berlin. Das ist nur das, was repräsentativ ist und wo die Touristen rumgeführt werden und Staatschefs und irgendwelche Vertreter sich die Hand schütteln. [...] Die etwas verranzten Ecken sind auch etwas, das für Berlin sehr typisch ist, [...] wo man auch denken kann „das ist schon ziemlich hart", wenn man manche Sachen sieht, aber das ist auch wieder sympathisch. [...] das ist es auch großteils, was Berlin als Weltstadt ausmacht: Da gibt es immer auch diese Außenseiter, die ganzen Randbezirke, in Gegenden, wo auch nicht alle hingehen und denken: „Super, ich gucke mir jetzt die Stadt an, und dann kenne ich sie."

Die lebensweltliche Perspektive auf Berlin als Gegenstand medialer Inszenierungen trägt auch dazu bei, dass eine besondere Sensibilität für klischeehafte Darstellungen Berlins – und damit des persönlichen Umfeldes – und für „falsche" Verortungen einzelner Szenerien anzutreffen ist. Letzteres entspringt dem detaillierten räumlichen Wissen vor Ort und wird im Beobachten als Manko filmischer Inszenierungen wahrgenommen, ist jedoch in seiner Interpretation weniger relevant als soziale und räumliche Stereotypisierung. Eine deutlich oppositionelle Interpretation ergibt sich z.B. im Verhältnis zu Medienberichten, die bestimmte „Problemviertel" Berlins thematisieren und in undifferenzierter Weise ein Negativbild eines Stadtteils zeichnen. Dies betrifft neben den Großwohnsiedlungen des ehemaligen Ostberlins vor allem die Bezirke Kreuzberg und Neukölln, denen in den Medien einseitig ein von ethnischen Spannungen, Gewalt und Kriminalität geprägtes Milieu zugeschrieben wird, was mit den differenzierten alltäglichen Erfahrungen nicht übereinstimmt. Ähnlich kritisch wird das mediale Image einzelner Bevölkerungsgruppen gesehen, was FU4 beispielsweise an der negativen Charakterisierung des Taxifahrers als Inbegriff der „Berliner Schnauze" thematisiert:

> In Filmen werden häufig Klischees bedient über die Stadt. Meine Erlebnisse sind eher, dass die Sachen häufig nicht stimmen. Was mir jetzt spontan einfällt, dieses Klischee des unfreundlichen Berliner Taxifahrers – und der ist mir halt noch nicht begegnet. Jetzt weiß ich nicht, ob es keine alteingesessenen Berliner mehr gibt als Taxifahrer. [...] dass Bilder aus Medien, aus Fernsehen oder Film, mir in der Realität noch mal wieder begegnet wären, das kann ich nicht sagen, das ist doch in der Realität ganz anders.

Angesichts der Dominanz der Gesprächsinhalte zur alltäglichen Lebenswelt ist in den Interviews mit Berlinern die deutlichste „mediale Absenz" (vgl. Abschnitt 5.3.3) zu verzeichnen. Die Reflexion über die täglich lebensweltlich überformte Raumvorstellung drängt die Erinnerung an mediale Einflüsse auf das Bild der Stadt relativ stark in den Hintergrund. Neben einzelnen Fernsehformaten wie Nachrichten, politischen und historischen Dokumentationen über Berlin – besonders während des 2. Weltkrieges, während des Kalten Krieges sowie zur Zeit der Trennung und Wiedervereinigung – und bestimmten Vorabendserien wie *Berlin, Berlin* oder *Unser Charly* werden nur im Einzelfall auch Spielfilme spontan als Element der Raumvorstellung genannt. Die „Ostalgie"-Filme *Sonnenallee* (HAUSSMANN 1999) und insbesondere das zeitnah zu den Interviews erfolgreiche *Good Bye, Lenin!* (BECKER 2002) werden als Beispiele für eine ins Komödienfach übertragene Stilisierung des Lebens im geteilten Berlin genannt. Im Fall von *Sonnenallee* kommt dabei eher die verzerrt wirkende, alles Negative mit ironisierter Leichtigkeit überspielende „Ostalgie" zur Sprache, während *Good Bye, Lenin!* als relativ nachvollziehbare Inszenierung eines Ostberliner Alltagslebens eingestuft wird. Einen besonderen Stellenwert nehmen im Hinblick auf die filmische Darstellung Westberlins im Interview FU1 zudem zwei Filme ein, die im Gegensatz zum selektiven Fernsehimage auch die spannungsgeladenen sozialen Milieus und die im Umbruch befindlichen räumlichen Strukturen widerspiegeln: Das alltägliche Berlin sei besonders gut getroffen „am Rande so in *Lola rennt* [TYKWER 1998], wo man immer wieder was von Berlin mitkriegt, auch wenn es nicht so das Hauptthema ist", vor allem aber in *Das Leben ist eine Baustelle*. Als alltägliche Realität, die im direkten Erleben ebenso wie in ihrer filmischen Inszenierung eher menschlich als abschreckend wirkt, sieht FU1 die Darstellung einer „sympathischen, kaputten Atmosphäre – im Winter, die grauen Straßen, alles so im Chaos." Damit sei das Hochglanz-Image der Hauptstadt und ihrer repräsentativen Räume in ihrer filmischen Inszenierung um eine wichtige Bedeutungsfacette erweitert, die der alltäglichen Raumvorstellung eher gerecht werde als die selektive mediale Inszenierung des Fernseh-Mainstreams.

Mit dem Einzelfall FU1, anhand dessen eine direkte Verbindung filmischer Stadtdarstellung in alltägliche Raumvorstellungen aufgezeigt werden kann – noch dazu in einer Lesart, die den Film als Korrektiv einer anderweitig kritisch betrachteten medialen Charakterisierung sieht –, soll jedoch nicht in den Hintergrund gerückt werden, dass die Verknüpfung von filmischen Stadtdarstellungen und alltäglicher Lebenswelt im Rahmen von qualitativen Interviews tendenziell eher durch Reaktionen auf gezeigte Filmausschnitte nachvollzogen werden kann als durch Erinnerungen der Gesprächspartner.

9.3.2.3. Reaktionen und Reflexionsimpulse zu den Filmausschnitten

In den Berlin-Interviews wurden im Wesentlichen zwei Ausschnitte aus *Himmel über Berlin* als mediale Impulse verwendet. Zum einen die Eröffnungssequenz des Films mit ca. zehn Minuten Gesamtdauer, zum anderen die „Homer"-Sequenz, die den greisen Erzähler von der Staatsbibliothek ausgehend auf seiner Suche nach dem Potsdamer Platz seiner Erinnerungen begleitet. Die Einführungssequenz, in der Luftaufnahmen die Stadt präsentieren und dann eine Reihe unverbundener Einzelcharaktere aus der Sicht der Engel auftauchen, wird von den Gesprächspartnern in drei unterschiedlichen Bedeutungsebenen aufgenommen und mit anderen lebensweltlichen Vorstellungen und medialen Diskursen verknüpft. Zum Ersten werden die gezeigten Elemente Berlins und des Lebens in der Stadt mit eigenen Erfahrungen und dem alltäglichen Erleben in Kontext gesetzt und als solche kommentiert. Dies reicht von assoziativen Elementen, in denen z.B. die Luftaufnahme des Internationalen Congress Centrums mit der dahinter verlaufenden Stadtautobahn in Bezug gesetzt wird zu den Erinnerungen an Berlin als autogerechte Stadt und an das Erleben von Autorennen auf der AVUS (UBT13).

Die folgende Sequenz, in der verschiedene einsame Personen in ihren Wohnungen in Szene gesetzt sind, regt FU4 zu einer langen Schilderung der teils sehr schlechten Wohnsituation von Familien in Berlin an, ebenso wie die gezeigte soziale Fragmentierung und das Fehlen von zwischenmenschlicher Kommunikation als Widerspruch zur eigenen Lebensrealität des „dörflichen" Kiezlebens in Neukölln-Rixdorf gesehen werden. Die Dekodierung des medialen Inhaltes, durch den Medientext und alltägliche Lebenswelt miteinander in Bezug gesetzt werden, verdeutlicht auch die Einschätzung von FU1 zu den Beobachtungen, die die Engel Damiel und Cassiel im Autohaus austauschen.

> Ja, das, worüber sich die beiden jetzt unterhalten, das ist, was ich auch oft erlebe, das sind ganz alltägliche Sachen. Wenn man ein bisschen offen so mal sich die Leute betrachtet, dann erlebt man wirklich solche Sachen, wo man denkt, das ist doch so absurd und trotzdem passiert's ganz alltäglich. Das kannst du jeden Tag in der U-Bahn in allen möglichen Formen sehen oder auf der Straße erleben. Diese Bilder, auch mit der Musik, waren mir sehr sympathisch, diese einzelnen Personen, wie die sich im Alltag verhalten und diese ganzen Gedanken, das ist eine ziemlich sympathische Sichtweise über Berlin. Es ist ziemlich menschlich dargestellt, wie es halt wirklich ist.

In dieser Reflexion über die alltäglichen Begebenheiten verbindet sich die erste Interpretationsebene des Bezugs auf den alltäglichen Lebensraum mit einer zweiten Ebene, in der die Filmausschnitte zum Nachdenken über grundlegende Eigenschaften städtischer Gesellschaften anregen. Dies zeigt sich in der Thematisierung menschlicher Einsamkeit oder der Kuriositäten des Alltags ebenso wie in der Reflexion über das kreative Potential von Städten, die die Einführungssequenz von

Himmel über Berlin im Interview UBT13 angestoßen hat. Als ein Wesenszug einer 3,5-Millionen-Metropole wie Berlin erscheint es dem Gesprächspartner, dass aus dem Aufeinandertreffen unterschiedlicher Menschen und ihrer Ideen fortwährend Neues und Unerwartetes entsteht – ein Phänomen, angesichts dessen Versäumnisses die Engel zu bedauern seien.

> Ich denke ja, immer wenn man dort einfach durch die Straßen geht, da sieht man immer was Neues und etwas Anderes, was man sich vorher auch gar nicht vorstellen konnte. [...] Also alles solche Sachen, die man sich in einer kleineren Stadt nicht vorstellen kann, wo immer alles so geordnet und geregelt ist. In Berlin gibt es sehr viel mehr Freiheiten und man kann jedes Mal wieder überrascht werden von irgendwelchen Dingen. Was mich zuletzt zum Beispiel auch immer überrascht, sind diese „Zwischennutzungen", die der Palast der Republik jetzt immer erlebt. [...] Ich finde, das geht dann auch nur in solchen großen Städten und mit solchen Bauwerken – gut, an dem Gebäude ist nichts mehr zu verlieren. Aber in der Stadt auch, da ist so etwas möglich und da kann bei so vielen verschiedenen Meinungen auch alles akzeptiert werden. In einer kleinen Stadt ist es schwierig, die Leute zu überzeugen und zu sagen, wir machen das. Und dann gefällt es den Leuten nicht, und die regen sich auf, das gibt es bestimmt auch in Berlin, aber trotzdem durch die große Masse kann man da sehr viel mehr machen.

In einer dritten Bedeutungsebene lässt sich am Beispiel der *Himmel*-Einführungssequenz festmachen, wie filmische Stadtdarstellungen als Ausdruck historischer Entwicklungsverläufe wirken und den persönlichen Zugang zur geschichtlichen Bedeutung einer Stadt wie Berlin reflexiv eröffnen. Dabei sind es in dieser Filmsequenz insbesondere die Schwarz-Weiß-Gestaltung in Verbindung mit den Luftaufnahmen, durch die der Betrachter wie in einem Flugzeug über die Blöcke des wilhelminischen Berlin gleitet und durch die starke Assoziationen mit den bekannten Bildern von Luftangriffen und dem zerstörten Berlin zum Ende des 2. Weltkrieges geweckt werden. Dadurch wird *Der Himmel über Berlin* anfänglich nicht nur erheblich älter eingeschätzt, sondern auch in Relation gesetzt zu einer anderen häufig angesprochenen medialen Quelle für kognitive und emotionale Bezüge zu Berlin: Auf der Grundlage der Behandlung der Thematik im Schulunterricht nennen viele Gesprächspartner historische Dokumentationen und Zeitdokumente aus NS-Zeit und 2. Weltkrieg als wesentliches Element, durch das die historische Rolle Berlins begreifbar und mit eigenen Raumvorstellungen verbunden wird.

Die große Bedeutung von Film als Anstoß zum Nachdenken über das eigene Wissen und die eigenen subjektiven Einschätzungen der vergangenen Bedeutung Berlins dominiert auch die Auseinandersetzung mit der „Homer"-Sequenz über den Potsdamer Platz. Die Interviewteilnehmer, denen diese Sequenz gezeigt wurde, haben bei einem Alter zwischen 15 und 25 Jahren relativ geringe eigene Erfahrungen mit dem Berlin der Vorwendezeit, wodurch die Sequenz als eine Erweiterung des eigenen Verständnisses der städtischen Strukturen fungiert. Der vordergründige Erfahrungskontext der Sequenz ist daher für die jüngeren Gesprächspartner der Potsdamer Platz in seiner heutigen Gestalt, der teils als inselhaftes Nachwende-Projekt, teils als alltäglich angeeigneter Handlungsraum in die Raumvorstellung der Metropole eingebunden ist. Die ersten überraschten und ungläubigen Reaktionen beziehen sich zumeist auf den augenscheinlichen Kontrast zwischen diesem Raumerleben und der städtischen Brache des Mauervorfeldes, in die WENDERS seine Charaktere platziert. Der Filmausschnitt wird zum einen in Bezug gesetzt zu anderen historischen Quellen, zu Bildbänden des geteilten Berlin, Dokumentationen über Weltkrieg und Teilung, zum anderen mit der eigenen Familiengeschichte in Berlin verknüpft: Die Erzählungen der Eltern erscheinen z.B. BE6 in neuem Licht angesichts der vorliegenden filmischen Visualisierung des Potsdamer Platzes anno 1985, dem BE6 auch angesichts ähnlicher Spuren der Teilung einen realistischen Charakter zuspricht: „Ja, zu der Zeit sicherlich, wenn man die Mauer sieht. Und heute gibt es noch diese Brachflächen mit diesen Gräsern, nur Sand, wo man merkt, das ist dieser Todesstreifen noch irgendwie."

Eine über Trennung und deutsch-deutsches Zusammenwachsen hinausweisende Bedeutungsfacette der Sequenz wird von den Gesprächsteilnehmern zum Zweiten in der Erzählung Homers über den urbanen Charakter des Potsdamer Platzes in den 1920er Jahren erkannt. Die Verlusterfahrung des Homer wird so als Ausdruck für die Zerstörung eines Zentrums urbanen Lebens interpretiert, das für eine kulturelle Blütezeit Berlins von symbolischer Bedeutung ist. Die folgende Beschreibung des Homer aus dem Interview BE5 kann sowohl für den einzelnen Stadtbürger als auch für die Metropole Berlin gelten:

> [HF: Was sucht dieser alte Mann?] Na, eigentlich sucht er wahrscheinlich irgendwas aus seiner Vergangenheit. Seine Vergangenheit? Oder seine Herkunft? Keine Ahnung, ich weiß ja nicht, in was für einer Beziehung er zum Potsdamer Platz steht. Vielleicht hat er ja da seine erste große Liebe getroffen? […] Ja natürlich – er sucht seine Vergangenheit, versucht, seine Jugend zurück zu kriegen, und das, was er halt geliebt hat dort.

Der von WENDERS aufgespannte historische Bogen wird zum einen mit der heutigen Gestaltung des Areals verknüpft und regt zum anderen zu Überlegungen über das generelle Verhältnis von Wandel und Kontinuität in Städten an. In ähnlicher Weise, in der sich der Filmcharakter Homer erst durch die im Stadtraum materialisierte Machtübernahme der Nazis, dann durch die Konfrontation mit der städtischen Wüstung des Mauerstreifens von seiner Stadt und seiner Vergangenheit entfremdet fühlt, hat sich der heutige Potsdamer Platz in seinem Charakter und seiner Bedeutung für die Stadt von seinem historischen Vorbild abgekoppelt. Die architektonische Gestaltung wird als Ausdruck repräsentativer Bedürfnisse seitens Politik und Wirtschaft sowie als bewusster Bruch mit der Vergangenheit eingeschätzt – „da hat man die Geschichte ganz beseitigt und etwas völlig Neues gemacht. […] Das finde ich auch schade, da haben sie versucht, irgendwas zu vertuschen, da wurde alles weggemacht und neu hochgezogen. Gut, wie ein Neuanfang, aber das, was davor da war, das gehört halt auch dazu", (FU1). Entsprechend wenig von dem urbanen Flair der 1920er Jahre wird von den Gesprächspartnern auf das neu gestaltete Areal des Potsdamer Platzes übertragen. Zwar erfülle dieser gerade durch die Entertainment-Angebote und zu bestimmten „Events" eine Rolle als öffentlicher Raum, stehe aber nicht in der kulturellen Tradition des intellektuellen Milieus, das mit dem Berlin der „Goldenen Zwanziger" verbunden wird. So klingt es fast wie ein Gedankenspiel, wie Homer mit seinen biographischen Erfahrungen und kulturellen Werten den gegenwärtigen Potsdamer Platz erleben würde, wenn FU1 die Filmszene abschließend kommentiert: „[Homer] ist ja von diesen ganzen Eindrücken fast überlastet und niedergeschlagen, dass er das nicht finden kann, den Potsdamer Platz hat er fast verloren, den findet er nicht mehr wieder."

Die Ausbildung einer individuellen Raumvorstellung ist ein Prozess, der sowohl in sozialen Kontexten als auch über einen ausgedehnten Zeitraum geschieht – die Entwicklung eines Bezugs zu einer Stadt kann somit als Verknüpfung zwischen der biographischen Geschichte eines Menschen mit der Geschichte einer Stadt betrachtet werden. Auf dieser abstrakten Ebene reflektiert der Interviewpartner UBT13 die „Homer"-Sequenz als Beispiel für die erschütternde Wirkung, die von fehlender Synchronität zwischen der individuellen Zeit eines Menschen und der übergeordneten Zeit einer Großstadt ausgeht. „Die Zeit ist da immer gnadenlos, [… Es gibt] so manch andere Veränderung, die dann einfach solche Plätze auslöscht und damit das, was vorher war, nur noch in der Erinnerung von denen, solange sie eben leben, bleibt und danach gerät alles immer ziemlich in Vergessenheit." Die dargestellten Aneignungsweisen von filmischen Inszenierungen des vergangenen Berlin demonstrieren, dass auch fiktionale Medieninhalte einen Beitrag wider das Vergessen leisten und zur Reflexion darüber anregen, welche Bedeutungen bestimmten Stadträumen im Verlauf der historischen Entwicklung Berlins zugekommen ist.

Es lässt sich folglich eine erste Grunddimension der Auswirkung filmischer Stadtinszenierungen auf die alltägliche Raumvorstellung von Städten festhalten, die sowohl in den Diskussionen der Beispielsequenzen als auch in der kritischen Bewertung selektiver oder stereotyper Berichterstattungen über den eigenen Lebensraum deutlich wird: Filmische Stadtdarstellungen haben ein großes Potential als Impulse für die Reflexion über die persönliche Raumvorstellung. Sie regen zu Widersprüchen gegen dominante Darstellungsweisen an, die mit den alltäglichen Lebenszusammenhängen inkompatibel sind, und fordern zum Nachdenken darüber auf, welche Vorstellungen von bestimmten Stadträumen wie dem Potsdamer Platz vorliegen und welche Raumbedeutungen im Gegensatz dazu in medialen Inszenierungen geprägt werden. Das reflexive Potential von filmischen Stadtbildern geht im letzten Fall nahtlos in ein aktivierendes Potential über, durch das ergänzende Elemente aus medialen Inhalten in die alltägliche Raumvorstellung eingebettet werden. In einer Interviewsituation laufen derartige Reflexionsprozesse zwangsläufig bewusst und durch einen externen Stimulus initiiert ab und müssen zudem einem unbekannten Gesprächspartner gegenüber verbalisiert werden. Im alltäglichen Mediengebrauch dagegen geschehen sie teils unbewusst oder als Teil bewusster kognitiver Prozesse, teils werden reflexive Auseinandersetzungen mit den medialen Einflüssen auf alltägliche Raumvorstellungen auch in andere alltägliche Kommunikationen eingebunden und in Diskurse im Familien- und Freundeskreis oder in weitere soziale Beziehungen eingebracht.

9.3.3. Reality Check III: Berlin aus deutscher Besuchsperspektive

In der Diskussion der Raumvorstellungen von Berlin aus einer externen Perspektive, die in allen Fällen von Besuchen in einer Gesamtdauer zwischen sieben Tagen und mehreren Wochen beeinflusst werden, werden zunächst die wesentlichen Abweichungen vom lebensweltlichen Zugang festgehalten. Anschließend wird die Frage diskutiert, ob ein größeres Gewicht medialer Darstellungen für die Ausprägung alltäglicher Raumvorstellung festgestellt werden kann. Während sich in diesem Punkt die markantesten Unterschiede zu einer lebensweltlichen Raumvorstellung zeigen, erweisen sich die Muster der Auseinandersetzung mit den gezeigten Filmausschnitten als relativ ähnlich. Dem unterschiedlichen Bezug zur Stadt Berlin entsprechend verändern sich jedoch die Anknüpfungspunkte für die Interpretationsebenen des alltäglichen Lebensraums und der biographisch-historischen Perspektive.

9.3.3.1. Abweichende Raumvorstellung aus Besuchersicht

Die von punktuellen Besuchserlebnissen überprägte Raumvorstellung aus Besuchersicht zeigt zum einen eine starke Fokussierung auf touristische Sehenswürdigkeiten und mehr oder weniger zufällige Kontakträume, und offenbart zum anderen einen stark polarisierenden Charakter der Stadt in ihrer Bewertung durch externe Beobachter. Die Raumvorstellung aller Gesprächspartner beruht vor allem auf den zentralen touristischen Anlaufpunkten in Berlin-Mitte, die entlang zweier Achsen räumlich erschlossen werden: In Nord-Süd-Richtung umfasst das „touristische Berlin" die Räume zwischen dem Lehrter Bahnhof und dem Potsdamer Platz, in west-östlicher Richtung bildet der Raum vom Brandenburger Tor bis zum Alexanderplatz das Zentrum Berlins für seine Besucher. Eingeschlossen werden zum Teil auch abseits liegende Gebiete wie der Checkpoint Charlie als südlicher Endpunkt der zur Einkaufsmeile gewandelten Friedrichstraße oder die Museumsinsel. Nur einzelne ältere Interviewteilnehmer weisen auf einen Übergang ihrer primären Raumorientierung im Verlauf der letzten 20 Jahre hin. War zur Vorwendezeit für Westdeutsche das Gebiet um die Kaiser-Wilhelm-Gedächtniskirche, den Tiergarten und die Achse des Kurfürstendamms der Ankerpunkt des kognitiven wie emotionalen Raumbezugs von Berlinbesuchern, so erfolgte für diese Gruppe ein bruchartiger, bei wiederholten Besuchen auch gradueller Erweiterungsprozess, in dem das ehemalige Ostberliner Zentrum in die Raumvorstellung von Berlin einbezogen wurde. Insbesondere im Bereich der weitgehend umgestalteten Mitte Berlins ist dagegen für die Mehrzahl der Besucher die Trennung zwischen Ost und West nicht mehr stadtstrukturell relevant, und auch die sozialen Unterschiede zwischen den Bevölkerungen der Teilstädte verschwimmen für Externe nahezu vollständig: „Es fällt mir schwer, gewissen Sachen dem Osten oder Westen zuzuordnen, das verschwimmt auf jeden Fall. Und markante Punkte stehen jetzt nicht für den wohlhabenden Westen oder für das verkommene Ostteil, das ist definitiv nicht so", (UBT5).

Neben den zentralen Touristenräumen bestimmen für Berlinbesucher die Kontakträume von Bekannten oder die Orte eines durch spezielle Interessen geleiteten touristischen Programms die Intensität, mit der auch außerhalb des Touristenkerns liegende Gebiete frequentiert werden. Für viele jüngere Gesprächspartner ergibt sich damit eine mit der Gruppe der Neuberliner kongruente Raumvorstellung, die insbesondere die Viertel Prenzlauer Berg, Kreuzberg und Friedrichshain als attraktive Wohn- und Freizeiträume einschließt. Nur in Ausnahmefällen sind dagegen die äußeren Bezirke, die Berliner Großwohnsiedlungen oder relativ unbekannte Stadtteile im Süden und Südwesten Berlins bzw. als problematisch wahrgenommene Gebiete wie Wedding oder Neukölln Elemente der touristischen Raumvorstellung, denen dann allerdings eine prägende Wirkung auf die Vorstellung von Berlin zugesprochen wird. Aus familiären Gründen und persönlichem Interesse hat sich z.B. der Interviewteilnehmer UBT4 in entsprechenden Vierteln aufgehalten:

> Das hat sich so ergeben, weil wir da Verwandtschaft hatten, das war immer außerhalb, nicht so in den Hotspots, […] einen bleibenden Eindruck hat bei mir definitiv Hohenschönhausen oder Marzahn, oder das Märkische Viertel, das fand ich persönlich faszinierend, dass aus dem ursprünglichen Nichts so absolute Ghettos entstanden sind, die zu der Zeit, als ich da war, auch noch dicht besiedelt waren […] natürlich kam die soziale Schicht sehr deutlich zum Tragen, teilweise so richtig krasse Situationen, die man da gesehen hat.

Für die Selektivität der Berliner Raumvorstellung sind für die Gruppe der Besucher auch die wahrgenommene Unübersichtlichkeit der Stadtstruktur und eine schwere Erschließbarkeit der einzelnen Stadtteile verantwortlich. Durch die zeitliche und räumliche Beschränkung von Besuchsaufenthalten empfinden es viele Gesprächspartner als problematisch, die unterschiedlichen Teilräume Berlins mit ihren spezifischen Bedeutungszuschreibungen zu einem kohärenten Gesamtbild zusammenzusetzen. Als ein wesentlicher Grund hierfür wird die polyzentrale Stadtstruktur in ihrer ungewohnten Dimension betrachtet – „von Berlin denke ich, dass es relativ unübersichtlich ist, weil es meiner Meinung nach sehr groß ist und keine so ausgeprägte Zentrumsstruktur hat. Man hat zig eigene Großstädte und die haben alle ein fast eigenständiges Zentrum, was mich bislang relativ verwirrt", (UBT4). Mit der Beschränkung des touristischen Aktionsraumes auf bestimmte Kerngebiete wird somit angesichts der begrenzten Zeitbudgets für die Besuchsaufenthalte dem von außen entstandenen Eindruck von „Berlin als Moloch" (UBT14) entgegengewirkt, indem der „touristische Blick" a priori zu einer Einschränkung der möglichen Kontakträume beiträgt und die Notwendigkeit zum langfristigen Erkunden unbekannter Stadtteile reduziert (BT1).

In dem Zitat zur Vorstellung der Ostberliner Großwohnsiedlungen ist mit den sozialen Gegebenheiten Berlins ein weiteres in der kognitiven wie wertenden Raumvorstellung dominantes Element der Besucher angesprochen. Neben der häufig thematisierten Vielschichtigkeit der Berliner Bevölkerung in ethnischer Hinsicht, die als Alleinstellungsmerkmal Berlins als deutscher Metropole gewertet wird, ist es besonders die jüngere Generation westdeutscher Neuberliner, die als prägend für die neue soziale Mischung der Hauptstadt betrachtet wird. Rückblickend auf seinen ersten Berlin-Aufenthalt im Jahr 1994 stellt UBT3 fest:

> [M]an konnte die Neuentwicklung der Stadt erkennen und man merkte auch, dass neues Leben in der Stadt pulsierte. […] da bemerkt man schon, dass viele Leute nach Berlin wollen. Es ist alles sehr gemischt, auch von den sozialen Schichten. Reiche und sehr Arme und aus verschiedenen Berufsschichten, die es alle nach Berlin gezogen hat.

Die hier angedeutete Spannweite zwischen verschiedenen Bevölkerungsgruppen hat sich aus Sicht der Berlin-Besucher mit dem fortschreitenden städtischen Wandel zur politischen, medialen und kulturellen Metropole weiter vergrößert. Neben Konzentrationen studentischer Bevölkerung wie im „Studenten-Lieblings-Siedlungsgebiet" Prenzlauer Berg (UBT12) ist mit der zunehmenden Bedeutung Berlins in der Medienbranche aus Besuchersicht auch eine relativ kleine Gruppe an *„young urban professionals"* Stadtbild prägend, die mit der neuen Mitte Berlins verbunden wird. Zudem ist den Berlin-Besuchern durchaus bewusst, dass das soziale Umfeld, das sie während ihrer Aufenthalte erleben, stark von der Anwesenheit anderer Touristen geprägt ist. UBT12 beschreibt das soziale Gefüge, das er in Berlin wahrnimmt, als „Studenten, wie ich gesagt habe, dann einige wenige Leute, die aussehen wie aus der *new economy*, dann jede Menge Touristen – 30% Touristen, 40% Studenten, bleiben nochmals 30%, das verteilt sich dann auf soziale Gruppen wie Penner, Diplomaten." Den größten sozialen Widerspruch stellt für externe Betrachter darüber hinaus die auffällige Trennung dar zwischen dem Berlin der politischen Elite, das durch die Sichtung politischer Prominenz ebenso augenscheinlich wird wie durch diplomatische Vertretungen und die Gebäude der Bundesregierung, und dem für Besucher erstaunlich hohen Ausmaß, in dem gesellschaftliche Randgruppen wie Obdachlose und Drogenabhängige in der städtischen Öffentlichkeit sichtbar sind. Hierbei verlaufen die Grenzen zwischen kognitivem und wertendem Inhalt, wenn UBT5 seine Erfahrungen im Umgang mit den negativen Seiten des Großstadtlebens berichtet:

> Wenn man das Großstadtleben nicht gewöhnt ist, […] muss man schon gewisse Sachen ausblenden und sich nicht alles, was man sieht, zu Herzen nehmen. Zum Beispiel versiffte Leute, oder solche, denen man direkt ansieht, dass sie Drogen nehmen. Wenn man sich so eine U-Bahnfahrt nicht auf die Ignoranzschiene gibt, dann funktioniert das nicht, aber wenn man damit umgehen kann, dann kann das auch angenehm sein.

Die soziale Polarisierung der Großstadt Berlin und die tägliche Konfrontation mit den Auswirkungen von Armut und gesellschaftlicher Fragmentierung stellen wesentliche Elemente einer häufig anzutreffenden ambivalenten Bewertung von Berlin dar. Zur negativen Einschätzung der Stadt tragen emotionale Faktoren wie eine vermeintliche Arroganz der typischen Berliner, das Gefühl der Verlorenheit angesichts der städtischen Dimensionen oder die geringer eingeschätzte Attraktivität der Stadt und ihrer Freizeitmöglichkeiten im Vergleich zu München ebenso bei wie objektivierbare kognitive Bezüge. Hierunter werden v.a. die schlechte ökonomische Lage, die kommunale Finanznot oder die großen innerstädtischen Distanzen als Faktoren genannt, aufgrund derer gerade jüngere Gesprächspartner Berlin als potentiellen Lebensmittelpunkt ambivalent bewerten. Auf der anderen Seite steht derartigen Negativeinschätzungen die Anerkennung spezifisch urbaner Angebote und der großen historischen Relevanz Berlins gegenüber, verbunden mit der als faszinierend eingeschätzten Möglichkeit, das Zusammenwachsen von West- und Ostdeutschland am städtischen Gefüge der Stadt unmittelbar erleben zu können. In dieser Interpretation, für die neben den kulturellen Angeboten des „touristischen" Berlin auch die lebendige Vielschichtigkeit seiner urbanen Kieze wie Wedding, Kreuzberg und Neukölln und die „pfiffige, gewiefte, weltoffene Berliner Art" (BT1) wesentliche Faktoren sind, wird Berlin zu einem urbanen Kosmos, der aus der zeitlich befristeten Besucherperspektive überaus positiv bewertet wird, während die negativen Aspekte seiner emotionalen Bewertung ein dauerhaftes Wohnen als wenig erstrebenswert erscheinen lassen.

9.3.3.2. Mediale Einflüsse auf das externe Berlinbild

Die Auseinandersetzung mit den medialen Einflüssen auf das Berlinbild von gelegentlichen Besuchern offenbart – in etwas schwächerer Ausprägung als es für New York der Fall ist – eine charakteristische Trennung zweier Ebenen, in denen Medienaneignung für die alltägliche Raumvorstellung wirksam wird. Solange die Annäherung an die Raumvorstellung von Berlin auf der kognitiven Ebene geschieht, wird die Reflexion der Gesprächspartner von Erinnerungen an das eigene Erleben in Berlin dominiert, so dass zunächst die direkt erlebten Konakträume und im Anschluss an deren kognitive Aufarbeitung ihre emotional-subjektive Bewertung im Mittelpunkt der Gespräche stehen. Auf der kleinräumigen Maßstabsebene sind nur in Einzelfällen auch mediale Einflüsse markant, so z.B. zur Darstellung Kreuzbergs als „Türkenviertel" (BT5) oder der Charakterisierung bestimmter Bezirke wie Marzahn als „Problemgebiete" mit rechtslastiger Jugend-Subkultur (UBT5). Im Regelfall jedoch werden detaillierte kognitive Aussagen über Stadträume und eine entsprechende emotionale Wertung nur für direkt erlebte Gebiete vorgenommen. Die Auswahl der Besucher-Kontakträume hingegen ist direkt von einer zweiten Ebene medialer Aneignung beeinflusst, die für eine kognitive wie emotionale Grobgliederung der Stadt, die Beurteilung nicht direkt erlebter Stadträume und eine emotionale Bindung zu Berlin wie zu einzelnen Teilgebieten verantwortlich ist. Mediale Inhalte beeinflussen primär dahingehend die Raumvorstellung, dass sie maßgeblich zur Ausprägung eines „weichen" Vorstellungsbildes beitragen – nicht konkretes Lage- und Orientierungswissen, sondern vielmehr die übergeordnete historische, politische und soziale Bedeutungsvielfalt und ein leicht diffuses Gefühl für die räumliche Gliederung der Gesamtstadt können in der Interpretation der Raumvorstellungen der Berlin-Besucher auf mediale Darstellungen zurückgeführt werden.

Angesichts der zentralen Stellung Berlins als politisches und kulturelles Zentrum in der deutschen Medienlandschaft ist das mediale Bild der Stadt primär durch verschiedene Fernsehformate und erst sekundär durch Filme beeinflusst. Eine wesentliche Kategorie bildet auch aus der Außenperspektive die politische Berichterstattung aus Berlin, durch die sowohl die städtischen Umbauprozesse in der neuen Mitte und die mit dem Umzug der Bundesregierung induzierte Aufwertung Berlins innerhalb des deutschen Städtesystems als auch die entsprechenden sozialen Begleiterscheinungen in Form eines Eliten-Imports aus Westdeutschland in der Vorstellung von Berlin verankert sind. Mit den politischen Berichten werden so zum einen die neue Mitte und insbesondere der Reichstag als symbolisches Zentrum deutscher Politik, zum anderen in Übereinstimmung mit der lebensweltlichen Bedeutungszuschreibung der Potsdamer Platz als Ausdruck der Modernisierung Berlins in der Nachwendezeit mit spezifischen Bedeutungen versehen. Dabei fällt auf, dass bereits 15 Jahre nach der deutschen Vereinigung die alltägliche politische Berichterstattung als dominantes mediales Image von Berlin genannt wird und nur in einem Einzelfall das Medienbild von Berlin mit den Ereignissen des Jahres 1989 beginnt: „Das erste Berlinbild, das man vor Augen hat, hängt immer noch mit der Teilung der Stadt zusammen und dann die Wiedervereinigung – mit 100.000 Leuten mit den Deutschlandflaggen", (UBT9).

Aus der Außenperspektive haben drei Fernsehformate markanten Einfluss auf die Raumvorstellung, die bei den in Berlin Ansässigen weniger Beachtung finden: verschiedene Reportage-Sendungen, Soap Operas sowie Tatort-Krimis prägen für viele Interviewpartner das Medienbild von Berlin. Die verschiedenen genannten Dokumentar- und Reportageformate tragen zu einer ambivalenten Bewertung von Berlin bei. Neben den politisch orientierten Reportagen aus der Hauptstadt sehen viele Interviewpartner eine Zweiteilung der Berlin-Dokumentationen, die UBT4 wie folgt ausdrückt: „[Es gibt Berichterstattung, die] außerdem die Werbetrommel rührt, in Reportagen, die Berlin als Glitzer- oder Glamourmetropole darstellt, oder auch sagt, Berlin ist ein Ghetto – sowohl positiv als auch negativ." In beiden Wertungsdimensionen zeigt sich zudem eine Divergenz zwischen den als ernsthaft angesehenen Reportagestilen der „Bildungssender" und dem Boulevardjournalismus, in dem die Dichotomie zwischen dem glamourösen und dem ghettohaften Berlin in überspitzter Darstellung entwickelt wird. Insbesondere sich als investigativer Aufklärungsjournalismus gerierende Reportagen der Privatsender erscheinen in einer doppelten Funktion – zum einen hinterlassen sie deutliche Spuren in der Raumvorstellung von Gesprächspartnern, zum anderen findet in der Interviewsituation eine kritische Distanzierung von ihren Inhalten und Präsentationsformaten statt. Der Interviewpartner UBT5 beispielsweise beantwortet die Frage nach seinem medial beeinflussten Vorstellungsbild von Berlin folgendermaßen:

> Das ist sicherlich so ein Bild, was einem auch durch die Medien, durch so Schlaglichter vermittelt wird. Dann aber auch über Personen, die man flüchtig durch die Bundeswehr kennen gelernt hat. Oder auch aus dem Kollegenkreis hier von der Uni. [Nachfrage nach konkreten Medienimages] Konkret nicht, höchstens über solche zweifelhaften Sendungen in RTL II oder Pro7, Sat 1 – so auf der privaten Sparte. Wo über Jugendsünden berichtet wird. Die fahren zu schnell und trinken. Da ist dann immer einer dabei mit knallhartem Berliner Slang. [...] Bildung für Blöde [...] Ich sehe das bewusst kritisch. Meine kleine Schwester ist 17 Jahre und wenn ich das mit der anschaue, sehe ich das kritisch. Ich schau mir genauso oft ARTE und Bayern 3 an. Ich denke mir da meinen Teil dazu und stelle mir mindestens einmal pro Sendung die Frage: „Wie blöd kann man bloß sein, das anzukucken und zu denken: ‚Was da kommt, stimmt.'"

An derartigen Antwortstrategien lässt sich zum einen nachvollziehen, dass auch unter den offenen Rahmenbedingungen eines problemzentrierten Interviews die Fehlerquelle sozial erwünschten bzw. politisch korrekten Antwortverhaltens nicht gänzlich vermieden werden kann (vgl. DIEKMANN [4]1998, S. 382ff). Zum anderen jedoch wird deutlich, dass beispielsweise durch die aneignende Rückkopplung mit den eigenen Erlebnissen mit Berlinern – in diesem Fall Kollegen bei der Bundeswehr und im Studium – solche Medieninhalte in die alltägliche Vorstellung von einer Stadt wie Berlin integriert werden und nicht ausschließlich als einseitig-plakative Inszenierung diskreditiert und damit von anderen Informationsquellen vollständig separiert behandelt werden.

In ähnlicher Weise lässt sich auch der Umgang mit anderen den Interviewpartnern als unqualifiziert erscheinenden Fernsehformaten kennzeichnen. Im Fall von Berlin kommen insbesondere die im Vorabendprogramm angesiedelten Soap Operas wie *Gute Zeiten, schlechte Zeiten* (RTL) oder *Berlin, Berlin* (ARD) zur Sprache, die mit der Darstellung einer bestimmten Lebensstilgruppe verbunden werden.[38] „Teilweise wird in den Medien immer propagiert, dass der Berliner an sich jung, dynamisch und eitel Sonnenschein ist" (UBT4) – mit derartigen sozialen Charakterisierungen arbeiten nach Ansicht der Interviewpartner die Vorabendserien und Filme, in denen ein studentisches und Yuppie-Milieu inszeniert wird. In Einzelfällen wird auch in diesen Medien ein differenziertes soziales Gefüge wahrgenommen, wenn etwa zwischen dem „Zeitgeistmoment" der gentrifizierten Berliner Mitte und den Darstellungen wenig verfestigter Lebenssituationen in Soap Operas mit jugendlichem Darstellerset und entsprechender Zielgruppe unterschieden wird. Neben der Glitzermetropole Berlin entsteht in den Vorabendserien somit auch ein Vorstellungsbild, das mit bestimmten Eindrücken der Berliner Nachwendefilme kongruent ist. Der Interviewpartner UBT5 formuliert den Zusammenhang zwischen *Berlin, Berlin* bzw. der Hauptfigur „Lolle" und seinen teils negativen Meinungen über die Einwohner Berlins wie folgt:

> Das ist so eine 18-jährige, die in Berlin lebt, in so einer wilden WG, mit ein paar Typen zusammen, und sich bemüht, an Kohle zu kommen und sich dann aber überlegt, doch Kunst zu studieren. Und dann halt die wilden Geschichten in dieser Sendung. Das ist schon auch was, was meine Vorurteile dann unterstützt und auch durchaus in gewisser Weise meinungsbildend ist und gewisse Meinungen – nicht nur Vorurteile – dann bestätigt.

Ein weiteres Fernsehgenre, das bei Interviewpartnern zu Rückschlüssen auf spezielle Charakteristika und die sozialen Gegebenheiten Berlins führt, sind die in Berlin gedrehten Beiträge zur *Tatort*-Reihe der ARD. Hier entsteht für manche Befragten ein Vorstellungsbild von Berlin, bei dem die Charaktere der dargestellten Kommissare und nicht die inszenierten Kriminalfälle im Vordergrund stehen. Die so der Raumvorstellung beigesteuerte Facette von Berlinern als „raubeinigen Charakteren", die in ihrer polizeilichen Dienstausführung „gewisse Grauzonen für sich in Anspruch nehmen und nicht immer so arbeiten, wie es im Polizeigesetzbuch steht" (UBT7) steht in direktem Gegensatz zu einer weiteren Facette medialer Stadtdarstellungen, in denen oft ein subkulturelles bis kriminelles Image der inszenierten Charaktere beabsichtigt wird: Das Musikgenre des deutschen Hip-Hop, das dem medial unterstützten Image Berlins als der Kultur- und Musikhauptstadt Deutschlands (UBT4) entsprechend zu einem großen Teil in Berlin entsteht bzw. dort in Szene gesetzt wird, übernimmt insofern die US-amerikanischen Stilkonventionen, als dass seine Protagonisten nach größtmöglicher „*street credibility*" streben. Hierunter ist nicht nur die Verwurzelung der Rap-Musiker in einem bestimmten Stadtteil gemeint, meist den Wohnorten ausländischer Bevölkerungsgruppen oder als Ghettos inszenierten Großwohnsiedlungen, sondern auch die Andeutung enthalten, dass die Musiker die Härten einer großstädtischen Randgruppen-Existenz einschließlich gewaltsamer Auseinandersetzungen um die Aneignung öffentlicher Räume durchlebt haben und damit realistisch in ihrer Musik zum Ausdruck bringen können (UBT7). Dementsprechend sind es vor allem aus Besuchersicht weniger

---

38 Erst nach Durchführung der Interviews wurde mit der SAT1-Telenovela *Verliebt in Berlin* (Serienstart 28. 02. 2005) ein weiterer erfolgreicher Vertreter der Berlin-Darstellung in die Vorabendunterhaltung eingeführt.

bekannte Stadtteile, die in Musikvideos dargestellt werden (UBT9). Insbesondere durch Graffiti, die ein häufig erinnertes Element der Berliner Raumvorstellung aus Besuchersicht darstellen, verbinden manche Interviewpartner die in Hip-Hop-Videos rezipierte Rauminszenierung mit realen Stadträumen in Berlin, was häufig zu einer befremdeten bis ablehnenden Bewertung bestimmter Gebiete beiträgt.

Die relativ geringe Anzahl spontan als Einflussfaktoren auf das eigene Vorstellungsbild von Berlin benennbarer Filme ist für die Gruppe der Besucher ähnlich wie für die Berliner Interviewpartner. Es sind vor allem die sog. Ostalgiefilme *Sonnenallee* und *Good Bye, Lenin!* sowie *Lola rennt*, die spontan genannt werden. Die als Modeerscheinung eingeschätzte „ostalgische" Inszenierung des Ostberliner Alltagslebens wird in ihrer positiven Ausstrahlung zum einen an der Grenze zu einer verherrlichenden Darstellung der politischen wie lebensweltlichen Verhältnisse in der DDR skeptisch wahrgenommen, korrespondiert zum anderen jedoch auch mit den alltäglichen Vorstellungen vom ehemaligen Ostteil der Stadt. So bringt UBT4 die Darstellung in *Sonnenallee* in Verbindung mit seiner Beobachtung, dass eine starke emotionale Bindung und Identifizierung der Ostberliner mit ihren jeweiligen Stadtvierteln auch 15 Jahre nach dem Mauerfall persistent ist. Die vollständige Vermengung der Informationsbereiche Medien und Erlebnis vor Ort wird in der Einschätzung der Interviewpartnerin UBT14 zum Einfluss von *Good Bye, Lenin!* auf ihre Vorstellung von Ostberlin deutlich:

> Das hat mich ein bisschen eigentlich positiv beeinflusst. Da war so die Familie, die hat ganz normal gelebt, so wie halt jeder andere, das hätte auch in jeder anderen Stadt sein können, so das ganze Umfeld. Es war angenehm, sie hatten irgendwo Spaß – gut, es war auch witzig mit dieser Mutter. Ich fand es anders, als ich das erlebt habe. Als ich da war, war es immer nur Tristesse, und diese Plattenbauten, das finde ich trist einfach. Aber die haben ja auch in so einer Platte gewohnt, und wie das dann ablief oder wie es dargestellt wurde, das fand ich nicht so negativ.

Das Verschmelzen von medialem Inhalt – hier der positiven Wertung Ostberliner Alltagslebens – mit den eigenen Vorstellungen über einen Stadtraum, die in einem Anpassungsprozess an die angeeigneten Medieninhalte angepasst werden, ist im Fall von *Good Bye, Lenin!* auch in anderen Kontexten aufgetreten. Sowohl auf kognitiver Ebene, etwa in Form des Zuordnens einzelner Schauplätze, die bei einem Besuch in Berlin entdeckt werden, als auch im durch Medien vermittelten emotionalen Bezug zur Stadt werden Wechselbeziehungen zwischen Filmstadt und Besuchsstadt thematisiert. Im Interview UBT3 wird eine derartige Querverbindung zwischen Spielfilm und medialem wie erlebtem Ereignis mit einer spezifischen Auswirkung der Berliner Maueröffnung zum Ausdruck gebracht:

> Was ich da so sehr mit Berlin verbunden habe auch von der Wahrnehmung her, war diese Überschwemmung mit Autos, wie es ja am Anfang war, kurz nach der Grenzöffnung. Wie ich das erste Mal dort war hatte ich, glaube ich, auch diesen Eindruck, dass die ganze Stadt einfach überschwemmt ist mit Autos.

Insgesamt überwiegen bei der Gruppe der Berlin-Besucher die Fernsehbilder in der spontanen Erinnerung die filmischen Stadtdarstellungen als Einflussfaktor auf die Raumvorstellung. Jedoch machen besonders die letzten Beispiele für Verknüpfungen zwischen Film und Vorstellung ebenso wie die Darstellung zu Fernsehformaten deutlich, dass für die Berlin-Besucher ein höheres Ausmaß an Zusammenfließen von medialen und direkt erlebten Elementen der Raumvorstellung festzuhalten ist, wobei eine geringere kritische Distanz zu den medial generierten Raumbedeutungen anzutreffen ist als in der Gegenüberstellung von Medienbild und Lebenswelt.

9.3.3.3. Muster der Filmaneignung

In den Gesprächen mit Berlin-Besuchern wurde neben den in Berlin verwendeten Ausschnitten aus *Himmel über Berlin* – der Eröffnungssequenz und der „Homer"-Episode – auch die Eröffnung von *Das Leben ist eine Baustelle* verwendet, die das erste Zusammentreffen der Protagonisten Vera und Jan vor dem Hintergrund von Straßenkämpfen zwischen Autonomen und Polizei inszeniert. Die von dieser Sequenz angestoßenen Reflexionen werden zunächst skizziert, bevor die Reaktionen auf die *Himmel*-Sequenzen dargestellt werden, die relativ große Übereinstimmungen mit den in Berlin geführten Interviews aufweisen.

Die ersten Reaktionen auf den Beginn von *Das Leben ist eine Baustelle* stellen eine Rückkopplung zur allgemeinen Raumvorstellung dar. Spontan werden Straßenkrawalle und Ausschreitungen als eine typische, bislang jedoch nicht erwähnte Assoziation mit Berlin genannt. Die Gesamtszenerie wird in ihrer nächtlichen und von den Krawallen geprägten Grundstimmung als „ziemlich dunkel und ungemütlich, […] nicht als besonders einladend" empfunden (UBT9), was mit der Bewertung der dargestellten sozialen und räumlichen Verhältnisse übereinstimmt. Marode Altbausubstanz und finstere Hinterhöfe erscheinen den Interviewten als passende Symbolik für ein angespanntes soziales Setting, in dem politisch motivierte, jedoch sinnlos erscheinende Gewalt sich zum einen auf das Leben unbeteiligter Charaktere auswirkt, was als Grundrisiko großstädtischen Lebens angesehen wird (UBT5). Zum anderen stehen viele Filmcharaktere den ablaufenden Unruhen mit absoluter Gleichgültigkeit gegenüber, was als Ausdruck einer für Berlin typischen Einstellung dem städtischen Umfeld gegenüber gewertet wird. „Das sind die unterschiedlichen Bevölkerungsinteressen – die einen machen Randale, die anderen vergnügen sich im Bett, denen ist es egal, was draußen auf der Straße abgeht. Da wird schon deutlich, dass Extreme aufeinander treffen", (UBT4). In ihrer Gesamtheit wird die Eingangssequenz als überzogene, jedoch einen realistischen Kern ansprechende Darstellung aufgefasst. In ihrer Inszenierung „maroder, unrenovierter Hintergässchen und teilweise dubioser Hinterhöfe" (UBT14) zeichnet sie zum einen ein Bild von den vom dominierenden Medienimage weitgehend ausgeblendeten Bevölkerungsgruppen der Arbeiterschicht und der „jungen Rebellen", die als typisch für Berlin angesehen werden: „Immer ständig in Ärger verwickelt, immer auf der Flucht", (UBT14). Zum anderen wird die Sequenz als Hinweis darauf interpretiert, dass Berlin neben vielen anderen Bedeutungsfacetten aufgrund der vielfältigen Differenzierungen seiner Gesellschaft auch als politisch konfliktreiche Metropole anzusehen ist. Auch hierfür fungiert der Filmimpuls als Rückkopplung zur Reflexion der eigenen Raumvorstellung, was an folgender Aussage von UBT9 dargestellt werden kann:

> Ich denke, an dieses Bild von Berlin denken auch nicht so viele Leute. Ich habe das nicht so primär vor Augen, aber wenn man so etwas sieht, das kann man dann schon mit Berlin verbinden. So ist es nicht, dass ich dachte, huch – das ist Berlin, das ist doch so eine tolle Stadt und alle Leute sind fröhlich. Das bekommt man auch schon mit, dass es dort öfter brodelt. Ab und zu sind dort ja auch Demonstrationen. [...] Das ist halt einfach die größte Stadt Deutschlands und ist von der Bevölkerung her am meisten polarisiert. Sie unterliegt sehr vielen Einflüssen, und von daher ist es normal, dass es ab und zu aus dem Ruder läuft.

Auch die Eingangssequenz von *Himmel über Berlin* wird von den Gesprächspartnern als eine Gedankenstütze aufgenommen, anhand derer bislang unbewusst gebliebene Elemente der Raumvorstellung thematisiert werden können. Im Fall von BT1 ist es die dominante Bebauung Berlins in gründerzeitlicher Blockrandbebauung mit Hinterhofstaffeln, die als besondere Auffälligkeit genannt wird. WENDERS' Berlin wird anhand der Eingangssequenz als passende räumliche Symbolik für die skizzierten sozialen Beziehungen interpretiert; er zeigt „[n]icht die Prunkseite, eher die Hinterhöfe. Erst waren diese Berliner Karrees vollständig, dann kam dieser eine Blick mit der [Stadtautobahn], und dahinter waren die halb abgerissenen Häuser, die dienen jetzt als Werbefläche, sind nicht mehr geschlossen, sind aufgerissen." Das so geschaffene stadträumliche Setting für die Darstellung alltäglicher Besonderheiten, wie sie die Engel in ihrer Konversation im Autohaus berichten, zeichnet sich für BT1 v.a. durch die Schwarz-Weiß-Gestaltung als nachdenkliche und düstere Atmosphäre aus, in der die Kaiser-Wilhelm-Gedächtniskirche als Symbol für die Kriegszerstörungen eine besondere Stellung einnimmt. Den Bogen von den filmischen Inszenierungen zu eigenen Vorstellungen über das historische Berlin schlägt auch UBT14 als Reaktion auf die *Himmel*-Eröffnung. Die Luftaufnahmen von Berlins gründerzeitlicher Blockbebauung und die Szene, in der ein US-amerikanischer Schauspieler mit dem Flugzeug in Berlin ankommt und dabei über die Stadt nachdenkt, regen hier zu einer Rekapitulation von 60 Jahren Stadtgeschichte an. Neben den Bombenangriffen des 2. Weltkrieges wird auch die Luftbrücke zur Versorgung Berlins und damit die besondere Insellage der Stadt im Staatsgebiet der DDR angesprochen. Die besondere Bedeutung, die Flugzeuge in positiver wie negativer symbolische Aufladung im 20. Jahrhundert für die Stadtgeschichte von Berlin gespielt haben, wird durch den Impuls der Filmsequenz vergegenwärtigt. Die Spekulation der Gesprächspartnerin, wie sich der Film ausgehend von der gezeigten Eröffnung weiter entwickelt, vertieft die Wirkung des Filmausschnittes zur Reflexion der eigenen historischen Raumvorstellungen und belegt zudem das ausgeprägte intuitive Verständnis für die Verwendung bestimmter filmischer Gestaltungsmittel, das in der kulturellen Technik der Filmaneignung alltäglich zur Anwendung kommt:

> [Der Film thematisiert im weitern Verlauf] Ost-West-Unterschied, könnte ich mir vorstellen. Dann dass sich dieser Amerikaner beide Stadtteile anschaut. [...] vielleicht kommt dann die Wende und der Film wird farbig oder so. [...] Vielleicht ist noch ein Rückblick auf den 2. Weltkrieg [im Film enthalten].

Der Rückblick vor die Zeit des Nationalsozialismus und den 2. Weltkrieg in der „Homer"-Sequenz wird von den Berlin-Besuchern in gleicher Weise wie von den Einheimischen aufgenommen. Insbesondere die jüngeren Gesprächspartner ordnen die Filmsequenz als überraschende oder gar schockierende Erweiterung ihrer Kenntnisse und wertenden Raumbezüge des Potsdamer Platzes ein, der in der Raumvorstellung dominant in seiner heutigen Neubebauung und städtischen Funktion verankert ist. Die Verwunderung über die Inszenierung des Platzes kommt z.B. in folgender Aussage von UBT3 deutlich zum Tragen:

> Irgendwie bin ich schockiert, man hat das Bild gar nicht mehr im Kopf; wenn man da in letzter Zeit gewesen ist, denkt man nicht mehr daran, dass während des Kalten Krieges nichts da war. Und auch dass der Platz davor vielleicht schon missbraucht worden ist, in der Nazi-Zeit, daran denkt man jetzt gar nicht mehr im Moment. Weil er eben so einen Wandel durchgemacht hat; der ist jetzt eher wieder so, wie es der alte Herr im Film erzählt, wie er am Anfang war. […] Das war der Brennpunkt seines Lebens. Da hat er sich getroffen, dort konnte er sein und dort spielte sich sein Leben ab. […] Und dann der Gegensatz mit den Bildern, die man sieht, von dem tristen leeren Platz, über den S-Bahn-Hochgleise gezogen sind und die Mauer durchgeht. Wenn man nicht wüsste, wie es jetzt wieder ist, könnte man sich nicht vorstellen, dass das jemals ein Lebensraum gewesen sein könnte, weil es doch so anders einfach ist. So ein Unterschied zwischen dem Erzählen des Mannes und den Bildern, die man sieht.

Die markanten Unterschiede zwischen dem Potsdamer Platz der 1920er Jahre als Inbegriff urbaner Kultur und der gegenwärtigen Gestaltung werden in der Außenperspektive größtenteils ähnlich bewertet wie aus Sicht der Berliner. Dies ist angesichts der touristischen Magnetfunktion des „neuen" Potsdamer Platzes überraschend und ist in einigen Fällen auf politische und normative Grundhaltungen der Gesprächspartner sowie in Einzelfällen auf ein durch Studieninhalte entstandenes tiefer gehendes Verständnis städtischer Umgestaltungsprozesse zurückzuführen. So erfährt der Potsdamer Platz bei UBT12 eine Wertung, die an die Diskussion von JAMESON über die Grundmerkmale postmoderner Kultur und Architektur erinnert und darin eine transatlantische Perspektive einnimmt:

> Jetzt ist der Potsdamer Platz einfach nur künstlich und so ein Retro-Teil, eine künstliche Welt, die anders sein sollte als früher. Für mich ist es nichts gewachsenes, deshalb hat das keinen großartigen Charme. […] Das ist das, was ich aus Bildern von New York sehe, oder Amerika halt, diese Straßenschluchten, die hier [am Potsdamer Platz] gewollt inszeniert worden sind.

Dieses Zitat kann als Beispiel einer Umkehrung des traditionellen Verhältnisses von physischer Stadtrealität und medialer Inszenierung gesehen werden: Die gewollte Inszenierung eines urbanen Raumes am Potsdamer Platz, mit der – für viele Gesprächspartner vergeblicherweise – die kulturellen Werte des historischen Vorbildes aufgegriffen werden sollten, besteht in der architektonischen und städtebaulichen Gestaltung des materiellen Stadtraumes. Im Gegensatz zu den Fassaden der Retro-Welt Potsdamer Platz wirkt dann die filmische Inszenierung eines historischen Zustandes als authentisches Abbild eines nicht direkt erlebten Stadtraumes, in dem tiefere historische Konnotationen eingewoben sind, als dies dem gegenwärtigen Platz zugesprochen wird. Der Film *Himmel über Berlin* wird zu einem Einblick in die „echte Geschichte", als Wissensquelle und Reflexionsgegenstand für kulturelle Wertungen des städtischen Lebens und urbaner Plätze. Die gewandelte Auffassung des filmisch Realen bringt folgende Aussage zum Ausdruck (UBT3):

> Ich würde sagen, das ist schon eher historisch als fiktional. Es gibt immer eine Spur von filmerischen Möglichkeiten, und Abwandlung von der Realität ist in einem Film meistens dabei. Aber generell würde ich es eher als Geschichte sehen, so wie es in der damaligen Zeit einfach war.

Auf einer abstrakteren Ebene als es bei den Berliner Interviewpartnern aufgrund der mit den historischen Entwicklungsverläufen verknüpften Familien- und Lebensgeschichten der Fall ist fungieren Filme somit auch aus der Sicht von gelegentlichen Besuchern als Rückkopplungsimpulse, die zur Reflexion über die Details und die Ursprungsquellen der eigenen Raumvorstellung von Berlin anregen. In vielen Fällen äußern sich die Interviewten im Anschluss an die Diskussion der Filmausschnitte über das Wechselspiel zwischen medialen Inhalten und ihren räumlichen Vorstellungen, wobei eine Erweiterung gegenüber den im Gesprächsverlauf bereits geäußerten Quellen und Einflussfaktoren deutlich wird. Im Interview UBT5 ist ein derartiges Fazit zum Verhältnis von Filmbildern und Raumvorstellung zudem verbunden mit einer Aussage über die Selektivität des filmischen Einflusses, die durch die narrativen Mechanismen der Handlungs- und Figurenorientierung des Mediums Film erzeugt wird:

> Das Berlin-Bild kommt von dem Informations-Input, den man selber hat, der überwiegt durch Kino und Fernsehen der heutigen Zeit. Und das zeigt eben vor allem irgendwelche großstädtischen Besonderheiten. [...] Eine Region und ein städtischer Raum, der das besonders fördert, ist halt sicherlich Berlin. Und im Rückschluss spielen sich halt solche Sachen typischerweise in Berlin ab, damit sie halt die Glaubwürdigkeit haben. [...] Es ist ja sicherlich so: Medien, Filme, Fernsehsendungen agieren auch immer mit Personen, deshalb ist die soziale Ebene immer überrepräsentiert. Also diese Gefühlsebene oder dieses Zwischenmenschliche. [...] Wenn jetzt jemand nach Berlin kommt, der noch nie da war und ein bestimmtes Bild oder Image von Berlin hat durch solche Filme oder so, der achtet ganz verstärkt auf die Persönlichkeiten, die dort leben und sieht weniger die Bauwerke – die nichtmenschliche Infrastruktur, die ganzen Strukturen sieht er weniger – sondern er achtet viel mehr auf die Personen und sein Bild von der Stadt entsteht viel mehr dadurch, wie er eben die Personen empfindet. [...] Sie sehen dann eine Handvoll von Personen oder eine Person, und diese eine Peson oder Gruppe von Personen prägt ganz entscheidend das Stadtbild. Es gibt auch noch tausend andere Personen anderer Couleur, die eigentlich in der Lage sind, ein völlig anderes Bild von der Stadt zu vermitteln. [...] Das sind alles gleichwertige Gestaltungselemente so einer Stadt.

Die Bedeutung von Filmbildern für die Raumvorstellung eines gelegentlichen Besuchers liegt demnach in geringerem Umfang auf der kognitiven Ebene des Orientierungs- und Lagewissens, das durch die „Beachtung der Bauwerke" angesprochen ist. Dies lässt sich auch durch die Dominanz direkt erlebter Räume in der Diskussion kognitiver Raumbezüge unterstreichen. Vielmehr sind es die „weichen" Faktoren der emotionalen Zuschreibungen zu Personen, Bevölkerungsgruppen und ihren jeweiligen Stadträumen, für die filmisch vermittelte Raumbezüge aus externer Besuchersicht von größerer Relevanz sind. Hierbei findet durch die starke Fokussierung vieler Filmnarrative und der Filmwahrnehmung auf die zentralen Filmcharaktere eine emotionale Bindung zu Filmpersonen statt – z.B. mit dem Erzähler Homer oder den jungen *Baustellen*-Rebellen – die auf deren räumliche Umgebung ausgeweitet wird. So gewinnen Raumbedeutungen aus Filmen und verwandten Fernsehformaten ihre zentrale Position als Bausteine einer wertenden Raumvorstellung, die sowohl der Gesamtstadt Berlin in ihren historischen Entwicklungen und politischen Veränderungen gilt als auch in differenzierterer Form auf einzelne medial markante Stadtviertel angewandt wird.

9.3.4. Reality Check IV: New York aus deutscher Besuchs- und Außenperspektive

Die Raumvorstellungen von Berlin wurden den relativ deutlichen Unterschieden zwischen einer lebensweltlichen und einer touristischen Perspektive folgend in zwei separaten Strängen diskutiert. Im Fall von New York wird davon abweichend die Besuchs- und Außenperspektive innerhalb eines Abschnittes dargestellt, wobei zunächst die auffallend großen Gemeinsamkeiten der ausschließlich medial vermittelten und der durch Besuche geprägten Vorstellungen dargestellt werden. Hierin wird deutlich, dass mediale Stadtdarstellung und ihre touristische Erfahrung relativ gleichwertige und im Ergebnis ähnliche Erfahrungsweisen von Stadträumen ermöglichen, die sich wechselseitig unterstützen und erst durch intensive Besuche einer komplexen Metropole wie New York durch grundlegend neuartige Elemente von Raumvorstellungen erweitert werden (vgl. Abschnitt 9.3.4.2). Für beide Teilgruppen lässt sich in relativ übereinstimmender Weise eine große Bedeutung medialer und für New York anders als für Berlin auch explizit filmischer Darstellungen belegen, die in einer durch Filmausschnitte angeregten Reflexion bestätigt wird, in der der filmische New-York-Mythos mit der facettenreichen alltäglichen Raumvorstellung exemplarisch in Beziehung gesetzt werden kann.

9.3.4.1. Die Gemeinsamkeiten von Besuchs- und Außerperspektive

Allein durch mediale Stadtbilder entsteht bei den Gesprächspartnern, die New York nicht aus eigenem Erleben kennen, ein vielschichtiges und sehr präsentes Vorstellungsbild, das leicht in Gesprächen abzurufen ist. Bei nahezu allen Interviewten steht die visuelle Assoziation mit der physischen Stadtstruktur Manhattans an erster Stelle, für die eine markante Skyline und die hoch verdichteten Bauformen der Geschäftsbereiche stehen. Nur vereinzelt kommt wie im Beispiel BT5 dabei bereits zu Beginn der Reflexion zur Sprache, dass es sich hierbei um ein selektives Bild der Stadt handelt:

> Meine erste visuelle Vorstellung ist natürlich Manhattan. Obwohl einem klar ist, dass das wahrscheinlich nicht New York ist. Man hat nicht so viele andere Assoziationen. Man hat diese Hochhauswelt, man weiß, dass es auf einer Insel liegt. Man kennt diese Bilder von der Skyline und vielleicht im Hintergrund kann man sich auch noch dieses Brooklyn vorstellen. Ich glaube, das liegt nicht mehr in Manhattan. Ich glaube, das ist ein eigenes Stadtviertel?

Die Skyline mit einzelnen architektonisch markanten Gebäuden wie dem Empire State Building, dem Chrysler Building oder dem Times Square wird in allen Fällen mit dem medialen Großereignis des 11. September 2001 und den sich tief eingeprägten Bildern der einstürzenden Türme des World Trade Centers verbunden. Allerdings ist bereits drei Jahre nach den Anschlägen zu erkennen, dass der 11. September 2001 als abstraktes und weltpolitisches Ereignis angesehen wird und insbesondere durch die militärischen Reaktionen in Afghanistan und Irak mehr mit der Nation USA als mit der Stadt New York verknüpft wird. Im alltäglichen Vorstellungsbild erhält 9/11 eine reduzierte Stellung als ein markantes städtisches Ereignis unter vielen, anhand dessen sich die Vorstellung von New York nicht wesentlich verändert hat. Dies ist auch bei Gesprächspartnern festzustellen, die aufgrund eigener Besuche im World Trade Center eine direktere emotionale Verbindung zu 9/11 haben, und ist kompatibel zu den Interviewergebnissen aus den USA sowie mit anderen Untersuchungen zur „neuen Normalität", die nach den Terroranschlägen schnell Einzug gehalten hat (u.a. SORKIN/ZUKIN 2002, ABRAMS et al. 2004). Die markante physische Raumvorstellung der Skyline von Manhattan wird eingebettet in ein weniger mit einzelnen Ikonen markiertes Vorstellungsbild von der Stadtgestalt von New York, das deutlich auf die Geschäftszentren Manhattans beschränkt ist. Mit Ausnahme des weithin bekannten Central Park wird New York als massive Ansammlung von Bürogebäuden empfunden, deren bedrohlicher Charakter – häufig mit dem Terminus „Straßenschluchten" besetzt – durch die hektische Betriebsamkeit von Passanten und Straßenverkehr gesteigert wird. Selbst im Gegensatz zu anderen Großstädten wie Berlin oder London erscheint New York als eine nochmals gesteigerte Massierung von physischer Bausubstanz und menschlicher Aktivität – zusammengefasst in der spontanen Assoziation von UBT11 zu New York:

> Groß, laut. Ich habe in Berlin mit einer zusammen gewohnt, die zwei Jahre in New York gearbeitet hatte. Da hatte ich immer schon den Eindruck, Berlin ist so groß [...] und laut und ständig Verkehr die ganze Zeit, egal was für eine Uhrzeit. Und die [Mitbewohnerin mit New York-Erfahrung] war ganz entspannt dagesessen und hat gesagt, das ist alles gar nichts.

Als Synonym für die hektische Betriebsamkeit und zugleich als eines der wichtigsten Merkmale der Vorstellungen über New York insgesamt steht für viele Interviewte die Wall Street. Die Stellung New Yorks im globalen Netzwerk der Finanzindustrie beeinflusst – angesichts der öffentlichen Diskussionen über Globalisierung und die Symbolik der Anschlagsziele von 9/11 wenig überraschend – in vielen Fällen maßgeblich die Raumvorstellung von der Stadtgestalt und den sozialen Gegebenheiten von New York. Im sozialen Bereich steht aus der Außenperspektive analog zur Reduzierung New Yorks auf seine Geschäftsbereiche der „typische New Yorker" als Büroarbeiter in Branchen der Finanz- und unternehmensorientierten Dienstleistungen im Mittelpunkt, wenngleich die Vielschichtigkeit der Bevölkerung und insbesondere die Armutssituation vieler New Yorker ebenso wahrgenommen wird. Als Inbegriff der verbreiteten sozialen Raumvorstellung New Yorks, die als Dichotomie von professionellen Eliten und einer *„new urban underclass"* (WILSON 1997) aus Immigranten und sozialen Randgruppen empfunden wird, kann folgende Vorstellung einer typischen New Yorker Straßenszene dienen: „Der Geschäftsmann mit dem Armanianzug, der an einer puertoricanischen Fladenverkäuferin mit ihrem Straßenständchen vorbeiläuft, am besten noch mit einem Kaffee von Starbucks in der Hand", (FU2). Neben den Dimensionen sozioökonomischer Divergenz und ethnischer Vielschichtigkeit, die durch anhaltende Immigration weiter anwächst, fehlen in der Vorstellung von New Yorks Stadtgesellschaft in Ableitung des Wall-Street-Images auch weite Teile der Mittelschicht sowie insbesondere ältere Einwohner und Kinder. Das medial vermittelte Bild des sozialen Gefüges von New York charakterisiert BT5 als weitgehend kinderlos.

> Der typische New Yorker, mal ganz plakativ gesagt, ist hübsch, der trägt einen Anzug – also die Männer – das sind so Geschäftsleute, das ist so, was es in den Medien gibt. Und dann gibt es die anderen New Yorker, die Penner – die Zwischenebene fehlt. Ich habe auch keine Fami-

lienassoziationen irgendwie jetzt. New York spielt sich in Manhattan ab und Manhattan ist die Geschäftswelt und in dieser Welt gibt es die Manager, keine Kinder. Es wäre ein komisches Bild, wenn man eine Schulklasse durch diese Straßenschluchten laufen ließe, ich denke, das sähe etwas kurios aus, weil die da einfach nicht hingehören. In diese Arbeitsstadt, da haben die nichts zu suchen. [...] Also, so ist dieses Bild – aber natürlich gibt es die Kinder auch irgendwo. Wenn man jetzt 5 Leute vor sich hätte und man würde mich fragen: ‚Wer kommt aus New York?', dann würde ich schon auf den mit der Krawatte zeigen.

In geringerem Umfang werden von den Interviewten die kulturellen Aspekte New Yorks sowie seine Stellung als glamouröse Lifestyle-Metropole thematisiert. Im Kulturbereich stehen dabei weniger die für Besucher relevanten Einrichtungen wie Museen, Galerien oder die Entertainmentformen des Broadway im Mittelpunkt, sondern eher die spezifische Stadtkultur, die sich in New York durch historische Entwicklungsverläufe sowie die politischen Verhältnisse entwickelt hat. Als „Tor nach Amerika" ist New York auch deutschen Interviewpartnern in seiner historischen Bedeutung ein Begriff. Die ebenfalls als markantes Stadtsymbol bekannte Freiheitsstatue bringt wichtige historische Bedeutungsfacetten New Yorks zum Ausdruck – „Einwanderung, Freiheit, unbegrenzte Möglichkeiten" (UBT2). Diese historisch angelegte Verbindung zwischen Europa und den USA bildet zusammen mit den liberal-demokratischen Mehrheitsverhältnissen in New York die Grundlage für eine kulturelle Wertung, der in Zeiten verbreiteter Amerika-Skepsis besondere Bedeutung zukommt. New York wird als un-amerikanischste bzw. europäischste Stadt der USA angesehen, der als abgetrennte Einheit vom konservativen Amerika eine weit positivere Bewertung zuteil wird. Hierzu trägt der Gegensatz zwischen Washington als Sitz der US-amerikanischen Regierung und New York als Sitz der im deutschen Mediendiskurs – insbesondere im Kontext des zweiten Irakkrieges – als zentraler Gegenspieler thematisierten Vereinten Nationen wesentlich bei. Zusammen mit der wahrgenommenen Attraktivität und Einmaligkeit der baulichen Stadtstrukturen bewirkt die politisch-kulturelle Wertung bei Besuchern wie reinen Mediennutzern ein deutliches Überwiegen positiver Faktoren gegenüber Negativaspekten der Stadt. Besonders die große soziale Diskrepanz zwischen offensichtlicher und teils in ghettoartigen Stadtgebieten konzentrierter Armut und der finanzstarken Elite, die mit Manhattan bis zum nördlichen Ende des Central Park assoziiert wird, trägt zur Relativierung des positiven New-York-Bildes bei.

Am oberen Ende der sozioökonomischen Skala ist New York für Besucher wie aus Außenperspektive durch eine medienwirksame Mischung aus Prominenten, Reichen und Schönen definiert. Beiden Gruppen dienen – abgesehen von Erfahrungen der Besucher mit dem exklusiven Einkaufsangebot in der arrivierten Midtown oder den „trendigen" Vierteln SoHo, Tribeca oder Meatpacking District[39] – primär die populären Fernsehserien *Friends* (CRANE/KAUFFMAN 1994–2004) und *Sex and the City* (STAR 1998–2004) als Grundlage für die Vorstellung vom glamourösen

---

39 SoHo (South of Houston Street) wird von Houston Street, Broadway, Canal Street und Hudson Street begrenzt, als Tribeca (Triangle below Canal Street) wird das Viertel südlich Canal Street zwischen Hudson River und Broadway bezeichnet, das südlich mit Ground Zero abschließt. Der Meatpacking District erstreckt sich zwischen 15. Straße und Jane Street vom Hudson River bis etwa zur Hudson Street.

New York. Deren als überzeichnete Version realer Grundlagen interpretierte Inszenierung hat Vorläufer in filmischen Genrekonventionen, die für romantische Komödien, Verwechslungsgeschichten und Musikfilme seit den 1940er Jahren gelten und viel zur Ausformung des einseitig romantisierten Medienimages des New York der Lifestyle-Eliten beigetragen haben (vgl. Abschnitt 9.3.4.3).

Anhand der sozialen Bedeutungszuschreibungen wird die Reduzierung New Yorks auf bestimmte Teile Manhattans überaus deutlich. Selbst wenn die Existenz weiterer Stadtbezirke genannt wird, werden diese in der verbreiteten Raumvorstellung allenfalls schematisch als „Wohnviertel" oder Gebiete „anderer Schichten" eingeordnet. Unter den Außenbezirken New Yorks kommen dabei nur geringe Differenzierungen zutage; Staten Island findet höchstens als Zielpunkt der für touristische Fahrten genutzten Fährverbindung Erwähnung, während Queens eher als irrelevanter Wohnstandort der Mittel- und Unterschicht wahrgenommen wird. Brooklyn, die Bronx und Harlem sind dagegen in der Raumvorstellung als „Nicht-Manhattan" und damit als gefährliche Stadtgebiete mit zumeist afro-amerikanischer Bevölkerung verankert, die aus der Außensicht für potentielle Besuche zu meiden wären. Dementsprechend sind die Außenbezirke von einigen Interviewpartnern bei ihren Besuchen weitgehend gemieden worden, während die vereinzelten New-York-Kenner gerade die Außenbezirke als wesentlich interessantere Stadterlebnisse einschätzen als das bereits intensiv erkundete und stark touristisch geprägte Manhattan (vgl. Typ 3 in Abschnitt 9.4.3). Besonders hervorzuheben ist die interne Gliederung Manhattans in der Wahrnehmung der Gesprächspartner. Es zeigt sich, dass das „eigentliche" New York wiederum nur in Teilbereichen des Bezirkes anzufinden ist, die mit den touristischen und medialen Standard-Kontakträumen übereinstimmen. So ist nicht nur Harlem als zu meidendes Stadtviertel als „außerhalb" von Manhattan verankert, sondern teils auch Stadtbezirke, die ihrer Bebauung, ethnischen Struktur und funktionalen Nutzung nach nicht der Vorstellung von Manhattan entsprechen. Die Ausnahmen von Manhattan als Touristen- und Geschäftswelt umfassen die ethnisch geprägten Stadtteile Little Italy und Chinatown, deren besondere Stellung FU2 wie folgt erfasst:

> In Manhattan, da hatte ich immer das Gefühl: Ok, das sind sowieso alles zum größten Teil Touristen, oder sie wissen soviel wie ich. Und dann sind da natürlich auch die Leute, die in Manhattan arbeiten, aber die haben im Grunde genommen eine ähnliche Herangehensweise wie die Touristen, nur dass sie halt wissen, wo sie hinmüssen. In Manhattan kann man oberflächlicher leben, es ist sozusagen eine „Gebrauchsstadt" – hingehen, arbeiten, als Tourist die Highlights abhaken. [...] Also auch nicht alles. So Little Italy und Chinatown und so was, die sind dann anders. Aber das würde ich – das ist zwar auch da in Manhattan, aber das charakterisiere ich jetzt [als nicht zu Manhattan gehörig]. Manhattan war für mich halt so 5th Avenue und so, Central Park und Midtown, Broadway ...

Trotz derartiger Einschränkungen lässt sich in der emotionalen Grundhaltung zu New York eine zentrale Gemeinsamkeit zwischen der Außen- und Besuchsperspektive festhalten. Die Stadt wird als faszinierende Metropole mit herausragender globaler Bedeutung gesehen, was auf ökonomischer und politischer Macht ebenso basiert wie auf der kulturellen und ethnischen Vielfalt New Yorks und auf seiner Stellung als globales Medien- und Unterhaltungszentrum. Viele Gesprächspartner würden aufgrund der Dimensionen und der wahrgenommenen Intensität des städtischen Lebens eine Wahl New Yorks als Lebensraum ausschließen; dennoch ist mit der Stadt eine äußerst positive emotionale Raumvorstellung verbunden, die mit einer selbst aus reiner Außensicht relativ komplexen Wissensbasis und direkt handlungsrelevanten Vorstellungen einhergeht. Die weitgehende Übereinstimmung zwischen Außen- und Besuchssicht unterstreicht zudem den deutlich hervortretenden Charakter New Yorks als einer medial präsenten Metropole. Alle bislang diskutierten Charakteristika von New York sind ausschließlich auf die in einer Interviewsituation spontan erinnerten Medieninhalte zurückzuführen, die durch Aneignungsprozesse der Gesprächspartner zu Teilen einer alltäglich angewandten Raumvorstellung New Yorks geworden sind. Exemplarisch lässt sich die Verbindung von Medieninhalten und Raumvorstellung an den folgenden Einschätzungen zweier Interviewten verdeutlichen. In beiden Fällen wird das Medium Film in den Kontext anderer Quellen eingebettet. Für den Gesprächspartner BT5 geschieht dies als Alleinstellung von Fernsehen und Filmen gegenüber anderen Medienformen:

> Das New-York-Bild? Im Prinzip ausschließlich aus dem Fernsehen, würde ich sagen. Gelesen habe ich nicht wirklich viel über New York. Weder wissenschaftliche Literatur, noch Romane. Aber was man in Filmen mitbekommt und so.

Im Gegensatz hierzu benennt UBT10 ein Spektrum unterschiedlicher Quellen seiner Vorstellungen von New York, denen eine spezifische Wertigkeit zugesprochen wird. So wird Reiseführern als nicht-fiktionaler Literatur ein Status als primäre Informationsquelle zugeteilt, was interessanterweise für Zeitungen, Reisebeschreibungen oder TV-Dokumentationen nicht der Fall ist. Dem Medium Film wird eine zentrale Rolle zugedacht, wenngleich filmische Einflüsse tendenziell unterbewusst erscheinen und auch kein Beispielfilm als Einfluss auf das eigene Vorstellungsbild von New York genannt werden kann.

> Auch alles andere, was ich in mir habe, sozusagen, über New York, kommt wahrscheinlich nur aus Medien: Zeitungen, Berichten, Reisebeschreibungen, oder eben aus den Nachrichten, was da abgeht. Ansonsten, woher anders hole ich mir das nicht. Ich habe mir noch nie einen Reiseführer über New York gekauft, also an sich nur das Sekundäre, was da mitspielt. […] Filme wahrscheinlich sind recht beeinflussend, wenn Filme in New York spielen, dann kommt auch immer ein Bild rüber, und man sieht: die gehetzten Menschen, die Wirtschaft usw., und das prägt dann eben einen. Ich denke schon, Filme, Kino auf jeden Fall. […] Es gibt bestimmt massig Filme über New York die ich gesehen habe, bei denen mir dann während des Films bekannt ist – ok, das spielt in New York – aber mir fällt jetzt spontan keiner ein.

Bevor die Grundmuster der Erinnerungen an mediale Einflüsse auf eigene Raumvorstellungen von New York detaillierter ausgeführt werden, werden im Folgenden zentrale Aspekte dargestellt, in denen die Besuchersicht auf New York über die rein mediale Perspektive hinausgehen. Der Vielschichtigkeit und Größe New Yorks sowie dem bleibenden vitalen Eindruck entsprechend, den New York in seiner einzigartigen Faszination auf Besucher ausübt, sind in den Gesprächen sehr unterschiedliche Erlebnisse, Kontakträume und Wertungen angesprochen worden. Diese werden nur an Einzelfällen exemplarisch aufgezeigt, die Darstellung konzentriert sich weitgehend auf wesentliche Grundmuster der Unterschiede, die durch das „direkte" Erleben New Yorks entstehen.

9.3.4.2. Unterschiede, die das „echte" Erleben ausmacht

Ausgehend von den eigenen Erfahrungen entwickeln die Interviewpartner im Gespräch eine Raumvorstellung, deren kognitiver Detailreichtum und starke emotionale Aufladung deutlich die von New York ausgehende Faszination aufzeigt. Sehr viel stärker als für die reinen Mediennutzer stehen hier kulturelle Einrichtungen und Sehenswürdigkeiten im Blickpunkt, die von den führenden Museen der Stadt über touristisch hervorgehobene Stadtviertel wie Chinatown, SoHo oder die Times-Square-Umgebung bis hin zu beliebten Aktivitäten wie der Fahrt mit der Staten Island Ferry oder dem Spaziergang über die Brooklyn Bridge reichen. Der Aktionsradius, auf den sich nahezu alle Besucher stützen, beschränkt sich auf Manhattan südlich des Central Park und wird im Regelfall nur für einzelne zielorientierte Vorhaben überschritten, z.B. den Besuch eines Baseballspiels im Yankee Stadium in der südlichen Bronx oder einen Ausflug nach Coney Island im Süden Brooklyns.

Neben den touristischen Sehenswürdigkeiten sind es insbesondere das direkte Erleben der Stadtphysiognomie und das Beobachten des alltäglichen Lebens der New Yorker, die auf die Besucher besonderen Eindruck machen. Häufig genannte Lieblingsorte wie der Central Park und seine architektonische Umrahmung, das Empire State und das Chrysler Building als verbleibende Hochhausikonen oder städtebaulich markante Schnittstellen zwischen Wasser und Stadt wie Battery Park verdeutlichen die große Bedeutung, die das Erleben der architektonischen Stadtgestalt New Yorks für seine Besucher hat. „Der erste Eindruck von New York ist immer so etwas von ‚Wow – Hochhäuser, das ist schon beeindruckend'", (BE1). Die Architektur von Manhattan hat in ihrem überwältigenden ersten Eindruck jedoch nicht den Charakter des vollkommen Neuartigen, sondern wird als ein durch mediale Eindrücke vertrauter Mythos erlebt, der nun durch eigenes Erleben erschlossen wird. Aus der Schilderung der ersten Erlebnisse in New York durch UBT15 wird eine derartige Verbindung von Medienmythos und städtischer Realität deutlich:

> Du läufst da durch und man fühlt sich einfach wohl und ein bisschen wie zu Hause. Also jedenfalls in Manhattan dann, wir waren nur in Manhattan, und auch nur südlich [des Central Park] und bis runter wo damals noch die Türme [des World Trade Center] standen. Ich fand es schon imposant, und auch den Central Park, wenn man da durchläuft, das ist schon ein wahnsinniges Gefühl.

Neben der emotionalen Bindung an bestimmte Stadträume stellt ein detaillierter Zugang zu den sozialen Phänomenen New Yorks einen zweiten wesentlichen Unterschied der beiden Grundperspektiven dar. Das dominierende Thema für viele Gesprächspartner[40] ist die erlebte Freundlichkeit und Offenheit vieler New Yorker, die in ihrer typisch großstädtischen Mischung aus Toleranz und Indifferenz das Zusammenleben einer derart vielschichtigen Stadtgesellschaft ermöglichen. Das Erleben der Menschen in New York wird so zu einem Kaleidoskop ausgefallener Charaktere, die als häufig auftretende Filmfiguren zwar auch aus der Außenperspektive erwähnt werden (UBT1), jedoch in verstärkter Weise in der Beobachtung

---

40 Zu einer markanten Ausnahme siehe die Einzelfallanalyse zu Aneignungstyp 1 in Abschnitt 9.4.1.

faszinierender Alltagsmomente zum zentralen Baustein der Besuchersicht auf New York werden. Am Fall BT7 lässt sich dies anhand der Frage aufzeigen, welche Orte die Interviewte bei einem erneuten Besuch als Erstes aufsuchen würde.

> Der [Taxifahrer] müsste mich nach Manhattan bringen und zwar schon die Gegend, wo damals mein Hotel war, die [5th Avenue] Höhe 34th Street, diese Ecke. Dann würde ich dort aussteigen und mich unter die Leute mischen, mich in einen Coffee Shop setzen, oder mich in so ein Deli begeben und irgend etwas essen und erst mal gucken. Mit dem Gepäck – egal, das wäre das erste […] das Beeindruckende war in New York: Irrsinnig viele markante Leute, irrsinniges Leben, und ‚Leben und Leben lassen'.

Während der besondere Reiz der sozialen Konstellationen bereits in Manhattan deutlich wird, das aus Sicht vieler Touristen keinen Mangel an ausgefallenen Persönlichkeiten wie Straßenpredigern, Straßenkünstlern und „unheimlich vielen Leuten, die sich produzieren wollen" (FU2) aufweist, sind es aus ethnischer Sicht besonders die äußeren Stadtbezirke, die für erfahrene New-York-Besucher neue Entdeckungen ermöglichen. Dies wird in Abschnitt 9.4.3 für den Interviewpartner BE1 ausführlicher diskutiert, der die funktional und ethnisch gemischten und großer Entwicklungsdynamik unterliegenden Gebiete der Bronx, Queens' und Brooklyns dem in seiner relativen Homogenität und Gesetztheit reizlos gewordenen Manhattan vorzieht. Die Grundlage für Erkundungen der Außenbezirke stellt dabei ein von vielen Besuchern geteiltes ausgeprägtes Sicherheitsgefühl dar. Anders als bei den ausschließlichen Mediennutzern ist bei Besuchern nur noch in Einzelfällen die aus medialen Quellen der 1970er und 1980er Jahre gespeiste Vorstellung persistent, ein Aufenthalt in New York sei mit ungewöhnlichen Sicherheitsrisiken verbunden. Zwar wird New York als „lauter, unruhiger, dreckiger" und mit deutlich höherem Konflikt- und Gefahrenpotential als deutsche Großstädte angesehen, die zu Zeiten ausgeprägter Slumentwicklung und hoher Kriminalitätsraten ausgeprägte pauschale Definition der äußeren Bezirke als *„no go areas"* und der U-Bahn als Gefährdungsort ist jedoch weitgehend einer differenzierteren Betrachtung gewichen. Auch hierbei spielen mediale Berichte über veränderte Bedingungen in einzelnen Stadtvierteln eine zentrale Rolle, so dass ein direkt handlungsleitender Einfluss medialer Inszenierungen für die Aktivitäts- und Zielwahl von Touristen in den Interviews geäußert wird. Besonders deutlich wird die strikte Einhaltung einer medial vermittelten räumlichen Bewertung im Fall UBT6, dessen Vorstellung der Außenbezirke New Yorks aus Hip-Hop-Videos stammt:

> New York stand da für das Ghettoleben, was die auch in ihren Songs so propagierten. Aber auch in den Videos, was da so über MTV lief, da war die Bronx und Brooklyn, das war New York, und ich hätte das auch gerne kennengelernt, weil ich es super spannend fand, [aber] im Endeffekt, was soll ich da? Also nee, erstens, da geht man halt einfach nicht hin, warum sollte ich in so eine Ecke fahren, wo man sich besser fernhält, […] mal einfach so reinspazieren ‚Och Mensch, ist das schön hier', das kam nicht in Frage.

Solche Einschätzungen der Sicherheitslage in bestimmten Stadtteilen sind die einzige markante Ausnahme von einer positiven emotionalen Bewertung von New York auf Basis des eigenen Erlebens. Die enge Verbundenheit, die viele Besucher retrospektiv mit New York empfinden, wird in den meisten Fällen auch anhand des Schocks des 11. September 2001 thematisiert. Die Anschläge auf das World Trade

Center erhalten so eine etwas größere Bedeutung als für Personen ohne eigene Erfahrungen vor Ort, werden jedoch nicht zu Beginn der Reflexionen über New York genannt und treten auch in der Gesamtbewertung hinter die positiven Eindrücke zurück. Nur im Einzelfall UBT15 führt ein geringer zeitlicher Abstand zwischen dem eigenen Besuch und 9/11 zu einer dominanten Stellung, die der Verknüpfung von medialer Berichterstattung und erinnertem Erlebnis für die Raumvorstellung von New York zukommt:

> Woran ich mich am stärksten noch erinnern kann, war der riesige Wintergarten mit den Palmen. […] Genau, wo die Türme waren. Und irgendwie damals, als ich die Türme fallen sah, hab ich diesen Wintergarten gesehen und hab das Weinen angefangen, und hab gedacht: der steht noch – und das war das einprägendste Erlebnis in dieser Zeit. Weil der Wintergarten einfach noch steht – dass du da drin warst und diese Palmen gesehen hast. Da ist es mir kalt den Rücken runter gelaufen, wo ich es dann realisiert habe: da war ich ja erst vor kurzem.

Die auch unabhängig von 9/11 starke emotionale Aufladung der Besuche bildet bei Interviewten, die vergleichsweise viel Zeit in New York verbracht haben, die Grundlage für Vergleiche zwischen der komplexen Raumvorstellung von New York und dem eigenen Lebensumfeld bzw. anderen bekannten Großstädten. Am markantesten sind die Vergleiche, die zwei in Berlin ansässige Gesprächspartner zwischen den beiden Beispielstädten ziehen. Für BE1 weist New York bei vergleichbarer Vielschichtigkeit und multikultureller Prägung im Vergleich zu Berlin aufgrund des Dimensionsunterschiedes eine erschwerte Erschließbarkeit auf, was bezüglich der Charakteristika und Angebote der unterschiedlichen Stadtteile sowohl für Touristen als auch für Stadtbewohner gilt. Für New York spreche dagegen die sympathische „Quirligkeit", die in den Straßen Manhattans konzentriert erlebbare Geschäftigkeit, während Berlin durch das in bestimmten Teilen konzentrierte „lässige Nachtleben" mehr urbanes Flair erzeuge. Ein weiterer Vergleichspunkt sind für BE1 bestimmte Lokalitäten, die als Schnittpunkte von Stadt und Wasser zu seinen Lieblingsorten werden. So stehen New Yorks Coney Island, Battery Park oder der Staten Island Ferry die Berliner Szenerien an den Ufern von Spree und Havel gegenüber, die in der Innenstadt und in Ruhezonen wie dem Treptower Park zu einem mit New York vergleichbaren urbanen Flair beitragen.

Neben den ähnlichen Zügen der Mentalität und Lebenseinstellung (siehe Abschnitt 9.3.2.1) verweist BE4 auf die große Bedeutung, die das kleinräumige Lebensumfeld für Einwohner beider Städte besitzt. Die „Kieze" bzw. „*neighborhoods*" seien funktional und emotional identisch für das alltägliche Leben der Bewohner, wobei die differenziertere Grenzziehung der Gebiete in New York für Außenstehende die Zuordnung erschwert. „Das sind so bestimmte Ecken, vom Broadway so fünf Straßen rauf und runter, das ist dann ein Kiez. Das ist in New York viel schwieriger für einen Außenstehenden zu erkennen, weil manchmal die eine Straßenseite dazu gehört und die andere nicht." Auch für BE4 als Besucherin vermittelten Kieze in New York ein Zugehörigkeits- und Heimatgefühl, das durch wiederholte Aufenthalte bei Freunden entstanden sei. Besonders auffällig wird die emotionale Raumbindung an ein spezifisches Stadtviertel bei BE4 in ihrer Erinnerung an ein Erlebnis, in dem ihre intensive Besuchsperspektive mit einer medialen Inszenierung von New York aufeinander trifft:

Zum Beispiel hat New York auch so Kieze und Blöcke. Ich ging mit einer Freundin in den Film *E-Mail für Dich* mit Tom Hanks. Ich dachte, oh Gott, so eine Klamotte, aber gut, zum Entspannen. Ich bin in dem Kinositz hin und her gerutscht. Und dann [fiel mir auf]: 'That is the book store, where I have been. That is the corner where my friends live. That is the shop we were shopping in.' […] wo die den Film drehten, wohnten meine Freunde, in dem Laden war ich einkaufen, in dem Buchladen, auf der Bank dort hab ich gesessen, da habe ich mein Gemüse gekauft. Ich bekam ein absolutes Kiez-Gefühl, das war Heimat, ja.

9.3.4.3. Erinnerungen an das mediale New York

Anhand der vielschichtigen Raumvorstellung von Gesprächspartnern, die nicht auf eigene Erfahrungen vor Ort zurückblicken können, ist bereits der Einfluss medialer Stadtimpressionen auf die kognitiven wie emotionalen Zugängen zu New York dargestellt worden. Dementsprechend ist im Bezug auf die Zuordnung einzelner Themen zu bestimmten medialen Inputs eine geringere mediale Absenz als im Fall von Berlin zu erwarten. Diese Einschätzung wird durch die Interviewinterpretationen bestätigt, durch die ein relativ hohes Niveau an Erinnerungen an mediale Konstruktionen von New York aufgezeigt werden kann.

Für nur wenige Fälle liegt allerdings eine derart klare spontane Selbsteinschätzung wie bei Interview BE7 vor, der auf die Frage nach einem New-York-Besuch antwortet: „Nein, meine Eltern waren mal da. Nö, ja, aber eigentlich spielt ja jeder Hollywood-Streifen in New York." Bereits die spontanen Nennungen des Gesprächspartners zeigen das weite Spektrum an medialen Einflüssen auf Raumvorstellungen von derart profilierten Filmstädten wie New York auf. Neben *E-Mail für Dich*, in dem die Upper West Side für BE7 als „Bücher- und Blumenviertel eine Szene-Ecke" für seine gebildeten Einwohner darstellt, reicht die persönliche Referenzliste von *West Side Story* (ROBBINS/WISE 1961) und *Finding Forrester* (VAN SANT 2000) als Darstellungen ethnischer Spannungen, die mit den eigenen Erfahrungen in Berlin-Neukölln in Verbindung gebracht werden, über Actionfilme wie *Die Hard with a Vengeance* (MCTIERNAM 1995) bis zu TV-Polizeiserien wie *NYPD Blue* (BOCHCO/MILCHE 1993–2005).[41]

Im Vergleich zu Berlin stellen dokumentarische Fernsehformate und Nachrichten einen zwar latent vorhandenen, jedoch selten explizit angesprochenen Baustein der Raumvorstellung von New York dar. Die Bedeutungsfacetten, die mit der ökonomischen und politischen Position New Yorks wie der USA insgesamt zusammenhängen, basieren weitgehend auf journalistischer Berichterstattung in Printmedien und Fernsehen, werden als solche jedoch nur am Rande angesprochen. Nur in Einzelfällen – hier BT6 – wird der Einfluss nicht-fiktionaler Medieninhalte größer als die Rolle fiktionaler Inszenierungen eingeschätzt:

---

41 Ebenfalls erwähnt wird die TV-Serie *Nash Bridges* (CUSE 1996–2001), mit deren Schauplatz San Francisco New York aus Sicht des 15-jährigen Interviewpartners primär verstopfte Straßen und gelbe Taxis als Erkennungsmerkmale gemeinsam hat.

> Manche Sachen, die du in den Nachrichten mitkriegst, die vielleicht mal in irgendwelchen Dokumentationen vorkommen, in irgendwelchen Filmen. Oder wahrscheinlich eher das, was meistens in den Nachrichten vorkommt. Selber war ich noch nicht in New York, deswegen nur auf der Basis der Berichterstattung.

Neben Dokumentationen, politischer Berichterstattung und Reisesendungen sind zwei TV-Unterhaltungsformate von einzelnen Gesprächspartnern thematisiert worden, die der geläufigen Fokussierung auf bestimmte Facetten Manhattans widersprechen. Zum einen findet für New York in deutlich stärkerem Ausmaß als für Berlin eine mediale Inszenierung im Bereich der Musik- und Videoclip-Industrie statt. Besonders in seiner Rolle als Ursprungsort und Zentrum des *„East Coast Hip Hop"*, der den Aufschwung von einer Subkulturform schwarzer und hispanischer Ghettos zur dominierenden Form der Popindustrie geschafft hat (KITWANA 2002, S. 3f, vgl. BOYD 2003), ist New York prägnant in den Videoclips der Musiksender MTV und VIVA vertreten. Es sind hier – wie bereits als Einfluss auf die aktionsräumliche Beschränkung des Interviewten UBT6 beschrieben – vor allem Brooklyn und die Bronx, die als abweisende und harte, zugleich aber auch „coole Gangsterstadt" (UBT8) in Szene gesetzt werden. Anders als in Polizeiserien und Actionfilme ist mit der Darstellung der Hip-Hop-„Gangsterstadt" das Bild eines in sich geschlossenen schwarzen und hispanischen städtischen Kulturraumes verbunden, das selektiv von den deutschen Interviewpartnern angeeignet wird. Nicht die in Teilen der Hip-Hop-Kultur verwurzelten politischen Positionen oder – im Kontrast hierzu – die weit verbreitete materialistische, sexistische und martialische Attitüde der Videoclip-Inszenierungen werden in das Vorstellungsbild aufgenommen (KITWANA 2002, S. 6, S. 87), sondern die räumliche Bedeutungszuweisung zu bestimmten Stadtbezirken New Yorks sowie – als Hauptbestandteil des Kulturtransfers aus US-amerikanischen Großstadtghettos in die globale Jugendkultur – die ästhetisch-stilistische Selbstinszenierung durch Kleidung und andere Symbole des Hip-Hop.

Zum anderen stellen Berichterstattungen von Sportveranstaltungen für einige Gesprächspartner eine Erweiterung des geläufigen Medienimages von New York dar. Dies trifft u.a. für Übertragungen des New-York-Marathons zu, dessen alle fünf Stadtbezirke durchquerende Streckenführung in einzelnen Interviews angesprochen wurde. Nicht nur relativ unbekannte Wahrzeichen wie die Verrazzano-Narrows-Brücke werden hierdurch in die allgemeine Raumvorstellung eingebunden, sondern die Bilder der Außenbezirke Brooklyn, Queens und Bronx offenbaren auch, dass diese Stadtteile nicht ausschließlich als zu meidende Problemgebiete anzusehen sind (BE7, BT6). In ähnlicher Weise fungieren auch Übertragungen des Tennisturniers US Open, dessen Spielstätte im Flushing Meadows Corona Park in Queens liegt, das somit nicht nur als Schlafstadt der Mittelschicht, sondern als funktional differenzierterer Stadtteil eingeordnet wird.

Die wichtigsten medialen Einflüsse gehen für New York von Spielfilmen und Fernsehserien aus, die von den Gesprächspartnern in drei Kategorien eingeteilt werden: Filme aus dem Action- und Kriminalgenre, die New York relativ oberflächlich und kulissenhaft zeigen, (Liebes-)Komödien und Dramen, die zur romantisierten Inszenierung bestimmter Lebensstilgruppen tendieren, sowie als tiefgründige Stadtfilme akzeptierte Werke, die eine substantielle Aussage über New York enthalten.

Die erste Filmkategorie, in der die Stadt als reduzierter Hintergrund für eine dynamische Handlung oder als Gegenstand menschlicher wie übermenschlicher Aggressionen wahrgenommen wird, charakterisiert UBT1 folgendermaßen. „Es gibt auch oberflächlichere Filme wie *King Kong* oder *Jurassic Park*, wo sie auch New York zeigen, aber wo dann immer nur die Monster durchrennen und die ganze Stadt kaputt machen. Oder *Independence Day*, wo die Wahrzeichen der Stadt gezeigt werden, aber dann wie Spielzeughäuser kaputt gemacht werden." In ähnlicher Weise werden neben Science-Fiction und Endzeitfilmen wie *Godzilla* (EMMERICH 1998), der düsteren Vision von Manhattan als Gefangenenlager in *Die Klapperschlange* (CARPENTER 1981) oder der Klimakatastrophen-Bedrohung New Yorks in *Day after Tomorrow* (EMMERICH 2004) auch Kriminalfilme wie *Cop Land* (MANGOLD 1997), *Die Hard* und der 1970er Bond-Film *Live and Let Die* (HAMILTON 1972) genannt. Durch die starke Fokussierung der Filme auf einen „Action"-reichen Plot stehen für die Gesprächspartner die Filmcharaktere und die Handlung im Mittelpunkt. Dies gilt umso mehr, wenn durch futuristische Science-Fiction-Elemente der „realistische" Bezug zu den dargestellten Stadträumen aus Sicht der Rezipienten abhanden kommt; derartigen Filmen wird eine reine Unterhaltungsfunktion zugesprochen, deren räumliche Bedeutungsgenerierung nicht mit der alltäglichen Raumvorstellung von New York in Verbindung gebracht wird. In Ausnahmefällen jedoch wird auch im Kontext der „oberflächlichen" Filme mit reduzierter Kulissenfunktion darauf hingewiesen, dass beispielsweise in den wiederholten Zerstörungen Manhattans in Science-Fiction-Filmen oder in negativen Zukunftsvisionen wie in *Die Klapperschlange* durchaus ein Ausdruck gesellschaftlicher Grundhaltungen gegenüber Städten zu entdecken ist. Darüber hinaus stellen für einige Interviewpartner mit intensiven New-York-Erfahrungen gerade die spektakulären Inszenierungen von bekannten Stadträumen in solchen Blockbuster-Filmen eine Begründung dar, Filme der ersten Kategorie trotz andersartiger Medienpräferenzen anzusehen (vgl. z.B. Fallbeispiel BE1 in Abschnitt 9.4.3).

Während die erste Kategorie auf Spielfilme beschränkt bleibt, so zeigt sich im Fall der romantisierenden Stadtinszenierungen eine in der Film- und Fernsehgeschichte der letzten 50 Jahre konstante Tendenz der Darstellungsweise von New York, die sowohl in Spielfilmen als auch in TV-Serien häufig Verwendung findet. Das Genre der romantischen Liebeskomödie steht für deutsche Gesprächspartner dabei im Mittelpunkt, als dessen herausragende Vertreter für New York *Das verflixte 7. Jahr* (WILDER 1955), *Breakfast at Tiffany's* (EDWARDS 1960), *Harry und Sally* (REINER 1989) sowie *E-Mail für Dich* genannt werden. Eher unbekannt ist in Deutschland dagegen eines der wichtigen Vorläufergenres der romantischen Komödie, die Musical- und Broadwayfilme, die zwischen den 1930er und 1950er Jahren das Bild von New York prägten und dabei eine enge Verbindung zwischen seiner Rolle als Theater- und Entertainmentzentrum der USA und den amourösen Beziehungsgeflechten bestimmter Gesellschaftsgruppen etablierten (z.B. *On the Town* (DONEN/KELLY 1949), vgl. SANDERS 2003, S. 296ff). Dagegen sind mit den Fernsehserien *Sex and the City* (STAR 1998–2004) und *Friends* (CRANE/KAUFFMAN 1994–2004), die sich zum Zeitpunkt der Interviews mit großem öffentlichem Interesse ihren Abschlüssen näherten, zwei zeitgenössische Adaptionen eines romantisierten

Bildes von New York und seiner Bevölkerung sehr prägnant in der Raumvorstellung von New York vertreten. In beiden Fällen kommt eine differenzierte Bewertung zum Tragen, die zwischen unrealistisch erscheinenden Übertreibungen und in die allgemeine Vorstellung integrierten „realistischen" Elementen unterscheidet. Wesentliche Kritikpunkte an der Darstellung in *Sex and the City*, dem der Versuch unterstellt wird, das „typische New York suggerieren" zu wollen (UBT15), sind der exklusive Lebensstil seiner Protagonistinnen und der starke Fokus seiner Handlungsorte auf Restaurants und Nachtclubs. Ein Lebensstil, der ausschließlich auf Luxuskonsum und Nachtleben zugespitzt inszeniert wird, verliert seine Glaubwürdigkeit, während die Charaktere in *Friends* als karriere- und modebewusste Singles eher die Vorstellung typischer New Yorker treffen (UBT8). Dagegen werden die inszenierten Stadträume – die Wohnungen der Hauptfiguren, ihre Arbeitsplätze, die in *Sex and the City* häufig inszenierten Straßen Manhattans – in ihrer glamourösen Bedeutungsaufladung als dominantes Medienimage von New York aufgefasst und in die alltägliche Raumvorstellung integriert. Als Quintessenz von New York erscheint die Serie dementsprechend der Interviewten FU3: „Ja – in *Sex and the City* ist auf jeden Fall auch [wie in *E-Mail für Dich*] genau das romantische New York das Thema. […] Also, ich meine, es ist da schon total diese Idee von New York."

Neben der in ihrer Relevanz für die Raumvorstellung von den Interviewten eher gering eingeschätzten Action- und Science-Fiction-Kategorie und dem ambivalenten Romantik-Genre lässt sich eine weitere Gruppe von Filmen feststellen, denen eine vielschichtige und tiefgründige Aussagekraft zugesprochen wird. In Einzelfällen geschieht dies in einer Re-Interpretation romantischer oder düsterer Stadtporträts, wenn beispielsweise die hinter der heiteren Oberfläche von *Harry und Sally* liegenden Charakteristika des Großstadtlebens anhand der fragmentierten zwischenmenschlichen Beziehungen der Hauptpersonen thematisiert (BT7) oder Stadt-Dystopien mit kulturellen Grundwerten erklärt werden (BE1). In der Regel werden jedoch solche Filme als ernstzunehmende Aussagen über New York eingestuft, die durch ihren Regisseur oder ihre Genrezugehörigkeit als Autorenfilm für die Betrachter aus dem Hollywood-Kino herausgehoben sind. Hierunter nimmt Woody ALLEN mit seiner langen Reihe von New Yorker Stadtfilmen eine Ausnahmestellung ein. ALLENS Filme spielen eine integrale Rolle für viele Gesprächspartner in der Ausgestaltung einer Vorstellung von „ den New Yorkern". Je nach Interpretation erscheinen die neurotischen Großstädter als künstlerisch-intellektuelle Elite, die innerhalb der heterogenen Sozialstruktur der Stadt extrem bürgerlich erscheint (BT5), oder als „ausgeflippte Typen", die in ihrer Individualität und kreativen Beschäftigung mit einem aufmerksamen Blick ALLENS für die Stadtgestalt New Yorks inszeniert werden (UBT1). Den sozialen ebenso wie den stadträumlichen Darstellungen ALLENS werden aufgrund seines prominenten Status als führender zeitgenössischer New Yorker Filmschaffender eine besondere Bedeutung zugemessen. Dem Filmemacher, dessen Fokussierung auf New York als Lebens-, Arbeits- und dargestellten Filmraum bei den Interviewten weitgehend bekannt ist, wird eine besondere Fähigkeit zu einer angemessenen Inszenierung „seiner" Stadt zugesprochen. Die Biographie des Regisseurs fungiert somit als Garant für die wahrgenommene Glaubwürdigkeit oder „Realitätsnähe" einer filmischen Stadtdarstellung.

Gleiches gilt in weniger weit verbreiteten Nennungen zu „tiefen" Stadtfilmen, die chronologisch mit der *West Side Story* (ROBBINS/WISE 1961) als Darstellung damaliger ethnischer Konflikte beginnen. Als Gegenpol zu den romantisierten Filmversionen der Stadt oder zu ALLENS einseitigen Intellektuellen-Porträts werden SCORSESES *Mean Streets* (1973) und *Taxi Driver* genannt, die ebenso wie die Gangster- und Mafiafilme New Yorks von der *Paten*-Trilogie (COPPOLA 1972, 1974, 1990) über *Es war einmal in Amerika* (LEONE 1984), *Good Fellas* (SCORSESE 1990) bis *Gangs of New York* (SCORSESE 2002) zum einen auf kognitive Facetten der historischen Raumvorstellung verweisen, zum anderen zu Bausteinen eines emotionalen Raumbezugs werden. Besonders deutlich wird die emotionale Prägung durch Filmbilder der städtischen Krisenzeit der 1970er und 1980er Jahre im Gespräch mit BT7, die eigene Erlebnisse als positive Überraschung im Vergleich zum filmischen Raumbezug charakterisiert:

> [E]s würde mich echt interessieren, wie jetzt [nach 9/11] die Stimmung ist, gerade dieses ‚Aufgeschlossensein', dieses ‚Du kannst jeden Anquatschen auf der Straße, oder die Taxifahrer'. Ich habe nie diese Erfahrungen gemacht, wie man das auch in 80er-Jahre-Filmen sieht. Man versucht in New York eine Auskunft zu bekommen, spricht die Leute an und die Leute sprechen nicht mit einem, das war bei mir nicht so.

Verbindungen von medialen Inhalten und alltäglicher Raumvorstellung – insbesondere der bei Besuchen gemachten Erfahrungen – werden von den Gesprächspartnern v.a. für romantisierende und für als besonders aussagestark eingestufte Stadtfilme angesprochen. Dies machen auch die Reflexionen über Filmausschnitte deutlich, die aus der romantischen Liebeskomödie *E-Mail für Dich*, der Zwischenstufe eines idealisierenden „tiefgründigen" Stadtfilms wie *Manhattan*, und mit *Smoke* aus einem ausdrucksstarken Autorenfilm entnommen sind. In vielen Fällen wird dabei ein Zusammenfallen bzw. eine wechselseitige Beeinflussung filmischer Darstellungen und der alltäglichen Raumvorstellung von New York deutlich. Die folgende Einschätzung von FU3 kann daher als Leitgedanke für viele im folgenden Abschnitt dargestellten Interviewaussagen gelten: „Ich weiß immer nicht, ob das, was ich mir da vorstelle, ob das sozusagen filmisch geprägt ist, oder ob ich das da wirklich gesehen habe."

9.3.4.4. Film-Mythos und das „echte Erleben"

Als Interviewimpulse wurden in den Gesprächen über New York zwei Sequenzen aus *Manhattan* sowie jeweils ein Ausschnitt aus *Smoke* und *E-Mail für Dich* eingesetzt. Aus *Manhattan* wurde zum einen die Eröffnungssequenz verwendet, in der ALLEN eine musikalisch und narrativ untermalte bilderreiche „Ode" an Manhattan entwirft, zum anderen der nächtliche Spaziergang des zentralen Paares, der nach einem Zwischenstopp in einem Diner am East River unter der Queensboro Bridge endet. Diesen Ausschnitten wurden häufig die Eingangssequenz von *Smoke* und die im Filmverlauf kurz darauf folgenden Vorstellung von Auggies photographischem Dokumentationswerk gegenübergestellt, wodurch die Differenzierung New Yorks in seine bedeutenden Stadtbezirke Manhattan und Brooklyn thematisiert wird. Als dritte Sequenz wurde die Eröffnung von *E-Mail für Dich* einschließlich des romantisiert inszenierten morgendlichen Wegs der Protagonisten zur Arbeit verwendet.

In der Einführung zu *E-Mail für Dich* sind die Beziehungen zwischen Filmbild und Raumvorstellung relativ stark von der als einseitig empfundenen Inszenierung eines mit der romantischen Handlung stimmigen Settings dominiert. Die Bilder der Upper West Side werden meist als selektive Darstellung aufgefasst, deren kulturelle Werte und Lebensstilpräferenzen sich in ihren „schicken Wohnungen" im Landhausstil, dem Individualismus des kleinen Buchladens „around the corner" und der bis zur Sterilität perfektionierten „schönen, heilen Sonnenschein-Welt" (FU3) ausdrücken. Das solchermaßen charakterisierte New York stellt die Gesprächspartnerin UBT15 in Verbindung mit einer anderen Ikone des romantischen New Yorker:

> [V]orgestern haben die den Weihnachtsbaum angemacht, diesen riesigen New Yorker Weihnachtsbaum auf diesem Platz [vor dem Rockefeller Center], und einen Stern obendrauf. Das ist auch ein typisches New-York-Bild, finde ich. [...] Von New York gab es schon immer so Bilder, die verrucht sind, mit Kriminalität, so *Bonnie und Clyde*-mäßig, oder halt der *Pate* aus den 1920er Jahren, mit all den Gangstern. Oder dann eben dieses Romantische, Verschneite irgendwo.[42]

Insgesamt wird in der Bewertung der Sequenz betont, dass die einseitig romantisierte Inszenierung ein „sehr beschönigendes" und damit unrealistisches Bild von New York zeichnet. Dass die stilisierte Inszenierungsweise trotz der in einer Interviewsituation geäußerten kritischen Distanz einen bleibenden Eindruck erzeugt, bestätigen zum einen die häufige Nennung romantischer Komödien als erinnerte Filme über New York. Zum anderen besteht – wie am Beispiel des Rockefeller-Weihnachtsbaums deutlich wird – für New York auch aus anderen Medienquellen eine Tendenz zu einer romantisierenden Darstellung, besonders in Reisesendungen, Dokumentationen und bestimmten Lifestyle-Printmagazinen. Hiermit ist ein Kontext gegeben, in den idealisierte Filmbilder wie in *E-Mail für Dich* im alltäglichen Filmsehen stärker eingebunden und damit für die Raumvorstellung wirksam werden, als dies in einer Interviewsituation zum Ausdruck gebracht wird. Am deutlichsten wird eine Aneignung der romantisierten Upper West Side in Gespräch mit dem Jugendlichen BE7, der ohne eigenen Besuch und nach eigener Einschätzung durch das Medienwahlverhalten seiner Mutter und zweier Schwestern geprägt dem Film eine wesentliche Rolle für seine Vorstellung von New York zuspricht und in Beziehung zu seiner Lebenswelt Berlin setzt:

> Das ist so mein einziger, also nicht mein einziger, aber so ein bisschen der bezeichnende Eindruck. Für mich war in dem Film neu, dass es dort in New York auch solche Ecken gibt, also das kannte ich von New York noch gar nicht. In diesem ganzen Hollywood wird so was kaum gezeigt. Sondern eher so Central Park und die City dann direkt, die Hochhäuser. [Schwenk durch die Wohnung von Kathleen Kelly] Da denke ich immer so ein bisschen an Wilmersdorf. Alte Häuser, Holzfußboden, teilweise älter eingerichtet, so was.

---

42 Für die Integration von Filmen in die alltägliche Raumvorstellung sind Details wie die korrekte zeitliche Einordnung des *Paten* kurz nach dem 2. Weltkrieg oder die Lokalisierung von *Bonnie und Clyde* in Oklahoma und Texas während der Depression offenbar zweitrangig – in letzterem Fall ist der Film eher ein pars pro toto für Gangsterfilme mit historischer Handlung.

Doch selbst bei einer relativ positiven Einschätzung des Films und der intensiven Einbettung seiner Darstellungen in das allgemeine Vorstellungsbild von New York wird in der Reflexion seiner Inszenierungsweisen darauf verwiesen, dass, selbst wenn der Film als Beleg für die Existenz derartiger Stadtteile von New York angesehen wird, diese einen Sonderfall innerhalb New Yorks darstellen: „Das ist halt nur ein kleiner Ausschnitt, der halt sehr abgekapselt ist, würde ich sagen, also jeder versucht, noch diese kleine Idylle irgendwie zu halten."

Erheblich vielfältigere und intensivere Reaktionen rufen die beiden Sequenzen aus ALLENS *Manhattan* hervor, die für die meisten Gesprächspartner eine große Übereinstimmung mit bestehenden Vorstellungen aufweisen und in ihrer Gestaltung als Streifzug durch städtische Sehenswürdigkeiten und Alltäglichkeiten bei New-York-Besuchern intensive Querbeziehungen zu eigenen Erlebnissen ins Gedächtnis rufen. Die spontane Reaktion von UBT15 lässt sich daher als relativ allgemein gültige Aussage über ALLENS „Ode an Manhattan" bezeichnen: „Das stellt man sich schon so vor. Der Broadway, alles blinkt und überall Leute. Auch die Hochhäuser, das ist schon ein Bild, das man von New York hat. Die andere Frage ist, ob es auch so die Wirklichkeit ist. Aber das allgemeine Bild von New York spiegelt es schon wider."

Die Übereinstimmung des *Manhattan*-Auftakts mit weit verbreiteten Raumvorstellungen von New York lässt sich für eine Vielzahl von Aspekten festhalten. Am markantesten sind hierbei die spontanen Reaktionen zu gezeigten Gebäuden und Ansichten, die aus eigenem Erleben und anderen Medienquellen bekannt und positiv besetzt sind. „Ja, das sind so die ‚Vistas', die ich mir, wenn ich in New York bin, auch gerne ankucke", so kommentiert beispielsweise BE1 die Sequenz mit Verweis auf sein Lieblingsgebäude, das Chrysler Building, auf den Central Park und seine architektonische Umrahmung sowie auf die Ansicht der Skyline Manhattans über dem East River, mit dem ALLEN seinen Film beginnen lässt. In ihrer Gesamtheit transportiere die Sequenz eine Bedeutungsvielfalt, die auch zu erleben sei, „wenn man dort ein paar Tage verbringt und viel unterwegs ist und einfach rum läuft und diese Atmosphäre aufnimmt." Einzelne architektonische Elemente ebenso wie das gesamte urbane Flair in *Manhattan* stimmen mit den im Interviewverlauf zuvor entwickelten Raumvorstellungen der meisten Gesprächspartner überein und dienen in einzelnen Bereichen als Anregung zu einer Erweiterung des erinnerten Themenspektrums. Exemplarisch kann die Impulsfunktion der Eröffnungssequenz im Gespräch mit UBT10 nachvollzogen werden, der sich sowohl kulturelle Aspekte wie den Sportenthusiasmus der New Yorker als auch eine jahreszeitliche Besonderheit anhand von *Manhattan* vergegenwärtigt:

> Ich müsste alles noch einmal wiederholen, was ich schon erwähnte, das passt alles gut zusammen, bis auf das, was noch dazu kommt – Sport und Schnee. Also das, was noch nicht direkt so da war, aber was einem, wenn man's sieht einfällt, dass es stimmt, war so New York Giants usw., Baseball, Football, Basketball – und Schnee. […] Wenn man im Erdkundeunterricht fragen würde: „Rom liegt auf dem gleichen Breitengrad wie New York", dann verbindet man unbewusst nicht damit ‚Schnee'. Und deswegen war das jetzt überraschend für mich, Schnee. Ansonsten müsste ich mich nur wiederholen: Trubel, viel los, Broadway, Hotels, Werbung, Menschen, Müll.

Neben markanten Elementen der Stadtstruktur – unter denen auch eher ungewöhnliche Eindrücke wie das Yankee Stadium, Park Avenue mit dem sich über dem Grand Central Terminal erhebenden Pan Am Building oder der Empire Diner in Chelsea wiedererkannt werden – trägt auch das dargestellte soziale Milieu durch die lebhafte Aufeinanderfolge unterschiedlichster Charaktere zu einer Bestätigung bestehender Raumvorstellungen durch *Manhattan* bei. Neben den zum glamourösen New York passenden Figuren des Liebespaars über dem Central Park, den Besuchern im Guggenheim Museum oder den Kunden nobler Boutiquen sind es besonders die Ikonen der alltäglichen Straßenszenerien Manhattans, die von Besuchern erkannt werden: Die Bauarbeiter neben „dampfenden Gullydeckeln", die Geschäftsleute unterschiedlichster Nationalitäten, die alte Frau, die ihre Wäsche im Hinterhof eines baufälligen Hauses bewacht. Solche aus einer reinen Außenperspektive als überraschende und zudem ungewohnt triste und „farblose" Erweiterung bestehender Vorstellungen bewerteten Milieucharaktere bilden den Gegenpol zu den Protagonisten des Films, die als weiße Intellektuelle zur extravaganten Elite der Stadt gezählt werden. Auch in *Manhattan* spiegelt sich das weit verbreitete Vorstellungsbild der Stadtgesellschaft von New York wider, das durch extreme Vielschichtigkeit und extreme Ausprägungen in sozioökonomischer wie kultureller Hinsicht geprägt ist. Die wechselseitige Bestätigung verschiedener Quellen eines Vorstellungsbildes von den sozialen Charakteristika – das wiederum mit direktem Erleben abgeglichen werden kann – wird in der Reaktion von UBT1 deutlich:

> Das waren genau die Bilder, die ich im Kopf hatte, so wie er das zusammengestellt hat. Dieser individuelle Aspekt, das Ausgefallene, das er anspricht. Da sieht man, dass der [Regisseur] jahrelang mit der Stadt verwurzelt ist. Durch solche Filme wird das Bild von der Stadt auch noch verstärkt. Solche Leute wie ich, die New York noch nicht selbst besucht haben, bekommen dann diese Schablone vorgesetzt und da ist dann die Frage, wenn man selber dort ist, ob man das dann bestätigen kann. Was man auch in dem Film gut erkennen konnte, ist der Gegensatz – da die Armut und auf der anderen Seite das Glamouröse, Extravagante.

Eine dritte Facette neben baulichen und sozialen Strukturen, in denen das *Manhattan*-Intro in bestätigender Weise auf bestehende Raumvorstellungen bezogen wird, ist in der Erzählung des Allen-Charakters Isaac Davis zu finden. Die tiefe Faszination des Erzählers und seine starke emotionale Bindung an New York entsprechen für Besucher wie externe Betrachter der verbreiteten emotionalen Wertung der Stadt. Die Inszenierung „geschäftiger Urbanität" verbindet sich für FU2 mit der narrativen Gestaltung zu einer Aufbruchstimmung, in der „die Stadt sich feiert", da „hier so viel los ist, dass alles möglich ist. Hier kann man alles machen, was man sich vorstellen kann, oder vielleicht sogar noch mehr." Darüber hinaus beziehen Gesprächspartner auch die ausgeprägte Ambivalenz des Verhältnisses des Erzählers zu „seiner" Stadt New York in ihre Reaktionen ein. Die negativen Seiten des Stadtlebens – von ALLEN als „Drogen, Müll und laute Musik" umschrieben – rufen teils Widerspruch zum bestehenden positiven Vorstellungsbild hervor, teils werden sie als wünschenswertes Korrektiv zu dem „zu weichen und zu romantischen" Bild angesehen, das ALLENS visuelle Eindrücke hinterlassen. Als besonders auffällige Aussage des *Manhattan*-Erzählers erweist sich im Fall BT7 die Formulierung, New York sei als Sinnbild für den Verfall der zeitgenössischen Kultur anzusehen:

> Culture würde ich in dem Zusammenhang weniger mit Kunst oder Lebensstil interpretieren, sondern mehr mit zwischenmenschlicher Kultur, Umgangskultur, so etwas – und dann ‚decay of culture', eigentlich ja. Das sagt man New York allgemein nach. Wie gesagt, Großstadt, Riesenstadt – Zwischenmenschliches geht verloren.

Eine weitere Übereinstimmung zwischen der Erzählung in der *Manhattan*-Eröffnung und den allgemeinen Vorstellungen von New York kommt angesichts des wiederholten Scheiterns des Erzählers zutage, einen zufrieden stellenden Anfang für seine Geschichte zu finden. Die so entstehende Abfolge verworfener Gedankengänge und alternativer Ansätze, die Beziehung zu New York und das faszinierende Wesen der Metropole in Worte zu fassen, entspricht der alltäglichen Raumvorstellung von New York als überaus komplexer Stadt mit großen Dimensionen. In seiner räumlichen, sozialen und kulturellen Vielfalt ist New York auch für Besucher oder aus externer Mediennutzer-Perspektive in all seinen Besonderheiten „nicht zu fassen", so dass ALLENS im Jahr 1979 verfasste Erzählung als zeitlos gültig anerkannt wird: „Was er gesagt hat, das ist schon immer noch richtig. New York hat etwas Unvergleichliches, was man mit anderen Städten nicht vergleichen kann", (BT7).

Die zweite Beispielsequenz aus *Manhattan* – der nächtliche Spaziergang der Protagonisten zwischen Diner und East River – wird von den Interviewpartnern großteils als deutlicher Kontrast zur Szenerie der Eröffnung des Films interpretiert. Dabei wird die beschauliche und romantische Inszenierung als Widerspruch zum vermuteten Charakter des nächtlichen New York gewertet, das sich die Interviewten nicht ohne ein Moment der Bedrohung und mit fortdauernder Unruhe durch Verkehr oder Passanten vorstellen. Für UBT10 ist die East-River-Szenerie ein Gegengewicht zur turbulenten Eröffnung, durch die ein vollkommen anderer Handlungsverlauf unterstützt wird als in dem ersten Ausschnitt.

> Auf die Stadt bezogen finde ich, dass das im krassen Gegensatz steht zu dem ersten Ausschnitt, weil eben, da war nur Trubel, New York, das Weltstädtische geschildert worden, und hier das, was ich auch vorhin schon gesagt habe, dass man das auch für eine Liebesgeschichte nutzen kann. Es ist nachts, oder Dämmerung, und ein paar Lichter, ganz wenig Leute nur, wenig Autos, alles ruhig. Da laufen sie mit dem Hund über die Straße und es kommen keine Autos. […] Sie sitzen da, wenig Trubel, lockere Unterhaltung, was dann auch mehr die Stadt wieder sympathisch macht.

In ihrer romantisierenden Darstellung wird die Szenerie von vielen Interviewpartnern als übertriebene und damit unrealistische Sicht auf New York gesehen, zumindest jedoch als inkompatibel mit dem eigenen Vorstellungsbild. Zwar schließen einige Befragte nicht aus, dass aufgrund der Größe und Vielfalt New Yorks in Gebieten, zu denen weder kognitiv noch emotional eine spezifische Raumvorstellung vorliegt, auch Szenerien wie in der Beispielsequenz vorstellbar seien. Generell jedoch überwiegt insbesondere vor dem zeitgeschichtlichen Hintergrund der 1970er Jahre, die als „dunkle Epoche der Stadtentwicklung" betrachtet werden, eine skeptische Auseinandersetzung mit der East-River-Sequenz. Auf die Frage, inwieweit sich die romantische Inszenierung mit ihrer durch Besuche überprägten Raumvorstellung deckt, verweist FU3 darauf, dass zwischen einer idealisierenden filmischen Darstellung und einem charakteristischen Mechanismus der Erinnerung an eigene touristische Erlebnisse eine deutliche Parallele besteht:

> Ja, schon, also so im Rückblick glaube ich, ich romantisiere das, aber ich fand, gerade wo sie da in diesem Imbiss waren – da gab es so was, was ich vorher nicht kannte, wie so Bagel Shops, wo man seinen Kaffee zum Mitnehmen kauft und sich ans Fenster setzt und nach draußen guckt. [...] Aber ich finde, das passiert fast unabhängig von der Stadt – wenn man einmal eine Stadt verlassen hat und weiß, man kommt nicht mehr so schnell hin. Das habe ich auch bei Vancouver, Orte, wo ich jetzt im Rückblick romantisiere.

Für New York stellt die Gesprächspartnerin zudem fest, dass die im Rückblick romantisiert wahrgenommenen Aspekte der Stadt aufgrund ihrer Neuartigkeit und einer zugesprochenen Einzigartigkeit für New York herausgehoben wahrgenommen wurden, was wiederum auf vorherige Medienbilder von entsprechenden Elementen der Stadt zurückgeführt wird. Aus Filmen und anderen Medien sei eine bestimmte Vorstellung entstanden, „wenn man durch die Stadt geht, da sind dann diese kleinen Lädchen, und die kleinen Bagel Shops, die kleinen Corner Stores, da geht man dann rein und trinkt einen Kaffee, oder so Imbisse." Durch solche idealisierten Medieninhalte seien dann die Bewertung und Gestaltung des eigenen Erlebens von New York vorgeprägt gewesen, und bereits im Vorfeld des eigenen Besuchs sei eine hohe Übereinstimmung zwischen romantisierten Filmbildern und einer positiven Retrospektive an die Besuche in New York angelegt.

Eine mit den Vorstellungen über typische New Yorker Bevölkerungsgruppen zusammenhängende Reaktion wird bereits zum Beginn der Sequenz durch den Auftritt der Protagonisten hervorgerufen: „Wer ist das? Ist er das selber, Woody Allen? *Der* New Yorker?!" (BT6). Auch hier werden der Regisseur und das mit seinen Filmen eng verbundene Set an Charakteren als typisches Bild der New Yorker Stadtbevölkerung angesehen, für deren Darstellung ALLEN als Inbegriff der New Yorker Stadtkultur und seiner Intellektuellen eine besondere Qualifikation zugesprochen wird. Zum einen wird diese Bedeutungsfacette offen thematisiert, als „typisches Woody-Allen-New-York-Bild mit den Neurotikern, die zu ihrem Psychoanalytiker gehen und gebildet sind" (FU3), oder in einer Einschätzung, welche Berufs- und Lebensstilgruppen unter den New Yorker ALLEN-Charakteren dominieren bzw. welche neurotischen Verhaltensmuster im Umgang miteinander an den Tag gelegt werden:

> Die haben Berufe wie Schriftsteller, Journalisten, die halt viel produzieren oder schreiben. Die Frauenberufe sind dann Künstlerinnen, Tänzerinnen oder Sängerinnen. Die stehen immer in der Öffentlichkeit und müssen sich dauernd produzieren. Das hat man ja gesehen, die haben die ganze Zeit nur geredet und müssen sich ständig nur unterhalten. Das Besondere ist noch, dass er das Ironische, Humoristische hinein bringt. [...] Jeder erzählt mehr von sich und geht eigentlich nicht so auf den Anderen ein. (UBT1).

Zum anderen lässt sich auch an einer spontanen Reaktion des Interviewten FU2 erkennen, wie dominant bestimmte Personen und räumliche Konstellationen für die Vorstellung des sozialen Gefüges von New York sind. Das Bild der sich angeregt unterhaltenden Protagonisten, die frühmorgens in einem Diner stehen, führt zu folgendem Kommentar über den eigenen Besuch: „Ja, New Yorker habe ich nie kennen gelernt! [...] Sondern nur Touristen. Ich habe ja auch nie da gelebt, es war ja immer nur so tagsüber." Die Filmcharaktere werden so zum Symbol für das „echte" New York, das auch aufgrund der fehlenden Aufenthalte an Orten, an denen man „typischen" New Yorkern begegnen kann, in der eigenen Raumvorstellung nur aufgrund von filmischen Darstellungen und nicht aus eigenem Erleben vor Ort präsent ist.

Für die meisten Interviewpartner stellen auch die Bilder des Films *Smoke* eine Erweiterung der vorhandenen Raumvorstellung von New York dar. Die in der Eröffnungssequenz und der Betrachtung des Photoprojektes von Auggie entworfene Szenerie wird intuitiv als außerhalb von Manhattan eingeordnet; die räumliche Gestaltung des Settings wird als relativ unspezifisch empfunden, während die entworfenen Charaktere und ihre Beschäftigungen zumindest als genuin urbane Lebensstile aufgefasst werden. Bereits die Eröffnungseinstellung, in der ein U-Bahnzug das durch die Skyline um das World Trade Center symbolisierte Manhattan verlässt, während im Hintergrund bereits die intensiven Diskussionen einer gemischten Stammkundschaft der Brooklyn Cigar Co. über das Baseballteam der New York Mets zu hören ist, markiert für die meisten Gesprächspartner den Eintritt in ein unbekanntes New York. „Man merkt schon, dass das in einer anderen Gegend spielt, die sind etwas einfacher gestrickt. Sie unterhalten sich über Sport und die Spieler und haben da ihre gemeinsame Basis, so wie die im anderen Film [*Manhattan*] sich über Beziehungen und deren Komplikationen unterhalten haben" (UBT1). Auch die Gestaltung des Ladens und seine gemischte Klientel verweisen auf einen inszenierten Raum außerhalb des „hektischen und gestylten Geschäftszentrums" Manhattans (BE1), in dem die Stammkunden einen Laden als sozialen Treffpunkt nutzen können, weil ihre Tagesabläufe nicht von den zeitlichen Zwängen enger Terminpläne vorstrukturiert sind (FU3). Als insgesamt stimmige Szenerie bewertet BT5 die Einführung zu *Smoke*, die auch aus reiner Außensicht eher zu Brooklyn als zu Manhattan zugeordnet wird:

> Ich hätte es nicht nach Manhattan eingeordnet, [sondern] ich denke schon, dass ich das nach Brooklyn eingeordnet hätte. […] Es passt schon ganz gut rein, auch mit dem Laden, der auch nicht so aufgeräumt ist, also nicht so exakt, sondern der sieht eher so aus, als lebt man da drin, sitzt drin und unterhält sich, das ist eher so eine Mischform. Was ich mir in einem Laden in Manhattan nicht vorstellen könnte, da wäre es eher dieses Distanzierte, man redet die Kundschaft nicht an, also nicht so: „Erzählen Sie mal was!", sondern die verkaufen ihre Produkte und dann hat sich das.

Zu dem sozialen Milieu von *Smoke* passend werden auch die Protagonisten empfunden, von denen in der zweiten Beispielsequenz der Tabakverkäufer Auggie und der Schriftsteller Paul auftreten. In ihrem Kleidungsstil, dem sozial unerwünschten Laster des Rauchens, ihren alltäglichen Gesprächsinhalten ebenso wie in der plötzlichen Offenbarung einer kreativen und philosophisch tiefgründigeren Betätigung des Tabakverkäufers Auggie stellen die Filmfiguren für die Befragten einen Gegenentwurf zu den Charakteren dar, die der allgemeinen Vorstellung entsprechend zum auf Manhattan verkürzten New York passen. Vor dem Erfahrungshintergrund eines Jahres als Au-pair in einer reichen Bostoner Familie ordnet BT7 die Figur Paul zutreffend ein: „Er ist Schriftsteller. […] Weil er in einem offenen Oberhemd, mit T-Shirt schlabbernd drunter da rein kommt. […] Zigarillos, auch das. Das Trinken, das Rauchen, und unrasiert und Hemd schlabbernd, das ist doch Inbegriff eines Schriftstellers in den USA."

Anhand des Filmausschnittes, in dem Auggie seinem Bekannten Paul die photographische Dokumentation „seiner Ecke der Welt" zeigt, wird zum einen in Ausnahmefällen die architektonische Gestaltung der Umgebung thematisiert. Die Umgebung der Brooklyn Cigar Co. wird als unspezifisch für New York angesehen, jedoch sind die Stilelemente der dreistöckigen Backsteinhäuser, der eisernen Feuerleitern oder der über der Kreuzung hängenden Verkehrsampeln architektonische Symbole für die Wohnviertel amerikanischer Großstädte, die aus Filmen und Dokumentationen ebenso bekannt sind wie durch Besuche, die über die touristischen Zentren einer Stadt wie New York hinausgehen.

Zum anderen gilt der Sichtweise des Photoprojektes auf die räumliche Umgebung der Protagonisten und seiner Aussage über das urbane Leben in New York die besondere Aufmerksamkeit der Interviewten. Das Projekt Auggies passt „von der Verrücktheit in so eine Stadt" (BT7) und stellt dem weiten Spektrum an New-York-Bildern in der Eröffnung von *Manhattan* eine extrem kleinräumig fokussierte Darstellung gegenüber, durch die die enge Verbundenheit der Charaktere mit ihrem Stadtteil ausgedrückt wird. In der regelmäßigen Ausführung der Photographien – jeden Morgen um 8 Uhr – ebenso wie in der meditativen Zugangsweise der Betrachtung kommt für FU3 ein anderer Lebensrhythmus zum Vorschein, als dies für Manhattan gelten würde:

> [E]s passt als Antwort auf das Bild von New York, das davor [in *Manhattan*] war. Irgendwie ist das so eine Antwort, das mit dem „slow down". Die Menschen um sich herum überhaupt wahrzunehmen, und jeden einzelnen Tag [als solchen zu leben]. Das war ein Kontrast, finde ich, zu der anderen Vorstellung von New York – Downtown – was so schnell ist und anonym. Das romantisiert auch, aber auf eine andere Art und Weise.

In seinem verringerten Alltagsrhythmus wird Brooklyn für die Interviewpartner zu einem Ausdruck für ein städtisches Leben, in dem Verbundenheit zu einem Ort und zu den Mitmenschen erfahrbar wird. Damit spricht der Filmausschnitt insbesondere die Alltagserfahrung der Berliner Interviewpartner an, die in der Brooklyn Cigar Co. einen „Counterpart zu den Kiosken in Berlin, den Currywurst-Ständen, wo auch immer die gleichen Leute stehen" sehen (FU2). Die Romantik der Sequenz wird im Unterschied zu *Manhattan* nicht von ikonischen Stadtansichten, sondern von einem tiefen Einblick in das soziale Gefüge der Charaktere erzeugt: „Das ist auch eine sehr romantische Großstadtgeschichte, zwar auf einer anderen Ebene, finde ich, im Kiez – wir kennen uns zwar alle, aber auf einmal, da wird das so eine Gemeinschaft", (FU2). Auch aus der Einschätzung von BE4 geht hervor, dass in der *Smoke*-Sequenz nicht nur ein tiefgehendes Verständnis für die Prozesse der Heimatbindung in Großstädten zum Vorschein kommt, sondern dass durch die zwei Charaktere mit ihren Weltanschauungen und Handlungsweisen ein Schlaglicht auf die philosophische Reflexion städtischen Lebens und die in urbanen Kontexten entstehende Kreativität geworfen wird, die den spezifisch metropolitanen Charakter von Städten wie Berlin und New York ausmachen.

> Remarkable! I love it! Ja, das sagt ja alles! [Rückfrage: Worüber?] Über New York, über Berlin, das ist ein toller Film. Was war Deine Frage noch mal? [Rückfrage: Das sagt alles über New York oder Berlin – inwiefern?] Ja, alles. Die Typen, die Lebensart, die Philosophie, das Bizarre, das „down to earth", das Einfache, das Detail, das große Ganze – alles.

Die Reaktionen zu den New-York-Beispielfilmen zeigen zwei unterschiedliche Einflussebenen filmischer Stadtinszenierungen auf. Zum einen kann für die Szenen aus *Smoke* und mehrheitlich auch für die *East River*-Sequenz aus *Manhattan* eine vergleichbare Aneignung wie für die Homer-Sequenz aus *Himmel über Berlin* festgehalten werden. Das reflexive Potential derartiger Stadtdarstellungen ist in ihrer Impulsfunktion zu sehen, durch die filmische Inszenierungen den eigenen Vorstellungen gegenübergestellt werden. In dem angestoßenen Reflexionsprozess werden Filmbilder mit den eigenen kognitiven, emotionalen und handlungsbezogenen Vorstellungen zu bestimmten Stadträumen abgeglichen, wobei das vorliegende Filmmaterial mit anderen Vorstellungsquellen in Bezug gesetzt wird.

Zum anderen verdeutlicht insbesondere der Umgang der Gesprächspartner mit der Einführung zu *Manhattan* das große Potential von filmischen Stadtbildern als aktiven Bausteinen alltäglicher Raumvorstellungen. Der hohe Wiedererkennungswert der Sequenz in kognitiver Sicht und die übereinstimmende emotionale Ansprache sprechen dafür, dass ALLEN ein visuelles und Stimmungsbild von New York zeichnet, das die aus eigenem Erleben wie aus anderen medialen Quellen bereits vorhandene Raumvorstellung relativ gut trifft. Für Gesprächspartner ohne eigene Erfahrung vor Ort lässt sich somit der große Einfluss des Mediums Film auf die Raumvorstellung von Städten nachzeichnen, während für viele der Interviewten mit Besuchserfahrung eine starke Wechselwirkung zwischen Stadt-Filmen und Stadt-Erleben deutlich wird. Die Vorprägung der Raumvorstellung durch Filme beeinflusst sowohl die Auswahl, welche Stadträume vor Ort erlebt werden, als auch die emotionale Herangehensweise, die bestimmt, mit welchen subjektiven Raumbedeutungen die Erlebnisse verbunden werden. Zugleich prägen die kognitiven wie emotionalen Zugänge aus Besuchen die künftigen Aneignungsprozesse von Filmen, indem bekannte Orte gesucht und entdeckt sowie die filmisch inszenierten Raumbedeutungen mit der eigenen „medialen" wie „realweltlichen" Raumvorstellung verglichen werden. Solche Querbeziehungen zwischen Stadt-Filmen und Stadt-Erleben bringt BE4 in ihrer Überlegung zum Ausdruck, wie Filme und Städte in Verbindung stehen:

> Ich kannte New York, bevor ich dort war, aus Filmen. Und bin hingekommen und hab gedacht, das kenne ich. Das war so die eine Geschichte. […] Filme haben ja etwas mit Landschaft zu tun, Stadt- oder Landlandschaft, und mit Menschen und mit Handlung. Der Platz spielt eine Rolle, und für mich hat der Wiedererkennungswert ganz viel mit Landschaft, mit Stadthäusern zu tun, das Zeichnen dessen, was ist. So eine Art Abbildung. Und das Zweitwichtigste sind die Menschen, und im Film sind das ja eher so Prototypen. In New York kannst du dich hinsetzen an der Corner 59th und Central Park und kannst Leute gucken. […] Ich bin auch eine begeisterte Filmgängerin. Ich kann in Filme und noch mehr in Bücher eintauchen und lebe in der Welt, während ich im Film oder im Buch bin. Und dann gehe ich wieder raus. Und dann schau ich mir kein Tourismus-Programm an, und drei Museen und fünf Hochhäuser, sondern ich lasse mich treiben mit der Stadt, ich muss da nichts abhaken.

9.3.5. Reality Check V: New York aus Delaware-Perspektive

Als Ergänzung zu den Interviews in Deutschland wurden im Frühjahr 2005 sieben Gespräche im US-amerikanischen Bundesstaat Delaware durchgeführt, die als Ergänzung zu den deutschen Interviews hinsichtlich markanter transatlantischer Differenzen in Raumvorstellung und Filmaneignung dargestellt werden. Aufgrund der geringen Bekanntheit von Filmen aus bzw. über Berlin wurde dabei ausschließlich New York thematisiert; der generelle Aufbau der Gespräche orientierte sich dagegen am in Abschnitt 9.2 dargestellten Vorgehen. Zur Auswahl der Gesprächspartner muss darauf hingewiesen werden, dass Studenten der School of Urban Affairs and Public Policy der University of Delaware und Mitarbeiter der Water Resource Agency in Newark, Delaware, interviewt wurden. Beide Institutionen zeichnen sich durch ein liberales politisches Klima aus und stellen soziale und ökologische Themen in den Vordergrund. Die wiedergegebenen Ansichten sollten daher als Ausdruck einer sehr spezifischen Sichtweise auf New York und seine mediale Inszenierung interpretiert werden. Neben der zusammenfassenden Betrachtung bilden die Gespräche in Delaware auch die Grundlage für den in Abschnitt 9.4.6 anhand eines Einzelfalls detaillierter skizzierten Aneignungstyp.

In Abhängigkeit von Herkunft und biographischem Hintergrund haben die amerikanischen Interviewpartner sehr unterschiedliche Zugänge zu New York und haben sich dort unterschiedlich intensiv aufgehalten. Drei Interviewte haben New York bereits in ihrer Kindheit bei Besuchen erstmals kennen gelernt, andere aufgrund ihrer Herkunft aus dem Mittleren Westen und Westen der USA erst im Lauf der Highschool- bzw. College-Zeit. Die zeitliche Einordnung der direkten Erfahrungen in New York ist relativ homogen und umfasst verstärkt die letzten fünf bis zehn Jahre seit dem Ende der College-Ausbildung. Eine Ausnahme bildet DE1, dessen als „sehr gering" eingeschätzte Erfahrung in New York auf dreißig bis vierzig Besuchen basiert, deren intensivste Phase rund zwanzig Jahre zurückliegt. Die Stadt wird im Regelfall ein bis fünfmal pro Jahr besucht, wobei Besuche bei Freunden und Verwandten die Zielorte und das Aufenthaltsprogramm weitgehend beeinflussen und nur in begrenztem Umfang die für deutsche Gesprächspartner typischen touristischen Aktivitäten durchgeführt werden.

Die biographischen Erfahrungen mit Städten sind für alle Gesprächspartner von einer Dominanz suburbaner Lebensräume geprägt. Die erste Erfahrung mit einem anderen Umfeld als autoabhängigen suburbanen Räumen mit geringen Bau- und Bevölkerungsdichten sowie klarer funktionaler Raumgliederung wurde in den meisten Fällen zu Beginn der College-Zeit gemacht, die viele Gesprächspartner in charakteristischen Universitätsstädten mittlerer Größe mit dominierendem studentischem Milieu verbracht haben. Neben Newark, Delaware waren in anderen Fällen Provo in Utah, Madison in Wisconsin oder Bethlehem in Pennsylvania die Städte, in denen die Collegejahre verbracht wurden. Auch der gegenwärtige Wohnort der Befragten im nördlichen Delaware ist von suburbanen Siedlungsstrukturen entlang der Hauptverkehrsachse der US-Ostküste geprägt, durch die New York in knapp drei Stunden erreichbar ist.

Die intensiveren und näher am alltäglichen Leben von Freunden und Verwandten orientierten Aufenthalte in New York führen zu spontanen Assoziationen, die sich deutlich von denen der deutschen Gesprächspartner unterscheiden. Zwar werden auch Elemente der physisch-materiellen Stadtstruktur wie Skyline, Central Park oder das World Trade Center als erste Reaktionen genannt, im Mittelpunkt stehen jedoch Aussagen, die auf die körperlich spürbare Intensität des Stadterlebens in Manhattan abzielen. Das Gefühl der überwältigenden Massierung von Bausubstanz und Menschen, die körperliche und geistige Ermüdung durch das hohe Tempo und die vielfältigen Möglichkeiten der Stadt, der Dreck und Lärm in den Straßen New Yorks oder der Mangel an weitläufigen und grünen Stadträumen werden als erste Annäherungen an New York thematisiert. Der stark emotional wertende Charakter des ersten Zugangs zeigt sich besonders in sehr unmittelbaren sinnlichen Eindruck der Stadt bei Besuchen im Kindesalter, wie DE1 sich erinnert. Die negativen Aspekte – „it smells, it's loud, it's dirty, it's scary" – seien dabei von einer großen Faszination für die städtische Umgebung ausgeglichen worden. Für den Gesprächspartner DE7, der aus einer ländlichen Kleinstadt in Virginia stammt, war ein Verwandtenbesuch im Alter von sieben Jahren der erste Kontakt mit New York. Nach eigener Einschätzung haben die als Kind überwältigend empfundene Geschwindigkeit der New Yorker und die Dimensionen der Stadt dazu geführt, dass DE7 New York bis heute als Vergleichsmaßstab für andere Städte verwendet:

> It's a jungle. I can't understand how people live there. I don't see how people can find their way around. […] It's a great place to visit, but I could never live there. I have a lot of relatives that live in New York, so it was the first city, as a kid, that I'd ever been to. So, since then, I compare every city to New York, which you can't really do. But it just happened to be that way.

Für viele Gesprächspartner wird ein ambivalentes Verhältnis zu New York deutlich, das in der für Besuche relevanten Vielzahl von kulturellen Angeboten, Sehenswürdigkeiten, Freizeit- und Einkaufsmöglichkeiten und der Präsenz von Freunden und Verwandten einen Ausgleich für die wahrgenommenen negativen Aspekte der Stadt sieht. Neben den anstrengenden Charakteristika der Stadt sind auch aus amerikanischer Perspektive ein stark ausgeprägtes Gefühl für Gefährdungspotentiale, die bestimmten Stadtteilen außerhalb Manhattans zugeordnet werden, sowie die besondere soziale Stellung New Yorks herausragende Elemente der Vorstellungen der Interviewpartner. Zum einen wird das soziale Gefüge der Stadt in ähnlicher Zuspitzung wie aus deutscher Sicht als polarisiert zwischen sozioökonomischen Eliten und Randgruppen betrachtet, die zusätzlich nach ethnischen Gruppierungen separiert wahrgenommen und mit den äußeren Stadtbezirken verbunden werden. Zum anderen wird in der amerikanischen Vorstellung von der Stadtgesellschaft New Yorks deutlich die Intensität des urbanen Lebens reflektiert, sowohl in der Arbeitswelt als auch im sozialen Umgang. Als Zielpunkt für ehrgeizige Menschen, die sich in der Metropole mit dem größten Konkurrenzdruck und den größten Aufstiegschancen beweisen wollen, ist New York für viele Befragten von Leistungs- und Statusdenken geprägt und im Vergleich zu anderen Städten hervorgehoben: „I think they're just a lot of people from ordinary lives that want to go and be something bigger than they could someplace else. It's about fame and status, I think." In dieser Beschreibung von DE5 fließt neben dem Gefühl, in New York von einer aus

Karrieregründen dort versammelten internationalen Elite umgeben zu sein, auch die persönliche Erfahrung ein, dass ein Familienmitglied mit der emotionalen Kälte und den Belastungen des New Yorker Arbeitsalltags nicht zurecht gekommen ist und nach mehreren Jahren aus der „Stadt des Status" zurückgekehrt ist. Auch außerhalb der Geschäftswelt wird das Leben in New York mit einem bestimmten Grad an Härte und Oberflächlichkeit im sozialen Umgang verbunden, die entweder als Voraussetzung bei einem Zuzug aus anderen Teilen der USA bereits vorhanden sind, oder die sich Neu-New Yorker schnell aneignen. Anhand vieler Freunde, die aus der Region um Philadelphia nach New York gezogen sind, beobachtet DE6 einen Wandlungsprozess, der eine Korrelation zwischen städtischer Umgebung und Persönlichkeit zum Ausdruck bringt:

> I think where you live has such an impact on how you act and react and, you know... If you live in a lot of different cities, I think every city has a different flair to it and kind of molds you in a different way. I think, everywhere you live has an impact on who you are. [...] I think New York toughens you up, if you're not tough already.

Trotz der geäußerten negativen Aspekte teilen die Interviewten eine Wertschätzung New Yorks als führende Metropole der USA, der durch ihre Position als ökonomische *global city*, aufgrund ihrer Stellung als liberale Kulturmetropole und als Medienzentrum der USA besondere Beachtung zukommt. Hierbei verweisen insbesondere die Interviewpartner aus anderen Teilen der USA auf die regionalen Differenzierungen, die in ihren Heimatregionen in der Vorstellung von New York bestehen. Der Gesprächspartner DE2, der im südlichen Großraum San Francisco aufgewachsen ist und neben der Collegezeit in Utah auch zwei Jahre als Missionar in ländlichen Gebieten Argentiniens gelebt hat, charakterisiert die vorherrschende Sicht auf New York im Westen der USA als unumstrittener „hub of the country [...], a mysterious, untouchable city where everything goes on." Die zentrale Stellung New Yorks beruhe neben seinen funktionalen Eigenschaften nicht zuletzt auf einem im öffentlichen Bewusstsein und den Medien verankerten „*East Coast bias*". Auch aus der Perspektive des Mittleren Westens bestätigt DE4 die einzigartige Mischung aus der von New Yorkern wie der amerikanischen Öffentlichkeit geteilten Auffassung, New York sei „the best in the world, the 'cream of the crop-city'", und der Meinungsführerschaft der in New York konzentrierten Medienlandschaft der USA. Nicht nur für die Bereiche Kultur, Sport, Entertainment und Ökonomie sei die New Yorker Berichterstattung national führend, sondern auch hinsichtlich des in der Bundeshauptstadt Washington, D.C. ablaufenden politischen Geschehens. Vor allem die *New York Times* wird als Quelle mit inhärentem Autoritätsanspruch empfunden, der von DE4 nach eigener Einschätzung im Gegensatz zur Öffentlichkeit der Ostküste nicht akzeptiert, sondern mit kritischer Distanz bewertet wird. Dennoch sind die Erinnerungen des Interviewten DE4 an die medial dominierte Vorstellung von New York aus Sicht des Mittleren Westens von der Betonung einer Sonderstellung der Stadt geprägt, die im Gegensatz zu Chicago als Zentrum der Region eher als abstraktes Konzept erscheint. „You always hear about New York as that big, grand city. Big buildings, big business, entertainment, fashion – the city is definitely a trend setter." An der Ostküste der USA – womit die Gesprächspartner großzügig den gesamten Siedlungsraum zwischen Boston und Washington bezeichnen – erscheint New York in ähnlicher Bedeutungszuweisung als die ultimative Stadt, was ihrer städtebaulichen Gestaltung ebenso zugedacht wird wie den funktionalen Strukturen und den emotionalen Bedeutungen. Als „quintessential urban form" (DE4) steht New York synonym für das Städtische an sich, was die Bewohner der Ostküste in ihrer Sprachregelung übernehmen:

> You know, it's just that cool, hip vibe; that everything's going on there, it's the place to be. I definitely see that when I go up there. You don't call it: 'I'm going to New York City.' It's: 'I'm going to *the* City'. It's *the* City. (DE7).

Die Auffassung von New York als Inbegriff einer Metropole spiegelt sich mit einer Facette des medialen Images, das die Interviewpartner mit New York verbinden. Wenngleich auch die amerikanischen Interviewten eine angesichts der Dominanz des Fernsehens in der Alltagskultur erstaunlich ausgeprägte mediale Absenz aufweisen, benennen die Gesprächspartner drei mit dem deutschen Medienimage kompatible Bedeutungskomplexe, die sich für DE2 wie folgt charakterisieren lassen.

> There's maybe three different characterizations: there's the one where, you know, it's just the movie penny: now you just see the skyline. It's just amazing, you have no idea what's going on in the streets, but you just see a beautiful city that you want to be a part of. And then you probably have the movies where, you know, everything's happening in the city. There's so much excitement, so much fun, always something to do. No matter what time of the day, no matter what time of the year it is. Just excitement. And than you would have the contrast to that, that is all the crime that goes on, that's often portrayed in the movies, that happens in the streets.

Die Dominanz dieser drei medialen Standarddiskurse über New York kommt deutlich in den Reaktionen der Gesprächspartner auf die Einführungssequenz aus *Manhattan* zum Ausdruck. Der Status von ALLENS Filmen als einem der wichtigsten Bausteine des filmischen „Mythos New York" wird ebenso thematisiert wie eine hohe Übereinstimmung mit der dominanten medialen Charakterisierung und der eigenen Raumvorstellung. Allerdings werden in stärkerem Ausmaß als bei den deutschen Interviewpartnern der elitäre Charakter von ALLENS Stadtporträts und die Selektivität seiner wiederkehrenden Filmcharaktere angesprochen. So stellt die Gesprächspartnerin DE5 zwar eine starke Verbindung zwischen den *Manhattan*-Sequenzen und ihrer von einem großen Interesse für die künstlerische und literarische Szene der Stadt geprägten Raumvorstellung her, zugleich ist ihr jedoch bewusst, wie stark ALLENS Filmcharaktere eine eng begrenzte intellektuell-neurotische Bevölkerungsgruppe wiedergeben, deren Humor nur mit einem guten Vorverständnis in kulturellen Dingen verständlich ist. Neben ihrer ethnischen und religiösen Einordnung – ALLEN wird von amerikanischen Interviewten anders als in Deutschland als Vertreter der jüdischen Intelligenz New Yorks wahrgenommen – sind auch die Lebensstile und Wertmuster der ALLEN'schen Charaktere für DE7 zum einen klarer Ausdruck ihrer „*New Yorkness*" und regen zum anderen in ihrer überspitzten Form zu ironischer Auseinandersetzung an.

> I would call them Bobos, short for 'bohemian bourgeois'. They have qualities of each. They're on strike from capitalism, but instead of buying the $2.000 weight system, they buy the $2.000 artificial waterfall shower. You know what I'm saying. They are more about aesthetics and art, and the philosophy behind the art, than they are about the vanity of material things.

Auch die Auswahl der repräsentativen Stadtansichten in der *Manhattan*-Einführung wird teils als Beschränkung auf diejenigen Gebiete der Stadt gesehen, die New Yorks Intellektuelle als ihr genuines Terrain betrachten – hierzu zählt z.B. DE3 die Stadtikonen des Broadway, Times Square, Park Avenue und Central Park. Die Herkunft der negativen Filmimages eines düsteren, kriminalitäts- und gewaltbelasteten New York bleibt dagegen ähnlich wie in Deutschland relativ unbestimmt. Viele der Gesprächspartner teilen das auch in Deutschland meist anzutreffende unbestimmte Gefühl, Filme aus den 1980er Jahren mit den negativen Filmimages von New York in Verbindung zu bringen. Als Ausnahme nennt DE4 zwei gegensätzliche Einflüsse auf seine bereits während der Jugend im Mittleren Westen entwickelte filmische Raumvorstellung von New York. Den Filmen von ALLEN, in denen eine großartige Metropole als unabdingbare räumliche Rahmensetzung für die Filmpersönlichkeiten und ihre meist amourös-neurotischen Verwirrungen gezeichnet wird, stehen die Filme von LEE gegenüber, die nicht nur die harten, schmutzigen Seiten New Yorks betonen, sondern für DE4 eine distinktive Schwerpunktsetzung auf die Bezirke Brooklyn und Queens beinhalten.

Insgesamt weisen auch die amerikanischen Interviewpartner – trotz eines vereinzelt relativ großen Erfahrungsschatzes in den Außenbezirken – eine starke Fokussierung auf Manhattan als das „eigentliche" New York auf. Besonders deutlich tritt dies bei DE3 zum Vorschein, die die Zeit seit ihrem letzten Aufenthalt in New York mit ungefähr einem Jahr angibt – in Brooklyn sei sie dagegen in letzter Zeit häufiger gewesen, da ihre Schwester dort wohnt. Auch die Tatsache, dass Brooklyn als tendenziell gefährliche und unangenehme Gegend angesehen wird, die nur als Quartier dient, während die Tage in Manhattan verbracht werden, weist auf eine auf Manhattan fixierte Raumvorstellung hin, unter deren Quellen DE3 den Medien eine größere Bedeutung als ihren eigenen Erfahrungen vor Ort beimisst:

> It's probably more prevalent than my own view of the city, because I see those [media] images every day. And I only have a few glimpses of what I experienced of the city at different points. And so you have what you see on TV, reruns of *Seinfeld* and *Friends*, you know, five nights a week. And you have my occasional trips to NYC, where it's hit or miss where you are and what you experience. It's definitely like their reactions are much more real in my mind than my reactions.

Vor diesem Hintergrund sind auch in den US-amerikanischen Gesprächen die Reaktionen auf die Sequenzen aus *Smoke* in vielen Fällen als Gegenpol zu dem von ALLENS *Manhattan* verkörperten dominanten Medienbild und als Erweiterung individuell vorhandener Vorstellungen von New York zu sehen. Auch von den amerikanischen Interviewpartnern werden Szenerie und Gesprächsinhalte – intensive Debatten über Sportteams, philosophische Überlegungen über Frauen und Zigarren – als untypisch für Manhattan, jedoch charakteristisch für New York angesehen. Es werden zudem anders als in Deutschland auch ein charakteristischer New Yorker Dialekt und eine Ausdrucksweise identifiziert, die eindeutig negativ besetzt sind. Typisch New Yorkerisch sind die Charaktere in *Smoke* durch ihre schnelle, direkte und offen vulgäre Ausdrucksweise, die in selbstherrlicher Argumentation an der eigenen Meinung ebenso wenig Zweifel lässt wie an ihrer allgemeinen Gültigkeit, auch angesichts alternativer Ansichten (DE3, DE4). Im Gegensatz zu einer durch die Filmeinführung ins Gedächtnis gerufenen negativ aufgeladenen Raumvorstellung wird die spätere *Smoke*-Sequenz über Auggies Photoprojekt als eine filmische Inszenierung gesehen, die eine weitere Facette der kulturellen Vielschichtigkeit New Yorks aufdeckt und in angenehmer Weise auf die glamouröse Oberflächlichkeit *Manhattans* ebenso verzichtet wie auf die einseitige Darstellung der Außenbezirke als Orte von Gewalt, Kriminalität und Elend. Die Fähigkeit, sich für intensive zwischenmenschliche Beziehungen und Gespräche Zeit zu nehmen, passt aus amerikanischer wie deutscher Sicht eher nach Brooklyn als nach Manhattan. Gleiches gilt für die tiefe Verwurzelung des Charakters Auggie mit seinem kleinräumigen Lebensumfeld, durch die er zum „chronicler of deep, rich urban life" (DE4) wird. Eine derartige Heimatbildung als Verankerung in Raum und Zeit, als Ausbildung einer differenzierten und emotional stark aufgeladenen Raumvorstellung vom eigenen städtischen Lebensraum, kann gerade im Kontrast mit dem suburbanen Lebensstil vieler Gesprächspartner als ein wesentliches Charakteristikum des städtischen Lebens in Metropolen wie New York angesehen werden.

9.4. ALLTÄGLICHE MEDIENANEIGNUNG UND RAUMVORSTELLUNG – EINE SEKUNDÄRE TYPISIERUNG

Neben der primären Kategorisierung der Interviews nach dem zentralen Aspekt des lebensweltlichen Zugangs zu den Beispielstädten und ihren medialen Darstellungen wird im Folgenden eine zweite Typisierung vorgenommen, die unterschiedliche Formen im aneignenden Umgang mit filmischen Stadtinszenierungen trennt. Dabei werden die Erfahrungen in den Städten ebenso berücksichtigt wie das Grundverständnis vom Medium Film, insbesondere jedoch die Bedeutungen, die die jeweiligen Interviewpartner den filmischen Stadtdarstellungen im Hinblick auf ihre persönliche Raumvorstellung und als gesellschaftlich relevanter Ausdrucksform zuweisen. Eine kurze Charakterisierung der unterschiedenen Grundtypen wird jeweils mit der Darstellung eines markanten Fallbeispieles ergänzt.

9.4.1. Typ 1: Das Wesen der Großstadt im Spiegel des Mediums Film

Der erste Typus der Filmaneignung ist von einem intensiven Verständnis der individuell-psychologischen wie sozialen Prozesse des Großstadtlebens geprägt. Eine intensive Auseinandersetzung mit dem Medium Film oder intensive Filmkenntnisse liegen nicht notwendigerweise vor, vielmehr ist das Charakteristikum in diesem Fall die tiefgründige analytische Auseinandersetzung mit den filmisch inszenierten Charakteren, ihren sozialen Handlungsmustern und der Einbettung der Handlung in einen räumlichen Kontext. Der einzelne Film wird als künstlerische Ausdrucksform akzeptiert, die eine wertende Aussage über die Besonderheiten urbanen Lebens im 20. Jahrhundert beinhaltet. Als solche sind prinzipiell alle Beispielfilme der vorliegenden Untersuchung relevante Diskussionsgegenstände, die unabhängig von ihrem Genre oder den davon abgeleiteten narrativen und gestalterischen Konventionen auf ihre Aussagen über städtisches Leben überprüft werden. Der zentrale Bezug zwischen filmischen Stadtdarstellungen und dem eigenen Erleben sowie der eigenen Raumvorstellung von Städten wird nicht in der Beeinflussung durch Filme gesehen, sondern vielmehr in der reflektierenden Gegenüberstellung filmischer Aussagen über städtisches Leben mit eigenen Erlebnisse und emotionalen Bindungen an die dargestellten Stadträume. Filme werden als Ausdrucksform von Stadtleben in Beziehung gesetzt zu den eigenen Auffassungen davon, was städtisches Leben in sozialer Hinsicht ausmacht und wie sich Individuen in ihrem Alltag in Großstädten arrangieren.

Die Interviewpartnerin BE3 ist als Heilpraktikerin tätig und lebt mit ihrem Ehemann, der nach einer Karriere im Management eines internationalen Konzerns im Ruhestand ist, im Norden Berlins. Das Paar hat drei erwachsene Kinder und bezeichnet einen mehrjährigen Aufenthalt in Singapur in den 1980er Jahren als ein persönlich prägendes Erlebnis. Die Eindrücke von BE3 in New York stammen aus einem fünftägigen Kulturlaub in den späten 1990er Jahren, bei dem vor allem Museen wie das Guggenheim und das Museum of Modern Art oder Orte der Entspannung wie der Central Park auf dem Programm standen. In der persönlichen Bewertung von New York kommt der spezielle Zugang zum städtischen Leben zum Ausdruck, der auch für die Reaktionen auf seine filmischen Inszenierungen von Belang sein wird: New York ist eine Stadt der Extreme. Das Lebens- und Arbeitstempo ist enorm, ebenso wie die nervliche Anspannung der Bevölkerung und die wahrgenommenen Unterschiede zwischen den sozialen Gruppen. Gleichzeitig jedoch anerkennt BE3 „die Möglichkeiten einer Stadt wie New York, die den Boden gibt für Extremes und Besonderes und für höchste Kultur [...] in solchen Städten ist es so, dass das Höchste und auch das Niedrigste in einem Raum nebeneinander existiert. Für mich gibt es in New York kein Mittelmaß." Der im Vergleich zu eigenen Lebensstationen wie Berlin, Singapur oder Mailand „übersteigerte, lebensfeindliche Rhythmus" New Yorks und das Bestreben, sich in dieser Umgebung durchzusetzen und im beruflichen wie privaten Leben voranzukommen, führt BE3 zur Einordnung New Yorks als einer „maskulinen Stadt", in der das Kräftemessen zwischen Menschen und zwischen dem Individuum und der Stadt zum Alltag gehört.

Bereits die Reaktion auf den ersten Filmausschnitt, die Eröffnungssequenz von *Manhattan*, reflektiert eine derartige subjektive Einschätzung der Stadt, wenn BE3 die Masse der Hochhauskulisse als förmlich körperlich spürbaren ersten Eindruck nennt. Ebenso korrespondieren die Hast der Menschen, das „Sich-durchboxen-Müssen" auf den Gehwegen der Straßenschluchten und insbesondere die vergeblichen Ansätze zu einer schlüssigen Erzählung über New York mit den Erfahrungen vor Ort: „Man findet dafür keine Erklärung, es gibt so viele Erklärungen, aber auch genauso viele Gegenteile. Ich kann versuchen, für dieses ‚Monster' eine Erklärung zu finden und immer wieder werde ich dem Ganzen nicht gerecht, weil es nicht zu erfassen ist." Sehr wohl erfassbar ist dagegen eine filmische Begegnung, deren außergewöhnliche Reflexion im Gespräch mit BE3 die Stärke individueller Komponenten auf die Rezeption von Filmen illustriert. Wurde die Schlüsselsequenz von *Manhattan*, das nächtliche Gespräch unter der Queensboro Bridge, von vielen Gesprächspartnern als unrealistischerweise romantische Darstellung einer sich anbahnenden Liebesbeziehung kommentiert, so spricht diese Sequenz für BE3 für die vollkommene Einsamkeit, das Fehlen von Berührungspunkten und die Beziehungsunfähigkeit der Protagonisten, filmisch zum Ausdruck gebracht durch die sparsame Inszenierung des räumlichen Kontextes. „Man sah die Leere, die Kälte, die Einsamkeit in der Stadt. Der Schwarz-Weiß-Film zeigt auch die Tristesse der Nacht, die Einsamkeit. Die zwei haben sich ja auch getrennt, völlig unverbindlich, kamen sich auch nicht näher, geliebt wurde nur der Hund." Es bleibt so bei einem einsamen Aufeinandertreffen zweier aus Selbstschutz auf sich selbst bezogener Städter, in deren Gespräch mit der beiderseitigen Liebe zur Stadt New York nur ein Mal eine tiefere Gemeinsamkeit auftaucht.

9.4.2. Typ 2: Stadt im Spiegel der privaten und filmischen Erinnerung

Für Typ 2 steht weniger die generalisierte Aussageebene des Vergleichs zwischen Film und den Charakteristika urbaner Erfahrungen im Mittelpunkt, sondern eher die am konkreten Fall vollzogene Gegenüberstellung eigener Erinnerungen an bestimmte Städte mit dem Medium Film in seiner Funktion als kollektives Gedächtnis des 20. Jahrhunderts. Für den Zugang zur eigenen Raumvorstellung sind biographische Momente ebenso zentral wie die intensiv reflektierten zeitgeschichtlichen wie familienhistorischen Umstände. Die Funktion von Filmen als „sozialer Kartographie" einer Stadt wird in den Kontext anderer Quellen gestellt, unter denen Zeitdokumente im persönlichen Besitz – wie etwa historische Photographien, Urkunden etc. –, Erzählungen von Verwandten und Freunden und auch andere Medien- und Kunstformen angesprochen werden. Eine zentrale Stellung hierunter nehmen literarische Formen der Stadtdarstellung ein, die als aktives Element für die eigene Raumvorstellung thematisiert werden. Filme werden zum geringeren Teil in einer spontanen Erinnerung als Einflussfaktor genannt; ihre gleichberechtigte Stellung unter anderen medialen und lebensweltlichen Quellen der Raumvorstellung wird jedoch insbesondere als Ergebnis eines Reflexionsprozesses betrachtet, der durch filmische Impulse angestoßen wird.

Die Gesprächspartnerin BT2 ist Ende der 1940er Jahre geboren und in der DDR aufgewachsen; vor der Ausreise der Familie in die BRD kurz vor der Wende war sie längere Zeit in Leipzig ansässig. Für den Gesprächsgegenstand Berlin hatte sie „schon immer ein Faible", da eigene Vorfahren von dort stammen und sie in ihrer Kindheit häufiger zu Verwandtenbesuchen in Berlin war. Die Kindheitserinnerungen an Berlin sind zum einen durch die beeindruckende Größe der Häuser und der städtischen Strukturen geprägt, die in der Bewertung späterer Aufenthalte in die Vorliebe für großzügig angelegte Stadträume übergehen: „Wo ich immer zuerst bei Berlin daran denke, ist breite Straßen, Häuser und Parks. Eine Stadt muss Parks haben, sonst ist es keine Stadt, Parks und Wasser muss sie haben." Diese Komponente der Raumvorstellung steht in Kontrast zu der Bedrückung und Einengung durch die Berliner Mauer, aufgrund derer ein Leben in Berlin zu DDR-Zeiten aus Sicht der Befragten wenig wünschenswert erschien. Zum anderen sind die frühen

Erinnerungen an Berlin vom traditionellen Leben der Patentante in ihrem Kiez in Wedding geprägt, in dem sich städtische Anonymität und familiäre Strukturen die Waage halten. Die Wohnsituation in einer klassischen Berliner Mietskaserne, ein vielfältiges Angebot kleiner Tante-Emma-Läden, die als „richtige Berliner Nudel" erinnerte Tante, Ausflüge an den Wannsee und zu einem Trümmerberg „Monte Scherbelino"[43] setzen sich zu einem Bild des Weddings und Berlins als liebenswerte und altmodische Stadt zusammen, der die deutsche Teilung und die Zerstörungen des Krieges nicht anzumerken sind. Einer besonderen Vorliebe für Architektur entsprechend sind rückblickend auf die Kindheitserinnerungen auch einzelne Bauwerke und Ensembles von großer Bedeutung als „Lieblingsorte" und Symbole von Berlin. Neben der Siegessäule, dem Dom und der Museumsinsel stehen auch die bereits beim ersten Besuch auffälligen Berliner Wohnblöcke symbolisch für die Stadt: „Ganz typisch, es gibt so bestimmte Häuser in Berlin, alte Häuser, die ich immer, wenn ich an Berlin denke, vor mir sehe, und das sind eben hohe Stadthäuser, nicht besonders abgestrahlt. So Gründerzeit, mit diesen ‚Schnörkelbalkons' und davor hohe Bäume, die es etwas dunkel machen mit den Erkern."

Die Erinnerungen an das Berlin der 1970er und 1980er Jahre sind dagegen ebenso wie die Raumvorstellung vom Nachwende-Berlin von der Teilung der Stadt und ihrer Überwindung geprägt. Hierzu tragen vor allem die Erinnerungen an gerne besuchte Tagungen in Weißensee bei, an denen Kollegen aus beiden Teilen Deutschlands teilnahmen. „Einerseits wurde da diese Katastrophe mit Ost-West immer so klar, andererseits hatte man das Gefühl, man hat ein bisschen durchgeatmet." Die freundschaftlichen Kontakte zwischen Kollegen wurden oft von den einschränkenden Modalitäten und Verzögerungen durch den Grenzübertritt überschattet. Aus der Verbindung solcher eigenen Erlebnisse mit der Familiengeschichte ergibt sich für BT2 die zentrale emotionale Beziehung zu Berlin, die in den jüngeren Besuchen nach der Wiedervereinigung deutlich wird:

> Aber wenn man nur mal hinkommt und hat das so erlebt, dass da die Welt zu Ende war, dann ist das nach wie vor irgendwie herrlich da nur lang zu gehen. Um den Potsdamer Platz und um das Brandenburger Tor, um da einfach lang zu schlendern und zu sagen: ‚Großartig!' Bei mir spielt nach wie vor immer noch so mit, dass einige meiner Vorfahren aus Berlin kamen, in Berlin lebten, dass es da alte Fotos von Berlin gibt und dass man auch immer mal interessiert ist, wo haben die gewohnt, wie sieht das heute aus?

In der Reflexion über verschiedene Medien zeichnet sich zunächst eine intensive Verknüpfung zwischen der Vorstellung von Berlin und seinen Darstellungen in der deutschen Literatur ab. Der Nollendorfplatz aus KÄSTNERS *Emil und die Detektive* (1928) und der Alexanderplatz in DÖBLINS gleichnamigem Roman von 1929 stehen stellvertretend für eine Vielzahl nicht einzeln zu benennender Schriftsteller, deren Biographie und Werk mit der Stadt Berlin verbunden sind. Die Reflexion von Filmausschnitten ist zum einen von starken Verbindungen zum gegenwärtigen Leben in Berlin geprägt. Die Wohnsituation einzelner Gruppen, die sozialen Probleme und Spannungen und weitere negative Aspekte des Großstadtlebens werden anhand

---

43 Unter diesem Namen in Berlin nicht identifizierbar; gemeint ist vermutlich der Teufelsberg.

der Einführung zu *Himmel über Berlin* thematisiert. Dominant sind jedoch zum anderen die Querbeziehungen, die zwischen persönlicher und zeitgeschichtlicher Raumvorstellung und Filmimpulsen wie der „Homer"-Sequenz oder der Einführung zu *Paul und Paula* hergestellt werden. Die Suche Homers nach dem urbanen Platz seiner Vergangenheit wird mit der durch die eigenen Lebensgeschichte geprägten Vorstellung von Berlin während und seit dem 2. Weltkrieg verbunden, die sich aus eigenem Erleben und Erzählungen von Verwandten zusammensetzt. *Paul und Paula* erhält eine besondere Bedeutung für BT2, da sie zu Beginn der 1970er Jahre in der gleichen Lebensphase und in ähnlichem gesellschaftlichem Kontext der Aufbruchstimmung in der DDR gelebt hat. Als in seiner Botschaft ungewöhnlich, jedoch nicht ihr eigenes Lebensgefühl beschreibend hat BT2 *Paul und Paula* in Erinnerung. Durch die Reflexion über die Verbindungen zwischen der eigenen Lebensgeschichte und der in Filmen wiedergegebenen „kollektiven Erinnerung" kommt BT2 zu einem Fazit, das Berlin als zentrale Filmstadt der deutschen Zeitgeschichte festhält:

> Wenn ich noch länger darüber nachdenke, muss ich sagen, dass es ja unzählige Filme [über Berlin] gibt. Immer, wenn es um Zeitgeschichte geht, da gibt es ja unendliche viele Filme, die in Berlin spielen. Da hätte man mal eine Strichliste führen sollen.

9.4.3. Typ 3: Film- und Stadtexperte mit intensiver Ortskenntnis

Für den dritten Typus der Aneignung von Stadtfilmen ist die Verschränkung intensiver Erfahrungen vor Ort mit einem ausgeprägten Kenntnisstand und großem Interesse für Filme charakterisierend. Die kognitiven wie emotionalen Raumbezüge liegen entweder als lebensweltlicher Bezug zum Wohnort Berlin oder durch ausführliche touristische Aufenthalte in New York in erheblich differenzierterer Form als für die Mehrzahl der Befragten mit touristischen Erfahrungen vor und stehen mit einem umfangreichen Repertoire an medialen Quellen in Wechselwirkung. Ähnlich wie Typ 4 zeichnet sich Typ 3 als regelmäßiger Kinogänger und Filmfan durch eine hohe Aussagefähigkeit zum Thema Film aus und ist in der Lage, eine große Anzahl von Beispielen zu benennen und verschiedene Filme ihren cineastischen Charakteristika gemäß zu beurteilen. Der Querbezug zu den eigenen Kenntnissen der jeweiligen Stadt besteht auf einer ersten Ebene in einem Wiedererkennen und Verorten inszenierter Stadträume, deren filmische Funktionen und Bedeutungszuweisungen dann auf einer zweiten Ebene mit der persönlichen Raumvorstellung und alternativen Diskursen zur Bedeutung von spezifischen Stadträumen abgeglichen werden. Dabei sind andere mediale Quellen ebenso von Bedeutung wie die lebensweltlichen Raumvorstellungen, die durch eigenes dauerhaftes oder periodisches Leben in einer Stadt entwickelt werden.

Bei dem Gesprächspartner BE1 handelt es sich um einen studierten Stadtexperten Mitte dreißig, der nach längerer Zeit in den USA seit einigen Jahren in Berlin ansässig ist. Seine intensiven New-York-Erfahrungen basieren auf häufigen Besuchen bei Verwandten, die in einem gutbürgerlichen Gebiet im Nordosten der Bronx wohnen. Seine spontanen Reaktionen auf New York und Berlin beschreibt BE1 so: „Der erste Eindruck von New York ist immer so etwas von ‚Wow – das ist schon beeindruckend' […] der erste Eindruck von Berlin […] war nicht so viel anders als von anderen ostdeutschen oder westdeutschen Städten, die man vorher gesehen hatte." Dieser vor allem durch die Hochhausarchitektur Manhattans geprägte Eindruck wirkt zusammen mit der enormen Lebhaftigkeit des Stadtlebens auf Anhieb sympathisch, wobei die persönlichen Lieblingsorte in New York – Coney Island, die Staten Island Ferry, Battery Park mit dem World Trade Center, Brooklyn Bridge – zudem durch ihre spezielle Funktion als Schnittstelle von Stadt und Wasser geprägt sind. Abgesehen von den Lieblingsorten und bestimmten kulturellen Schauplätzen wie dem Museum of Modern Art oder dem Guggenheim Museum hat Manhattan allerdings seine Anziehungskraft für BE1 weitgehend eingebüßt: „[S]o grundsätzlich, um die Stadt zu erleben oder zu erkunden, fahre ich meistens in die Bronx oder nach Brooklyn. Einfach weil ich schon zu oft in Manhattan war, und da gibt es nicht mehr viele unbekannte Ecken im Vergleich zu Brooklyn oder Queens. Und zum anderen sind Brooklyn oder Queens noch viel außergewöhnlicher oder ungewohnter als Manhattan." Insbesondere ethnisch interessante Einwanderergebiete wie Astoria oder Jamaica, ungewöhnliche Attraktionen wie Greenwood Cemetery oder den in das Stadtgebiet eingebetteten Flughafen La Guardia und Prospect Park als weniger bekanntes Gegenstück zum Central Park nennt BE1 als favorisierte Ziele in den Außenbezirken von New York.

Angesichts derart intensiver Erfahrungen treten die medialen Einflüsse auf die Raumvorstellung von New York zunächst etwas in den Hintergrund. Als spontane Erinnerungen nennt BE1 zuerst *The Day after Tomorrow* (2004), dessen Endzeit-Szenario eines überfluteten New York unter anderem den persönlichen Lieblingsort Coney Island zeigt, dann *Escape from New York* (1981, dt.: *Die Klapperschlange*) und *Breakfast at Tiffany's* als räumlich relativ unspezifischen Film, dessen typisch New Yorker Charaktere für BE1 „so die 5th-Avenue-Szenerie" darstellen sollen – glamouröse, neurotische Manhattanites, die mit New Yorkern aus den von BE1 bevorzugten Außenvierteln wenig gemeinsam haben. Generell stellt BE1 fest, dass für ihn viele Filme erst durch ihren Bezug zur Stadt New York überhaupt von Interesse sind: „Da gibt es immer wieder Filme, wo ich mir denke: ‚Nöö', die ich mir dann nur angucke, weil die so tolle New-York-Aufnahmen drin haben." Als herausragende und nicht ins Stereotyp von New York fallende Medienbilder benennt BE1 neben Filmen wie JARMUSCHS New-York-Porträts *Stranger than Paradise* (1984) und *Ghost Dog* (1999) oder den WANG-AUSTER-Koproduktionen *Smoke* und *Blue in the Face* vor allem die Geschichten „aus dem echten Leben" der TV-Serie *Seinfeld* (DAVID/SEINFELD 1990–1998), die in den 1990er Jahren zur erfolgreichsten Comedy-Serie der USA avancierte und für die er ein besondes Faible entwickelt hat. Hier sind es weniger markante Stadtansichten, die ein besonderes Gefühl für New York erzeugen, sondern vielmehr die scheinbar alltäglichen Situationen und Gesprächsthemen, die Charaktere und ihre speziellen Umgangsformen, die als typisch für New York wahrgenommen werden und die mit eigenen Erfahrungen in der Stadt in Verbindung gebracht werden: „Ja, so ein bisschen übertrieben, aber... Mir sind schon oft Storys oder Erzählungen passiert, wo ich gedacht habe, das ist echt

wie in Seinfeld. Also, das ist zwar das echte Leben, aber das ist wie in der Sitcom."
Auf diese Weise setzen mediale Einflüsse offenbar einen Rahmen dafür, wie alltägliches Leben wahrgenommen und bewertet wird, ebenso wie die umfassenden Erfahrungen in New York für BE1 die Grundlage für die Auswahl und die persönliche Einordnung von filmischen Stadtinszenierungen darstellen.

9.4.4. Typ 4: Film- und Stadtexperte ohne eigene Erfahrungen vor Ort

Der vierte Typus tritt in den geführten Interviews nur in wenigen Fällen zur Beispielstadt New York auf. Für ihn ist eine ausgeprägte Raumvorstellung charakterisierend, die ausschließlich aus medialen Quellen herrührt. Es liegt ein differenziertes kognitives und wertendes Vorstellungsbild von New York vor, das insbesondere hinsichtlich der kulturellen, historischen und sozialen Gegebenheiten vielfältige Aspekte umfasst, die auf einzelne mediale Darstellungsweisen und teils auf spezifische Filme zurückgeführt werden können. Hierin zeigt sich die mit Typ 3 gemeinsame Intensität der Auseinandersetzung mit dem Medium Film, das in seinem Einfluss auf die eigene Raumvorstellung anerkannt und kritisch hinterfragt wird. Insbesondere die als typische Wirkungsmechanismen filmischer Konventionen interpretierten Inszenierungsweisen von Stadträumen – im romantisierenden wie im negativ aufladenden Sinn – werden ausführlich reflektiert und eine kritische Distanz zu ihrem Einfluss auf das eigene Denken über New York aufgebaut. Dennoch liegt die besondere Relevanz von Typ 4 in der direkten Zurückführung einer differenzierten Raumvorstellung auf ausschließlich mediale Quellen, die in einem relativ bewusst und kritisch ablaufenden Prozess angeeignet werden.

Der Gesprächspartner BT4 zeichnet sich zunächst durch einen bewegten Lebenslauf mit unterschiedlichen Studien-, Ausbildungs- und Berufsstationen aus; er war noch nicht in den USA und hat wesentliche Stadterfahrungen in Oberfranken und München gesammelt, das ihm als „Kleinstadt mit den Unannehmlichkeiten einer Großstadt" erscheint. Als Fallbeispiel von besonderem Interesse ist BT4, da sich im Gespräch ein detailliert ausgeprägtes Verständnis für New York und seine kulturellen Eigenheiten zeigt und bereits in den ersten Assoziationen Filme als zentrale Quelle der Raumvorstellung angesprochen werden:

> Empire State Building, World Trade Center – nein, das ist auch schon vorbei! – und was fällt mir sonst noch ein. Oh Gott – ja, eigentlich eher so alle möglichen Filme, die ich kenne. Also diese ganzen Woody-Allen-Schinken, Scorsese, das Zeug, das fällt mir zu New York ein. Ich war selbst noch nie in New York.

Die von Filmen gespeiste Raumvorstellung weist dann auch Elemente auf wie das auf Greenwich Village projizierte bourgeoise Boheme-Milieu der Woody-Allen-Intellektuellen, die multikulturelle Offenheit einer gemischten Gesellschaft, wie sie z.B. in *Smoke* porträtiert wird, oder die düsteren Seiten der SCORSESE-Stadt des *Taxi Driver*. Ebenso einprägsam, wenngleich mit deutlichen Aversionen bedacht, zeigen sich für BT4 die romantischen Stadtdarstellungen in der Tradition von *Breakfast at Tiffany's*, die für die austauschbare Symbolik der gegenwärtigen romantischen Liebeskomödien und der *Sex-and-the-City*-Ästhetik verantwortlich gemacht werden: Die Selbstreferenzialität des Mediums Film zeige sich im ästhetischen wie im moralisch-weltanschaulichen Bereich zwischen den Bezugspunkten der kleinstädtisch-hoffnungsvollen New-York-Filme der 1950er Jahre und ihrer zeitgenössischen Pendants.

Als „Stadt- und Filmexperte" reflektiert BT4 relativ explizit über das konkrete Verhältnis zwischen der eigenen Raumvorstellung und den filmischen Inszenierungen. Die Vorstellung, eine Stadt wie New York aufgrund der medialen Erfahrungen „zu kennen", lehnt er unter Hinweis auf die in Paris oder London so erfahrene Tatsache ab, dass Städte im eigenen Erleben „meistens noch viel interessanter" als die medial gewonnene Raumvorstellung seien. Allerdings zeigt sich an zwei Punkten im Gesprächsverlauf, welche Verknüpfungen zwischen Film und Raumvorstellung trotz dieser Einschränkung als wirksam erkannt werden: Zum Ersten räumt BT4 ein, dass Medien zwar keine umfassende Kenntnis, wohl aber erste Eindrücke vermitteln von bestimmten „Stadtansichten, die man immer wieder als Bilder vorgesetzt bekommt, die auch bestimmte Signalwirkung und Klischees erfüllen, also die so richtige Symbole sind." Über derartige symbolische Repräsentation deutlich hinaus gehen die Einflüsse, die zum Zweiten im Bereich des emotionalen Stadtbezuges deutlich werden. Hier äußert BT4 aufgrund der umfassenden Woody-Allen-Kenntnisse vor allem, dass die emotionale Stimmung der Filme eine Grundhaltung zu New York erzeugt, von der er erwarten würde, dass sie auch bei einem Aufenthalt in New York, insbesondere in den jüdisch geprägten Vierteln der Stadt, wirksam würde. Jenseits dieser explizierten Aspekte – der Versatzstücke eines kognitiven und des am Beispiel von ALLENS jüdischem New York illustrierten emotionalen Bezuges zur Stadt – kann an den komplexen Vorstellungen über die interne Gliederung der Stadtgestalt von New York und über das kulturelle und soziale Leben der Metropole jedoch verdeutlicht werden, wie filmische Inszenierungen das Denken und Sprechen über Städte maßgeblich beeinflussen, auch wenn ihnen im Einzelfall die direkte Handlungsrelevanz abgesprochen und einzelnen Filmen mit persönlichen Aversionen begegnet wird.

9.4.5. Typ 5: Medien definieren unbewusst die städtische Raumvorstellung

Der fünfte Typus von Filmaneignungsformen im Kontext von Raumvorstellungen ist als Reinform eines in vielen Gesprächen zum Teil aufgetretenen Phänomens zu betrachten, der unbewussten und in der induzierten Reflexion eines Interviews nur ansatzweise artikulierbaren Aneignung von Medieninhalten und ihrer Einbettung in alltägliche Raumvorstellung. Als generelles Phänomen tritt die unbewusste Prägung von Raumvorstellungen durch mediale Inhalte für jeden Gesprächspartner in unterschiedlicher Form auf und ist als allgemeines Charakteristikum der Medienaneignung und ihrer Rekonstruktion mittels wissenschaftlicher wie alltäglicher Zugangsweisen anzusehen. In dem dargestellten Einzelfall tritt eine besonders eindrückliche Wirkungsweise unbewusster Medienaneignung auf, indem kognitive, emotionale und handlungsleitende Vorstellungen von einem nicht direkt erlebten Stadtraum auf ein bestimmtes Filmgenre zurückgeführt werden können.

Die Gesprächspartnerin BT3 ist Anfang dreißig und in Oberfranken ansässig. Ihre Raumvorstellung von New York, das ihr nicht aus eigenen Besuchen bekannt ist, entspricht weitgehend der üblichen Vorstellung aus der Außenperspektive. Die Skyline Manhattans und die Freiheitsstatue als Symbol für Amerika, die Bilder des 11. September 2001, enorm gedrängte Häusermassen und enge Straßenschluchten prägen die visuellen Assoziationen. Die Stadtgesellschaft wird als multikulturell und nach sozialen wie ethnischen Stadtvierteln gegliedert angesehen. Als Quellen für die relativ knapp ausgeführten Bedeutungsfacetten wird zum einen der gymnasiale Englischunterricht genannt, zum anderen stellt BT3 fest, dass primär Filme ihre Vorstellung von New York prägen. Dennoch liegt wie in vielen Fällen eine stark ausgeprägte mediale Absenz vor, so dass spontan keine Filmbeispiele genannt werden können. Die entscheidende Verknüpfung zwischen einem unbewussten Vorstellungsbild und seinen filmischen Quellen zeigt sich in der Diskussion darüber, wie BT3 einen möglichen Besuch in New York gestalten würde: „Doch, das wäre schon ein Erlebnis. Meine größte Stadt bisher war Chicago, das war auch toll. Aber New York wäre auch mal eine tolle Sache, einfach um ein Feeling davon zu haben." Das besondere Gefühl von New York erwartet BT3 dabei nicht in kulturellen Höhepunkten wie den bekannten Museen oder bei einem Einkaufsbummel auf der 5th Avenue. Vielmehr entspringt das besondere Flair der Stadt für die Interviewte aus dem Erleben des alltäglichen Lebens auf den Straßen, dem Beobachten der New Yorker und der besonderen Architektur der Metropole. „Möglichst viel sehen, Straßen ablaufen, [...] das Flair in sich aufnehmen, flanieren" würde für BT3 die präferierte Annäherung an eine mit großer Faszination geschilderte städtische Umgebung darstellen. Es wird deutlich, dass die primär filmischen Einflüssen zugeschriebene Raumvorstellung insbesondere eine romantische Komponente umfasst, die die Einzigartigkeit des Flairs der alltäglichen New Yorker Straßenszenerien in besonderem Maße betont.

Im Interviewverlauf bestätigt sich die Vermutung, dass vor allem das Genre der romantischen Liebeskomödie und Sequenzen wie die Eröffnung von *E-Mail für Dich* für die Raumvorstellung von BT3 verantwortlich sind. Neben dem hohen Wiedererkennungswert von *E-Mail für Dich* und dem ähnlichen Vorgängerfilm *Schlaflos in Seattle* (1993) werden nach dem Filmimpuls auch ähnliche zeitgenössische Genrevertreter wie *Ein Chef zum Verlieben* (LAWRENCE 2002), WANGS *Manhattan Love Story* (2002) oder *Darf ich bitten?* (CHELSOM 2004) als kompatible Einflussfaktoren auf eine emotional stark aufgeladene Raumvorstellung deutlich. Dabei steht in der Aneignung des Filmbildes von New York im Fall von *E-Mail für Dich* die saubere, ruhige Atmosphäre der Upper West Side als Hintergrund für die dominierende Liebesgeschichte im Zentrum, die jedoch gerade durch die Inszenierung der morgendlichen Routinen der Protagonisten auf ihrem Arbeitsweg dem einzigartigen Flair entsprechen, das im früheren Interviewverlauf deutlich geschildert wird. Auch in anderen Genrevertretern wird ein Gleichgewicht zwischen den Ruhezonen gehobener Bevölkerungsgruppen in entsprechend gestalteten Stadtvierteln und den lebhaften Straßenszenerien der Midtown oder Downtown Manhattans wahrgenommen, die unbewusst zu einem homogenen Bild von New York als idealer Kulisse für romantisches Flanieren und urbane Lebendigkeit zusammengesetzt werden.

9.4.6. Typ 6: Medien und Stadtleben aus US-amerikanischer Perspektive

Der sechste Aneignungstyp teilt viele der Grundzüge der Typen 1 und 3, indem intensive Erfahrungen vor Ort mit einem tiefgehenden Verständnis für die Besonderheiten städtischen Lebens in der Reflexion zusammengefügt werden. Trotz einer relativ geringen Erinnerung an spezifische Filme ist auch eine ausgeprägte Auseinandersetzung mit der Rolle von Film in der Populärkultur und als Einfluss auf alltägliche Raumvorstellung gegeben. Als herausragende Besonderheit erscheinen in Typ 6 die Verbindungen, die zwischen dem Werk einzelner Filmschaffender bzw. den Beispielfilmen und Überlegungen zu den städtischen Formen und den kulturellen Bedeutungen städtischen Lebens im transatlantischen wie inneramerikanischen Vergleich geknüpft werden. Wenngleich alle amerikanischen Interviewpartner aufgrund ihrer persönlichen Erfahrungen in USA und Europa sowie durch das akademische Umfeld diese grundlegenden Aneignungsmuster in Ansätzen teilen, lässt sich Typ 6 in besonderer Deutlichkeit mit einer Einzelfalldarstellung des Interviewpartners DE1 illustrieren.

Entscheidend für die verschiedenen räumlichen Vergleichspunkte filmischer Stadtinszenierungen sind die biographischen Stationen von DE1, der zum einen neben den Städten Wilmington und Newark in Delaware auch die College-Stadt Athens in Georgia sowie das suburbane Umfeld von Atlanta aus langjähriger Erfahrung kennt. Zum anderen hat er in den 1980er Jahren ein Jahr in Siena und Florenz studiert und von dort aus ausgiebige Reisen durch Italien sowie nach Skandinavien, die Benelux-Staaten, Frankreich und Deutschland unternommen. Dominante Erinnerungen der Zeit in Italien sind für DE1 die Städte Florenz und Siena, deren architektonische Gestaltung, Einbettung in ihre landschaftliche Umgebung und das alltägliche Leben in einem über Jahrhunderte weiterentwickelten Stadtraum besondere Faszination ausüben. Dementsprechend waren nicht touristische Sehenswürdigkeiten oder Museen die Anziehungspunkte in den besuchten europäischen Städten, sondern die eigenständige Erkundung unterschiedlichster Stadtteile ohne vorgegebenes Ziel. Die Unterschiede zwischen europäischen Städten und amerikanischen Städten macht DE1 an einer Vielzahl von Aspekten fest. In Erinnerung an Siena und Florenz betont der Interviewpartner die räumliche Integration vielfältiger Nutzungsformen in einem engen städtischen Umfeld, das durch historische Entwicklungen in seiner Gestalt vorgegeben und von seinen Bewohnern kollektiv als Heimat wahrgenommen wird. Ein starker *„sense of place"* und die Vielfalt städtischer Nutzungen und Bevölkerungsgruppen seien definierende Kriterien von europäischer Urbanität, die in den USA insbesondere in den seit den 1950er Jahren dynamisch gewachsenen suburbanen Siedlungsräumen im Süden und Südwesten nicht erkennbar sind. Stattdessen seien amerikanische Städte vom Fortbestand der *„frontier mentality"* des 19. Jahrhunderts geprägt, die ursprünglich den Westen der USA, mittlerweile jedoch den suburbanen Siedlungsraum als endlose räumliche Ressource ansieht, die zur Nutzung und für individuelle Bereicherung zur Verfügung steht. Der individuell und materialistisch orientierte Lebensstil in gesichtslosen suburbanen Wohnvierteln reflektiert für DE1 die Fragmentierung der amerikanischen Gesellschaft, deren räumliches Korrelat die separierten, funktional monostrukturierten und ausschließlich durch private Auto-Mobilität erfahrbaren suburbanen Lebensräume ohne gemeinsame Identität und Ortsbindung sind.

In den USA stellt New York das herausragende Beispiel für eine Stadt dar, in der die von DE1 bevorzugte europäische Urbanität auch in Amerika spürbar wird. Entsprechend sind für ihn die verbreiteten Vorstellungsinhalte von New York irrelevant. Nicht die Skyline, das „big business", der Glamour von Film und Entertainment und andere als „macro stuff" titulierte strukturelle Merkmale machen New York aus, sondern die Eigenschaften seiner Stadtviertel außerhalb der „global city Manhattan". Hier zeigt sich New York als Ansammlung von „small-town communities", von sozial und räumlich integrierten Nachbarschaftseinheiten, in denen eine tiefe Verbindung der Bevölkerung zu ihrem Stadtteil existiert – eine insbesondere in Suburbia verlorene Fähigkeit „to integrate with time and space in an urban environment." Im Gegensatz zum Fernsehen und den weltweit ähnlichen Bedeutungen, die es für den Aufmerksamkeitsfokus Manhattan generiert, geht DE1 in seiner Reflexion über Medien als Einfluss auf seine Raumvorstellung von New York davon aus, dass Filme eher in der Lage sind, durch ein tiefes Porträt einzelner Stadtteile und ihrer Menschen eine intensive Auseinandersetzung mit den alltäglichen Lebensräumen New Yorks anzuregen. Eine Stadtdarstellung wie ALLENS *Manhattan* ist für DE1 eine faszinierend zusammengestellte Inszenierung eines verbreiteten Mythos von New York, zu dem ALLEN nicht unerheblich beigetragen hat. Jedoch sei New York hier stark auf die glorifizierten Höhepunkte Manhattans reduziert, die als rahmensetzender Hintergrund für die narzisstisch-inwendigen Handlungen der Filmcharaktere dienen. Die besondere Bedeutung von New York als Inbegriff europäischer Urbanität in den USA sieht DE1 dagegen in *Smoke* mustergültig zum Ausdruck gebracht. Besonders der Tabakverkäufer Auggie als Integrationsfigur und Chronist seines Viertels wird als charakteristische New Yorker Persönlichkeit angesehen.

> This guy is just a cigar store clerk, but he represents something, you know, that's eternal and something that would be, like, important. When you are looking at what it is that makes New York – he's one of the elements, one of the little pieces.

Die beinahe pathologische Tiefe der Auseinandersetzung Auggies mit seinem Stadtteil verdeutlicht für DE1 die persönliche Beziehung, die Verbundenheit und den *sense of place*, der charakteristisch für das alltägliche Leben in den Stadtteilen New Yorks ist. In *Smoke* kommt somit ein subjektiver Gliederungsmechanismus zum Vorschein, mit dem die Bewohner im alltäglichen Stadt-Erleben der Größe und Komplexität einer Stadt wie New York begegnen, um im kleinräumigen Bereich einen persönlichen Raumbezug und eine Verbindung mit ihrem sozialen Umfeld herzustellen.

> Exactly, it's like a bunch of little neighborhoods, and that's why the identity of the neighborhoods is so important. 'Cos you can't have five million, seven million, eight million people living together and have any kind of cohesive sense of place, if you see yourself as one of those eight million people, and not as one of those people in the corner, you know, the ones that visit this smoke shop on the corner.

Als Reflexion darüber, wie die Bewohner der als authentisches New York angesehenen Stadtteile der Außenbezirke in ihrer alltäglichen Raumaneignung die Werte europäischer Urbanität verkörpern, wird *Smoke* für DE1 zu einem Spiegelbild der eigenen Vorstellungen davon, was Städte in ihrer Struktur und ihrem sozialen Leben ausmacht, und zum adäquaten Ausdruck der eigenen Raumvorstellungen von New York.

10. FAZIT: VOM „HYPERSPACE" ZU „MEDIATED SPACES"

Der Ausgangspunkt der vorliegenden Untersuchung – DEARS *Theory of Filmspace* – ist in einer theoretischen Grundposition verortet, die die Ankunft einer postmodernen Epoche der gesellschaftlichen und städtischen Entwicklung postuliert und darauf mit methodologischen und inhaltlichen Neuausrichtungen der Stadtforschung reagiert. Als einen wesentlichen Aspekt einer postmodernen (Stadt-)Geographie hält DEAR die durch den gestiegenen Einfluss medialer Inhalte auf städtisches Leben neuartige Wechselbeziehung zwischen Film und Stadt-Leben fest, die in der *Theory of Filmspace* angedeutet ist. Die Transformation städtischer Realität in mediale-und-virtuelle Realitäten bezeichnet DEAR mit JAMESONS Terminus als „postmodernen Hyperspace" (vgl. Abschnitt 5.4.2). Neben einem bruchhaften Wandel des städtischen Raum-Erlebens und der gesellschaftlichen wie räumlichen Wahrnehmungs- und Orientierungsmuster – die JAMESON mit dem „*hyperspace*"-Begriff verbindet – sind audio-visuelle Medien wie Video, Fernsehen und Film die hauptsächlichen Mechanismen, durch die der real-und-mediale Hyperspace gestaltet wird. Zusätzlich zur Erweiterung und Beschleunigung individueller und gesellschaftlicher Raum-Zeit-Koordinaten durch moderne Massenmedien und Kommunikationsformen weist der mediale ebenso wie JAMESONS architektonischer Hyperspace eine Oberflächlichkeit auf, die im Stadtraum als desorientierend, im kulturellen und medialen Bereich dagegen als emotional verarmend eingeschätzt wird (vgl. Abschnitt 7.2.1).

Zudem sind postmoderne Bewertungen des real-und-medialen Hyperspace von Warnungen vor den Gefahren medial dominierter Gesellschaften geprägt. In der Traditionslinie der Medienkritik von HORKHEIMER/ADORNO über DEBORD bis zu den postmodernen Vertretern JAMESON und BAUDRILLARD wird deutlich, dass die modernen Massenmedien des 20. Jahrhunderts in einer spezifischen Verschränkung von kommerziellen Interessen und politischen Positionierungen als wesentlicher gesellschaftlicher Mechanismus wirken. Die Bewertungen ihrer Wirkungsweisen differieren in ihren historischen Kontextualisierungen, nicht jedoch in der negativen Einschätzung der Medien. Unabhängig davon, ob Massenmedien wie von der Frankfurter Schule die Rolle einer quasi-religiösen Ordnungsstruktur und damit einer Umkehrung der Aufklärung zugedacht wird, oder ob sie von DEBORD als Agenten einer kommerzialisierten „Gesellschaft des Spektakels" bezeichnet werden, bleibt eine negative Wertung ihres steigenden Einflusses auf die westlichen Gesellschaften des 20. Jahrhunderts eine Konstante in der gesellschaftstheoretischen Reflexion der Medien.

Im Vergleich zur medienkritischen Grundhaltung moderner und postmoderner Gesellschaftstheorie, in deren Kontext seit JAMESON der „hyperspace"-Begriff gebraucht wird, bleiben DEARS Verwendung dieses Terminus ebenso wie seine Ausführungen zur *Theory of Filmspace* relativ neutral. Allerdings werden in der *Theory of Filmspace* die Auswirkungen einer charakteristischen Argumentationslinie postmoderner Debatten deutlich, die für den vagen Charakter von DEARS Aussagen über das Verhältnis von Stadt-Leben und Filmen verantwortlich sind. Zur Unterstützung der grundlegenden These von einem epochalen Wandel städtischer Prozesse und Gestalt postuliert DEAR auch für das Wechselspiel von Medien und Stadt-Leben eine neuartige Verschiebung der Gewichte zwischen „real" und „medial", die in ihren Auswirkungen von fundamentaler Bedeutung für die „*postmodern urban condition*" sei. Zugleich jedoch handele es sich um einen fortdauernden Entwicklungsprozess, dessen Verlauf und Ergebnisse noch nicht absehbar seien. Die anhaltende Dynamik der Produktion von postmodernen „Hyperräumen" wird so zu einem Argument, das es DEAR erlaubt, die Wechselbeziehung von Film und Stadt in seiner *Theory of Filmspace* einerseits als überaus bedeutsam einzuschätzen, sich andererseits aber auf äußerst vage Aussagen zur Ausgestaltung der Beziehungen zwischen Film und alltäglichem Stadt-Leben zu beschränken.

Die vorliegende Untersuchung ist darauf ausgerichtet, die von DEAR vernachlässigte Frage nach dem Zusammenspiel von filmischen Stadtbildern und alltäglichem Stadt-Leben theoretisch im Kontext von wahrnehmungs- und handlungsorientierten Ansätzen der Geographie zu erfassen und empirisch nachzuvollziehen. Vor dem Hintergrund der negativen Konnotationen, die mit dem postmodernen Hyperspace verbunden sind, steht im Folgenden über den zusammenfassenden Rückbezug der empirischen Ergebnisse auf die Forschungsfragen und Thesen hinaus die Frage zur Disposition, ob auf der Grundlage des entwickelten theoretischen Rahmens und der empirischen Ansätze ein komplexeres Verständnis vom alltäglichen Verhältnis von Stadt-Leben und Film formuliert werden kann, das die einseitige Negativität der Hyperspace-Vorstellungen relativiert. Ein derartiges Gedankengebäude kann mit dem Schlagwort der „vermittelten Räume" („*mediated spaces*") gekennzeichnet werden.

Die alltäglichen Praktiken, in denen moderne Massenmedien wie Filme von ihren Nutzern angeeignet werden, sind ein Element von komplexen Wahrnehmungs- und Vermittlungsprozessen, durch die Raumbezüge im Wahrnehmen und Handeln von Akteuren konstituiert werden. Es können drei eng miteinander verzahnte Vermittlungsebenen festgehalten werden, durch die das „alltägliche Geographie-Machen" als Prozess der Produktion und Reproduktion von räumlichen Bezügen ebenso geprägt ist wie der Umgang mit medialen Darstellungen von Erdraumausschnitten. In der Diskussion der ersten Vermittlungsform – der Raumwahrnehmung – wird deutlich, dass implizit bereits in LYNCHS Arbeiten und explizit in NEISSERS Wahrnehmungskonzept die Grundlagen gelegt sind, den Menschen als handelnden Akteur in der Ausbildung von räumlichen Bezügen statt als passiven Informationsempfänger aufzufassen. In der menschlichen Aktivität der durch Schemata gesteuerten und teils von individuellen Kontexten abhängigen Aufnahme von Informationen aus der Umwelt liegen enge Verbindungen zu der zweiten Vermittlungsform räumlicher

Bezüge vor, die in der sprachlichen Codierung von Informationen besteht. Die Bedeutung sprachlicher Vermittlung wird außer im Prozess der räumlichen Wahrnehmung auch im Kontext der Bedeutungsgenerierung in gesellschaftlichen Diskursen hervorgehoben, für die moderne Massenmedien einen zentralen Mechanismus darstellen. Sowohl in der räumlichen Wahrnehmung als auch in der diskursiv-sprachlich vermittelten Konstitution von gesellschaftlichen Realitäten kommt seit der Abkehr der Sozialwissenschaften von behavioristischen bzw. verhaltensorientierten Auffassungen ein Menschenbild zum Tragen, das dem Handeln von menschlichen Akteuren als dritter Vermittlungsebene besondere Bedeutung beimisst. Räumliche Bezüge werden auf der Grundlage von Wahrnehmung und sprachlicher Codierung im alltäglichen Handeln ausgebildet und reproduziert. Durch individuelle Prozesse der Bedeutungszuweisung zu räumlichen Einheiten wird Erdraum zu einer Sequenz erlebter Teilräume, für die in WEICHHARTS Terminologie Raum 1_e-Konzepte bzw. im Kontext der vorliegenden Arbeit das Konzept der alltäglichen Raumvorstellungen als wissenschaftliche Zugangsform relevant sind.

Die drei Vermittlungsebenen der Wahrnehmung, der sprachlichen Vermittlung von Information und der im alltäglichen Handeln vollzogenen Verknüpfung von Sinn und Materie prägen sowohl die Auseinandersetzung mit der alltäglichen Lebenswelt als auch den Umgang mit medialen Inhalten. Dies kommt insbesondere in rezeptionsorientierten Konzepten zum Ausdruck, die sich mit den alltäglichen Prozessen der Medienaneignung auseinandersetzen und mittels der Analyse von Medienproduktion und -rezeption in ihren jeweiligen Kontexten zu einem tieferen Verständnis davon beitragen, wie mediale Inhalte in die lebensweltlichen Zusammenhänge von Rezipienten eingebaut werden. Wahrnehmung, Sprache und Handeln bilden auch hier die Vermittlungsinstanzen, durch die Filme in ihren kognitiven, emotionalen und handlungsrelevanten Inhalten als Quellen für alltägliche Raumvorstellungen angeeignet werden. Im aktiven Charakter der Medienaneignung liegt außerdem ein wesentliches Argument für die Ablehnung einseitig negativer Medienkritik bzw. des Hyperspace-Modells, das die Gefahren medialer Einflüsse hervorhebt und dazu neigt, einen passiven Medienkonsumenten in einer Opferrolle zu konstruieren: Auch wenn die Freiheitsgrade der Aneignung zum einen durch diskursive Vorgaben und andere Kontextelemente des Decoding-Prozesses eingeschränkt sind und zum anderen die mediale Botschaft als Bedeutungsangebot die Decodierung maßgeblich beeinflusst, so bleibt durch den aktiven Charakter der Aneignung die Möglichkeit zu individuellen und kritischen Lesarten von Medienangeboten generell immer erhalten.

Unter den medialen Inszenierungen städtischer Räume sind Spielfilme in besonderer Weise für die Aufarbeitung des Zusammenhangs zwischen medial vermittelten Raumvorstellungen und direkt erfahrenen Raumbezügen geeignet. Dies beruht zum einen auf der Stellung von Film als dem populären Leitmedium des 20. Jahrhunderts – einer Ära, in der städtische Entwicklungsdynamiken in herausragender Deutlichkeit wirksam wurden. Zum anderen ist Film durch seinen räumlichen Ursprung und sein Publikum ebenso wie durch parallele Wahrnehmungsmuster im städtischen wie filmischen Raumerleben und durch seine Fähigkeit, städtische Räume in ihrer physiognomischen und gesellschaftlichen Gestaltung filmisch zu inszenieren, ein in besonderem Maße „städtisches" Medium. Mittels einer geographischen Fragestellungen folgenden Filminterpretation zeigt sich bereits für die Auswahl an Beispielfilmen zu Berlin und New York, dass Filme vielschichtige räumliche Bedeutungsgeflechte zu generieren in der Lage sind, durch die Stadträume zu integralen Bestandteilen filmischer Erzählungen werden. Der Wert geographischer Auseinandersetzungen mit „Stadtfilmen" bzw. „Filmstädten" liegt dabei nicht in der Fragestellung nach der Genauigkeit und Wahrheitstreue filmischer Stadtinszenierung oder in der räumlichen Verortbarkeit filmischer Szenerien. Vielmehr sind es die Bedeutungen, die Filme einzelnen Stadträumen zuweisen, die in zweierlei Hinsicht für eine geographische Aufarbeitung relevant sind.

Filme stellen zum Ersten eine künstlerische Ausdrucksform dar, in deren kollektiven Produktionsprozessen vielfältige städtische Facetten aufgenommen und reflektiert werden können, und für deren Erzählungen die Einbettung von Charakteren und Handlungen in stadträumliche Kontexte oftmals von entscheidender Bedeutung ist. Allein im Verlauf der letzten drei Jahrzehnte lassen sich anhand der Beispielfilme städtische und gesellschaftliche Entwicklungsprozesse von großer Dynamik und Bandbreite nachvollziehen: Von der Aufbruchstimmung eines hoffnungsvollen ostdeutschen Staates in *Die Legende von Paul und Paula*, über die entgegengesetzte allegorische Verwendung der Berliner Mauer als Ausdruck für zwischenmenschliche Trennungen in *Himmel über Berlin* bis zu den Nachwende-Porträts von individueller und städtischer Haltlosigkeit, von Umbrüchen und neuen Verwerfungen, die an die Stelle der überwundenen Teilung treten, zeichnen die ausgewählten Berlin-Filme den historischen Entwicklungsverlauf der deutschen Hauptstadt nach. In allen Fällen wird Berliner Stadträumen dabei eine hochgradig sichtbare und integrale Rolle innerhalb der filmischen Narrative zuteil. Teils wird wie in *Paul und Paula* oder *Himmel über Berlin* die Entwicklung von Filmfiguren mit räumlichen Übergängen symbolisiert, teils werden Aussagen über die Stadtlandschaften des vereinigten Berlin – in *Ostkreuz* die Tristesse der städtischen Brachen, in *Das Leben ist eine Baustelle* die spannungsgeladene Dichotomie von Umgestaltung und Persistenz – als Leitmotive auf die Filmprotagonisten übertragen.

Wie Berlin nimmt auch New York sowohl im Verlauf der Filmgeschichte wie in jüngeren Jahren eine herausragende Stellung als global präsente Filmstadt ein. Die neueren New-York-Filme zeichnen das Bild einer entlang vielfältiger sozialer, ethnischer und räumlicher Trennungslinien differenzierten Metropole, deren Teilräume vollständig autark voneinander sein können und mit signifikant unterschiedlichen Bedeutungsinhalten aufgeladen werden. Den Räumen der ökonomischen und politischen Macht in *Wall Street* stehen die Räume der ur-amerikanischen Werte der Arbeiterklasse ebenso unverbunden gegenüber wie das afro-amerikanische Bedford-Stuyvesant in *Do the Right Thing*. Dessen Bewohner sind in ähnlicher Weise wie die Protagonisten von *E-Mail für Dich* auf ein enges räumliches Setting beschränkt, die Bedeutungen des städtischen Raums für die Filmhandlungen könnten jedoch kaum unterschiedlicher sein als zwischen diesen zwei Stadtfilmen: Der Stadtteil Bedford-Stuyvesant, um den seine Bewohner mit kultureller Symbolik und mit offener Gewalt kämpfen, ist Bedrohung und Hemmnis für persönliche Entwicklung zugleich, während die Upper West Side ein idealisiertes Ökotop für anachronistisch anmutende kleinstädtische Lebensstilgruppen ist. Hierin unterscheidet sich *E-Mail für Dich* markant von dem zugleich raueren wie facettenreicheren urbanen Lebensraum, zu dem der Film *Smoke* den Brooklyner Stadtteil Park Slope stilisiert.

Die zwei Filme aus den 1970er Jahren – *Manhattan* und *Taxi Driver* – stellen zum einen Werke von Regisseuren dar, deren Biographie und Œuvre auf das Engste mit New York verbunden sind. Zum anderen verdeutlichen die beiden Filme, die als neurotisch-romantische Idealisierung bzw. als Darstellung dystopischer Stadträume zwei der wichtigsten Inszenierungsweisen der Filmstadt New York offenbaren, mit welchen interpretativen Freiheiten das Medium Film mit den gegebenen städtischen Realitäten einer Epoche umgehen kann. Die einzige Gemeinsamkeit, die zwischen den jeweiligen Filmcharakteren deutlich wird, besteht in der zwingenden Notwendigkeit, mit der die Filmfiguren und ihre Handlungen in ein städtisches Raumgeflecht wie New York City eingebunden sein müssen. Filmisch inszenierter Stadtraum wird zur unerlässlichen Umrahmung, zum integralen Bestandteil filmischer Erzählung, durch die Charaktere und Handlung im Seh-Erlebnis in die filmische wie allgemeine Raumvorstellung einer Stadt eingebettet werden und in einen Zwischen-Raum zwischen reiner filmischer Fiktion und den Vorstellungsgehalten über den „echten" Stadtraum treten.

Die große Bedeutung filmischer Stadtinszenierungen für die Wirkung von Filmen auf Mediennutzer stellt ein zweites überaus relevantes Themenfeld für geographische Auseinandersetzungen mit filmischen Bedeutungszuweisungen zu Stadträumen dar. In einer rezeptionsorientierten empirischen Herangehensweise liegt die Möglichkeit, das Wirken von Filmbildern auf die alltägliche Raumvorstellung nachzuvollziehen und damit ein zentrales Element der in der *Theory of Filmspace* angedeuteten Wechselwirkung zwischen Film-Sehen und Stadt-Leben empirisch zugänglich zu machen. Mit den problemzentrierten Interviews zu Raumvorstellung und Medienaneignung wird das Ergebnis des Aneignungsprozesses rekonstruiert, durch den Mediennutzer die räumlichen Bedeutungsfacetten von Filmen in ihre lebensweltlichen Raumbezüge integrieren. Auch bei diesem Vorgang kommen die Vermittlungskomponenten der räumlichen Wahrnehmung, der sprachlichen Codierung von Information und der handlungsbasierten Aneignung von Stadträumen zum Tragen. Aus den Interviews wird überaus deutlich, dass eine Trennung zwischen medialen Inhalten und anderen ebenfalls „vermittelten" Formen von Raumbezügen für die alltägliche Raumvorstellung nicht vorliegt. Entsprechende Unterscheidungen werden allenfalls als Teil eines in einer Interviewsituation angestoßenen Reflexionsprozesses vorgenommen (vgl. These 2).

Das Potential von filmischen Stadtinszenierungen, als Impulse für intensive Auseinandersetzungen mit vorliegenden Raumvorstellungen zu dienen, stellt eine zentrale Dimension der Rezeption von Stadtfilmen dar. Dies zeigt sich besonders bei Sequenzen wie der Eröffnung von *Manhattan*, die eine Vielzahl kognitiver Elemente enthält und mit intensiver emotionaler Auflagung eine direkte Ansprache des Betrachters erreicht, oder für die mit historischen Bedeutungsfacetten eines in der Raumvorstellung dominanten städtischen Platzes arbeitende „Homer"-Sequenz aus *Himmel über Berlin*. Eigene Erlebnisse ebenso wie medial beeinflusste kognitive und emotionale Raumbezüge werden anhand solcher filmischer Stadtinszenierungen reflektiert, die Filmbilder treten „in Dialog" mit der vorhandenen städtischen Raumvorstellung und regen sowohl zu einer kritischen Gegenüberstellung als auch zu einer Akzeptanz von Filmbildern als Erweiterung eigenen Wissens und persönlicher emotionaler Raumbindungen an. In besonderer Weise verdeutlichen die Aneignungstypen 1 und 2 (vgl. Abschnitt 9.4) das reflexive Potential von Stadtfilmen, die als Ausdruck inhärenter Qualitäten städtischen Lebens bzw. als Baustein und Reflexionsgegenstand der individuellen Geschichte, die eine Person mit einer Stadt verbindet, angeeignet und diskutiert werden.

Neben dem reflexiven Potential von filmischen Stadtdarstellungen verdeutlichen die Rezipienteninterviews als zweite Dimension der Aneignung von Stadtfilmen die herausragende Position des Mediums Film als Einflussfaktor für die alltäglichen Raumvorstellungen von Städten wie Berlin und New York. Filmische und andere medial vermittelte Bedeutungsinhalte werden bewusst oder unbewusst zu zentralen Bausteinen einer Raumvorstellung von Städten. Dieses „aktivierende" Potential von Stadtfilmen, die kognitiven und emotionalen Bedeutungszuschreibungen von Individuen maßgeblich zu prägen, wird insbesondere bei denjenigen Interviewpartnern deutlich, die ihre Raumvorstellung von New York ausschließlich auf mediale Quellen zurückführen. Im Aneignungstyp 4 (Abschnitt 9.4.4) lassen ein tiefes Verständnis für Stadtkulturen und für das Medium Film die filmischen Einflüsse bewusst hervortreten; zudem lässt sich festhalten, dass die ausschließlich externe Raumvorstellung für „mediale" Stadtexperten in Detailreichtum und Reflexionstiefe der Vorstellung vieler Gesprächspartner mit eigenen Erfahrungen vor Ort nicht nachsteht. Bei Typ 5 (Abschnitt 9.4.5) lässt sich dagegen die Dominanz einer bestimmten Inszenierungsweise von New York auf die emotionalen Raumbezüge demonstrieren, durch die weitgehend unbewusst eine stark emotional aufgeladene handlungsrelevante Raumvorstellung generiert wird.

Für New York ebenso wie in etwas schwächerer Ausprägung für Berlin – bei dem Besuchserfahrungen die direkte Gegenüberstellung von Filmbildern und Raumvorstellungen überprägen – lassen sich durch eine rezeptionsorientierte Herangehensweise die Auswirkungen von Filmen für die komplexen alltäglichen Raumvorstellungen deutlich nachzeichnen. Film wird nicht trotz, sondern vielmehr wegen seiner spezifischen Qualitäten als fiktionales Medium zu einem in individuellen Aneignungsprozessen in die alltäglichen Raumvorstellungen integrierten Element, das von zentraler Bedeutung für die Bezüge zu Städten wie Berlin und New York ist. Die große Bedeutung, die verschiedenen städtischen Räumen innerhalb der narrativen Strukturen von Filmen zukommt, und die herausragenden Möglichkeiten des „urbanen" Mediums Film, emotional aufgeladene Stadtlandschaften zu inszenieren und durch das intensive sinnliche Erlebnis des Film-Sehens einen ausgeprägten emotionalen Bezug zwischen Rezipienten und narrativen Stadträumen als den räumlichen Kontexten von Figuren und Handlung herzustellen, machen Stadtfilme zu bedeutenden Quellen für alltägliche Raumvorstellungen. Das im Alltag zur Verfügung stehende Wissen über Städte und die emotionalen Raumbezüge zu einzelnen Stadträumen sind – insbesondere für hervorgehobene Filmstädte wie Berlin und New York – zu maßgeblichen Teilen von filmischen Bedeutungsgenerierungen abhängig, so dass die These vom „Leben in Film-Städten" abschließend bestätigt werden kann. Das Wechselspiel zwischen Stadt-Leben und Film kann als intensiver Dialog zweier gleichberechtigter Einflussgrößen auf alltägliche Raumvorstellungen angesehen werden, durch den filmische Stadtinszenierungen zur Basis der kognitiven Raumbezüge, der emotionalen Einstellungen zu Staträumen und des Handelns in städtischen Räumen werden. Filme sind in ihrer angeeigneten Form als Elemente alltäglicher Raumvorstellungen ein integraler Bestandteil der Geographie des Menschen – filmische Stadtbilder definieren und gestalten im Dialog mit alltäglichen Raumvorstellungen „Das neue Bild der Stadt".

11. ANHANG

11.1. ZUSAMMENFASSUNG

Problemstellung

Die vorliegende Untersuchung thematisiert ausgehend von der *Theory of Filmspace* von DEAR die Wechselwirkungen, die zwischen dem Medium Spielfilm und dem alltäglichen Stadt-Leben bestehen. Der grundlegenden Fragestellung, welcher Einfluss von Filmen auf den menschlichen Umgang mit Städten ausgeht, nähert sich die Arbeit mittels des Konstrukts der „alltäglichen Raumvorstellungen", das als Gesamtheit kognitiver, emotionaler und handlungsrelevanter Bedeutungszuschreibungen zu einem Ausschnitt des Erdraums verstanden wird. Den empirischen Ansätzen in Filminterpretationen und Rezipienteninterviews geht eine drei miteinander verknüpfte Themenbereiche umfassende theoretische Herleitung des Zusammenhangs zwischen der Aneignung von Filmen durch ihre Betrachter und den alltäglichen Vorstellungen von städtischen Räumen voraus.

Wahrnehmung, Handlung und Medien

Von zentraler Bedeutung für die theoretische Fundierung der Untersuchung ist die Verknüpfung von Konzepten der räumlichen Wahrnehmung, der Konstitution alltäglicher Raumbezüge in Prozessen räumlicher Handlungen und der aktiven Aneignung medialer Inhalte. Angesichts des durch behavioristische Reduktionismen begründeten Abschwungs wahrnehmungsorientierter Ansätze in der Geographie ist zu betonen, dass bereits in LYNCHS grundlegender Untersuchung *The Image of the City* sowie vor allem in NEISSERS Konzeption einer schemagesteuerten zyklischen Raumwahrnehmung die Möglichkeit angelegt ist, Raumwahrnehmung in adäquater konzeptioneller Erfassung in zeitgemäße handlungsorientierte Theoriegebäude zur Ausbildung alltäglicher Raumbindungen zu integrieren. Dies lässt sich anhand WERLENS Bezugnahme auf GIDDENS Strukturationstheorie ebenso aufzeigen wie aus WERLENS Handlungstheorie die große Bedeutung moderner Massenmedien für „spätmoderne" Formen des „alltäglichen Geographie-Machens" deutlich wird. WEICHHARTS raumkonzeptionelle Überlegungen weisen dagegen stärker auf die notwendigen Verknüpfungen zwischen materiellen und sozialen Weltbezügen hin, die im alltäglichen Handlungsvollzug gebildet und reproduziert werden. In diesem Zusammenhang ist insbesondere die Übereinstimmung zwischen WEICHHARTS „erlebtem Raum$_{1e}$" und dem Konzept der alltäglichen Raumvorstellungen hervorzuheben.

Wahrnehmung und Handlung fließen auch in den bislang in geographischen Arbeiten zu Medien-Themen unterrepräsentierten Ansätzen zur Medienaneignung durch Rezipienten zusammen. Auf den Konzepten der *cultural studies* basierend kann der alltägliche Umgang mit Medien als kontextabhängige und gesteuerte Decodierung aufgefasst werden, durch die auch die räumlichen Bedeutungsgehalte von Filmen in die alltäglichen Vorstellungen von den betreffenden Erdräumen integriert werden.

Geographische Filminterpretation als Stadtforschung

Dem Spielfilm kommt als urbanem Leitmedium des 20. Jahrhunderts eine besondere Stellung in der Aufarbeitung des Zusammenhangs zwischen Medien und Stadt-Leben zu. Anhand von 13 Beispielfilmen zu Berlin und New York werden in geographischen Fragestellungen folgenden Filminterpretationen die vielschichtigen Bedeutungszuweisungen zu Stadträumen nachgezeichnet. Dabei wird das große Potential von Film deutlich, die komplexen Realitäten von Metropolen zu reflektieren und als Rahmensetzung für Handlung und Filmfiguren bedeutungsvolle räumliche Charakterisierungen zu entwerfen. Dies gilt sowohl für die Dynamiken der städtischen Entwicklungen, die im Verlauf der letzten drei Jahrzehnte in Berlin und New York deutlich wurden, als auch für die Differenzierungen zwischen verschiedenen Teilräumen der Städte. Film ist zum einen aufgrund seiner Bedeutungsgenerierung für städtische Räume ein geographischer Untersuchungsgegenstand; zum anderen sind filmische Stadtinszenierungen als integraler Bestandteil von alltäglichen Raumvorstellungen ein bedeutsamer Aspekt der Geographie des Menschen.

Filmaneignung und alltägliche Raumvorstellungen im Dialog

Auf der Grundlage von 41 in Bayreuth, Berlin und Newark, DE durchgeführten qualitativen Rezipienteninterviews kann die zentrale Bedeutung von Filmen als Baustein alltäglicher Raumvorstellungen eindrücklich aufgezeigt werden. In Grundzügen lassen sich filmische Einflüsse bereits in der allgemeinen Raumvorstellung aufzeigen – besonders bei Interviewpartnern mit ausschließlich medialen Vorstellungsquellen zu New York – und durch die Erinnerung an spezifische Medienformate und Filme in ihrer Herkunft festmachen. Darüber hinaus ist durch die Verwendung von Filmausschnitten als Interviewimpulsen eine vertiefte Reflexion über die Bedeutung von Filmen für die Raumvorstellungen der Gesprächspartner möglich. Die anhand des Interviewmaterials entwickelte Typisierung von Aneignungsformen verdeutlicht, auf welche Weisen die Verknüpfung zwischen Stadtfilmen und alltäglichen Raumvorstellungen vorgenommen wird. Dabei können unterschiedliche Zugänge festgehalten werden, die in der Medienaneignung zum reflexiven Potential von filmischen Stadtinszenierungen – der Rolle von Film als dialogischem Vergleichspunkt der eigenen Raumvorstellung – und zum aktivierenden Potential von Stadtfilmen als Baustein der alltäglichen Raumvorstellungen hergestellt werden.

11.2. SUMMARY

The Issue – Film and Urban Realities

This study analyses the interactions between film and urban realities, which have received considerable attention in urban geography as part of what DEAR labels "the postmodern urban condition". Using DEAR's *Theory of Filmspace* as starting point, the examination of the influences of film on everyday perception of urban spaces utilizes the concept of "Raumvorstellung" (spatial imagination). "Raumvorstellung" is defined as holistic concept including cognitive, emotional and action-oriented aspects of human spatial imagination. The empirical approaches to the linkages between film and spatial imagination are based on a theoretical foundation encompassing three interrelated concepts: spatial perception, human action, and the decoding of media as activity of everyday life.

Perception, Action, and the Media

The phenomena of spatial perception have received decreasing attention in geography following intense criticisms of behavioristic concepts of perception. However, both LYNCH's groundbreaking study on *The Image of the City* and NEISSER's concept of perception as cyclic process controlled by schemata allow for the integration of spatial perception into the theoretical frameworks of geography based on human actions. In adapting GIDDENS' theory of structuration, WERLEN's concept of human geography implies the need to address issues of spatial perception as well as it stresses the importance of the media in post-modern societies. The "making of everyday geographies" is heavily influenced by electronic means of communication and by mass media. Thus, the processes in which humans interact with their material and social environments in shaping the "lived spaces" of their everyday geographies are based on the active appropriation of both material and "mediated spaces" presented in film. Relating WEICHHART's discussion of the term "space" as utilized in geography to the concept of "Raumvorstellung", it can be shown that spatial imaginations can be regarded as the "lived everyday spaces" which WEICHHART labels as "$Raum_{1e}$". Elements of perception and human action come together in the notion of media appropriation developed in British *cultural studies*. HALL's concept of media reception as contextualized decoding is applied in the empirical approach which seeks to analyze the interrelations between film and urban realities using qualitative reception-focused interviews.

Geographic Film Interpretation as Urban Scholarship

Since its introduction in the late 19th century, feature film has developed into the leading art reflecting urban processes and developments. Therefore, film can be regarded as primary object of inquiry when dealing with the interconnection of media and urban realities. Applying a framework of geographical film interpretation to thirteen movies from Berlin and New York, this study traces the multitude of spatial meanings that film develops for various parts of these two cities. The film interpretations reveal the immense importance of filmic narrative spaces as frameworks for plots and characters, and the ability of film to reflect complex urban realities. Both the processes of urban development over the course of the last three decades and the internal spatial and societal differentiations of the two cities are highly visible in various movies and play essential roles in many filmic narratives. Due to its generation of spatial meaning, film becomes an adequate field of inquiry for urban scholarship; it becomes even more relevant by regarding film as one of the most vital elements in the development of spatial imaginations.

Decoding and spatial imaginations in dialogical relationship

The functioning of film in the creation of spatial imagination is traced by interpreting the results of 41 qualitative interviews conducted in Bayreuth, Berlin, and Newark, DE. The basic patterns of filmic influences on everyday imaginations can be identified in the discussion of the overall "Raumvorstellung" of many participants, especially if the interviewees' imaginations of New York are based exclusively on media experiences. In many cases, the participants were also able to identify specific media texts – movies, TV shows, news coverage, etc. – as sources of certain facets of spatial imaginations. In addition, the use of film clips as interview impulse proved to be a highly viable way to initiate a reflection about how movies influence spatial imaginations of cities. The types of media appropriation generated from the generalized reflections on film and urban life reveal the different ways in which interviewees incorporate filmic representations of cities into everyday imagination. Various strategies of media reception are employed by interviewees with regard to both the "reflexive potential" and the "activating potential" of urban depictions in film. Reflexive potential of film refers to its ability to act as a dialogic counterpart to everyday perceptions. Narrative spaces are compared to individual imaginations and its various sources in media and personal biography and in many cases become accepted additions to existing spatial imagination. The activating potential of film refers to the relevance of movies as essential elements of urban imaginations. In both conscious and unconscious ways, the practices of media reception lead to an integration of filmic "mediated urban spaces" into the overall spatial imagination – everyday life is lived in "real-and-reel" cities.

11.3. VERZEICHNISSE

11.3.1. Abbildungsverzeichnis

Abb. 1: A Theory of Filmspace 11
Abb. 2: Schematische Darstellung eines Kommunikationssystems 12
Abb. 3: Verwirrungen einer „Theorie des Filmraumes"... 15
Abb. 4: Ablaufdiagramm der Untersuchung.. 24
Abb. 5: Zweimal das „echte" Boston – einmal das allgemein präsente Abbild 30
Abb. 6: Paradigmatisches Wahrnehmungsschema des behavioral approach 37
Abb. 7: Der Wahrnehmungszyklus von Neisser 44
Abb. 8: Zur Vielfalt des „Raumes" in der Geographie 53
Abb. 9: Weltbezüge des Handelns nach Popper 58
Abb. 10: Weichharts Inventarverzeichnis geographischer Raumkonzepte 75
Abb. 11: Verwirrungen zwischen Raumkonzepten und ihren Funktionalitäten 77
Abb. 12: Action settings im sozialökologischen Gesellschafts-Umwelt-Modell 83
Abb. 13: „Realität" versus „Medien" in der Raumwahrnehmung 102
Abb. 14: Metropolen der Zukunft 119
Abb. 15: Jamesons Los Angeles – Welten der Oberflächlichkeit............................... 138
Abb. 16: Kultur als Bedeutungssystem 142
Abb. 17: Encoding/Decoding nach Hall.. 144
Abb. 18: Kreislauf der Kultur 147
Abb. 19: Die Eröffnung des Films... 167
Abb. 20: Paul und Paulas Straße 167
Abb. 21: Sunnys Verortung 168
Abb. 22: In Ralphs Wohnung 168
Abb. 23: Fortschritt.. 169
Abb. 24: ... durch Ruinen 169
Abb. 25: Dem Fortschritt weichen... 170
Abb. 26: Hinweis zur Verortung.. 170
Abb. 27: Einbettung der Charaktere in das Setting... 171
Abb. 28: „Geh zu ihr..." Pauls Annäherung an Paulas Welt....................................... 173
Abb. 29: Solo Sunny als Roadmovie durch die DDR 175
Abb. 30: Die Wohnungen und Milieus von Sunny und Ralph 176
Abb. 31: Fensterblicke und Ausblicke auf das Leben 178
Abb. 32: Engelsperspektive auf Berlin 179
Abb. 33: Engelsgleiche Artistin 179
Abb. 34: Berlin – Stadt der Trennungen 181
Abb. 35: Homer und der Potsdamer Platz – Die Geschichte eines Platzes erzählen . 182
Abb. 36: „Als das Kind noch Kind war" 184
Abb. 37: Übergänge und Trennungen, Vereinigungen und Zwischenwelten 185
Abb. 38: Das neue Berlin – Anstelle eines Zuhauses 190
Abb. 39: Zwischen-Räume um das „Ostkreuz" 191
Abb. 40: Erneute Stunde Null 192
Abb. 41: Ausgangspunkt Sprachlosigkeit 193
Abb. 42: Berlin als Baustelle 194
Abb. 43: Baustellen des eigenen Lebens 196
Abb. 44: Berlin als Terrain der Irrwege 198
Abb. 45: Das „andere" Berlin 199
Abb. 46: Cans alltägliches Revier 202
Abb. 47: Cans Parallelwelten – Familie und ein ehrliches Leben.............................. 203

Abb. 48:	Die Welt fließt an Can vorbei	204
Abb. 49:	Bickle auf der Straße	206
Abb. 50:	Der Rächer trainiert	206
Abb. 51:	New Yorker Intellektuelle	207
Abb. 52:	"It's a great city!"	207
Abb. 53:	Die Straßen von New York	209
Abb. 54:	Madonna und Hure – Bickles Frauen	210
Abb. 55:	"Wash all this scum off the streets"	211
Abb. 56:	Eine Ode an Manhattan	213
Abb. 57:	Private und öffentliche Räume in *Manhattan*	214
Abb. 58:	Ende in Zwischen-Räumen	216
Abb. 59:	Die Welt des Bud Fox	217
Abb. 60:	Die Welt des Gordon Gekko	217
Abb. 61:	Sal's Famous Pizzeria	218
Abb. 62:	Sal und Mookie danach	218
Abb. 63:	Vaterfiguren von Bud Fox	220
Abb. 64:	Stationen des Aufstiegs	221
Abb. 65:	Rückkehr zur Ehrlichkeit	223
Abb. 66:	Der Straßenblock von *Do the Right Thing*	225
Abb. 67:	Leben im öffentlichen Raum – „Bed-Stuy" in *Do the Right Thing*	226
Abb. 68:	Sal und Vito und „ihr" Bed-Stuy	229
Abb. 69:	Mookies Entscheidung	229
Abb. 70:	Die Brooklyn Bridge und die Vertreibung aus dem Paradies	233
Abb. 71:	"Welcome to Planet Brooklyn"	234
Abb. 72:	Auggie Wren als Chronist seiner Welt	235
Abb. 73:	Räume für Erzählungen und Freundschaft	236
Abb. 74:	Stadt und Land als Räume der Identitätssuche	238
Abb. 75:	Kleinstadt und globales Dorf	239
Abb. 76:	Tante Emma trifft globalen Kapitalismus	240
Abb. 77:	Die öffentlichen Räume der Upper West Side	242
Abb. 78:	Aufbau und Inhalte der Rezipienteninterviews	254
Abb. 79:	Lage der Untersuchungsgebiete im Großraum New York	259
Abb. 80:	Lage des Schauplatzes von *Do the Right Thing*	261
Abb. 81:	Eine Reise durch Brooklyn – die Räume von *Smoke*	266
Abb. 82:	Die Upper West Side in *E-Mail für Dich*	268
Abb. 83:	Ethnische Zusammensetzung der Untersuchungsgebiete	272
Abb. 84:	Familieneinkommen in den Untersuchungsgebieten	274
Abb. 85:	Verteilung des Wertes von Eigentümer-Wohneinheiten	275

11.3.2. Tabellenverzeichnis

Tab. 1:	Übersicht über „Traditionen mikrogeographischer Konzepte"	27
Tab. 2:	Operationale Systematik der Medien	93
Tab. 3:	Arbeitsschritte der Filminterpretation	158
Tab. 4:	Übersicht der Beispielfilme	165
Tab. 5:	Anzahl der Rezipienteninterviews nach Standort	252
Tab. 6:	Übersicht der Interviews nach räumlichen Bezügen	257
Tab. 7:	Gesamtbevölkerung der Teilgebiete im Jahr 2000	271
Tab. 8:	Entwicklung der Arbeitslosenquote in den Untersuchungsgebieten (in %)	273

11.3.3. Register der Filmtitel

Beispielfilme für Berlin

- Die Legende von Paul und Paula (1973)
  Regie: Heiner Carow; Drehbuch: Ulrich Plenzdorf
  DVD, Laufzeit 101 Minuten, Icestorm Entertainment, 2003
- Solo Sunny (1980)
  Regie: Konrad Wolf; Drehbuch: Wolfgang Kohlhaase
  DVD, Laufzeit 102 Minuten, Icestorm Entertainment, 2003
- Der Himmel über Berlin (1987)
  Regie: Wim Wenders; Drehbuch: Wim Wenders und Peter Handke
  DVD, Laufzeit 122 Minuten, Anchor Bay Entertainment (UK), 2002
- Ostkreuz (1991)
  Regie: Michael Klier; Drehbuch: Michael Klier und Karin Aström
  VHS, Laufzeit 85 Minuten, absolut medien, ohne Jahresangabe
- Das Leben ist eine Baustelle (1997)
  Regie: Wolfgang Becker; Drehbuch: Wolfgang Becker und Tom Tykwer
  DVD, Laufzeit 111 Minuten, Universum Film, 2002
- Nachtgestalten (1999)
  Regie: Andreas Dresen; Drehbuch: Andreas Dresen
  DVD, Laufzeit 97 Minuten, Arthaus / Kinowelt, 2005
- Dealer (1999)
  Regie: Thomas Arslan; Drehbuch: Thomas Arslan
  DVD, Laufzeit 80 Minuten, absolut medien, 2005

Beispielfilme für New York

- Taxi Driver (1976)
  Regie: Martin Scorsese; Drehbuch: Paul Schrader
  DVD, Laufzeit 110 Minuten, Columbia Tristar Home Video, 1999
- Manhattan (1979)
  Regie: Woody Allen; Drehbuch: Woody Allen und Marshall Brickman
  DVD, Laufzeit 96 Minuten, MGM Home Entertainment, 2004
- Wall Street (1988)
  Regie: Oliver Stone; Drehbuch: Stanley Weiser und Oliver Stone
  DVD (Special Edition), Laufzeit 121 Minuten, Twentieth Century Fox Home Entertainment, 2001
- Do the Right Thing (1989)
  Regie: Spike Lee; Drehbuch: Spike Lee
  DVD, Laufzeit 114 Minuten, Universal, 2001
- Smoke (1995)
  Regie: Wayne Wang; Drehbuch: Paul Auster und Wayne Wang
  DVD (Doppel-DVD inkl. Smoke und Blue in the Face), Laufzeit 112 Minuten, Arthaus / Kinowelt, 2003
- E-Mail für Dich (1999)
  Regie: Nora Ephron; Drehbuch: Nora Ephron und Delia Ephron
  DVD, Laufzeit 115 Minuten, Warner Home Video, 1999

Weitere genannte Filmtitel

Allen, Woody, 1977: Annie Hall.
Allen, Woody, 1985: Hannah and her Sisters, deutsch: Hannah und ihre Schwestern.
Bay, Michael, 1998: Armageddon.
Becker, Wolfgang, 2002: Good Bye, Lenin!
Besson, Luc, 1997: Das fünfte Element.
Bochco, Steven/Milche, David, 1993–2005: NYPD Blue.
Bogdanovich, Peter, 1971: The Last Picture Show, deutsch: Die letzte Vorstellung.
Carpenter, John, 1981: Escape from New York, deutsch: Die Klapperschlange.
Castle, William, 1956: The Houston Story, deutsch: Alarm an Ölturm 3.
Chelsom, Peter, 2004: Shall we dance?, deutsch: Darf ich bitten?
Cooper, Merian C./Schoedsack, Ernest B., 1933: King Kong.
Coppola, Francis Ford, 1972: The Godfather, deutsch: Der Pate.
Coppola, Francis Ford, 1974: The Godfather – Part II.
Coppola, Francis Ford, 1983: The Outsiders, deutsch: Die Outsider.
Coppola, Francis Ford, 1990: The Godfather – Part III.
Crane, David/Kauffman, Marta, 1994–2004: Friends.
Cukor, George, 1938: Holiday, deutsch: Die Schwester der Braut.
Cuse, Carlton, 1996–2001: Nash Bridges.
David, Larry/Seinfeld, Jerry, 1990–1998: Seinfeld.
Donen, Stanley/Kelly, Gene, 1949: On the Town, deutsch: Heut' gehn wir bummeln – Das ist New York!
Edwards, Blake, 1960: Breakfast at Tiffany's, deutsch: Frühstück bei Tiffany.
Emmerich, Roland, 1995: Independence Day.
Emmerich, Roland, 1998: Godzilla.
Emmerich, Roland, 2004: The Day after Tomorrow.
Ephron, Nora, 1993: Sleepless in Seattle, deutsch: Schlaflos in Seattle.
Eyre, Chris, 1998: Smoke Signals.
Fassbinder, Rainer Werner, 1980: Berlin Alexanderplatz.
Fincher, David, 1999: Fight Club.
Flaherty, Robert J., 1922: Nanook of the North, deutsch: Nanook, der Eskimo.
Groening, Matt/Cohen, David X., 1999–2002: Futurama.
Hamilton, Guy, 1972: Live and Let Die, deutsch: James Bond 007 – Leben und sterben lassen.
Haußmann, Leander, 1999: Sonnenallee.
Hitchcock, Alfred, 1954: Rear Window, deutsch: Das Fenster zum Hof.
Hitchcock, Alfred, 1959: North by Northwest, deutsch: Der unsichtbare Dritte.
Jarmusch, Jim, 1984: Stranger than Paradise.
Jarmusch, Jim, 1999: Ghost Dog – The Way of the Samurai, deutsch: Ghost Dog – Der Weg des Samurai.
Jordan, Neil, 1992: The Crying Game.
Jutzi, Piel, 1931: Berlin Alexanderplatz.
Kazan, Elia, 1954: On the Waterfront, deutsch: Die Faust im Nacken.
Lang, Fritz, 1922: Dr. Mabuse, der Spieler.
Lang, Fritz, 1927: Metropolis.
Lawrence, Marc, 2002: Two Weeks Notic, deutsch: Ein Chef zum Verlieben.
Lean, David, 1962: Lawrence of Arabia, deutsch: Lawrence von Arabien.
Lee, Spike, 1995: Clockers.
Lee, Spike, 2002: 25th Hour, deutsch: 25 Stunden.
Leone, Sergio, 1984: Once upon a Time in America, deutsch: Es war einmal in Amerika.
Mangold, James, 1997: Cop Land.
McTiernam, John, 1995: Die Hard with a Vengeance, deutsch: Stirb langsam: Jetzt erst recht.

Moore, Michael, 1989: Roger & Me.
Moore, Michael, 2002: Bowling for Columbine.
Moore, Michael, 2004: Fahrenheit 9/11.
Reiner, Rob, 1989: When Harry met Sally, deutsch: Harry und Sally.
Robbins, Jerome/Wise, Robert, 1961: West Side Story.
Rossellini, Roberto, 1947: Germania anno zero, deutsch: Deutschland im Jahre Null.
Rouse, Russell, 1955: New York Confidential, deutsch: Pantherkatze.
Ruttmann, Walter, 1927: Berlin – Symphonie einer Großstadt.
Salkow, Sidney, 1955: Las Vegas Shakedown.
Schumacher, Joel, 1993: Falling Down, deutsch: Falling Down – Ein ganz normaler Tag.
Scorsese, Martin, 1973: Mean Streets, deutsch: Hexenkessel.
Scorsese, Martin, 1990: Good Fellas, deutsch: Good Fellas – Drei Jahrzehnte in der Mafia.
Scorsese, Martin, 2002: Gangs of New York.
Scott, Ridley, 1982: Blade Runner.
Sears, Fred F., 1956: Inside Detroit.
Sledge, John, 1958: New Orleans after Dark.
Star, Darren, 1998–2004: Sex and the City.
Tykwer, Tom, 1998: Lola rennt.
van Sant, Gus, 2000: Finding Forrester, deutsch: Forrester – Gefunden!
Wachowski, Andy/Wachowski, Larry, 1999: The Matrix.
Wang, Wayne, 2002: Maid in Manhattan, deutsch: Manhattan Love Story.
Wang, Wayne/Auster, Paul, 1996: Blue in the Face, deutsch: Blue in the Face – Alles blauer Dunst.
Wiene, Robert, 1920: Das Kabinett des Dr. Caligari.
Wilder, Billy, 1955: The Seven Year Itch, deutsch: Das verflixte 7. Jahr.

11.3.4. Literaturverzeichnis

Abrams, C. B./Albright, K./Panofsky, A. (2004): Contesting the New York Community: From Liminality to the „New Normal" in the Wake of September 11. In: City & Community 3/3, S. 189–220.
Abu-Lughod, J. L. (1999): New York, Chicago, Los Angeles: America's global cities. Minneapolis.
Abu-Lughod, J. L. (Hrsg.) (1994): From Urban Village to East Village – the Battle for New York's Lower East Side. Oxford/Cambridge.
Agreiter, M. (2003): "Mad King Ludwig", "Père Rhin" und „Forresta Nera" – Das Deutschlandbild in englisch-, französisch- und italienischsprachigen Reiseführern. http://opus.ub.uni-bayreuth.de/volltexte/2003/64/, 12. Mrz. 2005.
Agreiter, M. (2005): Nach Deutschland reisen und gut essen. Geht das überhaupt? In: Berichte zur deutschen Landeskunde 79/2/3, S. 291–304.
Aitken, S. C. (1994): I'd rather watch the Movie than read the Book. In: Journal of Geography in Higher Education 18/3, S. 291–307.
Aitken, S. C. (2002): Tuning the Self: City Space and SF Horror Movies. In: Kneale, J./Kitchin, R. M. (Hrsg.): Lost in Space – Geographies of Science Fiction. London/New York, S. 104–122.
Aitken, S. C./Lukinbeal, C. (1998): Of heroes, fools and fisher kings: cinematic representations of street myths and hysterical males. In: Fyfe, N. R. (Hrsg.): Images of the Street – Planning, identity and control in public space. London/New York, S. 141–159.
Aitken, S. C./Zonn, L. E. (1993): Weir(d) Sex: Representation of Gender-Environment Relations in Peter Weir's Picnic at Hanging Rock and Gallipoli. In: Society and Space 11/2, S. 191–212.

Aitken, S. C./Zonn, L. E. (1994a): Re-Presenting the Place Pastiche. In: Aitken, S. C./Zonn, L. E. (Hrsg.): Place, Power, Situation, and Spectacle – A Geography of Film. Lanham/London, S. 3–25.

Aitken, S. C./Zonn, L. E. (Hrsg.) (1994b): Place, Power, Situation, and Spectacle – A Geography of Film. Lanham/London.

Allen, W. (2003): Bekenntnisse eines Vollgefressenen (nach der Lektüre Dostojewskis und der neuen „Gewichtswacht" auf derselben Flugreise). In: Allen, W. (Hrsg.): Alles von Allen – Storys, Szenen, Parodien. Reinbek bei Hamburg, S. 84–90.

Altman, I./Rogoff, B. (1987): World Views in Psychology: Trait, Interactional, Organismic, and Transactional Perspectives. In: Stokols, D./Altman, I. (Hrsg.): Handbook of Environmental Psychology. New York, S. 7–40.

Ang, I. (1986): Das Gefühl Dallas – Zur Produktion des Trivialen. Bielefeld.

Antonio, S. D., 2002: Contemporary African American cinema. New York.

Arnreiter, G./Weichhart, P. (1998): Rivalisierende Paradigmen im Fach Geographie. In: Schurz, G./Weingartner, P. (Hrsg.): Koexistenz rivalisierender Paradigmen – Eine post-kuhnsche Bestandsaufnahme zur Struktur gegenwärtiger Wissenschaft. Opladen, S. 53–85.

Auster, P. (1985): City of Glass. Los Angeles.

Auster, P. (1986a): Ghosts. Los Angeles.

Auster, P. (1986b): The Locked Room. Los Angeles.

Auster, P. (1992): Auggie Wren's Christmas Story. Birmingham.

Auster, P. (1995): The Making of Smoke: Interview with Annette Insdorf. In: Auster, P. (Hrsg.): Smoke & Blue in the Face. Two Films by Paul Auster. London/Boston, S. 3–16.

Bahrampour, T. (2000): Profits and Diversity Jostle At a Gentrification Forum. New York Times, 14. Mai 2000, S. 11(CY).

Balshaw, M./Kennedy, L. (Hrsg.) (2000): Urban Space and Representation. London.

Bara, B. G. (1995): Cognitive Science – A Developmental Approach to the Simulation of the Mind. Hove/Hillsdale.

Barker, R. G. (1968): Ecological Psychology – Concepts and Methods for Studying the Environment of Human Behavior. Stanford.

Barrows, H. H. (1923): Geography as Human Ecology. In: Annals of the Association of American Geographers 13/1, S. 1–14.

Barstow, D. (2000): Blurred Battle Lines Over Gentrification. New York Times, 22. Jul. 2000, S. 1(B).

Bartels, D. (1968): Zur wissenschaftstheoretischen Grundlegung einer Geographie des Menschen. Wiesbaden (Erdkundliches Wissen 19).

Bathelt, H. (2002): The Re-emergence of a Media Industry Cluster in Leipzig. In: European Planning Studies 10/5, S. 583–611.

Bathelt, H. (2005): Cluster Relations in the Media Industry: Exploring the 'Distanced Neighbour' Paradox in Leipzig. In: Regional Studies 39/1, S. 105–127.

Bathelt, H./Jentsch, C. (2002): Die Entstehung eines Medienclusters in Leipzig: Neue Netzwerke und alte Strukturen. In: Gräf, P./Rauh, J. (Hrsg.): Networks and Flows – Telekommunikation zwischen Raumstruktur, Verflechtung und Informationsgesellschaft. Münster/Hamburg/London (Geographie der Kommunikation 3), S. 31–74.

Baudrillard, J. (1981): Simulacres et simulation. Paris.

Baudrillard, J. (1986): Amérique. Paris.

Baudrillard, J. (1988): America. London / New York.

Bauer, M. (1990): Die räumliche Differenzierung der Tagespresse und ihr geographischer Aussagewert – Lokale, regionale, überregionale Abo-Zeitungen und Kaufzeitungen in Bayern. Regensburg (Regensburger Geographische Schriften 23).

Beauregard, R. A., 2005: The Corcoran Indicator. Persönliches Gespräch, New York City, 04. April 2005.

Belina, B. (1999): „Kriminelle Räume" – Zur Produktion räumlicher Ideologien. In: Geographica Helvetica 54/1, S. 59–66.

Belina, B. (2000): Kriminelle Räume: Funktion und ideologische Legitimierung von Betretungsverboten. Kassel (Urbs et regio 71).
Belina, B. (2002): Videoüberwachung öffentlicher Räume in Großbritannien und Deutschland. In: Geographische Rundschau 54/7-8, S. 16–22.
Belina, B. (2003): Kultur? Macht und Profit! – Zu Kultur, Ökonomie und Politik im öffentlichen Raum und in der Radical Geography. In: Gebhardt, H./Reuber, P./Wolkersdorfer, G. (Hrsg.): Kulturgeographie – Aktuelle Ansätze und Entwicklungen. Heidelberg/Berlin, S. 83–97.
Benjamin, W. (1936): Das Kunstwerk im Zeitalter seiner technischen Reproduzierbarkeit. In: Benjamin, W. (Hrsg.) (^{2}1968): Das Kunstwerk im Zeitalter seiner technischen Reproduzierbarkeit – Drei Studien zur Kunstsoziologie. Frankfurt/Main, S. 7–63.
Bennett, W. L. (^{4}2001): News – The Politics of Illusion. New York.
Berg-Ganschow, U./Jacobsen, W. (Hrsg.) (1987): Film...Stadt...Kino...Berlin. Berlin.
Bernreuther, A. (2005): Soziokultur als Einflußfaktor der Regionalentwicklung. Bayreuth (Arbeitsmaterialien zur Raumordnung und Raumplanung 242).
Bianco, A. (2004): Ghosts of 42nd Street – a History of America's most Infamous Block. New York.
Bird, D. (1982): If you're thinking of living in: Park Slope. New York Times, 4. Apr. 1982, S. 9(R).
Birk, S. (2002): Medienstandort Berlin-Mitte. In: Gräf, P./Rauh, J. (Hrsg.): Networks and Flows – Telekommunikation zwischen Raumstruktur, Verflechtung und Informationsgesellschaft. Münster/Hamburg/London (Geographie der Kommunikation 3), S. 115–127.
Blaut, J. M. (1991): Natural mapping. In: Transactions of the Institute of British Geographers, New Series 16/1, S. 55–74.
Blaut, J. M. (1997a): Children Can. In: Annals of the Association of American Geographers 87/1, S. 152–158.
Blaut, J. M. (1997b): Piagetian Pessimism and the Mapping Abilities of Young Children: A Rejoinder to Liben and Downs. In: Annals of the Association of American Geographers 87/1, S. 168–177.
Blaut, J. M. (1999): Maps and Spaces. In: Professional Geographer 51/4, S. 510–515.
Blaut, J. M./Stea, D. (1971): Studies of Geographic Learning. In: Annals of the Association of American Geographers 61/2, S. 387–393.
Blaut, J. M./Stea, D./Spencer, C./Blades, M. (2003): Mapping as a Cultural and Cognitive Universal. In: Annals of the Association of American Geographers 93/1, S. 165–185.
Blotevogel, H. H. (1984): Zeitungsregionen in der Bundesrepublik Deutschland – Zur räumlichen Organisation der Tagespresse und ihren Zusammenhängen mit dem Siedlungssystem. In: Erdkunde 38/2, S. 79–93.
Blotevogel, H. H. (1993): Raumkonzepte in der Geographie und Raumplanung. Duisburg (Diskussionspapier 2/1993).
Blotevogel, H. H./Heinritz, G./Popp, H. (1986): Regionalbewußtsein – Bemerkungen zum Leitbegriff einer Tagung. In: Berichte zur deutschen Landeskunde 60/1, S. 103–114.
Blotevogel, H. H./Heinritz, G./Popp, H. (1987): Regionalbewußtsein – Überlegungen zu einer geographisch-landeskundlichen Forschungsinitiative. In: Informationen zur Raumentwicklung 14/7/8, S. 409–418.
Blotevogel, H. H./Heinritz, G./Popp, H. (1989): ‚Regionalbewußtsein'. Zum Stand der Diskussion um einen Stein des Anstoßes. In: Geographische Zeitschrift 77/2, S. 65–88.
Bödeker, B. (2003): Städtetourismus in Regensburg – Images, Motive und Verhaltensweisen von Altstadttouristen, http://opus.ub.uni-bayreuth.de/volltexte/2003/37/, 13. Mrz. 2005.
Bollhöfer, B. (2003): Stadt und Film – Neue Herausforderungen für die Kulturgeographie. In: Petermanns Geographische Mitteilungen 147/2, S. 54–59.
Bollhöfer, B./Strüver, A. (2005): Geographische Ermittlungen in der Münsteraner Filmwelt: Der Fall Wilsberg. In: Geographische Revue 7/1/2, S. 25–42.

Boston Consulting Group (2000): Building New York's Visual Media Industry for the Digital Age – Findings and Recommendations, http://www.nyc.gov/html/film/pdf/gcgstudy.pdf, 16. Nov. 2005.

Bowden, M. J. (1994): Jerusalem, Dover Beach, and Kings Cross: Imagined Places as Metaphors of the British Class Struggle in Chariots of Fire and The Loneliness of the Long-Distance Runner. In: Aitken, S. C./Zonn, L. E. (Hrsg.): Place, Power, Situation, and Spectacle – A Geography of Film. Lanham/London, S. 69–100.

Boyd, T. (2003): Young, Black, Rich and Famous. New York/London.

Brandt, J. (2006): Hauptstadt des Hasses. Süddeutsche Zeitung, 25./26. Feb. 2006, S. III.

Bromley, R./Göttlich, U./Winter, C. (Hrsg.) (1999): Cultural Studies – Grundlagentexte zur Einführung. Lüneburg.

Brooker, P. (2000): The Brooklyn Cigar Co. as Dialogic Public Sphere: Community and Postmodernism in Paul Auster and Wayne Wang's Smoke and Blue in the Face. In: Balshaw, M./Kennedy, L. (Hrsg.): Urban Space and Representation. London, S. 98–115.

Brückner, W./Wehling, H.-G. (Hrsg.) (1987): Nord-Süd in Deutschland? Vorurteile und Tatsachen. Stuttgart/Berlin/Köln/Mainz.

Bruno, G. (1993): Streetwalking on a Ruined Map – Cultural Theory and the City Films of Elvira Notari. Princeton.

Bruno, G. (1997): City Views – The Voyage of Film Images. In: Clarke, D. B. (Hrsg.): The Cinematic City. London/New York, S. 46–58.

Bruno, G. (2002): Atlas of Emotion – Journeys in Art, Architecture, and Film. New York.

Bruns, M. (1913): Kino und Buchhandel. In: Schweinitz, J. (Hrsg.) (1992): Prolog vor dem Film – Nachdenken über ein neues Medium, 1909–1914. Leipzig, S. 272–277.

Brustein, J. (2005): The Fiscal Crisis After 30 Years. In: Gotham Gazette, http://www.gothamgazette.com/article/20051010/200/1612, 20. Nov. 2005.

Buckingham, D. (1987): Public secrets: EastEnders and its audience. London.

Bühler, G. (2002): Regionalmarketing als neues Instrument der Landesplanung in Bayern. Augsburg/Kaiserslautern (Schriften zur Raumordnung und Landesplanung 11).

Bunkše, E. V. (2004): Geography and the Art of Life. Baltimore/London.

Burger, B. (2003): Videoüberwachung öffentlicher Räume – Leitfaden für die Stadtplanung zu einem brisanten Thema. Bayreuth (Beiträge zur Stadt- und Regionalplanung 6).

Burgess, J. (1985): News from Nowhere: The Press, the Riots and the Myth of the Inner City. In: Burgess, J./Gold, J. R. (Hrsg.): Geography, The Media and Popular Culture. London/Sydney, S. 192–228.

Burgess, J. (1990): The production and consumption of environmental meanings in the mass media: a research agenda for the 1990s. In: Transactions of the Institute of British Geographers, New Series 15/2, S. 139–161.

Burgess, J./Gold, J. R. (1985a): Place, the Media and Popular Culture. In: Burgess, J./Gold, J. R. (Hrsg.): Geography, The Media and Popular Culture. London/Sydney, S. 1–32.

Burgess, J./Gold, J. R. (Hrsg.) (1985b): Geography, the Media and Popular Culture. New York.

Castells, M. (1989): The Informational City – Information Technology, Economic Restructuring, and the Urban-Regional Process. Oxford/Cambridge.

Castells, M. (1996): The Rise of the Network Society. Oxford/Cambridge (The Information Age – Economy, Society and Culture 1).

Castree, N./MacMillan, T. (2004): Old news: representation and academic novelty. In: Environment and Planning A 36/3, S. 469–480.

Certeau, M. de (1988): Kunst des Handelns. Berlin.

Chamberlain, L. (2004): 'The Residential is Hot, But the Commercial Is Not'. New York Times, 22. Aug. 2004, S. 1(L).

Christopher, N. (1997): Somewhere in the Night – Film Noir and the American City. New York.

Clarke, D. B. (1997a): Previewing the Cinematic City. In: Clarke, D. B. (Hrsg.): The Cinematic City. London/New York, S. 1–18.

Clarke, D. B. (Hrsg.) (1997b): The Cinematic City. London/New York.

Clarke, D. B./Doel, M. A. (2005): Engineering space and time: moving pictures and motionless trips. In: Journal of Historical Geography 31/1, S. 41–60.
Clemens, J./Dittmann, A. (2003): Kriege und "weiße Flecken" auf Karten von Entwicklungsländern – eine kritische Durchsicht von Medienkarten zum Afghanistankonflikt. In: Petermanns Geographische Mitteilungen 147/1, S. 58–65.
Coe, N. M. (2000): The view from the West: embeddedness, inter-personal relations and the development of an indigenous film industry in Vancouver. In: Geoforum 31/4, S. 391–407.
Cohan, S./Hark, I. R. (Hrsg.) (1997): The Road Movie Book. London/New York.
Cohen, E. (1985): The Tourist Guide – The Origins, Structure and Dynamics of a Role. In: Annals of Tourism Research 12/1, S. 5–29.
Collins, A./Hand, C./Ryder, A. (2005): The lure of the multiplex? The interplay of time, distance, and cinema attendance. In: Environment and Planning A 37/3, S. 483–501.
Collins, G. (1981): 'Post-Pioneer' Arrivals Keep Park Slope in Flux. New York Times, 1. Nov. 1981, S. 1(R).
Connell, J. (2003): Island dreaming: the contemplation of Polynesian paradise. In: Journal of Historical Geography 29/4, S. 554–581.
Corcoran Group (2006): The Corcoran Report Year End 2005, http://www.corcoran.com/guides/pdf/Year%20End%202005%20Report.pdf, 10. Mrz. 2006.
Craine, J./Aitken, S. C. (2004): Street Fighting: Placing the crisis of masculinity in David Fincher's Fight Club. In: GeoJournal 59, S. 289–296.
Crang, M. (2003): The Hair in the Gate: Visuality and Geographical Knowledge. In: Antipode 35/2, S. 238–243.
Cresswell, T./Dixon, D. P. (2002a): Introduction: Engaging Film. In: Cresswell, T./Dixon, D. P. (Hrsg.): Engaging Film – Geographies of Mobility and Identity. Lanham/Oxford, S. 1–10.
Cresswell, T./Dixon, D. P. (Hrsg.) (2002b): Engaging Film – Geographies of Mobility and Identity. Lanham/Oxford.
Curran, W. (2004): Gentrification and the nature of work: exploring the links in Williamsburg, Brooklyn. In: Environment and Planning A 36/7, S. 1243–1258.
Dahlmann, C. (2002): Masculinity in Conflict: Geopolitics and Performativity in The Crying Game. In: Cresswell, T./Dixon, D. P. (Hrsg.): Engaging Film – Geographies of Mobility and Identity. Lanham/Oxford, S. 123–139.
Daniels, L. A. (1984): 'Gentrification' of 2 Neighborhoods Found Beneficial. New York Times, 23. Mrz. 1984, S. 5(B).
Davis, M. (^{3}1999): City of Quartz – Ausgrabungen der Zukunft in Los Angeles. Berlin/Göttingen.
Davis, M. (2001): Bunker Hill: Hollywood's Dark Shadow. In: Shiel, M./ Fitzmaurice, T. (Hrsg.): Cinema and the City – Film and Urban Societies in a Global Context. Oxford/Malden, S. 33–45.
Dear, M. (1994): Architecture & Film. In: Architectural Design Profile 112, S. 8–15.
Dear, M. (2000a): The Postmodern Urban Condition. Oxford/Malden.
Dear, M. (2000b): Peopling California. In: Barron, S./Bernstein, S./Fort, I. S. (Hrsg.): Made in California – Art, Image, and Identity, 1900–2000. Los Angeles, S. 49–63.
Debord, G. (1967): La société du spectacle. Paris.
Debord, G. (1971): La Société du Spectacle. Paris.
Debord, G. (1995): The Society of the Spectacle. New York.
Denzin, N. K. (1991): Images of Postmodern Society – Social Theory and Contemporary Cinema. London/Newbury Park/New Delhi.
Denzin, N. K. (1995): The cinematic society: the voyeur's gaze. Thousand Oaks/London/New Delhi (Theory, Culture & Society).
Denzin, N. K./Lincoln, Y. S. (Hrsg.) (2003): 9/11 in American Culture. Walnut Creek (Crossroads in Qualitative Inquiry 2).
Deters, H. (1972): Tagebuch eines in Köln Exilierten. In: o. Hrsg.: Notizbuch. Neun Autoren – Wohnsitz Köln. Köln, S. 59–104.

Diekmann, A. (⁴1998): Empirische Sozialforschung – Grundlagen, Methoden, Anwendungen. Reinbek bei Hamburg.
Dimendberg, E. (2004): Film Noir and the Spaces of Modernity. Cambridge/London.
Döblin, A. (1965): Berlin Alexanderplatz. München.
Doel, M. A. (1999): Poststructuralist Geographies – The Diabolic Art of Spatial Science. Edinburgh.
Doel, M. A./Clarke, D. B. (1997): From Ramble City to the Screening of the Eye: Blade Runner, Death and Symbolic Exchange. In: Clarke, D. B. (Hrsg.): The Cinematic City. London/New York, S. 140–167.
Doel, M. A./Clarke, D. B. (2002): Lacan: The Movie. In: Cresswell, T./Dixon, D. P. (Hrsg.): Engaging Film – Geographies of Mobility and Identity. Lanham/London, S. 69–93.
Domosh, M. (1990): Those „Sudden Peaks That Scrape the Sky": The Changing Imagery of New York's First Skyscrapers. In: Zonn, L. E. (Hrsg.): Place Images in Media – Portrayal, Experience, and Meaning. Savage, S. 9–30.
Dougan, A. (1998): Martin Scorsese. Reinbek bei Hamburg.
Dowd, M. (1984): Park Slope: New Faces, New Shops and New Worries about Its Growth. New York Times, 7. Mai 1984, S. 1(B).
Downs, R. M. (1970): Geographic Space Perception: Past Approaches and Future Prospects. In: Progress in Geography 2, S. 65–108.
Downs, R. M./Stea, D. (1973a): Cognitive Maps and Spatial Behavior: Process and Products. In: Downs, R. M./Stea, D. (Hrsg.): Image and Environment – Cognitive Mapping and Spatial Behavior. Chicago, S. 8–26.
Downs, R. M./Stea, D. (1973b): Cognitive Representations – Introduction. In: Downs, R. M./Stea, D. (Hrsg.): Image and Environment – Cognitive Mapping and Spatial Behavior. Chicago, S. 79–86.
Downs, R. M./Stea, D. (Hrsg.) (1973c): Image and Environment – Cognitive Mapping and Spatial Behavior. Chicago.
Downs, R. M./Stea, D. (1977): Maps in Minds: Reflections on Cognitive Mapping. New York.
Downs, R. M./Stea, D. (1982): Kognitive Karten – Die Welt in unseren Köpfen. New York.
Driver, F. (2003): On Geography as a Visual Discipline. In: Antipode 35/2, S. 227–231.
Duncan, J. S. (1990): The City as Text: The Politics of Landscape Interpretation in the Kandyan Kingdom. Cambridge/New York.
Dürr, H. (1998): Eine neue Übersichtlichkeit für die deutschsprachige Humangeographie? Anmerkungen zu Karin Wessels Lehrbuch. In: Geographische Zeitschrift 86/1, S. 31–45.
Easthope, A. (1997): Cinécities in the Sixties. In: Clarke, D. B. (Hrsg.): The Cinematic City. London/New York, S. 129–139.
Eckardt, F./Kreisl, P. (2004): City Images and Urban Regeneration. Frankfurt am Main (The European City in Transition 3).
Einstein, A. (1960): Vorwort. In: Jammer, M. (Hrsg.): Das Problem des Raumes – Die Entwicklung der Raumtheorien. Darmstadt, S. XI–XV.
Elden, S. (2001): Politics, Philosophy, Geography: Henri Lefebvre in recent Anglo-American Scholarship. In: Antipode 33/5, S. 809–825.
Eliot, M. (2001): Down 42nd Street – Sex, Money, Culture, and Politics at the Crossroads of the World. New York.
Engelhardt, W. (1975): Geographie: Aus der Presse für die Praxis. Regensburg (Wolf-Handbücher).
England, J. (2004): Disciplining Subjectivity and Space: Representation, Film and its Material Effects. In: Antipode 36/2, S. 295–321.
Escher, A./Koebner, T. (Hrsg.) (2005a): Mitteilungen über den Maghreb – West-Östliche Medienperspektiven I. Remscheid (Filmstudien 39).
Escher, A./Koebner, T. (Hrsg.) (2005b): Mythos Ägypten – West-Östliche Medienperspektiven II. Remscheid (Filmstudien 41).

Escher, A./Zimmermann, S. (2001): Geography meets Hollywood – Die Rolle der Landschaft im Spielfilm. In: Geographische Zeitschrift 89/4, S. 227–236.

Escher, A./Zimmermann, S. (2005): Drei Riten für Cairo – Wie Hollywood die Stadt Cairo erschafft. In: Escher, A./Koebner, T. (Hrsg.): Mythos Ägypten – West-Östliche Medienperspektiven II. Remscheid (Filmstudien 41), S. 162–175.

Faulstich, W. (1988): Die Filminterpretation. Göttingen.

Faulstich, W. (1991): Medientheorien: Einführung und Überblick. Göttingen (Kleine Vandenhoeck-Reihe 1558).

Faulstich, W. (2002): Grundkurs Filmanalyse. München.

Faulstich, W. (2003): Einführung in die Medienwissenschaft – Probleme - Methoden - Domänen. München.

Felgenhauer, T./Mihm, M./Schlottmann, A. (2005): The making of Mitteldeutschland – On the Function of Implicit and Explicit Symbolic Features for Implementing Regions and Regional Identity. In: Geografisker Annaler 87B/1, S. 45–60.

film-dienst (2006): Filmdatenbank cinOmat, http://cinomat.kim-info.de/, 27. Jan. 2006.

Filmförderungsanstalt – FFA (2005): Filmhitlisten, http://www.ffa.de, 06. Dez. 2005.

Fischer-Kowalski, M./Haberl, H./Hüttler, W./Payer, H./Schandl, H./Winiwarter, V./Zangerl-Weisz, H. (1997): Gesellschaftlicher Stoffwechsel und Kolonisierung von Natur – Ein Versuch in Sozialer Ökologie. Amsterdam.

Fischer-Kowalski, M./Weisz, H. (1999): Society as Hybrid between Material and Symbolic Realms – Toward a Theoretical Framework of Society-Nature Interaction. In: Advances in Human Ecology 8, S. 215–251.

Fiske, J. (1999): Politik. Die Linke und der Populismus. In: Bromley, R./Göttlich, U./Winter, C. (Hrsg.): Cultural Studies – Grundlagentexte zur Einführung. Lüneburg, S. 237–278.

Fleischmann, K. (2005): Botschaften mit Botschaften – Zur Produktion von Länderbildern durch Berliner Botschaftsbauten – Ein Beitrag zu einer Neuen Länderkunde, http://www.diss.fu-berlin.de/2005/287/, 23. Nov. 2005.

Flick, U. (^{5}2000): Qualitative Forschung – Theorie, Methoden, Anwendung in Psychologie und Sozialwissenschaften. Reinbek bei Hamburg.

Flick, U./von Kardorff, E./Steinke, I. (2000): Was ist qualitative Forschung? Einleitung und Überblick. In: Flick, U./von Kardorff, E./Steinke, I. (Hrsg.): Qualitative Forschung – Ein Handbuch. Reinbek bei Hamburg, S. 13–29.

Flitner, M. (1999): Im Bilderwald – Politische Ökologie und die Ordnung des Blicks. In: Zeitschrift für Wirtschaftsgeographie 43/3-4, S. 169–183.

Fox, J. (1996): Woody – Movies from Manhattan. Woodstock.

Freeman, L./Braconi, F. (2004): Gentrification and Displacement – New York City in the 1990s. In: Journal of the American Planning Association 70/1, S. 39–52.

Freitag, E. (2003): Multiplex-Kinos in Deutschland: Marktsituation, Akzeptanz und Entwicklungsperspektiven. In: Kagermeier, A./Steinecke, A. (Hrsg.): Tourismus- und Freizeitmärkte im Wandel – Fallstudien - Analysen - Prognosen. Paderborn (Paderborner Geographische Studien zu Tourismusforschung und Destinationsmanagement 16), S. 45–64.

Freitag, E./Kagermeier, A. (2002): Multiplex-Kinos als neues Angebotssegment im Freizeitmarkt. In: Steinecke, A. (Hrsg.): Tourismusforschung in Nordrhein-Westfalen – Ergebnisse - Projekte - Perspektiven. Paderborn (Paderborner Geographische Studien zu Tourismusforschung und Destinationsmanagement 15), S. 43–55.

Freksa, C. (2002): Themenheft „Spatial Cognition". In: KI – Künstliche Intelligenz 16/4.

Freksa, C. (Hrsg.) (2003): Spatial Cognition III : Routes and Navigation, Human Memory and Learning, Spatial Representation and Spatial Learning. Berlin/London.

Freksa, C./Brauer, W./Habel, C./Wender, K. F. (Hrsg.) (2000): Spatial Cognition II: Integrating Abstract Theories, Empirical Studies, Formal Methods, and Practical Applications. Berlin/London/New York u.a. (Lecture Notes in Artificial Intelligence 1849).

Freksa, C./Habel, C./Wender, K. F. (Hrsg.) (1998): Spatial Cognition: An Interdisciplinary Approach to Representing and Processing Spatial Knowledge. Berlin/London/New York u.a. (Lecture Notes in Artificial Intelligence 1404).
Fröhlich, H. (2003): Learning from Los Angeles – Zur Rolle von Los Angeles in der Diskussion um die postmoderne Stadt. Bayreuth (Beiträge zur Stadt- und Regionalplanung 5).
Gamerith, W. (2002): Die Vulnerabilität von Metropolen – Versuch einer Bilanz und Prognose für Manhattan nach dem 11.9.2001. In: Petermanns Geographische Mitteilungen 146/1, S. 16–21.
Gardner, H. (1985): The mind's new science: a history of the cognitive revolution. New York.
Gardner, H. (1989): Dem Denken auf der Spur: der Weg der Kognitionswissenschaft. Stuttgart.
Gay, P. du (Hrsg.) (1997): Production of Culture/Cultures of Production. London/Thousand Oaks/New Delhi.
Gay, P. du/Hall, S./Janes, L./Mackay, H./Negus, K. (1996): Doing Cultural Studies – The Story of the Sony Walkman. London/Thousand Oaks/New Delhi.
Gebhardt, H. (2005): "The south strikes back"? – ein geographischer Essay über Nord-Süd-Kontraste in Deutschland. In: Berichte zur deutschen Landeskunde 79/2/3, S. 193–207.
Gebhardt, H./Reuber, P./Wolkersdorfer, G. (2003a): Kulturgeographie – Leitlinien und Perspektiven. In: Gebhardt, H./Reuber, P./Wolkersdorfer, G. (Hrsg.): Kulturgeographie – Aktuelle Ansätze und Entwicklungen. Heidelberg/Berlin, S. 1–27.
Gebhardt, H./Reuber, P./Wolkersdorfer, G. (Hrsg.) (2003b): Kulturgeographie – Aktuelle Ansätze und Entwicklungen. Heidelberg/Berlin.
Gibson, J. J. (1966): The Senses considered as Perceptual System. Boston.
Gibson, J. J. (1979): The Ecological Approach to Visual Perception. Boston.
Giddens, A. (1984): The Constitution of Society. Outline of the Theory of Structuration. Cambridge.
Giddens, A. (1991): Modernity and Self-Identity – Self and Society in the Late-Modern Age. Cambridge.
Giddens, A. (^{3}1997): Die Konstitution der Gesellschaft – Grundzüge einer Theorie der Strukturierung. Frankfurt/New York.
Girgus, S. B. (^{2}2002): The Films of Woody Allen. Cambridge/New York.
Glaser, B. G./Strauss, A. L. (1967): The Discovery of Grounded Theory – Strategies for Qualitative Research. New York.
Glicksman, M. (2002): Spike Lee's Bed-Stuy BBQ. In: Fuchs, C. (Hrsg.): Spike Lee Interviews. Jackson, S. 13–24.
Glombitza, B. (2006): Jeder kann ein Held sein – Die Ästhetik der ‚Berliner Schule' hat das deutsche Kino revolutioniert. Die Zeit, 09. Feb. 2006, http://www.zeit.de/2006/07/B-Berliner_Schule, 14. Feb. 2006.
Glotz, P. (2005): Von Heimat zu Heimat – Erinnerungen eines Grenzgängers. Berlin.
Glückler, J. (1999): Neue Wege geographischen Denkens? Eine Kritik gegenwärtiger Raumkonzeptionen und ihrer Forschungsprogramme in der Geographie. Frankfurt.
Glueck, G./Gardner, P. (1991): Brooklyn – People and Places, Past and Present. New York.
Gold, J. R. (1980): An Introduction to Behavioural Geography. Oxford.
Gold, J. R. (1984): The City in Film – A Bibliography. Monticello.
Gold, J. R. (1985): From ‚Metropolis' to ‚The City': Film Visions of the Future City, 1919–39. In: Burgess, J./Gold, J. R. (Hrsg.): Geography, The Media and Popular Culture. London/Sydney, S. 123–143.
Gold, J. R. (1992): Image and Environment – the Decline of Cognitive-Behavioralism in Human Geography and Grounds for Regeneration. In: Geoforum 23/2, S. 239–247.
Gold, J. R. (2002): The Real Thing? Contesting the Myth of Documentary Realism through Classroom Analysis of Films on Planning and Reconstruction. In: Cresswell, T./Dixon, D. P. (Hrsg.): Engaging Film – Geographies of Mobility and Identity. Lanham/Oxford, S. 209–225.
Gold, J. R./Gold, M. M. (1990): "A Place of Delightful Prospects": Promotional Imagery and the Selling of Suburbia. In: Zonn, L. E. (Hrsg.): Place Images in Media – Portrayal, Experience, and Meaning. Savage, S. 159–182.

Gold, J. R./Ward, S. V. (1994): We're going to do it right this Time: Cinematic Representations of Urban Planning and the British New Towns, 1939 to 1951. In: Aitken, S. C./Zonn, L. E. (Hrsg.): Place, Power, Situation, and Spectacle – A Geography of Film. Lanham/London, S. 229–258.

Gold, J. R./Ward, S. V. (1997): Of Plans and Planners: Documentary Film and the Challenge of the Urban Future, 1935–1952. In: Clarke, D. B. (Hrsg.): The Cinematic City. London/New York, S. 59–82.

Golledge, R. G. (1992): Place Recognition and Wayfinding: Making Sense of Space. In: Geoforum 23/2, S. 199–214.

Golledge, R. G./Stimson, R. J. (1987): Analytical Behavioral Geography. London/New York/Sydney.

Golledge, R. G./Stimson, R. J. (1997): Spatial Behavior: A Geographic Perspective. New York/London.

Golledge, R. G./Timmermans, H. (Hrsg.) (1988): Behavioural Modelling in Geography and Planning. London/New York/Sydney.

Gooding-Williams, R. (Hrsg.) (1993): Reading Rodney King – Reading Urban Uprising. New York/London.

Google-Suche „reality check", http://www.google.com, 17. Nov. 2005.

Gould, P. (1973): On Mental Maps. In: Downs, R. M./Stea, D. (Hrsg.): Image and Environment – Cognitive Mapping and Spatial Behavior. Chicago, S. 182–220.

Gould, P./White, R. (1968): The Mental Maps of British School Leavers. In: Regional Studies 2, S. 161–182.

Gould, P./White, R. (1974): Mental Maps. New York/Baltimore.

Gould, P./White, R. (^{2}1986): Mental Maps. Boston.

Graham, S. (1999): Global Grids of Class: On Global Cities, Telecommunications and Planetary Urban Networks. In: Urban Studies 36/5/6, S. 929–949.

Graham, S./Marvin, S. (1996): Telecommunications and the City – electronic spaces, urban places. London/New York.

Gregory, D. (1994): Geographical Imaginations. Cambridge/Oxford.

Gregory, D. (1995): Imaginative Geographies. In: Progress in Human Geography 19/4, S. 447–485.

Groebel, J./Winterhoff-Spurk, P. (Hrsg.) (1989): Empirische Medienpsychologie. München.

Hacking, I. (1999): The social construction of what? Cambridge/London.

Hackworth, J. (2001): Inner-city real estate investment, gentrification, and economic recession in New York City. In: Environment and Planning A 33/5, S. 863–880.

Hackworth, J. (2002): Post-Recession Gentrification in New York City. In: Urban Affairs Review 37/6, S. 815–843.

Hackworth, J./Smith, N. (2001): The Changing State of Gentrification. In: Tijdschrift voor Economische en Sociale Geografie 92/4, S. 464–477.

Häfker, H. (1913): Kino und Kunst. Mönchengladbach (Lichtbühnen-Bibliothek 2).

Häfker, H. (1914): Kino und Erdkunde. Mönchengladbach (Lichtbühnen-Bibliothek 7).

Hagstrom (2004): New York City 5 Borough Pocket Atlas. New York.

Hakim, D. (2006): Bid to Lure Films Works So Well, It's Nearly Broke. New York Times, 14. Mrz. 2006, S. 1(A).

Hall, P. (1998): Cities in Civilization. London.

Hall, S. (1980a): Encoding/Decoding. In: Hall, S./Hobson, D./Lowe, A./Willis, P. (Hrsg.): Culture, Media, Language. Working Papers in Cultural Studies 1972–1979. London/New York, S. 128–138.

Hall, S. (1980b): Introduction to Media Studies at the Centre. In: Hall, S./Hobson, D./Lowe, A./Willis, P. (Hrsg.): Culture, Media, Language – Working Papers in Cultural Studies, 1972–1979. London, S. 117–121.

Hall, S. (1980c): Recent Developments in Theories of Language and Ideology: a Critical Note. In: Hall, S./Hobson, D./Lowe, A./Willis, P. (Hrsg.): Culture, Media, Language – Working Papers in Cultural Studies, 1972–1979. London, S. 157–162.
Hamhaber, J. (2004): Streit um Strom – Eine geographische Konfliktanalyse New Yorker Elektrizitätsimporte aus Québec. Köln (Kölner Geographische Arbeiten 84).
Hard, G. (1986): Der Raum – einmal systemtheoretisch gesehen. In: Geographica Helvetica 41/2, S. 77–83.
Hard, G. (1987a): „Bewußtseinsräume" – Interpretationen zu geographischen Versuchen, regionales Bewußtsein zu erforschen. In: Geographische Zeitschrift 75/3, S. 127–148.
Hard, G. (1987b): Das Regionalbewußtsein im Spiegel der regionalistischen Utopie. In: Informationen zur Raumentwicklung 14/7/8, S. 419–440.
Hard, G. (1993): Über Räume reden – Zum Gebrauch des Wortes „Raum" in sozialwissenschaftlichem Zusammenhang. In: Mayer, J. (Hrsg.): Die aufgeräumte Welt – Raumbilder und Raumkonzepte im Zeitalter globaler Marktwirtschaft. Loccum (Loccumer Protokolle 74/92), S. 53–77.
Harvey, D. (1984): On the History and Present Condition of Geography – An Historical Materialist Manifesto. In: The Professional Geographer 36/1, S. 1–11.
Harvey, D. (1989): The Condition of Postmodernity – an Enquiry into the Origins of Cultural Change. Oxford/Cambridge.
Hatzfeld, U. (1997): Die Produktion von Erlebnis, Vergnügen und Träumen – Freizeitgroßanlagen als wachsendes Planungsproblem. In: Archiv für Kommunalwissenschaften 36/II, S. 282–308.
Hatzfeld, U./Temmen, B. (1994): Raumplanung in „fun-tastischen" Zeiten – Anmerkungen zur Steuerung kommerzieller Freizeitgroßeinrichtungen. In: Der Städtetag 47/2, S. 80–90.
Häußermann, H./Siebel, W. (1987): Neue Urbanität. Frankfurt.
Häußermann, H./Siebel, W. (Hrsg.) (1993): New York – Strukturen einer Metropole. Frankfurt/Main.
Häußermann, H./Simons, K. (2001): Developing the New Berlin: Large Projects – Great Risks. In: Geographische Zeitschrift 89/2+3, S. 124–133.
Heath, S. (1976): Narrative Space. In: Screen 17/3, S. 68–112.
Heinritz, G. (2005): Kulturgeographie – A Changing Discipline? In: Geographische Rundschau 57/2, S. 62–63.
Helbrecht, I. (1999): Die kreative Metropolis. München (unveröffentlichte Habilitationsschrift).
Helbrecht, I. (2003): Der Wille zur „totalen Gestaltung": Zur Kulturgeographic der Dinge. In: Gebhardt, H./Reuber, P./Wolkersdorfer, G. (Hrsg.): Kulturgeographie – Aktuelle Ansätze und Entwicklungen. Heidelberg/Berlin, S. 149–170.
Helbrecht, I. (2005): Geographisches Kapital – Das Fundament der kreativen Metropolis. In: Kujath, H. J. (Hrsg.): Knoten im Netz – Zur neuen Rolle der Metropolregionen in der Dienstleistungsgesellschaft und Wissensökonomie. Münster (Stadt- und Regionalwissenschaften 4), S. 121–155.
Hennings, G. (1998): Multiplex-Kinos. In: Hennings, G./Müller, S. (Hrsg.): Kunstwelten – Künstliche Erlebniswelten und Planung. Dortmund (Dortmunder Beiträge zur Raumplanung, Blaue Reihe 85), S. 110–133.
Hepp, A. (1998): Fernsehaneignung und Alltagsgespräche – Fernsehnutzung aus der Perspektive der cultural studies. Opladen/Wiesbaden.
Hepp, A. (^{2}2004): Cultural Studies und Medienanalyse. Wiesbaden.
Hepp, A./Winter, C. (Hrsg.) (2003): Die Cultural Studies Kontroverse. Lüneburg.
Hickethier, K. (^{3}2001): Film- und Fernsehanalyse. Stuttgart/Weimar.
Hirsch, F. (1990): Love, Sex, Death & the Meaning of Life – The Films of Woody Allen. New York.
Hobson, D. (1982): Crossroads – The Drama of a Soap Opera. London.
Hoggart, R. (1971): The Uses of Literacy – Aspects of Working-Class Life with special Reference to Publications and Entertainment. Harmondsworth/Ringwood.

Holmes, G./Zonn, L. E./Cravey, A. J. (2004): Placing man in the New West: Masculinities of The Last Picture Show. In: GeoJournal 59, S. 277–288.
Horkheimer, M./Adorno, T. W. (2000): Kulturindustrie. In: Horkheimer, M./Adorno, T. W. (Hrsg.) (^{12}2000): Dialektik der Aufklärung – Philosophische Fragmente. Frankfurt/Main, S. 128–176.
Hörning, K. H./Winter, R. (Hrsg.) (1999): Widerspenstige Kulturen – Cultural Studies als Herausforderung. Frankfurt/Main.
Hörschelmann, K. (1997): Watching the East – Constructions of 'otherness' in TV representations of East Germany. In: Applied Geography 17/4, S. 385–396.
Hörschelmann, K. (2001): Audience Interpretations of (former) East Germany's Representation in the German Media. In: European Urban and Regional Studies 8/3, S. 189–202.
Hörschelmann, K. (2002): Media Networks in Transition: the Politics of Cultural Production in Post-Unification Germany. In: Social and Cultural Geography 3/2, S. 155–174.
Howard, S. (1998): Corporate Image Management: A Marketing Discipline for the 21st Century. Singapore.
Hoyler, M./Jöns, H. (2005): Themenorte vernetzt gedacht. Reflexionen über iconoclashes und den Umgang mit Repräsentationen in der Geographie. In: Lossau, J./Flitner, M. (Hrsg.): Themenorte. Münster (Geographie 17), S. 183–197.
imdb.com Power Search, http://www.imdb.com/list, 27. Sept. 2005.
Ipsen, D. (1986): Raumbilder – Zum Verhältnis des ökonomischen und kulturellen Raumes. In: Informationen zur Raumentwicklung 13/11/12, S. 921–931.
Ipsen, D. (1993): Regionale Identität – Überlegungen zum politischen Charakter einer psychosozialen Raumkategorie. In: Raumforschung und Raumordnung 51/1, S. 9–18.
Jackson, K. T. (Hrsg.) (1995): The Encyclopedia of New York City. New Haven/London.
Jackson, K. T./Manbeck, J. B. (Hrsg.) (^{2}2004): The Neighborhoods of Brooklyn. New Haven/London.
Jacobs, J. (1992): The Death and Life of Great American Cities. New York.
Jacobsen, W. (Hrsg.) (1998): Berlin im Film – Die Stadt, die Menschen. Berlin.
Jacobsen, W./Aurich, R. (2005): Der Sonnensucher Konrad Wolf. Berlin.
Jacobsen, W./Kaes, A./Prinzler, H. H. (^{2}2004): Geschichte des deutschen Films. Stuttgart.
Jacobsen, W./Prinzler, H. H./Sudendorf, W. (Hrsg.) (2000): M: Filmmuseum Berlin. Berlin.
Jacobsen, W./Sudendorf, W. (Hrsg.) (2000): Metropolis – Ein filmisches Laboratorium der modernen Architektur. Stuttgart/London.
Jakle, J. A. (1990): Social Stereotypes and Place Images: People on the Trans-Appalachian Frontier as Viewed by Travelers. In: Zonn, L. E. (Hrsg.): Place Images in Media – Portrayal, Experience, and Meaning. Savage, S. 83–104.
Jameson, F. (1984): Postmodernism, or, The Cultural Logic of Late Capitalism. In: New Left Review I/146, S. 53–92.
Jameson, F. (1988): Cognitive Mapping. In: Nelson, C./Grossberg, L. (Hrsg.): Marxism and the Interpretation of Culture. Urbana/Chicago, S. 347–357.
Jameson, F. (1992): The Geopolitical Aesthetic – Cinema and Space in the World System. Bloomington.
Jameson, F. (1995): The Cultural Logic of Late Capitalism. In: Jameson, F. (Hrsg.): Postmodernism, or, The Cultural Logic of Late Capitalism. London/New York, S. 1–54.
Jammer, M. (1960): Das Problem des Raumes – Die Entwicklung der Raumtheorien. Darmstadt.
Jenkins, A. (1983): Seeing beyond Seeing: Films on contemporary China. In: Journal of Geography in Higher Education 7, S. 166–178.
Jenkins, A. (1990): A View of Contemporary China: a Production Study of a Documentary Film. In: Zonn, L. E. (Hrsg.): Place Images in Media – Portrayal, Experience, and Meaning. Savage, S. 207–229.
Jenkins, H. (2001): Tales of Manhattan – Mapping the Urban Imagination through Hollywood Film. In: Vale, L. J./Warner, S. B. (Hrsg.): Imaging the City – Continuing Struggles and New Directions. New Brunswick, S. 179–211.

Jessen, J./Lenz, B./Vogt, W. (Hrsg.) (2000): Neue Medien, Raum und Verkehr. Opladen (Stadtforschung aktuell 79).

Johnson-Laird, P. (1989): The Computer and the Mind – An Introduction to Cognitive Science. London.

Jones, J. P. I./Natter, W. (1999): Space 'and' Representation. In: Buttimer, A./Brunn, S. D./Wardenga, U. (Hrsg.): Text and Image – Social Construction of Regional Knowledges. Leipzig (Beiträge zur Regionalen Geographie 49), S. 239–247.

Jöns, H. (2003): Grenzüberschreitende Mobilität und Kooperation in den Wissenschaften: Deutschlandaufenthalte US-amerikanischer Humboldt-Forschungspreisträger aus einer erweiterten Akteursnetzwerkperspektive. Heidelberg (Heidelberger Geographische Arbeiten 116).

Jöns, H./Hoyler, M., 2004: Vernetzte Repräsentationen. Vortrag auf der Tagung „Neue Kulturgeographie: Ein Forschungsfeld wird exploriert" im Leibniz-Institut für Länderkunde Leipzig, 29. – 31. Jan. 2004.

Jurczek, P. (1995): Das Image Oberfrankens – Neue Initiativen im Bereich des regionalen Marketings. Ergebnisse des Sechsten Heiligenstadter Gespräches. Kronach/München/Bonn (Kommunal- und Regionalstudien 22).

Kaminski, G. (1986): Zwischenbilanz einer „psychologischen Ökologie". In: Kaminski, G. (Hrsg.): Ordnung und Variabilität im Alltagsgeschehen. Göttingen/Toronto/Zürich, S. 9–29.

Kampschulte, A. (1999): Image as Instrument of Urban Management. In: Geographica Helvetica 54/4, S. 229–241.

Kanzog, K. (1991): Einführung in die Filmphilologie. München (diskurs film – Münchner Beiträge zur Filmphilologie 4).

Karasek, H. (1997): Zu kurz gekommen – Das Leben ist eine Baustelle von Wolfgang Becker. Der Tagesspiegel, 22. Feb. 1997.

Kästner, E. (1928): Emil und die Detektive. Berlin.

Katz, C. (1999): Manhattan on Film – Walking Tours of Hollywood's Fabled Front Lot. New York.

Katz, C. (2002): Manhattan on Film 2 – More walking tours of Location Sites in the Big Apple. New York.

Katz, C./Brandon, M. (2005): Manhattan on film: walking tours of Hollywood's fabled front lot. Pompton Plains.

Kellner, D. M. (1994): Media Culture – Cultural Studies, Identity and Politics between the Modern and the Postmodern. London/New York.

Kelly, M. P. (2004): Martin Scorsese – A Journey. New York.

Kennedy, C. (1994): The Myth of Heroism: Man and Desert in Lawrence of Arabia. In: Aitken, S. C./Zonn, L. E. (Hrsg.): Place, Power, Situation, and Spectacle – A Geography of Film. Lanham/London, S. 161–179.

Kennedy, C./Lukinbeal, C. (1997): Towards a holistic approach to geographic research on film. In: Progress in Human Geography 21/1, S. 33–50.

Kennedy, J. M./Gabias, P./Heller, M. A. (1992): Space, Haptics and the Blind. In: Geoforum 23/2, S. 175–189.

Kennedy, L. (2000): Race and urban space in contemporary American culture. Edinburgh.

King, L. J./Golledge, R. G. (1978): Cities, Spaces, and Behavior: The Elements of Urban Geography. Englewood Cliffs.

Kirby, A. (2005): Cities and Film. In: Caves, R. W. (Hrsg.): Encyclopedia of the City. London/New York, S. 56–58.

Kitchen, R. M. (1996): Increasing the integrity of cognitive mapping research: appraising conceptual schemata of environment-behaviour interaction. In: Progress in Human Geography 20/1, S. 56–84.

Kitchin, R. M./Blades, M./Golledge, R. G. (1997): Understanding spatial concepts at the geographic scale without the use of vision. In: Progress in Human Geography 21/2, S. 225–242.

Kitchin, R. M./Freundschuh, S. (Hrsg.) (2000): Cognitive Mapping – Past, Present and Future. London/New York.

Kitchin, R. M./Kneale, J. (Hrsg.) (2002): Lost in Space – Geographies of Science Fiction. London/New York.

Kitwana, B. (2002): The Hip Hop Generation – Young Blacks and the Crisis in African American Culture. New York.

Klapdor, H. (2000): Exil – Ein Exil soll das Land sein. In: Jacobsen, W./Prinzler, H. H./Sudendorf, W. (Hrsg.): M: Filmmuseum Berlin. Berlin, S. 221–262.

Kleining, G. (1959): Zum gegenwärtigen Stand der Imageforschung. In: Psychologie und Praxis 3/4, S. 198–212.

Klingbeil, D. (1979): Mikrogeographie. In: Geipel, R. (Hrsg.): Geographie des Mikromaßstabs. Stuttgart (Der Erdkundeunterricht 31), S. 51–80.

Klüter, H. (1986): Raum als Element sozialer Kommunikation. Gießen (Gießener Geographische Schriften 60).

Kneale, J./Kitchin, R. M. (2002): Lost in Space. In: Kneale, J./Kitchin, R. M. (Hrsg.): Lost in Space – Geographies of Science Fiction. London/New York, S. 1–16.

Koch, A. (2005): Dynamische Kommunikationsräume – Ein systemtheoretischer Raumentwurf. Münster (Geographie der Kommunikation 4).

Koch, J.-J. (1986): Behavior Setting und Forschungsmethodik Barkers: Einleitende Orientierung und einige kritische Anmerkungen. In: Kaminski, G. (Hrsg.): Ordnung und Variabilität im Alltagsgeschehen. Göttingen/Toronto/Zürich, S. 33–43.

Köck, H. (1997): Die Rolle des Raumes als zu erklärender und als erklärender Faktor – Zur Klärung einer methodologischen Grundrelation in der Geographie. In: Geographica Helvetica 52/3, S. 89–96.

Koll, H. P. (1999): Kritik „Dealer". In: film-dienst 1999/6, http://cinomat.kim-info.de/filmdb/lang-kritik.php?fdnr=33601, 12. Apr. 2005.

Korte, H. (^{2}2001): Einführung in die Systematische Filmanalyse – Ein Arbeitsbuch. Berlin.

Krallmann, D./Ziemann, A. (2001): Grundkurs Kommunikationswissenschaft. München.

Krase, J./Hutchinson, R. (Hrsg.) (2004): Race and Ethnicity in New York City. Amsterdam/Boston/Heidelberg (Research in Urban Sociology 7).

Krätke, S. (2002a): Die globale Vernetzung von Medienzentren – Zur Diversität von Geographien der Globalisierung. In: Geographische Zeitschrift 90/2, S. 103–123.

Krätke, S. (2002b): Medienstadt – Urbane Cluster und globale Zentren der Kulturproduktion. Opladen.

Krätke, S. (2002c): Netzwerkanalyse von Produktionsclustern – Das Beispiel der Filmwirtschaft in Potsdam/Babelsberg. In: Zeitschrift für Wirtschaftsgeographie 46/2, S. 107–123.

Kreye, A. (2006): Antipolitischer Politiker – „Citizen Berlusconi" – Ein Interview mit dem Publizisten Alexander Stille über den italienischen Ministerpräsidenten und die Dialektik von Medien und Macht. Süddeutsche Zeitung, 28./29. Jan. 2006, S. 15.

Krutnik, F. (1997): Something more than Night: Tales of the Noir City. In: Clarke, D. B. (Hrsg.): The Cinematic City. London/New York, S. 83–109.

Lamnek, S. (^{3}1995a): Qualitative Sozialforschung I – Methodologie. Weinheim.

Lamnek, S. (^{3}1995b): Qualitative Sozialforschung II – Methoden und Techniken. Weinheim.

Lapsley, R. (1997): Mainly in Cities and at Night – Some Notes on Cities and Film. In: Clarke, D. B. (Hrsg.): The Cinematic City. London/New York, S. 186–208.

Lax, E. (1992): Woody Allen – a biography. New York.

Leavis, F. R. (1930): Mass Civilisation and Minority Culture. Cambridge.

Lee, S. (1994): Do the Right Thing: Production Notes. In: Wyatt Sexton, A./Leccese Powers, A. (Hrsg.): The Brooklyn Reader. New York, S. 107–116.

Lee, S./Jones, L. (1989): Do the Right Thing – A Spike Lee Joint. New York.

Lees, L. (1994): Gentrification in London and New York: an Atlantic gap? In: Housing Studies 9/2, S. 199–217.

Lees, L. (2000): A reappraisal of gentrification: towards a "geography of gentrification". In: Progress in Human Geography 24/3, S. 389–408.

Lees, L. (2003): Super-Gentrification: The Case of Brooklyn Heights, New York City. In: Urban Studies 40/12, S. 2487–2509.
Lefebvre, H. (1974): La production de l'espace. Paris (Collection société et urbanisme).
Leibniz, G. W. (1904): Hauptschriften zur Grundlegung der Philosophie, Band 1. Leipzig.
Lenhart, K. (2001): Berliner Metropoly – Stadtentwicklungspolitik im Berliner Bezirk Mitte nach der Wende. Opladen (Stadtforschung aktuell 81).
Lepore, E./Pylyshyn, Z. (1999): What is Cognitive Science? Malden/Oxford.
Leschke, R. (2003): Einführung in die Medientheorie. München.
Ley, D. (2004): Transnational spaces and everyday lives. In: Transactions of the Institute of British Geographers, New Series 29/2, S. 151–164.
Library of Congress (1999): American Memory – The Life of a City: Early Films of New York, 1898–1906, http://memory.loc.gov/ammem/papr/nychome.html, 16. Nov. 2005.
Lindner, R. (2000): Die Stunde der Cultural Studies. Wien (Edition Parabasen).
Lloyd, R. (1997): Spatial Cognition – Geographic Environments. Dondrecht/Boston/London (The GeoJournal Library 39).
Loader, B. D. (Hrsg.) (1998): Cyberspace Divide – Equality, Agency and Policy in the Information Society. London/New York.
Lockwood, C. (1972): Bricks & Brownstone – The New York Row House, 1783–1929. An Architectural & Social History. New York.
Lossau, J. (2000): Anders Denken. Postkolonialismus, Geopolitik und Politische Geographie. In: Erdkunde 54/2, S. 157–168.
Lossau, J. (2002): Die Politik der Verortung – Eine postkoloniale Reise zu einer anderen Geographie der Welt. Bielefeld.
Lossau, J. (2005): Zu Besuch in Eregli. Kulturelle Grenzen im Schulbuch „grenzenlos". In: Berichte zur deutschen Landeskunde 79/2/3, S. 241–251.
Lueck, T. J. (2006): Residents help Themselves and One Another. The New York Times, 14. Feb. 2006, S. 8(B).
Luger, G. F. (1994): Cognitive Science – The Science of Intelligent Systems. San Diego.
Luhmann, N. (1995): Die Realität der Massenmedien. Opladen (Nordrhein-Westfälische Akademie der Wissenschaften, Vorträge Geisteswissenschaften 333).
Luhmann, N. (1997): Die Gesellschaft der Gesellschaft. Frankfurt.
Lukinbeal, C. (1998): Reel-to-Real Urban Geographies: the Top Five Cinematic Cities in North America. In: The California Geographer 38, S. 64–78.
Lukinbeal, C. (2004a): The map that precedes the territory: An introduction to essays in cinematic geography. In: GeoJournal 59, S. 274–251.
Lukinbeal, C. (2004b): The rise of regional film production centers in North America, 1984–1997. In: GeoJournal 59, S. 307–321.
Lutter, C./Reisenleitner, M. (2002): Cultural Studies – Eine Einführung. Wien (Cultural Studies 0).
Lutz, C. A./Collins, J. L. (1993): Reading National Geographic. Chicago/London.
Lynch, K. (1960): The Image of the City. Cambridge/London.
Mahoney, E. (1997): ‚The People in Parantheses': Space Under Pressure in the Postmodern City. In: Clarke, D. B. (Hrsg.): The Cinematic City. London/New York, S. 168–185.
Maier, J. (1981): Die Errichtung von Seen als Teile einer Infrastrukturpolitik in peripheren Räumen und die dabei auftretenden Konflikte – Analysen in Oberfranken. In: Maier, J. (Hrsg.): Badeseen als Objekte der Raumordnung und Raumplanung. Bayreuth (Arbeitsmaterialien zur Raumordnung und Raumplanung 12), S. 1–22.
Maier, J./Troeger-Weiß, G. (1990): Marketing in der räumlichen Planung. Hannover (Akademie für Raumforschung und Landesplanung, Beiträge 117).
Mains, S. P. (2004): Imagining the border and Southern spaces: Cinematic explorations of race and gender. In: GeoJournal 59, S. 253–264.
Manoni, M. H. (1973): Bedford-Stuyvesant; the anatomy of a central city community. New York.
Manvell, R. (1956): Robert Flaherty, Geographer. In: The Geographical Magazine 29, S. 491–500.

Marie, L. (2001): Jacques Tati's Play Time as New Babylon. In: Shiel, M./Fitzmaurice, T. (Hrsg.): Cinema and the City – Film and Urban Societies in a Global Context. Oxford/Malden, S. 257–269.

Massood, P. J. (2003): Black City Cinema – African American Urban Experiences in Film. Philadelphia (Culture and the Moving Image).

Matless, D. (2003): Gestures around the Visual. In: Antipode 35/2, S. 222–226.

Mattissek, A./Reuber, P. (2004): Die Diskursanalyse als Methode in der Geographie – Ansätze und Potentiale. In: Geographische Zeitschrift 92/4, S. 227–242.

May, M. (1992): Mentale Modelle von Städten – Wissenspsychologische Untersuchungen am Beispiel der Stadt Münster. Münster/New York.

Mayring, P. (^{3}1996): Einführung in die qualitative Sozialforschung – Eine Anleitung zu qualitativem Denken. Weinheim.

Medyckyj-Scott, D./Blades, M. (1992): Human Spatial Cognition: Its Relevance to the Design and Use of Spatial Information Systems. In: Geoforum 23/2, S. 215–226.

Meier-Dallach, H.-P. (1980): Räumliche Identität – Regionalistische Bewegung und Politik. In: Informationen zur Raumentwicklung 7/5, S. 301–313.

Meier-Dallach, H.-P. (1987): Regionalbewußtsein und Empirie – Der quantitative, qualitative und typologische Weg. In: Berichte zur deutschen Landeskunde 61/1, S. 5–29.

Meier-Dallach, H.-P./Hohermuth, S./Nef, R. (1987): Regionalbewußtsein, soziale Schichtung und politische Kultur – Forschungsergebnisse und methodologische Aspekte. In: Informationen zur Raumentwicklung 14/7/8, S. 377–394.

Meißner, Inga (2006): Die neunziger Jahre – Ostkreuz, http://www.deutsches-filminstitut.de/sozialgeschichte/dt105a.htm, 05. Mrz. 2006 (Deutsches Filminstitut/Johann Wolfgang Goethe-Universität Frankfurt/Main: Sozialgeschichte des bundesrepublikanischen Films).

Melly, G. (1970): Revolt into Style – The Pop Arts in Britain. London.

Merkens, H. (2000): Auswahlverfahren, Sampling, Fallkonstruktion. In: Flick, U./Von Kardorff, E./Steinke, I. (Hrsg.): Qualitative Forschung – Ein Handbuch. Reinbek bei Hamburg, S. 286–299.

Merten, K. (1994): Wirkungen von Kommunikation. In: Merten, K./Schmidt, S. J./Weischenberg, S. (Hrsg.): Die Wirklichkeit der Medien – Eine Einführung in die Kommunikationswissenschaft. Opladen, S. 291–328.

Meusburger, P. (Hrsg.) (1999): Handlungszentrierte Sozialgeographie – Benno Werlens Entwurf in kritischer Diskussion. Stuttgart (Erdkundliches Wissen 130).

Meusburger, P./Schwan, T. (2003a): Einleitung. In: Meusburger, P./Schwan, T. (Hrsg.): Humanökologie – Ansätze zur Überwindung der Natur-Kultur-Dichotomie. Stuttgart (Erdkundliches Wissen 135), S. 5–14.

Meusburger, P./Schwan, T. (Hrsg.) (2003b): Humanökologie – Ansätze zur Überwindung der Natur-Kultur-Dichotomie. Stuttgart (Erdkundliches Wissen 135).

Miggelbrink, J. (2002a): Der gezähmte Blick – Zum Wandel des Diskurses über „Raum" und „Region" in humangeographischen Forschungsansätzen des ausgehenden 20. Jahrhunderts. Leipzig. (Beiträge zur Regionalen Geographie 55).

Miggelbrink, J. (2002b): Konstruktivismus? „Use with caution" ... Zum Raum als Medium der Konstruktion gesellschaftlicher Wirklichkeit. In: Erdkunde 56/4, S. 337–350.

Möbius, H./Vogt, G. (1990): Drehort Stadt – Das Thema „Großstadt" im deutschen Film. Marburg. (Aufblende 1).

Mollenkopf, J. H./Castells, M. (Hrsg.) (1992): Dual City – Restructuring New York. New York.

Molotch, H. (1996): L.A. as Design Product: How Art Works in a Regional Economy. In: Scott, A. J./Soja, E. W. (Hrsg.): The City – Los Angeles and Urban Theory at the End of the Twentieth Century. Berkeley/Los Angeles/London, S. 225–275.

Monaco, J. (^{4}2002): Film verstehen. Reinbek bei Hamburg.

Monheim, H. (1972): Zur Attraktivität deutscher Städte – Einflüsse von Ortspräferenzen auf die Standortwahl von Bürobetrieben. München (WGI-Berichte zur Regionalforschung 8).

Monk, J./Norwood, V. (1990): (Re)membering the Australian City: Urban Landscapes in Women's Fiction. In: Zonn, L. E. (Hrsg.): Place Images in Media – Portrayal, Experience, and Meaning. Savage, S. 105–120.

Montello, D. R./Lovelace, K. L./Golledge, R. G./Self, C. M. (1999): Sex-Related Differences and Similarities in Geographic and Environmental Spatial Abilities. In: Annals of the Association of American Geographers 89/3, S. 515–534.

Moore, B. (1920): The Scope of Ecology. In: Ecology 1, S. 3–5.

Morley, D. (1980): The Nationwide Audiences: Structure and Decoding. London (BFI Television Monograph 11).

Morley, D. (1992): Television, Audiences and Cultural Studies. London/New York.

Moßig, I. (2004): Steuerung lokalisierter Projektnetzwerke am Beispiel der Produktion von TV-Sendungen in den Medienclustern München und Köln. In: Erdkunde 58/3, S. 252–268.

Moulaert, F./Swyngedouw, E./Rodriguez, A. (2001): Large Scale Urban Development Projects and Local Governance: from Democratic Urban Planning to Besieged Local Governance. In: Geographische Zeitschrift 89/2+3, S. 71–84.

Münch, D. (1992): Computermodelle des Geistes. In: Münch, D. (Hrsg.): Kognitionswissenschaft – Grundlagen, Probleme, Perspektiven. Frankfurt/Main, S. 7–53.

Murdoch, J. (1997): Inhuman/nonhuman/human: actor-network-theory and the prospects for a non-dualistic and symmetrical perspective on nature and society. In: Society and Space 15/6, S. 731–756.

Natter, W. (1994): The City as Cinematic Space: Modernism and Place in Berlin, Symphony of a City. In: Aitken, S. C./Zonn, L. E. (Hrsg.): Place, Power, Situation, and Spectacle – A Geography of Film. Lanham/London, S. 203–227.

Natter, W./Jones, J. P. (1993): Pets or Meat: Class, Ideology, and Space in Roger & Me. In: Antipode 25/2, S. 140–158.

Nebe, J. M./Kröpel, S./Pütz, M. (1998): Die Stadt in unseren Köpfen – Zur Beurteilung von städtischer Lebensqualität durch kognitive Karten. In: Standort – Zeitschrift für Angewandte Geographie 22/3, S. 10–15.

Need to Know Publishing (1996): Manhattan Movie & TV Map. Bridgeport.

Neisser, U. (1976): Cognition and Reality: Principles and Implications of Cognitive Psychology. San Francisco.

Neubauer, P. (2005): Brooklyn Bridge: Sign and Symbol in the Works of Hart Crane and Joseph Stella. In: Benesch, K./Schmidt, K. (Hrsg.): Space in America – Theory, History, Culture. Amsterdam/New York (Architecture, Technology, Culture 1), S. 541–555.

Neumann, D. (Hrsg.) (1996): Film Architecture: Set Designs from Metropolis to Blade Runner. München/New York.

New York City Landmarks Preservation Commission (2005): West End – Collegiate Historic District, http://www.nyc.gov/html/lpc/downloads/pdf/maps/west_end_collegiate.pdf, 12. Apr. 2005.

New York City Landmarks Preservation Commission (2006): Park Slope Historic District, http://www.nyc.gov/html/lpc/downloads/pdf/maps/park_slope.pdf, 17. Mrz. 2006.

New York City Mayor's Office of Film, Theatre and Broadcasting, http://www.nyc.gov/film, 16. Nov. 2005.

Nunn, S. (2001): Designing the Solipsistic City: Themes of Urban Planning and Control in The Matrix, Dark City, and The Truman Show, http://www.ctheory.net/articles.aspx?id=292, 12. Feb. 2006.

O'Hanlon, T., 1982: Neighborhood Change in New York City: A Case Study of Park Slope, 1850–1980. New York.

Ó Nualláin, S. (Hrsg.) (2000): Spatial Cognition: Foundations and Applications. Amsterdam/Philadelphia (Advances in Consciousness Research 26).

Ossenbrügge, J. (1982): Industrieansiedlung und Flächennutzungsplanung in Stade-Bützfleth und Drochtersen – Lokale Interessen und Politikverflechtung im kommunalen Entscheidungsprozeß. In: Nuhn, H./Ossenbrügge, J. (Hrsg.): Wirtschafts- und sozialgeographische Beiträge zur Analyse der Regionalentwicklung und Planungsproblematik im Unterelberaum. Hamburg, S. 33–88.

Ossenbrügge, J. (1983): Politische Geographie als räumliche Konfliktforschung – Konzepte zur Analyse der politischen und sozialen Organisation des Raumes auf der Grundlage anglo-amerikanischer Forschungsansätze. Hamburg (Hamburger Geographische Studien 40).

Ossenbrügge, J. (1997): Rezensionsartikel zu Werlens Sozialgeographie alltäglicher Regionalisierungen 1+2. In: Zeitschrift für Wirtschaftsgeographie 41/4, S. 249–253.

Ott, T. (2006): The City in Disguise: Vancouver as a Stand-in for Seattle in Hollywood Movies. In: Geographische Rundschau International Edition 2/2, in Vorbereitung.

Pocock, D. C. (1981): Sight and Knowledge. In: Transactions of the Institute of British Geographers, New Series 6, S. 385–393.

Popp, H. (1994a): Das Bild der Königsstadt Fes (Marokko) in der deutschen Reiseführer-Literatur. In: Popp, H. (Hrsg.): Das Bild der Mittelmeerländer in der Reiseführer-Literatur. Passau (Passauer Mittelmeerstudien 5), S. 113–132.

Popp, H. (1994b): Das Marokkobild in den gegenwärtigen deutschsprachigen Reiseführern. In: Popp, H. (Hrsg.): Die Sicht des Anderen – Das Marokkobild der Deutschen, das Deutschlandbild der Marokkaner. Referate des 3. deutsch-marokkanischen Forschungs-Symposiums in Rabat, 10. – 12. November 1993. Passau (Maghreb-Studien 4), S. 161–170.

Popp, H. (1994c): Vorwort. In: Popp, H. (Hrsg.): Das Bild der Mittelmeerländer in der Reiseführer-Literatur. Passau (Passauer Mittelmeerstudien 5), S. 7–10.

Popp, H. (Hrsg.) (1994d): Das Bild der Mittelmeerländer in der Reiseführer-Literatur. Passau (Passauer Mittelmeerstudien 5).

Popp, H. (Hrsg.) (1994e): Die Sicht des Anderen – Das Marokkobild der Deutschen, das Deutschlandbild der Marokkaner. Referate des 3. deutsch-marokkanischen Forschungs-Symposiums in Rabat, 10. – 12. November 1993. Passau (Maghreb-Studien 4).

Popper, K. (1973a): Objektive Erkenntnis – Ein evolutionärer Entwurf. Hamburg.

Popper, K. (1973b): Über Wolken und Uhren. Zum Problem der Rationalität und der Freiheit des Menschen. In: Popper, K. (Hrsg.): Objektive Erkenntnis – Ein evolutionärer Entwurf. Hamburg, S. 247–305.

Portugali, J. (1992): Geography, Environment and Cognition: an Introduction. In: Geoforum 23/2, S. 107–109.

Portugali, J./Haken, H. (1992): Synergetics and Cognitive Maps. In: Geoforum 23/2, S. 111–130.

Priluck, J. (2000): Even in a Long-Troubled Section, Gentrification Is on the Horizon. New York Times, 10. Dez. 2000, S. 6(L).

Ratzinger, J. (2005): Missa pro Eligendo Romano Pontifice, 18. Apr. 2005, http://www.vatican.va/gpll/documents/homily-pro-eligendo-pontifice_20050418_ge.html, 20. Nov. 2005.

Reeves, T. (2001): The Worldwide Guide to Movie Locations. Chicago.

Reichert, D. (1996): Räumliches Denken als Ordnen der Dinge. In: Reichert, D. (Hrsg.): Räumliches Denken. Zürich (Zürcher Hochschulforum 25), S. 15–45.

Relph, E. (1976): Place and Placelessness. London (Research in Planning and Design 1).

Renckstorf, K. (1989): Mediennutzung und soziales Handeln. Zur Entwicklung einer handlungstheoretischen Perspektive der empirischen (Massen-)Kommunikationsforschung. In: Kaase, M./Schulz, W. (Hrsg.): Massenkommunikation – Theorien, Methoden, Befunde. Opladen (Kölner Zeitschrift für Soziologie und Sozialpsychologie 30), S. 314–336.

Reuber, P. (1993): Heimat in der Großstadt – Eine sozialgeographische Studie zu Raumbezug und Entstehung von Ortsbindungen am Beispiel Kölns und seiner Stadtviertel. Köln (Kölner Geographische Arbeiten 58).

Reuber, P. (1999): Raumbezogene politische Konflikte – Geographische Konfliktforschung am Beispiel der Gemeindegebietsreformen. Stuttgart (Erdkundliches Wissen 131).

Reuber, P. (2001): Möglichkeiten und Grenzen einer handlungsorientierten politischen Geographie. In: Reuber, P./Wolkersdorfer, G. (Hrsg.): Politische Geographie – handlungsorientierte Ansätze und critical geopolitics. Heidelberg, (Heidelberger Geographische Arbeiten, 112), S. 77–92.

Reuber, P./Pfaffenbach, C. (2005): Methoden der empirischen Humangeographie. Braunschweig.

Reuber, P./Wolkersdorfer, G. (2003): Geopolitische Leitbilder und die Neuordnung der globalen Machtverhältnisse. In: Gebhardt, H./Reuber, P./Wolkersdorfer, G. (Hrsg.): Kulturgeographie – Aktuelle Ansätze und Entwicklungen. Heidelberg/Berlin, S. 47–65.

Reuber, P./Wolkersdorfer, G. (Hrsg.) (2001): Politische Geographie: Handlungsorientierte Ansätze und Critical Geopolitics. Heidelberg (Heidelberger Geographische Arbeiten 112).

Rocchio, V. F. (2000): Reel Racism – Confronting Hollywood's Construction of Afro-American Culture. Boulder/Oxford.

Rohatyn, F. (2003): New York's Fiscal Crises: 1975 – 2003, http://www.sipa.columbia.edu/news/Rohatyn%20speech.pdf, 20. Nov. 2005.

Roost, F. (1998): Recreating the City as Entertainment Center: The Media Industry's Role in Transforming Potsdamer Platz and Times Square. In: Journal of Urban Technology 5/3, S. 1–21.

Rose, G. (2001): Visual Methodologies. London/Thousand Oaks/New Delhi.

Rose, G. (2003): On the Need to Ask How, Exactly, Is Geography "Visual"? In: Antipode 35/2, S. 212–221.

Rose, G./Thrift, N. (Hrsg.) (2000): Themenheft "Performance and Performativity". In: Society and Space 18/4.

Rust, R. (1992): Kritik „Ostkreuz". In: film-dienst 1992/2, http://cinomat.kim-info.de/filmdb/lang-kritik.php?fdnr=29357, 8. Mrz. 2005.

Ryan, J. R. (2003): Who's Afraid of Visual Culture? In: Antipode 35/2, S. 232–237.

Ryan, K. B. (1990): The "Official" Image of Australia. In: Zonn, L. E. (Hrsg.): Place Images in Media – Portrayal, Experience, and Meaning. Savage, S. 135–158.

Saarinen, T. F. (1973): Student Views of the World. In: Downs, R. M./Stea, D. (Hrsg.): Image and Environment – Cognitive Mapping and Spatial Behavior. Chicago, S. 148–161.

Sadler, S. (1998): The Situationist City. Cambridge/London.

Sagalyn, L. B. (2001): Times Square roulette – Remaking the City Icon. Cambridge/London.

Sahr, W.-D. (1999): Der Ort der Regionalisierung im geographischen Diskurs – Periphere Fragen und Anmerkungen zu einem zentralen Thema. In: Meusburger, P. (Hrsg.): Handlungszentrierte Sozialgeographie – Benno Werlens Entwurf in kritischer Diskussion. Stuttgart (Erdkundliches Wissen 130), S. 43–66.

Sahr, W.-D. (2003): Zeichen und RaumWELTEN – zur Geographie des Kulturellen. In: Petermanns Geographische Mitteilungen 147/2, S. 18–27.

Said, E. W. (1978): Orientalism. London/New York.

Salwen, P. (1989): Upper West Side Story – A History and Guide. New York.

Sanders, J. (2003): Celluloid Skyline – New York and the Movies. New York.

Sassen, S. (1991): The Global City – New York, London, Tokyo. Princeton.

Saussure, F. de (1916): Cours de linguistique générale. Paris.

Saxer, U. (1997): Konstituenten der Medienwissenschaft. In: Schanze, H./Ludes, P. (Hrsg.): Qualitative Perspektiven des Medienwandels – Positionen der Medienwissenschaft im Kontext „Neuer Medien". Opladen, S. 15–26.

Scheiner, J. (2000): Eine Stadt – zwei Alltagswelten? Ein Beitrag zur Aktionsraumforschung und Wahrnehmungsgeographie im vereinten Berlin. Berlin (Abhandlungen Anthropogeographie, Institut für Geographische Wissenschaften, Freie Universität Berlin 62).

Scheuplein, C. (2002): Identifizierung und Analyse von Produktionsclustern – Das Beispiel der Filmwirtschaft in Potsdam-Babelsberg. In: Raumforschung und Raumordnung 60/2, S. 123–135.

Schlottmann, A. (2005a): 2-Raum-Deutschland – Alltägliche Grenzziehung im vereinten Deutschland – oder: warum der Kanzler in den Osten fuhr. In: Berichte zur deutschen Landeskunde 79/2/3, S. 179–192.

Schlottmann, A. (2005b): RaumSprache – Ost-West-Differenzen in der Berichterstattung zur deutschen Einheit. Eine sozialgeographische Theorie. Stuttgart (Sozialgeographische Bibliothek 4).

Schmid, C. (2005): Stadt, Raum und Gesellschaft: Henri Lefebvre und die Theorie der Produktion des Raumes. Stuttgart (Sozialgeographische Bibliothek 1).

Schmidt, C. (2000): Analyse von Leitfadeninterviews. In: Flick, U./Von Kardorff, E./Steinke, I. (Hrsg.): Qualitative Forschung – Ein Handbuch. Reinbek bei Hamburg, S. 447–456.

Schmitz, S. (2000): Auflösung der Stadt durch Telematik? Auswirkungen der neuen Medien auf die Stadtentwicklung. In: Jessen, J./Lenz, B./Vogt, W. (Hrsg.): Neue Medien, Raum und Verkehr. Opladen (Stadtforschung aktuell 79), S. 15–44.

Schönert, M./Willms, W. (2001): Medienwirtschaft in regionalen Entwicklungsstrategien – Eine Standortdiskussion aus der Perspektive der 20 größten deutschen Städte. In: Raumforschung und Raumordnung 59/5/6, S. 412–426.

Schönfeld, C. (2002): Modern Identities in Early German Film: The Cabinet of Dr. Caligari. In: Cresswell, T./Dixon, D. P. (Hrsg.): Engaging Film – Geographies of Mobility and Identity. Lanham/Oxford, S. 174–190.

Schröder, A. (2001): Reisesendungen im Fernsehen – Inhalte, Wirkungen, Konzeptionen. Trier (Materialien zur Fremdenverkehrsgeographie 55).

Schulten, S. (2001): The Geographical Imagination in America, 1880–1950. Chicago/London.

Schwartz, J. M./Ryan, J. R. (Hrsg.) (2003): Picturing Place – Photography and the Geographical Imagination. London/New York.

Schweitzer, E. (2000): Archaische und visionäre Metropolen. In: Jacobsen, W./Prinzler, H. H./Sudendorf, W. (Hrsg.): M: Filmmuseum Berlin. Berlin, S. 79–106.

Schweizerhof, B. (2006): Junges und Altes. In: epd film 2/2006, http://www.epd.de/epdfilm_neu/themen_39431.php, 17. Mrz. 2006.

Scott, A. J. (1996): The Craft, Fashion, and Cultural-Products Industries of Los Angeles: Competitive Dynamics and Policy Dilemmas in a Multisectoral Image-Producing Complex. In: Annals of the Association of American Geographers 86/2, S. 306–323.

Scott, A. J. (1997): The Cultural Production of Cities. In: International Journal of Urban and Regional Research 21/2, S. 323–339.

Scott, A. J. (2000): The Cultural Economy of Cities – Essays on the Geography of Image-Producing Industries. London/Thousand Oaks/New Delhi.

Sedlacek, P. (1982): Kulturgeographie als normative Handlungswissenschaft. In: Sedlacek, P. (Hrsg.): Kultur- und Sozialgeographie. Paderborn, S. 187–216.

Seeßlen, G. (2003): Martin Scorsese. Berlin (film 6).

Sengupta, S. (1996): A Funky Renewal Transforms Fifth Avenue. New York Times, 18. August 1996, S. 11(CY).

Shannon, C. E./Weaver, W. (1949): The Mathematical Theory of Communication. Urbana/Chicago/London.

Shefter, M. (1985): Political Crisis, Fiscal Crisis: The Collapse and Revival of New York City. New York.

Shiel, M. (2001): Cinema and the City in History and Theory. In: Shiel, M./Fitzmaurice, T. (Hrsg.): Cinema and the City – Film and Urban Societies in a Global Context. Oxford/Malden, S. 1–18.

Shiel, M. (2003): A Nostalgia for Modernity: New York, Los Angeles, and American Cinema in the 1970s. In: Shiel, M./Fitzmaurice, T. (Hrsg.): Screening the City. London/New York, S. 160–179.

Shiel, M./Fitzmaurice, T. (Hrsg.) (2001): Cinema and the City – Film and Urban Societies in a Global Context. Oxford/Malden.

Shiel, M./Fitzmaurice, T. (Hrsg.) (2003): Screening the City. London/New York.

Slater, T. (2004): North American gentrification? Revanchist and emancipatory perspectives explored. In: Environment and Planning A 36/7, S. 1191–1213.

Smith, L. (2002): Chips off the Old Ice Block: Nanook of the North and the Relocation of Cultural Identity. In: Cresswell, T./Dixon, D. P. (Hrsg.): Engaging Film – Geographies of Mobility and Identity. Lanham/Oxford, S. 94–122.

Smith, N. (1979a): Gentrification and Capital – Theory, Practice and Ideology in Society Hill. In: Antipode 11/3, S. 24–35.

Smith, N. (1979b): Toward a Theory of Gentrification – A Back to the City Movement by Capital, not People. In: Journal of the American Planning Association 45/4, S. 538–548.

Smith, N. (1987): Gentrification and the Rent Gap. In: Annals of the Association of American Geographers 77/3, S. 462–465.

Smith, N. (1992): New City, New Frontier: The Lower East Side as Wild, Wild West. In: Sorkin, M. (Hrsg.): Variations on a Theme Park – The New American City and the End of Public Space. New York, S. 61–93.

Smith, N./DeFilippis, J. (1999): The Reassertion of Economics: 1990s Gentrification in the Lower East Side. In: International Journal of Urban and Regional Research 23/4, S. 638–653.

Smith, S. J. (1985): News and the Dissemination of Fear. In: Burgess, J./Gold, J. R. (Hrsg.): Geography, The Media and Popular Culture. London/Sydney, S. 229–253.

Snowden, E./Ingersoll, R. (Hrsg.) (1992): Cinemarchitecture (Design Book Review 24, Spring 1992).

Snyder-Grenier, E. M. (1996): Brooklyn! An Illustrated History. Philadelphia.

Soja, E. W. (1989): Postmodern Geographies – The Reassertion of Space in Critical Social Theory. London/New York.

Soja, E. W. (1996): Thirdspace – Journeys to Los Angeles and Other Real-and-Imagined places. Cambridge/Oxford.

Soja, E. W. (2000): Postmetropolis – Critical Studies of Cities and Regions. Oxford/Malden.

Sorkin, M. (Hrsg.) (1992): Variations on a Theme Park – The New American City and the End of Public Space. New York.

Sorkin, M./Zukin, S. (Hrsg.) (2002): After the World Trade Center – Rethinking New York City. New York/London.

Soyka, A./Soyka, N. (2004): Neue Medien in Hamburg – ein Beispiel für die Erneuerungsfähigkeit städtischer Ökonomien. In: Altrock, U./Schubert, D. (Hrsg.): Wachsende Stadt. Wiesbaden, S. 321–338.

Spencer, C./Morsley, K./Ungar, S./Pike, E./Blades, M. (1992): Developing the Blind Child's Cognition of the Environment: the Role of Direct and Map-given Experience. In: Geoforum 23/2, S. 191–197.

Stea, D. (2005): Jim Blaut's Youngest Mappers: Children's Geography and the Geography of Children. In: Antipode 37/5, S. 990–1002.

Stea, D./Blaut, J. M. (1973): Some Preliminary Observations on Spatial Learning in School Children. In: Downs, R. M./Stea, D. (Hrsg.): Image and Environment – Cognitive Mapping and Spatial Behavior. Chicago, S. 226–234.

Stegmann, B.-A. (1997): Großstadt im Image – Eine wahrnehmungsgeographische Studie zu raumbezogenen Images und zum Imagemarketing in Printmedien am Beispiel Kölns und seiner Stadtviertel. Köln (Kölner Geographische Arbeiten 68).

Steinbach, J. (1984): Einflüsse der räumlichen und sozialen Umwelt auf das individuelle Verhalten – Beiträge der Sozialgeographie zur Theorie menschlichen Handelns. In: Mitteilungen der Österreichischen Geographischen Gesellschaft, Jahresband 126, S. 12–28.

Steinbach, J. (1999): Uneven Worlds – Theories, Empirical Analysis and Perspectives to Regional Development. Bergtheim (DWV-Schriften zur Wirtschaftsgeographie 1).

Steinbach, J. (2003): Tourismus – Einführung in das räumlich-zeitliche System. München/Wien (Lehr- und Handbücher zu Tourismus, Verkehr und Freizeit).

Steiner, D. (2003): Humanökologie: Von hart zu weich. Mit Spurensuche bei und mit Peter Weichhart. In: Meusburger, P./Schwan, T. (Hrsg.): Humanökologie – Ansätze zur Überwindung der Natur-Kultur-Dichotomie. Stuttgart (Erdkundliches Wissen 135), S. 45–80.

Stern, R. A. M./Mellins, T./Fishman, D. (²1997): New York 1960 – Architecture and Urbanism between the Second World War and the Bicentennial. New York.
Storper, M. (1989): The Transition to Flexible Specialization in the US Film Industry: External Economics, the Division of Labor, and the Crossing of Industrial Divides. In: Cambridge Journal of Economics 13/2, S. 273–305.
Storper, M./Christopherson, S. (1985): The Changing Organization and Location of the Motion Picture Industry: Interregional Shifts in the United States. Los Angeles (Research Report).
Storper, M./Christopherson, S. (1987): Flexible Specialization and Regional Industrial Agglomerations: The Case of the U.S. Motion Picture Industry. In: Annals of the Association of American Geographers 77/1, S. 104–117.
Storper, M./Christopherson, S. (1989): The Effects of Flexible Specialization on Industrial Politics and the Labor Market: the Motion Picture Industry. In: Industrial & Labor Relations Review 42/3, S. 331–347.
Straw, W. (1997): Urban Confidential: The Lurid City of the 1950s. In: Clarke, D. B. (Hrsg.): The Cinematic City. London/New York, S. 110–128.
Strohmann, M. (1991): Regionale Berichterstattung von Zeitungen in Periphergebieten – dargestellt am Beispiel Ostfrieslands. Marburg (Marburger Geographische Schriften 119).
Struck, E. (1994): Die Türkei der Reiseführer. Geographische Anmerkungen zum Türkeibild deutscher Touristen. In: Popp, H. (Hrsg.): Das Bild der Mittelmeerländer in der Reiseführer-Literatur. Passau (Passauer Mittelmeerstudien 5), S. 93–111.
Strüver, A. (2003): „Das duale System": Wer bin ich – und wenn ja, wie viele? Identitätskonstruktionen aus feministisch-poststrukturalistischer Perspektive. In: Gebhardt, H./Reuber, P./Wolkersdorfer, G. (Hrsg.): Kulturgeographie – Aktuelle Ansätze und Entwicklungen. Heidelberg/Berlin, S. 113–128.
Strüver, A. (2005a): Grenzen der Grenzüberschreitung: Deutsch-niederländische Beziehungen in ihrer Ambivalenz aus Nähe und Distanz. In: Berichte zur deutschen Landeskunde 79/2/3, S. 277–289.
Strüver, A. (2005b): Macht Körper Wissen Raum? Ansätze für eine Geographie der Differenzen. Wien (Beiträge zur Bevölkerungs- und Sozialgeographie 9).
Strüver, A. (2005c): Stories of the "boring border": the Dutch-German borderscape in people's minds. Münster/Hamburg/London (Forum Politische Geographie 2).
Sui, D. Z. (2000): Visuality, Aurality, and Shifting Metaphors of Geographical Thought in the Late Twentieth Century. In: Annals of the Association of American Geographers 90/2, S. 322–343.
Thornes, J. E. (2004): The Visual Turn and Geography. In: Antipode 36/5, S. 787–794.
Thrift, N. (1996): Spatial Formations. London/Thousand Oaks/New Delhi.
Thrift, N. (1997): The Still Point – Resistance, Expressive Embodiment and Dance. In: Pile, S./Keith, M. (Hrsg.): Geographies of Resistance. London/New York, S. 124–151.
Toy, M. (1994a): Editirial "Architecture and Film". In: Architectural Design Profile 112, S. 6–7.
Toy, M. (Hrsg.) (1994b): World Cities – Los Angeles. London.
Tuan, Y.-F. (1976): Literature, Experience, and Geographic Knowing. In: Moore, G. T./Golledge, R. G. (Hrsg.): Environmental Knowing – Theories, Research, and Methods. Stroudsberg (Community Development Series 23), S. 260–272.
Tuan, Y.-F. (1977): Space and Place – The Perspective of Experience. London.
Tuan, Y.-F. (1979): Sight and Pictures. In: Geographical Review 69, S. 413–422.
Turner, G. (³1999): Film as Social Practice. London/New York.
Tzschaschel, S. (1979): Die Fußgängerzone als „soziale Mitte" einer Stadt? In: Geipel, R. (Hrsg.): Geographie des Mikromaßstabs. Stuttgart (Der Erdkundeunterricht 31), S. 34–50.
Tzschaschel, S. (1986): Geographische Forschung auf der Individualebene – Darstellung und Kritik der Mikrogeographie. Kallmünz (Münchener Geographische Hefte 53).
Unwin, T. (2005): Geography and the Art of Life – Book Review. In: Annals of the Association of American Geographers 95/3, S. 700–702.
U.S. Bureau of Census (2005): American Factfinder, http://factfinder.census.gov/home/saff/main.html?_lang=en, 12. Feb. 2005

Vale, L. J./Warner, S. B. (Hrsg.) (2001): Imaging the City – Continuing Struggles and New Directions. New Brunswick.
Valentine, G. (1999): Imagined Geographies – Geographical Knowledge of Self and Other in Everyday Life. In: Massey, D./Allen, J./Sarre, P. (Hrsg.): Human Geography Today. Cambridge, S. 47–61.
Vidler, A. (1996): The Explosion of Space: Architecture and the Filmic Imaginary. In: Neumann, D. (Hrsg.): Film Architecture: Set Designs from Metropolis to Blade Runner. München/New York, S. 13–25.
Virilio, P. (1991): The Lost Dimension. New York.
Vogt, G. (2001): Die Stadt im Film – Deutsche Spielfilme 1900 – 2000. Marburg.
Waller, D./Loomis, J. M./Golledge, R. G./Beall, A. C. (2002): Place learning in humans: The role of distance and direction information. In: Spatial Cognition and Computation 2, S. 333–354.
Wang, W. (1995): Preface. In: Auster, P. (Hrsg.): Smoke & Blue in the Face. Two Films by Paul Auster. London/Boston, S. VII–VIII.
Warf, B. (2000): New York: the Big Apple in the 1990s. In: Geoforum 31/4, S. 487–499.
Warner, S. B./Vale, L. J. (2001): Cities, Media, and Imaging. In: Vale, L. J./Warner, S. B. (Hrsg.): Imaging the City – Continuing Struggles and New Directions. New Brunswick, S. XIII–XXII.
Watson, J. B. (1968): Behaviorismus. Köln.
Weichhart, P. (1975): Geographie im Umbruch – Ein methodologischer Beitrag zur Neukonzeption der komplexen Geographie. Wien.
Weichhart, P. (1979): Remarks on the Term „Environment". In: GeoJournal 3/6, S. 523–531.
Weichhart, P. (1986): Das Erkenntnisobjekt der Sozialgeographie aus handlungstheoretischer Sicht. In: Geographica Helvetica 41/2, S. 84–90.
Weichhart, P. (1990a): Die transaktionistische Weltsicht – ein konzeptioneller Impuls für die Humanökologie. In: Kilchenmann, A./Schwarz, C. (Hrsg.): Perspektiven der Humanökologie. Berlin u.a., S. 227–237.
Weichhart, P. (1990b): Raumbezogene Identität – Bausteine zu einer Theorie räumlich-sozialer Kognition und Identifikation. Stuttgart (Erdkundliches Wissen 102).
Weichhart, P. (1993a): Geographie als Humanökologie? Pessimistische Überlegungen zum Uralt-Problem der „Integration" von Physio- und Humangeographie. In: Kern, W./Stocker, E./Weingartner, H. (Hrsg.): Festschrift Helmut Riedl. Salzburg (Salzburger geographische Arbeiten 25), S. 207–218.
Weichhart, P. (1993b): Vom „Räumeln in der Geographie und anderen Disziplinen. Einige Thesen zum Raumaspekt sozialer Phänomene. In: Mayer, J. (Hrsg.): Die aufgeräumte Welt – Raumbilder und Raumkonzepte im Zeitalter globaler Marktwirtschaft. Rehburg-Loccum (Loccumer Protokolle 74/92), S. 225–241.
Weichhart, P. (1996a): Die Region – Chimäre, Artefakt oder Strukturprinzip sozialer Systeme? In: Brunn, G. (Hrsg.): Region und Regionsbildung in Europa – Konzeptionen der Forschung und empirische Befunde. Baden-Baden (Schriftenreihe des Instituts für Europäische Regionalforschung 1), S. 25–43.
Weichhart, P. (1996b): Zur Ontologie von Gesellschaft und Raum – Benno Werlens Konzept einer Sozialgeographie alltäglicher Regionalisierungen. In: Mitteilungen der Österreichischen Geographischen Gesellschaft, Jahresband 138, S. 270–273.
Weichhart, P. (1997): Sozialgeographie alltäglicher Regionalisierungen – Benno Werlens Neukonzeption der Humangeographie. In: Mitteilungen der Österreichischen Geographischen Gesellschaft, Jahresband 139, S. 25–45.
Weichhart, P. (1998): „Raum" versus „Räumlichkeit" – ein Plädoyer für eine transaktionistische Weltsicht in der Sozialgeographie. In: Heinritz, G./Helbrecht, I. (Hrsg.): Sozialgeographie und Soziologie – Dialog der Disziplinen. Passau (Münchener Geographische Hefte 78), S. 75–88.

Weichhart, P. (1999): Die Räume zwischen den Welten und die Welt der Räume – Zur Konzeption eines Schlüsselbegriffes der Geographie. In: Meusburger, P. (Hrsg.): Handlungszentrierte Sozialgeographie – Benno Werlens Entwurf in kritischer Diskussion. Stuttgart (Erdkundliches Wissen 130), S. 67–94.

Weichhart, P. (2000): Räume kann mann [sic] nicht küssen (1). In: Schneidewind, P. (Hrsg.): Planungsfallen. Planungsfälle – Raumplanung und die kognitiven Grundlagen des Planens. Wien, S. 37–47.

Weichhart, P. (2003a): Gesellschaftlicher Metabolismus und Action Settings. Die Verknüpfung von Sach- und Sozialstrukturen im alltagsweltlichen Handeln. In: Meusburger, P./Schwan, T. (Hrsg.): Humanökologie – Ansätze zur Überwindung der Natur-Kultur-Dichotomie. Stuttgart (Erdkundliches Wissen 135), S. 15–44.

Weichhart, P. (2003b): Gibt es ein humanökologisches Paradigma in der Geographie des 21. Jahrhunderts? In: Serbser, W. (Hrsg.): Humanökologie. Ursprünge - Trends - Zukünfte. Münster/Hamburg/London (Schriften der Deutschen Gesellschaft für Humanökologie 1), S. 294–307.

Weichhart, P., 2003c: Physische Geographie und Humangeographie – Skeptische Anmerkungen zu einer Grundfrage der Geographie und zum Münchner Projekt einer „Integrativen Umweltwissenschaft". Vortrag auf dem Münchner Symposium zur Zukunft der Geographie am 28. Apr. 2003.

Werlen, B. (1986): Thesen zur handlungstheoretischen Neuorientierung sozialgeographischer Forschung. In: Geographica Helvetica 41/2, S. 67–76.

Werlen, B. (1987): Gesellschaft, Handlung und Raum. Stuttgart (Erdkundliches Wissen 87).

Werlen, B. (1993): Gibt es eine Geographie ohne Raum? Zum Verhältnis von traditioneller Geographie und zeitgenössischen Gesellschaften. In: Erdkunde 47/4, S. 241–255.

Werlen, B. (1995a): Landschaft, Raum und Gesellschaft – Entstehungs- und Entwicklungsgeschichte wissenschaftlicher Sozialgeographie. In: Geographische Rundschau 47/9, S. 513–522.

Werlen, B. (1995b): Sozialgeographie alltäglicher Regionalisierungen I – Zur Ontologie von Gesellschaft und Raum. Stuttgart (Erdkundliches Wissen 116).

Werlen, B. (³1997): Gesellschaft, Handlung und Raum – Grundlagen handlungstheoretischer Sozialgeographie. Stuttgart.

Werlen, B. (1997): Sozialgeographie alltäglicher Regionalisierungen II – Globalisierung, Region und Regionalisierung. Stuttgart (Erdkundliches Wissen 119).

Werlen, B. (1998): Wolfgang Hartke – Begründer der sozialwissenschaftlichen Geographie. In: Heinritz, G./Helbrecht, I. (Hrsg.): Sozialgeographie und Soziologie – Dialog der Disziplinen. Passau (Münchener Geographische Hefte 78), S. 15–41.

Werlen, B. (²1999): Sozialgeographie alltäglicher Regionalisierungen I – Zur Ontologie von Gesellschaft und Raum. Stuttgart.

Werlen, B. (2000): Sozialgeographie – eine Einführung. Bern/Stuttgart/Wien.

Werlen, B. (2003): Kulturgeographie und kulturtheoretische Wende. In: Gebhardt, H./Reuber, P./Wolkersdorfer, G. (Hrsg.): Kulturgeographie – Aktuelle Ansätze und Entwicklungen. Heidelberg/Berlin, S. 251–268.

Wessel, K. (1996): Empirisches Arbeiten in der Wirtschafts- und Sozialgeographie. Paderborn/München (Uni-Taschenbücher 1956).

West, C. (1992): Learning to Talk of Race. New York Times Magazine, 02. Aug. 1992, S. 24.

Wießner, R. (1978): Verhaltensorientierte Geographie – Die angelsächsische behavioral geography und ihre sozialgeographischen Ansätze. In: Geographische Rundschau 30/11, S. 420–426.

Wilkens-Caspar, N. (2004): Kreativität an der Hamburger Waterfront – Die Bedeutung von Werbung und Neuen Medien für die Stadt- und Wirtschaftsstruktur. In: Priebs, A./Wehrhahn, R. (Hrsg.): Neue Entwicklungen an der europäischen Waterfront. Kiel (Kieler Arbeitspapiere zur Landeskunde und Raumordnung 43), S. 117–138.

Williams, R. (1961): The Long Revolution. London.

Williams, R. (1976): Culture and Society. Harmondsworth/Ringwood.

Williams, R. (1981): Culture. Glasgow.

Williams, R. (1983): Innovationen – Über den Prozeßcharakter von Literatur und Kultur. Frankfurt/Main.
Williams, R. (1986): Karl Marx und die Kulturtheorie. In: Neidhardt, F./Lepsius, M. R./Weiß, J. (Hrsg.): Kultur und Gesellschaft. Opladen (Kölner Zeitschrift für Soziologie und Sozialpsychologie, Sonderheft 27), S. 32–56.
Williams, R. (1989): Culture is Ordinary. In: Williams, R. (Hrsg.): Resources of Hope – Culture, Democracy, Socialism. London/New York, S. 3–18.
Wilson, W. J. (1997): When Work Disappears – The World of the New Urban Poor. New York.
Winkler, H. (1992): Der filmische Raum und der Zuschauer - „Apparatus" - Semantik - „Ideology". Heidelberg (Reihe Siegen, Medienwissenschaften 110).
Winterhoff-Spurk, P. (^{2}2004): Medienpsychologie – Eine Einführung. Stuttgart.
Wirth, E., 1952: Stoffprobleme des Films. Freiburg.
Wirth, E. (1981): Kritische Anmerkungen zu den wahrnehmungszentrierten Forschungsansätzen in der Geographie. In: Geographische Zeitschrift 69/3, S. 161–198.
Wolkersdorfer, G. (2001): Politische Geographie und Geopolitik zwischen Moderne und Postmoderne. Heidelberg (Heidelberger Geographische Arbeiten 111).
Wood, D. (1994): Outside of Nothing: The Place of Community in The Outsiders. In: Aitken, S. C./Zonn, L. E. (Hrsg.): Place, Power, Situation, and Spectacle – A Geography of Film. Lanham/London, S. 101–118.
Wood, G. (1989): Regionalbewußtsein im Ruhrgebiet in der Berichterstattung regionaler Tageszeitungen. In: Berichte zur deutschen Landeskunde 63/2, S. 537–562.
Yanich, D. (2001): Location, Location, Location: Urban and Suburban Crime on Local TV News. In: Journal of Urban Affairs 23/3-4, S. 221–241.
Yanich, D. (2004a): Crime Creep: Urban & Suburban Crime on Local Television News. In: Journal of Urban Affairs 26/5, S. 535–564.
Yanich, D. (2004): Crime Creep: Urban & Suburban Crime on Local TV News, http://www.localtvnews.org/papers/CrimeCreep.pdf, 04. Feb. 2006.
Yanich, D. (2005): Kids, Crime, and Local Television News. In: Crime and Delinquency 51/1, S. 103–132.
Yardley, J. (1998): Park Slope, Reshaped by Money – As Rents and Prices Rise, Some Fear for Neighborhood's Soul. New York Times, 14. Mai 1998, S. 1(B).
Zierhofer, W. (1999a): Die fatale Verwechslung – Zum Selbstverständnis der Geographie. In: Meusburger, P. (Hrsg.): Handlungszentrierte Sozialgeographie – Benno Werlens Entwurf in kritischer Diskussion. Stuttgart (Erdkundliches Wissen 130), S. 163–186.
Zierhofer, W. (1999b): Geographie der Hybriden. In: Erdkunde 53/1, S. 1–13.
Zierhofer, W. (2000): United Geography™. In: Geographische Zeitschrift 88/3+4, S. 133–146.
Zierhofer, W. (2002): Gesellschaft – zur Transformation eines Problems. Oldenburg (Wahrnehmungsgeographische Studien 20).
Zimmermann, S., 1998: Medien und ihr Beitrag zum geographischen Weltbild des Alltags – Eine fachspezifische Analyse der Monatszeitschrift GEO. Göttingen (unveröffentlichte Diplomarbeit).
Zimmermann, S. (2003): „Reisen in den Film" – Filmtourismus in Nordafrika. In: Egner, H. (Hrsg.): Tourismus – Lösung oder Fluch? Mainz (Mainzer Kontaktstudium Geographie 9), S. 75–83.
Zimmermann, S./Escher, A. (2005a): „Cinematic Marrakech" – Eine Cinematic City. In: Escher, A./Koebner, T. (Hrsg.): Mitteilungen über den Maghreb – West-Östliche Medienperspektiven I. Remscheid (Filmstudien 39), S. 60–73.
Zimmermann, S./Escher, A. (2005b): Spielfilm, Geographie und Grenzen. Grenzüberschreitungen am Beispiel von Fatih Akins Spielfilm „Gegen die Wand". In: Berichte zur deutschen Landeskunde 79/2/3, S. 265–276.
Zonn, L. E. (Hrsg.) (1990): Place Images in Media: Portrayal, Experience, and Meaning. Savage.
Zonn, L. E./Aitken, S. C. (1994): Of Pelicans and Men: Symbolic Landscapes, Gender, and Australia's Storm Boy. In: Aitken, S. C./Zonn, L. E. (Hrsg.): Place, Power, Situation, and Spectacle – A Geography of Film. Lanham/London, S. 137–160.

Zonn, L. E./Winchell, D. (2002): Smoke Signals: Locating Sherman Alexie's Narratives of American Indian Identity. In: Cresswell, T./Dixon, D. P. (Hrsg.): Engaging Film – Geographies of Mobility and Identity. Lanham/Oxford, S. 140–158.
Zukin, S. (1982): Loft Living – Culture and Capital in Urban Change. Baltimore.

11.4. MATERIALIEN

11.4.1. Beispiel eines Sequenzprotokolls

Die folgende tabellarische Übersicht stellt den Anfang des Sequenzprotokolls zu dem Film *Smoke* dar und umfasst die ersten elf Sequenzen zwischen der Filmeröffnung und der Schlüsselsequenz, in der die Protagonisten Auggies photographisches Projekt betrachten.

11.4. Materialien 379

Sequenz	Von	Bis	Dauer in hh:mm:ss	Titel der Sequenz	Handlung	Figuren	Ort	Akustische Inhalte	Anmerkungen
1	0:00:00	0:01:08	0:01:08	Vorspann	Einblendungen: Produktionsangaben und Haupt-Darsteller			Straßengeräusche & Percussion, auch als Übergang zu Sequenz 2	
2	0:01:08	0:01:30	0:00:22	Coming to Brooklyn	U-Bahn fährt von Manhattan nach Brooklyn		U-Bahn auf Williamsburg Bridge; Hintergrund: Skyline Südmanhattans, Manhattan & Brooklyn Bridges; graue Wolken	Ab Mitte der Sequenz Sportkommentar (off); im Übergang zu Sequenz 3 Unterhaltung über New York Mets	Eine durchgehende Panorama-Einstellung
3	0:01:30	0:01:59	0:00:29	Einführung der Brooklyn Cigar Co.	Hitzige Diskussion der Kunden über Baseballteam NY Mets, insb. die Veränderungen des Kaders; Auggie sortiert Zigarren ein	Auggie und drei Stammkunden (Schwarzer, Hispanic, Weißer)	Cigar Co. innen: zuerst Blickrichtung Tür; Schwenk zu Auggie an Theke	Dialog der Kunden	endet mit Blende auf Schwarz & Einblendung „Sommer 1990"
4	0:01:59	0:04:18	0:02:19	Intro Paul	Zigarillo-Kauf & Pauls Geschichte über Sir Walter Raleigh und Elizabeth I., die Einführung von Tabak in England & das Wiegen von Rauch	Auggie, Stammkunden, Paul	Cigar Co. innen: Blick rechts hinter Theke durch Fenster, dann frontal Paul vor Regal	Türkingel & gedämpfte Straßengeräusche (Sirene); Dialog	endet mit Blende auf Schwarz & Einblendung „Smoke"
5	0:04:18	0:04:24	0:00:06	Haupttitel	Einblendung „Smoke – Raucher unter sich" auf Schwarz				
6	0:04:24	0:06:15	0:01:51	„He's a writer [...] He ran out of luck..."	Auggie berichtet über Pauls Beruf und den Unfalltod von Pauls Frau / verfolgt Ladendieb auf die Straße	Auggie, Stammkunden	Cigar Co. innen: Theke frontal von vorne; Ende: Cigar Co. außen	Dialog, gedämpfte Straßengeräusche	Zoom auf Auggie (Nachdenken, dass Pauls Frau vor Unfall im Laden war – Reflektion über Zufälle des Lebens)
7	0:06:15	0:07:43	0:01:28	Der Beinahe-Unfall	Rashid hält Paul davon ab, vor einen LKW zu laufen, Paul besteht auf Einladung	Paul & Rashid	Vor Straßencafé; Unfall: 7th Avenue in Park Slope, vor Cousin John's Bakery	Erstmals Musik, Straßengeräusche, LKW-Horn	Erst Parallelfahrt mit Paul auf Gehsteig; dann frontale Halbtotale; unterbrochen von Titel „1. Paul"

Sequenz	Von	Bis	Dauer in hh:mm:ss	Titel der Sequenz	Handlung	Figuren	Ort	Akustische Inhalte	Anmerkungen
8	0:07:43	0:08:41	0:00:58	„A place to crash"	Paul bietet Rashid Unterkunft für einige Tage an („a place to crash"), der lehnt dankend ab, nimmt aber Pauls Adresse	Paul & Rashid	Coffee Shop	Arabische Musik im Coffee Shop	Eine Einstellung; Figuren frontal halbtotal, keine Perspektivenwechsel im Dialog
9	0:08:41	0:10:15	0:01:34	Monte Cristos	Unterhaltung über Auggies bevorstehendes Geschäft mit kubanischen Zigarren	Auggie und Vinnie	Cigar Co. innen; Figuren an seitlicher Theke	Dialog, Radio im Hintergrund	Statisch, ein Schwenk mit Vinnie zu Regal und zurück. Auggie als „streetsmart guy": It's illegal to sell cubans, but it's the law [lawyers & judges] that buys them.
10	0:10:15	0:16:54	0:06:39	That's what people see, but that ain't necessarily what I am	Paul will kurz nach Ladenschluss noch Zigarillos; im Laden Gespräch über Photoapparat; gemeinsames Ansehen der Alben; Paul entdeckt seine Frau Helen auf Photos und trauert	Auggie und Paul	Cigar Co. von außen; dann an Theke; später unbestimmbar: entweder Hinterzimmer oder Auggies Wohnung; Identifizierung der Cigar Co. als 3rd Street & 7th Avenue in Park Slope, Brooklyn	Straßengeräusche, später Klaviermusik (C-Dur-Fuge von Schostakovitsch, Op. 87)	Sequenz geteilt, zunächst im Laden, dann Hinterzimmer oder Wohnung mit den Photos; Betrachten der Photos als eine fortdauernde Einstellung (frontal am Tisch, halbnah) im Wechsel mit Detailaufnahme der Photos (zu Anfang und bei Auggies philosophischen Erläuterungen); Paul zunächst überrascht über Auggies Projekt; muss erst lernen, langsam und gründlich zu beobachten, meditativer Charakter des Bilder-Ansehens; Auggies Philosophie: it's my corner / slow down → Zitat Shakespeare; Verschränkung von Pauls Lebensgeschichte mit der Geschichte der „Corner" von Auggie bzw. mit dessen Projekt durch Bilder seiner Frau
11	0:16:54	0:17:20	0:00:26	Auggie am nächsten Morgen	Auggie bei seiner täglichen Aufnahme	Auggie, Passanten	Kreuzung mit Brooklyn Cigar Co.	Klaviermusik wie zuvor, Straßengeräusche	

11.4.2. Auszug aus einem transkribierten Rezipienteninterview

Der folgende Auszug ist dem Rezipientengespräch FU4 entnommen und umfasst zum Ersten die Annäherung an die lebensweltliche Raumvorstellung, zum Zweiten den Fragenkreis zu spontanen Erinnerungen an mediale Quellen sowie einen Teil der Diskussion anhand des ersten Filmausschnittes aus *Himmel über Berlin*.

HF: Wie lange bist du schon in Berlin?

Ich bin seit August letzten Jahres in Berlin.

HF: Also noch ganz frisch.

Genau, gut 1 Jahr wohne ich jetzt hier.

HF: In welcher Ecke?

Ich wohne hier am Richardplatz, also hier in Rixdorf-Neukölln.

HF: Wie würdest du mir als Auswärtigem so kurz dieses Viertel beschreiben?

Dieses Viertel empfinde ich als ein kleines Dorf mitten in der großen Stadt. Es ist für mich die Mischung, die es ausmacht hier zu wohnen. Die Geschichte, dass Rixdorf eben das Dorf vor den Toren der Stadt war. Die Stadt ist gewachsen und die Rixdorfer haben eben nicht während des Wachstums ihrer Stadt die ganzen alten Gebäude – wie zum Beispiel die Bauernhöfe oder die Dorfschmiede – verkauft, um dort große Mietswohnungen bauen zu lassen, sondern die haben gesagt, die wollen das erhalten. Das führt dazu, dass wir dörfliche Strukturen in dieser Stadt haben, obwohl die Stadt drum herum ist, und das macht das Leben eigentlich für mich aus. Ich hatte ein bisschen Bedenken, ganz am Anfang, als ich nach Berlin gezogen bin. Wie sieht das aus in einer Großstadt? Wird das Wohnen in der Großstadt mit Lärm verbunden sein, mit Hektik, mit Stress? Was man eben für Gedanken von einer Großstadt so hat, und das ist hier überhaupt nicht der Fall. Hier ist es wirklich ruhig, und wenn man möchte, kann man sich in das Großstadt-Getümmel stürzen, indem man einfach in ein paar Minuten zur U- oder S-Bahn läuft und dann irgendwohin fährt. Aber auf der anderen Seite kann man sich hier auch zurückziehen.

HF: Wie ist das mit dem sozialen Gefüge, hier in dieser Ecke, wie würdest du das beschreiben?

Muss ich leider darauf zurückgreifen, was mir berichtet wird. Es ist so, dass der Ausländeranteil in Neukölln mittlerweile sehr hoch ist. Man hört von Zahlen, dass in der Richard-Schule hier Ausländeranteile von 80–90 Prozent herrschen. Ich habe es selber noch nicht gesehen, ich war in der Schule jetzt noch nicht drin. Und mir wird von Jugendlichen berichtet, dass zum Teil auch aggressive ausländische Jugendliche hier unterwegs sind. Dass das Gewaltpotential und die Kriminalität nicht ohne sind hier in Berlin und vor allem auch hier in Rixdorf, das habe ich aber selber alles nicht beobachtet. Mir selber ist so etwas nicht zugestoßen, man sieht Fernsehberichte über Gangs, die sehr aktiv sind, man hört von Leuten, die überfallen worden sind, man hört Geschichten, dass hier während der Bläserprobe Steine durch das Glas gegangen sind.

HF: Aus erster Hand?

Aber alle diese Dinge sind mir noch nicht am eigenen Leib passiert.

HF: Ist das so ein latentes Gefühl, dass es so etwas geben soll?

Ja, man hört auch ganz klar die Kritik raus an diesen Leuten, natürlich. Da will ich mich nicht anschließen, weil ich selber so was noch nicht erlebt habe und nur vom Hörensagen über diese Leute zu urteilen, da möchte ich mich nicht beteiligen. Also, was man beobachtet und selber sieht, ist eben dieser erhöhte Ausländeranteil. Und was man beobachten kann, und was sich deckt mit dem, was berichtet wird, ist, dass gerade vorne an der Karl-Marx-Straße, ja, in Anführungszeichen, dass es ein bisschen „den Bach runtergeht". Früher war das eine schöne Einkaufsstraße, die, vor 80 Jahren sage ich mal, durchaus mit dem Ku-Damm konkurrenzfähig war, wo sich jetzt halt nur eine Döner-Bude an die andere reiht und wo alteingesessene Geschäfte sich langsam zurückziehen.

HF: Aus welcher anderen Stadt oder Region bist du nach Berlin gekommen?

Ich bin aus einem kleinen Dorf direkt hierhin gezogen. Ich habe vorher 3 Jahre lang Jugendarbeit gemacht in der Brüdergemeine in Neugnadenfeld, und Neugnadenfeld ist ein Dorf mit 800 Leuten, also sehr klein, wobei das allerdings auch erst mal eine Umstellung für mich war. Ich komme gebürtig aus einer kleineren Stadt, Nordhorn, 50.000 Einwohner hat die, und bin im Studium in Münster gewesen.

[...]

HF: Hast du da irgendein Bild im Kopf, aus Film oder aus dem Fernsehen, oder aus Spielfilmen, wo du sagen würdest, das hatte ich noch im Hinterkopf als besonderes Berlin-Bild, als Leute, als Events in Berlin, die aus dem Film oder aus solchen Quellen kamen?

In Filmen werden häufig Klischees bedient über die Stadt. Meine Erlebnisse sind eher die, dass die Sachen häufig nicht stimmen. Was mir jetzt spontan einfällt, dieses Klischee des unfreundlichen Berliner Taxifahrers – und der ist mir halt noch nicht begegnet. Jetzt weiß ich nicht, ob es keine alt eingesessenen Berliner mehr gibt als Taxifahrer. Das ist jetzt ein Bild, das mir so spontan einfällt, das ich noch nicht wieder gesehen habe. Dass die Medien präsent sind, das sieht man an allen Ecken, dass Filme gedreht werden und Straßenzüge gesperrt werden, weil wieder Reportagen laufen oder Filme gedreht werden. Aber ob die Bilder, nee, dass Bilder aus Medien, aus Fernsehen oder Film, dass die mir in der Realität nochmal wieder begegnet wären, das kann ich nicht sagen, das ist doch in der Realität ganz anders.

HF: Außer dem Taxifahrer, gibt es da ein räumliches Klischee? Dass etwa in einem Film Kreuzberg vorkommt und in Wirklichkeit ist es so – und noch ganz anders. Gibt es da ein Beispiel?

Nein, fällt mir jetzt nicht ein. Was Jugendliche mir berichten, dass dann eben Berlin-Filme gedreht werden, wo es einfach nicht stimmt. Aber das ist bei anderen Filmen auch. Es gibt Städte, wo ich mich besser auskenne, wenn man weiß, da wird jetzt in Münster ein Tatort gedreht ...

HF: Genau, der berühmte „Münsterer Tatort", der dann in Köln am Schluss spielt.

Genau, wo ein Auto durch eine Straße fährt, die einfach Fußgängerzone ist. Wo man weiß, hier ist die Einbahnstraße einfach anders rum, dann sieht man das, aber dazu fehlt mir einfach die Kenntnis hier in Berlin.

11.4. Materialien

HF: Das ist dieses Detailwissen. Das ist in diesem Zusammenhang immer eine spannende Frage. Auf der einen Seite zu fragen, hat es wirklich da stattgefunden als was es verkauft wird? Aber was ich spannender finde ist dann schon diese Dimension: Stimmt das Eindrucksbild, oder die Charaktere, die da auftreten, passen die, die im Film gezeigt werden, mit dem zusammen, was man als alltägliches Vorstellungsbild von der Lebenswelt hat? Das ist für mich die interessantere Frage, als „passt die Straße A zu dem Verlauf?", oder „kann man nachvollziehen, wo Lola entlang rennt oder schafft sie es in 20 Minuten gar nicht?" Gibt es noch andere Berlin-Filme, die du spontan nennen kannst? Wo du den Eindruck hast, das und das gab es da mal?

Nein, weiß ich jetzt nicht. Filme weiß ich jetzt nicht, halt aus dem Fernsehen. Dieses Großstädtische, dieses „Hauptstadt-Sein", das fällt mir ein, wenn ich an meine Vorstellung von Berlin von vorher denke. Und dass die Realität, die ich jetzt im Alltag hier sehe und die Bundespolitik, das Hauptstadt-Sein, an der Lebensrealität hier in der Stadt sehr vorbei geht, dass das im Prinzip parallel stattfindet und dass es überhaupt keinen Unterschied macht, ob man hier in Berlin sitzt oder in München. Man bezieht seine Informationen genauso aus der Tagesschau, auch wenn es in der Luftlinie nur ein paar Kilometer entfernt ist, das macht gar keinen Unterschied.

HF: Das sind zwei verschiedene Welten, die politische Medienwelt, was da so gemacht wird, und die Lebenswelt?

Natürlich, wenn man am Willi-Brandt-Haus vorbei fährt und sagt, hier, richtig, das kennt man wieder. Solche Dinge, die begegnen einem auch immer wieder. Dann so viele Sachen in Berlin, die haben keine besondere Wirkung mehr, man nimmt das zur Kenntnis. Höchstens wenn dann wieder eine Straße gesperrt ist, weil der Kanzler von A nach B muss, dann merkt man es wieder, aber mehr ist dann meistens auch nicht.

HF: Ich finde es gespenstisch, um ehrlich zu sein. Gut, in Bayreuth erlebst du das genau 6 Wochen, wenn die Wagner-Festspiele sind. Da siehst du einen Konvoi mit Blaulicht vorbei rasen, da fragst du dich, war das jetzt was Wichtiges oder geht das Leben trotzdem weiter? Das finde ich etwas – na ja, ich möchte nicht sagen bedrückend, aber auf den ersten Blick schon zum Zucken. Wir machen jetzt einen kleinen Sprung, zu einem kurzen Ausschnitt aus einem Film, der schon ein bisschen älter ist.

[Ausschnitt aus *Himmel über Berlin*: Intro]

Wie alt ist der Film?

HF: 1986, das ist der *Himmel über Berlin*.

[Parallel zu den Luftaufnahmen, die typische Berliner Wohnblöcke der Gründerzeit zeigen]

Ja, was mir sofort auffällt, das sind die Häuser. Vier Etagen, Altbauwohnungen ohne Fahrstuhl, bis vier Etagen darf man bauen ohne Fahrstuhl. Gedächtniskirche, das ehemalige Westberliner Zentrum, damals bei Kirchentags-Besuchen ein sehr wichtiger Punkt, heute im Vergleich zu Berlin Mitte an Bedeutung verlierend, meiner Meinung nach. Berlin Mitte hat doch den Rang des Zentrums dem Ku-Damm abgelaufen.

[Erzähler: „Die Labsal..."]

HF: Diese Engel können die Gedanken der Menschen beobachten, als unsichtbare Beobachter mithören.

[Peter-Falk-Charakter im Flugzeug]

Was mir jetzt spontan auffällt, das sind diese Menschen, die die unterschiedlichsten Gedanken haben, die die unterschiedlichsten Sachen denken, aber nicht miteinander kommunizieren. Und das, das sieht man hier auch, dass also verschiedenste Lebenswelten parallel stattfinden und zum Teil sehr wenig Berührungspunkte haben. Angefangen vielleicht im eigenen Haus, wo man zu einigen Nachbarn sofort ein Verhältnis aufbaut, und andere, die hat man nur mal gesehen. Es ist mein Eindruck, dass viele Leute als Einzelgänger unterwegs sind.

... Stadtautobahn...

HF: Ist das ein Bunker gerade, das große lange Gebäude? [ICC]

Ich kenne das gar nicht.

[Beim Vorspulen auf das Ende der Sequenz im BMW-Autohaus]

Was auch gerade deutlich wurde, ist dieser schlechte Zustand der Wohnungen in Berlin, die nicht renoviert sind – gerade auch hier Kreuzberg, Neukölln. Wenn man das vergleicht, wenn man mal in Leipzig war, wo jetzt alles renoviert ist, sieht hier alles recht schlimm aus. Was mich auch gewundert hat, dass hier in Berlin die Wohnungen so klein sind! Ich frag mich, wo die Berliner Familien wohnen. Auf Wohnungssuche habe ich festgestellt, dass die meisten Wohnungen, die es hier gibt, 2-Zimmer-Wohnungen sind. Und eine zweite Sache, die mir bei Berliner Wohnungen auffällt, dass es immer sehr kleine Küchen und Mini-Badezimmer gibt.

HF: Aber das ist wahrscheinlich in den alten Gebäuden nachträglich eingebaut, wo irgendwo so ein Eckchen noch zum Badezimmer gemacht wurde.

Aber damit begnügen sich die Menschen auch in Berlin.

HF: Es gibt aber auch Familien mit fünf Kindern – gibt es die in Berlin? Oder vielleicht bei den ausländischen Mitbürgern, wo man sagt, das ist eher so ein Strukturmerkmal, vollkommen ohne Wertung, was da eher zu finden ist. Wohnen die dann auch auf 70 qm in zwei Zimmern?

Ja, das machen die. Gut, von ausländischen Familien kenne ich nicht die Situation. Aber aus der Gemeinde weiß ich das, da ist es so, dass Familien mit 1 oder 2 Kindern in einer 2-Zimmer-Wohnung wohnen, auf 65 qm wohnen.

HF: Im Altbau. – Wenn es nun nach dem Verständnis solcher Städte wie München geht, wo es Altbauwohnungen mit 120 qm gibt, die in den Städten dann nicht finanzierbar sind, sollte es solche Wohnungen in Berlin auch geben. Gibt es solche Wohnungen in Berlin auch?

Die gibt es auch! Wir hatten das Glück, so eine auch zu finden. Bei uns persönlich ist es so, dass im Vergleich dazu, was wir vorher hatten, jetzt üppig Platz herrscht. Ich weiß nicht, ob die Berliner selber, die seit langem hier wohnen, das mitbekommen haben, dass der Wohnungsmarkt so entspannt ist. Vielleicht haben die ihre kleinen Wohnungen mal gemietet, als es nicht so war, als die Mauer noch stand, und die sind einfach drin geblieben und sehen sich nicht nach etwas Neuem um. Generell sind, was so Veränderungen angeht, nach meinem Eindruck die Berliner eher konservativ, auch die Vorstellung, eines Tages von Berlin wegziehen zu müssen, ist für die meisten Berliner ein Albtraum. Die sind also sehr verwurzelt hier und auch Jugendliche, die zum Studium die Stadt verlassen, müssen dies meist tun und wollen es nicht und tun sich sehr schwer.

[…]

11.4.3. Kategorien zur Verdichtung des Interviewmaterials

Kodierschlüssel	Inhalte
L	Aussagen zum alltäglichen Lebensraum / Kontaktraum
LK	Kognitive Aussagen
LW	Wertende / emotionale Aussagen
LH	Handlungsbezogene Aussagen
B	Aussagen zu durch Besuche bekannten Stadträumen
BK / BW / BH	Kognitive / Wertende / Handlungsbezogene Aussagen
M	Aussagen zu ausschließlich medial bekannten Stadträumen
MK / MW / MH	Kognitive / Wertende / Handlungsbezogene Aussagen
Q	Aussagen über die Quellen einer Raumvorstellung
QTV	Fernsehen als Quelle von Raumvorstellung
QP	Printmedien …
QF	Filme …
QA	Andere Medien inkl. Erzählungen von Dritten
QL	Allgemeine Aussagen über Einfluss von Medien auf Raumvorstellung ohne spezifische Nennung eines Mediums
F	Reaktionen zu einem gezeigten Filmausschnitt
FR	Reaktion ausschließlich zu Filminhalten
FL	Reaktion mit Bezügen zum alltäglichen Lebensraum
FB	Reaktion mit Bezügen zu aus Besuchen bekannten Stadträumen
FM	Reaktion mit Bezügen zu ausschließlich medial bekannten Stadträumen

11.4.4. Beispiel zu Paraphrase und Generalisierung

Im Folgenden ist ein Auszug aus der mit Beispielaussagen versehenen Paraphrase des Interviews FU4 wiedergegeben, die in einem ersten Schritt nach den in Abschnitt 11.4.3 aufgeführten Kategorien analysiert wird. In einem zweiten Schritt erfolgt die Zuordnung kategorisierter Aussagen nach übergeordneten Themenblöcken, die in den letzten Spalten als Kodierschlüssel und in ihrer thematischen Umschreibung enthalten sind. Die Sortierung des Datensatzes richtet sich nach der Spalte „Generalisierung", die die Grundlage für die Interpretationen in Kapitel 9 darstellt.

Interviewkennung	*Seite*	*Zeile*	*Kodierung*	*Paraphrase*	*Beispiel*	*Generalisierung*	
FU4	1	28	LK	Hoher Ausländeranteil in der Richard-Schule		AA	Ausländer und Aggressionen
FU4	2	13	LW	Möchte sich nicht an vorschnellen Wertungen über ausländische Jugendliche beteiligen		AA	Ausländer und Aggressionen
FU4	12	6	LW	Berliner sind insgesamt eher konservativ, hier im Kontext eines möglichen und negativ bewerteten Wegzugs von Berlin	Generell sind, was so Veränderungen angeht, nach meinem Eindruck die Berliner eher konservativ, auch die Vorstellung, eines Tages von Berlin wegziehen zu müssen, ist für die meisten Berliner ein Albtraum. Die sind also sehr verwurzelt hier und auch Jugendliche, die zum Studium die Stadt verlassen, müssen dies meist tun und wollen es nicht und tun sich sehr schwer.	B	Berlin an sich
FU4	12	22	LW	Berliner sind extrem in ihrer Ablehnung eines Wegzugs; enge Sichtweise: Berlin ist das Optimum		B	Berlin an sich

11.4. Materialien

Interviewkennung	Seite	Zeile	Kodierung	Paraphrase	Beispiel	Generalisierung	
FU4	12	27	LW	Erster vermuteter Grund ist die Prägung durch das Umland von Berlin, das verallgemeinernd für Dörfer und kleinere Städte gesehen wird		B	Berlin an sich
FU4	13	4	LW	zweiter vermuteter Grund: Zusammengehörigkeitsgefühl in der großen Stadt noch viel wichtiger als auf dem Land		B	Berlin an sich
FU4	1	8	LK	Rixdorf als kleines Dorf in der Stadt		D	Kiez als Dorf
FU4	3	30	LK	Dörfliche Strukturen und Wertschätzung von Tradition im böhmischen Dorf sehr stark		D	Kiez als Dorf
FU4	16	31	LK	Emotionale Grenzen des Lebensumfeldes: Rixdorf zwischen Sonnenallee und Karl-Marx-Straße		D	Kiez als Dorf
FU4	17	7	LK	Böhmisches Dorf als Sonderfall im Gegensatz z.B. zum Rollbergviertel, eigenes Flair		D	Kiez als Dorf
FU4	17	14	LK	Hermannplatz und ähnliche Bereiche nicht mehr Lebensumfeld ==> man müsste sich dorthin aufmachen		D	Kiez als Dorf
FU4	1	20	LW	Dörfliche Wohnsituation ohne Stress oder Hektik		D	Kiez als Dorf
FU4	8	17	QF	Filme bedienen häufig Klischees über Städte, z.B. der unfreundliche Berliner Taxifahrer		K+F	Klischee und Fälschung

Interviewkennung	Seite	Zeile	Kodierung	Paraphrase	Beispiel	Generalisierung	
FU4	8	32	QF	Jugendliche berichten, dass Berlin-Filme an „falschen" Locations gedreht werden		K+F	Klischee und Fälschung
FU4	9	22	QL	Mediales Thema „Hauptstadt" geht an Lebenswelt vorbei	Dieses Großstädtische, dieses „Hauptstadt-Sein", das fällt mir ein, wenn ich an meine Vorstellung von Berlin von vorher denke. Und dass die Realität, die ich jetzt im Alltag hier sehe und die Bundespolitik, das Hauptstadt-Sein, an der Lebensrealität hier in der Stadt sehr vorbei geht, dass das im Prinzip parallel stattfindet und dass es überhaupt keinen Unterschied macht, ob man hier in Berlin sitzt oder in München. Man bezieht seine Informationen genauso aus der Tagesschau, auch wenn es in der Luftlinie nur ein paar Kilometer entfernt ist, das macht gar keinen Unterschied.	K+F	Klischee und Fälschung
FU4	5	29	QL	Aus Medien bekannte Fixpunkte werden beim Bereisen / direkten Erleben als voneinander losgelöst erlebt	Wenn man Berlin bereist, ist für mich interessant gewesen, dass Plätze, die so bekannt sind, sehr stark voneinander losgelöst sind	M+L	Medienwelten und Lebenswelten
FU4	6	4	QL	Zusammenhang von markanten Punkten, die man aus Medien kennt, entwickelt sich erst im Lauf der Zeit beim „Erleben" der Stadträume		M+L	Medienwelten und Lebenswelten
FU4	7	2	QL	Wiedervereinigung erhält durch das Kennenlernen von direkt Betroffenen in Berlin eine persönliche Komponente		M+L	Medienwelten und Lebenswelten

11.4. Materialien

Interviewkennung	Seite	Zeile	Kodierung	Paraphrase	Beispiel	Generalisierung	
FU4	8	25	QL	Mediale Bilder als solche sind in der Erinnerung spontan nicht präsent bzw. nicht wieder im Alltag begegnet	Aber ob die Bilder, nee, dass Bilder aus Medien, aus Fernsehen oder Film, dass die mir in der Realität nochmal wieder begegnet wären, das kann ich nicht sagen, das ist doch in der Realität ganz anders	M+L	Medienwelten und Lebenswelten
FU4	10	16	FB	Gedächtniskirche als Symbol für das ehemalige Westberliner Zentrum wichtiger Ankerpunkt, z.B. bei Kirchentagsbesuchen		M+L	Medienwelten und Lebenswelten
FU4	10	15	FL	Häuser im Intro von „Himmel" als typische Berliner Bebauung		M+L	Medienwelten und Lebenswelten
FU4	10	27	FL	Unterschiedliche Menschen mit ihren Gedanken stehen ohne Kommunikation nebeneinander ==> parallele Lebenswelten in Berlin	Es ist mein Eindruck, dass viele als Einzelgänger unterwegs sind	M+L	Medienwelten und Lebenswelten